高等学校计算机应用规划教材

AutoCAD 2018 实用教程

薛山　编著

清华大学出版社

北　京

内 容 简 介

本书全面系统地介绍了使用 AutoCAD 2018 进行计算机绘图的方法与技巧。全书共分 15 章，主要内容包括 AutoCAD 2018 快速入门，AutoCAD 2018 绘图基础，AutoCAD 绘图辅助工具，绘制基本二维图形，编辑二维图形对象，使用文字与表格，图案填充、面域与图形信息，标注图形尺寸，块与外部参照，三维建模基础，创建三维图形，编辑与标注三维图形，观察与渲染三维图形，设计中心、打印输出和发布以及 AutoCAD 绘图综合实例等。

本书结构清晰、语言简练、实例丰富，既可作为高等学校相关专业的教材，也可作为从事计算机绘图技术研究与应用工作人员的参考书。

本书对应的电子课件、习题答案和实例源文件可以到 http://www.tupwk.com.cn/downpage 网站下载。

图书在版编目(CIP)数据

AutoCAD 2018 实用教程 / 薛山 编著. 一北京：清华大学出版社，2018（2025.2 重印）

(高等学校计算机应用规划教材)

ISBN 978-7-302-48690-9

Ⅰ. ①A… Ⅱ. ①薛… Ⅲ. ①AutoCAD 软件－教材 Ⅳ. ①TP391.72

中国版本图书馆 CIP 数据核字(2017)第 271393 号

责任编辑：胡辰浩　马玉萍
装帧设计：孔祥峰
责任校对：成凤进
责任印制：宋　林

出版发行：清华大学出版社
网　　址：https://www.tup.com.cn, https://www.wqxuetang.com
地　　址：北京清华大学学研大厦 A 座　　邮　　编：100084
社 总 机：010-83470000　　邮　　购：010-62786544
投稿与读者服务：010-62776969, c-service@tup.tsinghua.edu.cn
质 量 反 馈：010-62772015, zhiliang@tup.tsinghua.edu.cn
印 装 者：三河市龙大印装有限公司
经　　销：全国新华书店
开　　本：185mm×260mm　　印　　张：22.25　　字　　数：541 千字
版　　次：2018 年 1 月第 1 版　　印　　次：2025 年 2 月第 9 次印刷
定　　价：79.00 元

产品编号：075785-03

前　　言

计算机绘图是近年来发展最迅速、最引人注目的计算机技术之一。随着计算机技术的迅猛发展，计算机绘图技术已在机械、建筑、电子和电气、航空航天、造船、石油化工、土木工程、地质、冶金、农业、气象、纺织与服装以及工业自动化、机器人、出版业、计算机艺术等多个领域得到广泛应用，并不断发挥着越来越大的作用。

由 Autodesk 公司开发的计算机辅助设计软件 AutoCAD 是当前最为流行的计算机绘图软件之一。由于 AutoCAD 具有使用方便、体系结构开放等特点，深受广大工程技术人员的青睐。其最新版本 AutoCAD 2018 在界面、图层功能和控制图形显示等方面都达到了更高的水平，能使用户以更快的速度、更高的准确性制作出具有丰富视觉精准度的设计详图和文档。AutoCAD 2018 中还包含了多项可加速 2D 与 3D 设计、创建文件和协同工作流程的新特性，并能为创作任意形状提供丰富的屏幕体验。

本书从提高实战应用的角度，全面、翔实地介绍了 AutoCAD 2018 的功能及使用方法，其中包含了大量的应用实例。通过本书的学习，读者可以把基本知识和实战操作结合起来，快速、全面地掌握 AutoCAD 2018 软件的使用方法和绘图技巧，达到融会贯通、灵活运用的目的。

本书共 15 章，从 AutoCAD 入门和绘图基础开始，分别介绍了绘图辅助工具的使用(如图层、对象捕捉和自动追踪等)，绘制和编辑二维图形，创建文字和表格，设置面域与图案填充，图形尺寸的标注，块、外部参照和设计中心的使用，三维图形的绘制、编辑和渲染，图形的打印输出，以及 AutoCAD 绘图综合实例等内容。

本书是作者在总结多年教学经验与科研成果及工程应用的基础上编写而成的，它既可作为高等学校相关专业的教材，也可作为从事计算机绘图技术研究与应用工作人员的参考书。

除封面署名的作者外，参加本书编写的人员还有郑艳君、宋志辉、侯友山、裴淑娟、李辉、张宇怀、徐晓明、薛继军和岳殿召等。由于作者水平所限，本书难免有不足之处，欢迎广大读者批评指正。我们的邮箱是 huchenhao@263.net，电话是 010-62796045。

本书对应的电子课件、习题答案和实例源文件可以到 http://www.tupwk.com.cn/downpage 网站下载。

作　者

2017 年 9 月

目　录

第1章　AutoCAD 2018快速入门

AutoCAD是一款功能强大的工程绘图软件，使用该软件不仅能够用规范、美观的图纸表达设计方案，而且还能够有效地帮助设计人员提高设计水平及工作效率，从而解决传统手工绘图效率低、准确度差以及工作强度高的缺点。利用AutoCAD软件绘制的二维和三维图形，在工程设计、生产制造和技术交流中都起着不可替代的重要作用。本章作为全书的开端，将重点介绍AutoCAD 2018软件的基本功能、用户界面以及图形文件管理的相关方法，为下面进一步学习该软件打下坚实的基础。

1.1　AutoCAD功能概述

AutoCAD是由美国Autodesk公司开发的通用计算机辅助绘图与设计软件包，具有功能强大、易于掌握、使用方便、体系结构开放等特点，能够绘制平面图形与三维图形、标注图形尺寸、渲染图形以及打印与输出图形，深受广大工程技术人员的喜爱。AutoCAD自1982年问世以来，已经进行了多次升级，功能日趋完善，已成为工程设计领域应用最为广泛的计算机辅助绘图与设计软件之一。

1.1.1　绘制并编辑图形

AutoCAD提供了丰富的绘图命令，使用这些命令可以绘制直线、构造线、多段线、圆、矩形、多边形、椭圆等基本图形，也可以将绘制的图形转换为面域，对其进行填充，还可以借助编辑命令绘制各种复杂的二维图形。图1-1所示为使用AutoCAD绘制的二维图形。

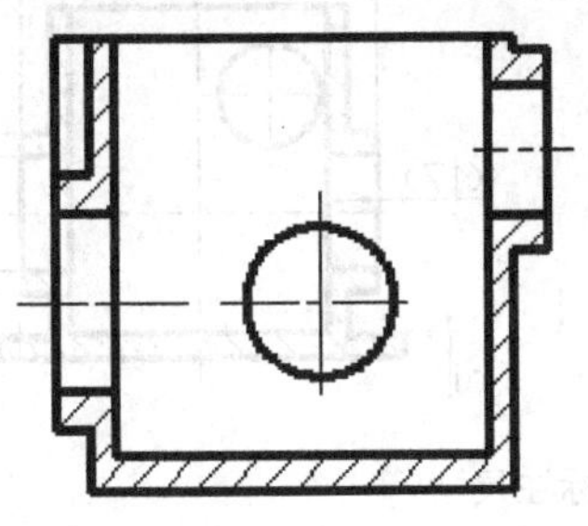
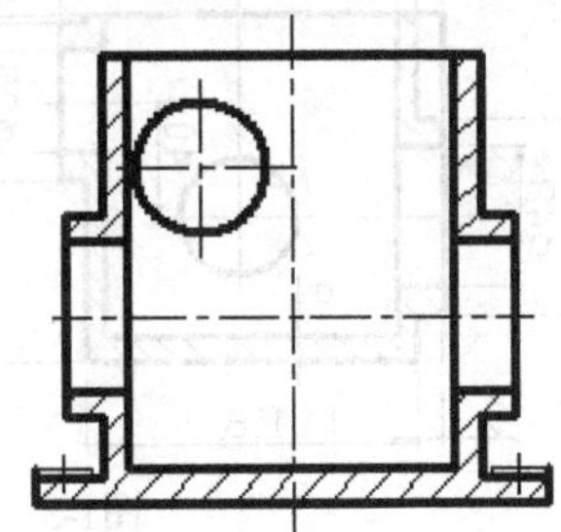

图1-1　二维图形

对于一些二维图形，通过拉伸、设置标高和厚度等操作就可以轻松将其转换为三维图形。AutoCAD提供了三维绘图命令，用户可以很方便地绘制圆柱体、球体、长方体等基本实体以及三维网格、旋转网格等网格模型。同样再结合编辑命令，还可以绘制出各种各样的复杂三维图形。图1-2所示为使用AutoCAD绘制的三维图形。

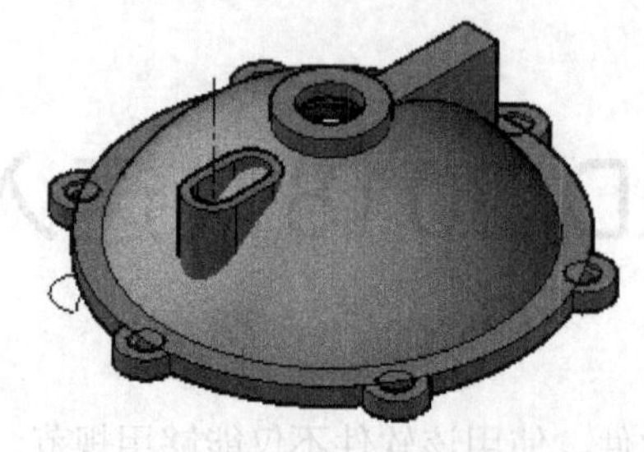
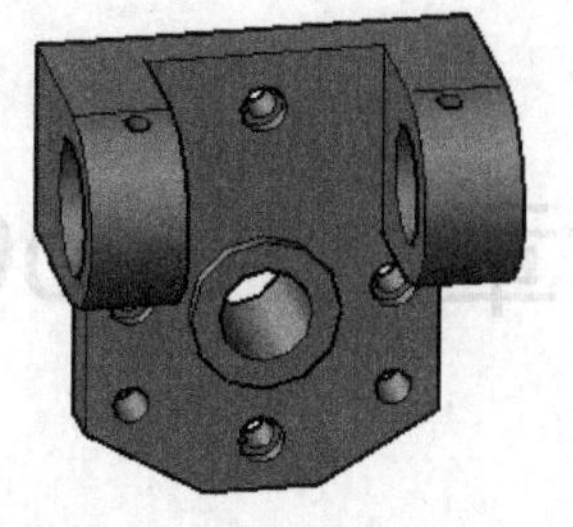

图1-2　三维图形

在工程设计中，也常常使用轴测图来描述物体的特征。轴测图是以二维绘图技术来模拟三维对象沿特定视点产生的三维平行投影效果，但在绘制方法上不同于二维图形的绘制。因此，轴测图看似三维图形，但实际上是二维图形。切换到AutoCAD的轴测模式下，就可以方便地绘制出轴测图。此时，直线将绘制成与坐标轴成30°、90°、150°等角度的直线，圆将绘制成椭圆形。

1.1.2　标注图形的尺寸

尺寸标注是向图形中添加测量注释的过程，是整个绘图过程中不可缺少的一步。AutoCAD提供了标注功能，使用该功能可以在图形的各个方向上创建各种类型的标注，也可以方便、快速地以一定格式创建符合行业或项目标准的标注。

标注显示了对象的测量值，对象之间的距离、角度，或者特征与指定原点的距离。AutoCAD中提供了线性、半径和角度3种基本标注类型，可以进行水平、垂直、对齐、旋转、坐标或基线等标注。此外，还可以进行引线标注、公差标注，以及自定义粗糙度标注。标注的对象可以是二维图形或三维图形。图1-3所示为使用AutoCAD标注尺寸的二维图形和三维图形。

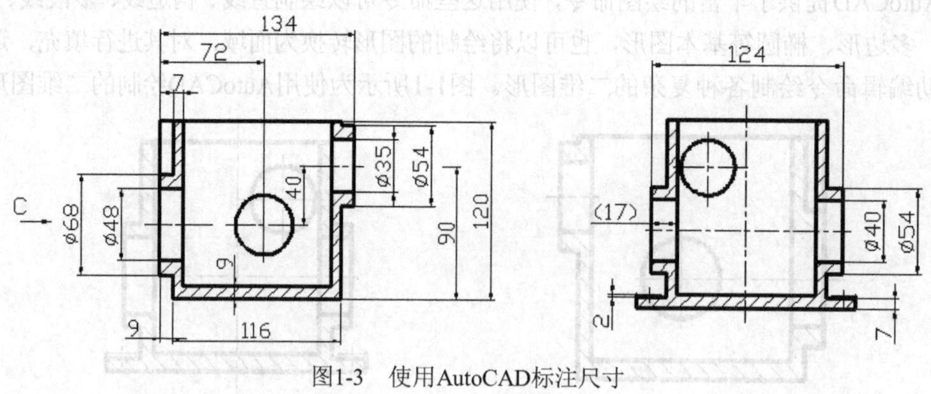

图1-3　使用AutoCAD标注尺寸

1.1.3　三维图形的渲染

在AutoCAD中，可以运用雾化、光源和材质，将模型渲染为具有真实感的图像。如果是为了演示，可以渲染全部对象；如果时间有限，或显示设备和图形设备不能提供足够的灰度等级和颜色，就不必精细渲染；如果只需要快速查看设计的整体效果，则可以简单消隐或设置视觉样式。图1-4所示为使用AutoCAD进行渲染的效果。

图1-4　渲染图形

1.1.4　输出与打印图形

AutoCAD不仅允许将所绘图形以不同格式通过绘图仪或打印机输出，还能够将不同格式的图形导入AutoCAD或将AutoCAD图形以其他格式输出。因此，当图形绘制完成之后可以使用多种方法将其输出。例如，可以将图形打印在图纸上，或创建文件供其他软件使用。

1.2　安装和启动AutoCAD 2018

本节简要介绍如何安装和启动AutoCAD 2018。

1.2.1　安装AutoCAD 2018

AutoCAD 2018软件包以光盘形式提供，光盘中有名为SETUP.EXE的安装文件。执行SETUP.EXE文件(将AutoCAD 2018安装盘放入DVD-ROM后一般会自动执行SETUP.EXE文件)，首先弹出如图1-5所示的初始化界面。

经过初始化后，弹出如图1-6所示的安装选择界面。

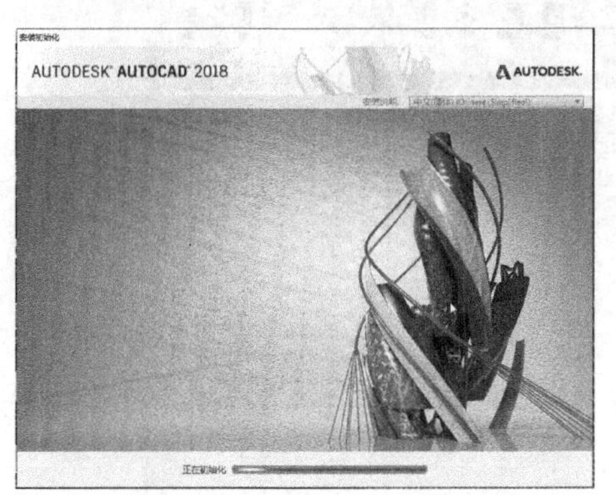

图1-5　安装初始化界面

图1-6　安装选择界面

此时单击“安装　在此计算机上安装”选项，即可进行相应的安装操作，直至软件安装完毕。需要说明的是，安装AutoCAD 2018时，用户应根据提示信息进行必要的选择。

1.2.2　启动AutoCAD 2018

安装AutoCAD 2018后，系统会自动在Windows桌面上生成对应的快捷方式图标()，双击该快捷方式图标，即可便捷地启动AutoCAD 2018。与启动其他应用程序一样，也可以通过Windows资源管理器、Windows任务栏上的“开始”按钮等启动AutoCAD 2018。

1.3　AutoCAD 2018工作空间及工作界面

本节介绍AutoCAD 2018的工作空间，并详细介绍AutoCAD 2018的工作界面。

1.3.1　AutoCAD 2018工作空间

AutoCAD 2018的工作空间(又称为工作界面)有草图与注释、三维建模和三维基础3种形式。图1-7～图1-9所示分别是草图与注释、三维建模和三维基础的工作界面。

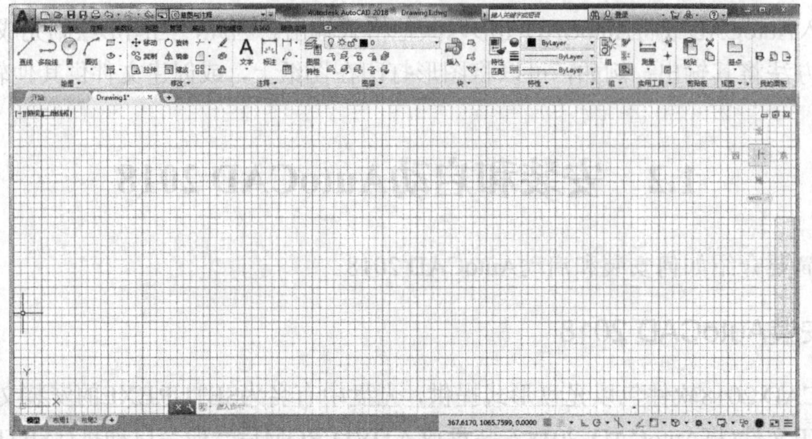

图1-7　草图与注释工作界面

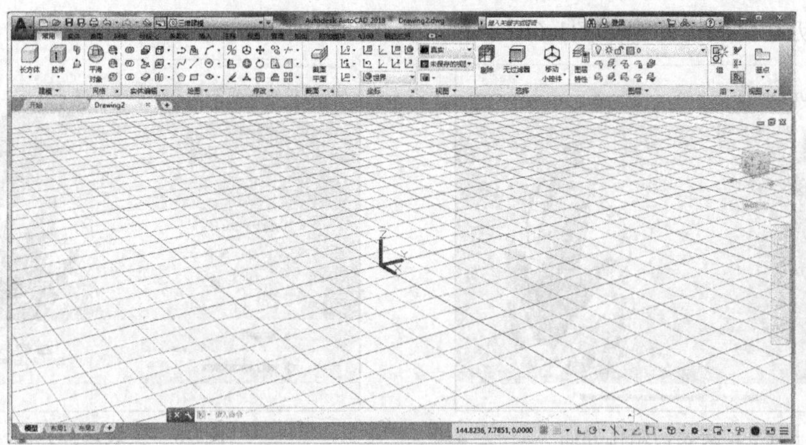

图1-8　三维建模工作界面

图1-9　三维基础工作界面(部分)

说明：

如果在各界面中显示有网格线，通过单击工作界面中位于最下面一行按钮的第3个按钮(栅格显示)可以实现显示或不显示栅格线的切换。

说明：

第一次启动AutoCAD 2018时，默认的工作界面是二维草图与注释工作界面。

切换工作界面的方法之一为：单击状态栏(位于绘图界面的最下面一栏)上的“切换工作空间”按钮()，AutoCAD弹出对应的菜单，如图1-10所示，从中选择对应的绘图工作空间即可。

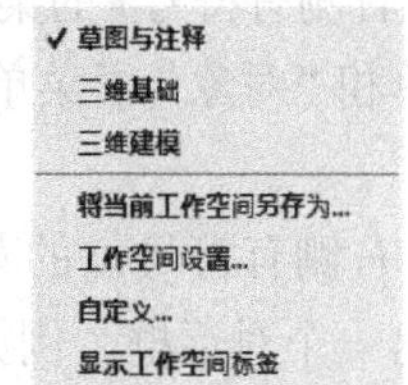

图1-10　切换工作空间菜单

说明：

第一次启动AutoCAD 2018后，如果在工作界面上还显示其他绘图辅助窗口，可以将它们关闭，在绘图过程中需要时再打开。

1.3.2　AutoCAD 2018工作界面

图1-11所示为AutoCAD 2018工作界面。

AutoCAD 2018工作界面由标题栏、绘图文件选项卡、菜单栏、工具栏、功能区、绘图窗口、光标、坐标系图标、模型/布局选项卡、命令窗口(又称为命令行窗口)、状态栏、菜单浏览器和ViewCube等组成。下面简要介绍它们的功能。

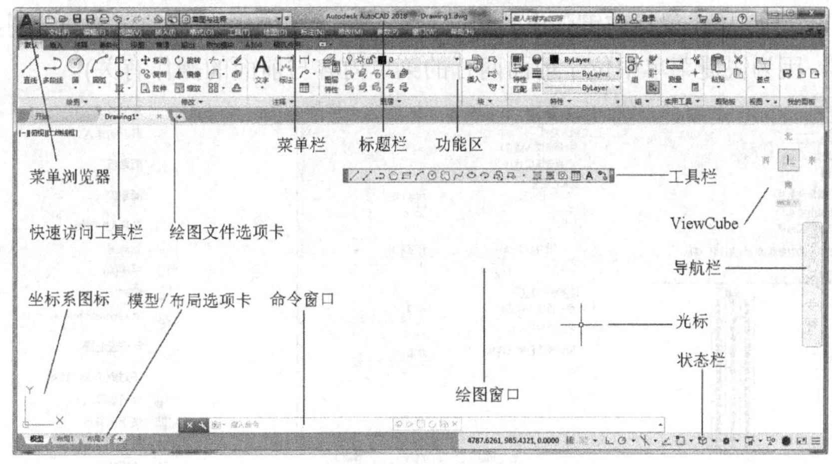

图1-11　AutoCAD 2018工作界面

1. 标题栏

标题栏位于工作界面的最上方，其功能与其他Windows应用程序类似，用于显示AutoCAD 2018的程序图标以及当前所操作图形文件的名称。位于标题栏右上角的按钮()用于实现AutoCAD 2018窗口的最小化、最大化和关闭操作。

2. 绘图文件选项卡

利用绘图文件选项卡可以直观显示出当前已打开或绘制的图形文件的模型界面或布

局界面，用户还可以方便地通过它切换当前要操作的图形文件。

3. 菜单栏

利用菜单栏能够执行AutoCAD的大部分命令。单击菜单栏中的某一个选项，可以打开对应的下拉菜单。图1-12所示为AutoCAD 2018的“修改”下拉菜单及其子菜单，用于编辑所绘图形等操作。

下拉菜单具有以下特点。

(1) 右侧有符号▸的菜单项，表示它还有子菜单。图1-12所示为与“对象”菜单项对应的子菜单和“对象”子菜单中的“多重引线”子菜单。

(2) 右侧有符号…的菜单项，被单击后将显示出一个对话框。例如，单击“绘图”菜单中的“表格”项，会弹出如图1-13所示的“插入表格”对话框，该对话框用于插入表格时的相应设置。

(3) 单击右侧没有任何标识的菜单项，会执行对应的AutoCAD命令。

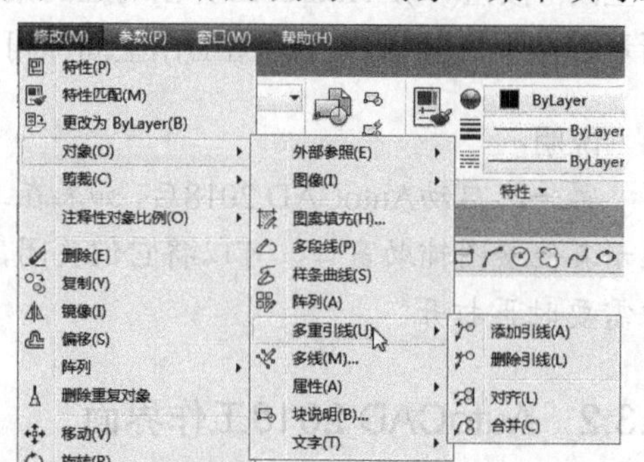

图1-12 “修改”下拉菜单及其子菜单

AutoCAD 2018还提供了快捷菜单，用于快速执行AutoCAD的常用操作，单击鼠标右键可打开快捷菜单。当前的操作不同或光标所处的位置不同时，单击鼠标右键后打开的快捷菜单也不同。例如，图1-14所示的是当光标位于绘图窗口时，单击鼠标右键弹出的快捷菜单(读者得到的快捷菜单可能与此图显示的菜单不一样，因为快捷菜单中位于前面两行的菜单内容与前面的操作有关)。

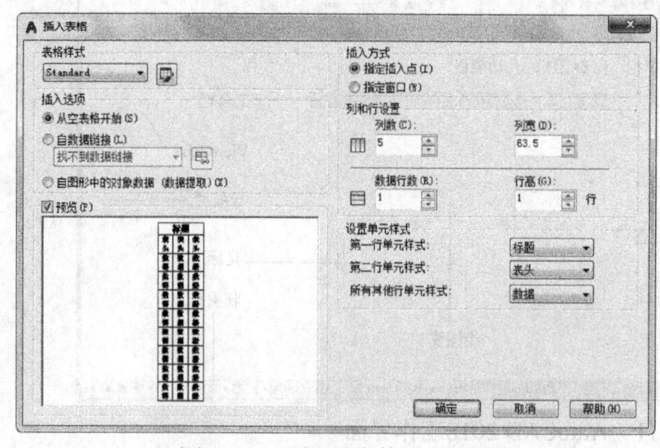

图1-13 “插入表格”对话框

图1-14 快捷菜单

4. 工具栏

AutoCAD提供了50多个工具栏，每个工具栏上都有一些命令按钮。将光标放到命令按钮上稍作停留，AutoCAD会弹出工具提示(即文字提示标签)，以说明该按钮的功能以及对应的绘图命令。例如，图1-15(a)所示的是绘图工具栏以及与绘制矩形按钮(▭)对应的工具提示。将光标放到工具栏按钮上，并在显示出工具提示后再停留一段时间(约2s)，又会显示出扩展的工具提示，如图1-15(b)所示。

扩展的工具提示为与该按钮对应的绘图命令提供了更为详细的说明。

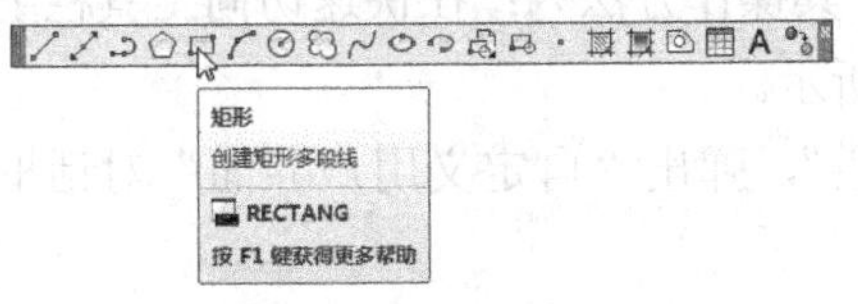

(a) 显示绘制矩形工具提示

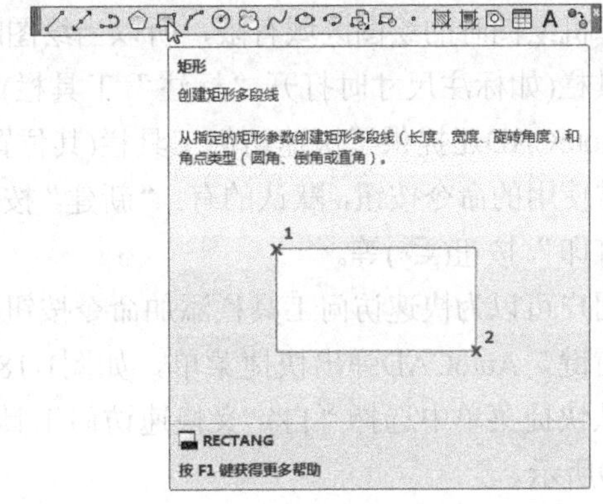

(b) 显示绘制矩形扩展的工具提示

图1-15　显示工具提示和扩展的工具提示

说明：

可以设置是否显示工具提示以及扩展的工具提示。

工具栏中命令按钮右下角有小黑三角形的按钮(◢)，单击可以引出一个包含相关命令的弹出工具栏。将光标放在这样的按钮上，按下鼠标左键，即可显示弹出工具栏。例如，单击“标准”工具栏中的“窗口缩放”按钮( )可以引出如图1-16所示的弹出工具栏。

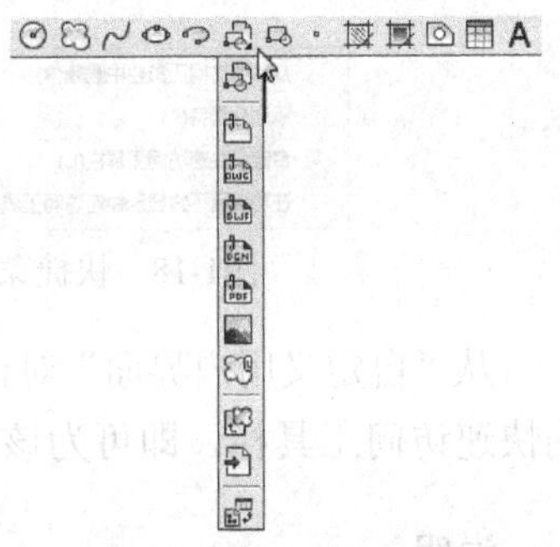

图1-16　显示弹出工具栏

单击工具栏上的某一按钮可以启动对应的AutoCAD命令。AutoCAD 2018在默认情况下没有显示打开的工具栏，用户可以根据需要打开或关闭任一工具栏，其操作方法是：单击菜单“工具”|“工具栏”| AutoCAD，或在已打开的工具栏上单击鼠标右键，AutoCAD弹出列有工具栏目录的快捷菜单，如图1-17所示(为节省篇幅，将此工具栏分为3列显示)。通过在此快捷菜单中选择，即可打开或关闭某一工具栏。在快捷菜单中，前面有√的菜单项表示已打开了对应的工具栏。

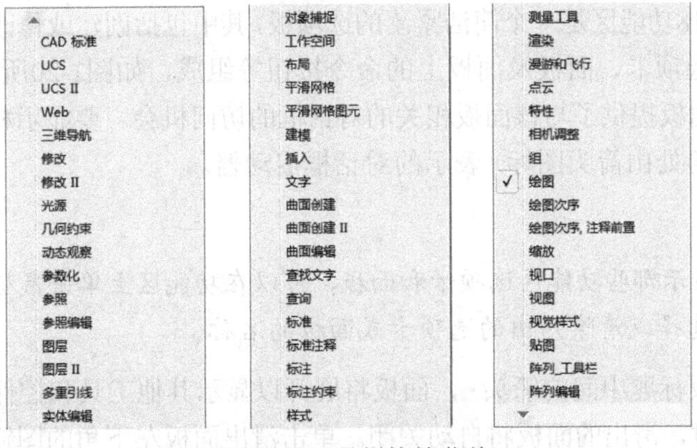

图1-17　工具栏快捷菜单

AutoCAD的工具栏是浮动的，用户可以将各工具栏拖放到工作界面的任意位置。由于用计算机绘图时的绘图区域有限，所以当绘图时，应根据需要只打开那些当前使用或常用的工具栏(如标注尺寸时打开“标注”工具栏)，并将其放到绘图窗口的适当位置。

AutoCAD还提供了快速访问工具栏(其位置如图1-11所示)，该工具栏用于放置那些需要经常使用的命令按钮，默认的有：“新建”按钮(□)、“打开”按钮(▱)、“保存”按钮(▪)及“打印”按钮(▫)等。

用户可以为快速访问工具栏添加命令按钮，其操作方法为：在快速访问工具栏上单击鼠标右键，AutoCAD弹出快捷菜单，如图1-18所示。

从快捷菜单中选择“自定义快速访问工具栏”，弹出“自定义用户界面”对话框，如图1-19所示。

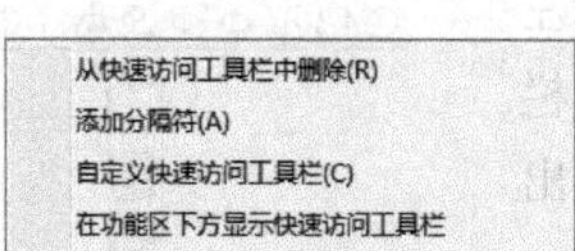

图1-18　快捷菜单

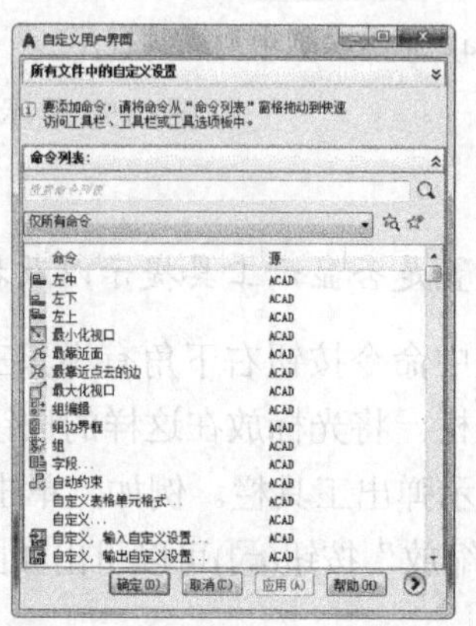

图1-19　“自定义用户界面”对话框

从“自定义用户界面”对话框的“命令列表:”列表框中找到要添加的命令后，将其拖到快速访问工具栏，即可为该工具栏添加对应的命令按钮。

说明：

为在“命令列表:”列表框中快速找到所需的命令，可通过命令过滤下拉列表框(如图1-19所示的“仅所有命令”所在的下拉列表框)指定命令范围。

5. 功能区

AutoCAD 2018功能区是一个简洁紧凑的选项板，其中包括创建或修改图形所需的所有工具。功能区由选项卡、面板及面板上的命令按钮等组成，如图1-20所示。

一些功能区面板提供了与该面板相关的对话框的访问机会。要显示相关的对话框，可以单击面板右下角处由箭头图标↘表示的对话框启动器。

说明：

如果要控制显示哪些功能区选项卡和面板，可以在功能区上单击鼠标右键，然后在弹出的快捷菜单上选择或清除列出的选项卡或面板的名称。

如果单击面板标题中间的箭头▾，面板将展开以显示其他工具和控件。默认情况下，当单击其他面板时，滑出的面板将自动关闭。单击滑出面板左下角的图钉图标，可以使面板保持展开状态。

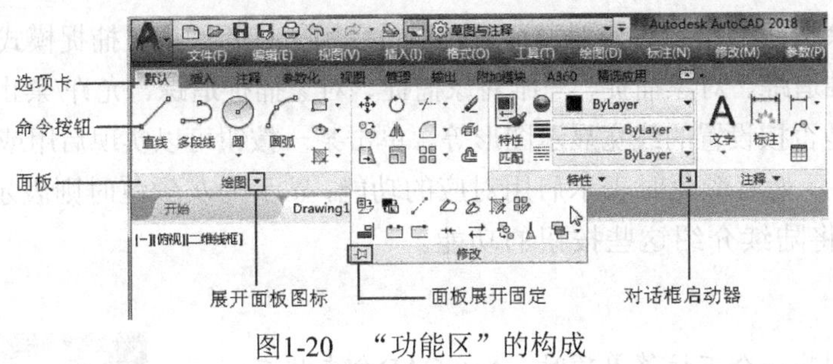

图1-20　“功能区”的构成

6. 绘图窗口

绘图窗口类似于手工绘图时的图纸，用AutoCAD 2018绘图就是在此区域中完成的。

7. 光标

AutoCAD的光标用于绘图、选择对象等操作。光标位于AutoCAD的绘图窗口时为十字形状，故又被称为十字光标，十字线的交点为光标的当前位置。

8. 坐标系图标

坐标系图标用于表示当前绘图所使用的坐标系形式以及坐标方向等。AutoCAD提供了世界坐标系(World Coordinate System，WCS)和用户坐标系(User Coordinate System，UCS)两种坐标系。世界坐标系为默认坐标系，且默认水平向右方向为*X*轴正方向，垂直向上方向为*Y*轴正方向。

说明：

可以通过执行“视图”|“显示”|“UCS图标”|“特性”命令设置坐标系图标的样式。

9. 模型/布局选项卡

模型/布局选项卡用于实现模型空间与图纸空间之间的切换。

10. 命令窗口

命令窗口是AutoCAD显示用户从键盘输入的命令和AutoCAD提示信息的地方。默认设置下，AutoCAD在命令窗口保留所执行的最后3行命令或提示信息。可以通过拖动窗口边框的方式改变命令窗口的大小，使其显示多于3行或少于3行的信息。

用户可以隐藏命令窗口，操作方法为：单击菜单“工具”|“命令行”，AutoCAD弹出“命令行—关闭窗口”对话框，如图1-21所示。单击对话框中的“是”按钮，即可隐藏命令窗口。隐藏命令窗口后，可以通过单击菜单“工具”|“命令行”再显示出命令窗口。

说明：

利用组合键Ctrl+9，可以快速实现隐藏与显示命令窗口之间的切换。

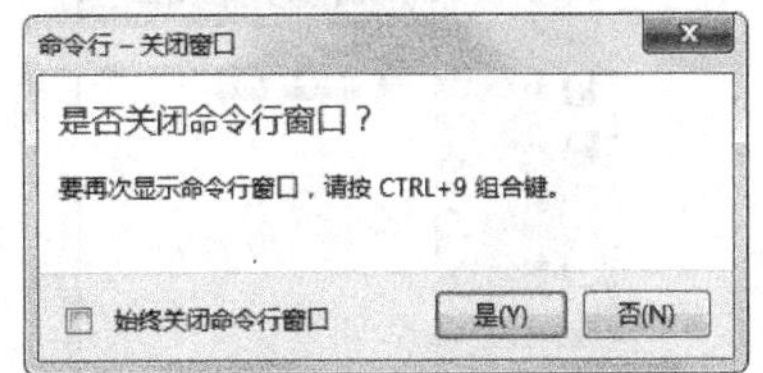

图1-21　“命令行—关闭窗口”对话框

11. 状态栏

状态栏用于显示或设置当前绘图状态。位于状态栏上最左边的一组数字反映当前光标的坐标值，其余按钮从左到右分别表示当前是否启用了推断约束、捕捉模式、栅格显示、正交模式、极轴追踪、对象捕捉、三维对象捕捉、对象捕捉追踪、允许/禁止动态UCS、动态输入，以及是否按设置的线宽显示图形等。单击某一按钮可以实现启用或关闭对应功能的切换，按钮显示为蓝颜色时表示启用对应的功能，显示为灰颜色时则表示关闭该功能。本书后续章节将陆续介绍这些按钮的功能。

说明：

将光标放到某一个下拉菜单项时，AutoCAD会在状态栏上显示出与该菜单项对应的功能说明。

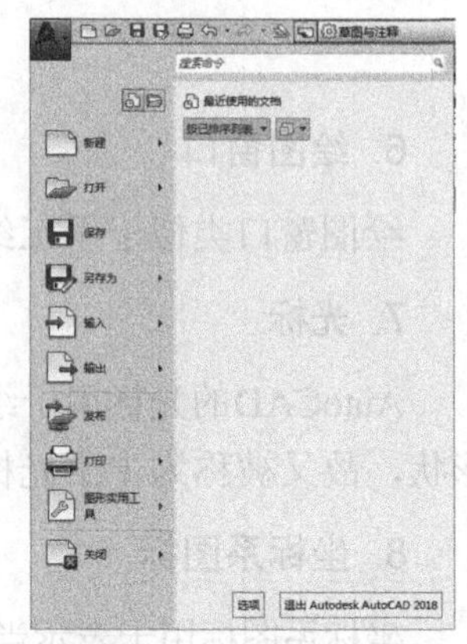

图1-22　菜单浏览器

12. 菜单浏览器

AutoCAD 2018提供了菜单浏览器，其位置如图1-22所示。单击此菜单浏览器，AutoCAD会将浏览器展开，如图1-22所示，利用其可以执行AutoCAD的相应命令。

13. ViewCube

利用该工具可以方便地将视图按不同的方位显示。AutoCAD默认打开ViewCube，但对于二维绘图而言，此功能的作用不大。

1.4　管理图形文件

在AutoCAD 2018中，图形文件管理一般包括创建新文件、打开已有的图形文件、保存文件、加密文件和关闭图形文件等操作。

1.4.1　创建图形文件

在AutoCAD快捷工具栏中单击“新建”按钮，或单击“菜单浏览器”按钮，在弹出的菜单中选择“新建”|“图形”命令，可以创建新图形文件，此时将打开“选择样板”对话框，如图1-23所示。

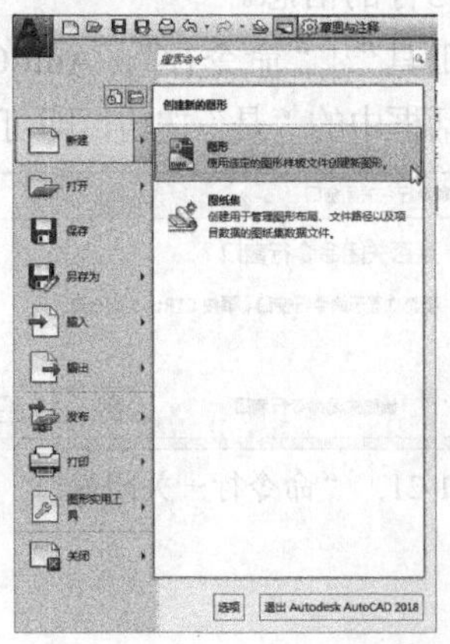

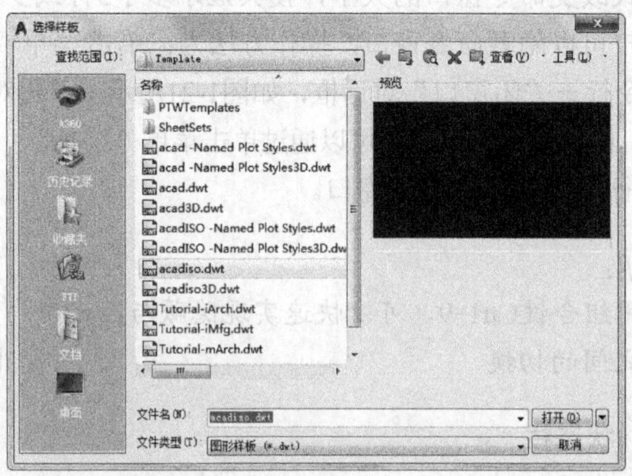

图1-23　打开“选择样板”对话框

在“选择样板”对话框中，可以在样板列表框中选中某一个样板文件，这时在右侧的“预览”框中将显示出该样板的预览图像，单击“打开”按钮，可以将选中的样板文件作为样板来创建新图形。例如，以样板文件Tutorial –iMfg创建新图形文件后，可以得到如图1-24所示的效果。样板文件中通常包含一些与绘图相关的通用设置，如图层、线型、文字样式等，使用样板创建新图形不仅提高了绘图的效率，而且还保证了图形的一致性。

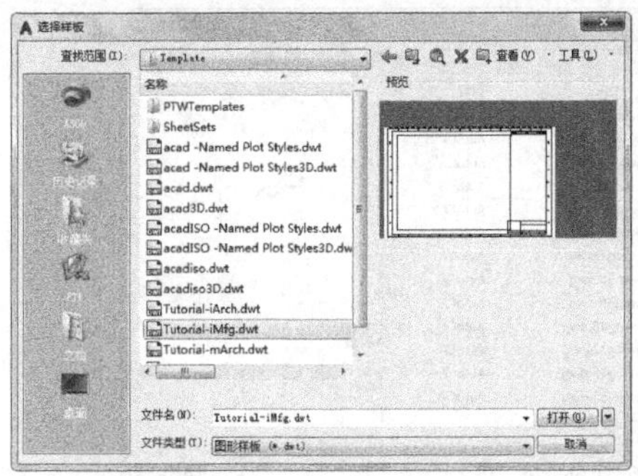

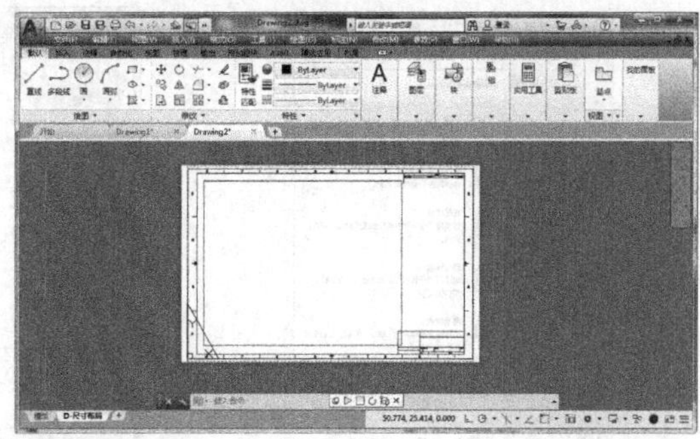

图1-24　新建图形

1.4.2　打开图形文件

在快捷工具栏中单击“打开”按钮，或单击“菜单浏览器”按钮，在弹出的菜单中选择“打开”|“图形”命令，可以打开已有的图形文件，此时将打开“选择文件”对话框，如图1-25所示。

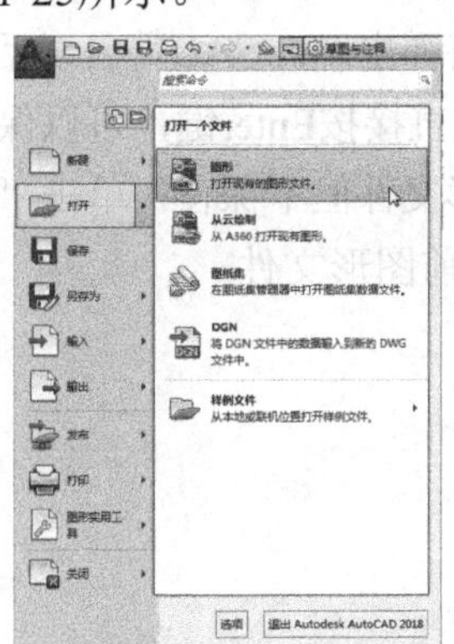

图1-25　打开“选择文件”对话框

在“选择文件”对话框的文件列表框中，选择需要打开的图形文件，在右侧的“预览”框中将显示出该图形的预览图像。默认情况下，打开的图形文件的格式都为.dwg格式。图形文件可以以“打开”、“以只读方式打开”、“局部打开”和“以只读方式局部打开”4种方式打开。如果以“打开”和“局部打开”方式打开图形，可以对图形文件进行编辑；若以“以只读方式打开”和“以只读方式局部打开”方式打开图形，则无法编辑图形文件。

1.4.3　保存图形文件

在AutoCAD中，可以使用多种方式将所绘图形以文件形式存入磁盘。例如，在快速访问工具栏中单击“保存”按钮，或单击“菜单浏览器”按钮，在弹出的菜单中选择“保

存”命令，以当前使用的文件名保存图形；也可以单击“菜单浏览器”按钮，在弹出的菜单中选择“另存为”|“图形”命令，将当前图形以新的名称保存，如图1-26所示。

在第一次保存新创建的图形时，系统将打开“图形另存为”对话框，如图1-27所示。默认情况下，文件以“AutoCAD 2013/LT2013图形(*.dwg)”格式保存，也可以在“文件类型”下拉列表框中选择其他格式。

图1-26　保存图形

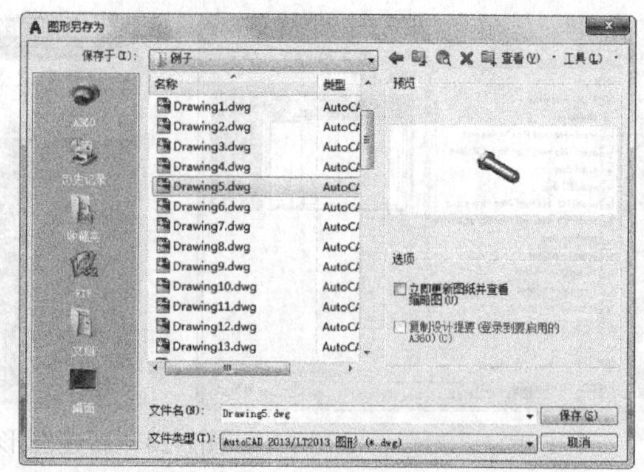

图1-27　“图形另存为”对话框

1.4.4　关闭图形文件

单击“菜单浏览器”按钮，在弹出的菜单中选择“关闭”|“当前图形”命令，如图1-28所示，或在绘图窗口中单击“关闭”按钮，可以关闭当前图形文件。

执行CLOSE命令后，如果当前图形没有保存，系统将弹出AutoCAD警告对话框，询问是否保存文件，如图1-29所示。此时，单击“是”按钮或直接按Enter键，可以保存当前图形文件并将其关闭；单击“否”按钮，可以关闭当前图形文件但不保存；单击“取消”按钮，可以取消关闭当前图形文件，即不保存也不关闭当前图形文件。

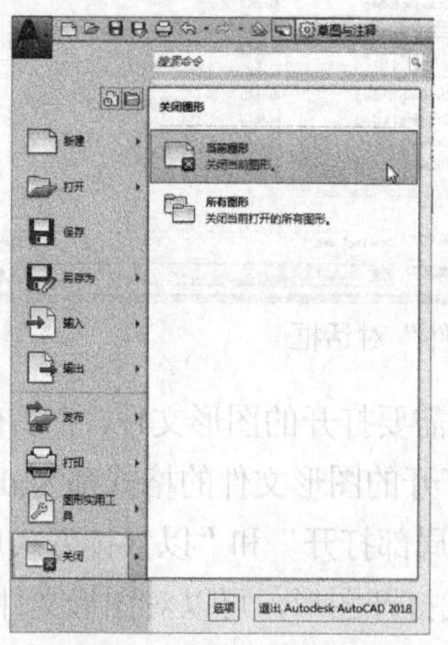

图1-28　关闭图形文件

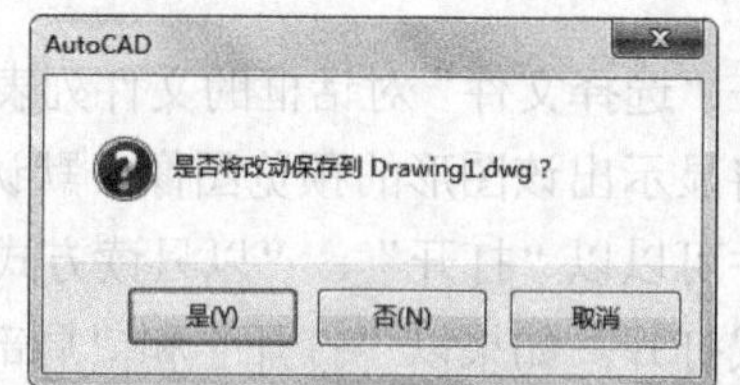

图1-29　提示是否保存图形文件

【练习1-1】 在AutoCAD 2018中创建一个图形文件，然后将该文件保存。

(1) 启动 AutoCAD 2018 后，单击快速访问工具栏中的“新建”按钮，打开“选择样板”对话框，如图 1-30 所示。

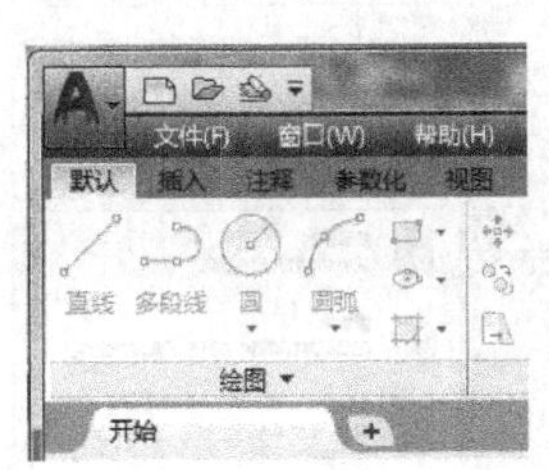
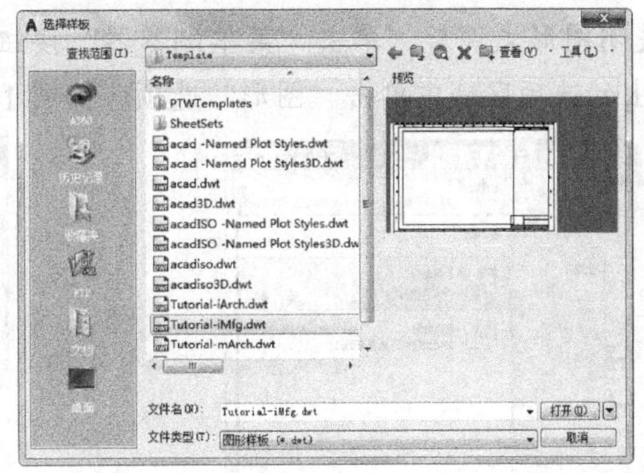

图1-30　打开“选择样板”对话框

(2) 在“选择样板”对话框中选择 Architectural Metric.dwt 样板后，如图 1-31 所示，单击“打开”按钮，即可创建如图 1-32 所示的样板图形文件。

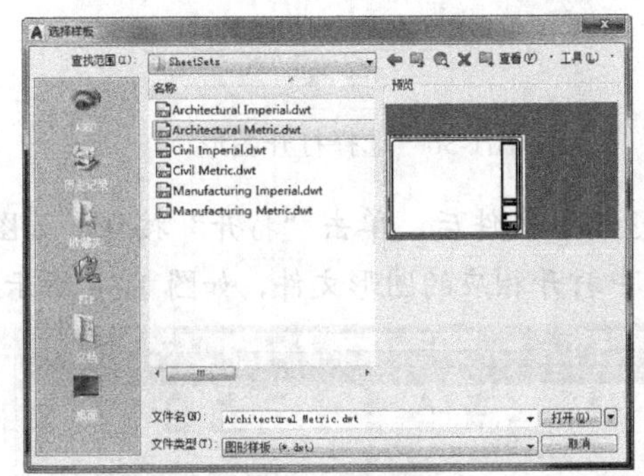

图1-31　“选择样板”对话框

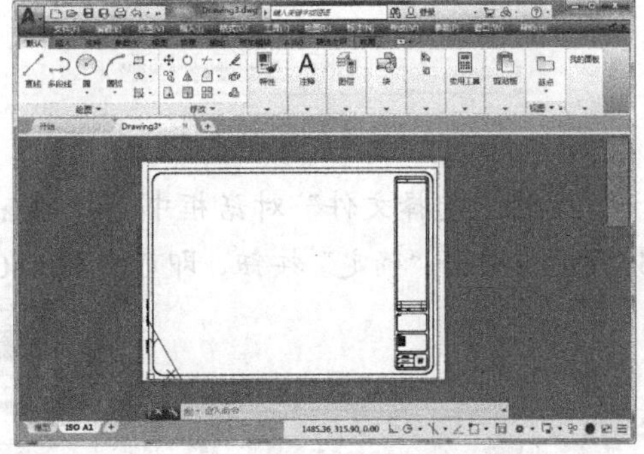

图1-32　创建图形文件

(3) 单击“菜单浏览器”按钮，在弹出的菜单中选择“另存为”命令，然后在显示的选项区域中单击“图形”选项，如图 1-33 所示。

(4) 在打开的“图形另存为”对话框的“文件名”文本框中输入 Drawing3.dwg，如图 1-34 所示。

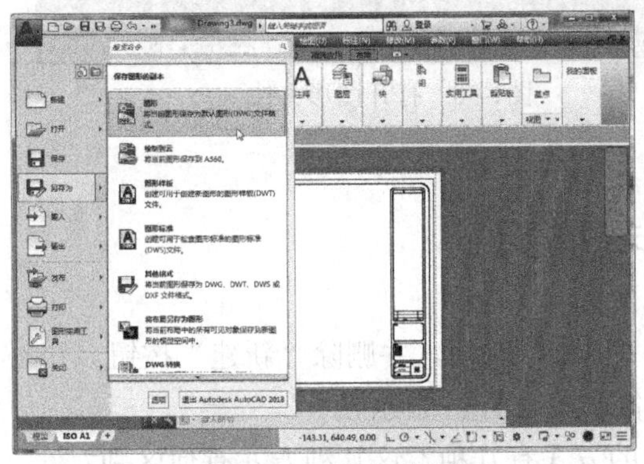

图1-33　保存图形文件

图1-34　“图形另存为”对话框

(5) 单击“图形另存为”对话框中的“保存”按钮，即可将创建的图形文件保存。

(6) 单击“菜单浏览器”按钮，在弹出的菜单中单击“关闭”按钮，然后在打开的选项区域中单击“当前图形”选项，可以将当前打开的 Drawing3.dwg 图形文件关闭，如图 1-35 所示。

(7) 关闭图形文件后，单击“菜单浏览器”按钮，在弹出的菜单中选择“打开”命令，在弹出的选项区域中单击“图形”选项，如图 1-36 所示，打开“选择文件”对话框。

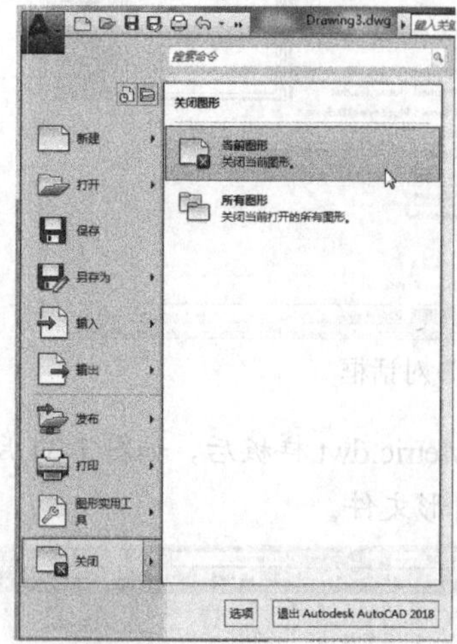

图1-35　关闭图形文件

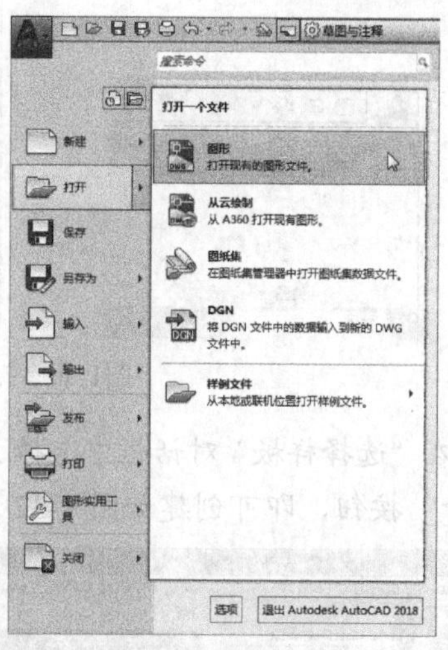

图1-36　选择打开图形

(8) 在“选择文件”对话框中选择 Drawing3.dwg 文件后，单击“打开”按钮，如图 1-37 所示。单击“确定”按钮，即可在 AutoCAD 中打开相应的图形文件，如图 1-38 所示。

图1-37　“选择文件”对话框

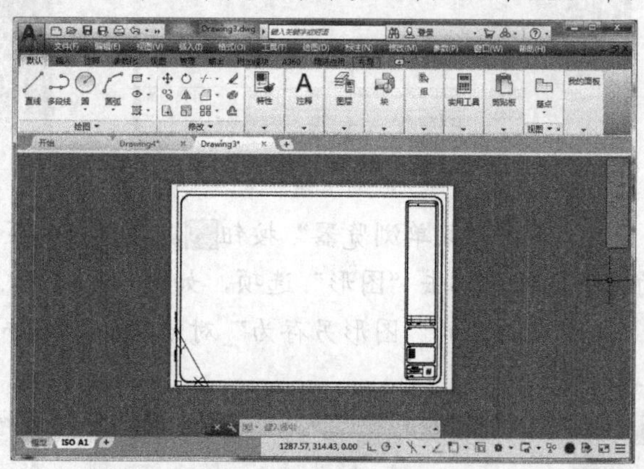

图1-38　打开图形文件

1.5　思考练习

1. 在AutoCAD的快速访问工具栏中添加“渲染”按钮，并删除“新建”按钮。
2. 请说明AutoCAD工作界面的状态栏中各个按钮的主要功能。
3. 在AutoCAD 2018中打开一个图形文件的方式有几种？这几种方式有何区别？

第2章　AutoCAD 2018绘图基础

AutoCAD软件以输入命令为主要手段来完成图形的绘制，但有时为了规范绘图，提高绘图效率，还应掌握绘图环境的设置、坐标系的使用方法等。本章将主要介绍在AutoCAD中设置绘图环境、使用命令与系统变量、常用绘图操作以及坐标系的使用方法等知识。

2.1　设置AutoCAD绘图环境

在使用AutoCAD 2018绘图前，用户需要对参数选项、绘图单位和绘图界限等进行必要的设置，具体如下。

2.1.1　设置参数选项

单击“菜单浏览器”按钮，在弹出的菜单中单击“选项”按钮，打开“选项”对话框。该对话框中包含“文件”、“显示”、“打开和保存”、“打印和发布”、“系统”、“用户系统配置”、“绘图”、“三维建模”、“选择集”、“配置”和“联机”选项卡，如图2-1所示。

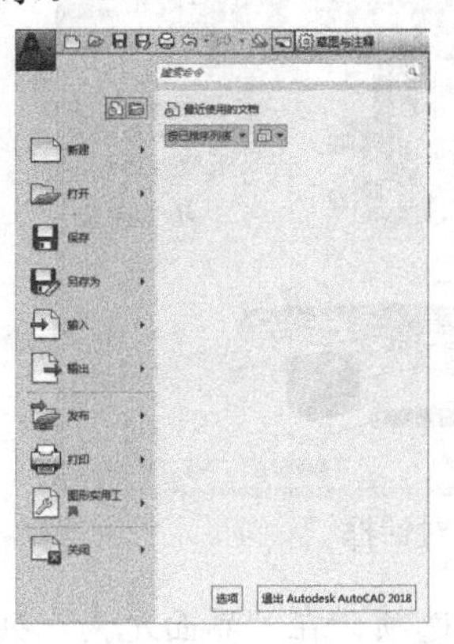

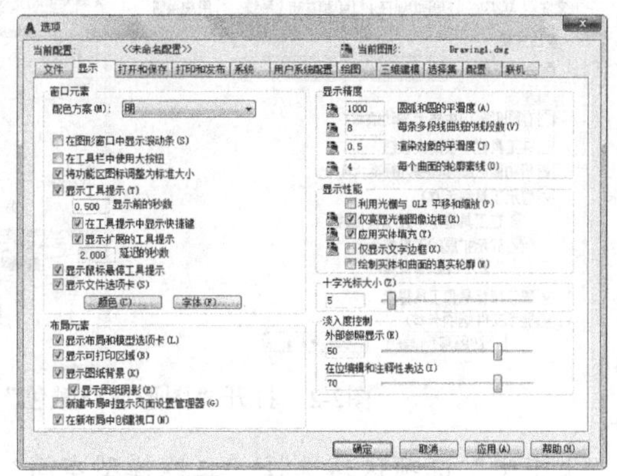

图2-1　打开“选项”对话框

“选项”对话框中主要选项卡的功能如下。

- “文件”选项卡：用于确定AutoCAD搜索支持文件、驱动程序文件、菜单文件和其他文件时的路径以及用户定义的一些设置。
- “显示”选项卡：用于设置窗口元素、布局元素、显示精度、显示性能和十字光标大小等显示属性。
- “打开和保存”选项卡：用于设置是否自动保存文件，以及自动保存文件时的时间间隔，是否维护日志，以及是否加载外部参照等。

- “打印和发布”选项卡：用于设置AutoCAD的输出设备。默认情况下，输出设备为Windows打印机。但在很多情况下，为了输出较大幅面的图形，也可使用专门的绘图仪。
- “系统”选项卡：用于设置当前三维图形的显示特性，设置定点设备、是否显示OLE特性对话框、是否显示所有警告信息、是否检查网络连接、是否显示启动对话框和是否允许长符号名等。
- “用户系统配置”选项卡：用于设置是否使用快捷菜单和对象的排序方式。
- “绘图”选项卡：用于设置自动捕捉、自动追踪、自动捕捉标记框颜色和大小、靶框大小。
- “三维建模”选项卡：用于设置三维绘图模式下的三维十字光标、UCS图标、动态输入、三维对象、三维导航等选项。
- “选择集”选项卡：用于设置选择集模式、拾取框大小以及夹点大小等。
- “配置”选项卡：用于实现新建系统配置文件、重命名系统配置文件以及删除系统配置文件等操作。

【练习2-1】初次使用AutoCAD 2018时，绘图窗口的背景带有颜色，为了便于绘图，可以将模型空间背景的颜色设置为白色。

(1) 单击“菜单浏览器”按钮，在弹出的菜单中单击“选项”按钮，打开“选项”对话框。

(2) 选择“显示”选项卡，在“窗口元素”选项区域中单击“颜色”按钮，打开“图形窗口颜色”对话框，如图 2-2 所示。

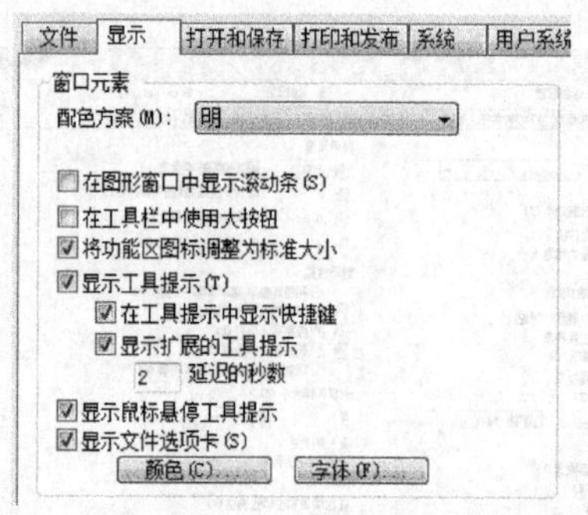

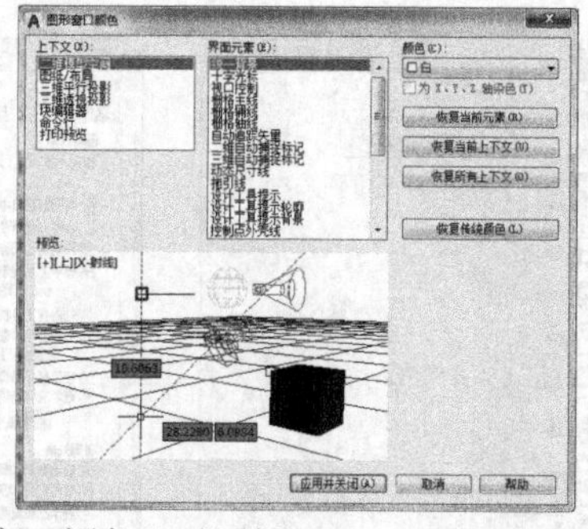

图2-2 打开“图形窗口颜色”对话框

(3) 在“上下文”选项区域选择“二维模型空间”选项，在“界面元素”列表框中选择“统一背景”选项。

(4) 在“颜色”下拉列表框中选择“白”选项，这时模型空间背景颜色将设置为白色，如图 2-3 所示。单击“应用并关闭”按钮完成设置。

(5) 完成以上操作后，在【选项】对话框中单击【确定】按钮，AutoCAD 2018 的绘图窗口背景颜色将被设置为如图 2-4 所示的白色。

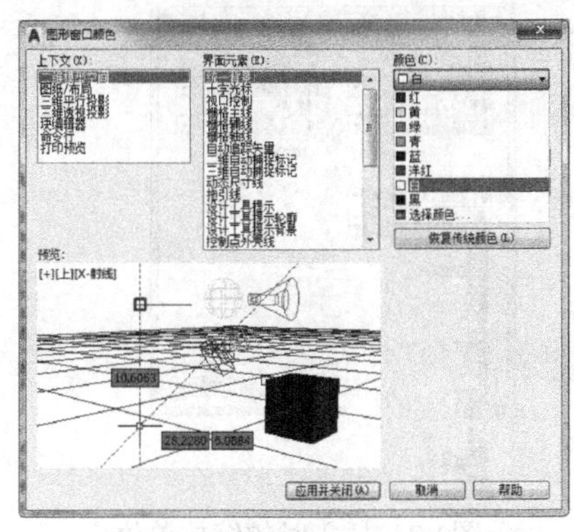

图2-3　设置模型空间背景颜色

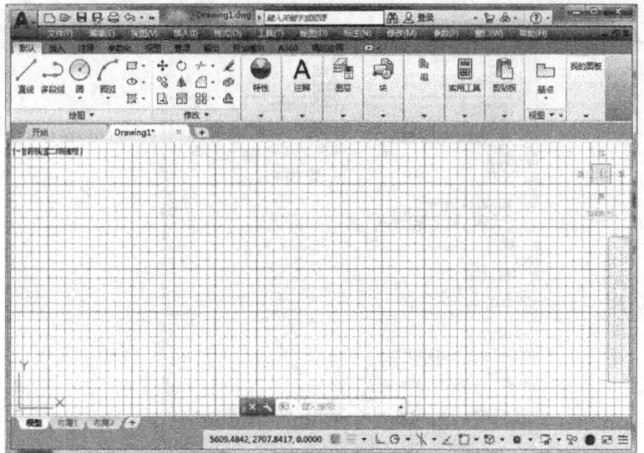

图2-4　AutoCAD窗口效果

2.1.2　设置图形单位

在AutoCAD中，可以采用1:1的比例因子绘图，因此，所有的直线、圆和其他对象都可以以真实大小来绘制。例如，一个零件长200cm，可以按200cm的真实大小来绘制，在需要打印时，再将图形按图纸大小进行缩放。

在AutoCAD中单击按钮，然后在弹出的菜单中选择“显示菜单栏”命令，在弹出的菜单中选择“格式”|“单位”命令，在打开的“图形单位”对话框中可以设置绘图时使用的长度单位、角度单位，以及单位的显示格式和精度等参数，如图2-5所示。

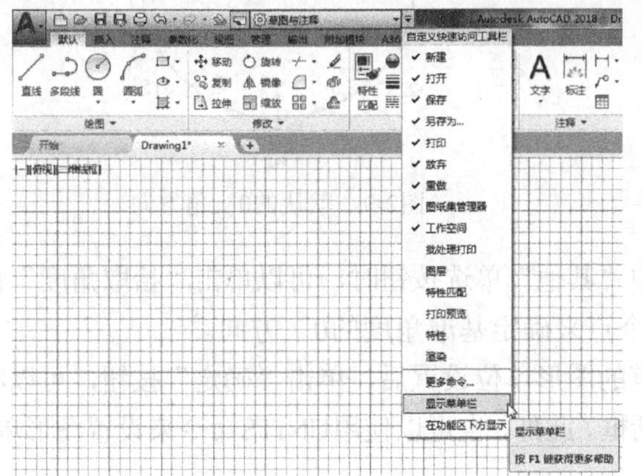

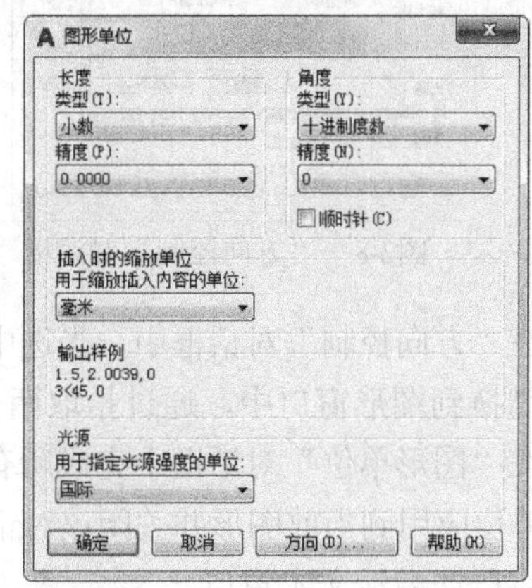

图2-5　打开“图形单位”对话框

在长度的测量单位类型中，“工程”和“建筑”类型(如图2-6所示)是以英尺和英寸显示，每一个图形单位代表1英寸。其他类型，如“科学”和“分数”则没有这样的设定，每个图形单位都可以代表任何真实的单位。

如果块或图形创建时使用的单位与该选项指定的单位不同，则在插入这些块或图形时，将对其按比例缩放。插入比例是源块或图形使用的单位与目标图形使用的单位之比。如果插入块时不按指定单位缩放，则可以选择“无单位”选项，如图2-7所示。

注意：

在“长度”或“角度”选项区域中设置了长度或角度的类型与精度后，在“输出样例”选项区域中将显示它们对应的样例。

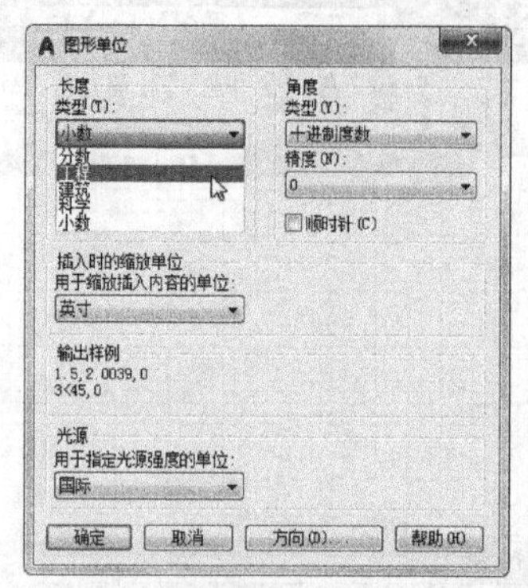

图2-6　设置长度测量单位

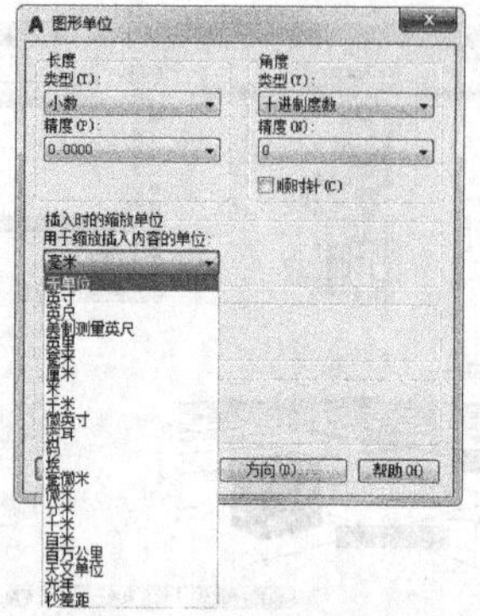

图2-7　插入时的缩放单位

在“图形单位”对话框中，单击“方向”按钮，可以利用打开的“方向控制”对话框设置起始角度(0°角)的方向，如图2-8所示。默认情况下，角度的0°方向是指向右(即正东或3点钟)的方向，如图2-9所示。逆时针方向为角度增加的正方向。

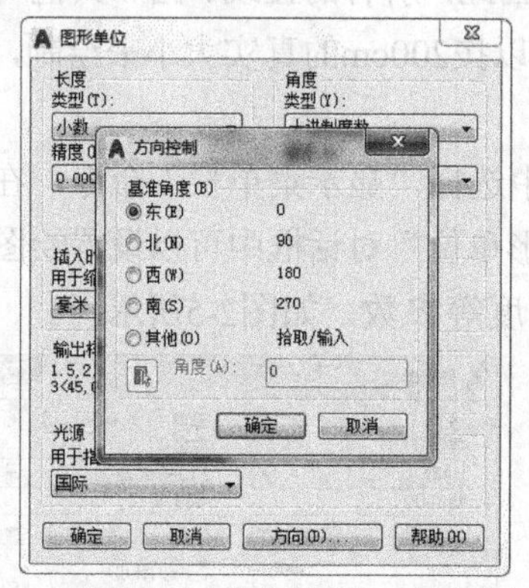

图2-8　“方向控制”对话框

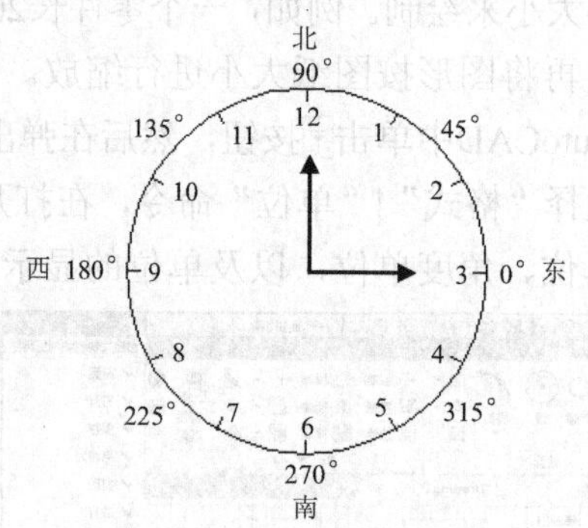

图2-9　默认的0°角方向

在“方向控制”对话框中，当选中“其他”单选按钮时，可以单击“拾取角度”按钮，切换到图形窗口中，通过拾取两个点来确定基准角度的0°方向。

在“图形单位”对话框中完成所有的图形单位设置后，单击“确定”按钮，可以将设置的单位应用到当前图形并关闭该对话框。此外，也可以使用UNITS命令来设置图形单位，这时将自动激活文本窗口。

【练习2-2】设置图形单位，要求长度单位为小数点后两位，角度单位为十进制度数后一位小数，并以如图2-10所示的AB两点(从左下角到右上角)方向为角度的基准角度。

(1) 选择“格式”|“单位”命令，打开“图形单位”对话框。

(2) 在“长度”选项区域的“类型”下拉列表框中选择“小数”；在“精度”下拉列表框中选择0.00；在“角度”选项区域的“类型”下拉列表框中选择“十进制度数”；在“精度”下拉列表框中选择0.0，如图2-11所示。

(3) 单击“方向”按钮，打开“方向控制”对话框，并在“基准角度”选项区域中选中“其他”单选按钮。单击“拾取角度”按钮，切换到绘图窗口，然后单击交点A和B，在“方向控制”对话框的“角度”文本框中将显示角度值，如图2-12所示。单击“确定”按钮完成设置。

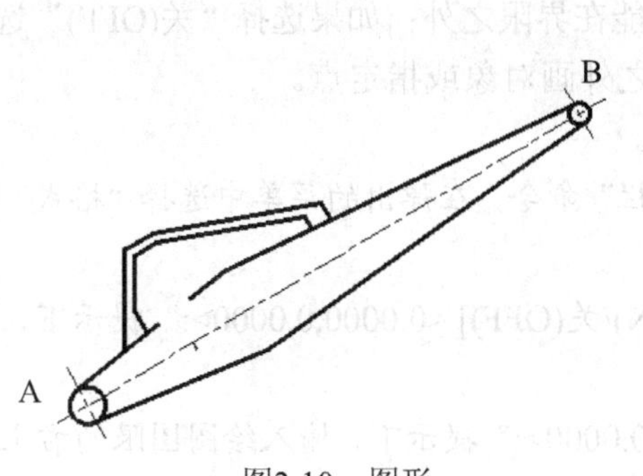

图2-10　图形

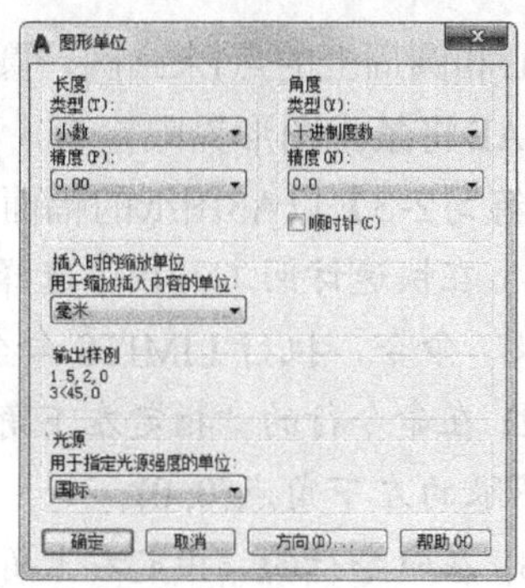

图2-11　“图形单位”对话框

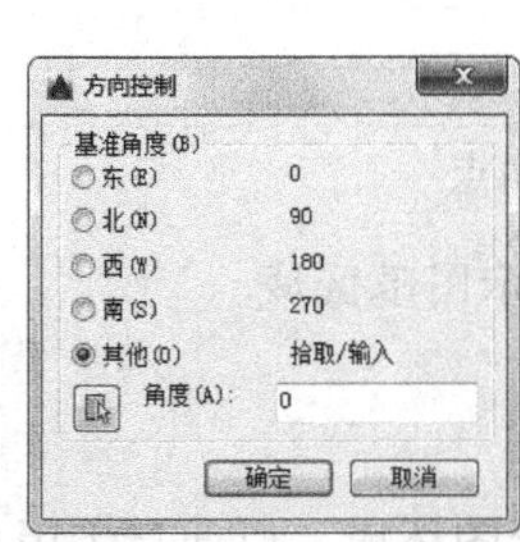

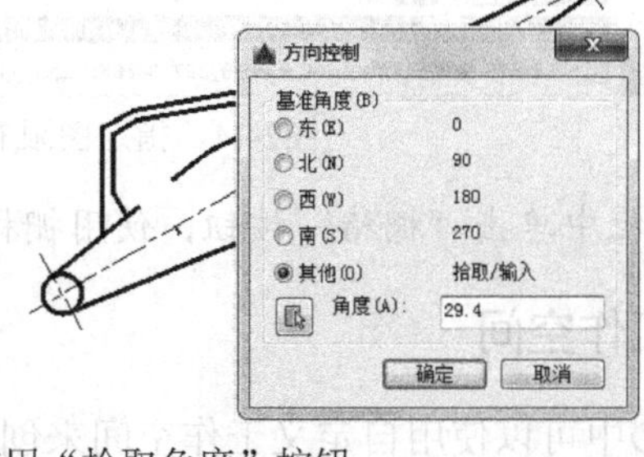

图2-12　使用“拾取角度”按钮

2.1.3　设置图形界限

图形界限就是绘图区域，也称为图限。在AutoCAD 2018中，可以在快速访问工具栏中选择“显示菜单栏”命令，在弹出的菜单中选择“格式”|“图形界限”命令(LIMITS)来设置图形界限，如图2-13所示。

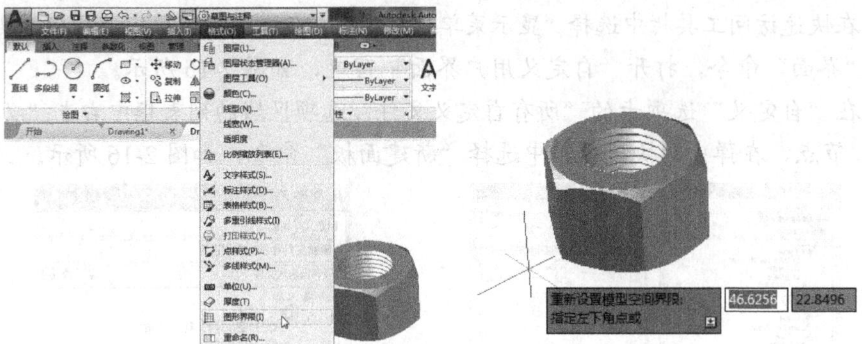

图2-13　设置图形界限

在世界坐标系下，图形界限由一对二维点确定，即左下角点和右上角点。在发出LIMITS命令时，命令提示行将显示如下提示信息：

```
LIMITS 指定左下角点或 [开(ON) 关(OFF)] <0.0000,0.0000>:
```

此时，通过选择“开(ON)”或“关(OFF)”选项可以决定能否在图形界限之外指定一点。如果选择“开(ON)”选项，那么将打开图形界限检查，就不能在图形界限之外结束一个对象，也不能使用“移动”或“复制”命令将图形移到图形界限之外，但可以指定两个点(中心和圆周上的点)来画圆，圆的一部分可能在界限之外；如果选择“关(OFF)”选项，AutoCAD将禁止图形界限检查，可以在图限之外画对象或指定点。

【练习2-3】以A3图纸的幅面为图形界限。

(1) 在快速访问工具栏中选择“显示菜单栏”命令，在弹出的菜单中选择“格式”|“图形界限”命令，执行 LIMITS 命令。

(2) 在命令行的“指定左下角点或 [开(ON)/关(OFF)] <0.0000,0.0000>:”提示下，输入绘图图限的左下角点(0, 0)。

(3) 在命令行的“指定右上角点 <0.0000,0.0000>:”提示下，输入绘图图限的右上角点(420,297)，如图 2-14 所示。

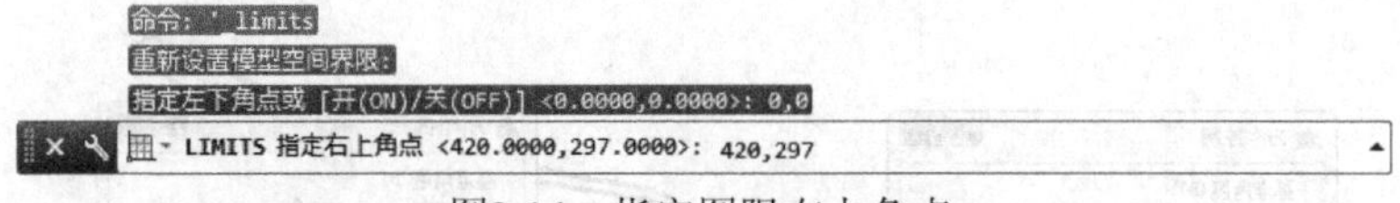

图2-14　指定图限右上角点

(4) 在状态栏中单击“栅格”按钮，使用栅格显示图限区域。

2.1.4　设置工作空间

在AutoCAD中可以使用自定义工作空间来创建绘图环境，以便显示用户需要的工具栏、菜单和可固定的窗口。

1. 自定义用户界面

在快速访问工具栏中选择“显示菜单栏”命令，在弹出的菜单中选择“工具”|“自定义”|“界面”命令，打开“自定义用户界面”窗口，可以重新设置图形环境使其满足需求。

【练习2-4】在“功能区”选项板的“常用”选项卡中创建一个自定义面板。

(1) 在快速访问工具栏中选择“显示菜单栏”命令，在弹出的菜单中选择“工具”|“自定义”|“界面”命令，打开“自定义用户界面”窗口，如图 2-15 所示。

(2) 在“自定义”选项卡的“所有自定义文件”选项区域的列表框中右击“功能区”|“面板”节点，在弹出的快捷菜单中选择“新建面板”命令，如图 2-16 所示。

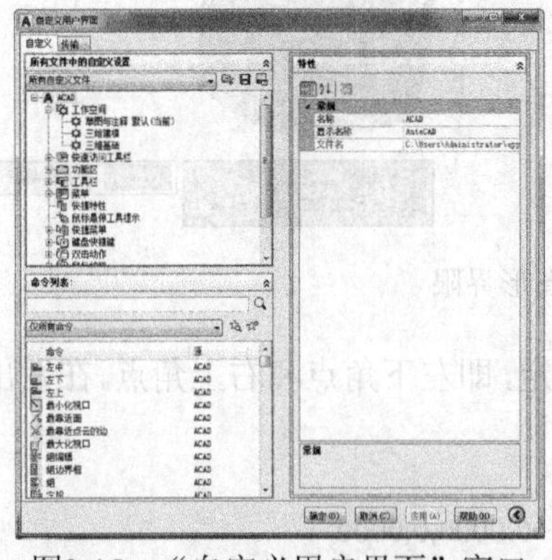

图2-15　“自定义用户界面”窗口

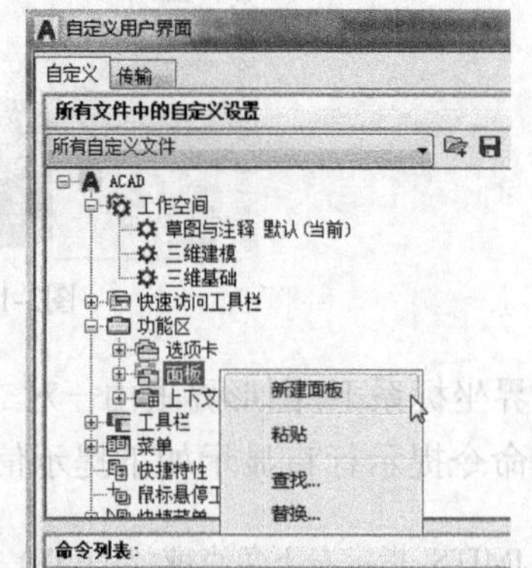

图2-16　新建面板

(3) 在对话框右侧的“特性”选项区域的“名称”文本框中输入自定义工具栏名称，如“我的面板”，如图 2-17 所示。

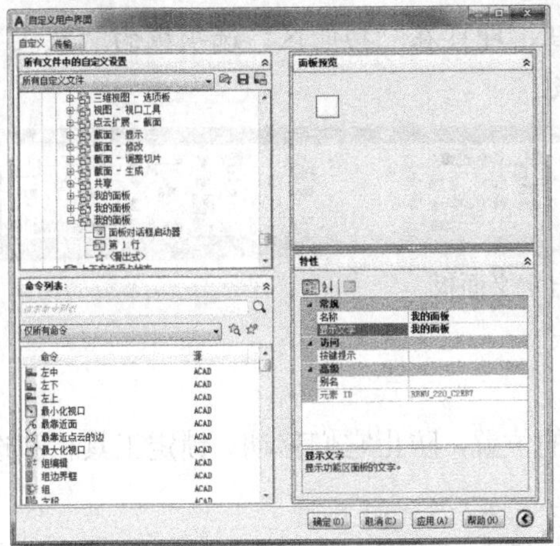
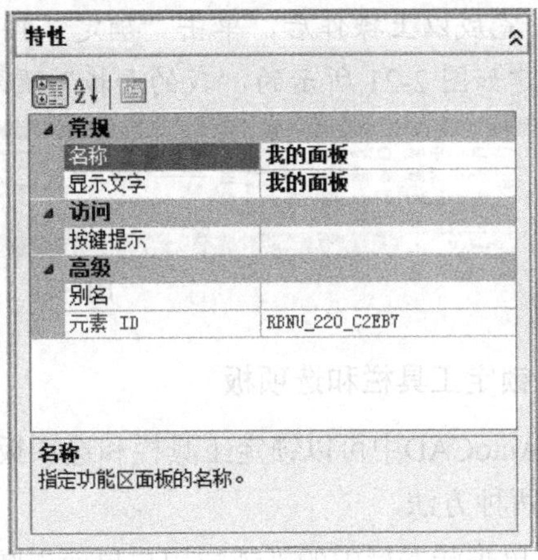

图2-17　设置新建面板名称

(4) 在左侧“命令列表”选项区域中的“按类别”下拉列表框中选择“文件”选项，然后在下方对应的列表框中选择“另存为”命令，将其拖动到“我的面板”上，就为新建的工具栏添加了第一个工具按钮，如图 2-18 所示。

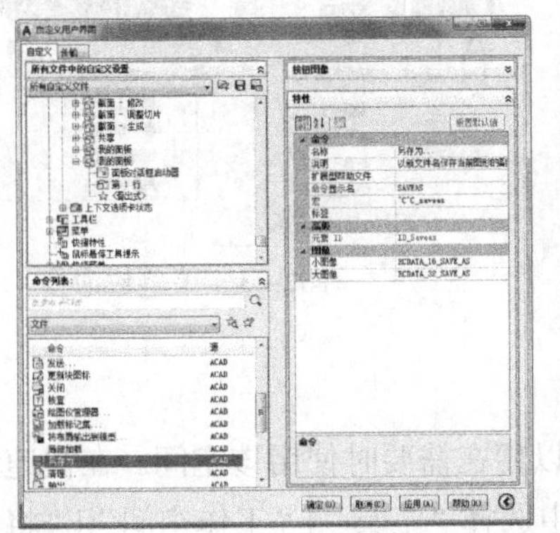
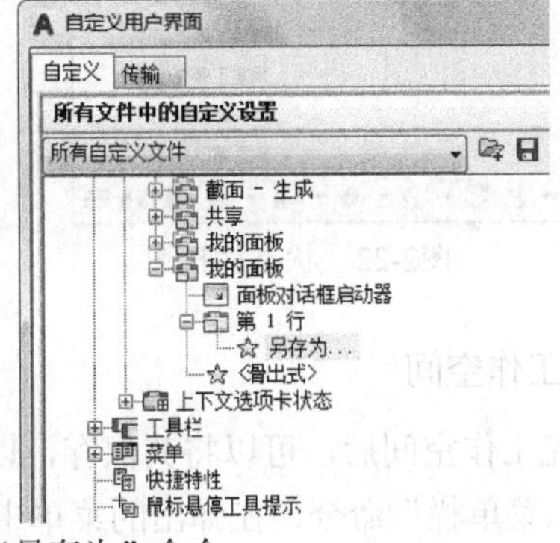

图2-18　拖动“另存为”命令

(5) 重复步骤(4)的操作，使用同样的方法添加其他工具按钮，如图 2-19 所示。

(6) 在“所有文件中的自定义设置”列表中将“我的面板”拖动至“常用”选项卡中，如图 2-20 所示。

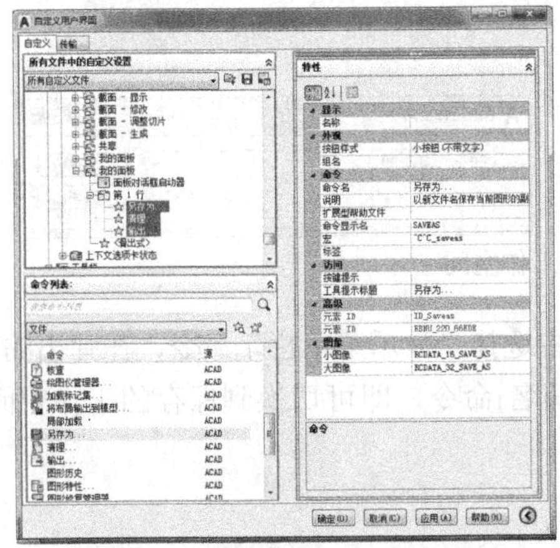
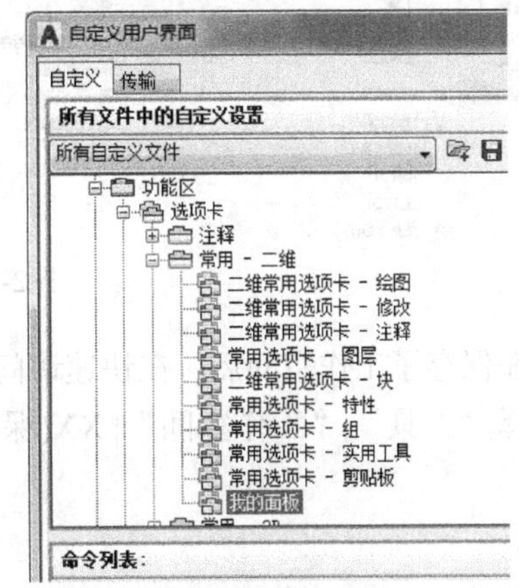

图2-19　添加更多工具按钮

图2-20　将“我的面板”拖动至“常用”选项卡中

(7) 完成以上操作后，单击“确定”按钮，即可在“功能区”选项板的“默认”选项卡中创建如图 2-21 所示的“我的面板”面板。

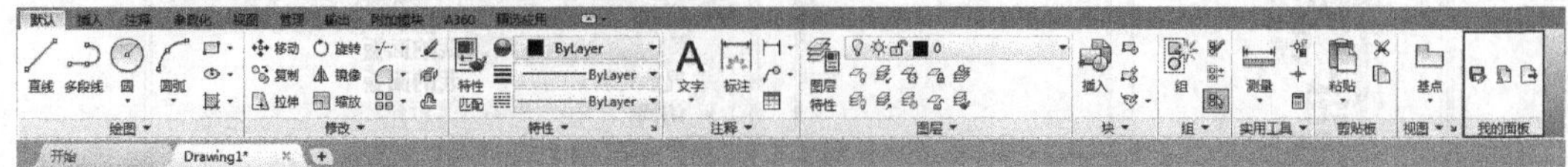

图2-21　自定义面板

2. 锁定工具栏和选项板

在AutoCAD中可以锁定工具栏和选项板的位置，防止它们移动。锁定工具栏和选项板有以下两种方法。

- 单击状态栏中的“锁定用户界面”图标，在弹出的菜单中选择需要锁定的对象，如图2-22所示。锁定对象后，状态栏上的“锁定用户界面”图标变为。
- 在快速访问工具栏中选择“显示菜单栏”命令，在弹出的菜单中选择“窗口”|“锁定位置”命令的子命令，如图2-23所示。

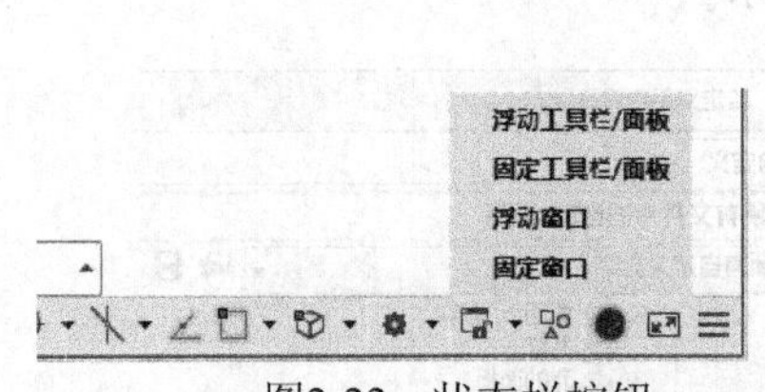

图2-22　状态栏按钮

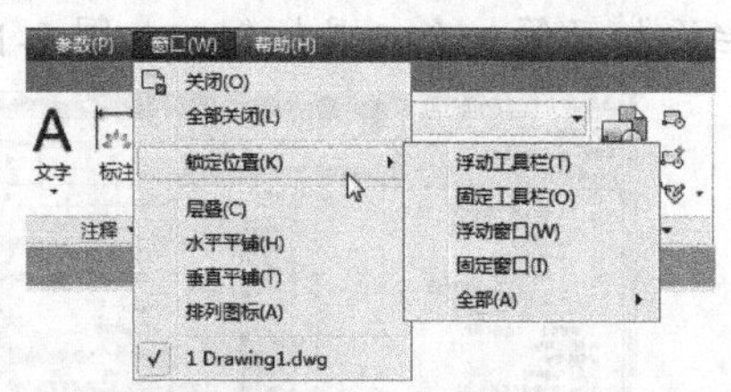

图2-23　菜单栏命令

3. 保存工作空间

在设置完工作空间后，可以将其保存，以便在需要时使用该空间。在快速访问工具栏中选择“显示菜单栏”命令，在弹出的菜单中选择“工具”|“工作空间”|“将当前工作空间另存为”命令，打开“保存工作空间”对话框，在其中设置空间名称后，单击“保存”按钮即可保存该工作空间，如图2-24所示。

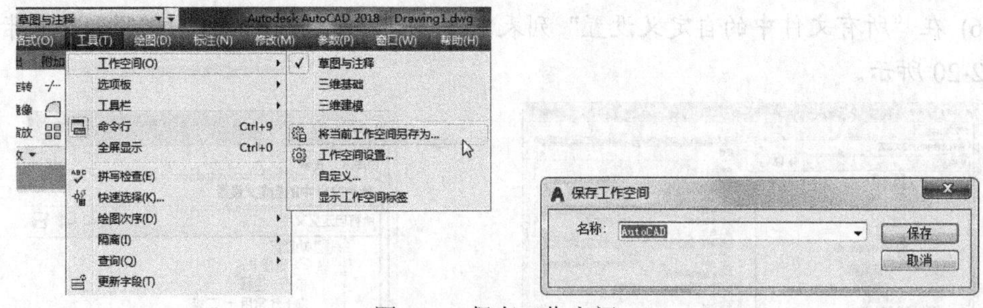

图2-24　保存工作空间

在保存了工作空间后，在快速访问工具栏中选择“显示菜单栏”命令，在弹出的菜单中选择“工具”|“工作空间”| XX(保存的空间名)命令，即可切换到保存的工作空间。

2.2　使用命令与系统变量

在AutoCAD中，菜单命令、工具按钮、命令和系统变量都是相互对应的。选择某一个菜单命令，或单击某个工具按钮，或在命令行中输入命令和系统变量都可以执行相应命令。可以说，命令是AutoCAD绘制与编辑图形的核心。

2.2.1　使用鼠标操作执行命令

在绘图窗口中，光标通常显示为“十”字线形式。当光标移至菜单选项、工具或对话框内时，它会变成一个箭头。无论光标是“十”字线形式还是箭头形式，当单击或者按动鼠标键时，都会执行相应的命令或动作。在AutoCAD中，鼠标键是按照下述规则定义的。

- 拾取键：通常指鼠标左键，用于指定屏幕上的点，也可以用来选择Windows对象、AutoCAD对象、工具栏按钮和菜单命令等。
- 回车键：指鼠标右键，即Enter键，用于结束当前使用的命令，此时系统将根据当前绘图状态而弹出不同的快捷菜单。
- 弹出菜单：当使用Shift键和鼠标右键的组合时，系统将弹出一个快捷菜单，用于设置捕捉点的方法。对于3键鼠标，弹出按钮通常是鼠标的中间按钮。

2.2.2　使用键盘输入命令

在AutoCAD 2018中，大部分的绘图、编辑功能都需要通过键盘输入来完成。通过键盘可以输入命令、系统变量。此外，键盘还是输入文本对象、数值参数、点的坐标或进行参数选择的便捷方法。

2.2.3　使用“命令行”

在AutoCAD 2018中，默认情况下“命令行”是一个可固定的窗口，可以在当前命令行提示下输入命令、对象参数等内容。对于大多数命令，“命令行”中可以显示执行完的两条命令提示(也叫命令历史)，而对于一些输出命令，如TIME、LIST命令，需要在放大的“命令行”或“AutoCAD文本窗口”中显示，如图2-25所示。

在绘图窗口中右击，AutoCAD将显示一个快捷菜单，如图2-26所示。通过它可以选择最近使用过的命令、复制选定的文字或全部命令历史、粘贴文字，以及打开“选项”对话框。

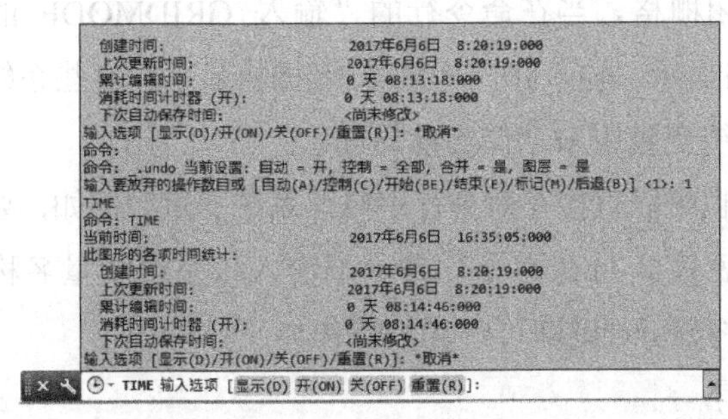

图2-25　命令行

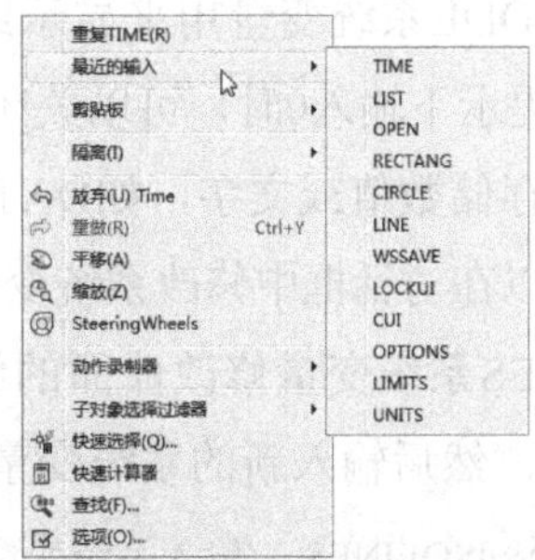

图2-26　命令行快捷菜单

注意：

在命令行中，可以使用Backspace或Delete键删除命令行中的文字；也可以选中命令历史，并执行“粘贴到命令行”命令，将其粘贴到命令行中。

2.2.4 使用“AutoCAD文本窗口”

默认情况下，“AutoCAD文本窗口”处于关闭状态。在快速访问工具栏中选择“显示菜单栏”命令，在弹出的菜单中选择“视图”|“显示”|“文本窗口”命令可以打开它，如图2-27所示，也可以按下F2键来显示或隐藏它。在“AutoCAD文本窗口”中，使用“编辑”菜单中的命令(如图2-28所示)，可以选择近期使用的命令、复制选定的文字或历史记录等。

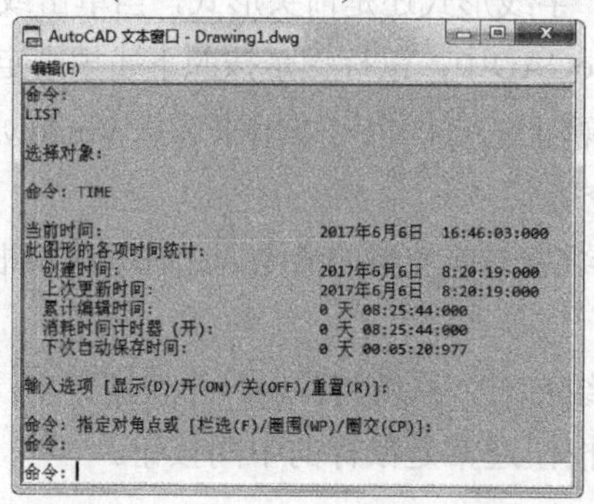

图2-27　AutoCAD文本窗口

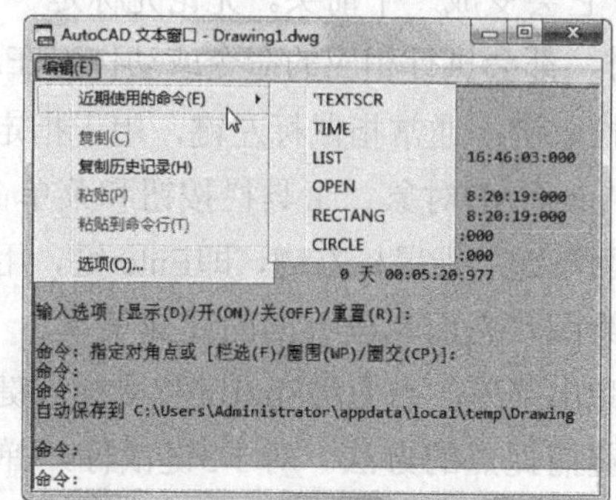

图2-28　“编辑”菜单

在文本窗口中，可以查看当前图形的全部命令历史，如果要浏览命令文字，可使用窗口滚动条或命令窗口浏览键，如Home、PageUp、PageDown等。如果要复制文本到命令行，可在该窗口中选择要复制的命令，然后选择“编辑”|“粘贴到命令行”命令；也可以右击选中的文字，在弹出的快捷菜单中选择“粘贴到命令行”命令将复制的内容粘贴到命令行中。

2.2.5 使用系统变量

在AutoCAD中，系统变量用于控制某些功能和设计环境、命令的工作方式，它可以打开或关闭捕捉、栅格或正交等绘图模式，设置默认的填充图案，或存储当前图形和AutoCAD配置的有关信息。

系统变量通常是6~10个字符长的缩写名称。许多系统变量有简单的开关设置。例如，GRIDMODE系统变量用来显示或关闭栅格，当在命令行的“输入 GRIDMODE 的新值 <1>:”提示下输入0时，可以关闭栅格显示；输入1时，可以打开栅格显示。有些系统变量则用来存储数值或文字，如DATE系统变量用来存储当前日期。

可以在对话框中修改系统变量，也可以直接在命令行中修改系统变量。例如，要使用ISOLINES系统变量修改曲面的线框密度，可在命令行提示下输入该系统变量名称并按Enter键，然后输入新的系统变量值并按Enter键即可，详细操作如下：

```
命令: ISOLINES　(输入系统变量名称)
输入 ISOLINES 的新值 <4>: 32　(输入系统变量的新值)
```

2.2.6 命令的重复、撤销与重做

在AutoCAD中，可以方便地重复执行同一条命令，或撤销前面执行的一条或多条命令。此外，撤销前面执行的命令后，还可以通过重做来恢复前面执行的命令。

1. 重复命令

可以使用多种方法来重复执行AutoCAD命令。例如，要重复执行上一个命令，可以按Enter键或空格键，或在绘图区域中右击，在弹出的快捷菜单中选择“重复”命令。要重复执行最近使用的6个命令中的某一个命令，可以在命令窗口或文本窗口中右击，在弹出的快捷菜单中选择“近期使用的命令”的6个子命令之一。如果要多次重复执行同一个命令，可以在命令行提示下输入MULTIPLE命令，然后在命令行的“输入要重复的命令名：”提示下输入需要重复执行的命令，这样，AutoCAD将重复执行该命令，直到按Esc键退出为止。

2. 终止命令

在命令执行过程中，可以随时按Esc键终止执行任何命令，因为Esc键是Windows 程序用于取消操作的标准键。

3. 撤销前面所进行的操作

有多种方法可以放弃最近一个或多个操作，最简单的一种操作就是使用UNDO命令来放弃单个操作，也可以一次性撤销前面进行的多步操作。在命令提示行中输入UNDO命令，然后在命令行中输入要放弃的操作数目即可。例如，要放弃最近执行的5个操作，应输入5。AutoCAD将显示放弃的命令或系统变量设置。

执行UNDO命令，命令提示行显示如下信息。

```
UNDO 输入要放弃的操作数目或 [自动(A) 控制(C) 开始(BE) 结束(E) 标记(M) 后退(B)] <1>:
```

此时，可以使用“标记(M)”选项来标记一个操作，然后用“后退(B)”选项放弃在标记的操作之后执行的所有操作；也可以使用“开始(BE)”选项和“结束(E)”选项来放弃一组预先定义的操作。

如果要重做使用UNDO命令放弃的最后一个操作，可以使用REDO命令。

注意：

在AutoCAD的命令行中，可以通过输入命令执行相应的菜单命令。此时，输入的命令可以是大写、小写或同时使用大小写，为了统一，本书全部使用大写。

2.3 使用AutoCAD绘图方法

为了满足不同用户的需要，使操作更加灵活方便，AutoCAD 2018提供了多种方法来实现相同的功能。例如，可以使用菜单栏、工具栏、“屏幕菜单”、绘图命令、“菜单浏览器”按钮和“功能区”选项板6种方法来绘制基本图形对象。

2.3.1　使用菜单栏

“绘图”菜单是绘制图形时最常用的，其中包含了AutoCAD 2018的大部分绘图命令，如图2-29所示。选择该菜单中的命令或子命令，可绘制出相应的二维图形。“修改”菜单用于编辑图形，创建复杂的图形对象，如图2-30所示，其中包含了AutoCAD 2018的大部分编辑命令，通过选择该菜单中的命令或子命令，可以完成对图形的所有编辑操作。

2.3.2　使用工具栏

工具栏中的每个按钮都与菜单栏中的菜单命令对应，单击按钮即可执行相应的绘图命令，如图2-31所示分别为“绘图”工具栏和“修改”工具栏。

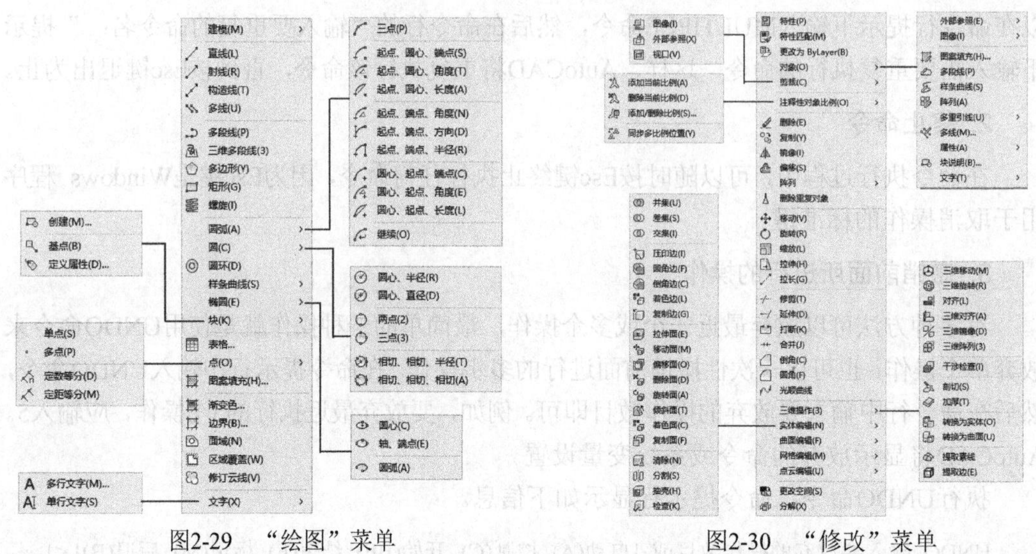

图2-29　“绘图”菜单　　　　图2-30　“修改”菜单

图2-31　工具栏

2.3.3　使用“菜单浏览器”按钮

单击“菜单浏览器”按钮，在弹出的菜单中选择相应的命令，同样可以执行相应的绘图命令，如图2-32所示。

图2-32　“菜单浏览器”按钮

2.3.4　使用“功能区”选项板

“功能区”选项板集成了“默认”、“插入”、“注释”、“参数化”、“视图”、“管理”和“输出”等选项卡，在这些选项卡的面板中单击按钮即可执行相应的图形绘制或编辑操作，如图2-33所示。

图2-33　“功能区”选项板

2.3.5　使用绘图命令

使用绘图命令也可以绘制图形，在命令提示行中输入绘图命令，按Enter键，并根据命令行的提示信息进行绘图操作。这种方法快捷、准确性高，但要求绘图者熟练掌握绘图命令及其选项的具体功能。AutoCAD 2018在实际绘图时，采用命令行工作机制，以命令的方式实现用户与系统的信息交互，而前面介绍的绘图方法是为了方便操作而设置的几种不同的调用绘图命令的方式。

2.4　使用AutoCAD的坐标系

在绘图过程中常常需要使用坐标系作为参照，拾取点的位置，以便精确定位某个对象。AutoCAD提供的坐标系可以用来准确地设计并绘制图形。

2.4.1　认识世界坐标系与用户坐标系

在AutoCAD 2018中，坐标系分为世界坐标系(WCS)和用户坐标系(UCS)。在这两种坐标系下都可以通过坐标(x,y)来精确定位点。

默认情况下，在开始绘制新图形时，当前坐标系为世界坐标系即WCS，它包括X轴和Y轴(如果在三维空间工作，还有一个Z轴)。WCS坐标轴的交汇处显示“口”形标记，但坐标原点并不在坐标系的交汇点，而位于图形窗口的左下角，所有的位移都是相对于原点计算的，并且将沿X轴正向及Y轴正向的位移规定为正方向，如图2-34所示。

在AutoCAD中，为了能够更好地辅助绘图，经常需要修改坐标系的原点和方向，这时世界坐标系将变为用户坐标系即UCS。UCS的原点以及X轴、Y轴、Z轴方向都可以移动及旋转，甚至可以依赖于图形中某个特定的对象。尽管用户坐标系中3个轴之间仍然互相垂直，但是在方向及位置上却都更灵活。另外，UCS没有“口”形标记。

要设置UCS，可在快速访问工具栏中选择“显示菜单栏”命令，在弹出的菜单中选择“工具”菜单中的“命名UCS”和“新建UCS”命令及其子命令，或在“功能区”选项板中选择“视图”选项卡，在UCS面板中单击“原点”按钮(UCS)。例如，在快速访问工具栏中选择“显示菜单栏”命令，在弹出的菜单中选择“工具”|“新建UCS”|“原点”命令，单击圆心O，这时世界坐标系变为用户坐标系并移动到O点，O点也就成了新坐标系的原

点，如图2-35所示。

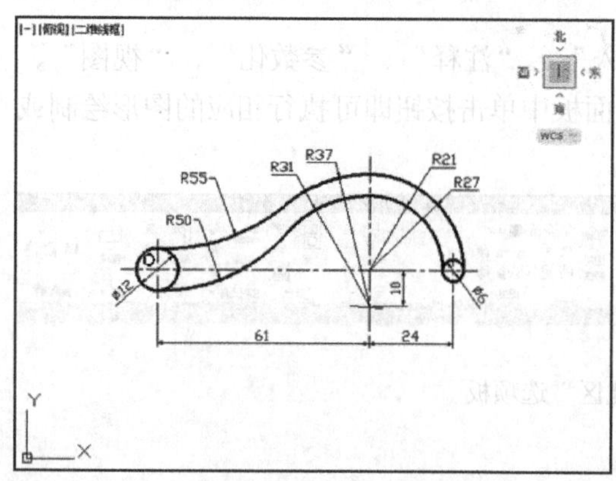

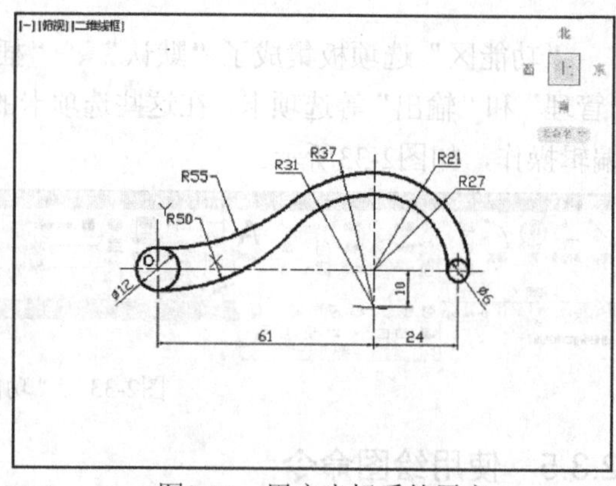

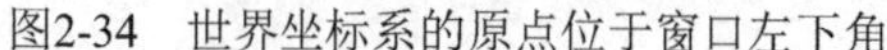

图2-34　世界坐标系的原点位于窗口左下角　　　　图2-35　用户坐标系的原点

2.4.2　坐标的表示方法

在AutoCAD 2018中，点的坐标可以使用绝对直角坐标、绝对极坐标、相对直角坐标和相对极坐标4种方法表示，其特点如下。

- 绝对直角坐标：是从点(0,0)或(0,0,0)出发的位移，可以使用分数、小数或科学记数等形式表示点的X、Y、Z坐标值，坐标间用逗号隔开，如点(8.3,5.8)和(3.0, 5.2,8.8)等。
- 绝对极坐标：是从点(0,0)或(0,0,0)出发的位移，但给定的是距离和角度，其中距离和角度用<分开，且规定X轴正向为0°，Y轴正向为90°，如点(4.27<60)、(34<30)等。
- 相对直角坐标和相对极坐标：相对坐标是指相对于某一点的X轴和Y轴位移，或距离和角度。它的表示方法是在绝对坐标表达方式前加上@号，如(@-13,8)和(@11<24)。其中，相对极坐标中的角度是新点和上一点连线与X轴的夹角。

2.4.3　控制坐标的显示

在绘图窗口中移动光标的十字指针时，状态栏上将动态地显示当前指针的坐标。在AutoCAD 2018中，坐标显示取决于所选择的模式和程序中运行的命令，共有3种模式。

- 模式0，“关”：显示上一个拾取点的绝对坐标。此时，指针坐标将不能动态更新，只有在拾取一个新点时，显示才会更新。但是，从键盘输入一个新点坐标，不会改变该显示方式。
- 模式1，“绝对”：显示光标的绝对坐标，该值是动态更新的。
- 模式2，“相对”：显示一个相对极坐标。当选择该方式时，如果当前处在拾取点状态，系统将显示光标所在位置相对于上一个点的距离和角度。当离开拾取点状态时，系统将恢复到模式1。

在实际绘图过程中，可以根据需要随时按下F6键、Ctrl + D组合键或单击状态栏的坐标显示区域，在这3种坐标显示方式间切换，如图2-36所示。

35.4456, -16.1738, 0.0000	88.1689, 19.0239 , 0.0000	22.0000<300, 0.0000
模式0，关	模式1，绝对	模式2，相对

图2-36　坐标的3种显示方式

注意：

当选择“模式 0”时，坐标显示呈现灰色，表示坐标显示是关闭的，但是上一个拾取点的坐标仍然是可读的。在一个空的命令提示符或一个不接受距离及角度输入的提示符下，只能在“模式 0”和“模式 1”之间切换。在一个接受距离及角度输入的提示符下，可以在所有模式间循环切换。

2.4.4　创建坐标系

在AutoCAD中，在快速访问工具栏中选择“显示菜单栏”命令，在弹出的菜单中选择“工具”|“新建UCS”命令的子命令，或选择“功能区”选项板的“视图”选项卡，在UCS面板中单击相应的按钮，都可以方便地创建UCS，各命令按钮的意义分别如下。

- “世界”命令：从当前的用户坐标系恢复到世界坐标系。WCS 是所有用户坐标系的基准，不能被重新定义。
- “上一个”命令：从当前的坐标系统恢复到上一个坐标系统。
- “面”命令：将UCS与实体对象的选定面对齐。要选择一个面，可单击该面的边界内或面的边界，被选中的面将亮显，UCS的X轴将与找到的第一个面上的最近的边对齐。
- “对象”命令：根据选取的对象快速简单地建立UCS，使对象位于新的XY平面，其中X轴和Y轴的方向取决于选择的对象类型。该选项不能用于三维实体、三维多段线、三维网格、视口、多线、面域、样条曲线、椭圆、射线、参照线、引线和多行文字等对象。对于非三维面的对象，新UCS的XY平面与绘制该对象时生效的XY平面平行，但X轴和Y轴可以作不同的旋转。
- “视图”命令：以垂直于观察方向(平行于屏幕)的平面为XY平面，建立新的坐标系，UCS原点保持不变。常用于注释当前视图，使文字以平面方式显示。
- “原点”命令：通过移动当前UCS的原点，保持其X轴、Y轴和Z轴方向不变，从而定义新的UCS。可以在任意高度建立坐标系，如果没有给原点指定Z轴坐标值，将使用当前标高。
- “Z轴矢量”命令：用特定的Z轴正半轴定义UCS。需要选择两点，第一点作为新的坐标系原点，第二点决定Z轴的正向，XY平面垂直于新的Z轴。
- “三点”命令：通过在三维空间的任意位置指定3点，确定新UCS原点及其X轴和Y轴的正方向，Z轴由右手定则确定。其中第1点定义了坐标系原点，第2点定义了X轴的正方向，第3点定义了Y轴的正方向。
- X/Y/Z命令：旋转当前的UCS轴来建立新的UCS。在命令行提示信息中输入正或负的角度以旋转UCS，用右手定则来确定绕该轴旋转的正方向。

2.4.5　命名用户坐标系

在快速访问工具栏中选择“显示菜单栏”命令，在弹出的菜单中选择“工具”|“命名UCS”命令(如图2-37所示)，打开UCS对话框。

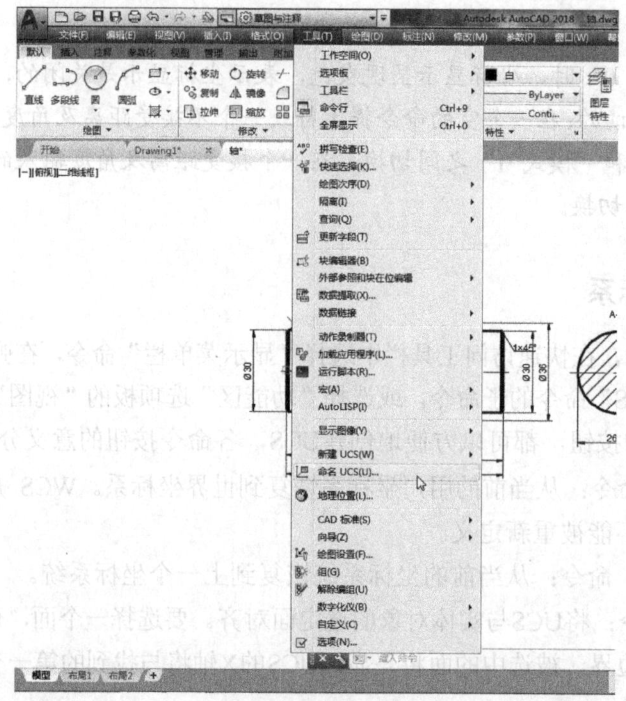

图2-37　命名UCS

在UCS对话框中选择“命名UCS”选项卡，如图2-38所示，在“当前UCS”列表中选择“世界”、“上一个”或某个UCS选项，然后单击“置为当前”按钮，可将其置为当前坐标系，这时在该UCS前面将显示▶标记。也可以单击“详细信息”按钮，在“UCS详细信息”对话框中查看坐标系的详细信息，如图2-39所示。

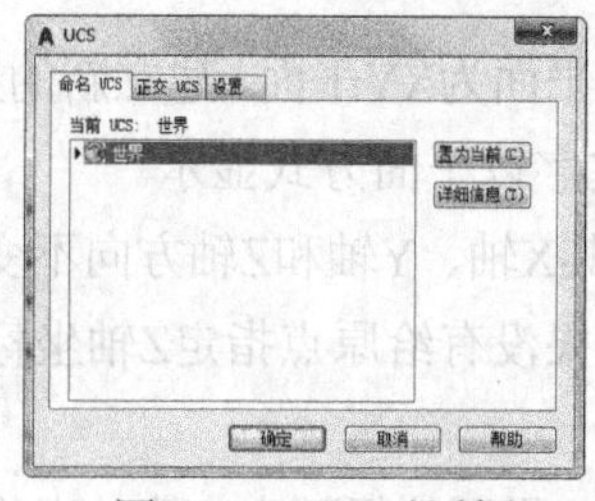

图2-38　UCS对话框

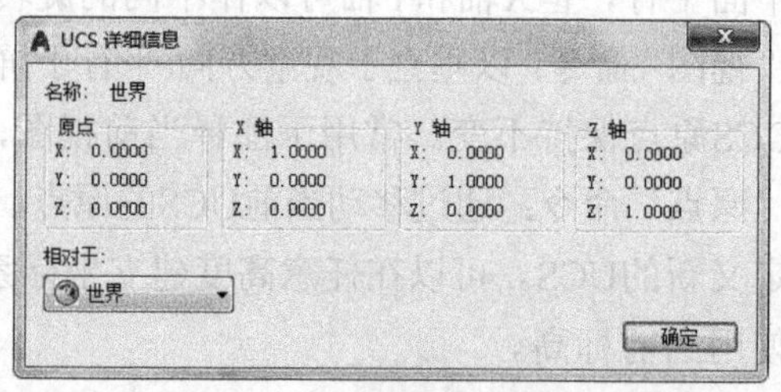

图2-39　“UCS详细信息”对话框

此外，在“当前 UCS”列表中的坐标系选项上右击，将弹出一个快捷菜单，可以重命名坐标系、删除坐标系或将坐标系置为当前坐标系。

2.4.6　使用正交用户坐标系

在UCS对话框中选择“正交UCS”选项卡，可以从“当前UCS”列表中选择需要使用的正交坐标系，如俯视(Top)、仰视(Bottom)、左视(Left)、右视(Right)、前视(Front)和后视(Back)等，如图2-40所示。

注意：

坐标系名称后括号内为相应的英文名称，如俯视对应Top，其余同理。

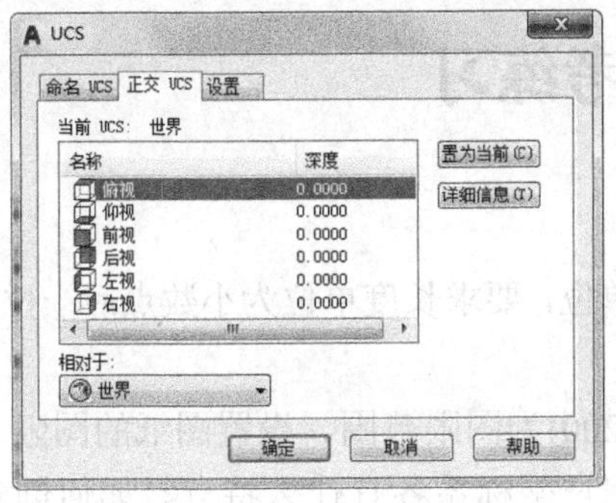

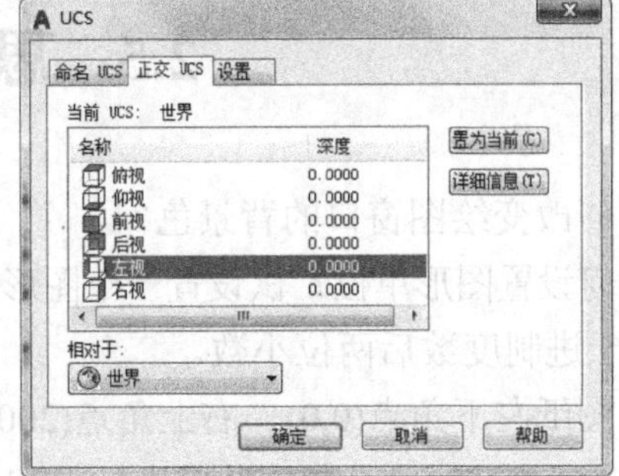

图2-40　“正交UCS”选项卡

2.4.7　设置UCS的其他选项

在AutoCAD 2018中，在快速访问工具栏中选择“显示菜单栏”命令，在弹出的菜单中选择“视图”|“显示”|“UCS图标”子菜单中的命令，如图2-41所示，可以控制坐标系图标的可见性和显示方式。

- “开”命令：选择该命令可以在当前视口中打开UCS图符显示；取消该命令则可在当前视口中关闭UCS图符显示。
- “原点”命令：选择该命令可以在当前坐标系的原点处显示UCS图符；取消该命令则可以在视口的左下角显示UCS图符，而不考虑当前坐标系的原点。
- “特性”命令：选择该命令可打开“UCS图标”对话框，在选项区内可以设置UCS图标的样式、大小、颜色及布局选项卡中的图标颜色。

此外，在AutoCAD中，还可以使用UCS对话框中的“设置”选项卡(如图2-42所示)对UCS图标或UCS进行设置。

图2-41　控制坐标系图标

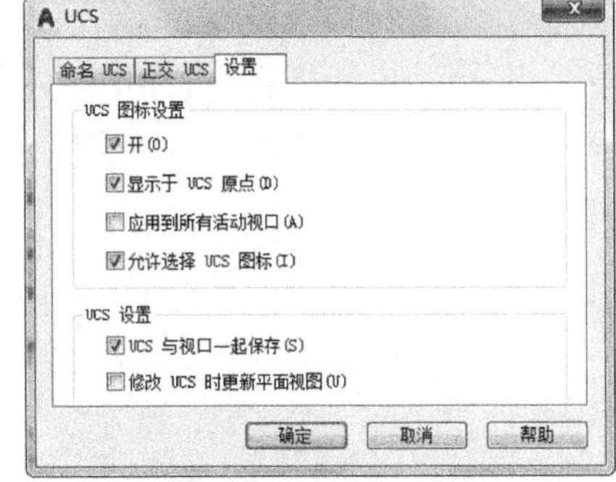

图2-42　“设置”选项卡

2.5 思考练习

1. 如何改变绘图窗口的背景色？

2. 如何设置图形单位？试设置一个图形单位，要求长度单位为小数点后一位小数，角度单位为十进制度数后两位小数。

3. 以图纸左下角点(0,0)、右上角点(200,200)为图限范围，设置图纸的图限。

4. 在AutoCAD 2018中，世界坐标系和用户坐标系各有什么特点？如何创建用户坐标系？

5. 在AutoCAD 2018中，点的坐标有哪几种表示方法？

6. 系统变量SAVENAME是只读变量，用于查询在保存当前图形之后的图形文件名和保存路径。试用此系统变量了解当前图形的文件名及保存路径，然后将当前图形换名保存到其他位置，再用系统变量SAVENAME查看结果。

7. 系统变量UCSICON用于设置坐标系图标的显示模式，它有ON(显示图标)和OFF(不显示图标)等不同的值。试将该变量设成不同的值，并观察显示结果。

8. 以样板文件acadiso.dwt开始绘制一幅新图形，并对其进行如下设置。

- 绘图界限：将绘图界限设成横装A3图幅(尺寸：420×297)，并使所设绘图界限有效。
- 绘图单位：将长度单位设为小数，精度为小数点后1位；将角度单位设为十进制度数，精度为小数点后1位，其余保存默认设置。
- 保存图形：将图形以文件名A3保存。

9. 以样板文件acadiso.dwt开始绘制一幅新图形，并对其进行如下设置。

- 绘图界限：将绘图界限设成横装A0图幅(尺寸：1189×841)，并使所设绘图界限有效。
- 绘图单位：将长度单位设为小数，精度为小数点后两位；将角度单位设为十进制度数，精度为小数点后两位，其余保存默认设置。
- 保存图形：将图形以文件名A0保存。

第3章　AutoCAD绘图辅助工具

为了更方便地绘图，在AutoCAD中常常需要借助辅助工具来提高绘图效率。使用图层可以组织不同类型的图形信息，降低视觉的复杂程度；使用栅格、捕捉和自动追踪等功能可以更简单、快速而又精确地指定单点的位置。

3.1　操作与管理图层

图层是将图形中的对象按类分组管理的工具。通过分层管理利用图层的特性来区分不同的对象，这样便于图形的修改和使用。在AutoCAD中，图层的特性包括线型、线宽和颜色等内容，在绘图的过程中，这些内容主要通过图层来控制。通常在绘制图样之前，应根据国家制图标准用不同线型的宽度来表达零件的结构形状。

3.1.1　新建图层

开始绘制新图形时，AutoCAD自动创建一个名为0的特殊图层。默认情况下，图层0将被指定使用7号颜色(白色或黑色，由背景色决定)、Continuous线型、“默认”线宽及NORMAL打印样式。在绘图过程中，如果要使用更多的图层来组织图形，就需要先创建新图层。

在快速访问工具栏中选择“显示菜单栏”命令，在弹出的菜单中选择“格式”|“图层”命令或在“图层”功能区中单击“图层特性”按钮，打开“图层特性管理器”选项板，如图3-1所示。单击“新建图层”按钮，在图层列表中将出现一个名称为“图层1”的新图层。默认情况下，新建图层与当前图层的状态、颜色、线性及线宽等设置相同；单击“在所有视口中都被冻结的新图层视口”按钮，也可以创建一个新图层，只是该图层在所有的视口中都被冻结。

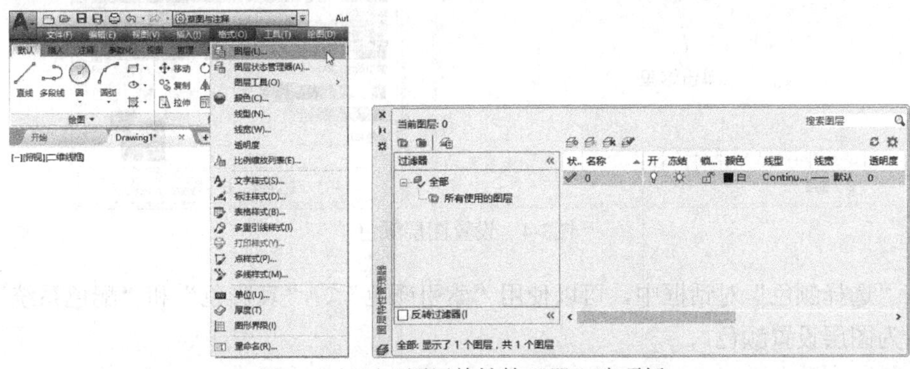

图3-1　打开“图层特性管理器”选项板

当用户在“图层特性管理器”选项板中创建了图层后，图层的名称将显示在图层列表框中，如图3-2所示。如果要更改图层名称，可以右击该图层名，然后在弹出的菜单中选择“重命名图层”命令，如图3-3所示。

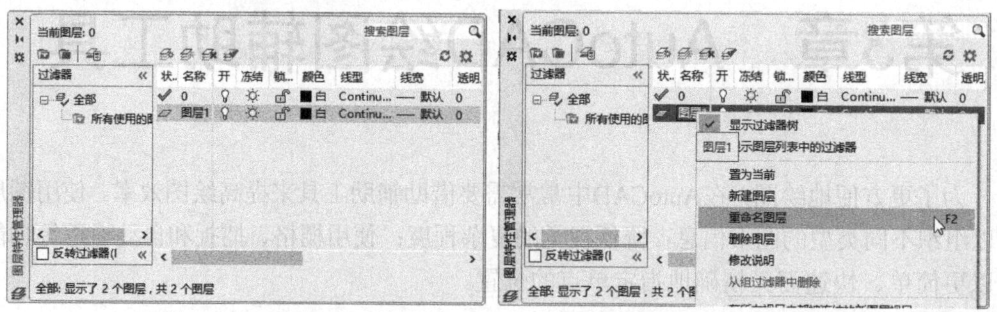

图3-2　新建图层　　　　图3-3　重命名图层

注意：

*在为创建的图层命名时，在图层的名称中不能包含通配符(*和？)和空格，也不能与其他图层重名。*

3.1.2　设置图层

在AutoCAD 2018中，用户可以通过设置图层的各类属性(如颜色、线型和线宽等)，以满足在绘制图形时的制图需求。

1. 设置图层颜色

颜色在图形中具有非常重要的作用，可用来表示不同的组件、功能和区域。图层的颜色实际上是图层中图形对象的颜色。每个图层都拥有自己的颜色，对不同的图层可以设置相同的颜色，也可以设置不同的颜色，当绘制复杂图形时就能够很容易区分图形的各个部分。

创建图层后，要改变图层的颜色，可在“图层特性管理器”选项板中单击图层的“颜色”列对应的图标，打开“选择颜色”对话框，如图3-4所示。

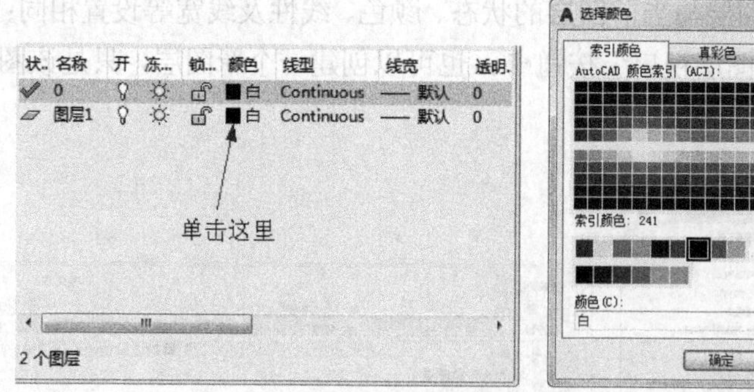

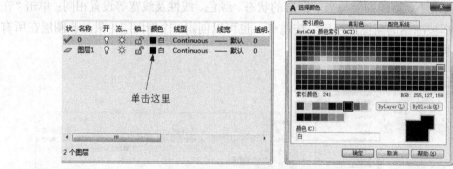

图3-4　设置图层颜色

在“选择颜色”对话框中，可以使用“索引颜色”、“真彩色”和“配色系统”3个选项卡为图层设置颜色。

- “索引颜色”选项卡：可以使用AutoCAD的标准颜色(ACI颜色)。在ACI颜色表中，每一种颜色用一个ACI编号(1~255之间的整数)标识。“索引颜色”选项卡实际上是一张包含256种颜色的颜色表。

- “真彩色”选项卡：使用24位颜色定义显示16M色。指定真彩色时，可以使用RGB或HSL颜色模式。如果使用RGB颜色模式，则可以指定颜色的红、绿、蓝组合；如果使用 HSL 颜色模式，则可以指定颜色的色调、饱和度和亮度要素，如图3-5所示。在这两种颜色模式下，通过设置参数可以得到同一种所需的颜色，但是组合颜色的方式不同。

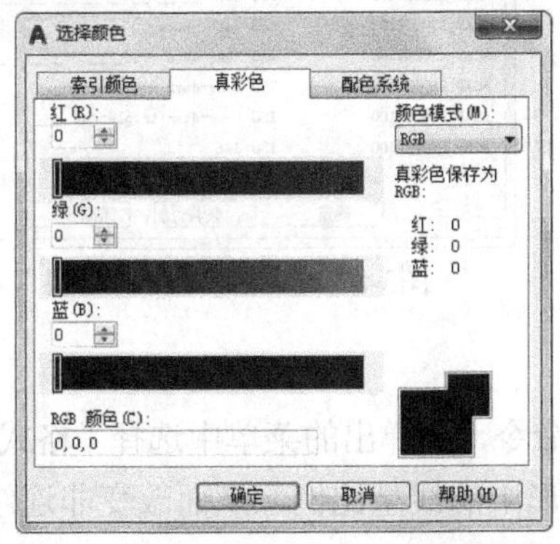

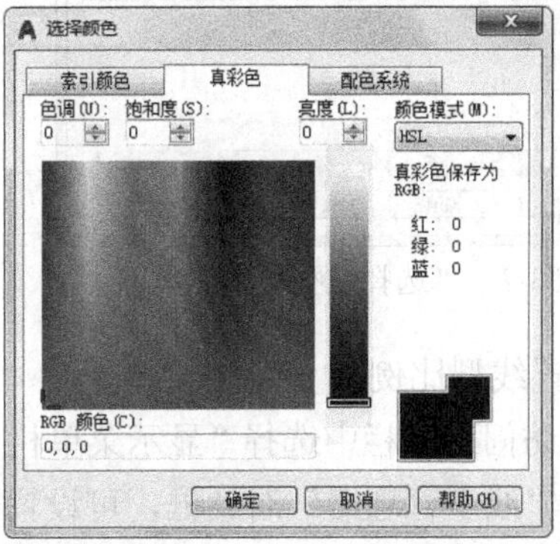

图3-5　RGB和HSL颜色模式

- “配色系统”选项卡：使用标准Pantone配色系统设置图层的颜色，如图3-6所示。

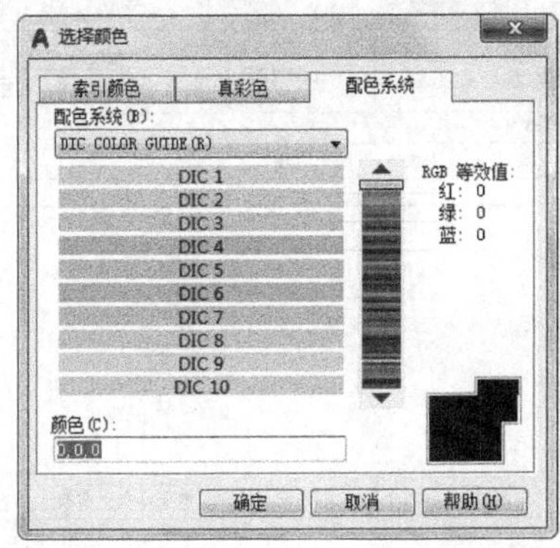

图3-6　“配色系统”选项卡

2. 设置图层线型

线型指的是图形基本元素中线条的组成和显示方式，如虚线和实线等。在AutoCAD中既有简单线型，也有由一些特殊符号组成的复杂线型，可以满足不同国家或行业标准的使用要求。

(1) 设置线型

在绘制图形时要使用线型来区分图形元素，这就需要对线型进行设置。默认情况下，图层的线型为Continuous。要改变线型，可在图层列表中单击“线型”列的Continuous，打开“选择线型”对话框，在“已加载的线型”列表框中选择需要的线型即可将其应用到图层中，如图3-7所示。

(2) 加载线型

默认情况下，在“选择线型”对话框的“已加载的线型”列表框中只有Continuous一种线型。如果要使用其他线型，必须先将其添加到“已加载的线型”列表框中。可单击“加载”按钮打开“加载或重载线型”对话框，如图3-8所示，从当前线型库中选择需要加载的线型，然后单击“确定”按钮。

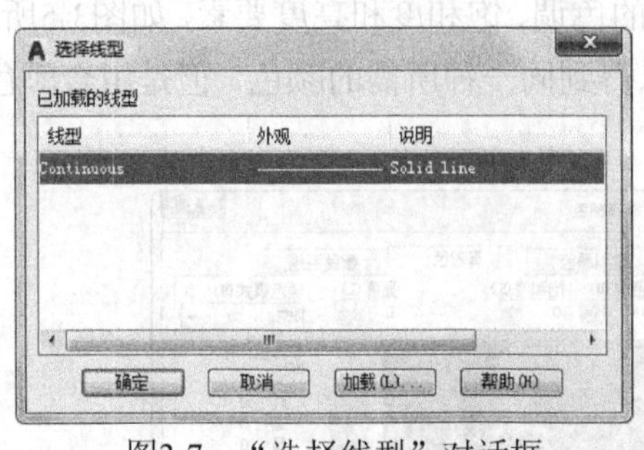

图3-7　“选择线型”对话框

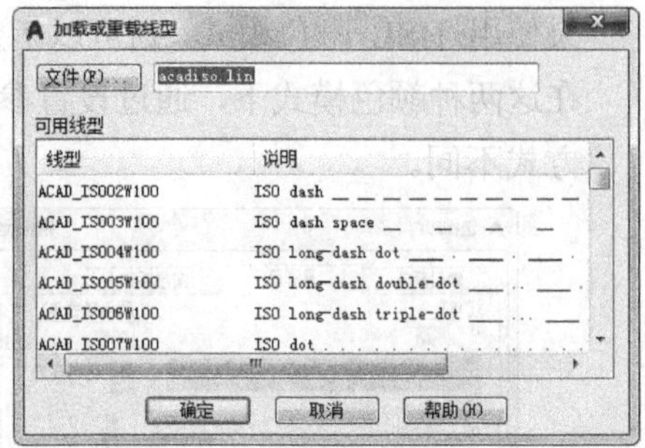

图3-8　“加载或重载线型”对话框

(3) 设置线型比例

在快速访问工具栏中选择“显示菜单栏”命令，在弹出的菜单中选择“格式”|“线型”命令，打开“线型管理器”对话框，可设置图形中的线型比例，从而改变非连续线型的外观，如图3-9所示。

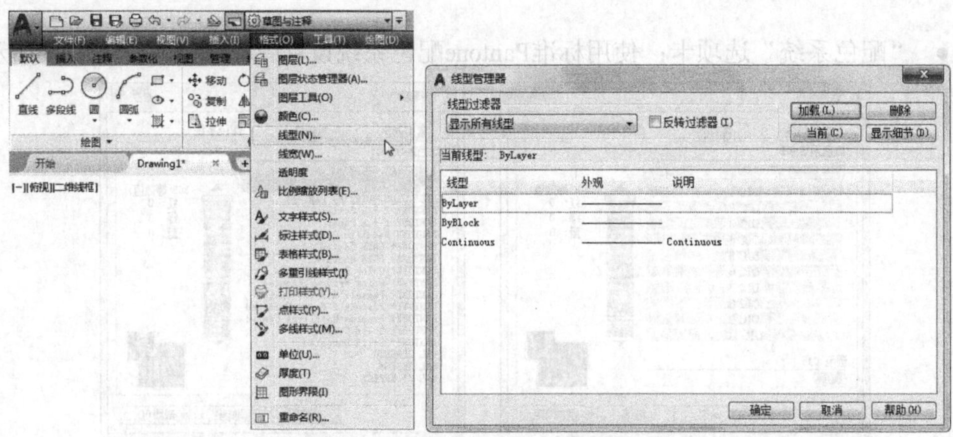

图3-9　打开“线型管理器”对话框

“线型管理器”对话框显示了当前使用的线型和可选择的其他线型。当在线型列表中选择了某一种线型并单击了“显示细节”按钮后，可以在“详细信息”选项区域中设置线型的“全局比例因子”和“当前对象缩放比例”。其中，“全局比例因子”用于设置图形中所有线型的比例，“当前对象缩放比例”用于设置当前选中线型的比例。

注意：

AutoCAD中的线型包含在线型库定义文件acad.lin和acadiso.lin中。其中，在英制测量系统下，使用线型库定义文件acad.lin；在公制测量系统下，使用线型库定义文件acadiso.lin。用户可根据需要，单击“加载或重载线型”对话框中的“文件”按钮，打开“选择线型文件”对话框，选择合适的线型库定义文件。

3. 设置图层线宽

线宽设置就是改变线条的宽度以符合设计者的需要。在AutoCAD中，使用不同宽度的线条表现对象的大小或类型，可以提高图形的表达能力和可读性。

要设置图层的线宽，可以在“图层特性管理器”选项板的“线宽”列中单击该图层对应的线宽“——默认”，打开“线宽”对话框，有20多种线宽可供选择，如图3-10所示。也可以在快速访问工具栏中选择“显示菜单栏”命令，在弹出的菜单中选择“格式”|“线宽”命令，打开“线宽设置”对话框，通过调整线宽比例，使图形中的线宽显示得更宽或更窄，如图3-11所示。

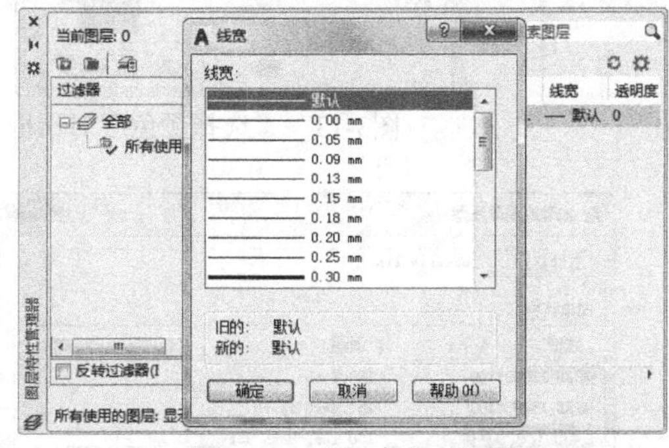

图3-10 “线宽”对话框

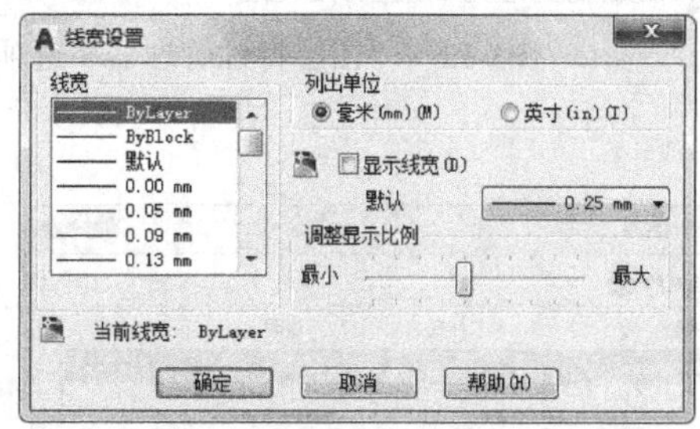

图3-11 “线宽设置”对话框

在“线宽设置”对话框的“线宽”列表框中选择所需线条的宽度后，还可以设置其单位和显示比例等参数，各选项的功能如下。

- “列出单位”选项区域：设置线宽的单位，可以是“毫米”或“英寸”。
- “显示线宽”复选框：设置是否按照实际线宽来显示图形。也可以单击状态栏上的“线宽”按钮来显示或关闭显示线宽。
- “默认”下拉列表框：设置默认线宽值，即关闭显示线宽后AutoCAD所显示的线宽。
- “调整显示比例”选项区域：通过调节显示比例滑块，可以设置线宽的显示比例大小。

【练习3-1】创建图层“中心线层”，要求设置该图层颜色为“红”，线型为ACAD_IS004W100，线宽为0.20毫米。

(1) 在快速访问工具栏中选择“显示菜单栏”命令，在弹出的菜单中选择“格式”|“图层”命令，打开“图层特性管理器”选项板。

(2) 单击选项板上方的“新建图层”按钮，创建一个新图层，并在“名称”列对应的文本框中输入“中心线层”，如图 3-12 所示。

(3) 在“图层特性管理器”选项板中单击“颜色”列的图标，打开“选择颜色”对话框，在标准颜色区中单击“红色”，这时“颜色”文本框中将显示颜色的名称“红”，单击“确定”按钮，如图 3-13 所示。

(4) 在“图层特性管理器”选项板中单击“线型”列上的 Continuous，打开“选择线型”对话框，如图 3-14 所示。

(5) 在“选择线型”对话框中单击“加载”按钮，打开“加载或重载线型”对话框，在“可用线型”列表框中选择线型 ACAD_IS004W100，如图 3-15 所示，然后单击“确定”按钮。

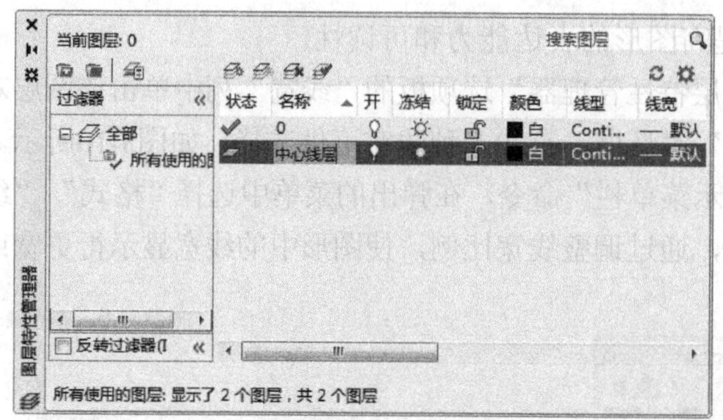

图3-12　“图层特性管理器”选项板

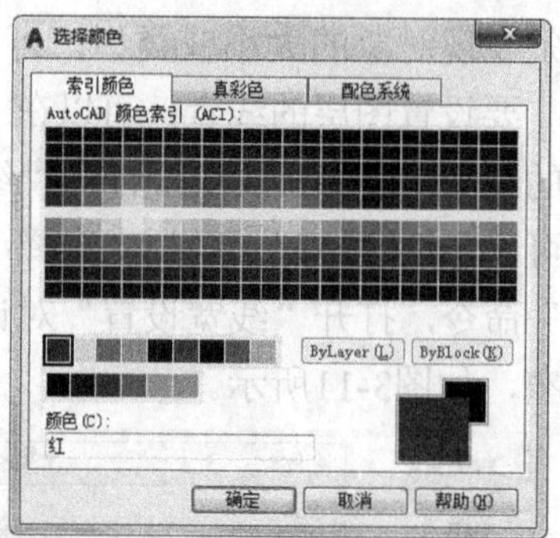

图3-13　“选择颜色”对话框

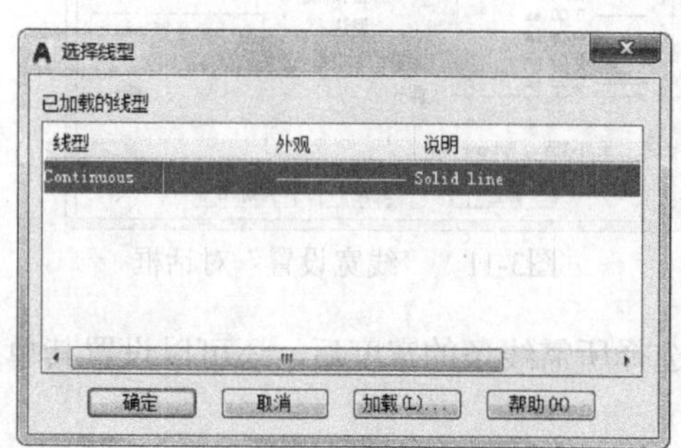

图3-14　“选择线型”对话框

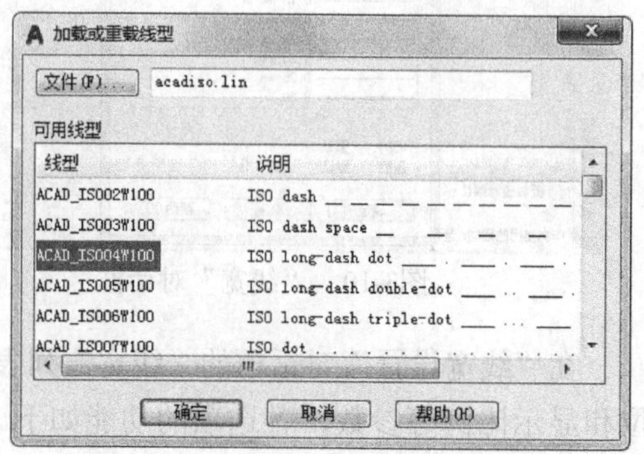

图3-15　“加载或重载线型”对话框

(6) 在“选择线型”对话框的“已加载的线型”列表框中选择ACAD_IS004W100，然后单击“确定”按钮，如图3-16所示。

(7) 在“图层特性管理器”选项板中单击“线宽”列的线宽，打开“线宽”对话框，在“线宽”列表框中选择0.20mm，然后单击“确定”按钮即可，如图3-17所示。

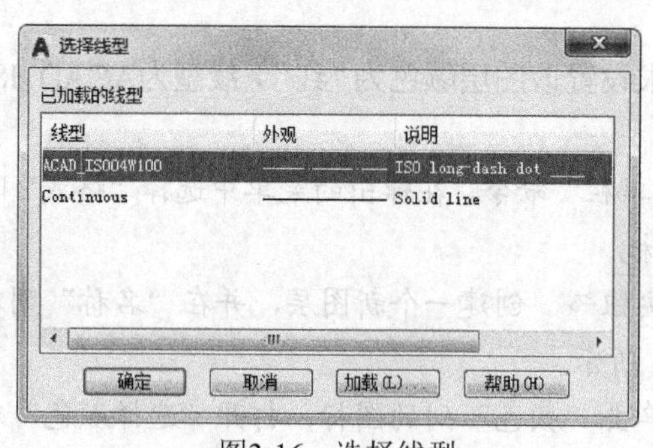

图3-16　选择线型

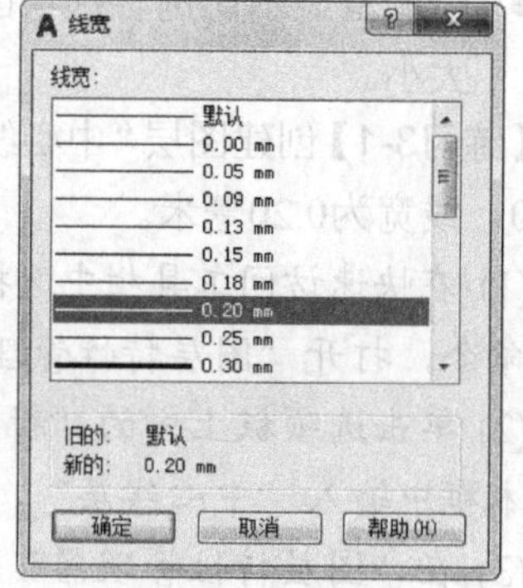

图3-17　设置线宽

3.1.3　图层管理

在AutoCAD中建立完图层后，需要对其进行管理，包括图层特性的设置、图层的切换、图层状态的保存与恢复等。

1. 设置图层特性

使用图层绘制图形时，新对象的各种特性将默认为随层，由当前图层的默认设置决定。

也可以单独设置对象的特性，新设置的特性将覆盖原来随层的特性。在“图层特性管理器”选项板中，每个图层都包含状态、名称、开/关、冻结/解冻、锁定/解锁、线型、颜色、线宽和打印样式等特性，如图3-18所示。在AutoCAD 2018中，图层的各列属性都可以显示或隐藏，只需右击图层列表的标题栏，在弹出的快捷菜单中选择相应命令或取消选择即可。

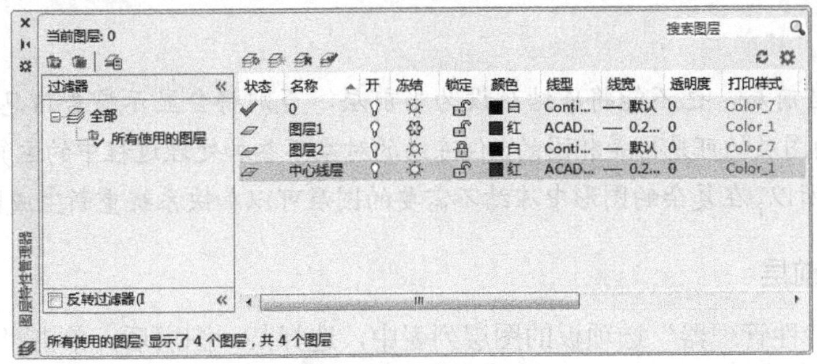

图3-18　图层特性管理器

在AutoCAD 2018中，各种图层特性的功能如下。

- 状态：显示图层和过滤器的状态。其中，当前图层标识显示为✔，非当前图层标识显示为▱。
- 名称：即图层的名字，是图层的唯一标识。默认情况下，图层的名称按图层0、图层1、图层 2 ……的编号依次递增，可以根据需要为图层定义能够表达用途的名称。
- 开关状态：单击“开”列对应的小灯泡图标，可以打开或关闭图层。在开的状态下，灯泡的颜色为黄色，图层上的图形可以显示，也可以在输出设备上打印；在关的状态下，灯泡的颜色为灰色，图层上的图形不能显示，也不能打印输出。在关闭当前图层时，系统将显示一个消息对话框，警告正在关闭当前层。
- 冻结：单击图层“冻结”列对应的太阳☼或雪花❄图标，可以解冻或冻结图层。图层被冻结时显示雪花❄图标，此时图层上的图形对象不能被显示、打印输出和编辑；图层被解冻时显示太阳☼图标，此时图层上的图形对象能够被显示、打印输出和编辑。
- 锁定：单击“锁定”列对应的关闭图标或打开小锁图标，可以锁定或解锁图层。图层在锁定状态下并不影响图形对象的显示，且不能对该图层上已有图形对象进行编辑，但可以绘制新图形对象。此外，在锁定的图层上可以使用查询命令和对象捕捉功能。
- 颜色：单击“颜色”列对应的图标，可以使用打开的“选择颜色”对话框来选择图层颜色。
- 线型：单击“线型”列显示的线型名称，可以使用打开的“选择线型”对话框来选择所需要的线型。
- 线宽：单击“线宽”列显示的线宽值，可以使用打开的“线宽”对话框来选择所需要的线宽。
- 打印样式：通过“打印样式”列确定各图层的打印样式，如果使用的是彩色绘图仪，则不能改变这些打印样式。

- 打印：单击“打印”列对应的打印机图标，可以设置图层是否能够被打印，在保持图形显示可见性不变的前提下控制图形的打印特性。打印功能只对没有冻结和关闭的图层起作用。
- 说明：单击“说明”列两次，可以为图层或组过滤器添加必要的说明信息。

注意：

不能冻结当前层，也不能将冻结层设为当前层，否则将会显示警告信息对话框。冻结的图层与关闭的图层的可见性是相同的，但冻结的对象不参加处理过程中的运算，关闭的图层则要参加运算。所以，在复杂的图形中冻结不需要的图层可以加快系统重新生成图形时的速度。

2. 置为当前层

在“图层特性管理器”选项板的图层列表中，选择某一图层后，单击“置为当前”按钮，如图3-19所示，或在“功能区”选项板中选择“默认”选项卡，在“图层”面板的“图层”下拉列表框中选择某一图层，都可将该层设置为当前层。

在“功能区”中，用户可以参考以下两种方法设置对象和对象所在的图层为当前层。

- 在“功能区”选项板中选择“默认”选项卡，在“图层”面板中单击“更改为当前图层”按钮，选择要更改到当前图层的对象，并按Enter键，可以将对象更改为当前图层。
- 在“功能区”选项板中选择“默认”选项卡，在“图层”面板中单击“置为当前”按钮，选择需要成为当前图层的对象，并按Enter键，可以将对象所在图层置为当前图层。

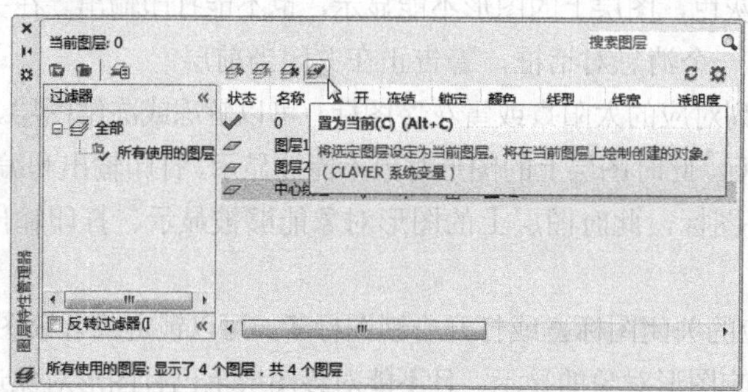

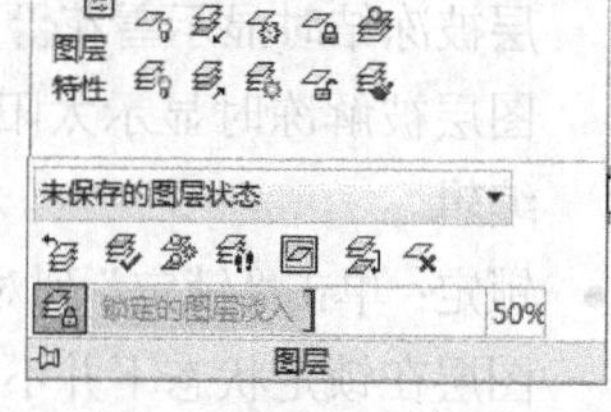

图3-19　设置为当前层

3. 保存与恢复图层状态

图层设置包括图层状态和图层特性。图层状态包括图层是否打开、冻结、锁定、打印和在新视口中自动冻结。图层特性包括颜色、线型、线宽和打印样式。用户可以根据需要选择要保存的图层状态和图层特性。例如，可以选择只保存图形中图层的“冻结/解冻”设置，忽略所有其他设置。恢复图层状态时，除了每个图层的冻结或解冻设置以外，其他设置仍保持当前设置。

(1) 保存图层状态

如果要保存图层状态，可在“图层特性管理器”选项板的图层列表中右击要保存的图层，在弹出的快捷菜单中选择“保存图层状态”命令，打开“要保存的新图层状态”对话框，如图3-20所示。在“新图层状态名”文本框中输入图层状态的名称，在“说明”文本框中输入相关的图层说明文字，然后单击“确定”按钮即可。

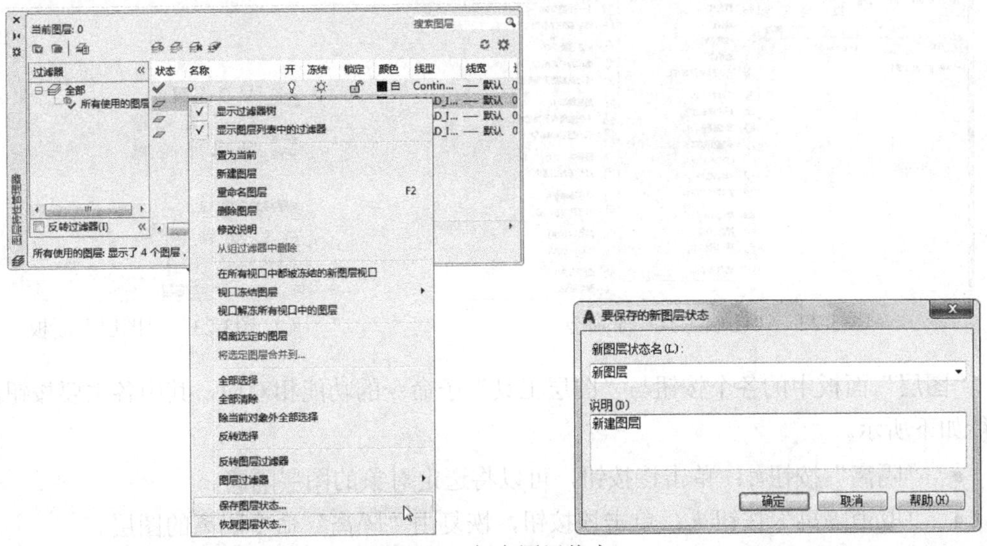

图3-20　保存图层状态

(2) 恢复图层状态

如果改变了图层状态，通过“恢复图层状态”功能还可以恢复以前保存的图层设置。在“图层特性管理器”选项板的图层列表中右击要恢复的图层，在弹出的快捷菜单中选择“恢复图层状态”命令，打开“图层状态管理器”对话框，选择需要恢复的图层状态后，单击“恢复”按钮即可，如图3-21所示。

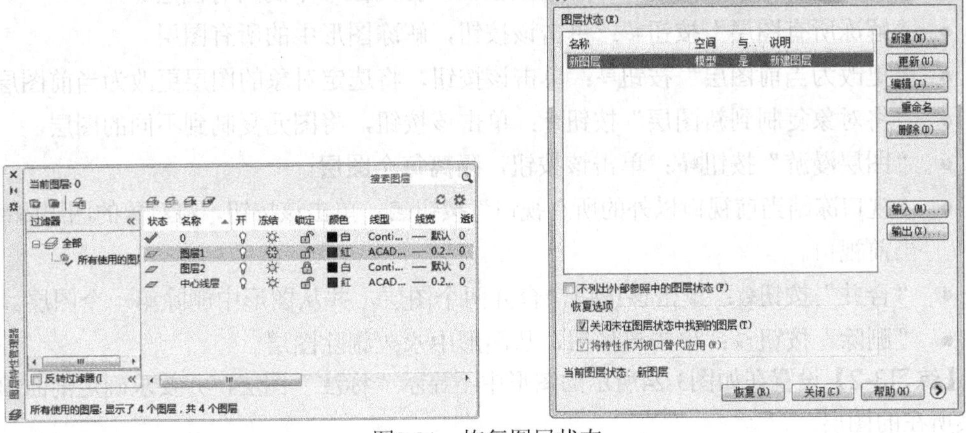

图3-21　恢复图层状态

4. 使用图层工具管理图层

在AutoCAD 2018中使用图层管理工具可以更加方便地管理图层。在快速访问工具栏中选择“显示菜单栏”命令，在弹出的菜单中选择“格式”|“图层工具”命令中的子命令(如图3-22所示)，或在“功能区”选项板中选择“默认”选项卡，在“图层”面板中单击相应的按钮(如图3-23所示)，都可以通过图层工具来管理图层。

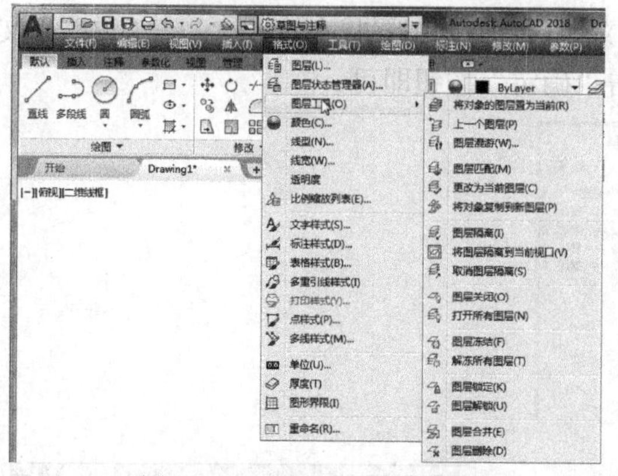

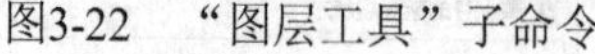

图3-22　“图层工具”子命令

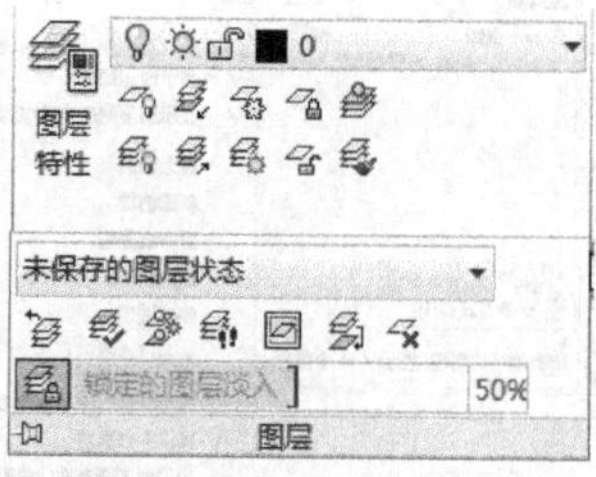

图3-23　“图层”面板

“图层”面板中的各个按钮与“图层工具”子命令的功能相对应，其中各主要按钮的功能如下所示。

- “隔离”按钮：单击该按钮，可以将选定对象的图层隔离。
- “取消隔离”按钮：单击该按钮，恢复由“隔离”命令隔离的图层。
- “关”按钮：单击该按钮，将选定对象的图层关闭。
- “冻结”按钮：单击该按钮，将选定对象的图层冻结。
- “匹配图层”按钮：单击该按钮，将选定对象的图层更改为选定目标对象的图层。
- “上一个”按钮：单击该按钮，恢复上一个图层设置。
- “锁定”按钮：单击该按钮，锁定选定对象的图层。
- “解锁”按钮：单击该按钮，将选定对象的图层解锁。
- “打开所有图层”按钮：单击该按钮，打开图形中的所有图层。
- “解冻所有图层”按钮：单击该按钮，解冻图形中的所有图层。
- “更改为当前图层”按钮：单击该按钮，将选定对象的图层更改为当前图层。
- “将对象复制到新图层”按钮：单击该按钮，将图元复制到不同的图层。
- “图层漫游”按钮：单击该按钮，隔离每个图层。
- “视口冻结当前视口以外的所有视口”按钮：单击该按钮，将对象的图层隔离到当前视口。
- “合并”按钮：单击该按钮，合并两个图层，并从图形中删除第一个图层。
- “删除”按钮：单击该按钮，从图形中永久删除图层。

【练习3-2】设置在如图3-24所示的图形中不显示“标注”图层，并要求确定剖面填充图案所在的图层。

(1) 打开如图 3-24 所示的图形文件，在“功能区”选项板中选择“默认”选项卡，在“图层”面板中单击“关”按钮。

(2) 在命令行的“选择要关闭的图层上的对象或[设置(S) 放弃(U)]:”提示下，选择任意一个标注对象，如图 3-25 所示。

(3) 在命令行的“图层‘标注’为当前图层，是否关闭它？[是(Y) 否(N)] <否(N)>:”提示下，输入 y，如图 3-26 所示，并按 Enter 键，关闭标注图层，此时绘图窗口中将不显示“标注”图层，如图 3-27 所示。

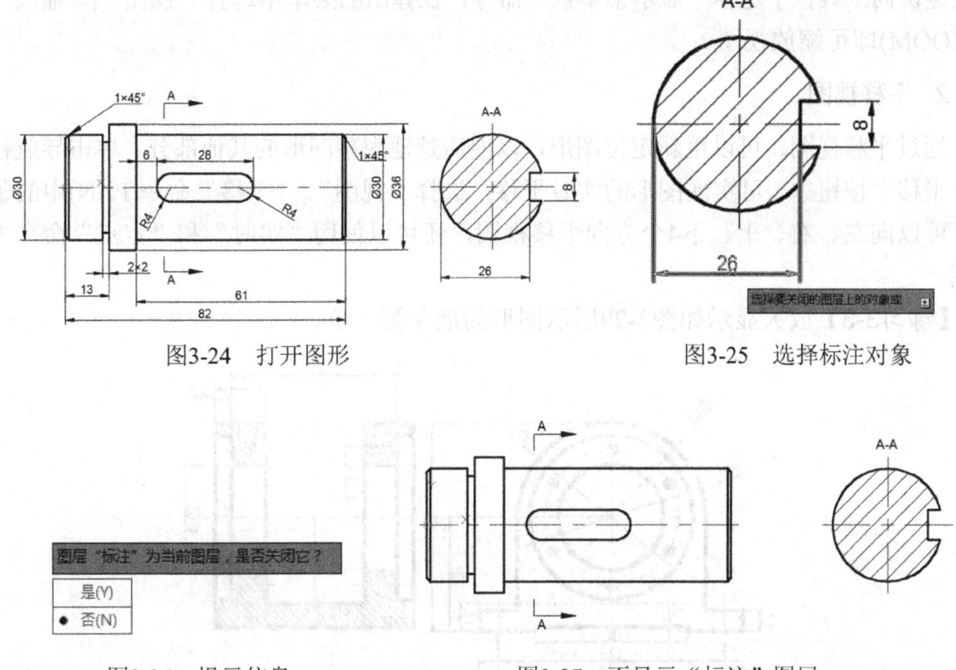

图3-24　打开图形　　图3-25　选择标注对象

图3-26　提示信息　　图3-27　不显示“标注”图层

(4) 在“功能区”选项板中选择“默认”选项卡，在“图层”面板中单击“图层漫游”按钮，打开“图层漫游”对话框，如图3-28所示。

(5) 在“图层漫游”对话框中单击“选择对象”按钮，在绘图窗口选择A-A剖面的填充图案。

(6) 按Enter键返回至“图层漫游”对话框，此时，只有填充图案所在的图层上亮显，用户即可确定它所在的图层，即填充图案在“图层1”图层。

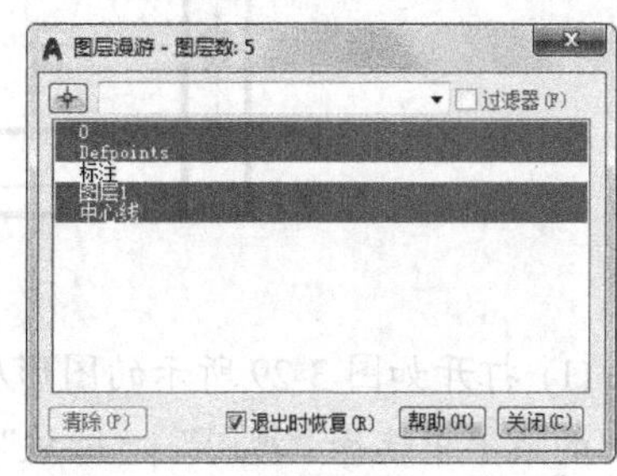

图3-28　“图层漫游”对话框

3.2　控制图形显示

在AutoCAD 2018中，可以使用多种方法来观察绘图窗口中绘制的图形，以便灵活观察图形的整体效果或局部细节。

3.2.1　缩放和平移视图

按一定的比例、观察位置和角度显示图形的区域称为视图。在AutoCAD 2018中，可以通过缩放与平移视图来方便地观察图形。

1. 缩放视图

通过缩放视图，可以放大或缩小图形的屏幕显示尺寸，而图形的真实尺寸保持不变。

在快速访问工具栏中选择“显示菜单栏”命令，在弹出的菜单中选择“视图”|“缩放”命令(ZOOM)即可缩放视图。

2. 平移视图

通过平移视图，可以重新定位图形，以便清楚地观察图形的其他部分。单击导航栏中的“平移”按钮，可实现图形的实时平移；选择“视图”|“平移”命令(PAN)中的子命令，可以向左、右、上、下4个方向平移视图，还可以使用“实时”和“定点”命令平移视图。

【练习3-3】 放大显示如图3-29所示图形的最左侧一角。

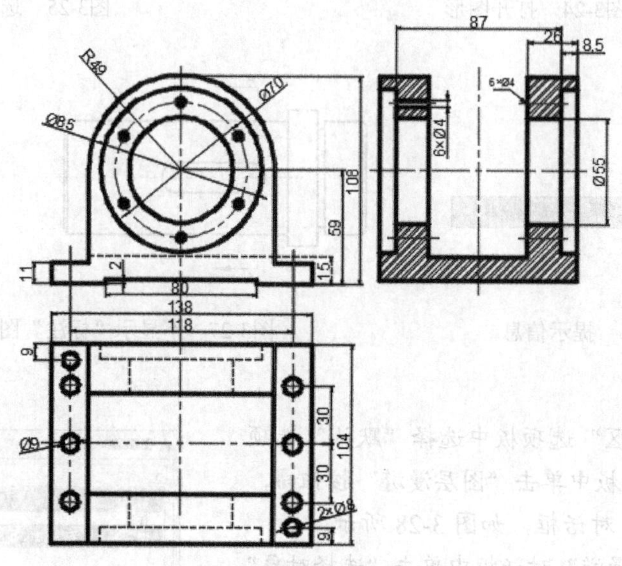

图3-29　打开图形

(1) 打开如图 3-29 所示的图形后，在快速访问工具栏中选择“显示菜单栏”命令，在弹出的菜单中选择“视图”|“缩放”|“动态”命令，此时，在绘图窗口中将显示图形范围，如图 3-30 所示。

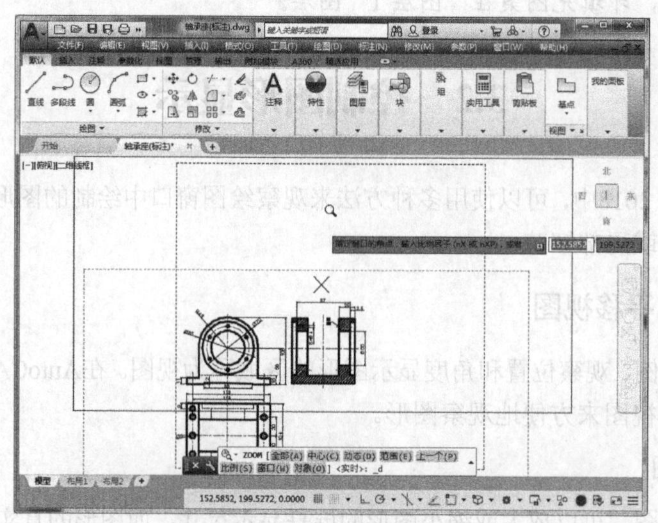

图3-30　显示视图框

(2) 当视图框包含一个×符号时，在屏幕上拖动视图框以平移到不同的区域。

(3) 要将视图框缩放到不同的大小，可单击鼠标左键，这时视图框中的×将变成一个箭头。左右移动指针可调整视图框尺寸，上下移动光标可调整视图框位置。如果视图框较大，则显示出的图像较小；如果视图框较小，则显示出的图像较大，最后调整效果如图3-31所示。

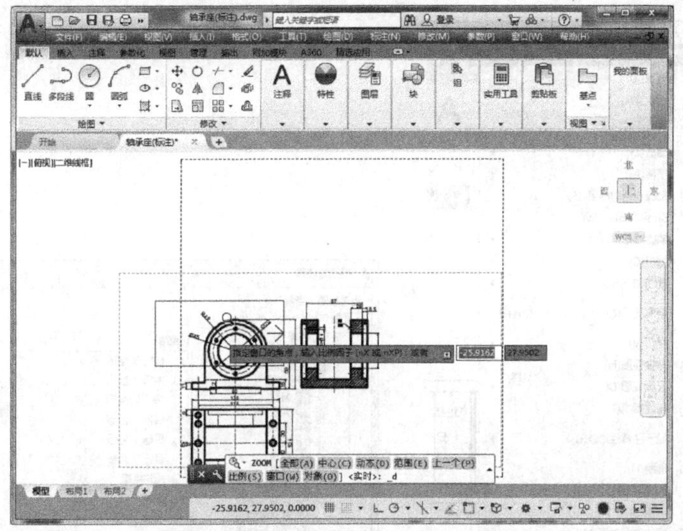

图3-31 调整视图框大小和位置

(4) 将视图框区域放大调整完毕后，再次单击鼠标左键。

(5) 当视图框指定的区域正是用户想查看的区域，按下 Enter 键确认，则视图框所包围的图像就成为当前视图，如图 3-32 所示。

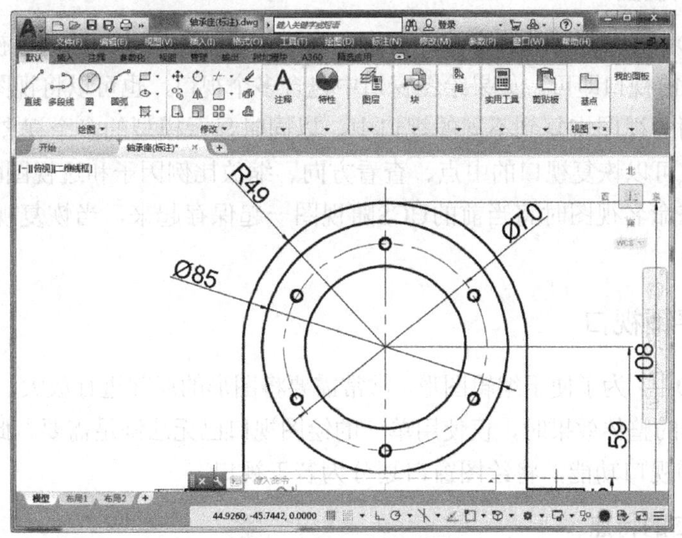

图3-32 放大后的效果

3.2.2 使用命名视图

在一张工程图纸上可以创建多个视图。当要查看、修改图纸上的某一部分视图时，将该视图恢复出来即可。

1. 命名视图

在快捷工具栏中选择"显示菜单栏"命令，在弹出的菜单中选择"视图"|"命名视图"命令，打开"视图管理器"对话框，如图3-33所示。使用该对话框可以创建、设置、重命名和删除命名视图。

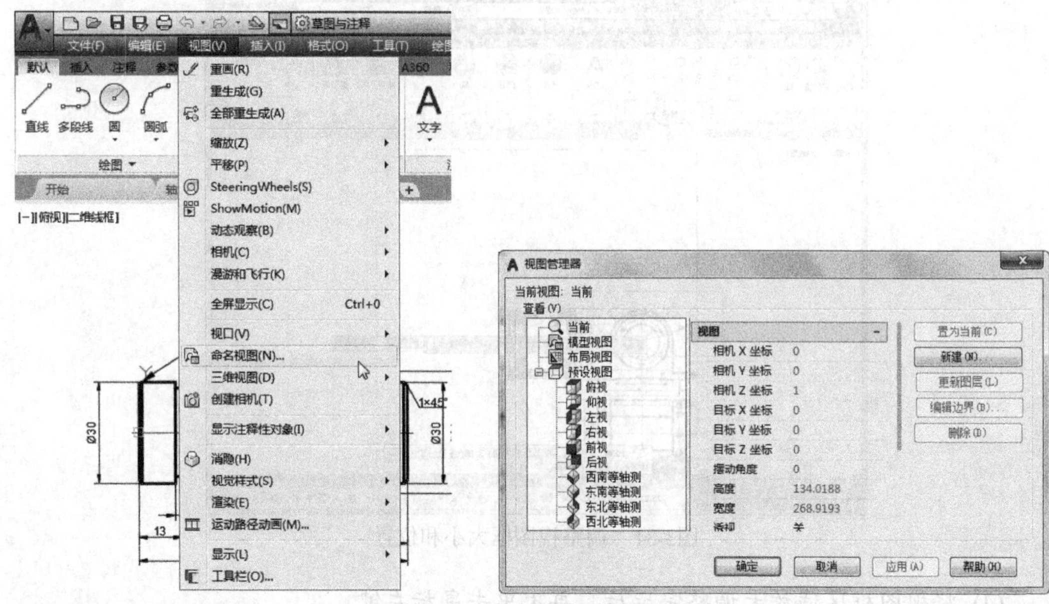

图3-33　打开"视图管理器"对话框

2. 恢复命名视图

在AutoCAD中，可以一次命名多个视图，当需要重新使用一个已命名视图时，只需将该视图恢复到当前视口即可。如果绘图窗口中包含多个视口，也可以将视图恢复到活动视口中，或将不同的视图恢复到不同的视口中，以同时显示模型的多个视图。

恢复视图时可以恢复视口的中点、查看方向、缩放比例因子和透视图(镜头长度)等参数设置。如果在命名视图时将当前的UCS随视图一起保存起来，当恢复视图时也可以恢复UCS。

3.2.3　使用平铺视口

在AutoCAD中，为了便于编辑图形，常常需要将图形的局部进行放大，以显示其细节。当需要观察图形的整体效果时，仅使用单一的绘图视口已无法满足需要。此时，可以使用AutoCAD的平铺视口功能，将绘图窗口划分为若干视口。

1. 平铺视口的特点

平铺视口是指把绘图窗口分成多个矩形区域，从而创建多个不同的绘图区域，其中每一个区域都可用来查看图形的不同部分。在AutoCAD 2018中，可以同时打开多达32000个视口，屏幕上还可保留菜单栏和命令提示窗口。

在AutoCAD中，在快速访问工具栏中选择"显示菜单栏"命令，在弹出的菜单中选择"视图"|"视口"子菜单中的命令，可以在模型空间创建和管理平铺视口，如图3-34所示。

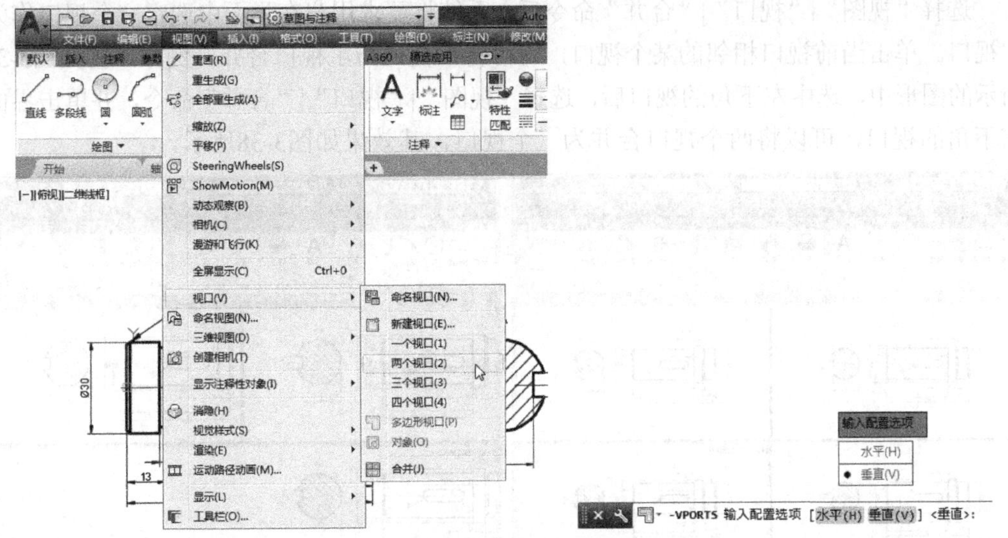

图3-34　管理视口

2. 创建平铺视口

在快速访问工具栏中选择“显示菜单栏”命令，在弹出的菜单中选择“视图”|“视口”|“新建视口”命令，打开“视口”对话框，如图3-35所示。使用“新建视口”选项卡可以显示标准视口配置列表及创建并设置新的平铺视口。

在“视口”对话框中，选择“命名视口”选项卡，可以显示图形中已命名的视口配置。当选择一个视口配置后，活动模型配置的布局情况将显示在预览窗口中，如图3-36所示。

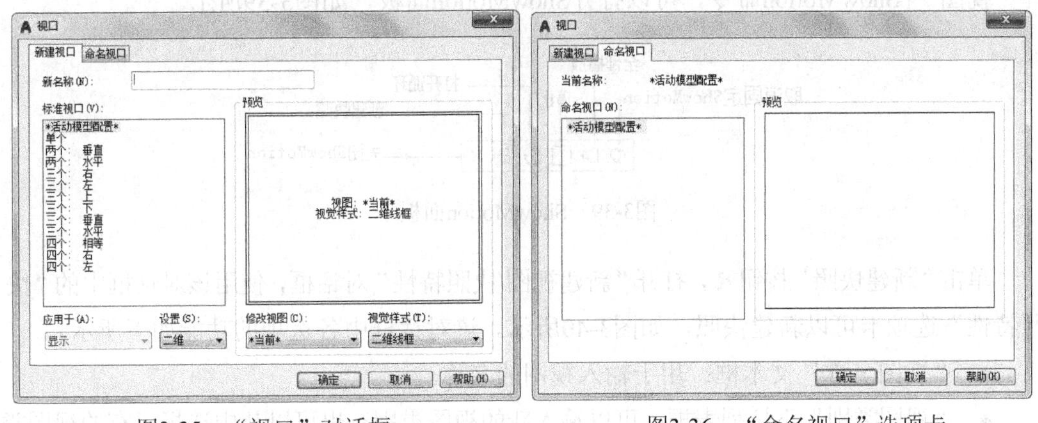

图3-35　“视口”对话框　　图3-36　“命名视口”选项卡

3. 分割与合并视口

在AutoCAD 2018中，在快速访问工具栏中选择“显示菜单栏”命令，在弹出的菜单中选择“视图”|“视口”子菜单中的命令，可以在不改变视口显示的情况下，分割或合并当前视口。例如，选择“视图”|“视口”|“一个视口”命令，可以将当前视口扩大到充满整个绘图窗口；选择“视图”|“视口”|“两个视口”、“三个视口”或“四个视口”命令，可以分别将当前视口分割为2个、3个或4个视口。例如，将绘图窗口分割为4个视口，效果如图3-37所示。

选择“视图”|“视口”|“合并”命令后，系统将要求用户在界面中选定一个视口作为主视口。单击当前视口相邻的某个视口，即可将该视口与主视口合并。例如，在如图3-37所示的图形中，选中左下角的视口后，选择“视图”|“视口”|“合并”命令，并单击界面右下角的视口，可以将两个视口合并为一个视口，其效果如图3-38所示。

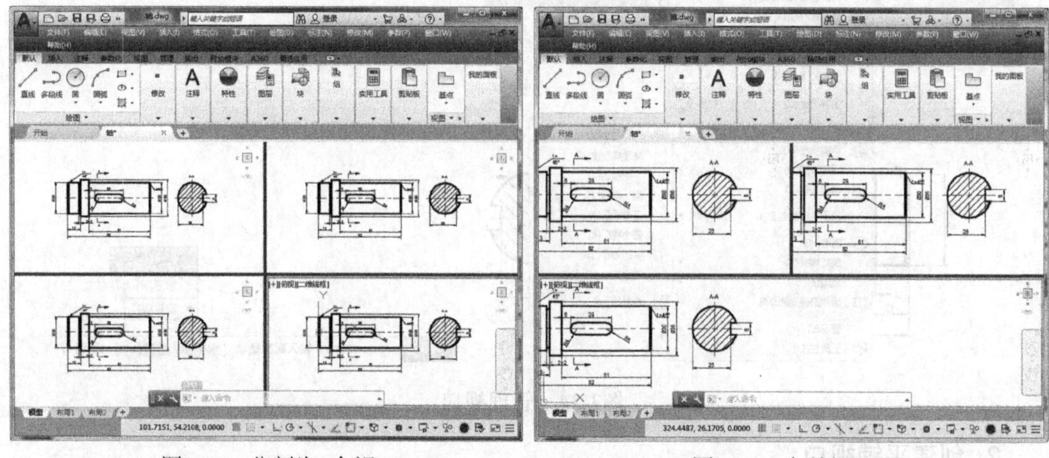

图3-37　分割为4个视口　　　　图3-38　合并视口

3.2.4 使用ShowMotion

在AutoCAD 2018中，可以通过创建视图的快照来观察图形。单击导航栏中的ShowMotion按钮，或在快速访问工具栏中选择“显示菜单栏”命令，在弹出的菜单中选择“视图”| ShowMotion命令，可以打开ShowMotion面板，如图3-39所示。

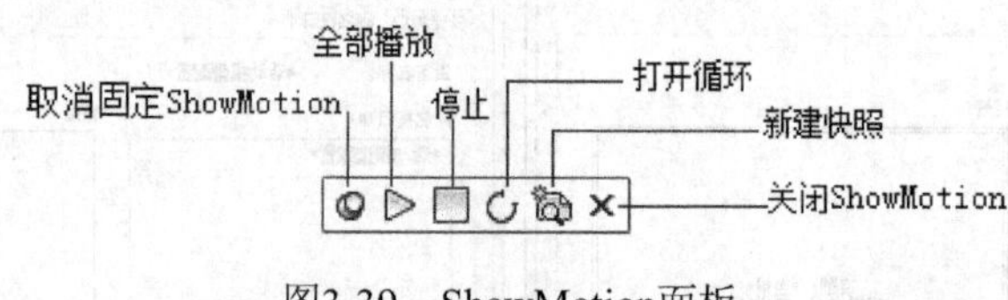

图3-39　ShowMotion面板

单击“新建快照”按钮，打开“新建视图/快照特性”对话框，使用该对话框中的“快照特性”选项卡可以新建快照，如图3-40所示。该对话框中各选项的功能如下所示。

- “视图名称”文本框：用于输入视图的名称。
- “视图类别”下拉列表框：可以输入新的视图类别，也可以从中选择已有的视图类别。系统将根据视图所属的类别来组织各个活动视图。
- “视图类型”下拉列表框：可以从中选择视图类型，主要包括电影式、静止和已记录的漫游这3种类型。视图类型将决定视图的活动情况。
- “转场”选项区域：用于设置视图的转场类型和转场持续时间。
- “运动”选项区域：用于设置视图移动类型、移动持续时间、距离和位置等。
- “预览”按钮：单击该按钮，可以预览视图中图形的活动情况。
- “循环”复选框：选中该复选框，可以循环观察视图中图形的运动情况。

成功创建快照后，在ShowMotion面板上方将以缩略图的形式显示各个视图中图形的活动情况，如图3-41所示。单击绘图区中的某个缩略图，将显示图形的活动情况，用于观察图形。

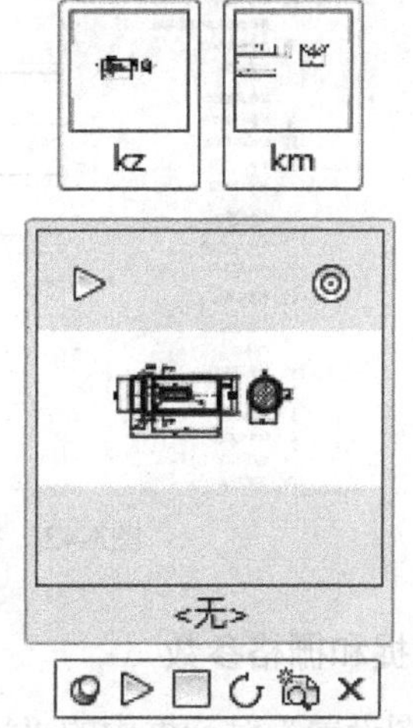

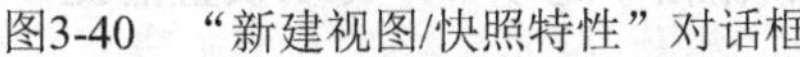
图3-40　“新建视图/快照特性”对话框　　　　　图3-41　创建快照

3.3　栅格和捕捉

“栅格”是一些标定位置的小点，相当于坐标纸的作用，可以提供直观的距离和位置参照；“捕捉”用于设置鼠标光标移动的间距。在AutoCAD中，使用“捕捉”和“栅格”功能，可以提高绘图效率。

3.3.1 设置栅格和捕捉

在AutoCAD 2018中，用户可以参考下面介绍的操作方法，在正在绘制的图形中设置栅格和捕捉功能。

1. 打开或关闭捕捉和栅格功能

打开或关闭“捕捉”和“栅格”功能有以下几种方法。

- 在AutoCAD程序窗口的状态栏中，单击“捕捉”和“栅格”按钮。
- 按F7键打开或关闭栅格，按F9键打开或关闭捕捉。
- 在快速访问工具栏中选择“显示菜单栏”命令，在弹出的菜单中选择“工具”|“绘图设置”命令，打开“草图设置”对话框，如图3-42所示。在“捕捉和栅格”选项卡中选中或取消选中“启用捕捉”和“启用栅格”复选框。

图3-42　打开“草图设置”对话框

2. 设置捕捉和栅格参数

利用“草图设置”对话框中的“捕捉和栅格”选项卡，可以设置捕捉和栅格的相关参数，各选项的功能如下。

- “启用捕捉”复选框：打开或关闭捕捉功能。选中该复选框，可以启用捕捉功能。
- “捕捉间距”选项区域：设置捕捉间距、捕捉角度以及捕捉基点坐标。
- “启用栅格”复选框：打开或关闭栅格的显示。选中该复选框，可以启用栅格功能。
- “栅格间距”选项区域：设置栅格间距。如果栅格的X轴和Y轴间距值为0，则栅格采用“捕捉X轴和Y轴间距”的值，即“捕捉间距”的值。
- “捕捉类型”选项区域：可以设置捕捉类型和样式，包括“栅格捕捉”和“极轴捕捉”两种。
- “栅格行为”选项区域：该选项区域用于设置“视觉样式”下栅格线的显示样式(三维线框除外)。

3.3.2　使用GRID和SNAP命令

在AutoCAD 2018中，不仅可以通过“草图设置”对话框设置栅格和捕捉参数，还可以通过GRID与SNAP命令来设置。

1. 使用GRID命令

执行GRID命令时，其命令行显示如下提示信息。

```
GRID指定栅格间距(X)或[开(ON) 关(OFF) 捕捉(S) 主(M) 自适应(D) 界限(L) /跟随(F) /纵横向间距(A)] <50.0000>:
```

默认情况下，需要设置栅格间距值。该间距不能设置得太小，否则将导致图形模糊及屏幕重画太慢，甚至无法显示栅格。该命令提示中其他选项的功能如下。

- “开(ON)”/“关(OFF)”选项：打开或关闭当前栅格。

- “捕捉(S)”选项：将栅格间距设置为由SNAP命令指定的捕捉间距。
- “主(M)”选项：设置每个主栅格线的栅格分块数。
- “自适应(D)”选项：设置是否允许以小于栅格间距的间距拆分栅格。
- “界限(L)”选项：设置是否显示超出界限的栅格。
- “跟随(F)”选项：设置是否跟随动态UCS的XY平面而改变栅格平面。
- “纵横向间距(A)”选项：设置栅格的X轴和Y轴间距值。

2. 使用SNAP命令

执行SNAP命令时，其命令行显示如下提示信息，如图3-43所示。

```
SNAP指定捕捉间距或 [打开(ON) 关闭(OFF) 纵横向间距(A) 传统(L) 样式(S) 类型(T)] <10.0000>:
```

默认情况下，需要指定捕捉间距，并选择“打开(ON)”选项，以当前栅格的分辨率、旋转角和样式激活捕捉模式；选择“关闭(OFF)”选项，关闭捕捉模式，但保留当前设置。此外，该命令提示中其他选项的功能如下。

- “纵横向间距(A)”选项：在X和Y方向上指定不同的间距。如果当前捕捉模式为等轴测，则不能使用该选项。
- “传统(L)”选项：设置是否保持始终捕捉到栅格的传统行为。
- “样式(S)”选项：设置“捕捉”栅格的样式为“标准”或“等轴测”。“标准”样式显示与当前UCS的XY平面平行的矩形栅格，X间距与Y间距可能不同；“等轴测”样式显示等轴测栅格，栅格点初始化为30°和150°角。等轴测捕捉可以旋转，但不能有不同的纵横向间距值。等轴测包括上等轴测平面(30°和150°角)、左等轴测平面(90°和150°角)和右等轴测平面(30°和90°角)，如图3-44所示。

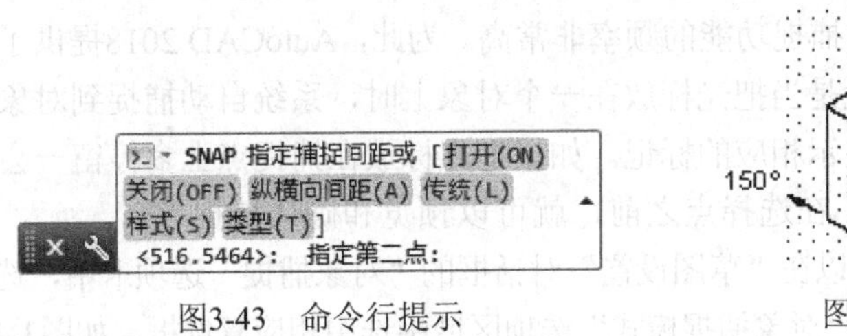

图3-43　命令行提示　　图3-44　等轴测模式

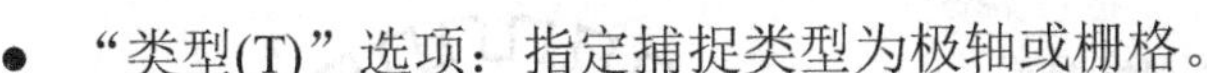

- “类型(T)”选项：指定捕捉类型为极轴或栅格。

3.3.3　使用正交功能

使用ORTHO命令，可以打开正交模式，用于控制是否以正交方式绘图。在正交模式下，可以方便地绘制出与当前X轴或Y轴平行的线段。打开或关闭正交方式有以下两种方法。

- 在AutoCAD程序窗口的状态栏中单击“正交”按钮。
- 按F8键打开或关闭正交模式。

打开正交功能后，输入的第1点是任意的，但当移动光标准备指定第2点时，引出的橡皮筋线已不再是这两点之间的连线，而是起点到光标十字线的垂直线中较长的那段线，此时单击，橡皮筋线就变成所绘直线。

3.4　使用对象捕捉功能

在绘图过程中，经常要指定一些已有对象上的点，如端点、圆心和两个对象的交点等。如果只凭观察来拾取，不可能非常准确地找到这些点。为此，AutoCAD 2018提供了对象捕捉功能，可以迅速、准确地捕捉到某些特殊点，从而精确地绘制图形。

3.4.1　设置对象捕捉模式

在AutoCAD 2018中，用户可以通过“对象捕捉”工具栏和“草图设置”对话框等来设置对象捕捉模式。

1. “对象捕捉”工具栏

在绘图过程中，当要求指定点时可以在快速访问工具栏中选择“显示菜单栏”命令，在弹出的菜单中选择“工具”|“工具栏”| AutoCAD |“对象捕捉”命令，显示“对象捕捉”工具栏，如图3-45所示。单击“对象捕捉”工具栏中相应的特征点按钮，再把光标移到要捕捉对象上的特征点附近，即可捕捉到相应的对象特征点。

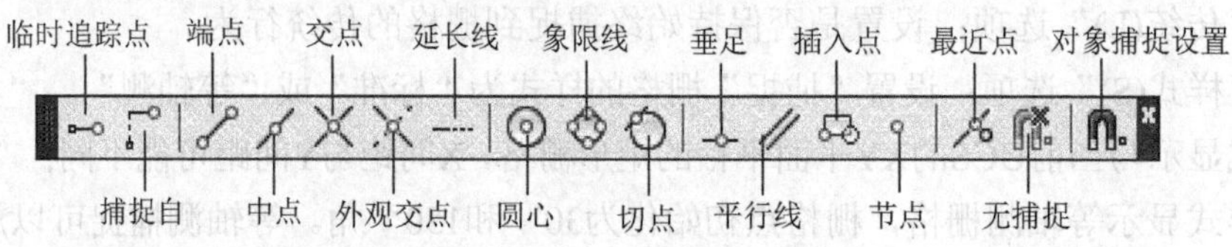

图3-45　“对象捕捉”工具栏

2. 使用自动捕捉功能

在绘图过程中，使用对象捕捉功能的频率非常高。为此，AutoCAD 2018提供了一种自动对象捕捉模式。自动捕捉就是当把光标放在一个对象上时，系统自动捕捉到对象上所有符合条件的几何特征点，并显示相应的标记。如果把光标放在捕捉点上多停留一会，系统还会显示捕捉的提示。这样，在选择点之前，就可以预览和确认捕捉点。

要打开对象捕捉模式，可以在“草图设置”对话框的“对象捕捉”选项卡中，选中“启用对象捕捉”复选框，然后在“对象捕捉模式”选项区域中选中相应复选框，如图3-46所示。

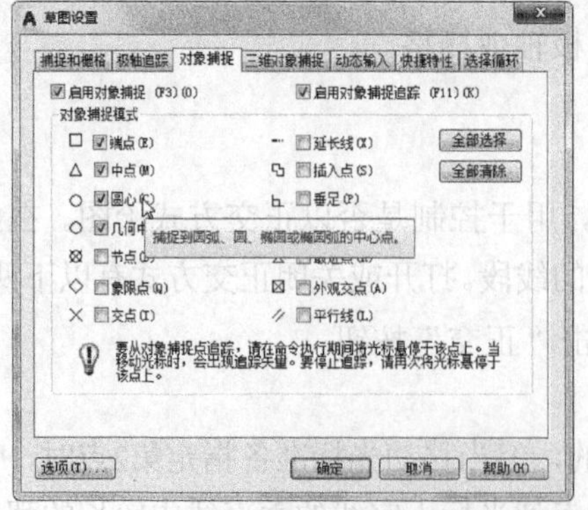

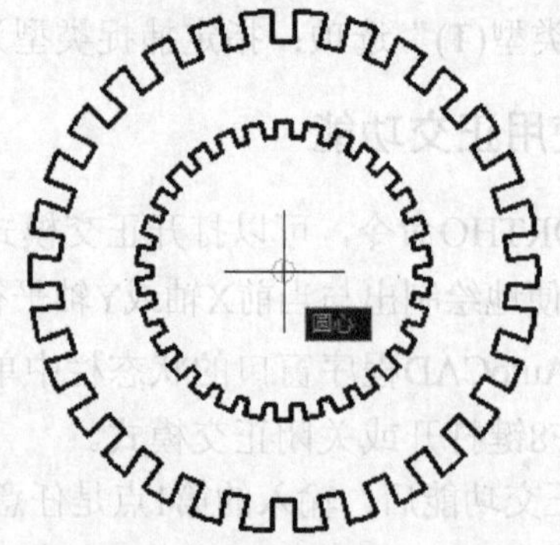

图3-46　在“草图设置”对话框中设置对象捕捉模式

3. 对象捕捉快捷菜单

当要求指定点时，可以按下Shift键或者Ctrl键，右击打开对象捕捉快捷菜单，如图3-47所示。选择需要的子命令，再把光标移到要捕捉对象的特征点附近，即可捕捉到相应的对象特征点。

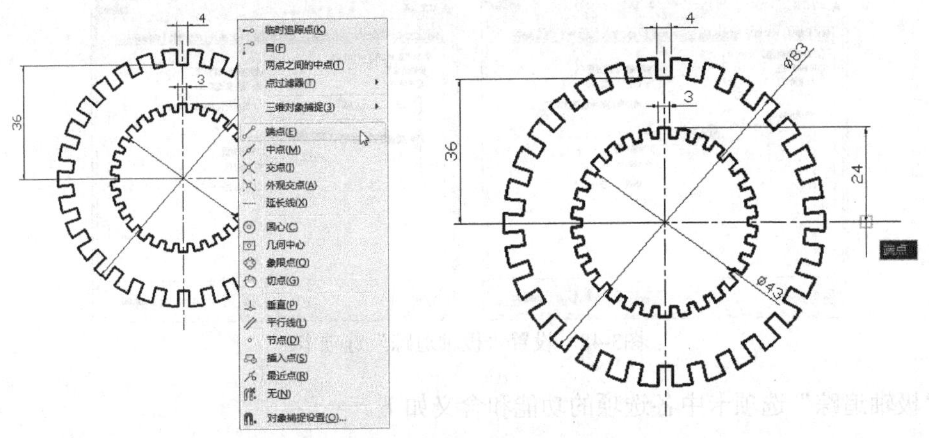

图3-47　使用对象捕捉快捷菜单

注意：

在对象捕捉快捷菜单中，“点过滤器”子命令中的各命令用于捕捉满足指定坐标条件的点。除此之外的其他各项都与“对象捕捉”工具栏中的各种捕捉模式相对应。

3.4.2　运行和覆盖捕捉模式

在AutoCAD 2018中，对象捕捉模式又可分为运行捕捉模式和覆盖捕捉模式。

- 在“草图设置”对话框的“对象捕捉”选项卡中，设置的对象捕捉模式始终处于运行状态，直到关闭为止，称为运行捕捉模式。
- 如果在点的命令行提示下输入关键词(如MID、CEN、QUA等)，单击“对象捕捉”工具栏中的工具或在对象捕捉快捷菜单中选择相应命令，只临时打开捕捉模式，称为覆盖捕捉模式，仅对本次捕捉点有效，在命令行中显示一个“于”标记。

要打开或关闭运行捕捉模式，可单击状态栏上的“对象捕捉”按钮。设置覆盖捕捉模式后，系统将暂时覆盖运行捕捉模式。

3.5　使用自动追踪

在AutoCAD中，自动追踪可按指定角度绘制对象，或者绘制与其他对象有特定关系的对象。自动追踪功能分极轴追踪和对象捕捉追踪两种，是非常有用的辅助绘图工具。

3.5.1　极轴追踪与对象捕捉追踪

极轴追踪是按事先给定的角度增量来追踪特征点。而对象捕捉追踪则按与对象的某种特定关系来捕捉追踪，这种特定的关系确定了一个未知角度。也就是说，如果事先知道要追踪的方向(角度)，则使用极轴追踪；如果事先不知道具体的追踪方向(角度)，但知道与其他对象的某种关系(如相交)，则用对象捕捉追踪。极轴追踪和对象捕捉追踪可同时使用。

极轴追踪功能可以在系统要求指定一个点时，按预先设置的角度增量显示一条无限延伸的辅助线(这是一条虚线)，这时就可以沿辅助线追踪得到光标点。可在“草图设置”对话框的“极轴追踪”选项卡中对极轴追踪和对象捕捉追踪进行设置，如图3-48所示。

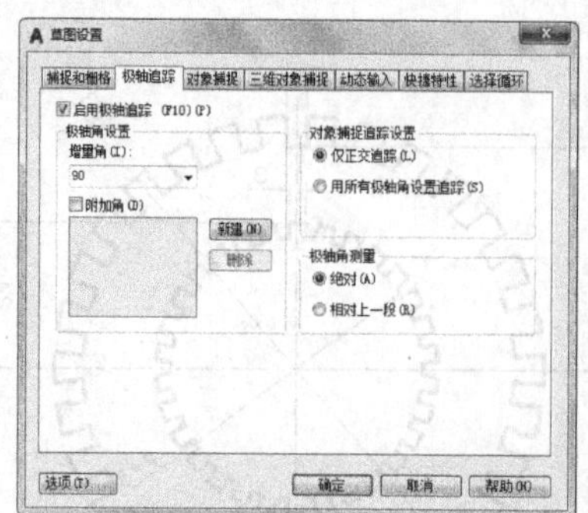
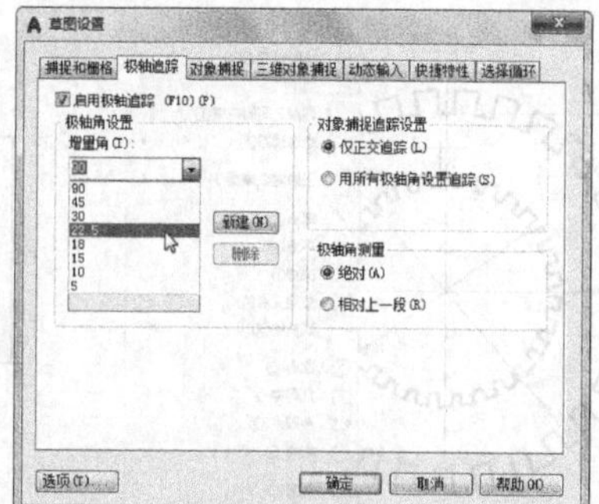

图3-48 设置“极轴追踪”选项卡

“极轴追踪”选项卡中各选项的功能和含义如下。

- “启用极轴追踪”复选框：选中该复选框，打开极轴追踪；取消选中该复选框，则关闭极轴追踪。也可以使用自动捕捉系统变量或按F10键来打开或关闭极轴追踪。
- “极轴角设置”选项区域：设置极轴角度。在“增量角”下拉列表框中可以选择系统预设的角度，如果该下拉列表框中的角度不能满足需要，可选中“附加角”复选框，然后单击“新建”按钮，在“附加角”列表中增加新角度。
- “对象捕捉追踪设置”选项区域：设置对象捕捉追踪。选中“仅正交追踪”单选按钮，可在启用对象捕捉追踪时，只显示已获取的对象捕捉点的正交(水平/垂直)对象捕捉追踪路径；选中“用所有极轴角设置追踪”单选按钮，可以将极轴追踪设置应用到对象捕捉追踪。
- “极轴角测量”选项区域：设置极轴追踪对齐角度的测量基准。其中，选中“绝对”单选按钮，可以基于当前用户坐标系(UCS)确定极轴追踪角度；选中“相对上一段”单选按钮，可以基于最后绘制的线段确定极轴追踪角度。

3.5.2 使用临时追踪点和捕捉自功能

在“对象捕捉”工具栏中，还有两个非常有用的对象捕捉工具，即“临时追踪点”和“捕捉自”工具。

- “临时追踪点”工具：可在一次操作中创建多条追踪线，并根据这些追踪线确定所要定位的点。
- “捕捉自”工具：在使用相对坐标指定下一个应用点时，“捕捉自”工具可以提示输入基点，并将该点作为临时参照点，这与通过输入前缀@使用最后一个点作为参照点类似。它不是对象捕捉模式，但经常与对象捕捉一起使用。

3.5.3 使用自动追踪功能绘图

使用自动追踪功能可以快速、精确地定位点，在很大程度上提高了绘图效率。在

AutoCAD 2018中，要设置自动追踪功能选项，可打开“选项”对话框，在“草图”选项卡的“自动追踪设置”选项区域中进行设置，其中各选项及其功能如下。

- “显示极轴追踪矢量”复选框：设置是否显示极轴追踪的矢量数据。
- “显示全屏追踪矢量”复选框：设置是否显示全屏追踪的矢量数据。
- “显示自动追踪工具栏提示”复选框：设置在追踪特征点时是否显示工具栏上的相应按钮的提示文字。

3.6　使用动态输入

在AutoCAD 2018中，使用动态输入功能可以在指针位置处显示标注输入和命令提示等信息，从而极大地方便了绘图。

3.6.1　启用指针输入

在“草图设置”对话框的“动态输入”选项卡中，选中“启用指针输入”复选框可以启用指针输入功能，如图3-49所示。用户可以在“动态输入”选项卡中的“指针输入”选项区域中单击“设置”按钮，然后使用打开的“指针输入设置”对话框设置指针的格式和可见性，如图3-50所示。

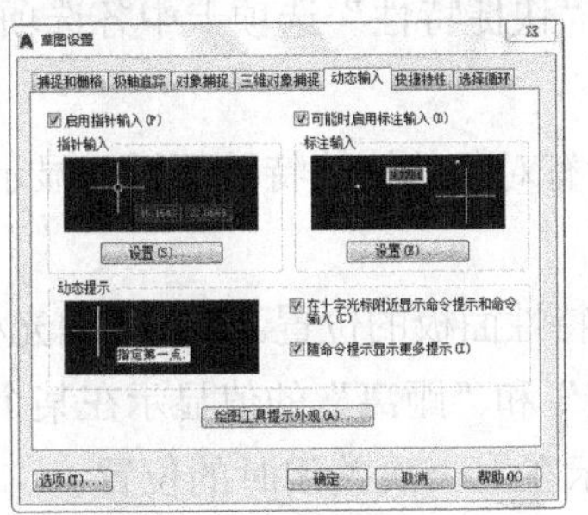

图3-49　“动态输入”选项卡

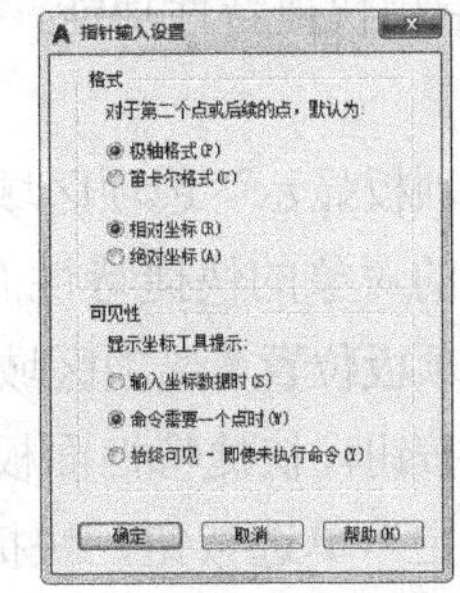

图3-50　“指针输入设置”对话框

3.6.2　启用标注输入

在“草图设置”对话框的“动态输入”选项卡中，选中“可能时启用标注输入”复选框可以启用标注输入功能。在“标注输入”选项区域中单击“设置”按钮，使用打开的“标注输入的设置”对话框可以设置标注的可见性，如图3-51所示。

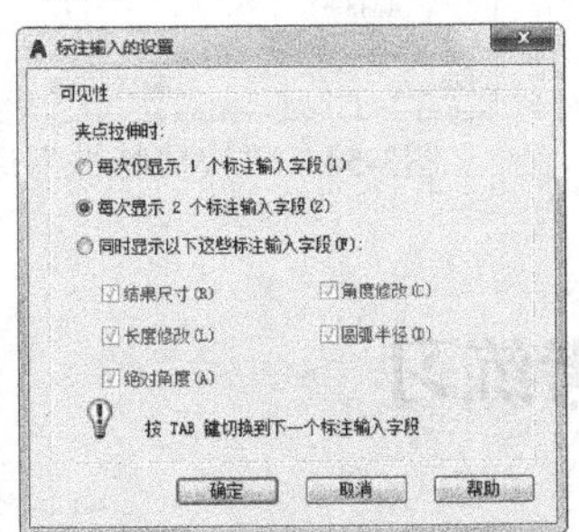

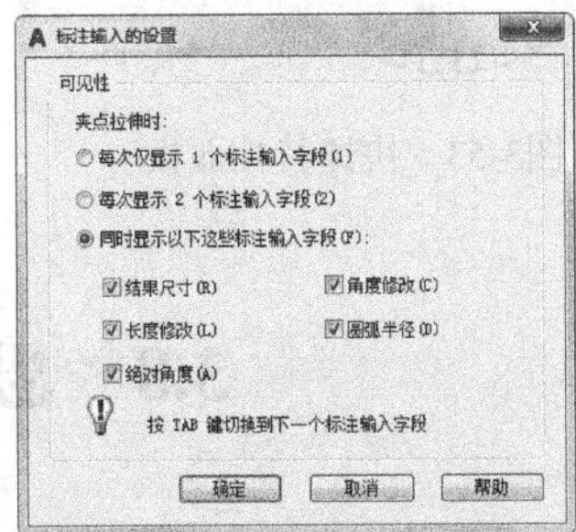

图3-51　“标注输入的设置”对话框

3.6.3　显示动态提示

在“草图设置”对话框的“动态输入”选项卡中，选中“动态提示”选项区域中的“在十字光标附近显示命令提示和命令输入”复选框，可以在光标附近显示命令提示，如图3-52所示。

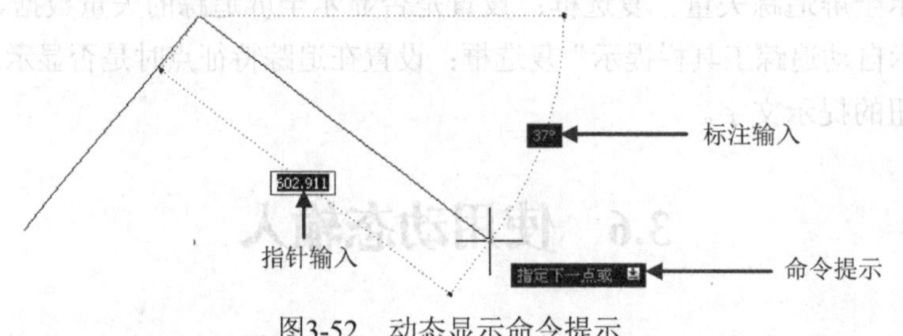

图3-52　动态显示命令提示

3.7　使用快捷特性

AutoCAD 2018具有快捷特性功能，当用户选择对象时，即可显示快捷特性面板，如图3-53所示，从而方便修改对象的属性。

在“草图设置”对话框的“快捷特性”选项卡中，选中“选择时显示快捷特性选项板”复选框可以启用快捷特性功能，如图3-54所示。“快捷特性”选项卡中各选项的含义如下所示。

- “选项板显示”选项区域：可设置显示所有对象的快捷特性面板或显示已定义快捷特性的对象的快捷特性面板。
- “选项板位置”选项区域：可以设置快捷特性面板的位置。选中“由光标位置决定”单选按钮，快捷特性面板将根据“象限点”和“距离”的值显示在某个位置；选中“固定”单选按钮，快捷特性面板将显示在上一次关闭时的位置。
- “选项板行为”选项区域：可以设置快捷特性面板显示的高度以及是否自动收拢。

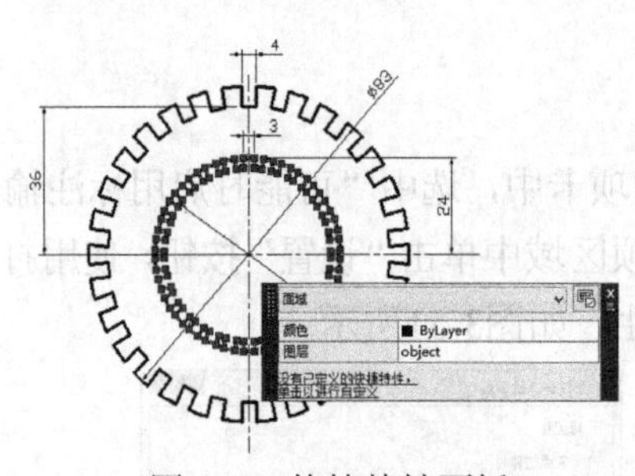

图3-53　快捷特性面板

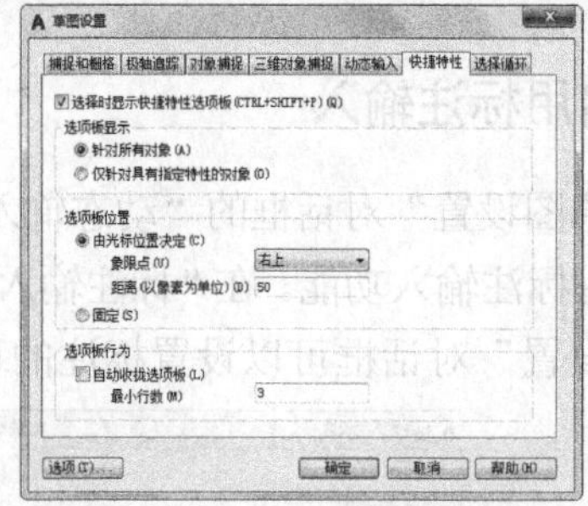

图3-54　“快捷特性”选项卡

3.8　思考练习

1. 在AutoCAD 2018中，图层具有哪些特性？如何设置这些特性？

2. 在绘制图形时，如果发现某一幅图形没有绘制在预先设置的图层上，如何将其放置到指定层上？

3. 在AutoCAD 2018中，如何使用图层工具管理图层？

4. 如何缩放一幅图形，使之能够最大限度地充满当前视口？

5. 如何保存当前视图定义和当前视口配置？

6. 在AutoCAD 2018中，对象捕捉模式包括哪两种？各有什么特点？

7. 极轴追踪与对象捕捉有什么区别？

8. 参照表3-1所示的要求创建各图层。

表 3-1　图层设置要求

图　层　名	线　　型	颜　　色
轮廓线层	Continuous	白色
中心线层	Center	红色
辅助线层	Dashed	蓝色

第4章　绘制基本二维图形

任何一副工程图都是由点、直线、圆和圆弧等基本图形元素组合而成，它们是构成工程绘图的基础元素。只有熟练掌握二维基本图形的绘制方法，才能够方便、快捷地绘制出机械零件的三视图、装配图及电子线路图等各种复杂多变的图形。本章将主要介绍使用AutoCAD绘制二维图形的相关知识。

4.1　绘制点

点是组成图形的最基本元素，通常用于作为对象捕捉的参考点，如标记对象的节点、参考点和圆心点等。掌握绘制点方法的关键在于灵活运用点样式，并根据需求制定各种类型的点。

4.1.1　设置点样式

绘制点时，系统默认为一个小墨点，不便于用户观察。因此在绘制点之前，通常需要设置点样式，必要时可自定义设置点的大小。

由于点的默认样式在图形中并不容易辨认，因此为了更好地用点标记等距或等数等分位置，用户可以根据系统提供的一系列点样式选取所需的点样式。在AutoCAD“草图与注释”工作空间界面中，单击“实用工具”选项板中的“点样式”按钮，可以在打开的“点样式”对话框中指定点的样式，如图4-1所示。

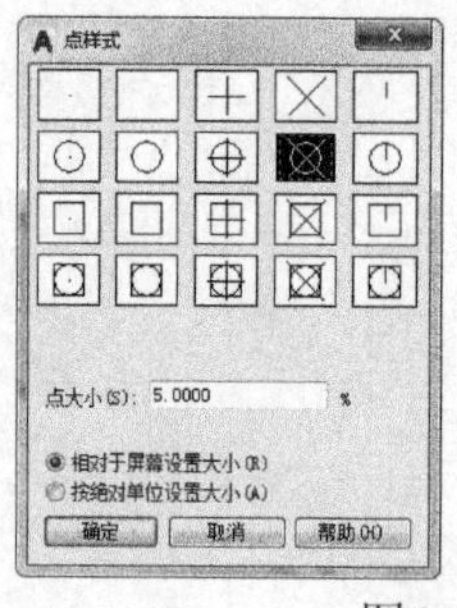

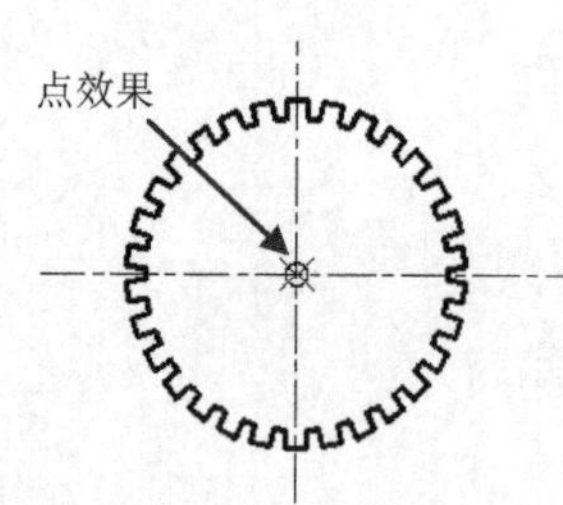

图4-1　设置点样式

在“点样式”对话框中，各主要选项的含义如下。

- “点大小”文本框：用于设置点在绘图区域的显示比例大小。
- “相对于屏幕设置大小”单选按钮：选中该单选按钮后，可以相对于屏幕尺寸的百分比设置点的大小，比例值可大于、等于或小于1。
- “按绝对单位设置大小”单选按钮：选中该单选按钮后，可以按实际单位设置点的大小。

4.1.2　绘制单点和多点

单点和多点是点常用的两种类型。所谓单点，是在绘图区一次仅绘制一个点，主要用来指定单个特殊点的位置，如指定中点、圆点和相切点等；而多点则是在绘图区连续绘制多个点，且该方式主要是用第一点为参考点，然后依据该参考点绘制多个点。

1. 在任意位置绘制单点和多点

当需要绘制单点时，可以在命令行中输入POINT指令，并按下回车键，然后在绘图区中单击，即可绘制出单个点，如图4-2所示。

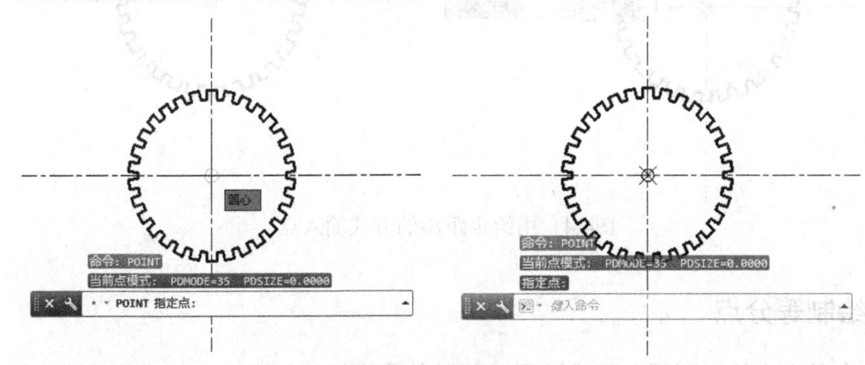

图4-2　绘制单点

当需要绘制多点时，可以直接在“绘图”选项板中单击“多点”按钮，然后在绘图区连续单击，即可绘制出多个点，如图4-3所示。

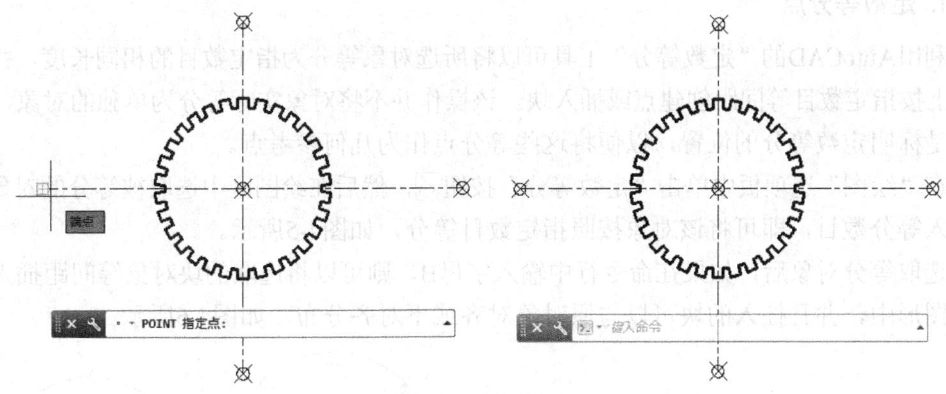

图4-3　绘制多点

2. 在指定位置绘制单点和多点

由于点主要起到定位标记参照的作用，因此在绘制点时并非是任意确定点的位置，需要使用坐标确定点的位置。

- 鼠标输入法：该输入法是绘图中最常用的输入法，即移动鼠标直接在绘图区的指定位置处单击，即可获得指定点效果。在AutoCAD中，坐标的显示是动态直角坐标。当移动鼠标时，十字光标和坐标值将连续更新，随时指示当前光标位置的坐标值。
- 键盘输入法：该输入法是通过键盘在命令行中输入参数值来确定位置的坐标值，并且位置坐标一般有两种显示方式，即绝对坐标和相对坐标。

- 用给定距离的方式输入：该输入法是鼠标输入法和键盘输入法的结合。当提示输入一个点时，将鼠标移动至输入点附近(不要单击)用来确定方向，使用键盘直接输入一个相对前一点的距离参数值，按回车键即可确定点的位置，如图4-4所示。

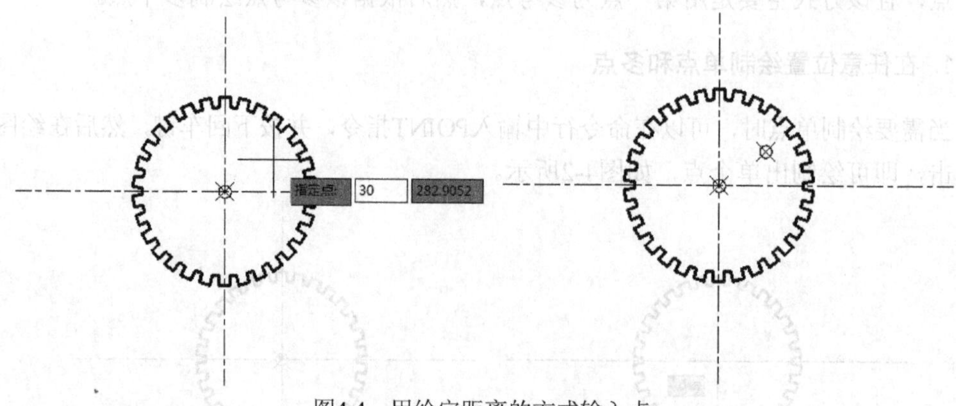

图4-4　用给定距离的方式输入点

4.1.3　绘制等分点

等分点是在直线、圆弧、圆或椭圆以及样条曲线等几何图元上创建的等分位置点或插入的等间距图块。在AutoCAD中，用户可以使用等分点功能对指定对象执行等分间距操作，即从选定对象的一个端点划分出相等的长度，并使用点或块标记将各个固定长度间隔。

1. 定数等分点

利用AutoCAD的“定数等分”工具可以将所选对象等分为指定数目的相同长度，并在对象上按指定数目等间距创建点或插入块。该操作并不将对象实际等分为单独的对象，它仅仅是标明定数等分的位置，以便将这些等分点作为几何参考点。

在“绘图”选项板中单击“定数等分”按钮，然后在绘图区中选取被等分的对象，并输入等分数目，即可将该对象按照指定数目等分，如图4-5所示。

选取等分对象后，如果在命令行中输入字母B，则可以将选取的块对象等间距插入到当前图形中，并且插入的块可以与原对象对齐或不对齐分布，如图4-6所示。

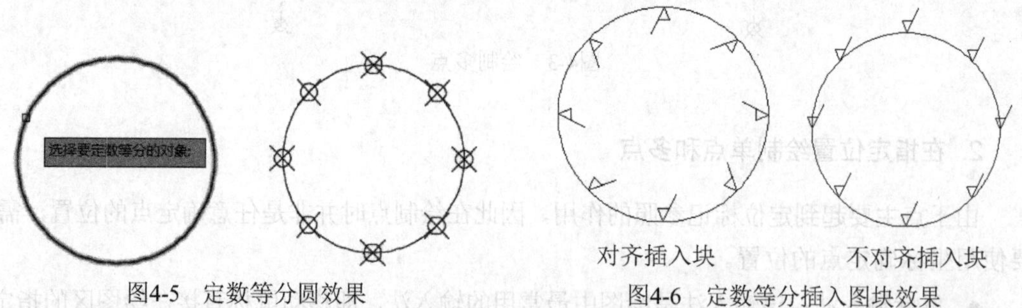

图4-5　定数等分圆效果　　图4-6　定数等分插入图块效果

2. 定距等分点

定距等分点是指在指定的图元上按照设置的间距放置点对象或插入块。一般情况下，放置点或插入块的顺序是从起点开始的，并且起点随着选取对象的类型变化而变化。由于被选定对象不一定完全符合所有指定距离，因此等分对象的最后一段通常要比指定的间隔短。

在“绘图”选项板中单击“定距等分”按钮，然后在绘图区中选取被等分的对象，系统将显示“指定线段长度”的提示信息和文本框。此时，在文本框中输入等分间距的参数值，即可将该对象按照指定的距离等分，效果如图4-7所示。

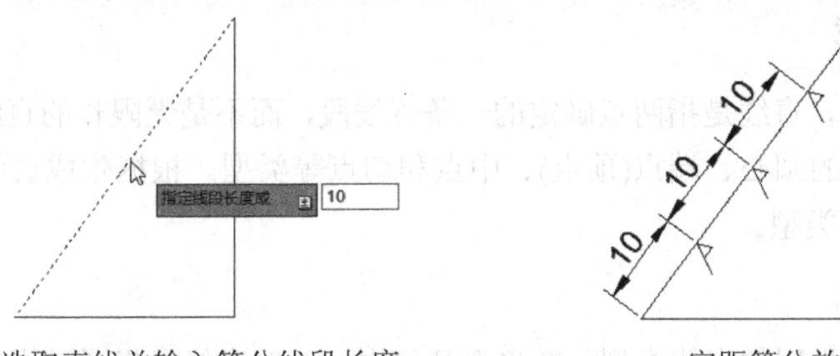

选取直线并输入等分线段长度　　定距等分效果

图4-7　定距等分直线效果

【练习4-1】将零件图形的边等分为22部分。

(1) 在快速访问工具栏中选择“显示菜单栏”命令，然后在弹出的菜单中选择“格式”|“点样式”命令，打开“点样式”对话框，选择第1行第5列的点样式，如图4-8所示，然后单击“确定”按钮。

(2) 在“功能区”选项板中选择“常用”选项卡，在“绘图”面板中单击“定数等分”按钮，执行DIVIDE命令。

(3) 在命令行的“选择要定数等分的对象:”提示信息下，拾取图形的底边作为要等分的对象，如图4-9所示。

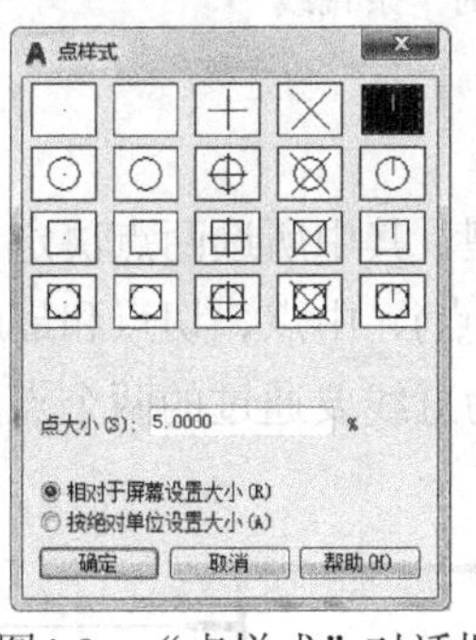

图4-8　“点样式”对话框

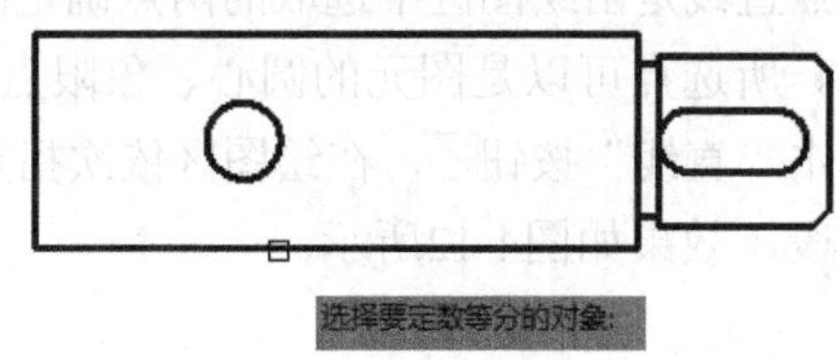

图4-9　选择要定数等分的对象

(4) 在命令行的“输入线段数目或[块(B)]:”提示信息下，输入等分段数22，然后按Enter键，等分结果如图4-10所示。

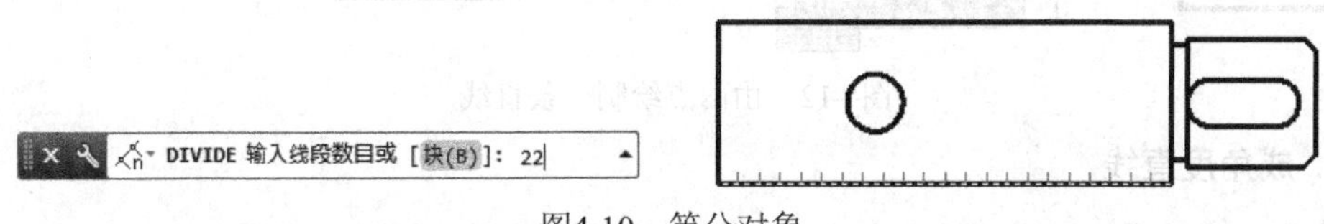

图4-10　等分对象

4.2 绘制线

在AutoCAD中，直线、射线和构造线都是最基本的线性对象。这些线性对象和指定点位置一样，都可以通过指定起始点和终止点来绘制，或在命令行中输入坐标值以确定起始点和终止点位置，从而获得相应的轮廓线。

4.2.1 绘制直线

在AutoCAD中，直线是指两点确定的一条直线段，而不是无限长的直线。构造直线段的两点可以是图元的圆心、端点(顶点)、中点和切点等类型。根据生成直线的方式，直线主要分为以下几种类型。

1. 一般直线

一般直线是最常用的直线类型。在平面几何内，一般直线是指通过指定的起点和长度确定的直线类型。

在“绘图”选项板中单击“直线”按钮，然后在绘图区指定直线的起点，并在命令行中设置直线的长度，按回车键即可绘制一条直线，如图4-11所示。

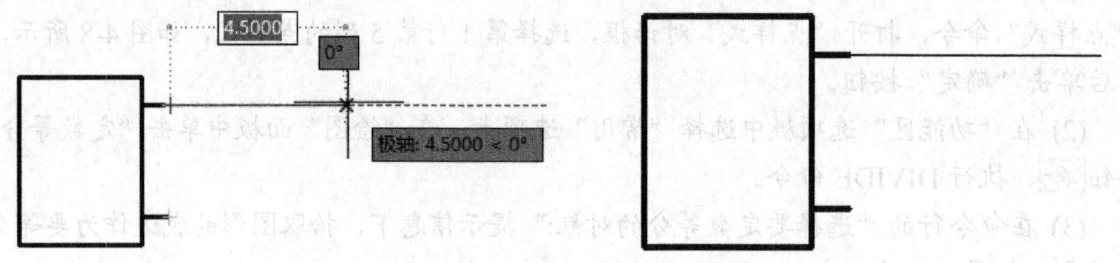

图4-11　指定直线起点和长度绘制一条直线

2. 两点直线

两点直线是由绘图区中选取的两点确定的直线类型，其中所选两点决定了直线的长度和位置。所选点可以是图元的圆心、象限点、端点(顶点)、中点、切点和最近点等类型。

单击“直线”按钮，在绘图区依次指定两点作为直线要通过的两个点，即可确定一条直线段，效果如图4-12所示。

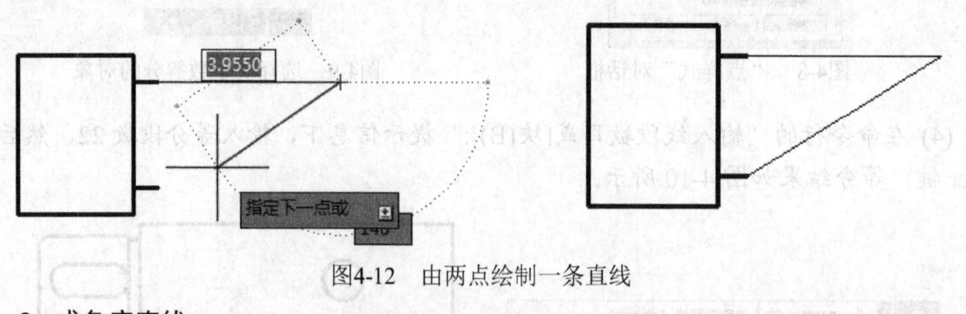

图4-12　由两点绘制一条直线

3. 成角度直线

成角度直线是一种与X轴方向成一定角度的直线类型。如果设置的角度为正值，则直线绕起点逆时针方向倾斜；反之直线绕顺时针方向倾斜。

选择“直线”工具后，指定一点为起点，然后在命令行中输入“@长度<角度”，并按下回车键结束该操作，即可绘制成角度直线。如图4-13所示就是绘制一条成35°倾斜角的直线。

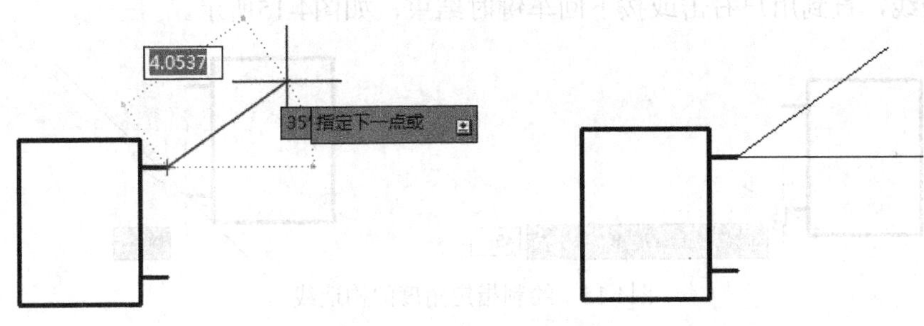

图4-13　绘制成角度直线

4.2.2　绘制射线和构造线

射线和构造线都属于直线的范畴，上面介绍的直线从狭义上称为直线段，而射线和构造线这两种线则是指一端固定而另一端延伸或两端延伸的直线，可以放置在平面或三维空间的任何位置，主要用于绘制辅助线。

1. 射线

射线是一端固定而另一端无限延伸的直线，即只有起点没有终点或终点无穷远的直线。主要用于绘制图形中投影所得线段的辅助引线，或绘制某些长度参数不确定的角度线等。

在“绘图”选项板中单击“射线”按钮，并在绘图区中分别指定起点和通过点，即可绘制一条射线，如图4-14所示。

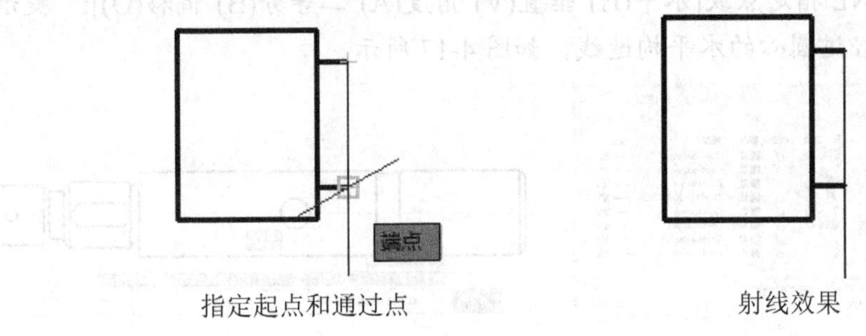

指定起点和通过点　　射线效果

图4-14　绘制射线

2. 构造线

与射线相比，构造线是一条没有起点和终点的直线，即两端无限延伸的直线。该类直线可以作为绘制等分角、等分圆等图形的辅助线，如图素的定位线等。

在“绘图”选项板中单击“构造线”按钮，命令行将显示“指定点或[水平(H)/垂直(V)/角度(A)/二等分(B)/偏移(Q)]:”的提示信息，其中各选项的含义如下。

- 水平：默认辅助线为水平直线，单击一次创建一条水平辅助线，直到用户右击或按下回车键时结束。

- 垂直：默认辅助线为垂直直线，单击一次创建一条垂直辅助线，直到用户右击或按下回车键时结束。
- 角度：创建一条用户指定角度的倾斜辅助线，单击一次创建一条指定角度的倾斜辅助线，直到用户右击或按下回车键时结束，如图4-15所示。

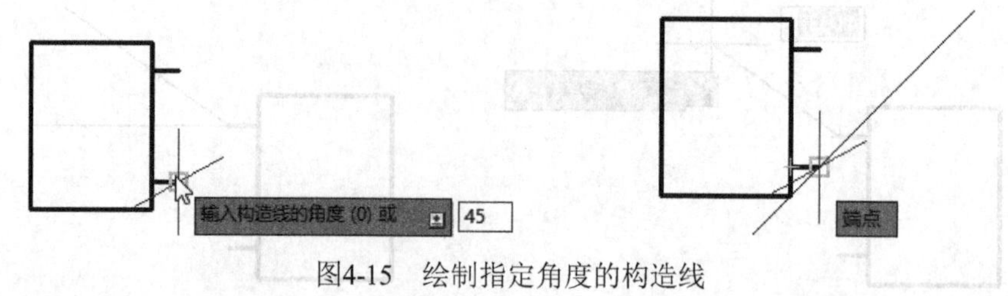

图4-15　绘制指定角度的构造线

- 二等分：创建一条通过用户指定角的顶点，并平分该角的辅助线。
- 偏移：创建平行于另一个对象的辅助线，类似于偏移编辑命令。选择的另一个对象可以是一条辅助线、直线或复合线对象。

【练习4-2】使用“射线”和“构造线”命令，绘制如图4-20所示图形中的辅助线。

(1) 在快速访问工具栏中选择“显示菜单栏”命令，在弹出的菜单中选择“格式”|“图层”命令，打开“图层特性管理器”选项板。

(2) 创建“辅助线”层，设置颜色为“红色”，线型为ACAD_IS004W100；创建“轮廓”层，设置线宽为0.3mm；创建“标注”层，设置颜色为“蓝色”，如图4-16所示。

(3) 将“辅助线”层设置为当前层。在快速访问工具栏中选择“显示菜单栏”命令，在弹出的菜单中选择“绘图”|“构造线”命令，或在“功能区”选项板中选择“默认”选项卡，在“绘图”面板中单击“构造线”按钮，发出XLINE命令。

(4) 在“XLINE指定点或[水平(H) 垂直(V) 角度(A) 二等分(B) 偏移(O)]:”提示下输入H，绘制一条经过圆心的水平构造线，如图4-17所示。

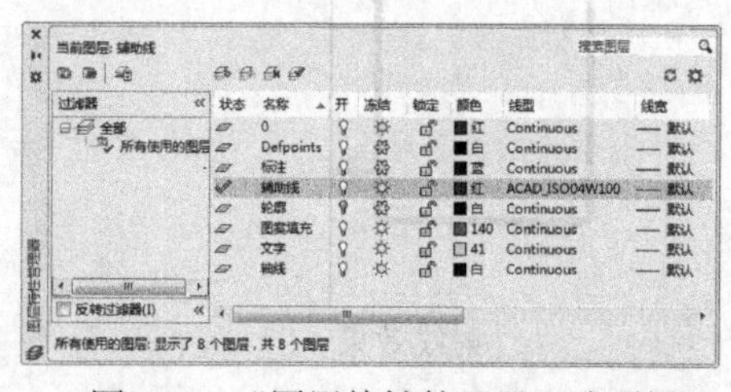

图4-16　“图层特性管理器”选项板

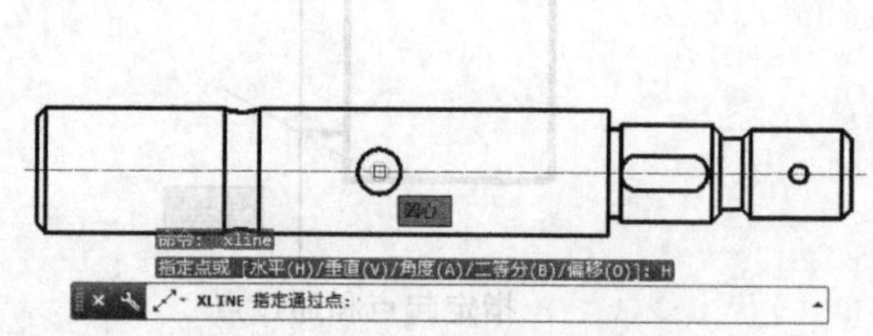

图4-17　选择绘制水平构造线

(5) 按Enter键，结束构造线的绘制命令。

(6) 再次按Enter键，重新执行XLINE命令。

(7) 在“XLINE指定点或[水平(H) 垂直(V) 角度(A) 二等分(B) 偏移(O)]:”提示下输入V，绘制两条如图4-18所示的垂直构造线。

(8) 按Enter键，结束构造线绘制命令，效果如图4-18所示。

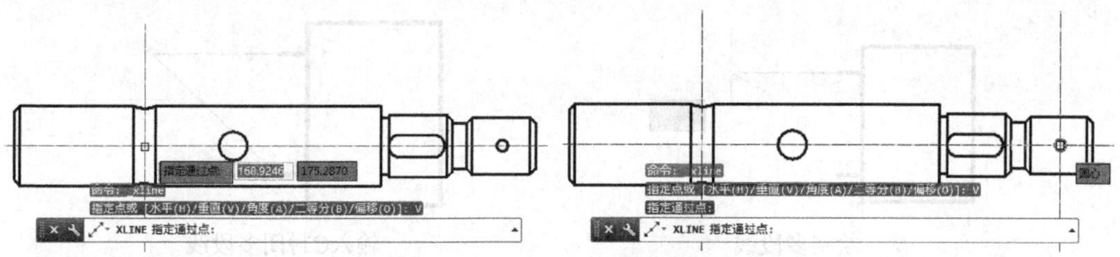

图4-18 绘制垂直构造线

(9) 在快速访问工具栏中选择“显示菜单栏”命令，在弹出的菜单中选择“工具”|“绘图设置”命令，打开“草图设置”对话框，选择“极轴追踪”选项卡，并选中“启用极轴追踪”复选框，如图4-19所示，在“增量角”下拉列表框中选择26，单击“确定”按钮。

(10) 在快速访问工具栏中选择“显示菜单栏”命令，在弹出的菜单中选择“绘图”|“射线”命令，或在命令行中输入RAY。

(11) 在“指定起点:”提示下移动光标至构造线左侧交点处，当显示“交点”时单击，捕捉交点，将其设置为射线的起点。

(12) 移动光标，当角度显示为26°时单击，绘制如图4-20所示的射线。

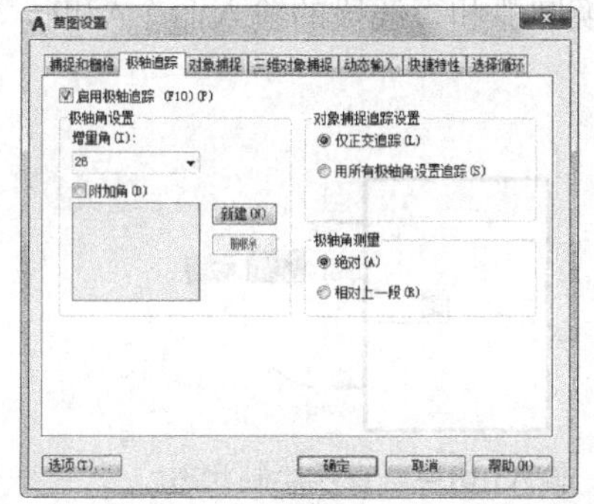

图4-19 “草图设置”对话框

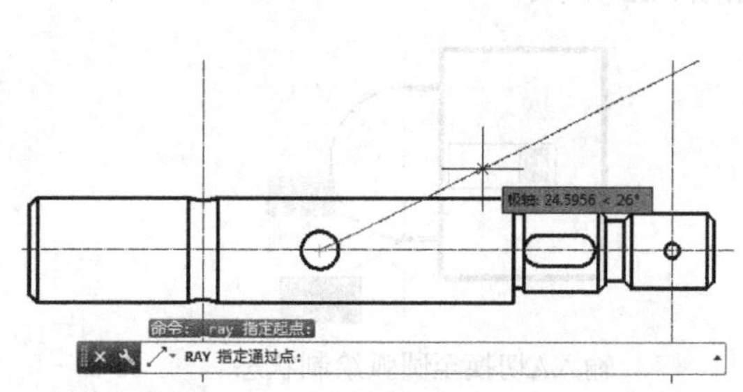

图4-20 绘制射线

(13) 按Enter键或Esc键，结束绘图命令。

4.2.3 绘制与编辑多段线

多段线是作为单个对象创建的相互连接的线段组合图形。该组合线段作为一个整体，可以由直线段、圆弧段或两者的组合线段组成，并且可以是任意开放或封闭的图形。此外为了区别多段线的显示，除了设置不同形状的图元及其长度外，还可以设置多段线中不同的线宽显示。根据多段线的组合显示样式，多段线主要分为以下3种类型。

1. 直线段多段线

直线段多段线全部由直线段组合而成，是一种简单的类型，一般用于创建封闭的线性面域。在“绘图”选项板中单击“多段线”按钮，然后依次在绘图区选取多段线的起点和其他通过的点即可。欲使多段线封闭，则可以在命令行中输入字母C，并按回车键确定，效果如图4-21所示。

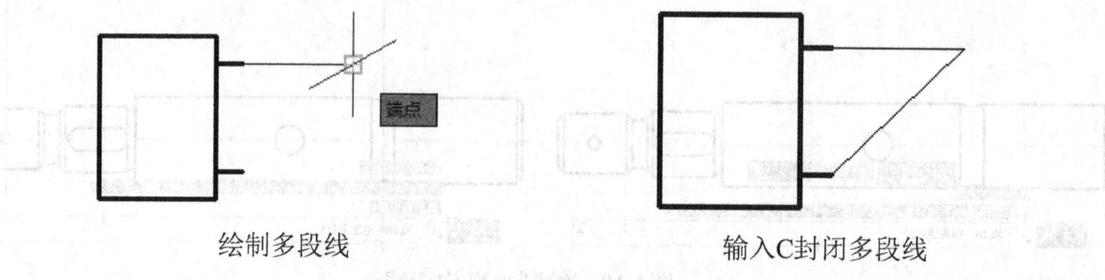

图4-21　绘制直线段多段线

注意：

需要注意的是，起点和多段线通过的点在一条直线上时，不能成为封闭多段线。

2. 直线和圆弧段组合多段线

直线和圆弧段组合多段线是由直线段和圆弧段两种图元组成的开放或封闭的组合图形，是最常用的一种类型，主要用于表达绘制圆角过渡的棱边，或具有圆弧曲面的U型槽等。

绘制该类多段线时，通常需要在命令行内不断切换圆弧和直线段的输入命令A和L，效果如图4-22所示。

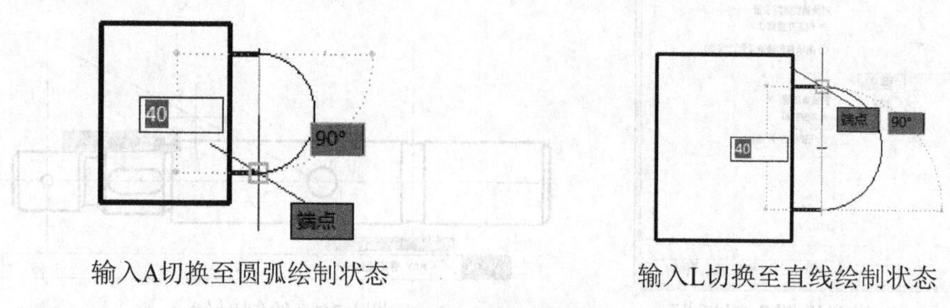

图4-22　绘制直线和圆弧段组合多段线

3. 带宽度的多段线

带宽度的多段线是一种带宽度显示的多段线样式，与直线的线宽属性不同，此类多段线的线宽显示不受状态栏中“显示/隐藏线宽”工具的控制，而是根据绘图需要而设置的实际宽度。在选择“多段线”工具后，在命令行中主要有以下两种设置线宽显示的方式。

(1) 半宽

半宽方式是通过设置多段线的半宽值而创建的带宽度显示的多段线，其中显示的宽度为设置值的2倍，并且在同一图元上可以显示相同或不同的线宽。

选择“多段线”工具后，在命令行中输入字母H，然后可以通过设置起点和端点的半宽值创建带宽度的多段线，如图4-23所示。

(2) 宽度

宽度方式是通过设置多段线的实际宽度值而创建的带宽度显示的多段线，显示的宽度与设置的宽度值相等。与“半宽”方式相同，在同一图元的起点和端点位置可以显示相同或不同的线宽，其对应的命令为输入字母W，如图4-24所示。

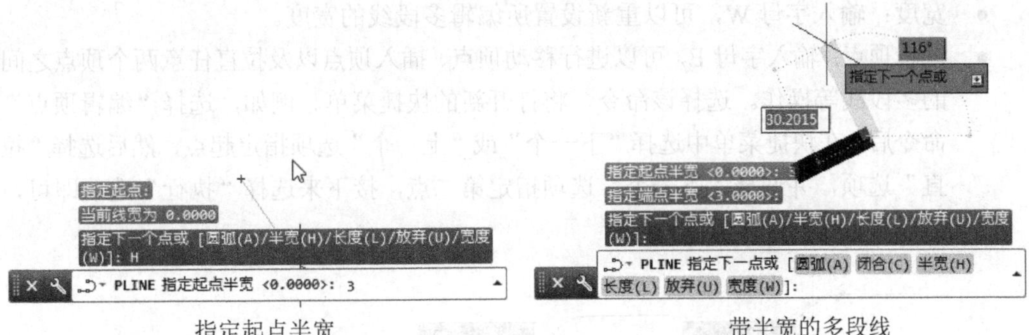

指定起点半宽　　　　　　　　带半宽的多段线

图4-23　利用“半宽”方式绘制多段线

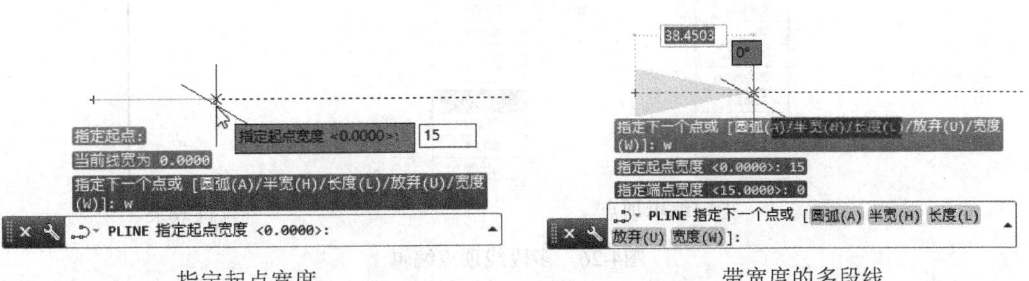

指定起点宽度　　　　　　　　带宽度的多段线

图4-24　利用“宽度”方式绘制多段线

4. 编辑多段线

对于由多段线组成的封闭或开放图形，为了自由控制图形的形状，用户可以利用“编辑多段线”工具编辑多段线。

在“修改”选项板中单击“编辑多段线”按钮，然后选取需要编辑的多段线，将打开相应的快捷菜单。接下来，在打开的快捷菜单中选择相应的命令编辑多段线即可，如图4-25所示。

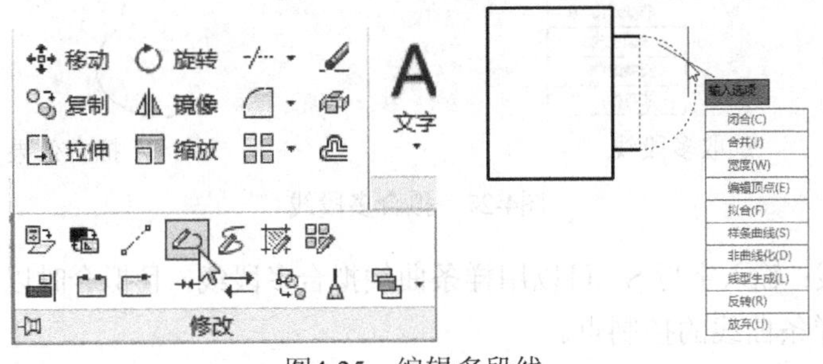

图4-25　编辑多段线

如图4-25所示的快捷菜单中主要编辑命令的功能如下。

- 闭合：输入字母 C，可以封闭编辑的开放多段线，自动以最后一段的绘图模式(直线或圆弧)连接多段线的起点和终点。
- 合并：输入字母 J，可以将直线段、圆弧或者多段线连接到指定的非闭合多段线上。若编辑的是多个多段线，需要设置合并多段线的允许距离；若编辑的是单个多段线，将连续选取首尾连接的直线、圆弧和多段线等对象，并将它们连成一条多段线。需要注意的是，合并多段线时，各相邻对象必须彼此首尾相连。

- 宽度：输入字母 W，可以重新设置所编辑多段线的宽度。
- 编辑顶点：输入字母 E，可以进行移动顶点、插入顶点以及拉直任意两个顶点之间的多段线等操作。选择该命令，将打开新的快捷菜单。例如，选择“编辑顶点”命令后，在快捷菜单中选择“下一个”或“上一个”选项指定起点，然后选择“拉直”选项，并选择“下一个”选项指定第二点，接下来选择“执行”选项即可，如图 4-26 所示。

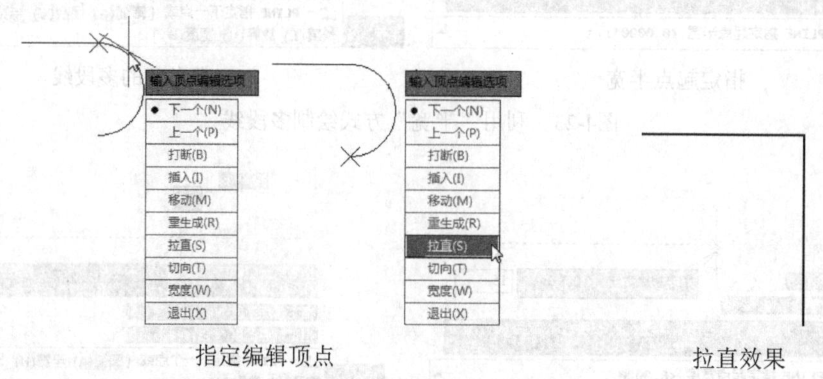

图4-26　多段线顶点编辑

- 拟合：输入字母 F，可以采用圆弧曲线拟合多段线拐角，也就是创建连接每一对顶点的平滑圆弧曲线，将原来的直线转换为拟合曲线，效果如图 4-27 所示。

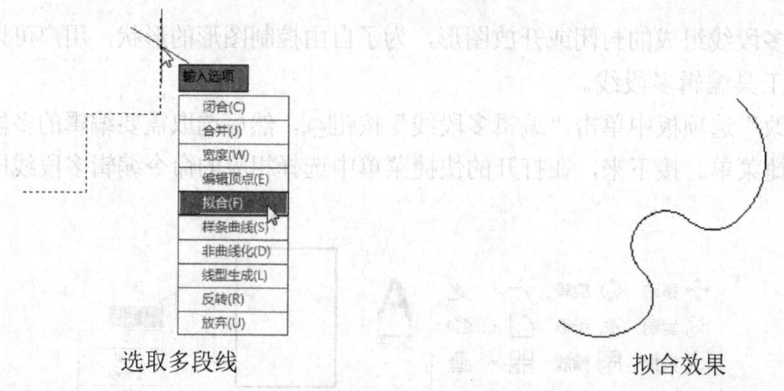

图4-27　拟合多段线

- 样条曲线：输入字母 S，可以用样条曲线拟合多段线，且拟合时以多段线的各个顶点作为样条曲线的控制点。
- 非曲线化：输入字母 D，可以删除在执行“拟合”或“样条曲线”命令时插入的额外顶点，并拉直多段线中的所有线段，同时保留多段线顶点的所有切线信息。
- 线型生成：输入字母 L，可以设置非连续线型多段线在各个顶点处的绘线方式。输入命令 ON，多段线以全长绘制线型；输入命令 OFF，多段线的各个线段独立绘制线型，当长度不足以表达线型时，以连续线代替。

4.2.4　绘制与编辑多线

多线是由多条平行线组成的一种复合型图形，主要用于绘制建筑图中的墙壁或电子图中的线路等平行线段。其中，平行线之间的间距和数目可以调整，并且平行线数量最多不可超过16条。

1. 设置多线样式

在绘制多线之前，通常先设置多线样式。通过设置多线样式，可以改变平行线的颜色、线型、数量、距离和多线封口的样式等显示属性。在命令行中输入MLSTYLE指令，将打开如图4-28所示的“多线样式”对话框，该对话框中主要选项的功能如下。

- “样式”选项组：该选项组主要用于显示当前设置的所有多线样式，选择一种样式，并单击“置为当前”按钮，即可将该样式设置为当前的使用样式。
- “说明”文本框：该文本框用于显示所选取样式的解释或其他相关说明与注释。
- “预览”列表框：该列表框用于显示选取样式的缩略预览效果。
- “新建”按钮：单击该按钮，将打开“创建新的多线样式”对话框，输入一个新样式名，并单击“继续”按钮，即可在打开的“新建多线样式”对话框中设置新建的多线样式，如图4-29所示。

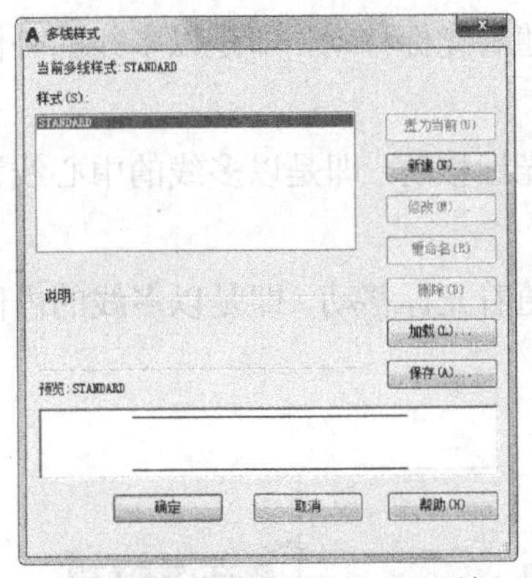

图4-28　“多线样式”对话框

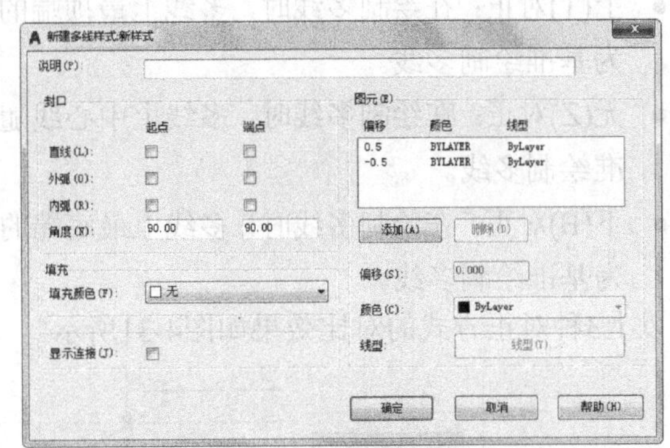

图4-29　“新建多线样式”对话框

“新建多线样式”对话框中主要选项的功能如下。

- “封口”选项组：该选项组主要用于控制多线起点和端点处的样式。“直线”选项区域表示多线的起点或端点处以一条直线连接；“外弧”/“内弧”选项区域表示起点或端点处以外圆弧或内圆弧连接，并可以通过“角度”文本框设置圆弧包角。
- “填充”选项组：该选项组用于设置多线之间的填充颜色，可以通过“填充颜色列表框”选取或配置颜色。
- “图元”选项组：该选项组用于显示并设置多线的平行线数量、距离、颜色和线型等属性，单击“添加”按钮，可以向其中添加新的平行线；单击“删除”按钮，可以删除选取的平行线；“偏移”文本框用于设置平行线相对于中心线的偏移距离；“颜色”和“线型”选项区域用于设置多线显示的颜色和线型。

2. 绘制多线

设置多线样式后，绘制的多线将按照当前样式显示效果。绘制多线和绘制直线的方法基本相似，不同的是在指定多线的路径后，沿路径显示多条平行线。

在命令行中输入MLINE指令，并按下回车键，然后根据提示选取多线的起点和终点，将绘制默认为STANDARD样式的多线，如图4-30所示。

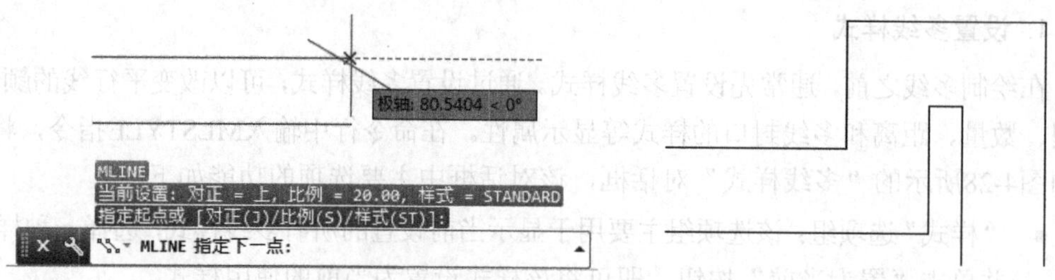

图4-30　绘制多线

在绘制多线时，为了改变多线显示的效果，可以设置多线对正、多线比例，以及使用默认的多线样式或指定一个创建的新样式。

(1) 对正(J)

设置基准对正的位置，对正方式包括以下3种。

- 上(T)对正：在绘制多线时，多线上最顶端的线随着光标移动，即是以多线的外侧线为基准绘制多线。
- 无(Z)对正：在绘制多线时，多线上中心线随着光标移动，即是以多线的中心线为基准绘制多线。
- 下(B)对正：在绘制多线时，多线上最底端的线随着光标移动，即是以多线的内侧线为基准绘制多线。

以上3种对正方式的对比效果如图4-31所示。

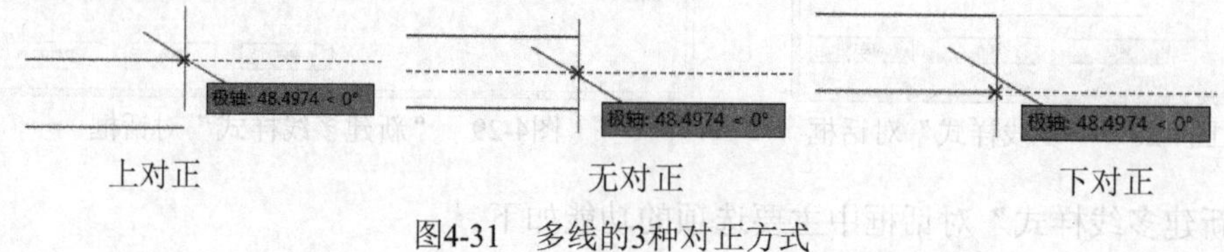

图4-31　多线的3种对正方式

(2) 比例(S)

控制多线绘制的比例，相同的样式可以使用不同的比例绘制，即通过设置比例改变多线之间的距离大小，如图4-32所示。

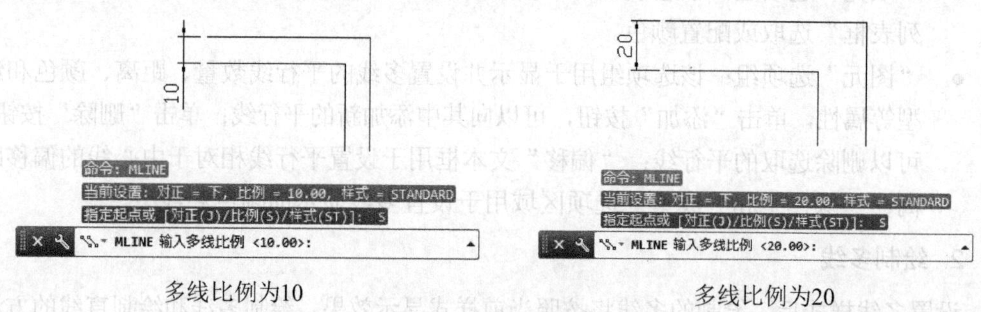

图4-32　设置多线比例

(3) 样式(ST)

输入采用的多线样式名，默认为STANDARD。选择该选项后，可以按照命令行提示信息输入已定义的样式名。如果要查看当前图形中有哪些多线样式，可以在命令行中输入？，系统将显示图形中存在的多线样式。

注意：

设置多线对正时，输入字母T表示多线位于中心线上；输入字母B表示多线位于中心线之下。设置多线比例时，多线比例不影响线型比例。如果要修改多线比例，可能需要对线型比例做相应的修改，以防点划线的尺寸不正确。

3. 编辑多线

如果图形中有两条多线，则可以控制它们相交的方式。多线可以相交成十字形或T字形，并且十字形或T字形可以被闭合、打开或合并。使用“多线编辑”工具可以对多线对象执行闭合、结合、修剪和合并等操作，从而使绘制的多线符合预想的设计效果。

在命令行中输入MLEDIT指令，然后按下回车键，将打开如图4-33所示的“多线编辑工具”对话框。

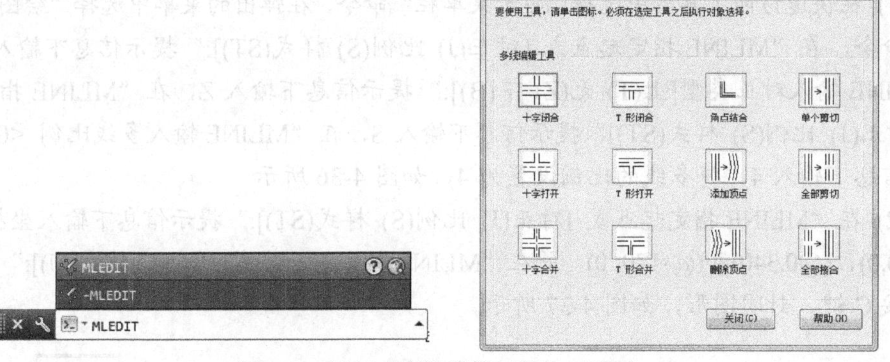

图4-33　打开“多线编辑工具”对话框

在“多线编辑工具”对话框中，使用3种十字形工具、、可以消除各种相交线，如图4-34所示。当选择十字形中的其中一种工具后，还需要选取两条多线，AutoCAD总是切断所选的第一条多线，并根据所选工具切断第二条多线。在使用“十字合并”工具时可以生成配对元素的直角，如果没有配对元素，则多线将不被切断。

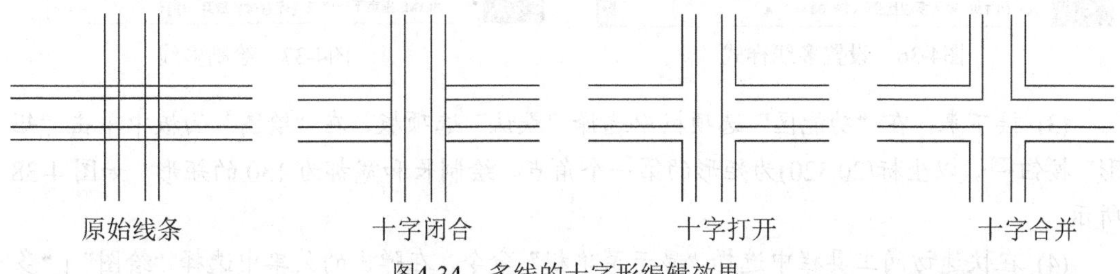

图4-34　多线的十字形编辑效果

使用T字形工具、、和角点结合工具也可以消除相交线，如图4-35所示。此外，角点结合工具还可以消除多线一侧的延伸线，从而形成直角。使用该工具时，需要选取两条多线，只需在要保留的多线某部分上拾取点，AutoCAD就会将多线剪裁或延伸到它们的相交点。

图4-35　多线的T形编辑效果

使用添加顶点工具可以为多线增加若干顶点，使用删除顶点工具可以从包含3个或更多顶点的多线上删除顶点，若当前选取的多线只有两个顶点，那么该工具将无效。

使用剪切工具、可以切断多线。其中，“单个剪切”工具用于切断多线中的一条，只需拾取要切断的多线某一元素上的两点，则这两点中的连线即被删除(实际上是不显示)；“全部剪切”工具用于切断整条多线。

此外，使用“全部接合”工具可以重新显示所选两点间的任何切断部分。

【练习4-3】绘制如图4-43所示的图形。

(1) 在快速访问工具栏中选择“显示菜单栏”命令，在弹出的菜单中选择“绘图”|“多线”命令，在“MLINE 指定起点或 [对正(J) 比例(S) 样式(ST)]:”提示信息下输入 J，在“MLINE 输入对正类型[上(T) 无(Z) 下(B)]:”提示信息下输入 Z，在“MLINE 指定起点或 [对正(J) 比例(S) 样式(ST)]”提示信息下输入 S，在“MLINE 输入多线比例 <0.00>:”提示信息下输入 4，将多线的比例设置为 4，如图 4-36 所示。

(2) 在“MLINE 指定起点或 [对正(J) 比例(S) 样式(ST)]:”提示信息下输入坐标(0,0)、(@170,0)、(@0,340)和(@-170, 0)，并在“MLINE 指定下一点或[闭合(C)放弃(U)]:”提示信息下按 C 键，封闭图形，如图 4-37 所示。

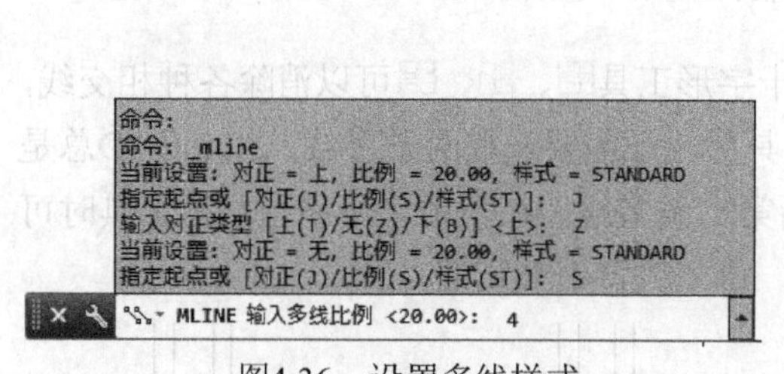

图4-36　设置多线样式

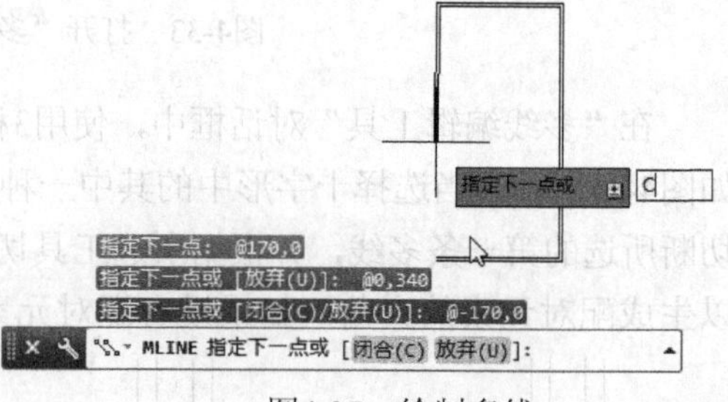

图4-37　绘制多线

(3) 接下来，在“功能区”选项板中选择“默认”选项板，在“绘图”面板中单击“矩形”按钮，以坐标(20,320)为矩形的第一个角点，绘制长和宽都为 130 的矩形，如图 4-38 所示。

(4) 在快速访问工具栏中选择“显示菜单栏”命令，在弹出的菜单中选择“绘图”|“多线”命令，在“MLINE 指定起点或 [对正(J) 比例(S) 样式(ST)]:”提示信息下输入 J，在“MLINE 输入对正类型[上(T) 无(Z) 下(B)]:”提示信息下输入 Z，在“MLINE 指定起点或 [对正(J) 比例(S) 样式(ST)]”提示信息下输入 S，在“输入多线比例 <0.00>:”提示信

息下输入 4，将多线的比例设置为 4。

(5) 在“MLINE 指定起点或 [对正(J) 比例(S) 样式(ST)]:”提示信息下捕捉矩形的中点，绘制矩形的两条中线，如图 4-39 所示。

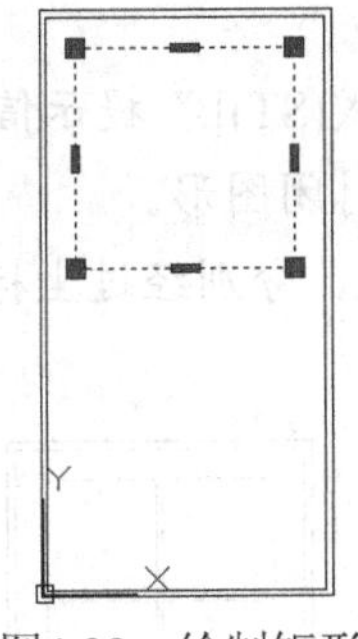

图4-38　绘制矩形

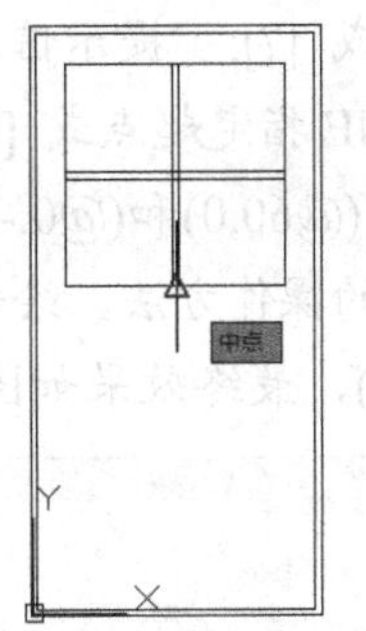

图4-39　绘制两条中线

(6) 在快速访问工具栏中选择“显示菜单栏”命令，在弹出的菜单中选择“修改”|“对象”|“多线”命令，可打开“多线编辑工具”对话框，单击该对话框中的“十字打开”工具，对多线进行修剪，如图 4-40 所示。

(7) 在快速访问工具栏中选择“显示菜单栏”命令，在弹出的菜单中选择“格式”|“多线样式”命令，打开“多线样式”对话框。

(8) 单击“新建”按钮，打开“创建新的多线样式”对话框，在“新样式名”文本框中输入 P。

(9) 单击“继续”按钮，打开“新建多线样式：P”对话框，单击“添加”按钮，在“偏移”文本框中输入 0.25，在“颜色”下拉列表框中选择“选择颜色”命令，打开“选择颜色”对话框。

(10) 在“选择颜色”对话框中选择“索引颜色”选项卡，在最后一行灰度色块中选择第 6 个色块，如图 4-41 所示。

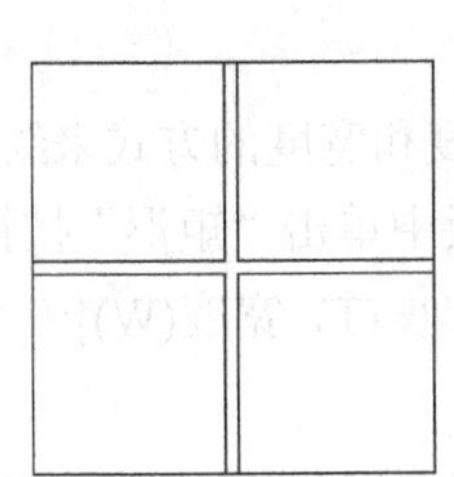

图4-40　对多线修剪T形

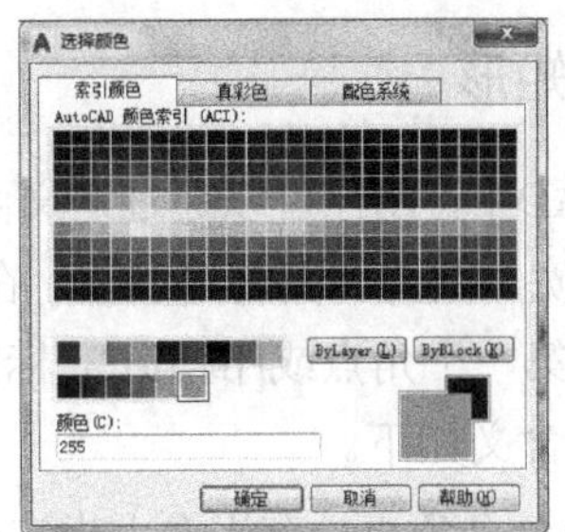

图4-41　“选择颜色”对话框

(11) 单击“确定”按钮，返回“新建多线样式：P”对话框，单击“添加”按钮，在“偏移”文本框中输入-0.25，在“填充颜色”下拉列表框中选择“红”选项，并且选中“显示连接”复选框，如图 4-42 所示。

(12) 单击“确定”按钮，完成样式的设置。

(13) 在快速访问工具栏中选择“显示菜单栏”命令，在弹出的菜单中选择“绘图”|“多线”命令，在“MLINE 指定起点或 [对正(J) 比例(S) 样式(ST)]:”提示信息下输入 J，在“MLINE 输入对正类型[上(T) 无(Z) 下(B)]:”提示信息下输入 Z，在“MLINE 指定起

点或 [对正(J) 比例(S) 样式(ST)]”提示信息下输入 S，在“输入多线比例<0.00>:”提示信息下输入 6，将多线的比例设置为 6。

(14) 在“MLINE 指定起点或 [对正(J) 比例(S) 样式(ST)]:”提示信息下输入 ST，在“输入多线样式名或 [?]:”提示信息下输入 P。

(15) 在“MLINE 指定起点或 [对正(J) 比例(S) 样式(ST)]:”提示信息下分别输入坐标(20,20)、(20,160)、(@60,0)和(@0,-140)，并按 C 键，封闭图形。

(16) 使用同样的操作方法，绘制另一个矩形多线框，分别经过坐标(90,20)、(90,160)、(@60,0)和(@0,-140)，最终效果如图 4-43 所示。

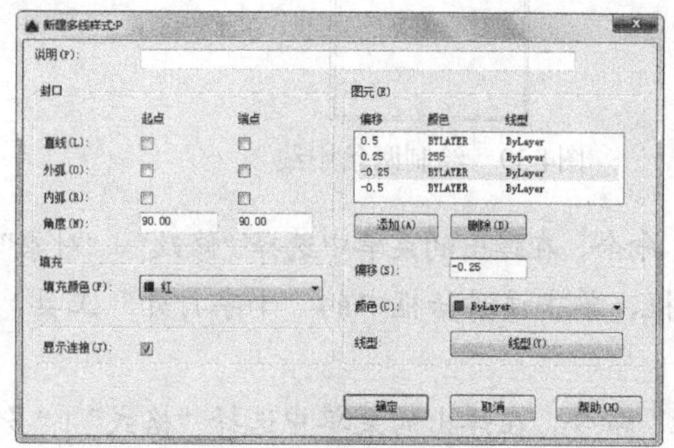

图4-42　新建多线样式

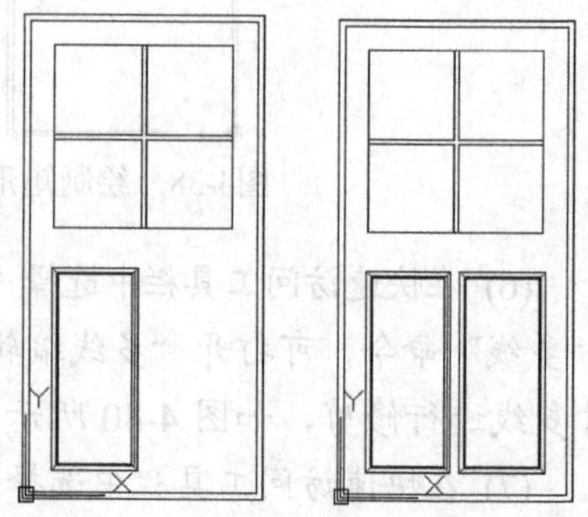

图4-43　绘制多线

4.3 绘制矩形和正多边形

矩形和正多边形同属于多边形，图形中所有线段并不是孤立的，而是合成一个面域。这样在进行三维绘图时，无须执行面域操作，即可使用“拉伸”或“旋转”工具将该轮廓线转换为实体。

4.3.1 绘制矩形

在AutoCAD中，用户可以通过定义两个对角点或长度和宽度的方式来绘制矩形，同时可以设置其线宽、圆角和倒角等参数。在“绘图”选项板中单击“矩形”按钮□，命令行将显示“指定第一个角点或[倒角(C) 标高(E) 圆角(F) 厚度(T) 宽度(W)]:”的提示信息，其中各选项的含义如下。

- 指定第一个角点：在平面上指定一点后，指定矩形的另一个角点来绘制矩形，该方法是绘图过程中最常用的绘制方法。
- 倒角：绘制倒角矩形。在当前命令提示窗口中输入字母C，按照系统提示输入第一个和第二个倒角距离，确定第一个角点和另一个角点，即可完成矩形绘制。其中，第一个倒角距离指的是沿X轴方向(长度方向)的距离，第二个倒角距离指的是沿Y轴方向(宽度方向)的距离。
- 标高：该命令一般用于三维绘图中，在当前命令提示窗口中输入字母E，并输入矩形的标高，然后确定第一个角点和另一个角点即可。

- 圆角：绘制圆角矩形，在当前命令提示窗口中输入字母F，然后输入圆角半径参数值，并确定第一个角点和另一个角点即可。
- 厚度：绘制具有厚度特征的矩形，在当前命令提示窗口中输入字母T，然后输入厚度参数值，并确定第一个角点和另一个角点即可。
- 宽度：绘制具有宽度特征的矩形，在当前命令提示窗口中输入字母W，然后输入宽度参数值，并确定第一个角点和另一个角点即可。

选择不同的选项可以获得不同的矩形效果，但都必须指定第一个角点和另一个角点，从而确定矩形的大小。如图4-44所示为执行多种操作获得的矩形效果。

图4-44　矩形的各种样式

4.3.2　绘制正多边形

利用“正多边形”工具可以快速绘制3~1024条边的正多边形，其中包括等边三角形、正方形、五边形和六边形等。在“绘制”选项板中单击“多边形”按钮，即可按照以下3种方法绘制正多边形。

1. 内接圆法

利用内接圆法绘制多边形时，是由多边形的中心到多边形的顶点间的距离相等的边组成，也就是整个多边形位于一个虚构的圆中。

单击“多边形”按钮，然后设置多边形的边数，并指定多边形中心。接着选择“内接于圆”选项，并设置内接圆的半径值，即可完成多边形的绘制，如图4-45所示。

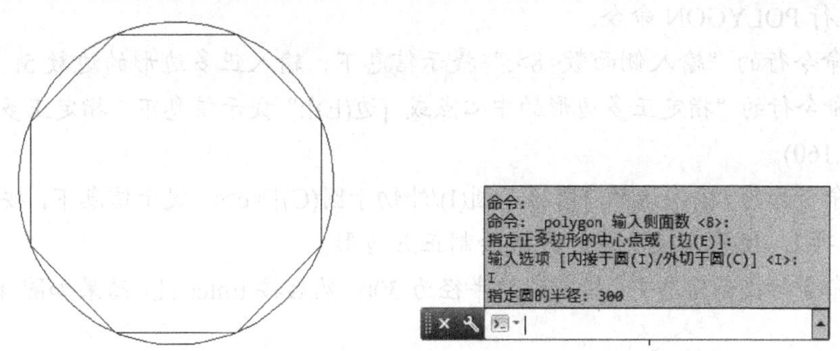

图4-45　用内接圆法绘制正八边形

2. 外切圆法

利用外切圆法绘制正多边形时，所输入的半径值是多边形的中心点至多边形任意边的垂直距离。

单击“多边形”按钮，然后输入多边形的边数，并指定多边形的中心点，接下来选择“外切于圆”选项，设置外切圆的半径值即可，如图4-46所示。

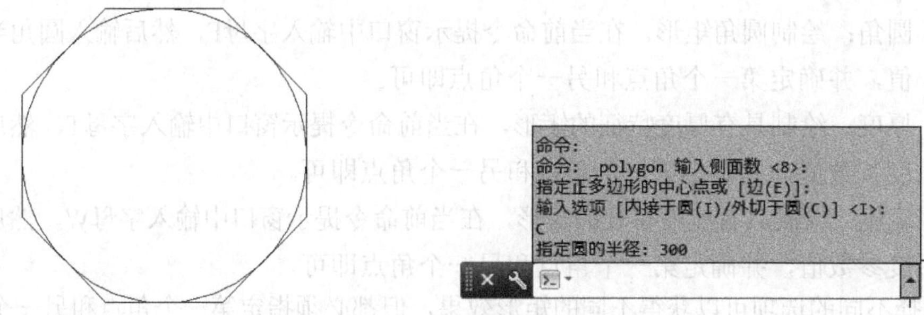

图4-46　用外接圆法绘制正八边形

3. 边长法

设定正多边形的边长和一条边的两个端点，同样可以绘制出正多边形。该方法与上述介绍的方法类似，在设置完多边形的边数后输入字母E，可以直接在绘图区指定两点或指定一点后输入边长值即可绘制出所需的多边形。如图4-47所示为分别选取三角形一条边上的两个端点，绘制以该边为边长的正八边形。

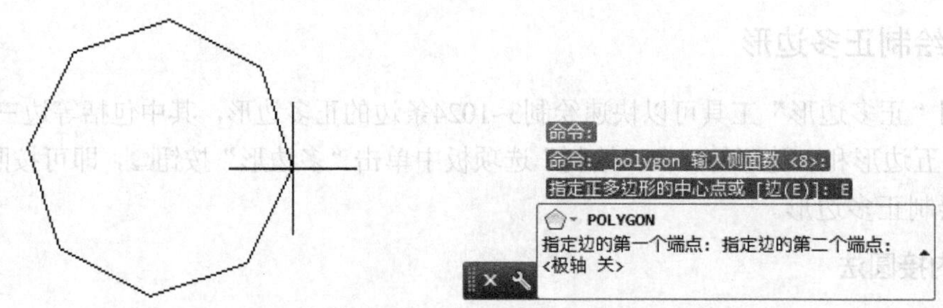

图4-47　用边长法绘制正八边形

【练习4-4】绘制如图4-51所示的图形。

(1) 在“功能区”选项板中选择“常用”选项卡，在“绘图”面板中单击“正多边形”按钮，执行POLYGON命令。

(2) 在命令行的“输入侧面数<8>:”提示信息下，输入正多边形的边数5。

(3) 在命令行的“指定正多边形的中心点或 [边(E)]:”提示信息下，指定正多边形的中心点为(210,160)。

(4) 在命令行的“输入选项 [内接于圆(I)/外切于圆(C)] <c>:”提示信息下，按Enter键，选择默认选项I，使用内接于圆的方式绘制正五边形。

(5) 在命令行提示信息下，指定圆的半径为300，然后按Enter键，结果如图4-48所示。

图4-48　绘制正五边形

(6) 在“功能区”选项板中选择“常用”选项卡，在“绘图”面板中单击“直线”按钮，连接正五边形的顶点，结果如图4-49所示。

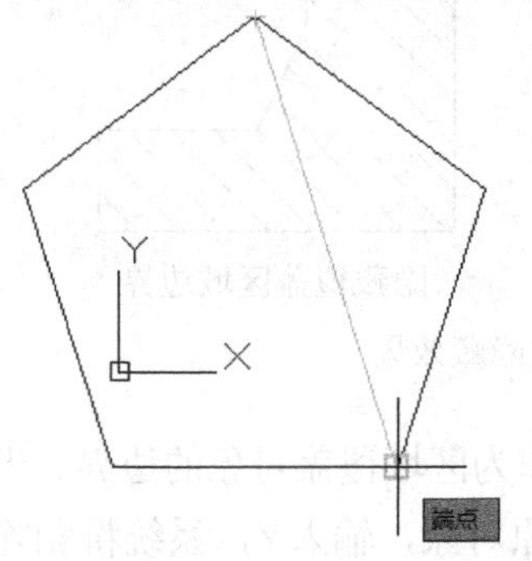

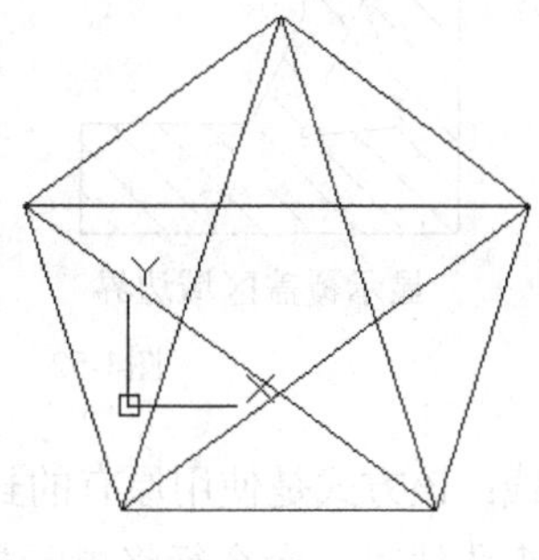

图4-49　绘制直线

(7) 选择正五边形，然后按Delete键，将其删除，如图4-50所示。

(8) 在“功能区”选项板中选择“常用”选项卡，在“修改”面板中单击“修剪”按钮，选择直线A和B作为修剪边，然后单击直线C，对其进行修剪。

(9) 使用同样的操作方法修剪其他边，结果如图4-51所示。

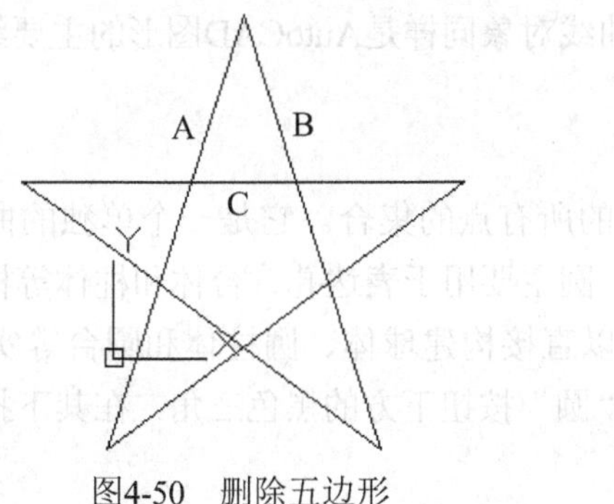

图4-50　删除五边形

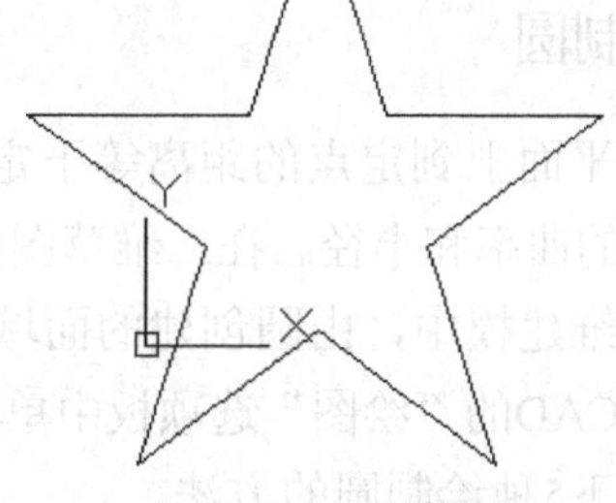

图4-51　修剪图形

4.3.3　绘制区域覆盖

区域覆盖是在现有的对象上生成一个空白区域，用于覆盖指定区域或在指定区域内添加注释。该区域与区域覆盖边框进行绑定，用户可以打开区域进行编辑，也可以关闭区域进行打印操作。

在“绘图”选项板中单击“区域覆盖”按钮，命令行将显示“指定第一点或[边框(F) 多段线(P)]<多段线>:”的提示信息，其中各选项的含义及设置方法分别如下。

- 边框：绘制一个封闭的多边形区域，并使用当前的背景色遮盖被覆盖的对象。默认情况下可以通过指定一系列控制点来定义区域覆盖的边界，并可以根据命令行的提示信息对区域覆盖进行编辑，确定是否显示区域覆盖对象的边界。若选择“开(ON)”选项则可以显示边界；若选择“关(OFF)”选项，则可以隐藏绘图窗口中所要覆盖区域的边界。两种方式的对比效果如图4-52所示。

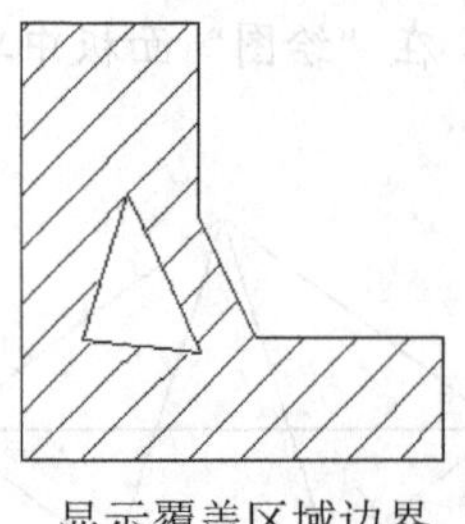

显示覆盖区域边界

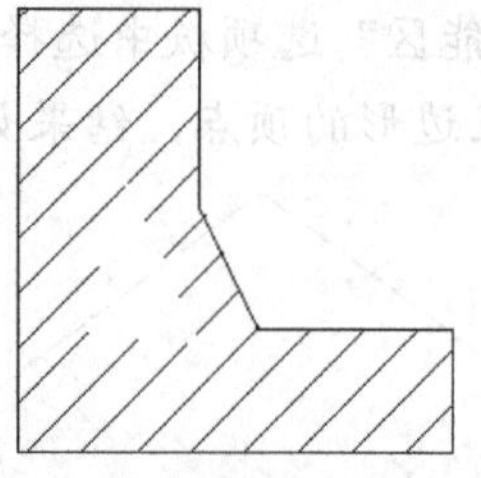

隐藏覆盖区域边界

图4-52　边框的显示与隐藏效果

- 多段线：该方式是使用原有的封闭多段线作为区域覆盖对象的边界。当选择一个封闭的多段线时，命令行将提示是否要删除原对象，输入Y，系统将删除用于绘制区域覆盖的多段线，输入N则保留该多段线。

4.4　绘制圆、圆弧、椭圆和椭圆弧

在实际绘图中，图形中不仅包含直线、多段线、矩形和多边形等线性对象，还包含圆、圆弧、椭圆以及椭圆弧等曲线对象，这些曲线对象同样是AutoCAD图形的主要组成部分。

4.4.1　绘制圆

圆是指平面上到定点的距离等于定长的所有点的集合。它是一个单独的曲线封闭图形，有恒定的曲率和半径。在二维草图中，圆主要用于表达孔、台体和柱体等模型的投影轮廓；在三维建模中，由圆创建的面域可以直接构建球体、圆柱体和圆台等实体模型。

在AutoCAD的“绘图”选项板中单击“圆”按钮下方的黑色三角，在其下拉列表中主要提供有以下5种绘制圆的方法。

1. 圆心、半径(或直径)

“圆心、半径(或直径)”方法指的是通过指定圆心，设置半径值(或直径值)而确定一个圆。单击“圆心、半径”按钮，在绘图区域指定圆心位置，并设置半径值即可确定一个圆，效果如图4-53所示。如果在命令行中输入字母D，并按下回车键确认，则可以通过设置直径值来确定一个圆。

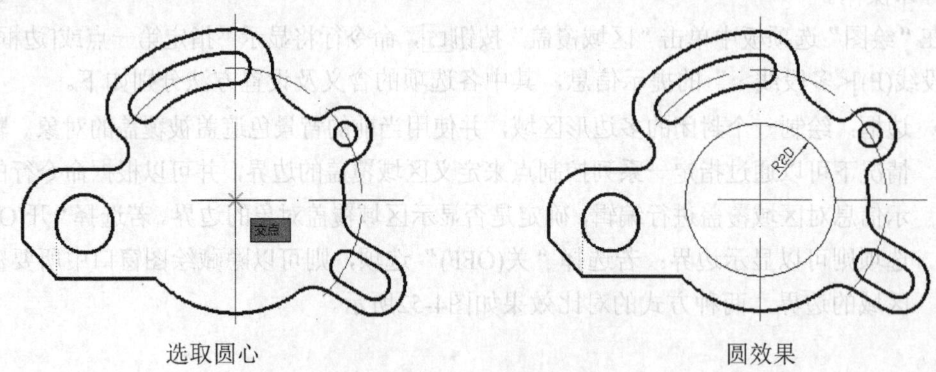

选取圆心　　圆效果

图4-53　利用“圆心、半径”工具绘制圆

2. 两点

“两点”方式可以通过指定圆上的两个点确定一个圆，其中两点之间的距离确定了圆的直径，两点直径之间的中点确定了圆的圆心。

单击“两点”按钮，然后在绘图区依次选取圆上的两个点A和B，即可确定一个圆，如图4-54所示。

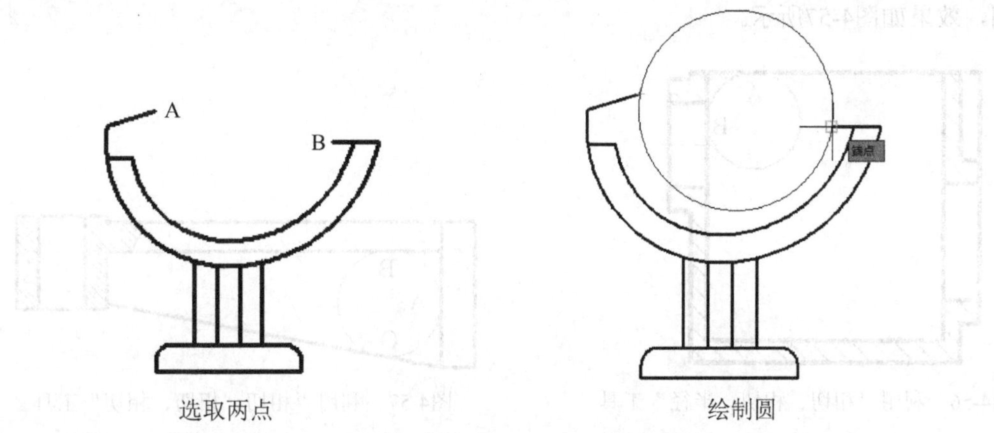

图4-54 利用“两点”工具绘制圆

3. 三点

“三点”方式是通过指定圆周上的3个点而确定一个圆。其原理是在平面几何3点的首尾连线可组成一个三角形，而一个三角形有且只有一个外接圆。

单击“三点”按钮，然后依次选取圆上的3个点即可，如图4-55所示。需要注意的是，这3个点不能在同一条直线上。

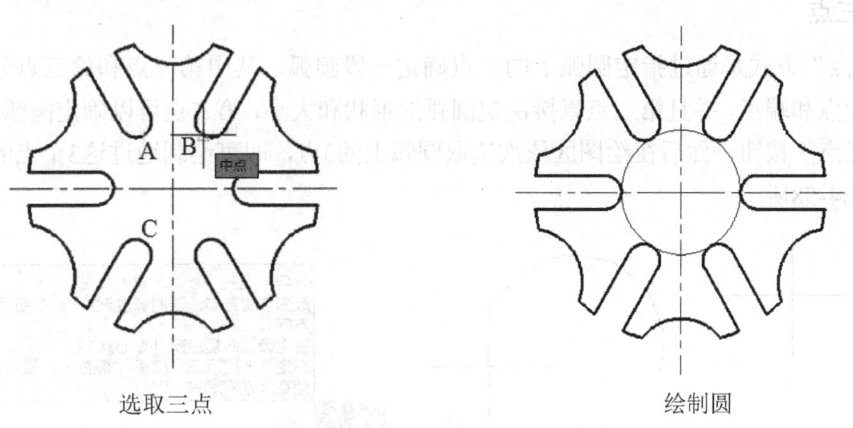

图4-55 利用“三点”工具绘制圆

4. 相切、相切、半径

“相切、相切、半径”方式可以通过指定圆的两个公切点和设置圆的半径值确定一个圆。单击“相切、相切、半径”按钮，然后在相应的图元上指定公切点，并设置圆的半径值即可确定一个圆，效果如图4-56所示。

5. 相切、相切、相切

“相切、相切、相切”方式是通过指定圆的3个公切点来确定一个圆。该类型的圆是三点圆的一种特殊类型，即3段两两相交的直线或圆弧段确定的公切圆，主要用于确定正多边形的内切圆。

单击“相切、相切、相切”按钮，然后依次选取相应图元上的3个切点即可确定一个圆，效果如图4-57所示。

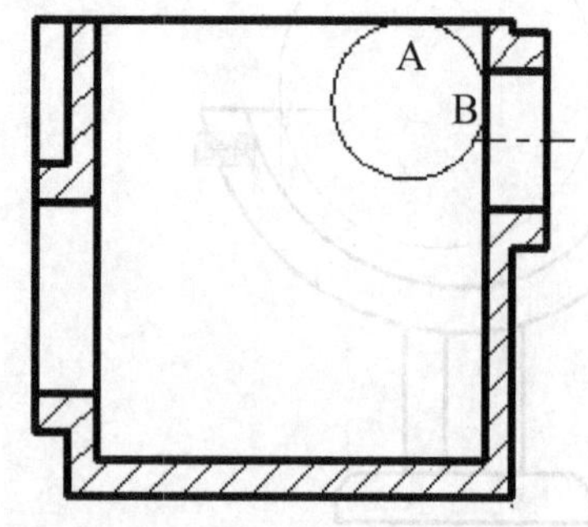

图4-56　利用“相切、相切、半径”工具

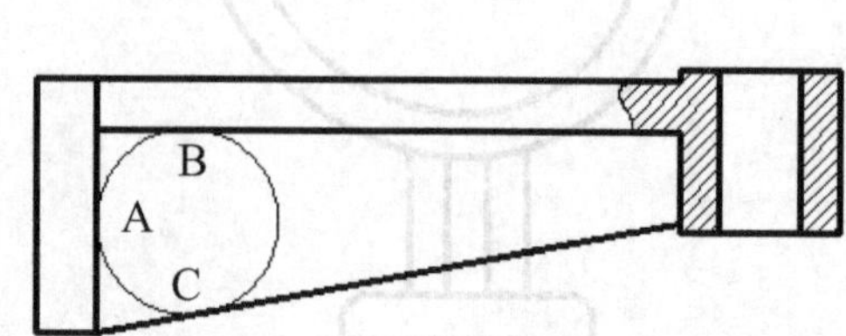

图4-57　利用“相切、相切、相切”工具

4.4.2　绘制圆弧

在AutoCAD中，圆弧既可以用于建立圆弧曲线和扇形，也可以用于放样图形的放样界面。由于圆弧可以看作是圆的一部分，因此它会涉及起点和终点的问题。绘制圆弧的方法与绘制圆的方法类似，既要指定半径和起点，又要指定圆弧所跨的弧度大小。绘制圆弧，根据绘图顺序和已知图形要素条件的不同，主要可以分为以下4种类型。

1. 三点

“三点”方式是通过指定圆弧上的三点确定一段圆弧。其中第一点和第三点分别是圆弧上的起点和端点，并且第三点直接决定圆弧的形状和大小，第二点可以确定圆弧的位置。单击“三点”按钮，然后在绘图区依次选取圆弧上的3点，即可绘制通过这3个点的圆弧，效果如图4-58所示。

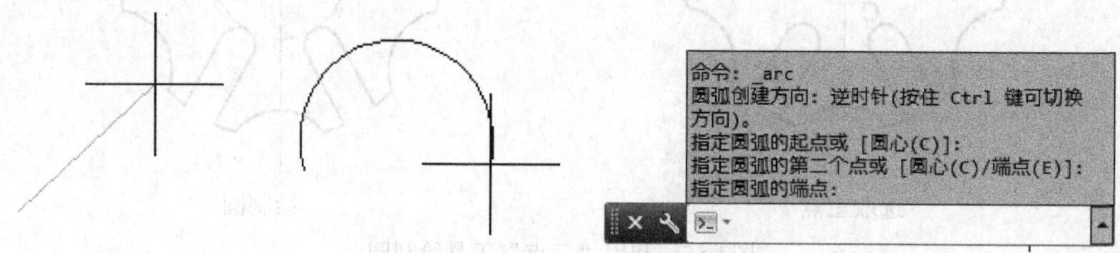

图4-58　利用“三点”工具绘制圆弧

2. 起点和圆心

“起点和圆心”方式是通过指定圆弧的起点和圆心，再选取圆弧的端点，或设置圆弧的包含角或弦长而确定圆弧。主要包括3个绘制工具，最常用的为“起点、圆心、端点”工具。

单击“起点、圆心、端点”按钮，然后依次指定3个点作为圆弧的起点、圆心和端点绘制圆弧，效果如图4-59所示。

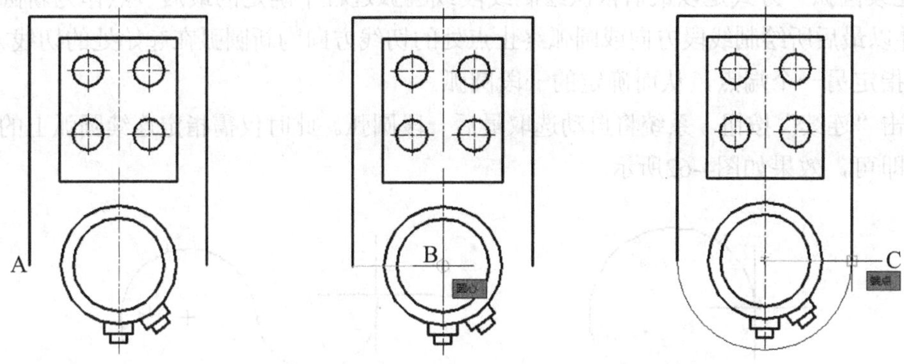

图4-59　利用“起点、圆心、端点”工具绘制圆弧

如果单击“起点、圆点、角度”按钮，绘制圆弧时需要指定圆心角。当输入正角度值时，所绘圆弧从起始点绕圆心沿逆时针方向绘制；单击“起点、圆心、长度”按钮，绘制圆弧时所给定的弦长不得超过起点到圆心距离的两倍。另外在设置弦长为负值时，则该值的绝对值将作为对应整圆的空缺部分圆弧的弦长。

3. 起点和端点

“起点和端点”方式是通过指定圆弧上的起点和端点，然后再设置圆弧的包含角、起点切向或圆弧半径，从而确定一段圆弧。主要包括3个绘制工具，其中单击“起点、端点、方向”按钮，绘制圆弧时可以拖动鼠标，动态地确定圆弧在起点和端点之间形成一条橡皮筋线，该橡皮筋线即为圆弧在起始点处的切线。效果如图4-60所示。

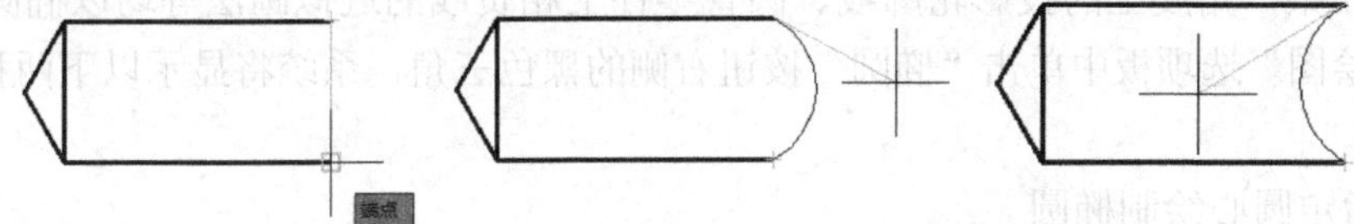

图4-60　利用“起点、端点、方向”工具绘制圆弧

4. 圆心和起点

“圆心和起点”方式是通过依次指定圆弧的圆心和起点，然后再选取圆弧上的端点，或者设置圆弧包含角或弦长确定一段圆弧。

“圆心和起点”方式同样包括3个绘图工具，与“起点和圆心”方式的区别在于绘图的顺序不同。如图4-61所示，单击“圆心、起点、端点”按钮，然后依次指定3个点分别作为圆弧的圆心、起点和端点绘制圆弧。

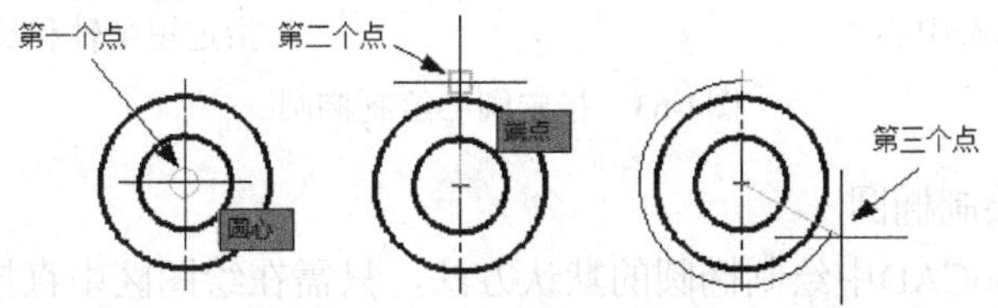

图4-61　利用“圆心、起点、端点”工具绘制圆弧

5. 连续圆弧

“连续圆弧”方式是以最后依次绘制线段或圆弧过程中确定的最后一点作为新圆弧的起点，并以最后所绘制线段方向或圆弧终止点处的切线方向为新圆弧在起始处的切线方向，然后再指定另一个端点，从而确定的一段圆弧。

单击“连续”按钮，系统将自动选取最后一段圆弧。此时仅需指定连续圆弧上的另一个端点即可，效果如图4-62所示。

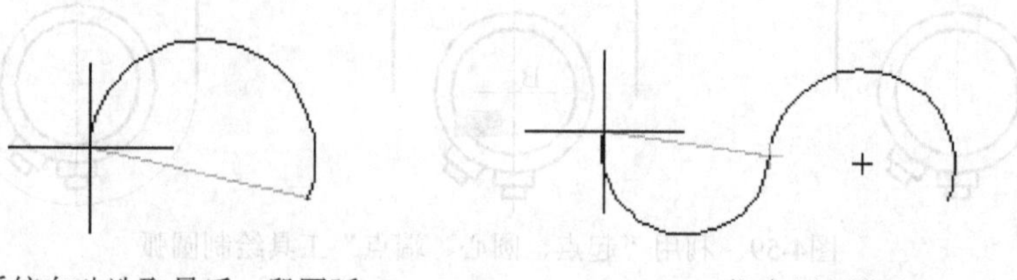

系统自动选取最后一段圆弧　　　　指定圆弧终点

图4-62　绘制连续圆弧

4.4.3　绘制椭圆和椭圆弧

椭圆和椭圆弧曲线都是机械绘图时最常用的曲线对象。该类曲线X、Y轴方向对应的圆弧直径有差异，如果直径完全相同则形成规则的圆轮廓线，因此可以说圆是椭圆的特殊形式。

1. 绘制椭圆

椭圆是指平面上到定点距离与到定点直线间距离之比为常数的所有点的集合。零件上圆孔特征在某一角度上的投影轮廓线、圆管零件上相贯线的近似画法等均以椭圆显示。

在“绘图”选项板中单击“椭圆”按钮右侧的黑色三角，系统将显示以下两种绘制椭圆的方式。

(1) 指定圆心绘制椭圆

指定圆心绘制椭圆即通过指定椭圆圆心、主轴的半轴长度和副轴的半轴长度绘制椭圆。单击“圆心”按钮，然后指定椭圆的圆心，并依次指定长轴和短轴两个轴的半轴长度，即可完成椭圆的绘制，效果如图4-63所示。

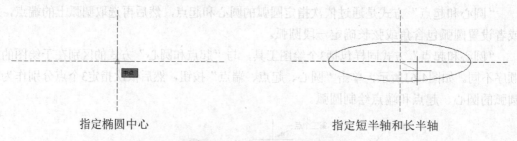

指定椭圆中心　　　　指定短半轴和长半轴

图4-63　指定圆心绘制椭圆

(2) 指定端点绘制椭圆

该方法是在AutoCAD中绘制椭圆的默认方法，只需在绘图区中直接指定椭圆的3个端点即可绘制出一个完整的椭圆。

单击“轴，端点”按钮，然后选取椭圆的两个端点，并指定另一个半轴的长度，即可绘制出完整的椭圆，效果如图4-64所示。

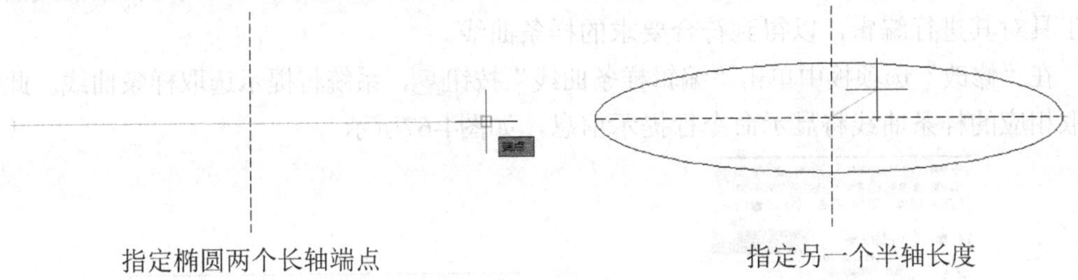

指定椭圆两个长轴端点　　　　　　　　　　　　指定另一个半轴长度

图4-64　指定端点绘制椭圆

2. 绘制椭圆弧

椭圆弧顾名思义就是椭圆的部分弧线，只需指定圆弧的起始角和终止角即可。此外，在指定椭圆弧终止角时，可以在命令行中输入数值，或直接在图形中指定位置点定义终止角。

单击“椭圆弧”按钮，命令行将显示“指定椭圆的轴端点或[圆弧(A)/中心点(C)]：”的提示信息。此时便可以按以上两种绘制方法首先绘制椭圆，然后再按照命令行提示的信息分别输入起始和终止角度，即可绘制椭圆弧效果，如图4-65所示。

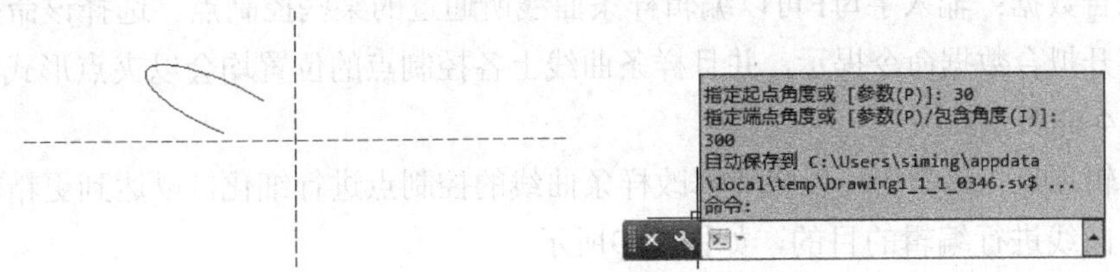

图4-65　绘制椭圆弧

4.4.4　绘制与编辑样条曲线

样条曲线是经过或接近一系列给定点的光滑曲线，可以控制曲线与点的拟合程度。在机械绘图中，该类曲线通常用于表示区分断面的部分，还可以在建筑图中表示地形、地貌等。它的形状是一条光滑的曲线，并且具有单一性，即整个样条曲线是一个单一的对象。

1. 绘制样条曲线

样条曲线与直线一样都是通过指定点获得的，不同的是样条曲线是弯曲的线条，并且线条可以是开放的，也可以是起点和端点重合的封闭样条曲线。

单击“样条曲线拟合”按钮，然后依次指定起点、中间点和终点，即可完成样条曲线的绘制，效果如图4-66所示。

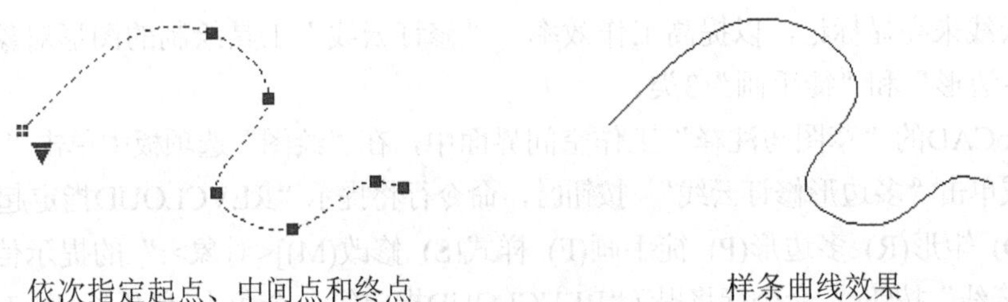

依次指定起点、中间点和终点　　　　　　　　　　样条曲线效果

图4-66　绘制样条曲线

2. 编辑样条曲线

在样条曲线绘制完成后，往往不能满足实际的使用要求，此时可以利用样条曲线的编辑工具对其进行编辑，以得到符合要求的样条曲线。

在“修改”选项板中单击“编辑样条曲线”按钮，系统将提示选取样条曲线。此时选取相应的样条曲线将显示命令行提示信息，如图4-67所示。

图4-67　编辑样条曲线

如图4-67所示提示信息中主要命令的功能及设置方法如下。

- 闭合：选择该命令后，系统自动将最后一点定义为与第一点重合，闭合开放的样条曲线。
- 拟合数据：输入字母F可以编辑样条曲线所通过的某些控制点。选择该命令后，将打开拟合数据命令提示，并且样条曲线上各控制点的位置均会以夹点形式显示，如图4-68所示。
- 编辑顶点：该命令可以将所修改样条曲线的控制点进行细化，以达到更精确地对样条曲线进行编辑的目的，如图4-69所示。

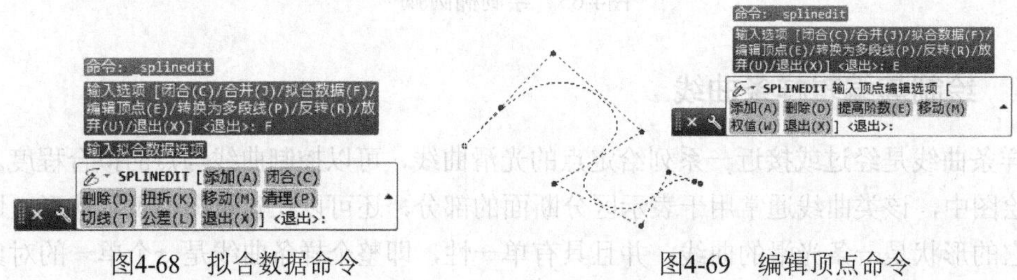

图4-68　拟合数据命令　　图4-69　编辑顶点命令

- 转换为多段线：输入字母P，并指定相应的精度值，即可将样条曲线转换为多段线。
- 反转：输入字母R，可改变样条曲线为相反方向。

4.4.5　绘制修订云线

利用“修订云线”工具可以绘制类似于云彩的图形对象。在检查或用红线圈阅图形时，可以使用云线来亮显标记，以提高工作效率。“修订云线”工具绘制的图形对象包括“矩形”、“多边形”和“徒手画”3类。

在AutoCAD的“草图与注释”工作空间界面中，在“绘图”选项板中单击“修订云线”按钮，或单击“多边形修订云线” 按钮，命令行将提示“REVCLOUD指定起点或[弧长(A) 对象(O) 矩形(R) 多边形(P) 徒手画(F) 样式(S) 修改(M)]<对象>:”的提示信息。单击“矩形修订云线”按钮，命令行将提示“REVCLOUD指定第一个角点或[弧长(A) 对象(O) 矩形(R) 多边形(P) 徒手画(F) 样式(S) 修改(M)]<对象>:”的提示信息。各选项的含义及设置方法分别如下。

- 指定起点、指定第一个角点：从头开始绘制修订云线，即默认云线的参数设置。在绘图区指定一个点为起始点，拖动鼠标将显示云线，当移至起点时自动与该点闭合，并退出云线操作，效果如图4-70所示。

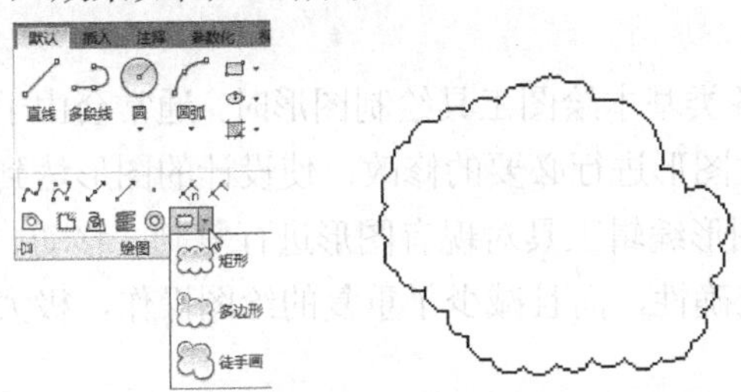

图4-70　绘制修订云线

- 弧长：指定云线的最小弧长和最大弧长，默认情况下弧长的最小值为0.5个单位，最大值不能超过最小值的3倍。
- 对象：可以选择一个封闭图形，如矩形、多边形等，并将其转换为云线路径。此时如果选择N，则圆弧方向向外；如果选择Y，则圆弧方向向内，效果如图4-71所示。

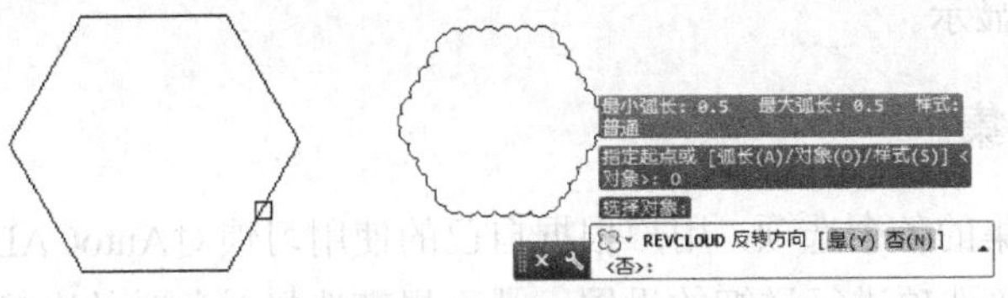

图4-71　转换对象

- 样式：指定修订云线的方式，包括“普通”和“手绘”两种样式。

4.5　思考练习

1. 在AutoCAD 2018中，如何等分对象？
2. 根据本章所学的知识，是否能够绘制一个带圆角的三维矩形？
3. 在AutoCAD 2018中，直线、射线和构造线各有什么特点？
4. 定义多线样式，样式名为“多线样式1”，其线元素的特性要求如表4-1所示，并在多线的起始点和终止点处绘制外圆弧。

表 4-1　线元素特性表

序　　号	偏 移 量	颜　　色	线　　型
1	5	白色	BYLAYER
2	2.5	绿色	DASHED
3	-2.5	绿色	DASHED
4	-5	白色	BYLAYER

第5章　编辑二维图形对象

在AutoCAD中利用各类基本绘图工具绘制图形时，通常会由于作图需要或误操作产生多余的线条，因此需要对图形进行必要的修改，使设计的图形达到工作的需求。此时，可以利用AutoCAD提供的图形编辑工具对现有图形进行复制、移动、镜像和修剪等操作。这样不仅可以保证绘图的准确性，而且减少了重复的绘图操作，极大地提高了绘图的效率。

5.1　选择二维图形对象

在AutoCAD中执行编辑操作，通常情况下需要首先选择编辑的对象，然后再进行相应的编辑操作。这样所选择的对象便将构成一个集合，成为选择集。用户可以用一般的方法进行选择，也可以使用夹点工具对图形进行简单的编辑。在构造选择集的过程中，被选中的对象一般以虚线显示。

5.1.1　构造选择集

通过设置选择集的各个选项，用户根据自己的使用习惯对AutoCAD拾取框、夹点显示以及选择视觉效果等选项进行详细的设置，从而提高选择对象时的准确性和速度，达到提高绘图效率和精确度的目的。

在命令行中输入OPTIONS指令，按下回车键打开“选项”对话框，然后在该对话框中选择“选择集”选项卡，如图5-1所示。

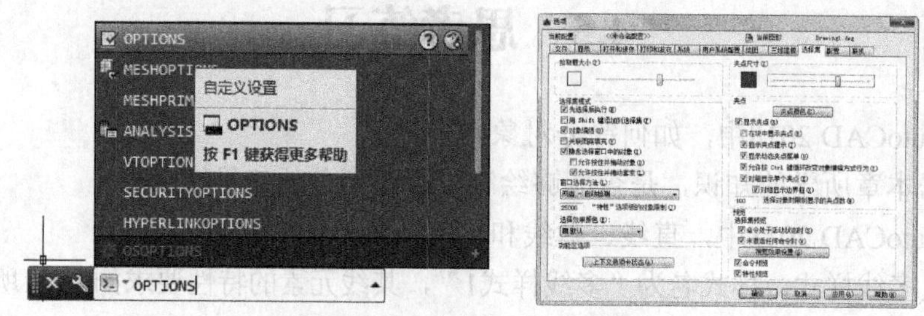

图5-1　打开“选项”对话框

“选择集”选项卡中各选项组的含义如下。

1. 拾取框大小和夹点尺寸

拾取框就是十字光标中部用于确定拾取对象的方形图框。夹点是图形对象被选中后处于对象端部、中点或控制点等处的矩形或圆锥形实心标识。通过拖动夹点，即可对图形对象的长度、位置或弧度等进行手动调整。其各自的大小都可以通过该选项卡中的相应选项进行详细的调整。

(1) 调整拾取框大小

进行图形的点选时，只有处于拾取框内的图形对象才可以被选取。因此，在绘制较为简单的图形时，可以将拾取框调大，以便于图形对象的选取；反之，绘制复杂图形对象时，适当地调小拾取框，可以避免图形对象的误选取。

在“拾取框大小”选项组中拖动滑块，即可改变拾取框的大小，并且在拖动滑块的过程中，其左侧的调整框预览图标将动态显示调整框的实时大小，效果如图5-2所示。

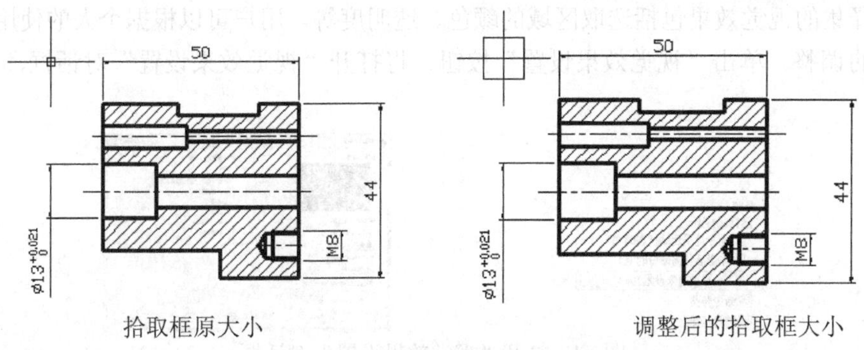

图5-2 调整拾取框大小效果

(2) 调整夹点大小

夹点不仅可以标识图形对象的选取情况，还可以通过拖动夹点的位置对选取的对象进行相应的编辑操作。但需要注意的是：夹点在图形中的显示大小是恒定不变的，也就是说当选择的图形对象被放大或缩小时，只有对象本身的显示比例被调整，而夹点的大小不变。

利用夹点编辑图形时，适当地将夹点调大可以提高选取夹点的方便性。此时如果图形对象较小，夹点出现重叠的现象，采用将图形放大的方法即可避免该现象的发生。夹点的调整方法与拾取框大小的调整方法相同，如图5-3所示。

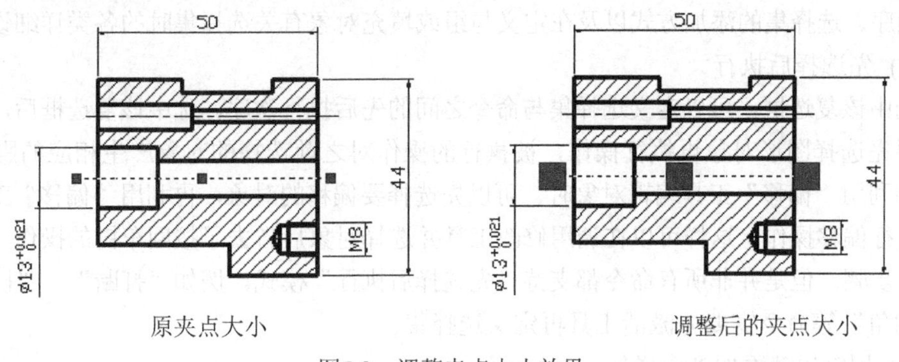

图5-3 调整夹点大小效果

2. 选择集预览

选择集预览就是当光标的拾取框移动到图形对象上时，图形对象以加粗或虚线的形式显示为预览效果。通过选中该选项组中的两个复选框，可以调整图形预览与工具之间的关联方式，或利用“视觉效果设置”按钮，对预览样式进行详细的调整。

(1) 命令处于活动状态时

选中“命令处于活动状态时”复选框后，只有当某个命令处于激活状态，并且命令提示行中显示“选取对象”提示信息时，将拾取框移动到图形对象上，该对象才会显示选择预览。

(2) 未激活任何命令时

“未激活任何命令时”复选框的作用与上述复选框相反，选中该复选框后，只有没有任何命令处于激活状态时，才可以显示选择预览。

(3) 视觉效果设置

选择集的视觉效果包括选取区域的颜色、透明度等。用户可以根据个人的使用习惯进行相应的调整。单击“视觉效果设置”按钮，将打开“视觉效果设置”对话框，如图5-4所示。

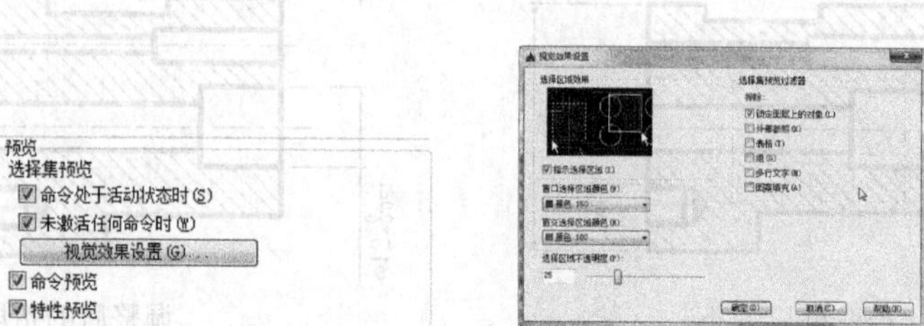

图5-4　打开“视觉效果设置”对话框

“视觉效果设置”对话框中各选项组的功能如下。

- “选择区域效果”：在进行多个对象的选取时，采用区域选择的方法可以大幅度地提高对象选取的效率。用户可以通过设置该选项组中的各个选项，调整选择区域的颜色、透明度以及区域显示的开、闭情况。
- “选择集预览过滤器”：指定从选择集预览中排除的对象类型。

3. 选择集模式

“选择集”选项卡的“选择集模式”选项组中包括用于定义选择集和命令之间的先后执行顺序、选择集的添加方式以及在定义与组或填充对象有关选择集时的各类详细设置。

(1) 先选择后执行

选中该复选框，可以定义选择集与命令之间的先后执行次序。选中该复选框后，即表示需要先选择图形对象再执行操作，被执行的操作对之前选择的对象产生相应的影响。

如利用“偏移”工具编辑对象时，可以先选择要偏移的对象，再利用“偏移”工具对图形进行偏移操作。这样可以在调用修改工具并选择对象后省去了按回车键的操作，简化了操作步骤。但是并非所有命令都支持“先选择后执行”模式。例如“打断”、“圆角”和“倒角”等命令需要先激活工具再定义选择集。

(2) 用Shift键添加到选择集

该复选框用于定义向选择集中添加图形对象时的添加方式。默认情况下，该复选框处于禁用状态。此时要向选择集中添加新对象时，直接选取新对象即可。当选中该复选框后，将激活一个附加选择方式，即在添加新对象时，需要按住Shift键才能将多个图形对象添加到选择集中。

如果需要取消选择集中的某个对象，无论在两种模式中的任何一种模式下，按住Shift键选取该对象即可。

- 对象编组：选中该复选框后，选择组中的任意一个对象时，即可选择组中的所有对象。将 PICKSTYLE 系统变量设置为 1 时可以设置该选项。

- 关联图案填充：主要用在选择填充图形的情况。当选中该复选框时，如果选择关联填充的对象，则填充边界的对象也被选中。将 PICKSTYLE 系统变量设置为 2 时可以设置该选项。
- 隐含选择窗口中的对象：当选中该复选框后，可以在绘图区用鼠标拖动或用定义对角点的方式定义选择区域，进行对象的选择。当取消选中该复选框后，则无法使用定义选择区域的方式定义选择对象。
- 允许按住并拖动对象：该复选框用于定义选择窗口的定义方式。当选中该复选框后，单击鼠标指定窗口的一点后按住左键并拖动，在第二点位置松开即可确定选择窗口的大小和位置。当取消选中该复选框后，需要在选择窗口的起点和终点分别单击，才能定义出选择窗口的大小和位置。

5.1.2　选取对象方式

在AutoCAD中，针对图形对象的复杂程度或选取对象数量的不同，有多种选择对象的方法，可以分为点选或区域选取两种方式。下面将介绍几种常用的对象选择方法。

1. 直接选取

直接选取方法是最常用的对象选取方法。用户可以直接将光标拾取框移动到需要选取的对象上，然后单击，即可完成对象的选取操作，如图5-5所示。

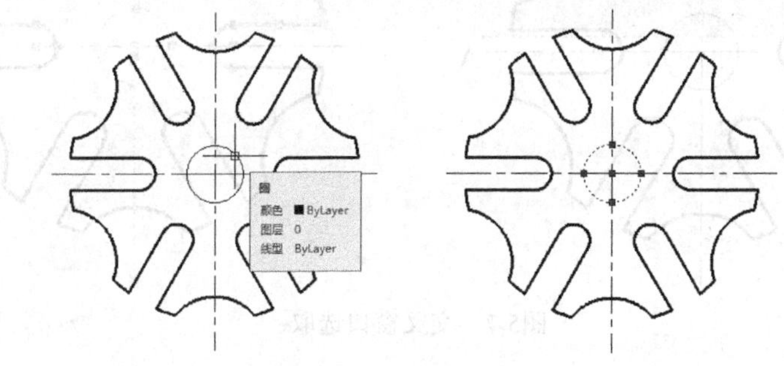

图5-5　直接选取

2. 窗口选取

窗口选取是以指定对角点的方式定义矩形选取范围的一种选取方法。使用该方法选取对象时，只有完全包含在矩形框中的对象才会被选取，而只有一部分进入矩形框的对象将不会被选取。

采用窗口选取方法时，可以先单击确定第一个对角点，然后向右侧移动鼠标，选取区域将以实线矩形的形式显示，单击确定第二个对角点后，即可完成窗口选取。如图5-6所示为先选取A点再选取B点后图形对象的选择效果。

3. 交叉窗口选取

在交叉窗口模式下，用户无须将需要选择的对象全部包含在矩形中，即可选取该对象。交叉窗口选取与窗口选取模式相似，只是在定义选取窗口时有所不同。

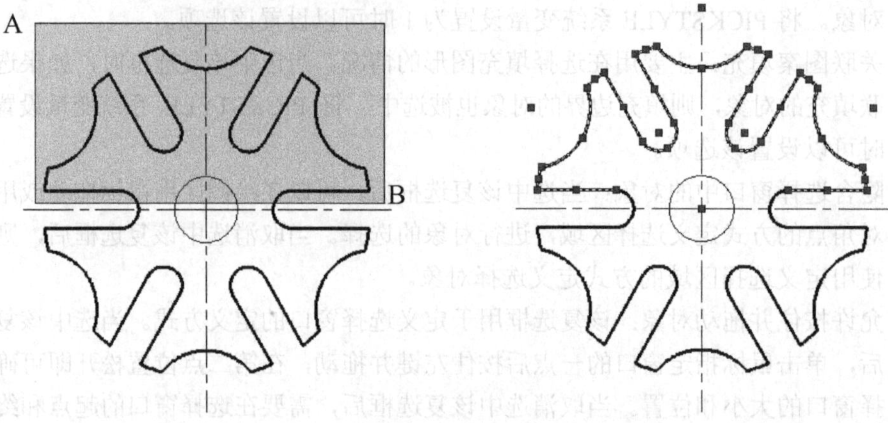

图5-6　窗口选取

交叉选取是在确定第一点后，向左侧移动鼠标，选取区域显示为一个虚线矩形框，再单击确定第二点，即第二点在第一点的左边。此时完全或部分包含在交叉窗口中的对象均被选中。如图5-7所示为先确定A点再确定B点后的对象选择效果。

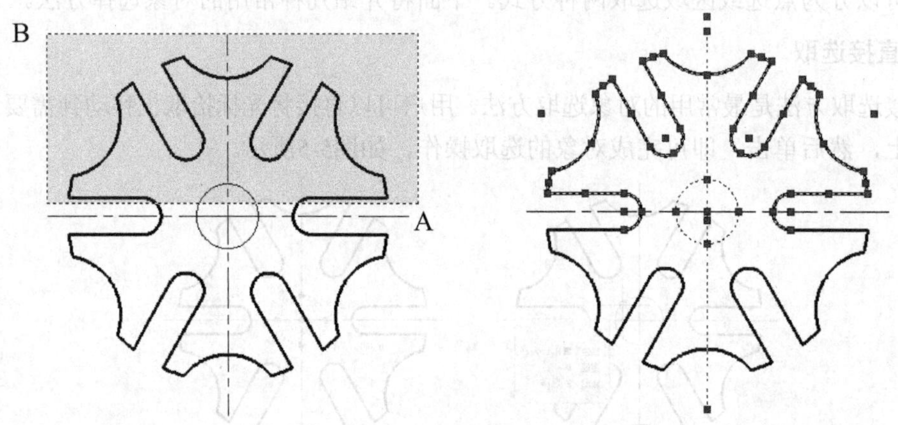

图5-7　交叉窗口选取

4. 不规则窗口选取

不规则窗口选取是以指定若干点的方式定义不规则形状的区域来选择对象，包括圈围和圈交两种选择方式。圈围多边形窗口只选择完全包含在内的对象，而圈交多边形窗口可以选择包含在内或相交的对象。两者间的区别与窗口选取和交叉窗口选取间的区别很相似。

在命令行中输入SELECT指令，按回车键后输入？，然后根据命令行提示信息输入WP或CP，通过定义端点的方式，在绘图区绘制出用于选取对象的多边形区域，并按下回车键即可选取对象，效果如图5-8所示。

5. 栏选选取

使用该选取方式能够以画线链的方式选择对象。所绘制的线链可以由一段或多段直线组成，所有与其相交的对象均被选中。

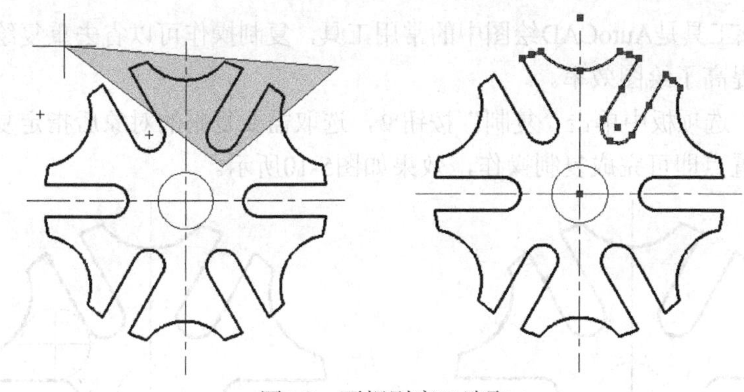

图5-8　不规则窗口选取

在命令行中输入SELECT指令，按下回车键后输入？，然后根据命令提示输入字母F，在需要选择对象处绘制出线链，并按回车键即可选取对象，效果如图5-9所示。

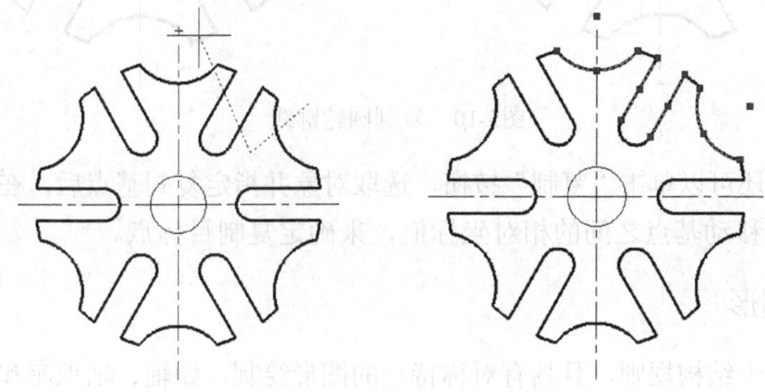

图5-9　选取对象

6. 快速选择

快速选择是根据对象的图层、线型、颜色和图案填充等特性或类型来创建选择集，从而使用户可以准确地从复杂的图形中快速地选择满足某种特性要求的图形对象。

在命令行中输入QSELECT指令，并按回车键，将打开“快速选择”对话框，在该对话框中指定对象应用的范围、类型以及欲指定类型相对于的值等选项后，单击“确定”按钮，即可完成对象的选择。

5.2　复制对象

在AutoCAD中，零件图上的轴类或盘类零件往往具有对称结构，并且这些零件上的孔特征又常常是均匀分布的，此时便可以利用相关的复制工具，以现有的图形对象为源对象，绘制出与源对象相同或相似的图形，从而简化具有重复性或近似性特点图形的绘图步骤，以达到提高绘图效率和绘图精度的目的。

5.2.1　复制图形

复制工具主要用于绘制两个或两个以上重复图形，并且各重复图形的相对位置不存在一定规律性。该工具是AutoCAD绘图中的常用工具，复制操作可以省去重复绘制相同图形的步骤，大大提高了绘图效率。

在“修改”选项板中单击“复制”按钮，选取需要复制的对象后指定复制基点，然后指定新的位置点即可完成复制操作，效果如图5-10所示。

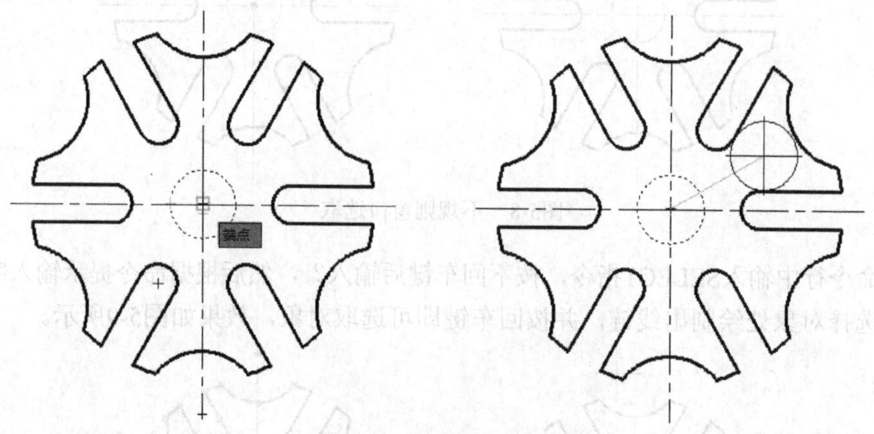

图5-10　复制圆轮廓线

此外，用户还可以单击“复制”按钮，选取对象并指定复制基点后，在命令行中输入新位置点相对于移动基点之间的相对坐标值，来确定复制目标点。

5.2.2　镜像图形

该工具常用于结构规则，且具有对称特点的图形绘制，如轴、轴承座和槽轮等零件图形。绘制这类对称图形时，只需绘制对象具有对称结构的一半或几分之一部分，然后将图形对象的其他部分对称复制即可。

在绘制该类图形时，可以先绘制出处于对称中线一侧的图形轮廓线。然后在“修改”选项板中单击“镜像”按钮，选取绘制的图形轮廓线为源对象后右击，接下来指定对称中心线上的两点以确定镜像中心线，然后按下回车键即可完成镜像操作，效果如图5-11所示。

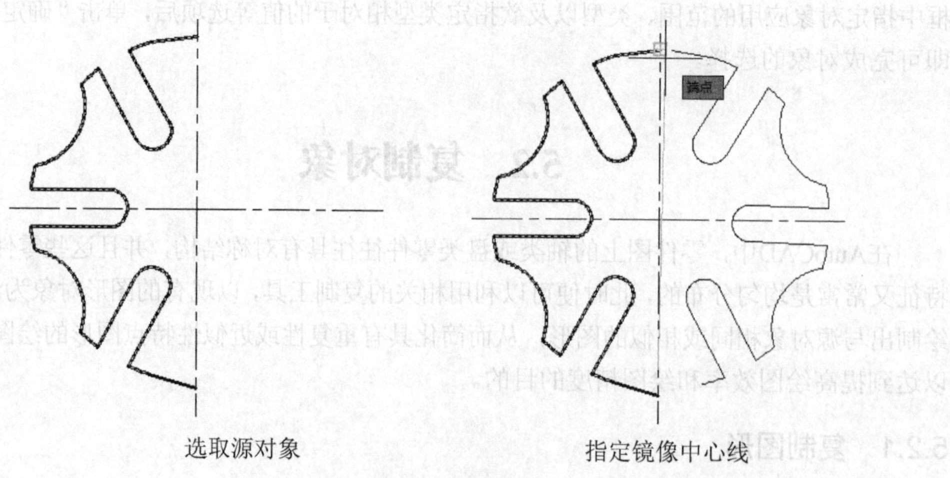

图5-11　镜像视图

默认情况下，对图形执行镜像操作后，系统仍然保留源对象。如果对图形进行镜像操作后需要将源对象删除，只需在选取源对象并指定镜像中心线后，在命令行中输入字母Y，然后按下回车键，即可完成删除源对象的操作。

5.2.3　偏移图形

利用“偏移图形”工具可以创建出与源对象成一定距离并且形状相同或类似的新对象。对于直线而言，可以绘制出与其平行的多个相同副本对象；对于圆、椭圆、矩形以及由多段线围成的图形而言，则可以绘制出成一定偏移距离的同心圆或近似的图形。

1. 定距偏移

该偏移方式是系统默认的偏移类型。它以输入的偏移距离数值为偏移参照，指定的方向为偏移方向，偏移复制出源对象的副本对象。

单击“偏移”按钮，根据命令行提示信息输入偏移距离，并按回车键，然后选取图中的源对象，在对象的偏移侧单击，即可完成定距偏移操作，如图5-12所示。

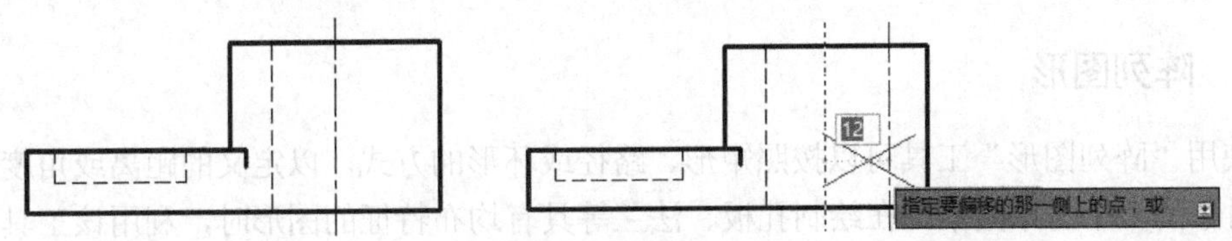

图5-12　定距偏移效果

2. 通过点偏移

该偏移方式能够以图形中现有的端点、各节点、切点等点对象为源对象的偏移参照，对图形执行偏移操作。

单击“偏移”按钮，在命令行中输入字母T，并按下回车键，然后选取图中的偏移源对象后指定通过点，即可完成该偏移操作，如图5-13所示。

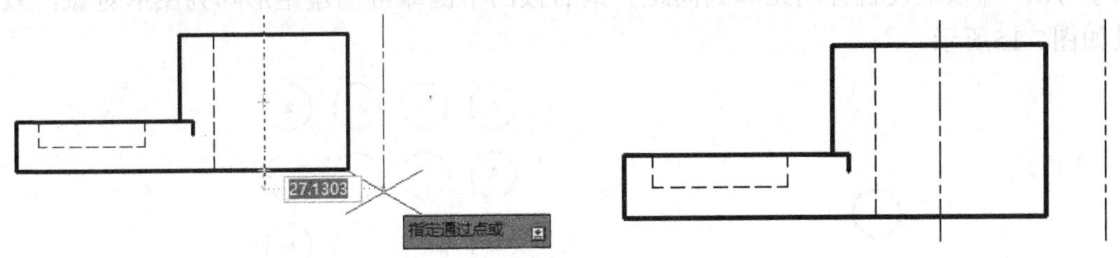

图5-13　通过点偏移效果

3. 删除源对象偏移

系统默认的偏移操作是在保留源对象的基础上偏移出新图形对象。但如果仅以源图形对象为偏移参照，偏移出新图形对象后需要将源对象删除，则可利用删除源对象偏移的方法。

单击“偏移”按钮，在命令行中输入字母E，并根据命令行提示信息输入字母Y后按回车键。然后按上述偏移操作进行图形偏移时即可将源对象删除，效果如图5-14所示。

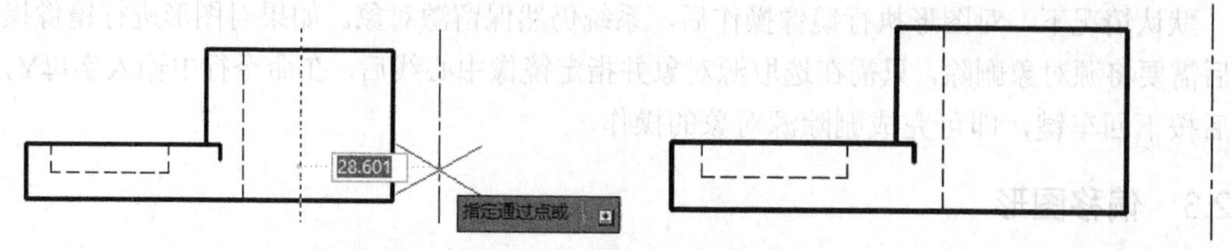

图5-14　删除源对象偏移

4. 变图层偏移

在默认情况下对对象进行偏移操作时，偏移出新对象的图层与源对象的图层相同。通过变图层偏移操作，可以将偏移出的新对象图层转换为当前层，从而避免修改图层的重复性操作，大幅度地提高绘图速度。

先将所需图层置为当前层，单击“偏移”按钮，在命令行中输入字母L，根据命令提示输入字母C并按回车键，然后按上述偏移操作进行图形偏移时，偏移出的新对象图层即与当前图层相同。

5.2.4　阵列图形

使用“阵列图形”工具可以按照矩形、路径或环形的方式，以定义的距离或角度复制出源对象的多个对象副本。在绘制孔板、法兰等具有均布特征的图形时，利用该工具可以大量减少重复性图形的绘制操作，并提高绘图准确性。

1. 矩形阵列

矩形阵列是以控制行数、列数以及行和列之间的距离或添加倾斜角度的方式，使选取的阵列对象成矩形的方式进行阵列复制，从而创建出源对象的多个副本对象。

在“修改”选项板中单击“矩形阵列”按钮，并在图中选取源对象后按回车键，然后根据命令行的提示，输入字母COU，并依次设置矩形阵列的行数和列数。接着输入字母S，并依次设置行间距和列间距。最后按回车键即可创建矩形阵列图形对象，效果如图5-15所示。

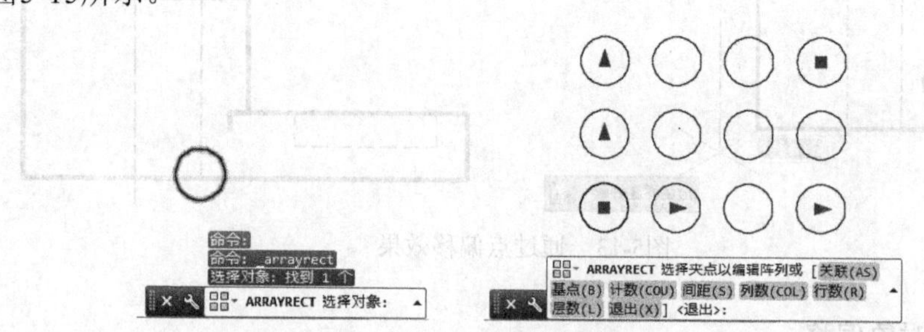

图5-15　矩形阵列效果

2. 路径阵列

在路径阵列中，阵列的对象将均匀地沿路径或部分路径排列。在该方式中，路径可以是直线、多段线、三维多段线、样条曲线、圆弧、圆或椭圆等。

在“修改”选项板中单击“路径阵列”按钮，并依次选取绘图区中的源对象和路径曲线，然后根据命令行的提示设置沿路径的项数，并输入字母D，则源对象将沿路径均匀地定数等分排列，效果如图5-16所示。

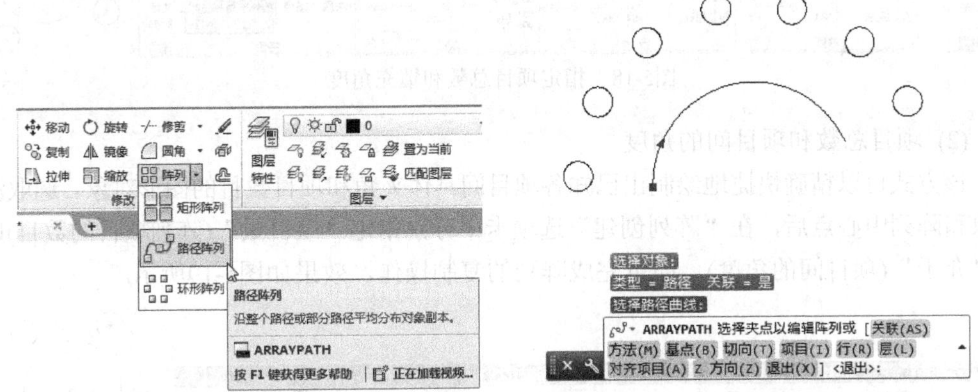

图5-16　路径阵列效果

3. 环形阵列

环形阵列能够以任一点为阵列中心点，将阵列源对象按圆周或扇形的方向，以指定的阵列填充角度、项目数目或项目之间的夹角阵列值进行源图形的阵列复制。该阵列方法经常用于绘制具有圆周均匀分布特征的图形。

在“修改”选项板中单击“环形阵列”按钮，并依次选取绘图区中的源对象和阵列中心点，将打开“环形阵列类型”的“阵列创建”选项卡，完成相关设置后，环形阵列效果如图5-17所示。

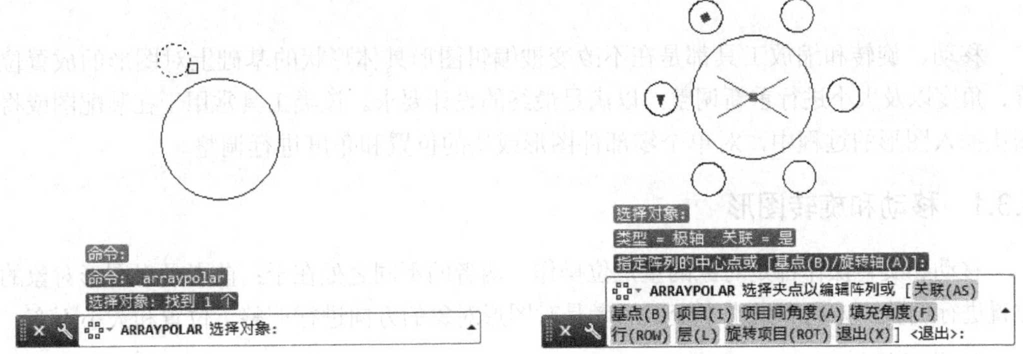

图5-17　环形阵列效果

在“环形阵列类型”的“阵列创建”选项卡中，用户可以通过设置环形阵列的项目总数、项目间角度和填充角度来完成环形阵列的操作，具体如下。

(1) 项目总数和填充角度

在已知图形中阵列项目的个数以及所有项目所分布弧形区域的总角度时，可以通过设置这两个参数来进行环形阵列的操作。

选取源对象和阵列中心点后，在“阵列创建”选项卡中分别指定“项目数”(阵列项目的数目)以及“填充”(总的阵列填充角度)，即可完成环形阵列的操作，如图5-18所示。

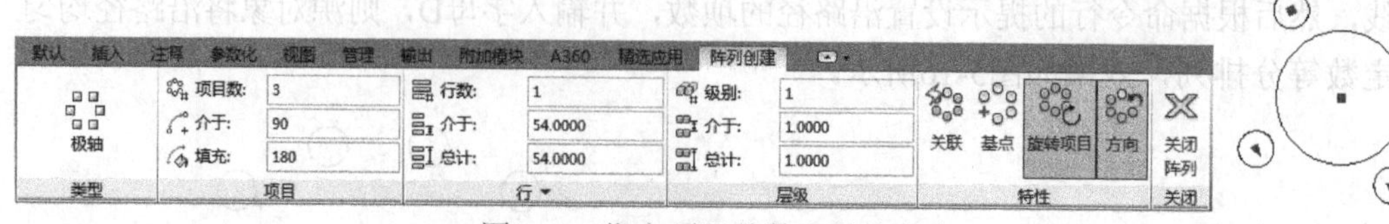

图5-18　指定项目总数和填充角度

(2) 项目总数和项目间的角度

该方式可以精确快捷地绘制出已知各项目间具体夹角和项目数目的图形对象。选取源对象和阵列中心点后，在“阵列创建”选项卡中分别指定“项目数”(阵列项目的数目)以及“介于”(项目间的角度)，即可完成阵列的复制操作，效果如图5-19所示。

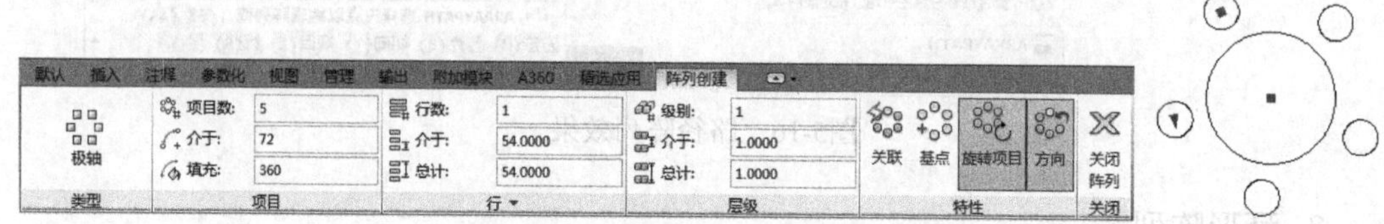

图5-19　指定项目总数和项目间角度

(3) 填充角度和项目间的角度

该方式是以指定总填充角度和相邻项目间夹角的方式定义出阵列项目的具体数量，进行源对象的环形阵列操作(其操作方法同前面介绍的环形阵列操作方法相同)。

5.3　调整对象位置

移动、旋转和缩放工具都是在不改变被编辑图形具体形状的基础上对图形的放置位置、角度以及大小进行重新调整，以满足最终的设计要求。该类工具常用于在装配图或将图块插入图形的过程中，对单个零部件图形或块的位置和角度进行调整。

5.3.1　移动和旋转图形

移动和旋转操作都是对象的重定位操作，两者的不同之处在于：前者是对图形对象的位置进行调整，方向和大小不变；后者是对图形对象的方向进行调整，位置和大小不变。

1. 移动操作

该操作可以在指定的方向上按指定的距离移动对象，在指定移动基点、目标点时，不仅可以在图中拾取现有点作为移动参照，还可以利用输入坐标值的方法定义出参照点的具体位置。

单击“移动”按钮✣，选取要移动的对象并指定基点，然后根据命令行提示信息指定第二个点或输入相对坐标来确定目标点，即可完成移动操作，如图5-20所示。

2. 旋转操作

旋转是指将对象绕指定点旋转任意角度，从而以旋转点到旋转对象之间的距离和指定的旋转角度为参照，调整图形的放置方向和位置。

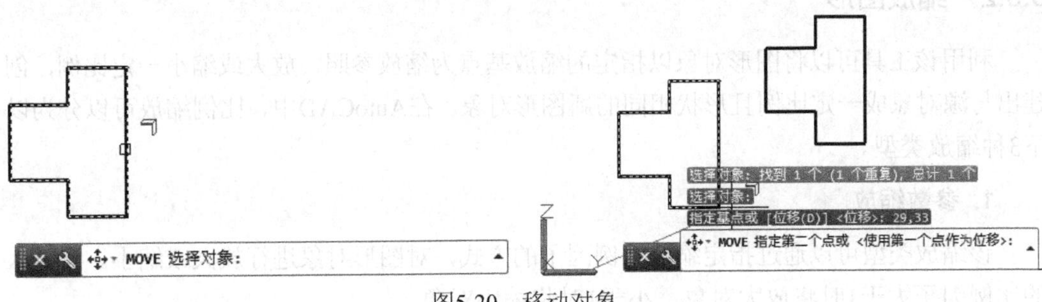

图5-20　移动对象

(1) 一般旋转

一般旋转方法旋转图形对象，原对象将按指定的旋转中心和旋转角度旋转至新位置，并且不保留对象的原始副本。

单击“旋转”按钮○，选取旋转对象并指定旋转基点，然后根据命令行提示信息输入旋转角度，按下回车键，即可完成旋转对象操作，如图5-21所示。

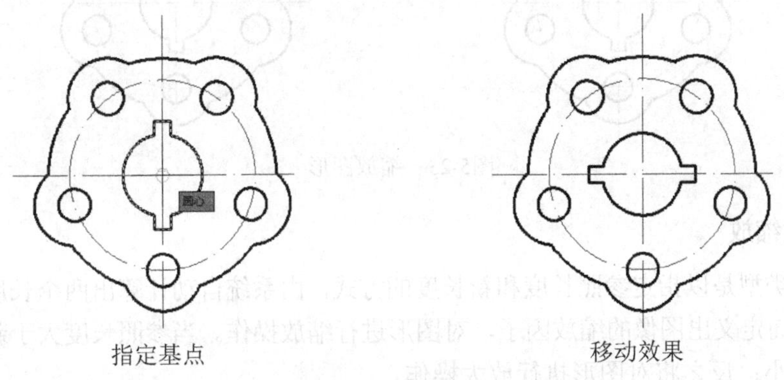

图5-21　一般旋转

(2) 复制旋转

使用复制旋转法旋转对象时，不仅可以将对象的放置方向调整一定的角度，还可以在旋转出新对象的同时，保留原对象图形，可以说该方法集旋转和复制操作于一体。

按照上述相同的旋转操作方法指定旋转基点后，在命令行中输入字母C，然后指定旋转角度，按下回车键，即可完成复制旋转操作，如图5-22所示。

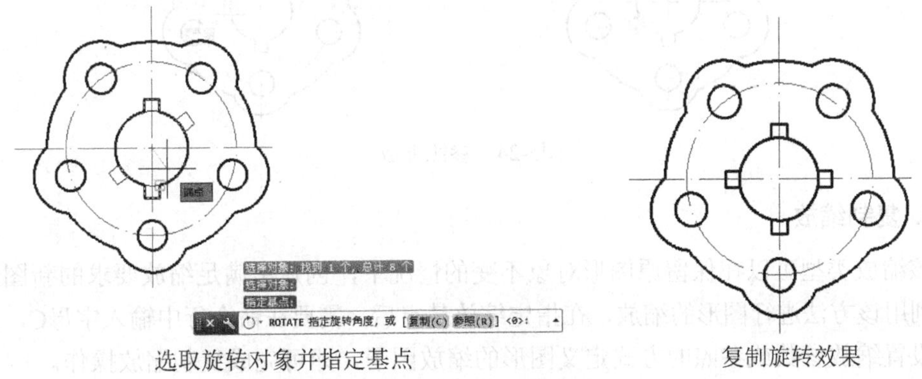

图5-22　复制旋转

5.3.2　缩放图形

利用该工具可以将图形对象以指定的缩放基点为缩放参照，放大或缩小一定比例，创建出与源对象成一定比例且形状相同的新图形对象。在AutoCAD中，比例缩放可以分为以下3种缩放类型。

1. 参数缩放

该缩放类型可以通过指定缩放比例因子的方式，对图形对象进行放大或缩小。当输入的比例因子大于1时将放大对象，小于1时将缩小对象。

单击“缩放”按钮，选择缩放对象并指定缩放基点，然后在命令行中输入比例因子，按回车键即可，如图5-23所示。

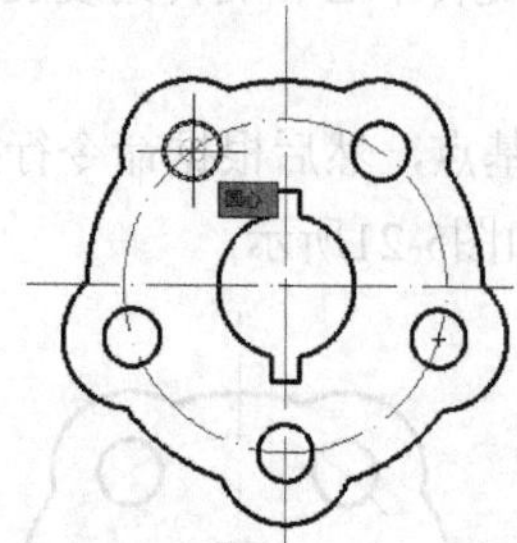

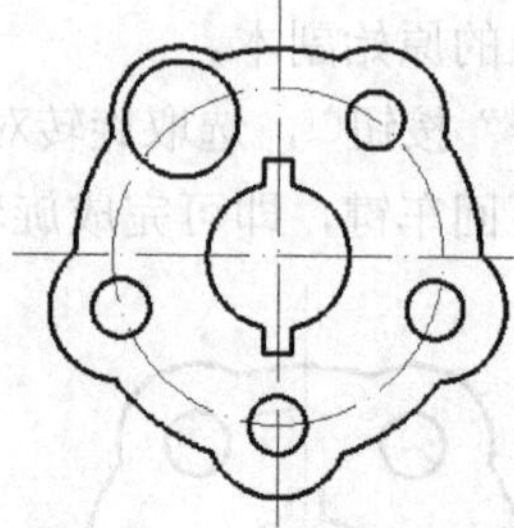

图5-23　缩放图形

2. 参照缩放

该缩放类型是以指定参照长度和新长度的方式，由系统自动计算出两个长度之间的比例数值，从而定义出图像的缩放因子，对图形进行缩放操作。当参照长度大于新长度时，图形将被缩小；反之将对图形执行放大操作。

按照上述方法指定缩放基点后，在命令行中输入字母R，并按下回车键，然后根据命令行提示信息一次定义出参照长度和新长度，按回车键即可完成参照缩放操作，如图5-24所示。

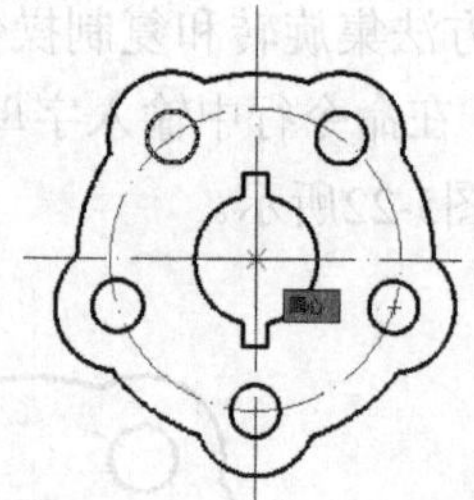

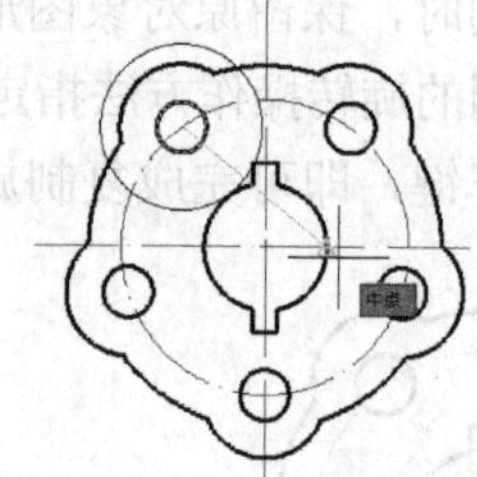

图5-24　参照缩放

3. 复制缩放

该缩放类型可以在保留原图形对象不变的情况下，创建出满足缩放要求的新图形对象。利用该方法进行图形的缩放，在指定缩放基点后，需要在命令行中输入字母C，然后利用设置缩放参数或参照的方式定义图形的缩放因子，即可完成复制缩放操作。

5.4　调整对象形状

拉伸和拉长工具以及夹点应用的操作原理比较相似，都是在不改变现有图形位置的情况下对单个或多个图形进行拉伸或缩减，从而改变被编辑对象的整体大小。

5.4.1　拉伸图形

执行拉伸操作能够将图形中的一部分拉伸、移动或变形，而其余部分则保持不变，是一种十分灵活的调整图形大小的工具。选取拉伸对象时，可以使用“交叉窗口”的方式选取对象，其中全部处于窗口中的图形不做变形而只做移动，与选择窗口边界相交的对象将按移动的方向进行拉伸变形。

1. 指定基点拉伸对象

该拉伸方式是系统默认的拉伸方式，按照命令行提示信息指定一点为拉伸点，命令行将显示“指定第二个点或<使用第一个点作为位移>:”的提示信息。此时在绘图区指定第二点，系统将按照这两点间的距离执行拉伸操作，效果如图5-25所示。

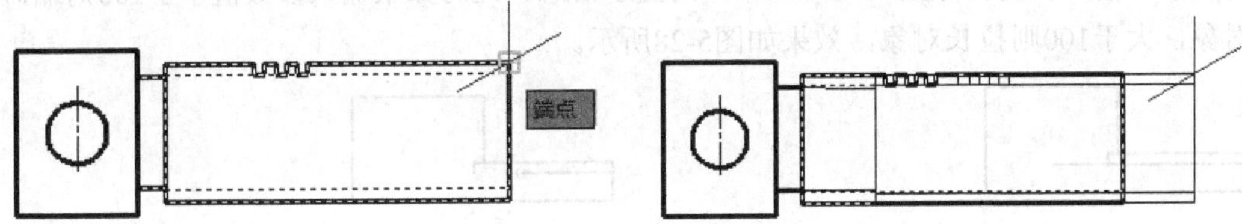

图5-25　指定基点拉伸对象

2. 指定位移拉伸对象

该拉伸方式是指将对象按照指定的位移量进行拉伸，而其余部分并不改变。选取拉伸对象后，输入字母D，然后输入位移量并按下回车键，系统将按照指定的位移量进行拉伸对象操作，效果如图5-26所示。

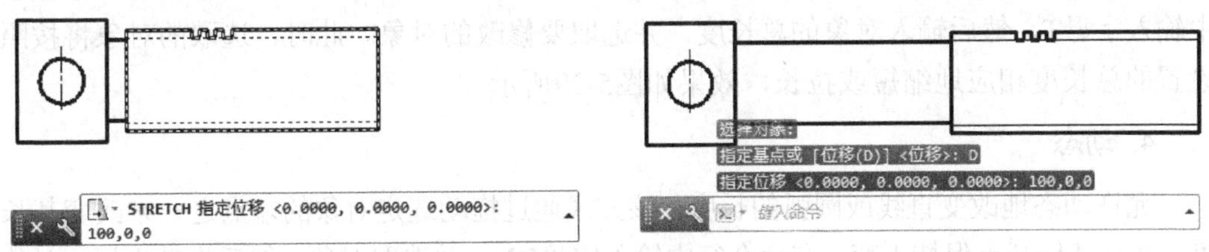

图5-26　指定位移量拉伸对象

5.4.2　拉长图形

在AutoCAD中，拉伸和拉长工具都可以改变对象的大小，所不同的是拉伸操作可以一次框选多个对象，不仅改变对象的大小，同时改变对象的形状；而拉长操作只改变对象的长度，并且不受边界的局限。可以拉长的对象包括直线、弧线和样条曲线等。

单击“拉长”按钮，命令行将提示“LENGTHEN选择要测量的对象或[增量(DE) 百分数(P) 总计(T) 动态(DY)]< 总计(T)>:”的提示信息。此时指定一种拉长方式，并选取要拉长的对象，即可以该方式对对象进行相应的拉长操作。各类拉长方式的设置方法如下。

1. 增量

以指定的增量修改对象的长度，并且该增量从距离选择点最近的端点处开始测量。在命令行中输入字母DE，命令行将显示“输入长度增量或[角度(A)]<0.0000>:”的提示信息。此时，输入长度值，并选取对象，系统将以指定的增量修改对象的长度，效果如图5-27所示。

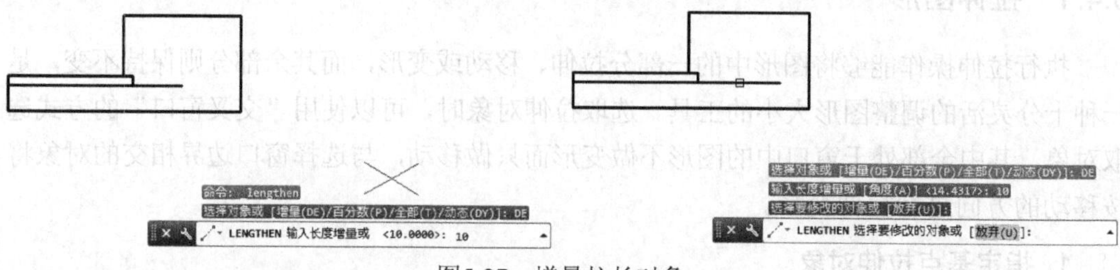

图5-27　增量拉长对象

2. 百分数

以相对于原长度的百分比来修改直线或圆弧的长度，在命令行中输入字母P，命令行将提示“输入长度百分数<100.0000>:”的提示信息。此时如果输入参数值小于100则缩短对象，大于100则拉长对象，效果如图5-28所示。

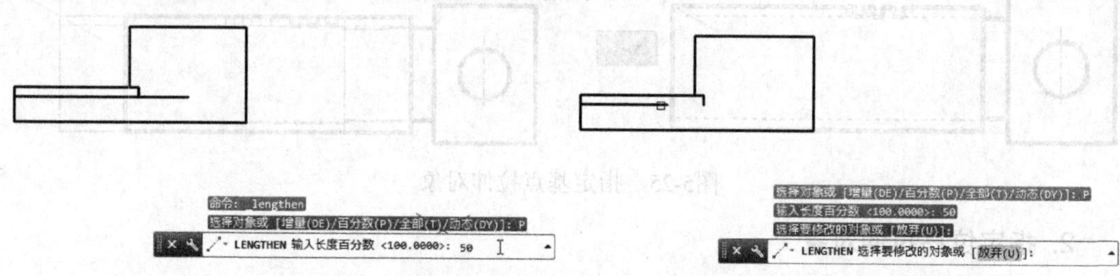

图5-28　以百分数形式拉长对象

3. 总计

通过指定从固定端点处开始测量的总长度的绝对值来设置选定对象的长度。在命令行中输入字母T，然后输入对象的总长度，并选取要修改的对象。此时，选取的对象将按照设置的总长度相应地缩短或拉长，效果如图5-29所示。

4. 动态

允许动态地改变直线或圆弧的长度，该方式通过拖动选定对象的端点之一来改变其长度，并且其他端点保持不变。在命令行中输入字母DY，并选取对象，然后拖动光标，对象将随之拉长或缩短。

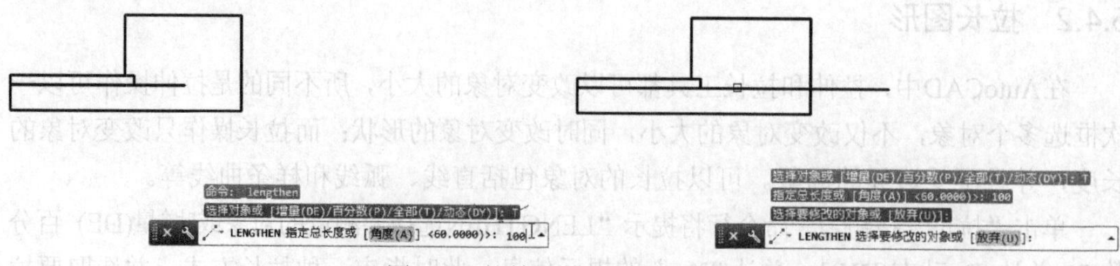

图5-29　按输入的总长拉长对象

5.4.3　应用夹点

当选取某一个图形对象时，对象周围将出现蓝色的方框即为夹点。在编辑零件图时，有时不需要启用某个命令，却获得和该命令一样的编辑效果，此时可以通过夹点的编辑功能，快速调整图形的形状。如拖动夹点调整辅助线的长度，拖动孔对象的夹点进行快速复制，从而获得事半功倍的效果。

1. 使用夹点拉伸对象

在拉伸编辑模式下，当选取的夹点是线条端点时，可以拉伸或缩短对象。如果选取的夹点是线条的中点、圆或圆弧的圆心，或者块、文字、尺寸数字等对象时，则只能移动对象。

如图5-30所示，选取一条中心线将显示其夹点，然后选取底部夹点，并打开正交功能，向下拖动即可改变垂直中心线的长度。

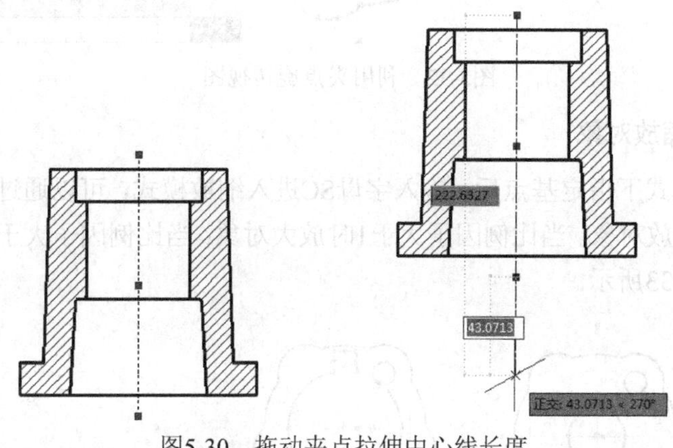

图5-30　拖动夹点拉伸中心线长度

2. 使用夹点移动和复制对象

夹点移动模式可以编辑单元对象或一组对象，利用该模式可以改变对象的放置位置，而不改变其大小和方向。如果在移动时按住Ctrl键，则可以复制对象。

如图5-31所示，选取一个圆轮廓将显示其夹点，然后选取圆心处夹点，并输入字母MO进入移动模式。接着按住Ctrl键选取圆心处夹点，向右拖动至合适位置单击，即可复制一个圆。

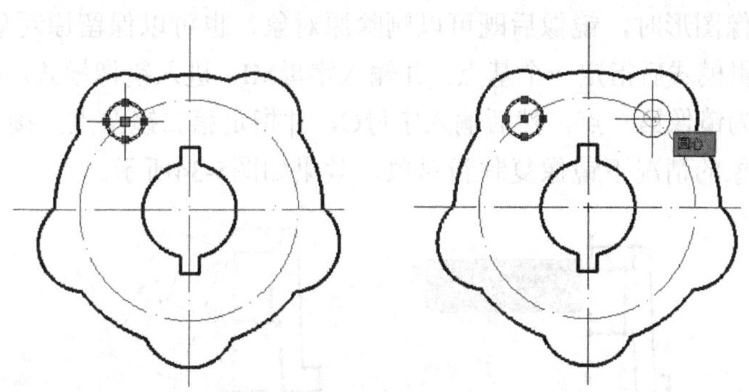

图5-31　利用夹点编辑复制圆

3. 使用夹点旋转对象

用户可以使对象绕基点旋转，并能够编辑对象的旋转方向。在夹点编辑模式下指定基点后，输入字母RO即进入旋转模式，旋转的角度可以通过输入角度值精确定位，也可以通过指定点位置来实现。

如图5-32所示，框选一个图像，并指定一个基点，然后输入字母RO进入旋转模式，并设置旋转角度为90°，即可旋转所选图形。

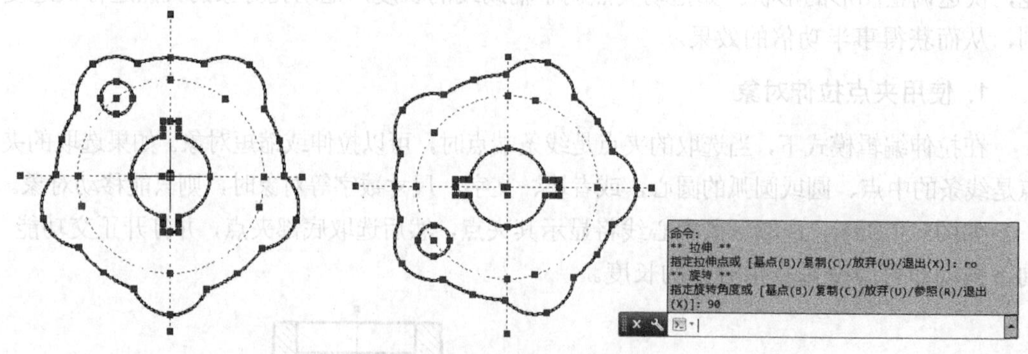

图5-32　利用夹点旋转视图

4. 使用夹点缩放对象

在夹点编辑模式下指定基点后，输入字母SC进入缩放模式，可以通过定义比例因子或缩放参照的方式缩放对象。当比例因子大于1时放大对象；当比例因子大于0而小于1时缩小对象，效果如图5-33所示。

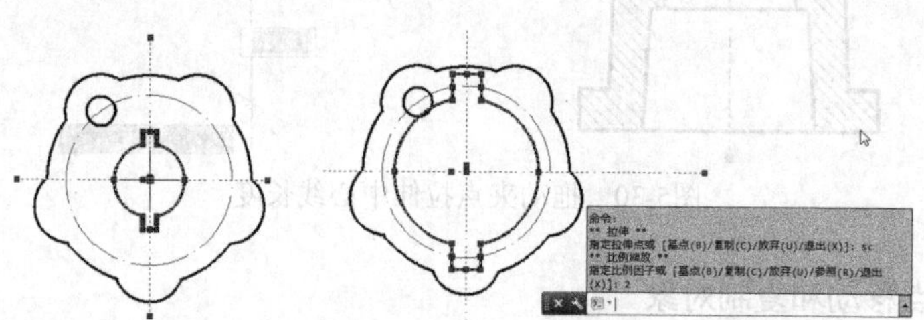

图5-33　利用夹点缩放视图

5. 使用夹点镜像对象

该夹点编辑方式是以指定两个夹点的方式定义出镜像中心线，从而进行图形的镜像操作。利用夹点镜像图形时，镜像后既可以删除原对象，也可以保留原对象。

进入夹点编辑模式后指定一个基点，并输入字母MI，进入镜像模式，此时系统将会以刚选择的基点作为镜像第一点，然后输入字母C，并指定第二镜像点，接下来，按回车键即可在保留原对象的情况下镜像复制新对象，效果如图5-34所示。

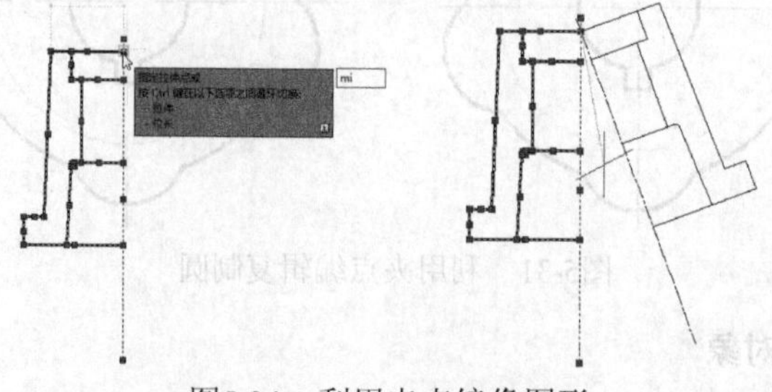

图5-34　利用夹点镜像图形

5.5　编辑对象

在完成对象的基本绘制后，往往需要对相关对象进行编辑和修改操作，使其实现预期的设计要求。在AutoCAD中，用户可以通过修剪、延伸、创建倒角和圆角等常规操作来完成绘制对象的编辑工作。

5.5.1　修剪和延伸图形

修剪和延伸工具的共同点都是以图形中现有的图形对象为参照，以两个图形对象间的交点为切割点或延伸终点，对与其相交或成一定角度的对象进行去除或延伸操作。

1. 修剪图形

利用“修剪”工具可以以某些图元为边界，删除边界内的指定图元。利用该工具编辑图形对象时，首先需要选择可定义修剪边界的对象，可作为修剪边的对象包括直线、圆弧、圆、椭圆和多段线等对象。默认情况下，选择修剪对象后，系统将以该对象为边界，将修剪对象上位于拾取点一侧的部分图形切除。

单击“修剪”按钮⺊，选取边界曲线并右击，然后选取图形中要去除的部分，即可将多余的图形对象去除，效果如图5-35所示。

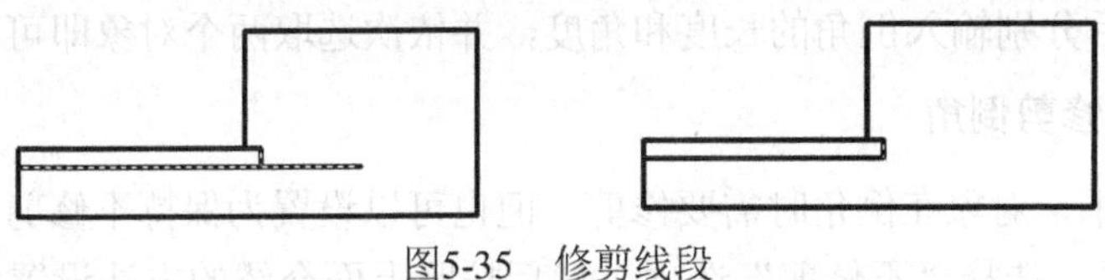

图5-35　修剪线段

2. 延伸图形

延伸操作的原理同修剪相反，该操作是以现有的图形对象为边界，将其他对象延伸至该对象上。延伸对象时，如果按住Shift键的同时选取对象，则执行修剪操作。

单击“延伸”按钮，选取延伸边界后右击，然后选取需要延伸的对象，系统将自动将选取对象延伸至所指定的边界上，效果如图5-36所示。

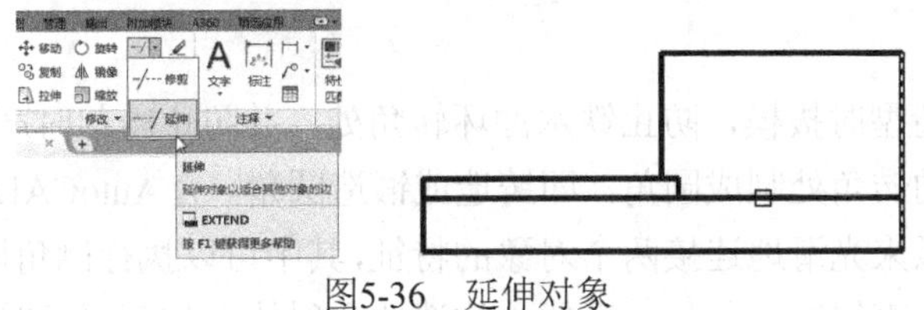

图5-36　延伸对象

5.5.2　创建倒角

为了便于装配，并且保护零件表面不受损伤，一般在轴端、孔口、抬肩和拐角处加工出倒角(即圆台面)，这样可以去除零件的尖锐刺边，避免刮伤。在AutoCAD中利用“倒角”工具可以很方便地绘制倒角结构造型，并且执行倒角操作的对象可以是直线、多段线、构造线、射线或三维实体。

1. 多段线倒角

若选择的对象是多段线，那么可以方便地对整体多段线进行倒角。在命令行中输入字母P，然后选择多段线，系统将以当前倒角参数对多段线进行倒角操作。

2. 指定半径绘制圆角

该方式指以输入直线与倒角线之间的距离定义倒角。如果两个倒角距离都为零，那么倒角操作将修剪或延伸这两个对象，直到它们相接，但不创建倒角线。

在命令行中输入字母D，然后依次输入两个倒角距离，并分别选取两条倒角边，即可获得倒角效果。如图5-37所示，依次指定两个倒角距离均为6，然后选取两条倒角边，此时将显示相应的倒角效果。

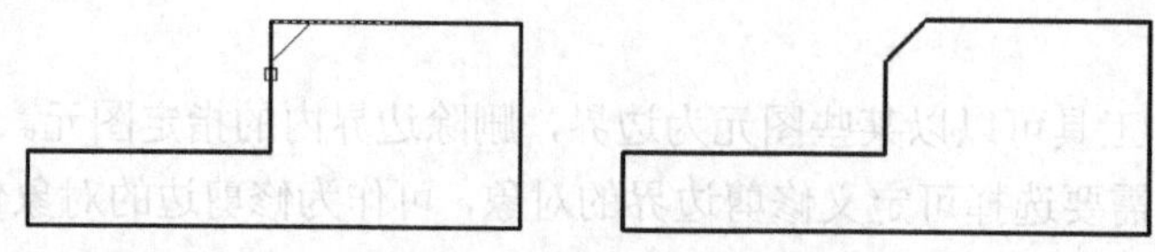

图5-37　指定距离绘制倒角

3. 指定角度绘制倒角

该方式通过指定倒角的长度以及它与第一条直线形成的角度来创建倒角。在命令行中输入字母A，然后分别输入倒角的长度和角度，并依次选取两个对象即可获得倒角效果。

4. 指定是否修剪倒角

在默认情况下，对象在倒角时需要修剪，但也可以设置为保持不修剪的状态，在命令行中输入字母T后，选择“不修剪”选项，然后按照上面介绍的方法设置倒角参数即可，效果如图5-38所示。

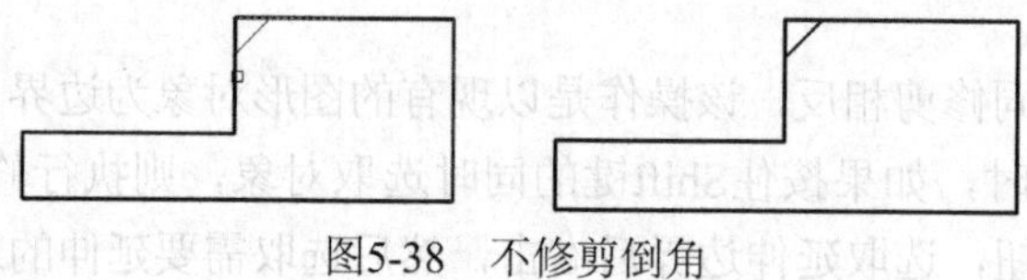

图5-38　不修剪倒角

5.5.3　创建圆角

为了便于铸件造型时拔模，防止铁水冲坏转角处，并防止冷却时产生缩孔和裂缝，通常会将铸件或锻件的转角处制成圆角，即铸造或锻造圆角。在AutoCAD中，圆角是指通过一个指定半径的圆弧来光滑地连接两个对象的特征，其中可以执行倒角操作的对象有圆弧、圆、椭圆、椭圆弧、直线等。此外，直线、构造线和射线在相互平行时也可以进行倒圆角操作。

单击“圆角”按钮，命令行将显示“FILLET选择第一个对象或[放弃(U)多段线(P)半径(R)修剪(T)多个(M)]:”的提示信息。下面将分别介绍常用圆角的创建方法。

1. 指定半径绘制圆角

该方法是绘图中最常用的创建圆角方式。选择“圆角”工具后，输入字母R，并设置圆角半径值，然后依次选取两个操作对象，即可获得圆角效果，如图5-39所示。

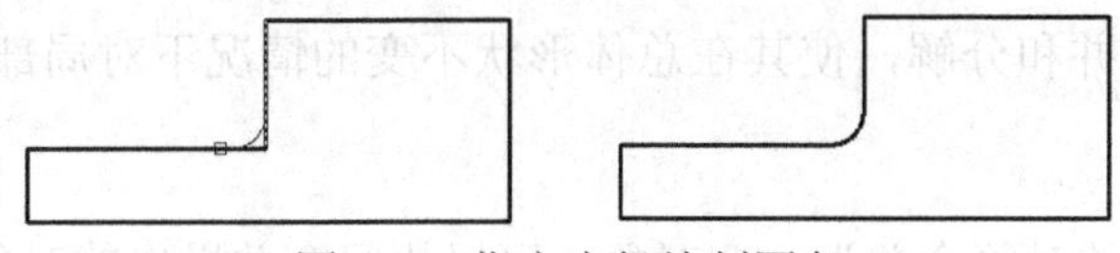

图5-39　指定半径绘制圆角

2. 不修剪圆角

选择“圆角”工具后，输入字母T可以指定相应的圆角类型，即设置倒圆角后是否保留原对象，可以选择“不修剪”选项，获得不修剪的圆角效果。

5.5.4　打断工具

在AutoCAD中，用户可以使用打断工具使对象保持一定间隔，该类打断工具包括“打断”和“打断于点”两种类型。此类工具可以在一个对象上去除部分线段，创建出间距效果，或者以指定分割点的方式将其分割为两个部分。

1. 打断

打断是删除部分或将对象分解成两个部分，并且对象之间可以有间隙，也可以没有间隙。可以打断的对象包括直线、圆、圆弧、椭圆等。

单击“打断”按钮，命令行提示选取要打断的对象。当在对象上单击时，系统将默认选取对象时所选点作为断点1，然后指定另一个点作为断点2，系统将删除这两点之间的对象，效果如图5-40所示。

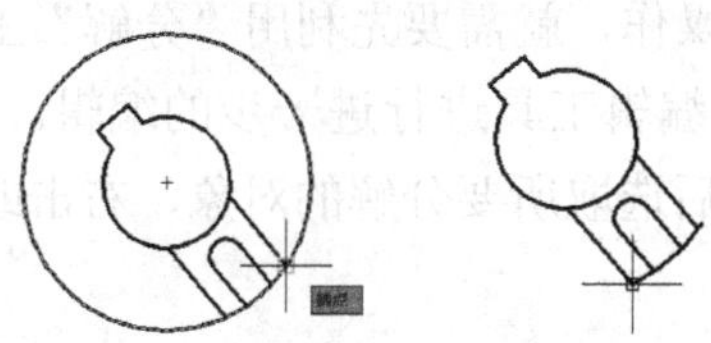

图5-40　打断圆

如果在命令行中输入字母F，则可以重新定位第一点。在确定第二个打断点时，如果在命令行中输入@，可以使第一个和第二个打断点重合，此时将变为打断于点。

另外，在默认情况下，系统总是删除从第一个打断点到第二个打断点之间的部分，并且在对圆和椭圆等封闭图形进行打断时，系统将按照逆时针方向删除从第一个打断点到第二个打断点之间的对象。

2. 打断于点

打断于点是打断命令的后续命令，它是将对象在一点处断开生成两个对象。一个对象在执行过打断于点命令后，从外观上并看不出什么差别。但当选取该对象时，可以发现该对象已经被打断成两个部分。

单击“打断于点”按钮，然后选取一个对象，并在该对象上单击指定打断点的位置，即可将该对象分割为两个对象。

5.5.5　合并与分解

在AutoCAD中，用户除了可以利用上面所介绍的工具对图形进行编辑操作以外，还可以对图形对象进行合并和分解，使其在总体形状不变的情况下对局部进行编辑。

1. 合并

合并是指将相似的对象合并为一个对象，可以执行合并操作的对象包括圆弧、椭圆、直线、多段线和样条曲线等。利用该工具可以将被打断为两部分的线段合并为一个整体，也可以利用该工具将圆弧或椭圆弧创建为完整的圆和椭圆。

单击“合并”按钮，然后按照命令行提示选取源对象。如果选取的对象是圆弧，命令行将提示“选择圆弧，以合并到源或进行[闭合(L)]:”的提示信息。此时，选取需要合并的另一个部分对象，按下回车键即可。如果在命令行中输入字母L，系统将闭合对象，效果如图5-41所示。

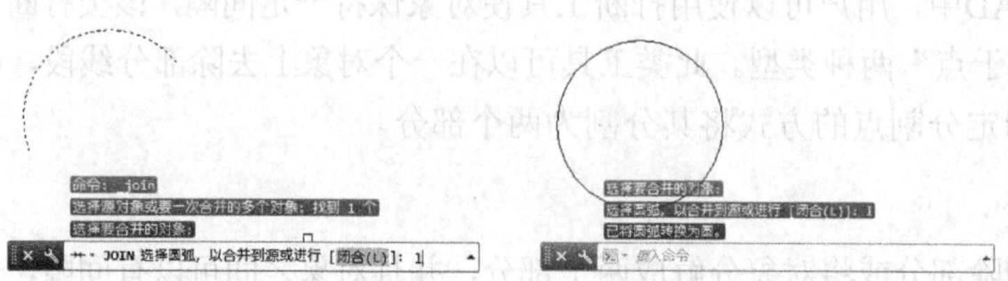

图5-41　合并圆弧

2. 分解

对于矩形、块、多边形和各类尺寸标注等对象，以及由多个图形对象组成的组合对象，如果需要对单个对象进行编辑操作，就需要先利用“分解”工具将这些对象拆分为单个的图形对象，然后再利用相应的编辑工具进行进一步的编辑。

单击“分解”按钮，然后选取所要分解的对象，右击或者按下回车键即可完成分解操作，效果如图5-42所示。

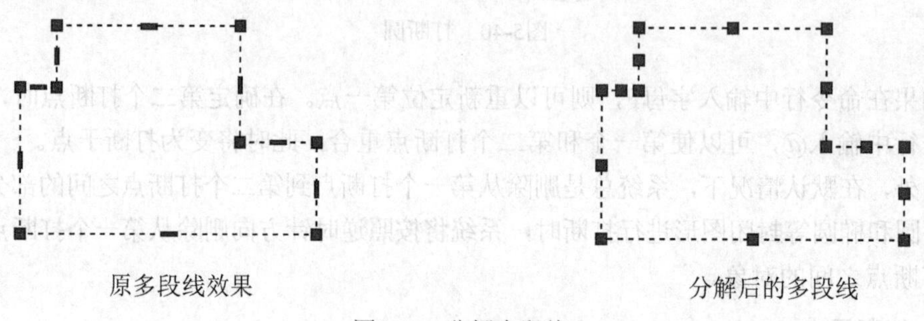

原多段线效果　　分解后的多段线

图5-42　分解多段线

5.6　思考练习

1. 在AutoCAD 2018中，选择对象的方法有哪些？如何使用“窗口”和“窗交”方式选择对象？

2. 在AutoCAD 2018中，如何创建对象编组？

3. 在AutoCAD 2018中，如何使用夹点编辑对象？

4. 在AutoCAD 2018中，“打断”命令与“打断于点”命令有何区别？

第6章 使用文字与表格

文字对象是AutoCAD图形中很重要的图形元素，是机械制图和工程制图中不可缺少的组成部分。在一个完整的图样中，通常都包含一些文字注释来标注图样中的一些非图形信息。例如，机械工程图形中的技术要求、装配说明，以及工程制图中的材料说明、施工要求等。另外，在AutoCAD 2018中，使用表格功能可以创建不同类型的表格，还可以在其他软件中复制表格，以简化制图操作。本章将主要介绍使用文字与表格的相关知识。

6.1 设置文字样式

在AutoCAD中，所有文字都有与之相关联的文字样式。在创建文字注释和尺寸标注时，AutoCAD通常使用当前的文字样式。此外，还可以根据具体要求重新设置文字样式或创建新的样式。文字样式包括文字“字体”、“高度”、“宽度系数”、“倾斜角”、“反向”、“倒置”以及“垂直”等参数。

在快捷工具栏中选择“显示菜单栏”命令，在弹出的菜单中选择“格式”|“文字样式”命令(或在“功能区”选项板中选择“注释”选项卡，在“文字”面板中单击Standard下拉列表框，然后选择“管理文字样式”选项)，打开“文字样式”对话框，如图6-1所示。利用该对话框可以修改或创建文字样式，并设置文字的当前样式。

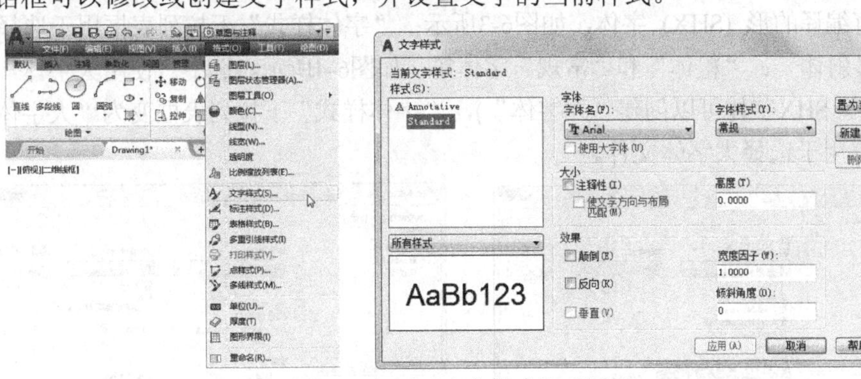

图6-1 打开“文字样式”对话框

6.1.1 设置样式名

在“文字样式”对话框中，可以执行显示文字样式的名称、创建新的文字样式、为已有的文字样式重命名以及删除文字样式等操作。该对话框中部分选项的功能如下所示。

- “样式”列表：列出了当前可以使用的文字样式，默认文字样式为Standard(标准)。
- “置为当前”按钮：单击该按钮，可以将选择的文字样式设置为当前的文字样式。

- “新建”按钮：单击该按钮，AutoCAD将打开“新建文字样式”对话框，如图6-2所示。在该对话框的“样式名”文本框中输入新建文字样式名称后，单击“确定”按钮，可以创建新的文字样式，新建文字样式将显示在“样式”下拉列表框中。

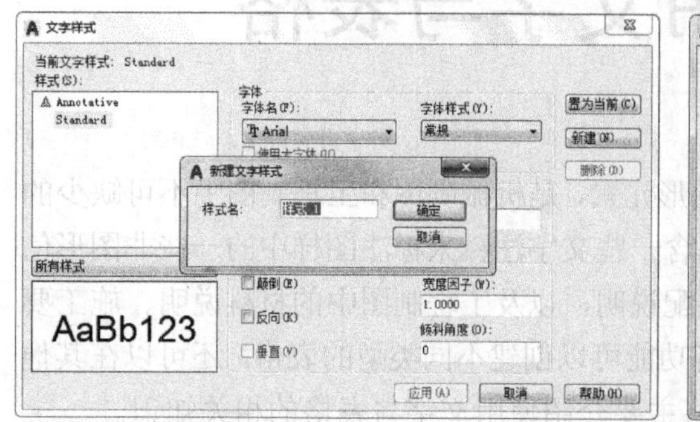

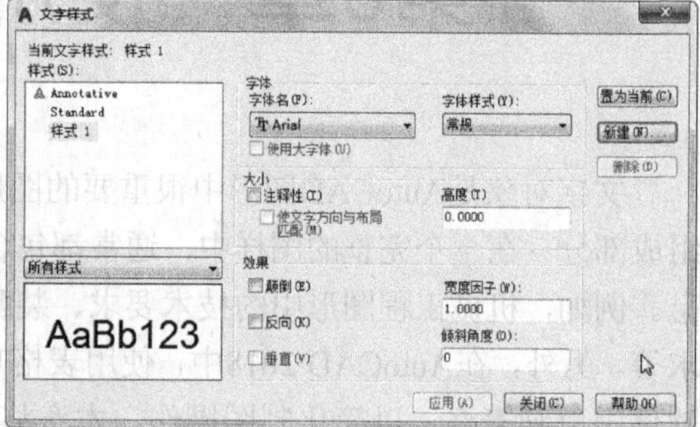

图6-2　新建文字样式

- “删除”按钮：单击该按钮，可以删除所选择的文字样式，但无法删除已经被使用了的文字样式和默认的Standard样式。

注意：

如果要重命名文字样式，在“样式”列表中右击要重命名的文字样式，在弹出的快捷菜单中选择“重命名”命令即可，但无法重命名默认的Standard样式。

6.1.2　设置字体和大小

“文字样式”对话框中的“字体”选项区域用于设置文字样式使用的字体属性。其中，“字体名”下拉列表框用于选择字体，列表框中列出了Fonts 文件夹中所有注册的 TrueType 字体和所有编译的形 (SHX) 字体，如图6-3所示；“字体样式”下拉列表框用于选择字体格式，如“斜体”、“粗体”和“常规”字体等，如图6-4所示。选中“使用大字体”复选框(只有选择 SHX字体可以创建“大字体”)，“字体样式”下拉列表框变为“大字体”下拉列表框，用于选择大字体文件。

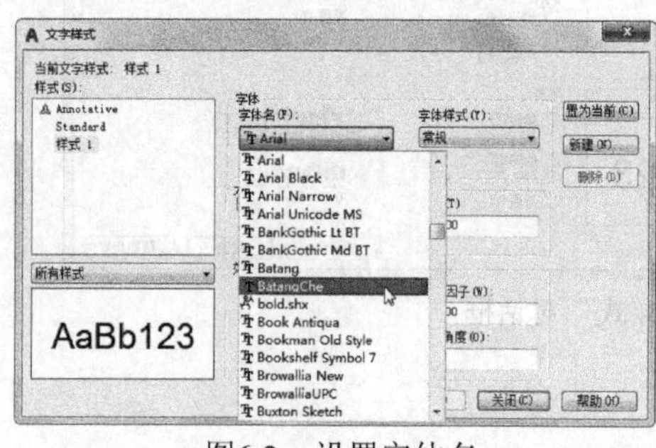

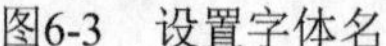

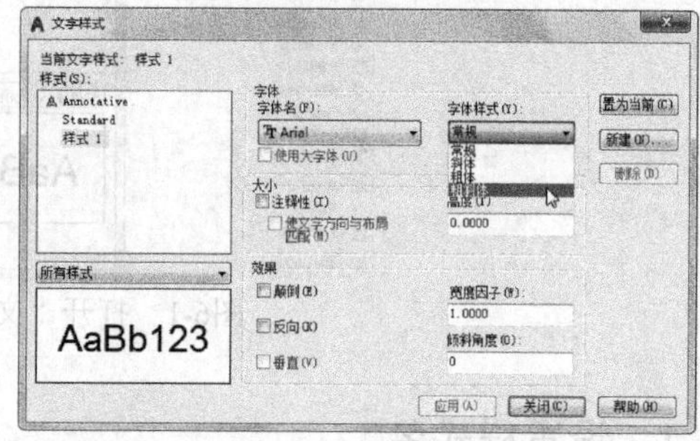

图6-3　设置字体名　　　图6-4　设置字体样式

“文字样式”对话框中的“大小”选项区域用于设置文字样式使用的字高属性。其中，“注释性”复选框用于设置文字是否为注释性对象，“高度”文本框用于设置文字的高度。如果将文字的高度设为0，在使用TEXT命令标注文字时，命令行将显示“指定高度:”提示，要求指定文字的高度。如果在“高度”文本框中输入了文字高度，AutoCAD将按此高度标注文字，而不再提示指定高度。

6.1.3 设置文字效果

在“文字样式”对话框中的“效果”选项区域中，用户可以设置文字的显示效果。

- “颠倒”复选框：用于设置是否将文字倒过来书写，如图 6-5 所示。
- “反向”复选框：用于设置是否将文字反向书写，如图 6-6 所示。

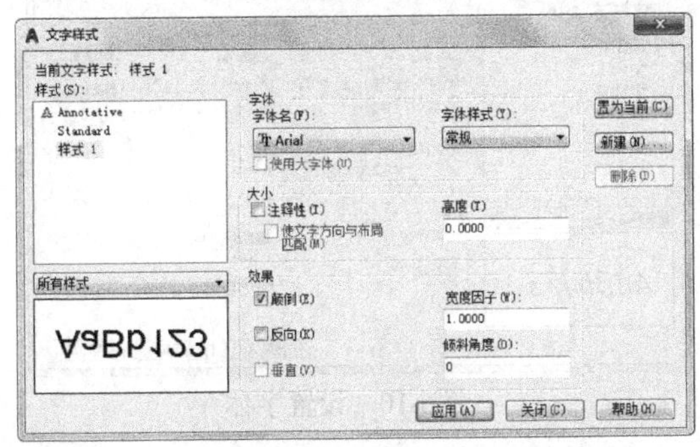

图6-5 颠倒

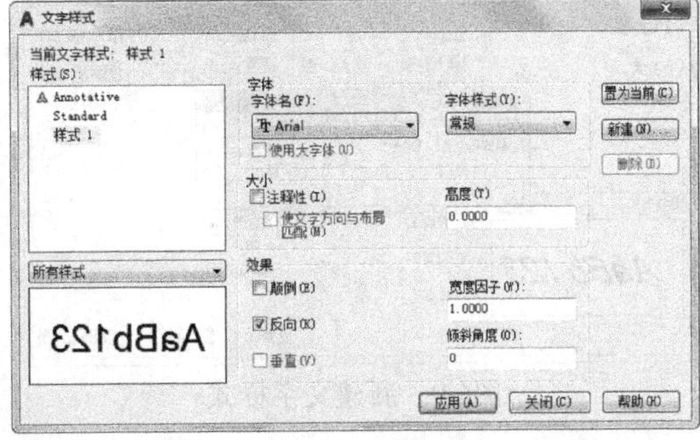

图6-6 反向

- “垂直”复选框：用于设置是否将文字垂直书写，但垂直效果对汉字字体无效。
- “宽度因子”文本框：用于设置文字字符的高度和宽度之比。当宽度比例为 1 时，将按系统定义的高宽比书写文字；当宽度比例小于 1 时，字符会变窄；当宽度比例大于 1 时，字符会变宽，如图 6-7 所示。
- “倾斜角度”文本框：用于设置文字的倾斜角度。当倾斜角度设置为 0 时不倾斜，当倾斜角度设置为正值时向右倾斜，当倾斜角度设置为负值时向左倾斜，如图 6-8 所示。

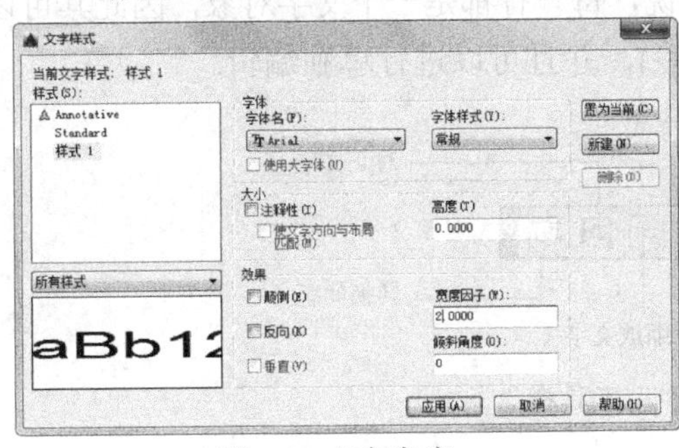

图6-7 文字宽度

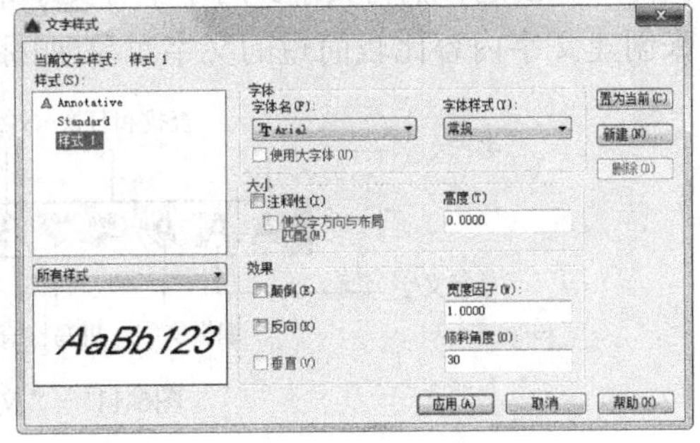

图6-8 文字倾斜

6.1.4 预览与应用文字样式

在“文字样式”对话框的“预览”选项区域中，用户可以预览所选择或所设置的文字样式效果(设置完文字样式后，单击“应用”按钮即可应用文字样式，然后单击“关闭”按钮，关闭“文字样式”对话框)。

【练习6-1】定义新文字样式Mytext，字高为3.5，向右倾斜角度15°。

(1) 在快捷工具栏中选择“显示菜单栏”命令，在弹出的菜单中选择“格式”|“文字样式”命令，打开“文字样式”对话框。

(2) 单击“新建”按钮，打开“新建文字样式”对话框，在“样式名”文本框中输入Mytext，如图6-9所示，然后单击“确定”按钮，AutoCAD返回到“文字样式”对话框。

(3) 在“字体”选项区域中的“SHX字体”下拉列表中选择gbeitc.shx(标注直体字母与数字)，然后选中“使用大字体”复选框，并在“大字体”下拉列表框中选择gbcbig.shx字体，如图6-10所示。

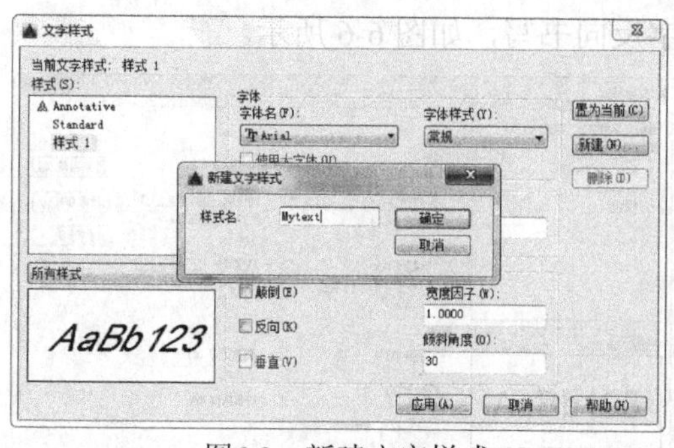
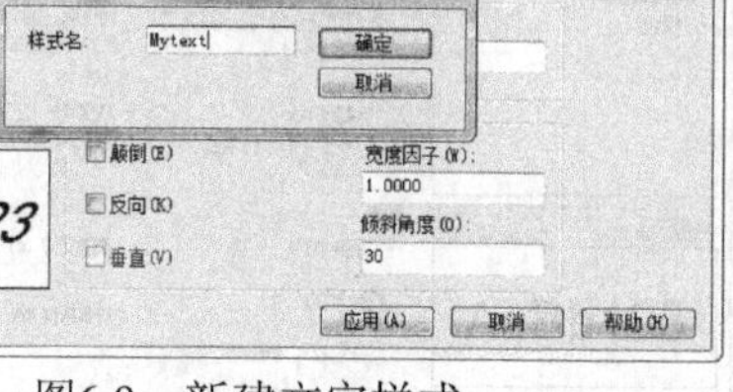

图6-9　新建文字样式

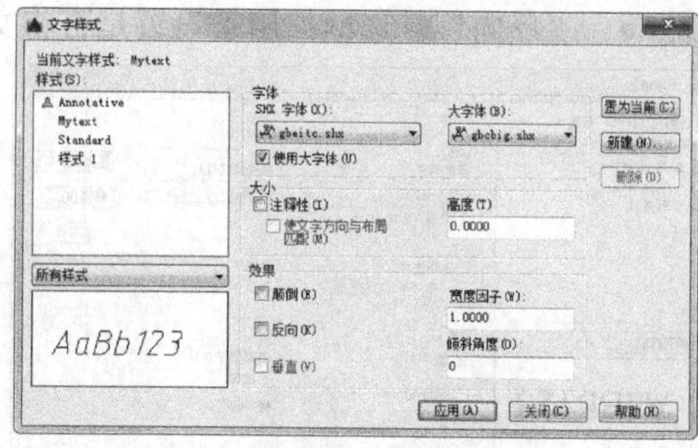

图6-10　设置字体

(4) 在“高度”文本框中输入3.5000，在“倾斜角度”文本框中输入15，单击“应用”按钮应用该文字样式，然后单击“关闭”按钮关闭“文字样式”对话框，并将文字样式Mytext置为当前样式。

6.2　创建与编辑单行文字

在AutoCAD 2018中，使用图6-11所示的“文字”工具栏和“注释”选项卡中的“文字”面板都可以创建和编辑文字。对于单行文字来说，每一行都是一个文字对象，因此其可以用来创建文字内容比较简短的文字对象(如标签)，并且可以进行单独编辑。

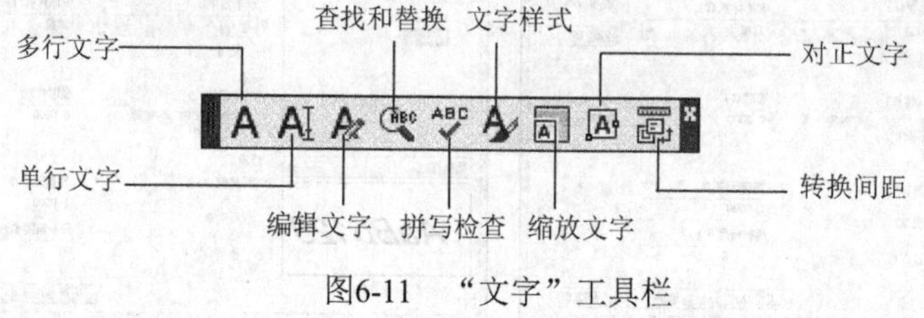

图6-11　“文字”工具栏

6.2.1　创建单行文字

在快捷工具栏中选择“显示菜单栏”命令，在弹出的菜单中选择“绘图”|“文字”|“单行文字”命令；单击“文字”工具栏中的“单行文字”按钮A|；或在“功能区”选项板中选择“注释”选项卡，在“文字”面板中单击“单行文字”按钮A|，都可以在图形中创建单行文字对象。

执行“创建单行文字”命令时，AutoCAD提示：

```
当前文字样式: Standard　当前文字高度: 2.5000
指定文字的起点或 [对正(J)/样式(S)]:
```

1. 指定文字的起点

默认情况下，通过指定单行文字行基线的起点位置创建文字。AutoCAD为文字行定义了顶线、中线、底线和基线4条线，用于确定文字行的位置。这4条线与文字串的关系如图6-12所示。

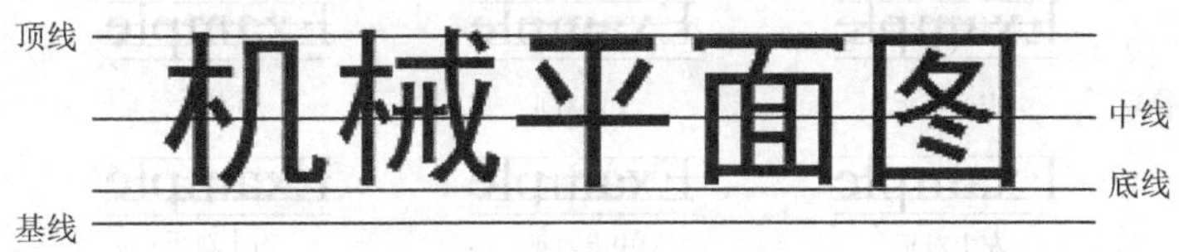

图6-12　文字标注参考线定义

如果当前文字样式的高度设置为0，系统将显示“指定高度:”提示信息，要求指定文字高度，否则不显示该提示信息，而直接使用“文字样式”对话框中设置的文字高度。然后系统显示“指定文字的旋转角度<0>:”提示信息，要求指定文字的旋转角度。文字旋转角度是指文字行排列方向与水平线的夹角，默认角度为0°。输入文字旋转角度，或按Enter键使用默认角度0°，最后输入文字即可。也可以切换到Windows的中文输入方式下，输入中文文字。

2. 设置对正方式

在系统显示“指定文字的起点或 [对正(J)/样式(S)]:”提示信息后输入J，可以设置文字的排列方式。此时命令行显示如下提示信息。

TEXT输入选项[对齐(A)/布满(F)/居中(C)/中间(M)/右对齐(R)/左上(TL)/中上(TC)/右上(TR)/左中(ML)/正中(MC)/右中(MR)/左下(BL)/中下(BC)/右下(BR)]:

在AutoCAD 2018中，系统为文字提供了多种对正方式，显示效果如图6-13所示。

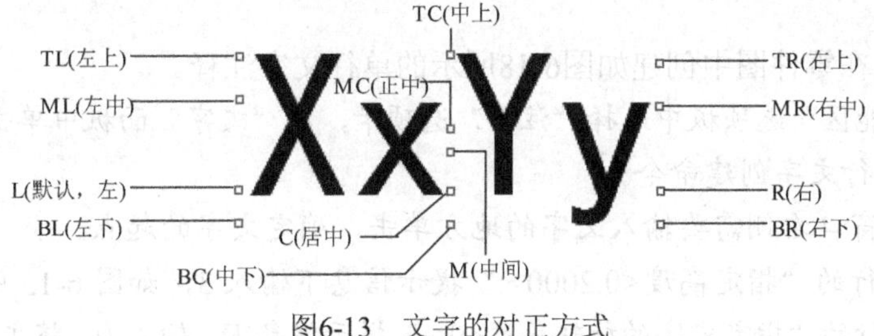

图6-13　文字的对正方式

以上提示信息中的各选项含义如下。

- 对齐(A)：要求确定所标注文字行基线的起点与终点位置。
- 布满(F)：此选项要求用户确定文字行基线的起点、终点位置以及文字的字高。
- 居中(C)：此选项要求确定一点，AutoCAD 把该点作为所标注文字行基线的中点，即所输入文字的基线将以该点为参照居中对齐。
- 中间(M)：此选项要求确定一点，AutoCAD 把该点作为所标注文字行的中间点，即以该点作为文字行在水平、垂直方向上的中点。
- 右对齐(R)：此选项要求确定一点，AutoCAD 把该点作为文字行基线的右端点。

在与“对正(J)”选项对应的其他提示中，“左上(TL)”、“中上(TC)”和“右上(TR)”

选项分别表示将以所确定点作为文字行顶线的起点、中点和终点；“左中(ML)”、“正中(MC)”、“右中(MR)”选项分别表示将以所确定点作为文字行中线的起点、中点和终点；“左下(BL)”、“中下(BC)”、“右下(BR)”选项分别表示将以所确定点作为文字行底线的起点、中点和终点。图6-14显示了上述文字对正示例。

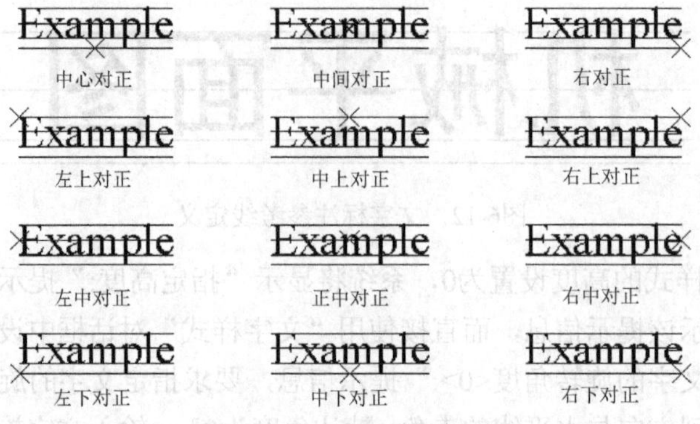

图6-14　文字对正示例

3. 设置当前文字样式

在系统显示“指定文字的起点或 [对正(J)/样式(S)]:”提示信息下输入S，可以设置当前使用的文字样式。此时，命令行显示如下提示信息。

```
TEXT输入样式名或 [?] <style1>:
```

注意：

可以直接输入文字样式的名称，也可输入?，在“AutoCAD文本窗口”中显示当前图形已有的文字样式。

【练习6-2】在零件图中创建如图6-18所示的单行文字注释。

(1) 在“功能区”选项板中选择“注释”选项卡，在“文字”面板中单击“单行文字”按钮A，执行单行文字创建命令。

(2) 在绘图窗口右侧需要输入文字的地方单击，确定文字的起点。

(3) 在命令行的“指定高度<0.2000>:”提示信息下输入 3，如图 6-15 所示。

(4) 在命令行的“指定文字的旋转角度<0>:”提示信息下，输入 0，将文字旋转角度设置为 0°，如图 6-16 所示。

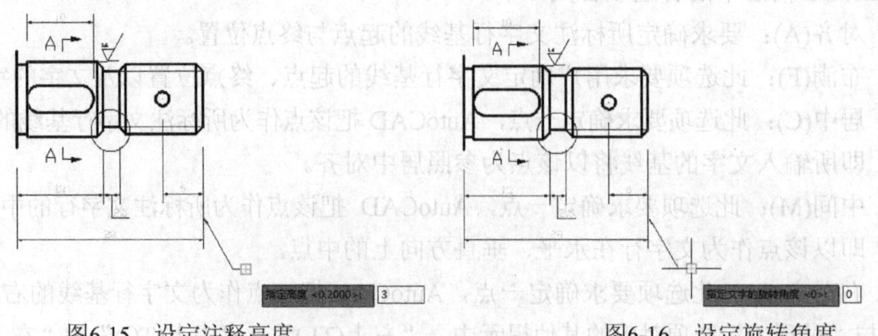

图6-15　设定注释高度　　　　图6-16　设定旋转角度

(5) 在命令行的“输入文字:”提示信息下，输入文本“轴向辅助基准”，如图 6-17 所示，然后连续按两次 Enter 键，即可完成单行文字的创建。

(6) 使用同样的方法，创建其他单行文字。

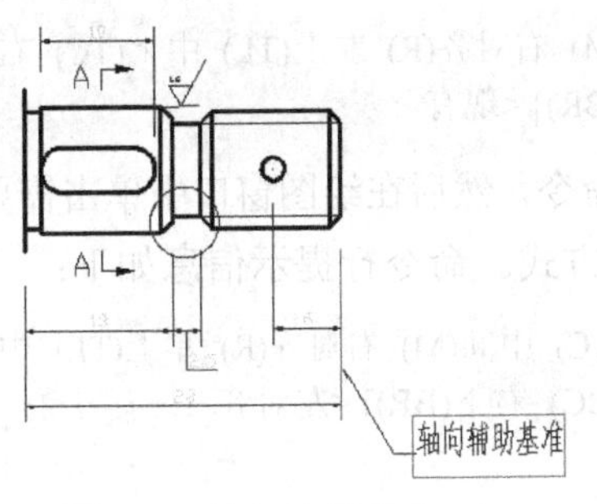

图6-17 输入注释文字

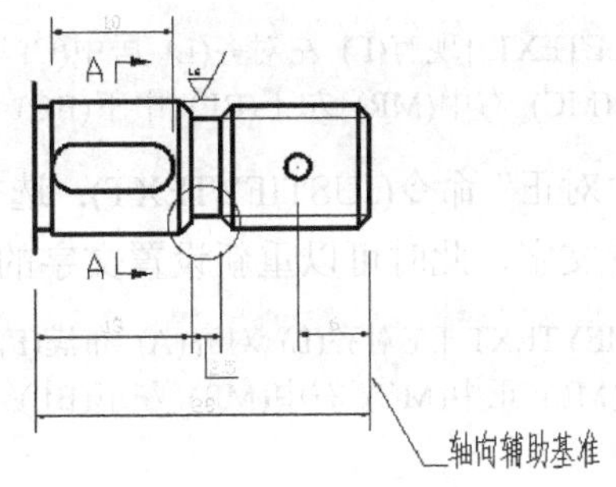

图6-18 注释文字效果

6.2.2 使用文字控制符

在实际设计绘图中，往往需要标注一些特殊的字符。例如，在文字上方或下方添加划线或标注°、±、ϕ等符号。这些特殊字符不能从键盘上直接输入，因此AutoCAD提供了相应的控制符，以实现这些标注要求。

AutoCAD的控制符由两个百分号(%%)及在后面紧接一个字符构成，常用的控制符如表6-1所示。

表 6-1 AutoCAD 常用的标注控制符

控 制 符	功 能
%%O	打开或关闭文字上划线
%%U	打开或关闭文字下划线
%%D	标注度(°) 符号
%%P	标注正负公差(±)符号
%%C	标注直径(ϕ)符号

在AutoCAD的控制符中，%%O和%%U分别是上划线和下划线的开关。第1次出现此符号时，可打开上划线或下划线，第2次出现该符号时，则会关掉上划线或下划线。

注意：

在“输入文字:”提示信息下，输入控制符时，这些控制符也临时显示在屏幕上，当结束文本创建命令时，这些控制符将从屏幕上消失，转换成相应的特殊符号。

6.2.3 编辑单行文字

编辑单行文字包括编辑文字的内容、对正方式及缩放比例，可以在快速访问工具栏中选择“显示菜单栏”命令，在弹出的菜单中选择“修改”|“对象”|“文字”中的命令进行设置。各命令的功能如下。

- “编辑”命令(TEXTEDIT)：选择该命令，然后在绘图窗口中单击需要编辑的单行文字，进入文字编辑状态，可以重新输入文本内容。

- “比例”命令(SCALETEXT)：选择该命令，然后在绘图窗口中单击需要编辑的单行文字，此时需要输入缩放的基点以及指定新高度、匹配对象(M)或缩放比例(S)。命令行提示信息如下：

SCALETEXT [现有(E) 左对齐(L) 居中(C) 中间(M) 右对齐(R) 左上(TL) 中上(TC) 右上(TR)左中(ML) 正中(MC) 右中(MR) 左下(BL) 中下(BC) 右下(BR)] <现有>:

- “对正”命令(JUSTIFYTEXT)：选择该命令，然后在绘图窗口中单击需要编辑的单行文字，此时可以重新设置文字的对正方式。命令行提示信息如下：

JUSTIFYTEXT [左对齐(L) 对齐(A) 布满(F) 居中(C) 中间(M) 右对齐(R) 左上(TL) 中上(TC)右上(TR) 左中(ML) 正中(MC) 右中(MR) 左下(BL) 中下(BC) 右下(BR)] <左对齐>:

6.3　创建与编辑多行文字

“多行文字”又称为段落文字，是一种更易于管理的文字对象，可以由两行以上的文字组成，而且各行文字都是作为一个整体处理。在机械制图中，常使用多行文字功能创建较为复杂的文字说明，如图样的技术要求等。

6.3.1　创建多行文字

在快速访问工具栏中选择“显示菜单栏”命令，在弹出的菜单中选择“绘图”|“文字”|“多行文字”命令(或在“功能区”选项板中选择“注释”选项卡，在“文字”面板中单击“多行文字”按钮A)，然后在绘图窗口中指定一个用来放置多行文字的矩形区域，将打开“文字格式”输入窗口和“文字编辑器”选项卡。利用它们可以设置多行文字的样式、字体及大小等属性，如图6-19所示。

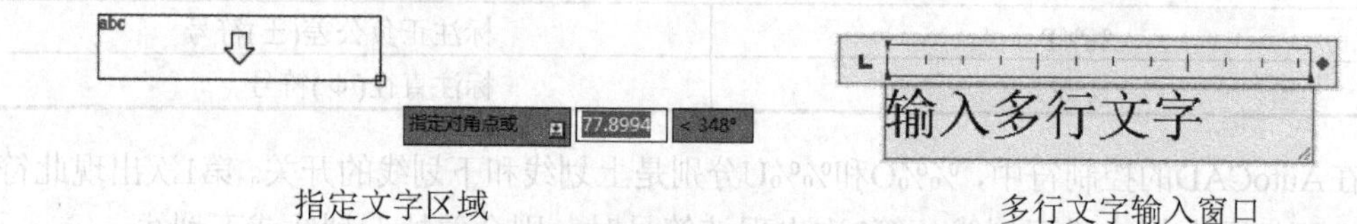

指定文字区域　　多行文字输入窗口

图6-19　创建多行文字的文字输入窗口

1. 使用“文字编辑器”选项卡

使用“文字编辑器”选项卡，可以设置文字样式、文字字体、文字高度、加粗、倾斜或加下划线效果，如图6-20所示。

图6-20　“文字编辑器”选项卡

注意：

如果要创建堆叠文字(堆叠文字是一种垂直对齐的文字或分数)，可分别输入分子和分母，并使用/、#或^等符号分隔，然后按Enter键，将打开“自动堆叠特性”对话框，可以设置是否需要在输入如x/y、x#y和x^y的表达式时自动堆叠，还可以设置堆叠的方法等。

2. 设置缩进、制表位和多行文字宽度

在文字输入窗口的标尺上右击，从弹出的标尺快捷菜单中选择“段落”命令，打开“段落”对话框，如图6-21所示，可以从中设置缩进和制表位位置。其中，在“制表位”选项区域中可以设置制表位的位置，单击“添加”按钮可以设置新制表位，单击“删除”按钮可清除列表框中的所有设置；在“左缩进”选项区域的“第一行”文本框和“悬挂”文本框中可以设置首行和段落的左缩进位置；在“右缩进”选项区域的“右”文本框中可以设置段落右缩进的位置。

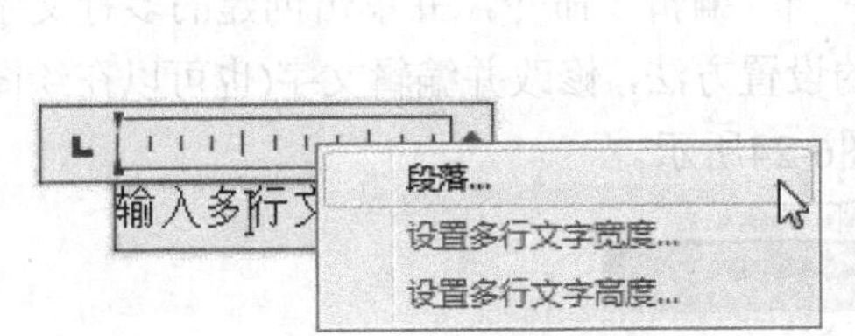

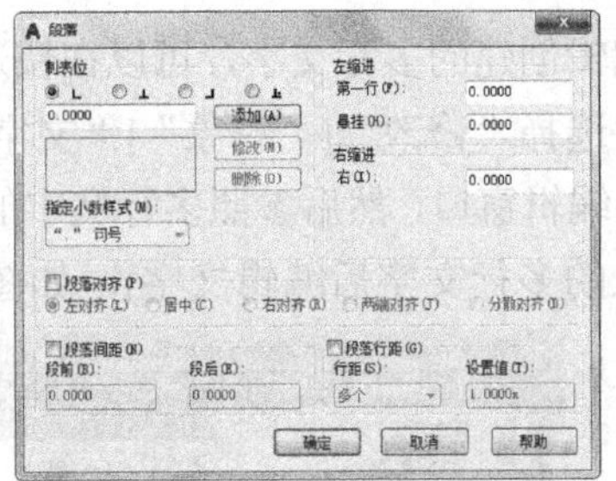

图6-21　打开“段落”对话框

注意：

在标尺快捷菜单中选择“设置多行文字宽度”命令，可以打开“设置多行文字宽度”对话框，在“宽度”文本框中可以设置多行文字的宽度。

3. 输入文字

在多行文字的文字输入窗口中，可以直接输入多行文字，也可以在文字输入窗口中右击，从弹出的快捷菜单中选择“输入文字”命令，将已经在其他文字编辑器中创建的文字内容直接导入到当前图形中。

【练习6-3】创建如图6-23所示的技术要求。

(1) 在“功能区”选项板中选择“注释”选项卡，在“文字”面板中单击“多行文字”按钮A，然后在绘图窗口中拖动，创建一个用来放置多行文字的矩形区域。

(2) 在“样式”下拉列表框中选择前面创建的文字样式Mytext，如图6-22所示。

(3) 在文字输入窗口中输入需要创建的多行文字内容。

(4) 单击“确定”按钮，输入的文字将显示在绘制的矩形窗口中，如图6-23所示。

注意：

在输入直径控制符Ø时，可先右击，从弹出的快捷菜单中选择“符号”|“直径”命令。当在中文字体输入法状态下不能正确识别文字中的特殊控制符时，可选择英文字体。

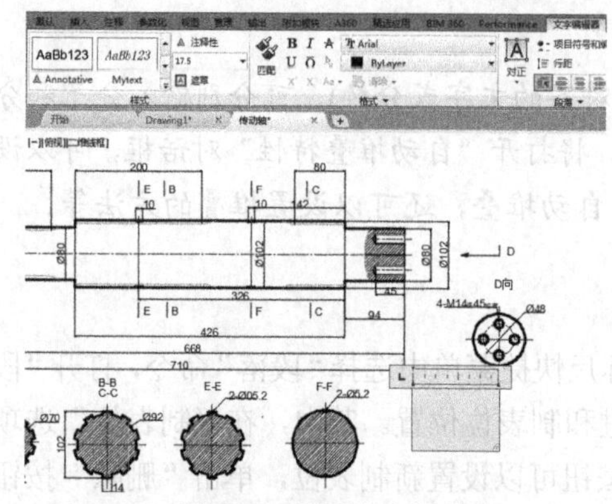

图6-22　设置文字样式

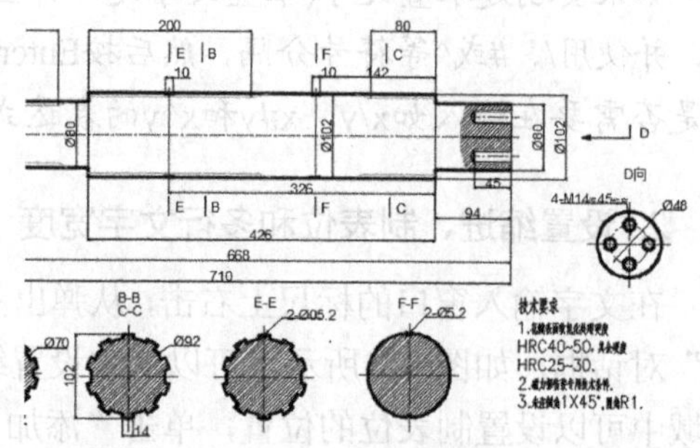

图6-23　输入技术要求

6.3.2　编辑多行文字

要编辑创建的多行文字，可以在快速访问工具栏中选择“显示菜单栏”命令，在弹出的菜单中选择“修改”|“对象”|“文字”|“编辑”命令，并单击创建的多行文字，打开多行文字编辑窗口，然后参照多行文字的设置方法，修改并编辑文字(也可以在绘图窗口中双击输入的多行文字后编辑文字)，如图6-24所示。

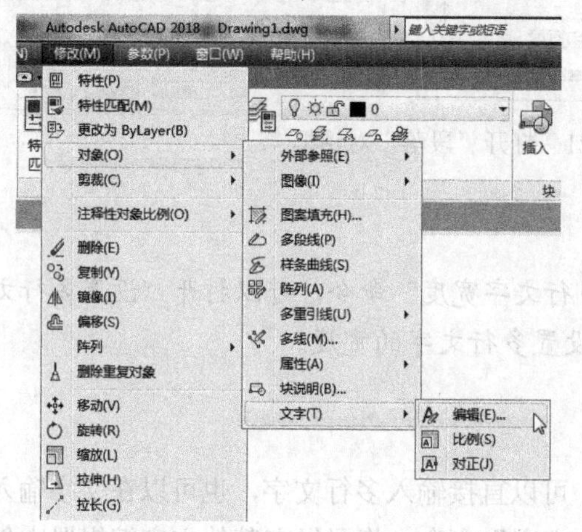

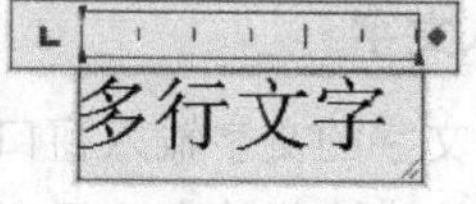

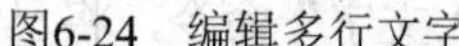

图6-24　编辑多行文字

6.3.3　合并文字

在AutoCAD 2018中，用户可以使用“合并文字”工具将多个单独的文字对象合并为一个多行文字对象。文字对象之间的文字大小、字体和颜色差异将保持不变。

在命令行中输入TXT2MTXT指令，并按下回车键，然后根据提示选取如图6-25所示的3个文字对象，可以将它们转换为单个多行文字对象。

如果选择“设置(SE)”选项，将打开如图6-26所示的“文字转换为多行文字设置”对话框。在该对话框中可以对合并后的多行文字进行排版设置，其中各选项的含义如下。

- “合并为单个多行文字对象”：将选定的文字对象合并为单个多行文字对象。
- “自上而下排序”：按降序垂直方向，指定所选文字顺序。

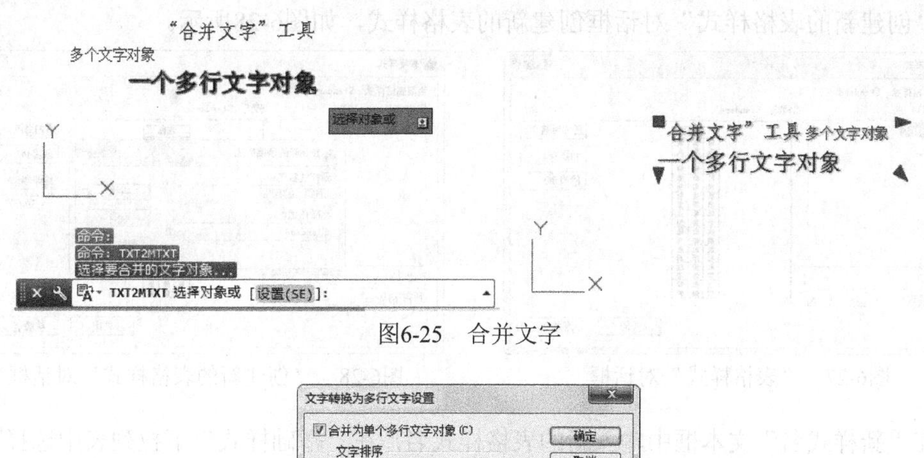

图6-25　合并文字

图6-26　"文字转换为多行文字设置"对话框

- "选择文字的顺序"：通过手动选择，指定所选文字顺序。
- "自动换行文字"：将所有文字行合并为一行，然后将任何超出多行文字对象宽度的文字换到下一行。
- "力均匀行距"：即强制形成统一行距。启用自动换行后，应用一致的行间距和段落间距。段落间距比行间距大 50%。

注意：

如果多个文字对象垂直对齐，则合并后的多行文字对象将保留多行。如果文字对象未对齐，结果将是多行文字对象的所有文字都位于一行上或者可能会换行(当自动换行选项已启用时)。

6.4　创建表格样式和表格

在AutoCAD 2018中，用户可以使用创建表格命令创建表格，还可以从Microsoft Excel中直接复制表格，并将其作为AutoCAD表格对象粘贴到图形中，也可以从外部直接导入表格对象。此外，还可以输出来自AutoCAD的表格数据，以供在其他应用程序中使用。

6.4.1　新建表格样式

表格样式控制一个表格的外观，用于保证字体、颜色、文本、高度和行距等格式符合要求。可以使用默认的表格样式，也可以根据需要自定义表格样式。

在快速访问工具栏中选择"显示菜单栏"命令，在弹出的菜单中选择"格式"|"表格样式"命令，或在"功能区"选项板中选择"注释"选项卡，在"表格"面板中单击右下角的按钮，打开"表格样式"对话框，如图6-27所示。单击"新建"按钮，可以使用打

开的“创建新的表格样式”对话框创建新的表格样式，如图6-28所示。

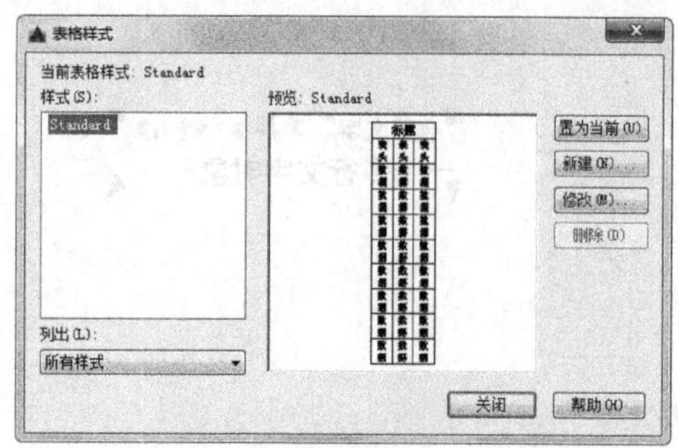

图6-27　“表格样式”对话框

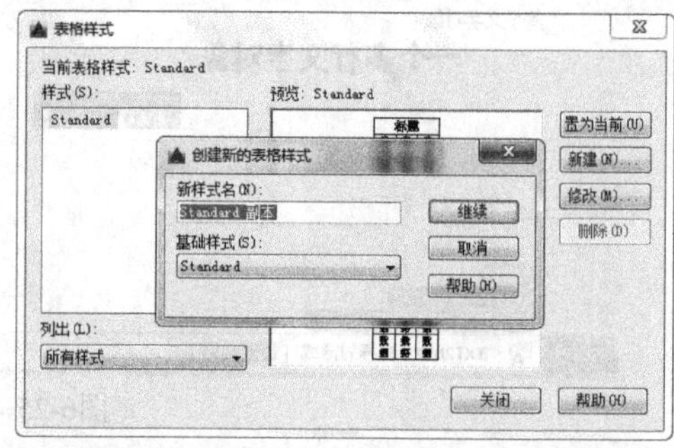

图6-28　“创建新的表格样式”对话框

在“新样式名”文本框中输入新的表格样式名，在“基础样式”下拉列表中选择默认的表格样式、标准样式或者任何已经创建的样式，新样式将在该样式的基础上进行修改。然后单击“继续”按钮，将打开“新建表格样式”对话框，可以通过它指定表格的行格式、表格方向、边框特性和文本样式等内容，如图6-29所示。

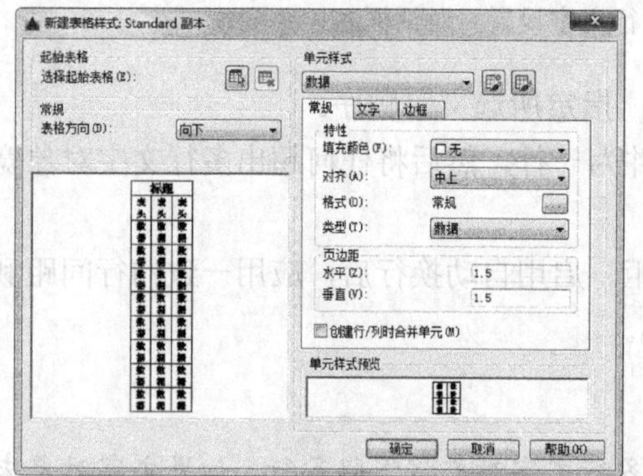

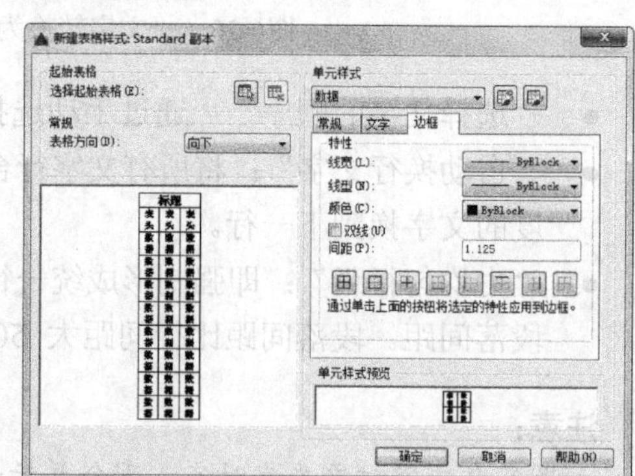

图6-29　“新建表格样式”对话框

6.4.2　设置表格的数据、列标题和标题样式

在“新建表格样式”对话框中，可以在“单元样式”选项区域的下拉列表框中选择“数据”、“标题”和“表头”选项来分别设置表格的数据、标题和表头对应的样式。其中，“数据”选项区如图6-29所示，“标题”选项区如图6-30所示，“表头”选项区如图6-31所示。

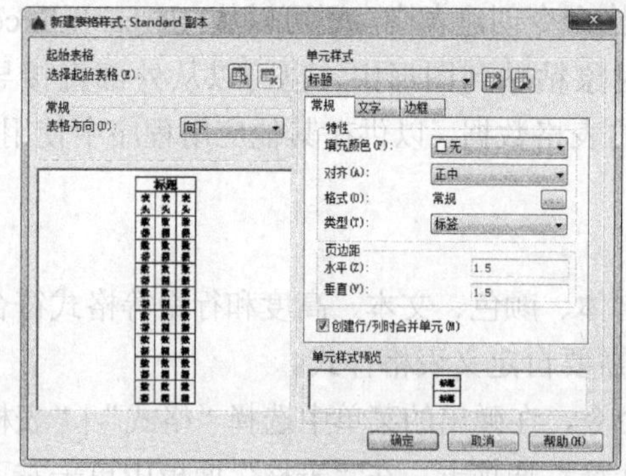

图6-30　“标题”选项区

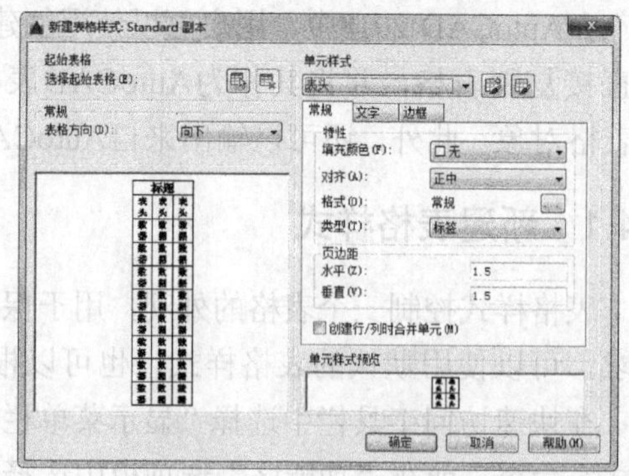

图6-31　“表头”选项区

“新建表格样式”对话框中3个选项的内容基本相似，可以分别指定单元基本特性、文字特性和边框特性。

【练习6-4】创建表格样式MyTable，具体要求如下：

- 表格中的文字字体为“仿宋”；
- 表格中数据的文字高度为 10；
- 表格中数据的对齐方式为正中；
- 其他选项都为默认设置。

(1) 在“功能区”选项板中选择“注释”选项卡，在“表格”面板中单击“表格样式”按钮，如图 6-32 所示，打开“表格样式”对话框。

(2) 单击“新建”按钮，打开“创建新的表格样式”对话框，并在“新样式名”文本框中输入表格样式名 MyTable，如图 6-33 所示。

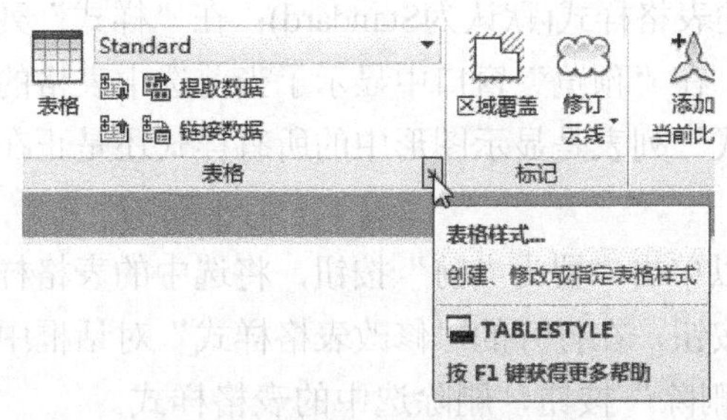

图6-32　单击“表格样式”按钮

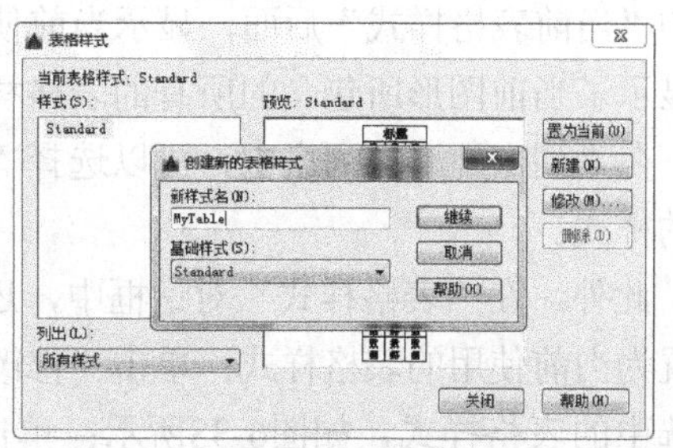

图6-33　“创建新的表格样式”对话框

(3) 单击“继续”按钮，打开“新建表格样式”对话框，然后在“单元样式”选项区域的下拉列表框中选择“数据”选项，如图 6-34 所示。

(4) 在“单元样式”选项区域中选择“文字”选项卡，如图 6-35 所示。

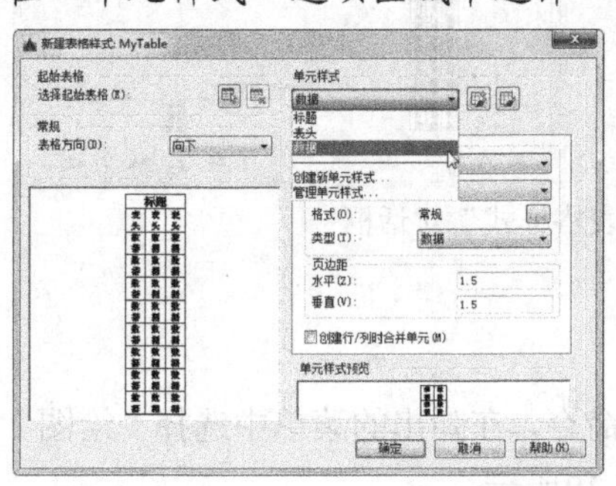

图6-34　“新建表格样式”对话框

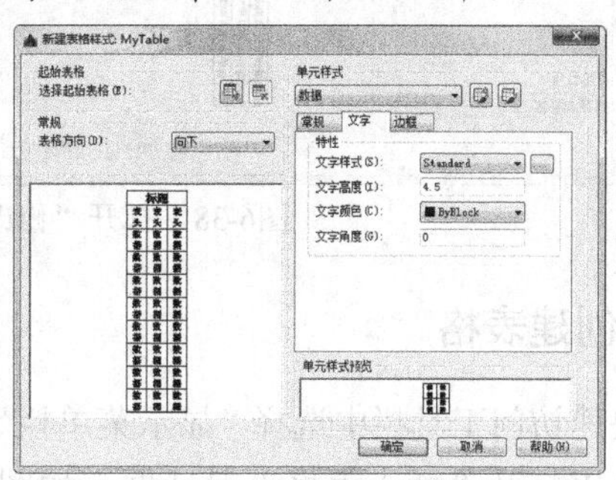

图6-35　“文字”选项卡

(5) 单击“文字样式”下拉列表框后面的按钮，打开“文字样式”对话框，在“字体”选项区域的“字体名”下拉列表框中选择“仿宋”选项，如图 6-36 所示。

(6) 在“文字高度”文本框中输入文字高度 10，如图 6-37 所示，然后单击“应用”、“关闭”按钮，返回“新建表格样式”对话框。

(7) 在“单元样式”选项区域中选择“数据”选项卡，在“常规”选项区域的“对齐”下拉列表框中选择“正中”选项。

(8) 单击“确定”按钮，关闭“新建表格样式”对话框，然后单击“关闭”按钮，关闭“表格样式”对话框。

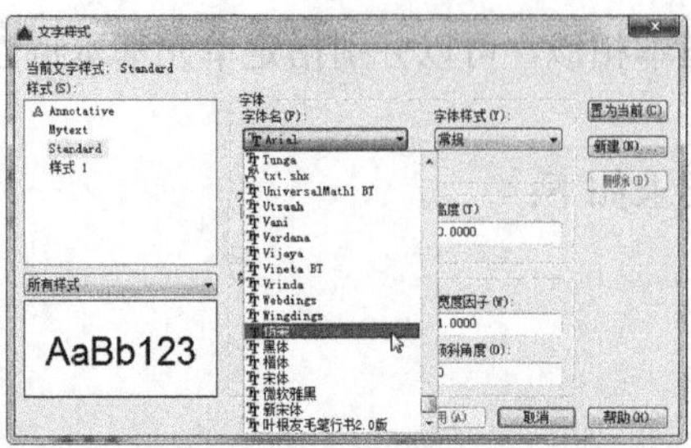

图6-36　“文字样式”对话框

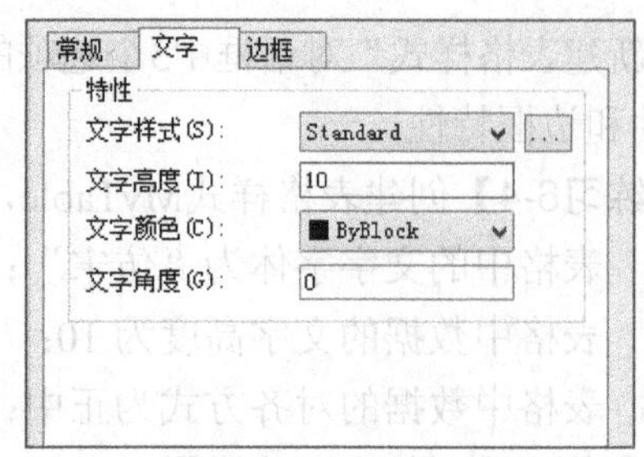

图6-37　“文字”选项卡

6.4.3　管理表格样式

在AutoCAD中，还可以使用“表格样式”对话框来管理图形中的表格样式。在该对话框的“当前表格样式”后面，显示当前使用的表格样式(默认为Standard)；在“样式”列表中显示了当前图形所包含的所有的表格样式；在“预览”窗口中显示了当前选中表格的样式；在“列出”下拉列表中，可以选择“样式”列表是显示图形中的所有样式还是正在使用的样式。

此外，在“表格样式”对话框中，还可以单击“置为当前”按钮，将选中的表格样式设置为当前使用的表格样式；单击“修改”按钮，在打开的“修改表格样式”对话框中修改选中的表格样式，如图6-38所示；单击“删除”按钮，删除选中的表格样式。

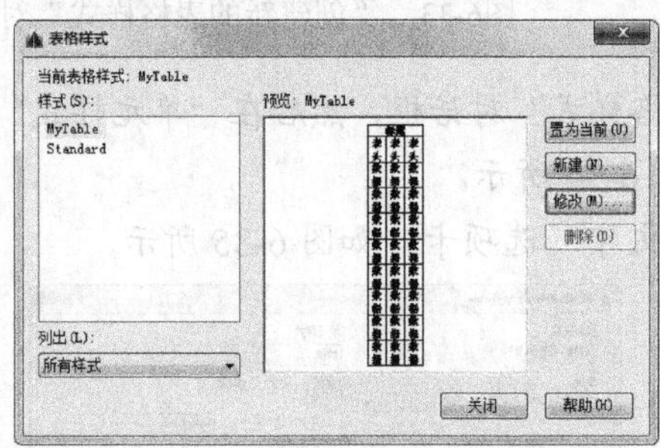
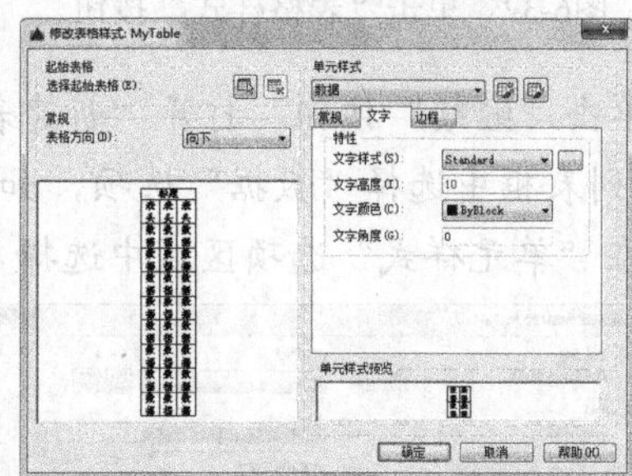

图6-38　打开“修改表格样式”对话框

6.4.4　创建表格

在快速访问工具栏中选择“显示菜单栏”命令，在弹出的菜单中选择“绘图”|“表格”命令，可以打开“插入表格”对话框，如图6-39所示。

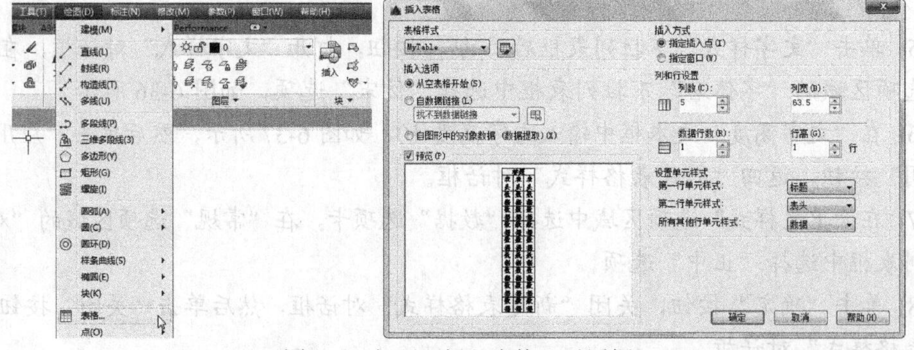

图6-39　打开“插入表格”对话框

在“表格样式”选项区域中，可以从“表格样式”下拉列表框中选择表格样式，或单击其后的按钮，打开“表格样式”对话框，创建新的表格样式，如图6-40所示。

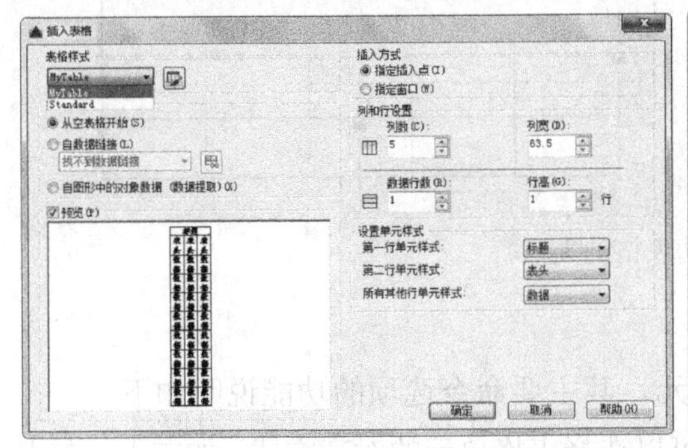

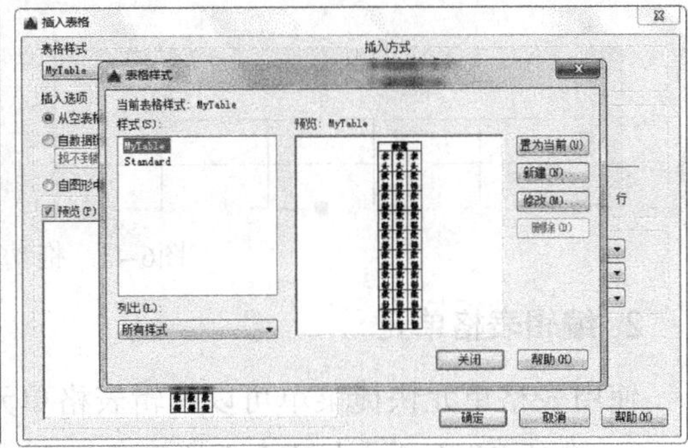

图6-40 选择与设置表格样式

在“插入方式”选项区域中，选中“指定插入点”单选按钮，可以在绘图窗口中的某点插入固定大小的表格；选中“指定窗口”单选按钮，可以在绘图窗口中通过拖动表格边框来创建任意大小的表格。

在“列和行设置”选项区域中，可以通过改变“列数”、“列宽”、“数据行数”和“行高”文本框中的数值来调整表格的外观大小。

6.4.5 编辑表格和表格单元

在AutoCAD 2018中，还可以使用表格的快捷菜单来编辑表格。当选中整个表格时，其快捷菜单如图6-41所示；当选中表格单元时，其快捷菜单如图6-42所示。

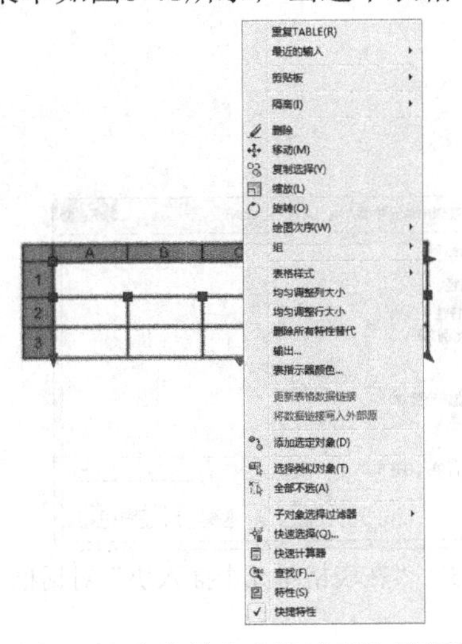

图6-41 选中整个表格时的快捷菜单

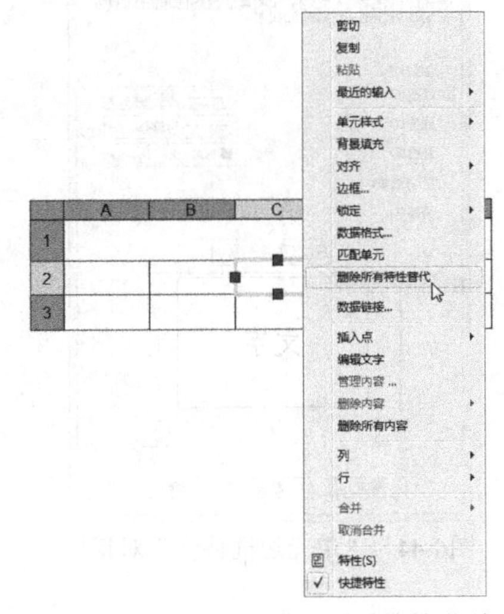

图6-42 选中表格单元时的快捷菜单

1. 编辑表格

从表格的快捷菜单中可以看到，可以对表格进行剪切、复制、删除、移动、缩放和旋转等简单操作，还可以均匀调整表格的行、列大小。当选择“输出”命令时，可以打开“输出数据”对话框，以.csv格式输出表格中的数据。

当选中表格后，在表格的四周、标题行上将显示许多夹点，可以通过拖动这些夹点来编辑表格，如图6-43所示。

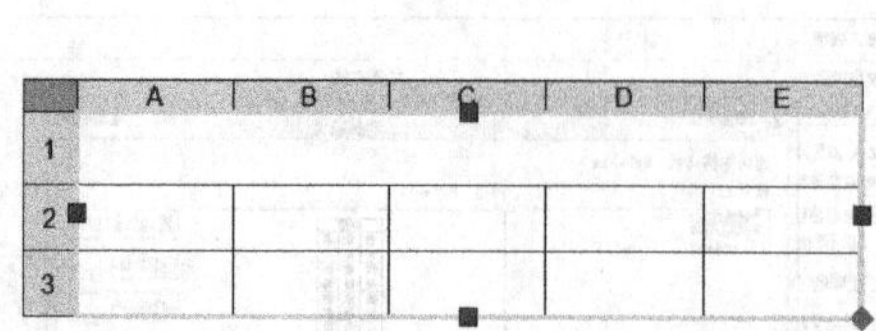

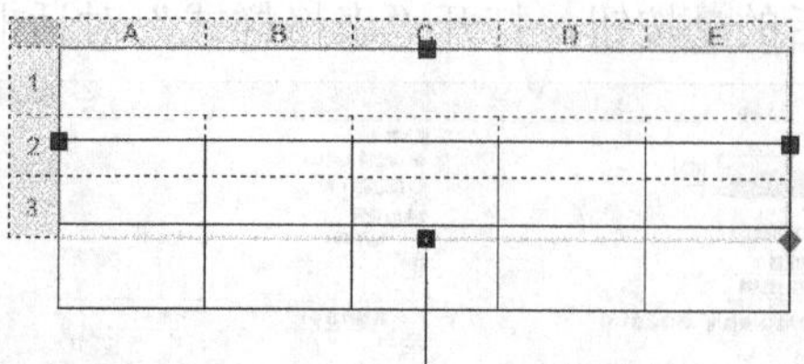

图6-43　拖动表格的夹点

2. 编辑表格单元

使用表格单元快捷菜单可以编辑表格单元，其主要命令选项的功能说明如下。

- “对齐”命令：在该命令的子菜单中可以选择表格单元的对齐方式，如左上、左中、左下等。
- “边框”命令：选择该命令将打开“单元边框特性”对话框，可以设置单元格边框的线宽、线型和颜色等特性，如图6-44所示。
- “匹配单元”命令：用当前选中的表格单元格式(源对象)匹配其他表格单元(目标对象)，此时鼠标指针变为刷子形状，单击目标对象即可进行匹配。
- “插入点”命令：选择该命令的子命令，可以选择插入到表格中的块、字段和公式。例如选择“块”命令，将打开“在表格单元中插入块”对话框。可以从中设置插入的块在表格单元中的比例和旋转角度、对齐方式等特性，如图6-45所示。

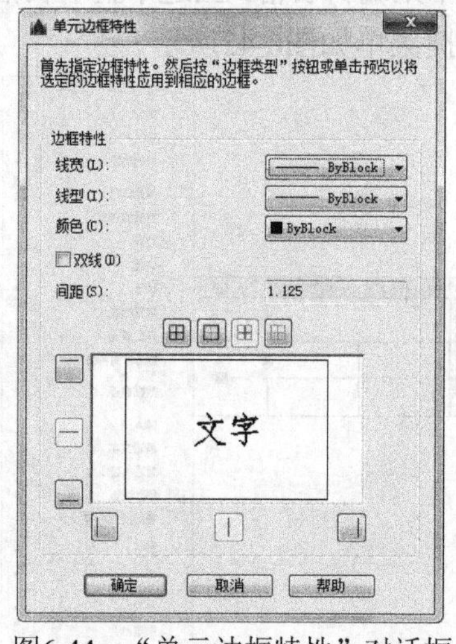

图6-44　“单元边框特性”对话框

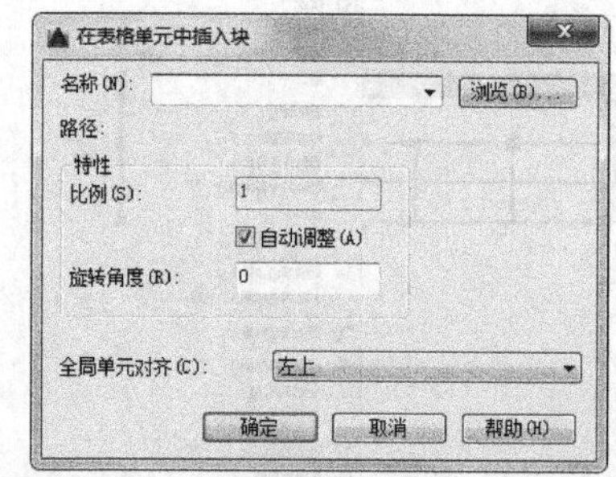

图6-45　“在表格单元中插入块”对话框

- “合并”命令：当选中多个连续的表格单元格后，使用该命令子菜单中的命令，可以全部、按列或按行合并表格单元。

【练习6-5】绘制如图6-61所示的标题栏。

(1) 在“功能区”选项板中选择“注释”选项卡，在“表格”面板中单击“表格样式”按钮，打开“表格样式”对话框，如图 6-46 所示。

(2) 单击“新建”按钮，在打开的“创建新的表格样式”对话框中创建新表格样式 Table，如图 6-47 所示。

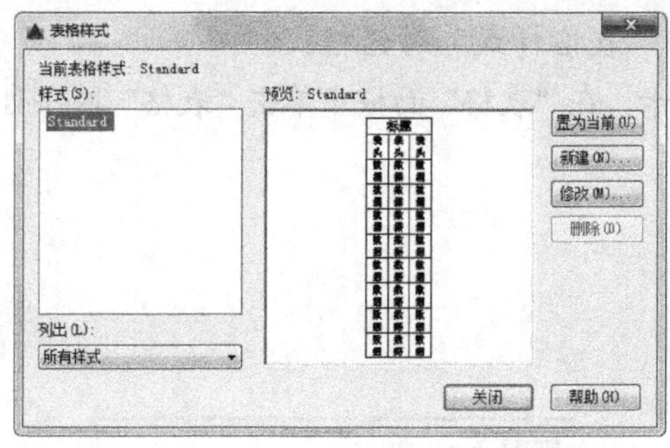

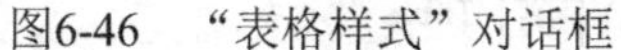
图6-46　“表格样式”对话框

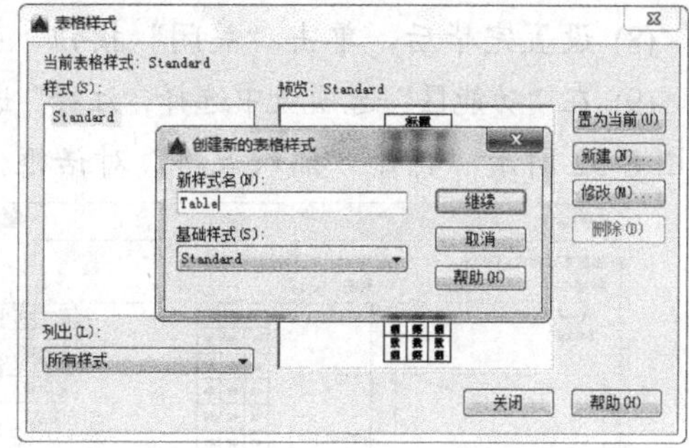

图6-47　创建表格样式

(3) 单击“继续”按钮，打开“新建表格样式:Table”对话框，在“单元样式”选项区域的下拉列表框中选择“数据”选项，将“对齐”方式设置为“正中”，如图 6-48 所示。

(4) 选择“边框”选项卡，然后将“线宽”设置为 0.3 mm，如图 6-49 所示。

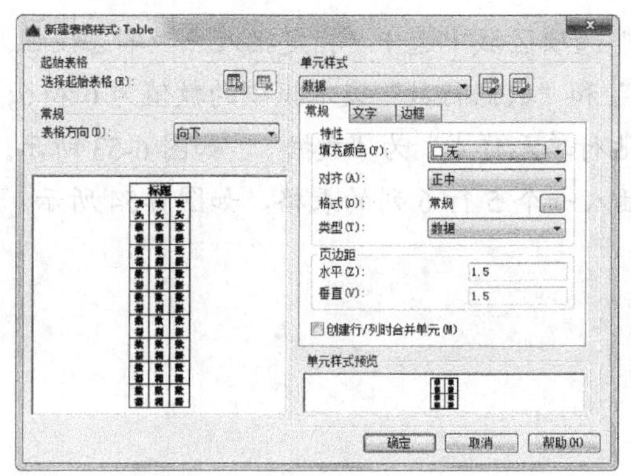

图6-48　设置对齐方式

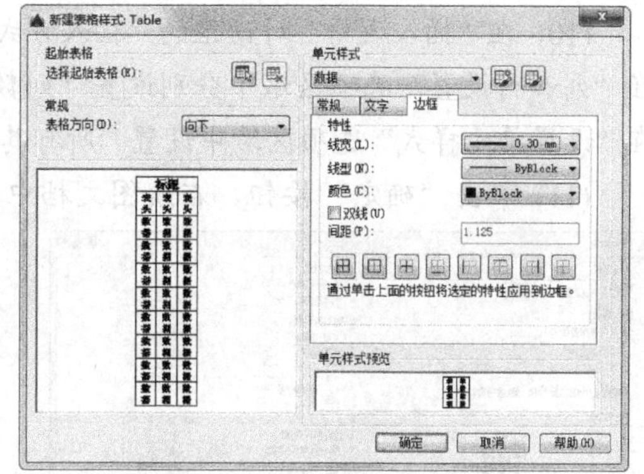

图6-49　设置边框线宽

(5) 选择“文字”选项卡，然后在该选项卡中单击“文字样式”下拉列表按钮后的“显示文字样式对话框”按钮[...]，打开“文字样式”对话框，如图 6-50 所示。

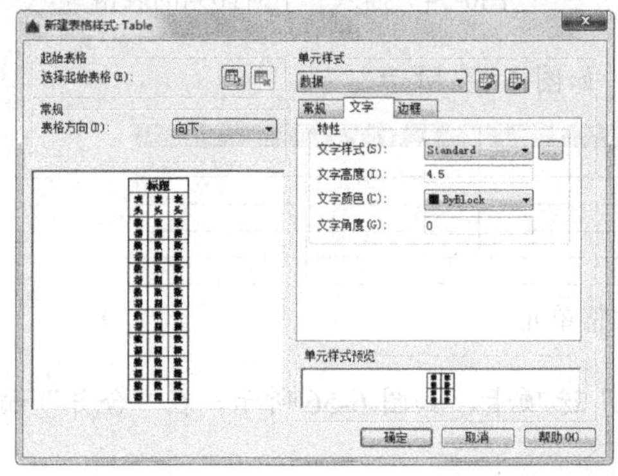

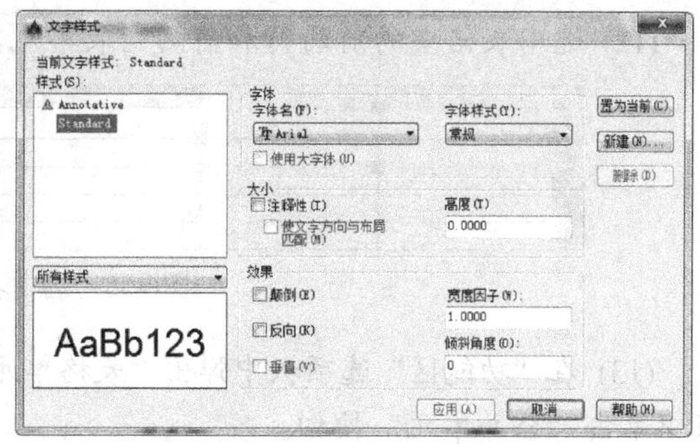

图6-50　打开“文字样式”对话框

(6) 在“文字样式”对话框中设置文字样式为大字体 gbcbig.shx 后，单击“应用”、“关闭”按钮，返回“新建表格样式:Table”对话框，然后在该对话框中设置文字高度为5mm，并单击“确定”按钮，返回“表格样式”对话框。

(7) 在“表格样式”对话框中的“样式”列表框中选中创建的新样式 Table，单击“置为当前”按钮，如图 6-51 所示。

(8) 设置完毕后，单击“关闭”按钮，关闭“表格样式”对话框。

(9) 在“功能区”选项板中选择“注释”选项卡，在“表格”面板中单击“表格”按钮，如图 6-52 所示，打开“插入表格”对话框。

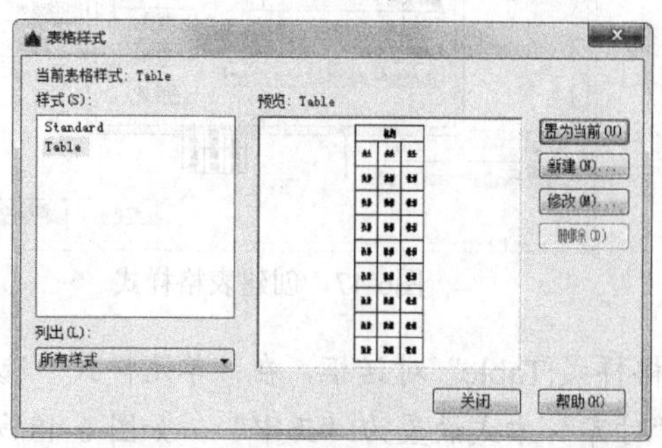

图6-51　创建新样式

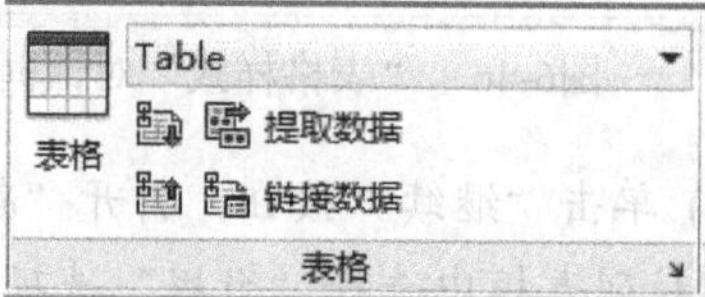

图6-52　“表格”选项板

(10) 在“插入表格”对话框的“插入方式”选项区域中选中“指定插入点”单选按钮；在“列和行设置”选项区域中分别设置“列数”和“数据行数”文本框中的数值为 6 和 5；在“设置单元样式”选项区域中设置“所有其他行单元样式”为“数据”，如图 6-53 所示。

(11) 单击“确定”按钮，在绘图文档中插入一个 5 行 6 列的表格，如图 6-54 所示。

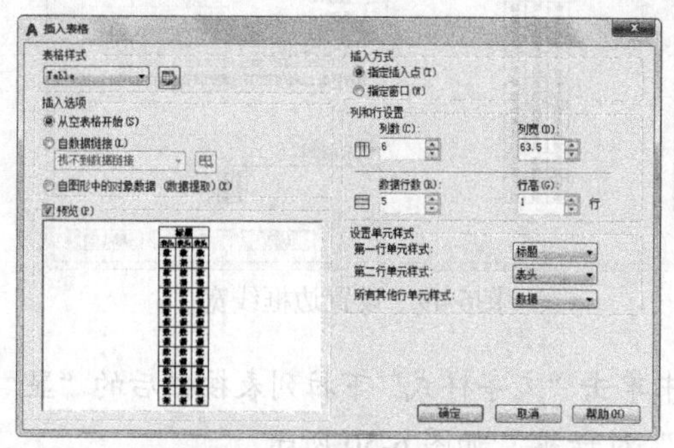

图6-53　“插入表格”对话框

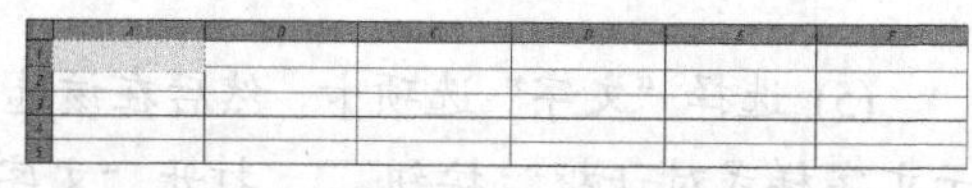

图6-54　插入一个5行6列的表格

(12) 选中表格中的前两行和前两列表单元，如图 6-55 所示。

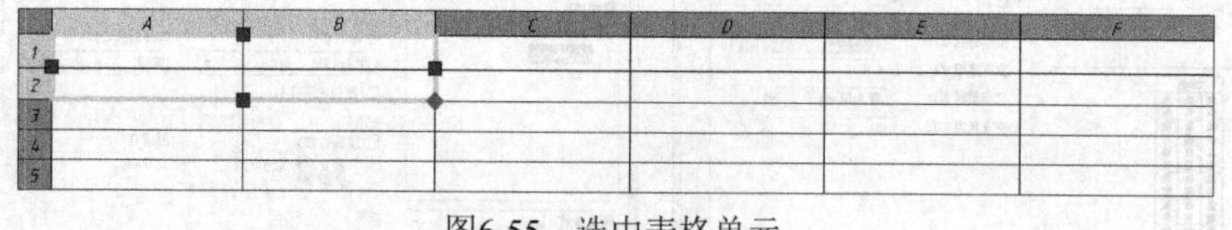

图6-55　选中表格单元

(13) 在“功能区”选项板中弹出“表格单元”选项卡，如图 6-56 所示，在“合并”面板中单击“合并单元”按钮。

(14) 在弹出的下拉列表中选择“合并全部”命令，如图 6-57 所示。

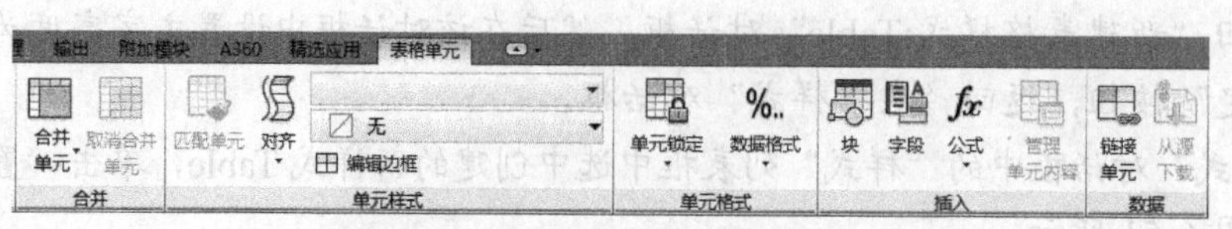

图6-56　“表格单元”选项卡

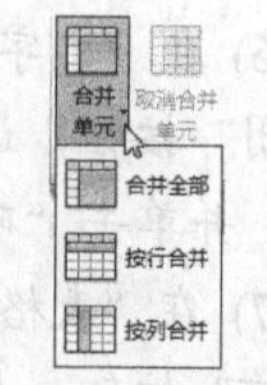

图6-57　合并全部

(15) 此时，被选中的表格单元格将被合并为一个表格单元，如图 6-58 所示。

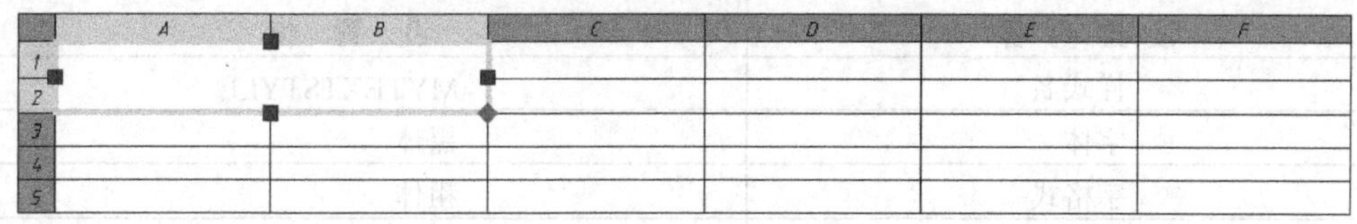

图6-58　合并表格单元

(16) 使用同样的操作方法，按照如图 6-59 所示合并表格中其他单元格。

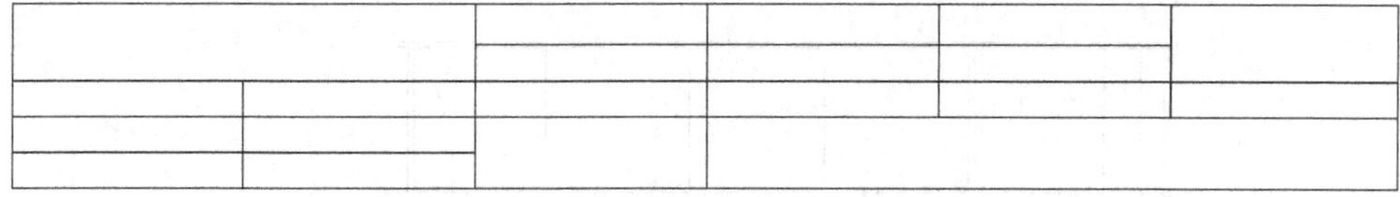

图6-59　编辑表格

(17) 选中表格，在要调整大小的单元格上单击控制点进行拉伸操作，就可以设置单元格的行高或列宽，如图 6-60 所示。

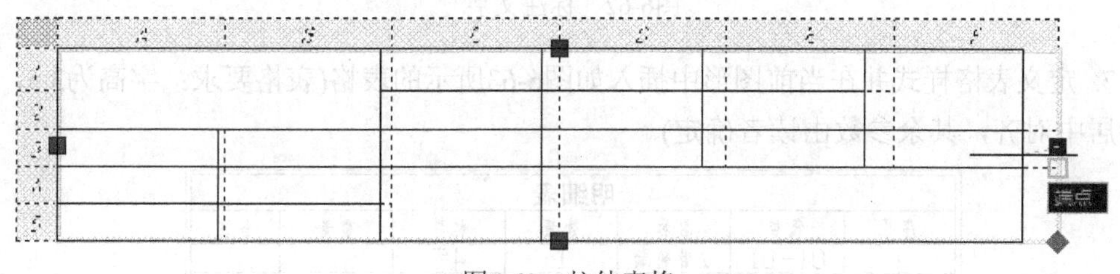

图6-60　拉伸表格

(18) 完成以上操作后依次填写表格中各个单元格的内容即可，如图 6-61 所示。

		比例			
		件数			
制图		重量			共　张第　张
描图					
审核					

图6-61　绘制标题栏

6.5　思考练习

1. 在AutoCAD 2018中如何创建文字样式?
2. 在AutoCAD 2018中如何创建多行文字?
3. 在AutoCAD 2018中如何创建表格样式?
4. 创建文字样式“注释文字”，要求设置其字体为仿宋，倾角为15°，宽度为1.2。
5. 定义文字样式，其要求如表6-2所示(其余设置采用系统的默认设置)。

表 6-2　文字样式要求

设 置 内 容	设 置 值
样式名	MYTEXTSTYLE
字体	黑体
字格式	粗体
宽度比例	0.8
字高	5

6. 用MTEXT命令标注文字，如图6-62所示。其中：要求字体为黑体；字高为3.5。

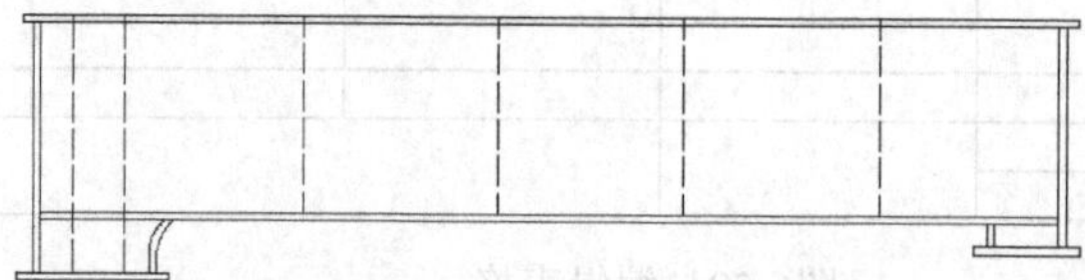

1. 主梁在制造完毕后，应按二次抛物线：y=f(x)=4(L-x)x/L² 起拱。
2. 钢板厚度 δ ≥6mm。
3. 隔板根部切角为20×20mm。

图6-62　标注文字

7. 定义表格样式并在当前图形中插入如图6-63所示的表格(表格要求：字高为3.5，数据均居中对齐，其余参数由读者确定)。

明细表						
序号	代号	名称	数量	材料	重量	备注
1	01-01	皮带轮轴	1	45		
2	01-02	皮带轮	1	HT20		

图6-63　创建清单

8. 创建如图6-64所示的标题块和技术要求。

轴				材料	45
				数量	1
设计	Wang			重量	20kg
制图	Wang			比例	1: 1
审核	Wang			图号	1

技术要求

1.调质处理230~280HBS

2.锐边倒角2×45°

图6-64　创建标题块和技术要求

第7章　图案填充、面域与图形信息

在绘制和编辑图形时，执行图案填充和面域操作都是为了表达当前图形部分或全部的结构特征。其中创建图案填充是在封闭区域内通过图案填充样式，标识某一区域的具体意义和组成材料；而创建面域则是为了便于后续执行填充、检测和着色等操作。另外，查询图形信息是间接表达图形组成结构及细节的一种方式，用户可以对图形中各点、各线段之间的距离和交角等特性进行详细的查询。

7.1　图案填充

在绘制图形时常常需要以某种图案填充一个区域，以此来形象地表达或区分物体的范围和特点以及零件剖面结构大小和所使用的材料等。这种称为“画阴影线”的操作，也被称为图案填充。该操作通过“图案填充”工具来实现，并且所绘阴影线既不能超出指定边界，也不能在指定边界内绘制不全或所绘阴影线过疏、过密。

7.1.1　创建图案填充

使用传统的手工方式绘制阴影线时，必须依赖绘图者的眼睛，并正确使用丁字尺和三角板等绘图工具，逐一绘制每一条线。这样不仅工作量大，并且角度和间距都不太精确，影响画面的质量。利用AutoCAD提供的“图案填充”工具，只需定义好边界，系统将自动进行相应的填充操作。

在AutoCAD 2018中单击“图案填充”按钮，将打开“图案填充创建”选项卡，如图7-1所示。用户在该选项板中可以分别设置填充图案的类型、填充比例、角度和填充边界等。

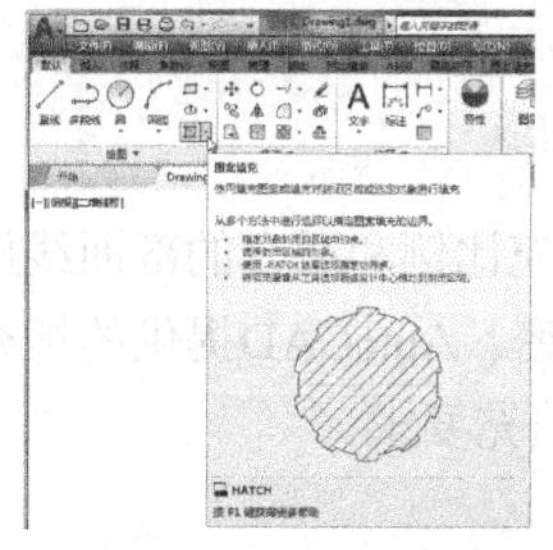

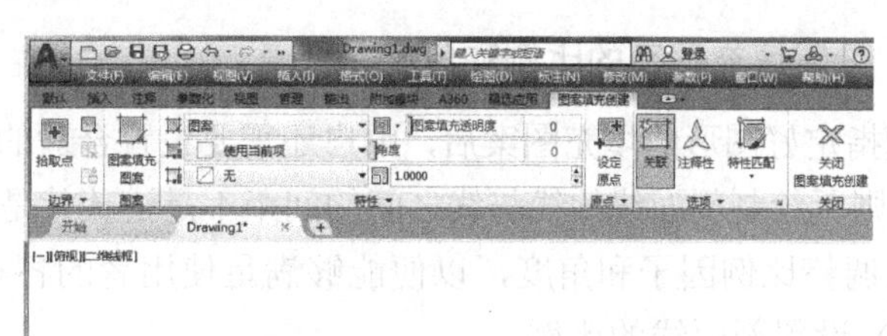

图7-1　打开“图案填充创建”选项卡

1. 设定填充图案的类型

创建图案填充，用户首先需要设置填充图案的类型。既可以使用系统预定义的图案样式进行图案填充，也可以自定义一个简单的或创建更加复杂的图案样式进行图案填充。

在“特性”选项板的“图案”下拉列表中提供了4种图案填充类型，如图7-2所示，其各自的功能如下。

- 实体：选择该选项，则填充图案为SOLID(纯色)图案。
- 渐变色：选择该选项，可以设置双色渐变的填充图案。
- 图案：选择该选项，可以使用系统提供的填充图案样式(这些图案保存在系统的acad.pat和acadiso.pat文件中)。当选择该选项后，就可以在“图案”选项板的“图案填充图案”列表框中选择系统提供的图案类型，如图7-3所示。

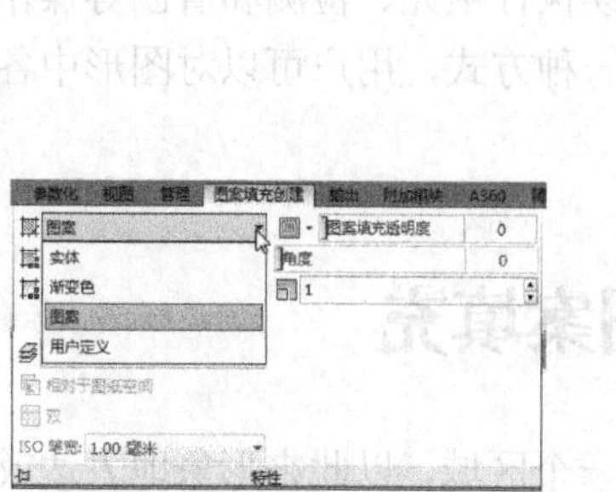

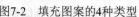

图7-2　填充图案的4种类型

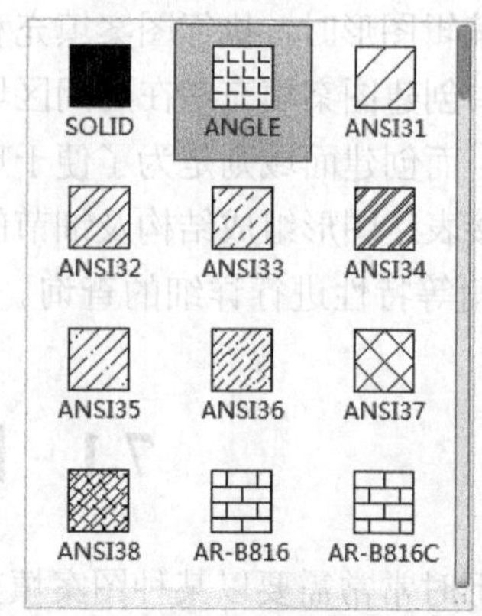

图7-3　“图案填充图案”列表框

- 用户定义：利用当前线型定义由一组平行线或相互垂直的两组平行线组成的图案。例如，在图7-4中选取平行线填充图案类型后，若在“特性”选项板中单击“交叉线”按钮，则填充图案将由平行线变为交叉线。

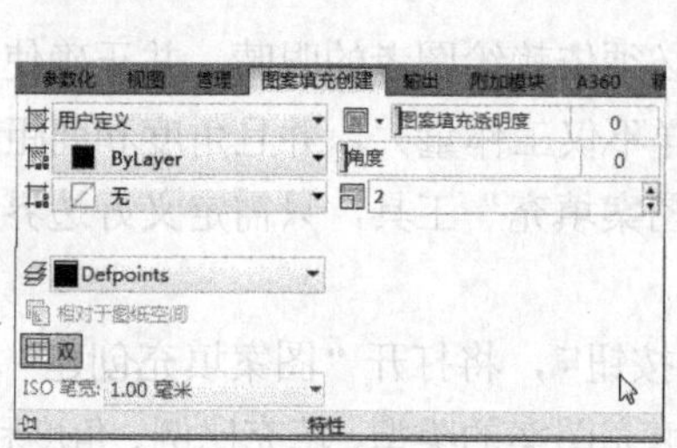
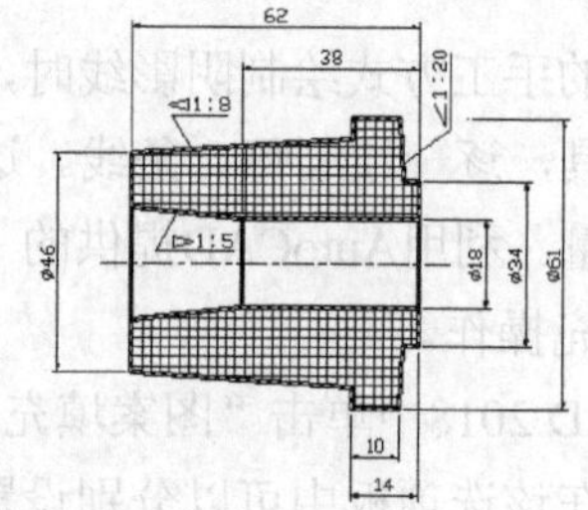

图7-4　用户定义的填充图案

2. 设置填充图案的比例和角度

当指定好图形的填充图案后，用户还需要设置合适的填充比例和适合的剖面线旋转角度，否则所绘制剖面线的线与线之间的间距不是过疏就是过密。AutoCAD提供的填充图案都可以调整比例因子和角度，以便能够满足使用者的各种填充要求。

(1) 设置剖面线的比例

剖面线比例的设置直接影响到最终的填充效果。当用户处理较大的填充区域时，如果设置的比例因子太小，由于单位距离中有太多的线，则所产生的图案就像是使用实体填充的一样。这样不仅不符合设计要求，还增加了图形文件的容量。但如果使用了过大的填充比例，可能由于剖面线间距太大而观察不到剖面线的效果。

在AutoCAD 2018中，预定义剖面线图案的默认缩放比例是1。若绘制剖面线时没有指定特殊值，系统将按照默认比例值绘制剖面线。如果要输入新的比例值，可以在“特效”

选项板的“填充图案比例”文本框中输入新的比例值，以增大或减小剖面线的间距，如图7-5所示为不同填充比例下的显示效果。

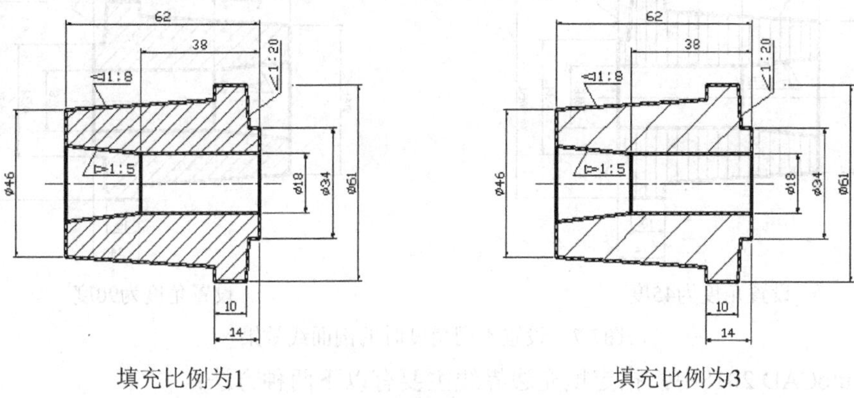

填充比例为1　　　　填充比例为3

图7-5　设置填充图案比例

(2) 设置剖面线的角度

除了可以设置剖面线的比例以外，剖面线的角度也可以进行控制。剖面线角度的数值大小直接决定了剖面区域中图案的放置方向。

在“特效”选项板的“图案填充角度”文本框中可以输入剖面线的角度数值，也可以拖动左侧的滑块来控制角度的大小(但要注意，在该文本框中所设置的角度并不是剖面线与X轴的夹角，而是剖面线以45度线方向为起始位置的转动角度)。如图7-6所示为设置角度为0度，此时剖面线与X轴的夹角为45度。

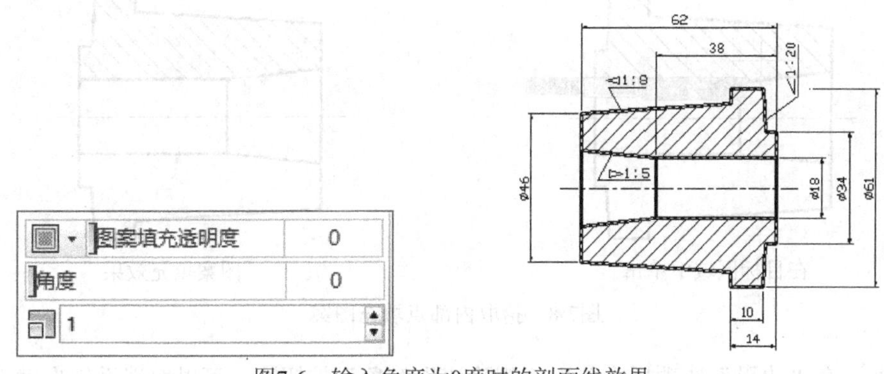

图7-6　输入角度为0度时的剖面线效果

当分别输入角度值为45度和90度时，剖面线将以逆时针方向旋转至新的位置，它们与X轴的夹角将分别为90度和135度，如图7-7所示。

3. 指定填充边界

剖面线一般总是绘制在一个对象或几个对象所围成的区域中，如一个圆、一个矩形、几条线段或圆弧所围成的形状多样的区域中，即剖面线的边界线必须是首尾相连的一条闭合线，并且构成边界的图形对象应在端点处相交。

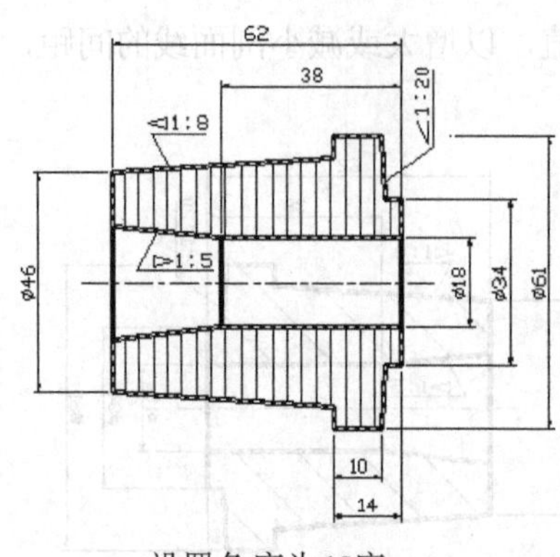

设置角度为45度

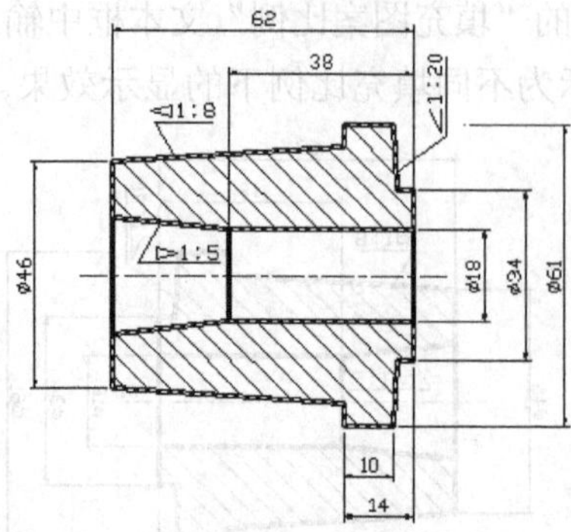

设置角度为90度

图7-7　设置不同角度时的剖面线效果

在AutoCAD 2018中，指定填充边界线主要有以下两种方法：

- 在闭合区域中选取一个点，系统将自动搜索闭合线的边界；
- 通过选取对象来定义边界线。

(1) 选取闭合区域定义填充边界

在图形不复杂的情况下，经常通过在填充区域内指定一个点来定义边界。此时，系统将寻找包含该点的封闭区域进行填充操作。

在“图案填充创建”选项卡中单击“拾取点”按钮，可以在要填充的区域内任意指定一点，软件以虚线形式显示该填充边界，效果如图7-8所示。如果拾取点不能形成封闭边界，则会显示错误提示信息。

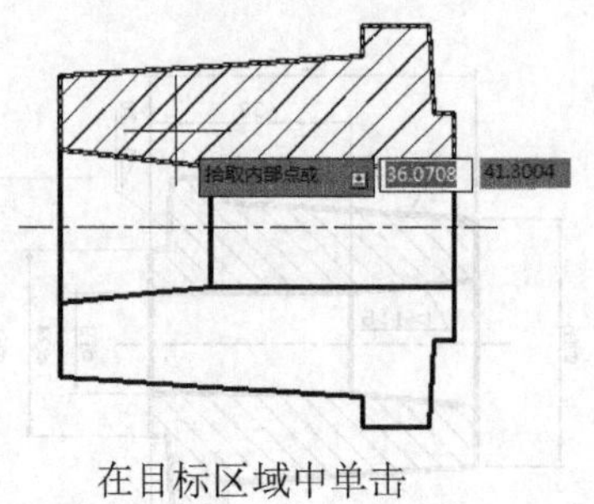

在目标区域中单击

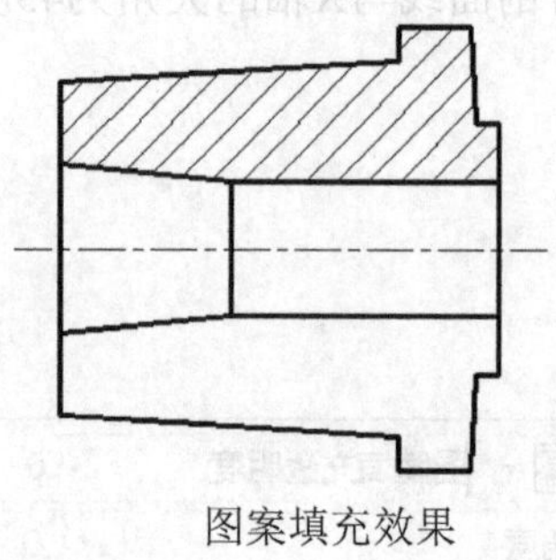

图案填充效果

图7-8　拾取内部点填充图案

此外，在“边界”选项板中单击“删除边界对象”按钮，可以取消系统自动选取或用户所选的边界，以形成新的填充区域，如图7-9所示。

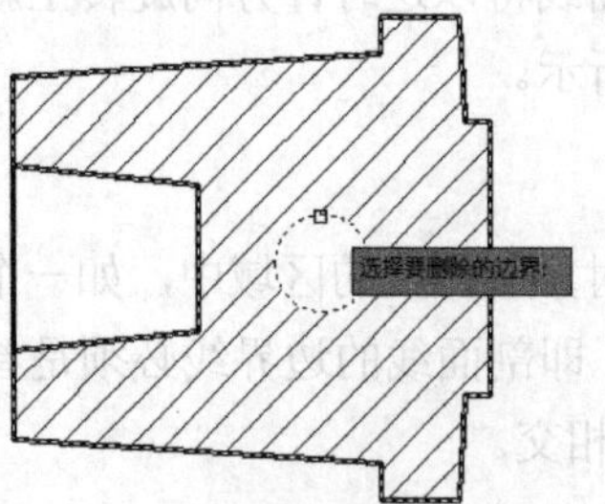

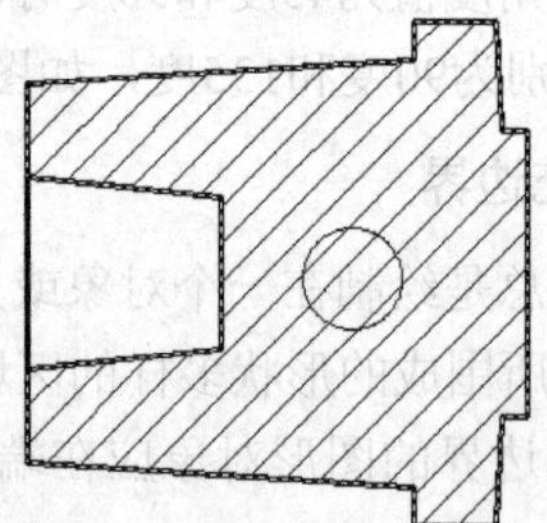

图7-9　删除多余图形边界的填充效果

(2) 选取边界对象定义填充边界

该方式通过选取填充区域的边界线来确定填充区域。该区域仅为鼠标点选的区域，并且必须是封闭的区域，未被选取的边界不在填充区域内(这种方式常用在多个或多重嵌套的图形需要进行填充时)。

单击“选择边界对象”按钮，然后选取如图7-10所示的封闭边界对象，即可对对象所围成的区域进行相应的填充操作。

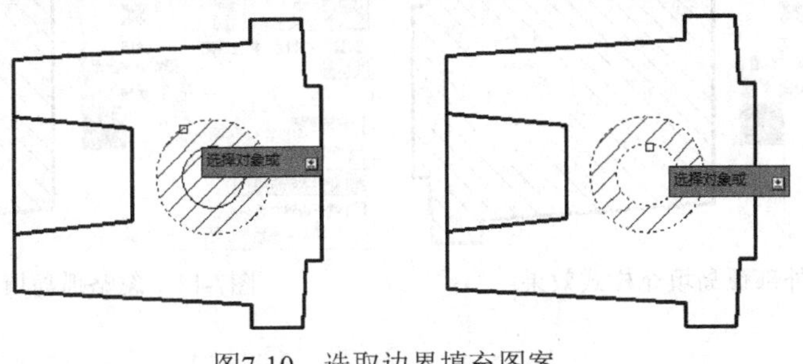

图7-10　选取边界填充图案

注意：

如果在指定边界时系统提示未找到有效的边界，则说明所选区域边界尚未完全封闭。此时可以采用两种操作方法创建边界：一种是利用“延长”、“拉伸”或“修剪”工具对边界进行重新修改，使其完全闭合；另一种是利用多段线将边界重新描绘。

7.1.2　孤岛填充

在填充边界中常包含一些闭合的区域，这些区域被称为孤岛。使用AutoCAD提供的孤岛操作可以避免在填充图案时覆盖一些重要的文本注释或标记等属性。在“图案填充创建”选项卡中，选择“选项”选项板中的“孤岛检测”选项，在其下拉列表中提供了以下3种孤岛显示方式。

1. 普通孤岛检测

系统将从最外边界向里填充图案，遇到与之相交的内部边界时断开填充图案，遇到下一个内部边界时再继续填充，其效果如图7-11所示。

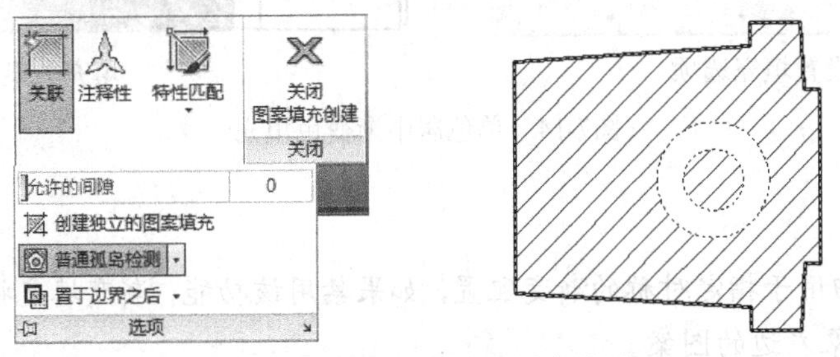

图7-11　普通孤岛填充样式效果

2. 外部孤岛检测

“外部孤岛检测”选项是系统的默认选项，选择该选项后，AutoCAD将从最外边界向里填充图案，遇到与之相交的内部边界时断开填充图案，不再继续向里填充，如图7-12所示。

3. 忽略孤岛检测

选择“忽略孤岛检测”选项后，AutoCAD 2018将忽略边界内的所有孤岛对象，所有内部结构都将被填充图案覆盖，效果如图7-13所示。

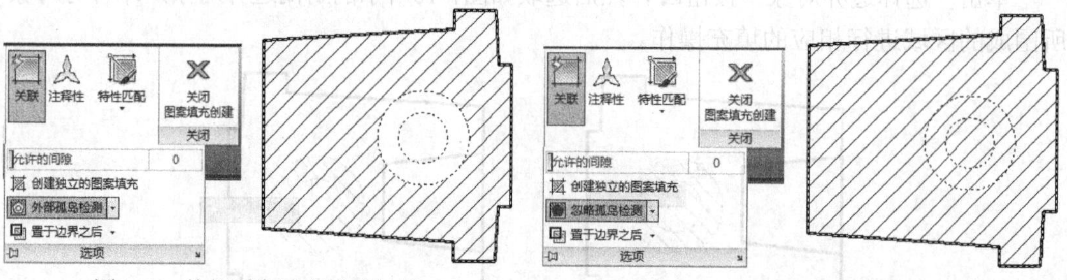

图7-12　外部孤岛填充样式效果　　图7-13　忽略孤岛填充样式效果

7.1.3　渐变色填充

在绘图时，有些图形在填充时需要用到一种或多种颜色(尤其在绘制装潢、美工等图纸时)，这时需要用到“渐变色图案填充”功能。利用该功能可以对封闭区域进行适当的渐变色填充，从而实现比较好的颜色修饰效果。根据填充效果的不同，可以分为单色填充和双色填充两种填充方式。

1. 单色填充

单色填充指的是从较深着色到较浅色调平滑过渡的单色填充。通过设置角度和明暗数值可以控制单色填充的效果。

在“特性”选项板的“图案填充类型”下拉列表框中选择“渐变色”选项，并设置“渐变色1”的颜色，然后单击“渐变色2”左侧的按钮，禁用“渐变色2”的填充。接下来，指定渐变色角度，设置单色渐变明暗的数值，并在“原点”选项板中单击“居中”按钮，此时选取填充区域，即可完成单色居中渐变色填充，如图7-14所示。

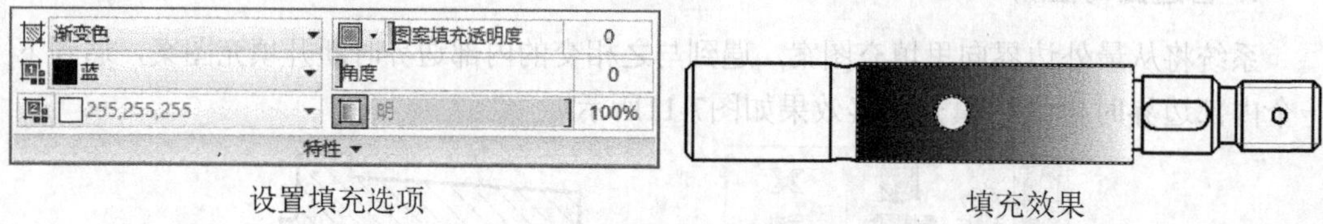

设置填充选项　　填充效果

图7-14　单色居中渐变色填充

注意：

“居中”按钮用于指定对称的渐变配置，如果禁用该功能，渐变填充将朝左上方变化，创建的光源在对象左边的图案。

2. 双色填充

双色填充是在指定两种颜色之间平滑过渡的双色渐变填充效果。要创建双色填充，只需在“特性”选项板中分别设置“渐变色1”和“渐变色2”的颜色类型，然后设置填充参数，并拾取填充区域内部的点即可。若启用“居中”功能，则渐变色1将向渐变色2居中显示渐变效果，如图7-15所示。

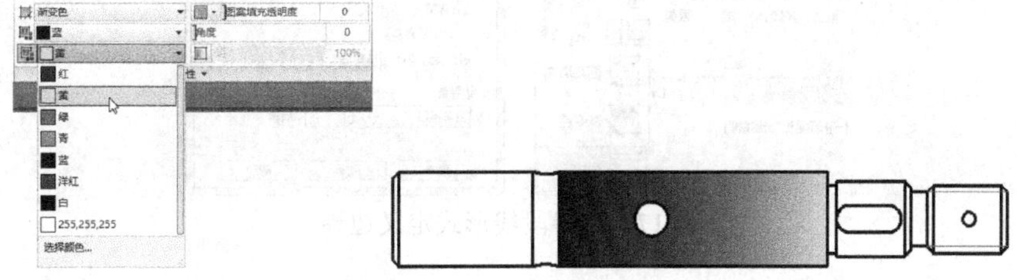

图7-15　双色渐变色填充

7.1.4　编辑填充的图案

通过执行编辑填充图案操作，不仅可以修改已经创建的填充图案，还可以指定一个新的图案替换以前生成的图案。具体包括对图案的样式、比例(或间距)、颜色、关联性以及注释性等选项的操作。

1. 编辑填充参数

在“修改”选项板中单击“编辑图案填充”按钮，然后在绘图区选择要修改的填充图案，即可打开“图案填充编辑”对话框，如图7-16所示。在该对话框中不仅可以修改图案、比例、旋转角度和关联性等参数设置，还可以修改、删除及重新创建边界(另外在“渐变色”选项卡中与此编辑情况相同)。

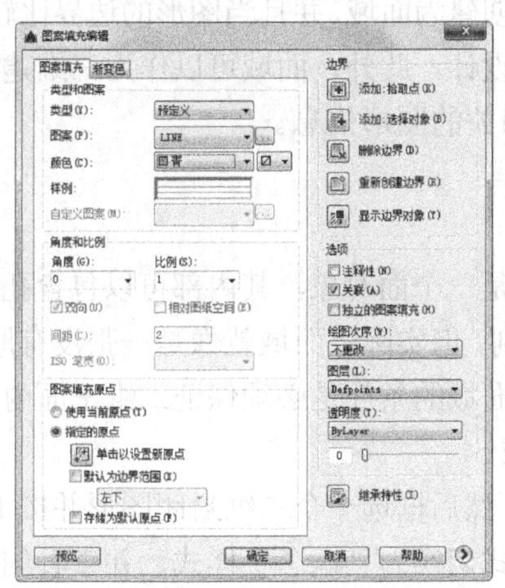

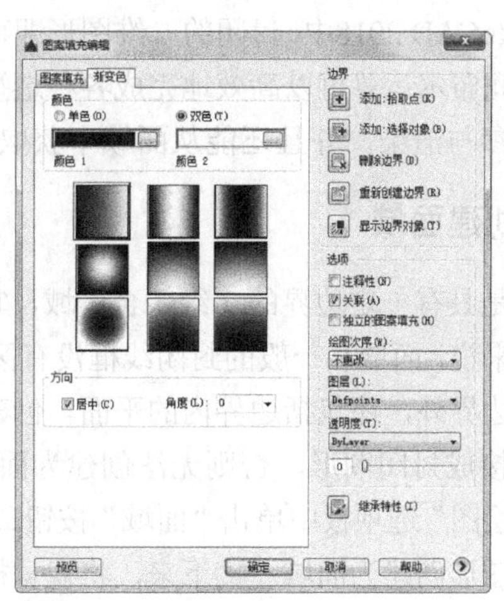

图7-16　“图案填充编辑”对话框

2. 编辑图案填充边界与可见性

图案填充边界除了可以由“图案填充编辑”对话框中的“边界”选项区域和孤岛操作编辑以外，用户还可以单独地进行边界定义。

在“绘图”选项板中单击“边界”按钮，将打开“边界创建”对话框，然后在该对话框的“对象类型”下拉列表中选择“多段线”为边界保留形式，并单击“拾取点”按钮，重新选取图案边界即可，如图7-17所示。

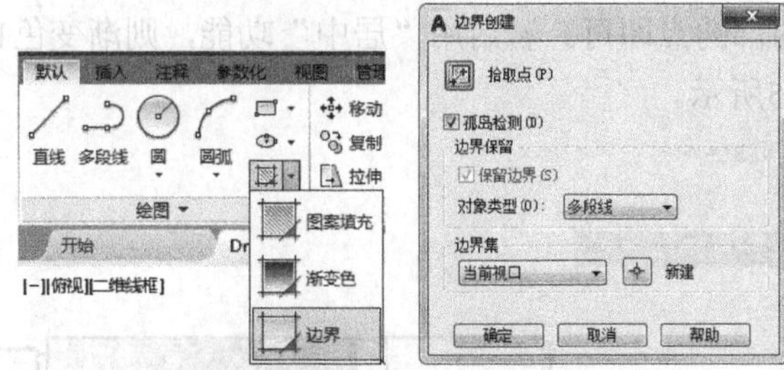

图7-17　以多段线形式定义边界

此外，图案填充的可见性是可以控制的。用户可以在命令行中输入FILL指令，将其设置为关闭填充显示，接下来按下回车键确认，然后，在命令行中输入REGEN指令对图形进行更新，效果如图7-18所示。

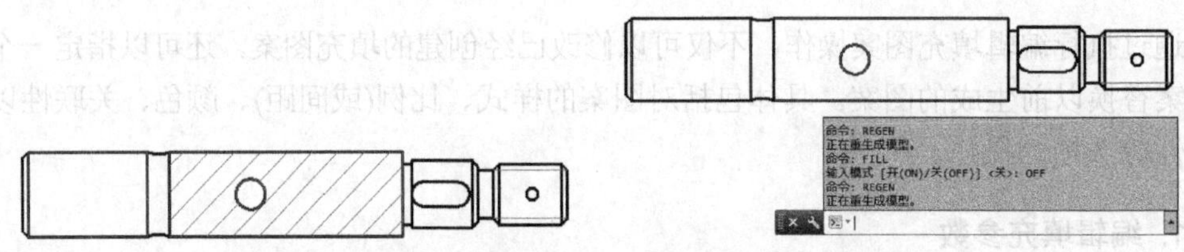

图7-18　输入FILL指令控制可见性

7.2　面域

在AutoCAD 2018中，封闭的二维图形即可创建为面域，并且当图形的边界比较复杂时，通过面域间布尔运算可以高效地完成各种造型设计。此外，面域可以作为三维建模的基础对象直接参与渲染，并且还能从面域中获取相关的图形信息。

7.2.1　创建面域

面域是具有一定边界的二维闭合区域，它是一个面对象，其内部可以包含孔特征。虽然从外观来说，面域和一般的封闭线框没有区别，但实际上面域就像是一张没有厚度的纸，除了包括边界外，还包括边界内的平面。创建面域的条件是必须保证二维平面内各个对象间首尾连接成封闭图形，否则无法创建为面域。

在“绘图”选项板中单击“面域”按钮，然后框选一个二维封闭图形并按下回车键，即可将该图形创建为面域。接下来，将视觉样式切换为“概念”样式，并查看创建的面域效果，如图7-19所示。

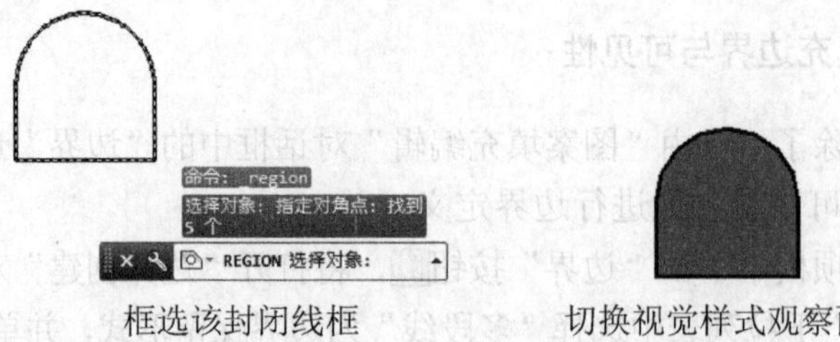

框选该封闭线框　　切换视觉样式观察面域效果

图7-19　将封闭的二维图形转化为面域

此外，在“绘图”选项板中单击“边界”按钮，将打开“边界创建”对话框。在该对话框的“对象类型”下拉列表中选择“面域”选项，然后单击“拾取点”按钮，在绘图区指定的封闭区域内单击，也可以将封闭区域转化为面域。

7.2.2　面域的布尔运算

布尔运算是一种数学逻辑运算。执行该操作可以对实体和共面的面域进行剪切、添加以及获取交叉部分等操作。在AutoCAD 2018中绘制较为复杂的图形时，线条间的修剪、删除等操作都比较烦琐。此时如果将封闭的线条创建为面域，进而通过面域间的布尔运算来绘制各种图形，将大大降低绘图的难度，从而提高绘图效率。

1. 并集运算

并集运算就是将所有参与运算的面域合并为一个新的面域。运算后的面域与合并前的面域位置没有任何关系。

要执行并集操作，用户可以首先将绘图区中的多边形和圆等图形对象分别创建为面域，然后在命令行中输入UNION指令，并分别选取两个面域。接下来，按下回车键，即可获得并集运算效果，如图7-20所示。

图7-20　并集运算效果

2. 差集运算

差集运算是从一个面域中减去一个或多个面域，从而获得一个新的面域。当所指定去除的面域和被去除的面域不同时，所获得的差集效果也会不同。

在命令行中输入SUBTRACT指令，然后选取多边形面域为源面域，并右击。接下来，选取圆面域为要去除的面域，然后右击，即可获得面域差集运算效果，如图7-21所示。

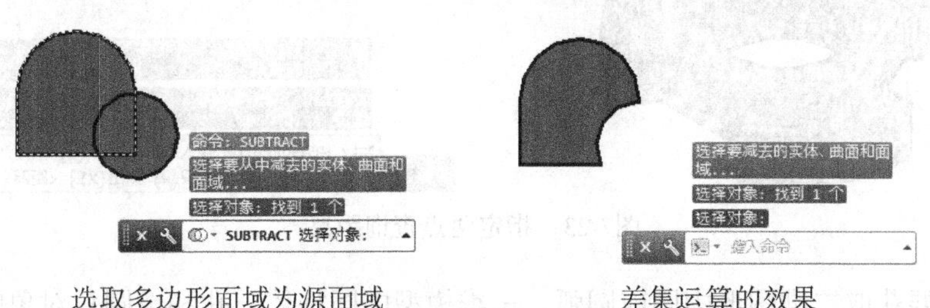

图7-21　差集运算效果

3. 交集运算

通过交集运算可以获得各个相交面域的公共部分。要注意的是，只有两个面域相交，两者间才会有公共部分，这样才能进行交集运算。

在命令行中输入INTERSECT指令，依次选取多边形面域，然后右击即可获得面域交集运算效果，如图7-22所示。

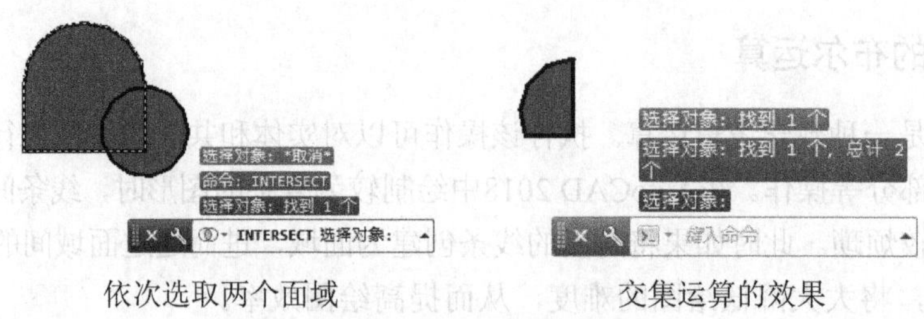

图7-22　交集运算效果

7.3　信息查询

图形信息是间接表达图形组成的一种方式。它不仅可以反映图形的组成元素，也可以直接反映各图形元素的尺寸参数、图形元素之间的位置关系，以及由图形元素围成的区域的面积、周长等特性。利用“查询”工具获取三维零件的这些图形信息，便可以按照所获得的尺寸，指导用户轻松完成零件设计。

7.3.1　查询距离和半径

在二维图形中可以利用“线性标注”工具获得两点间的距离。但对于三维零件的空间两点距离，利用“线性标注”工具比较烦琐。此时，用户可以使用“查询”工具快速获取空间两点之间的距离信息。

通过在快速访问工具栏中选择“显示菜单栏”命令，在弹出的菜单中选择“工具”|“查询”|“距离”命令，或在“功能区”选项板中选择“默认”选项卡，在“实用工具”面板上单击“距离”按钮，或直接输入快捷命令DIST，然后依次选取三维模型的两个端点A和B，在命令行显示的提示信息中将显示两点的距离信息，如图7-23所示。

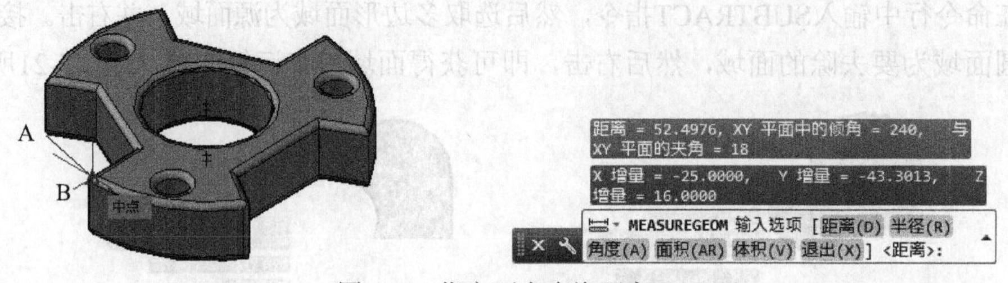

图7-23　指定两点查询距离

另外，要获取二维图形中圆或圆弧，三维模型中圆柱体、孔和倒圆角对象的尺寸，可以利用“半径”工具进行查询。此时系统将显示所选对象的半径和直径尺寸。

在“实用工具”面板上单击“半径”按钮，然后选取相应的弧形对象，则在打开的命令行提示信息中将显示该对象的半径和直径数值，如图7-24所示。

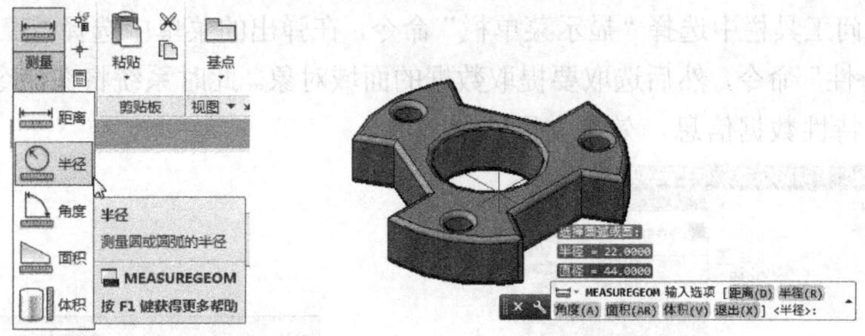

图7-24　选取弧形对象获取尺寸信息

7.3.2　查询角度和面积

要获取二维图形中两个图元间的夹角角度，三维模型中的楔体、连接板这些倾斜件的角度尺寸，可以利用“角度”工具进行查询，在“实用工具”面板上单击“角度”按钮，然后分别选取楔体的两条边，则在打开的命令行提示信息中将显示楔体的角度，如图7-25所示。

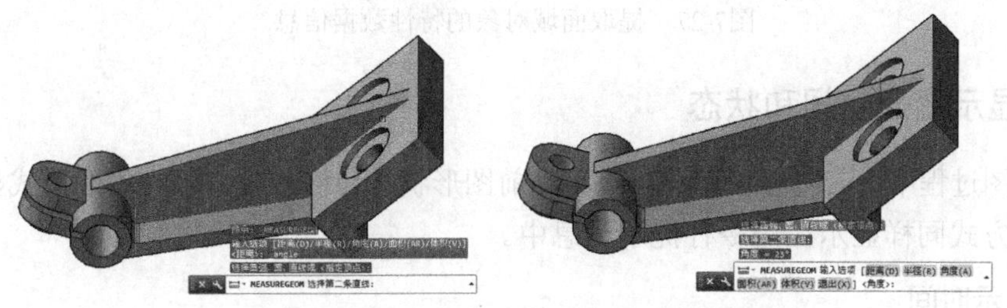

图7-25　选取楔体边获取角度尺寸信息

另外，在“实用工具”面板上单击“面积”按钮，或直接输入快捷指令AREA，然后依次指定实体面的端点C、D、E和F。按下回车键，在显示的命令行提示信息中将显示这些点所围成的封闭区域面积和周长信息，如图7-26所示。

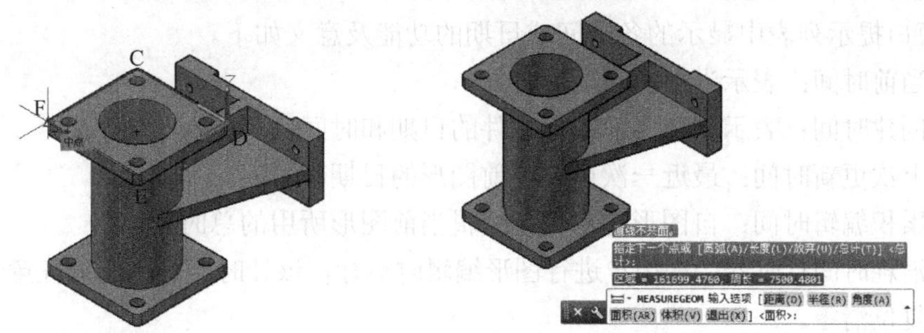

图7-26　获取面积和周长信息

7.3.3　面域和质量特性查询

面域对象除了具有一般图形对象的属性以外，还具有平面体所特有的属性，如质量特性、质心、惯性矩和惯性积等。在AutoCAD 2018中，利用“面域/质量特性”工具可以一次性获得实体的整体信息，从而指导用户完成零件设计。

在快速访问工具栏中选择“显示菜单栏”命令，在弹出的菜单中选择“工具”|“查询”|“面域/质量特性”命令，然后选取要提取数据的面域对象。此时系统将在命令行中显示所选面域对象的特性数据信息，效果如图7-27所示。

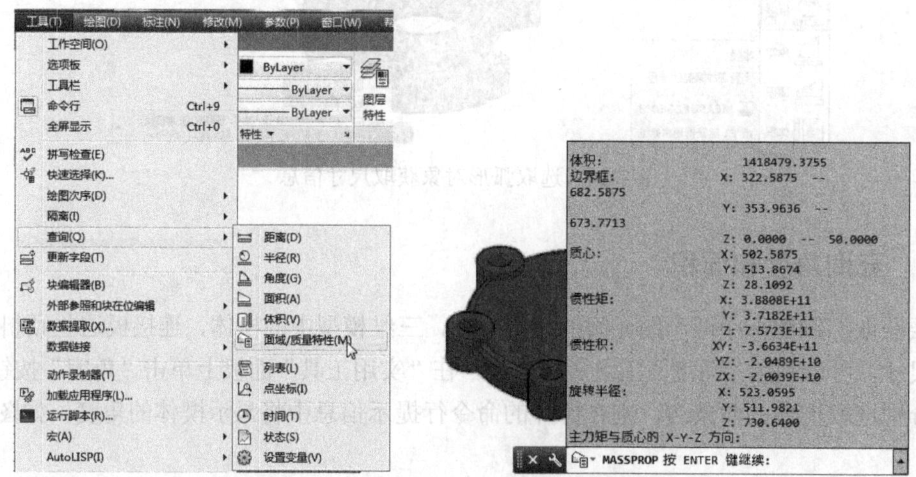

图7-27　提取面域对象的特性数据信息

7.3.4　显示图形时间和状态

在制图过程中，若有必要用户可以将当前图形状态和修改时间以文本的形式显示，这两种查询方式同样显示在命令行提示信息中。

1. 显示时间

显示时间用于显示绘制图形的日期和时间信息。利用该功能不仅可以查看图形文件的创建日期，还可以查看创建文件所消耗的总时间。

在命令行中输入TIME指令，将显示如图7-28所示的文件时间和日期信息。该提示窗口中显示当前时间、创建时间和上次更新时间等信息。

在窗口提示列表中显示的各时间或日期的功能及意义如下。

- 当前时间：表示当前的日期和时间。
- 创建时间：表示创建当前图形文件的日期和时间。
- 上次更新时间：最近一次更新当前图形的日期和时间。
- 累积编辑时间：自图形建立时起编辑当前图形所用的总时间。
- 消耗时间计时器：在用户进行图形编辑时运行，该计时器可由用户任意开、关或复位清零。
- 下次自动保存时间：表示下一次图形自动存储时的时间。

2. 显示当前图形的状态

状态显示主要用于显示图形的统计信息、模式和范围等内容。利用该功能可以详细查看图形组成元素的一些基本属性，如线宽、线型及图层状态等。

要查看状态信息，用户可以在命令行中输入STATUS指令，然后在命令行提示信息中将显示状态信息，如图7-29所示。

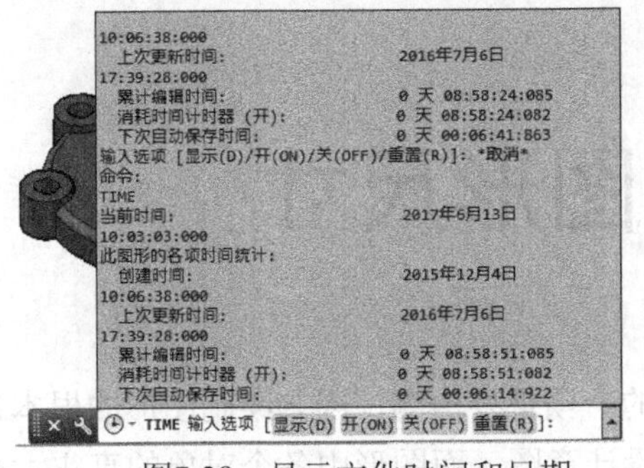

图7-28　显示文件时间和日期

图7-29　显示图形状态信息

7.4　思考练习

1. 使用面域绘制如图7-30所示的零件(图形尺寸读者可自行确定)。

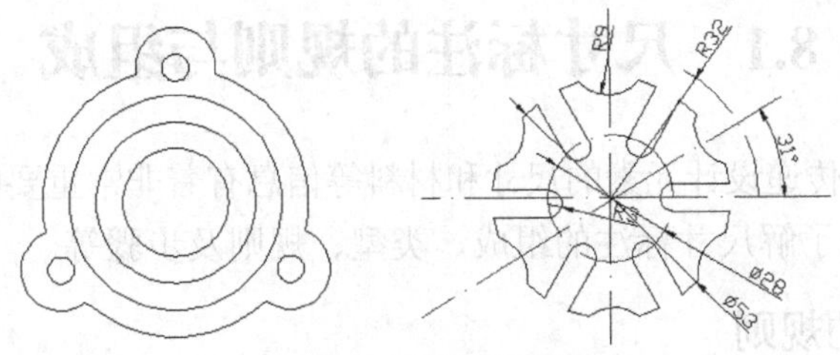

图7-30　使用面域绘制图形

2. 绘制如图7-31所示的图形，并对它们进行填充(图形尺寸读者可自行确定)。

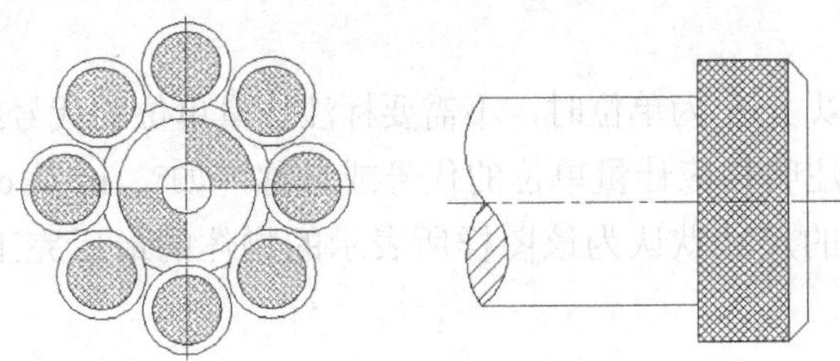

图7-31　绘制图形并进行填充

第8章　标注图形尺寸

在图形设计中，尺寸标注是绘图设计工作中的一项重要内容，因为绘制图形的根本目的是反映对象的形状，并不能清晰地表达图形的设计意图，而图形中各个对象的真实大小和相互位置只有经过尺寸标注后才能确定。AutoCAD 2018包含了一套完整的尺寸标注命令和实用程序，可以轻松完成图纸中要求的尺寸标注。例如，使用AutoCAD中的“直径”、“半径”、“角度”、“线性”、“圆心标记”等标注命令，可以对直径、半径、角度、直线及圆心位置等进行标注。本章将重点介绍标注AutoCAD 2018图形尺寸的相关知识。

8.1　尺寸标注的规则与组成

由于尺寸标注对传递设计元素的尺寸和材料等信息有着非常重要的作用，因此在对图形进行标注前，应先了解尺寸标注的组成、类型、规则及步骤等。

8.1.1　尺寸标注的规则

在AutoCAD 2018中，对绘制的图形进行尺寸标注时应遵循以下规则：

- 物体的真实大小应以图样上所标注的尺寸数值为依据，与图形的大小及绘图的准确度无关；
- 图样中的尺寸以 mm 为单位时，不需要标注计量单位的代号或名称。如采用其他单位，则必须注明相应计量单位的代号或名称，如°、m 及 cm 等；
- 图样中所标注的尺寸默认为该图样所表示的物体的最后完工尺寸，否则应另加说明。

8.1.2　尺寸标注的组成

在机械制图或其他工程绘图中，一个完整的尺寸标注应由标注文字、尺寸线、尺寸界线、尺寸线的端点符号及起点等组成，如图8-1所示。

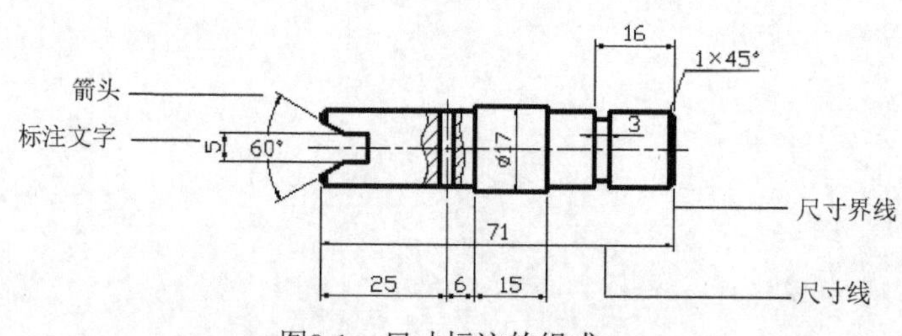

图8-1　尺寸标注的组成

- 标注文字：表明图形的实际测量值。标注文字可以只反映基本尺寸，也可以带尺寸公差。标注文字应按标准字体书写，同一张图纸上的字高要求一致。在图中遇到图线时须将图线断开。如果图线断开影响图形表达，则需要调整尺寸标注的位置。

- 尺寸线：表明标注的范围。AutoCAD 通常将尺寸线放置在测量区域中。如果空间不足，则将尺寸线或文字移到测量区域的外部，取决于标注样式的放置规则。尺寸线是一条带有双箭头的线段，一般分为两段，可以分别控制其显示。对于角度标注，尺寸线是一段圆弧。尺寸线应使用细实线绘制。
- 尺寸线的端点符号(即箭头)：箭头显示在尺寸线的末端，用于指出测量的开始和结束位置。AutoCAD 2018 默认使用闭合的填充箭头符号。此外，AutoCAD 2018 还提供了多种箭头符号，以满足不同的行业需要，如建筑标记、小斜线箭头、点和斜杠等。
- 起点：尺寸标注的起点是尺寸标注对象标注的定义点，系统测量的数据均以起点为计算点。起点通常是尺寸界线的引出点。
- 尺寸界线：从标注起点引出的标明标注范围的直线，可以从图形的轮廓线、轴线和对称中心线引出。同时，轮廓线、轴线及对称中心线也可以作为尺寸界线。尺寸界线也应使用细实线绘制。

8.1.3　尺寸标注的类型

AutoCAD 2018提供了十余种标注工具以供标注图形对象，使用它们可以进行角度、直径、半径、线性、对齐、连续、圆心及基线等标注，如图8-2所示。

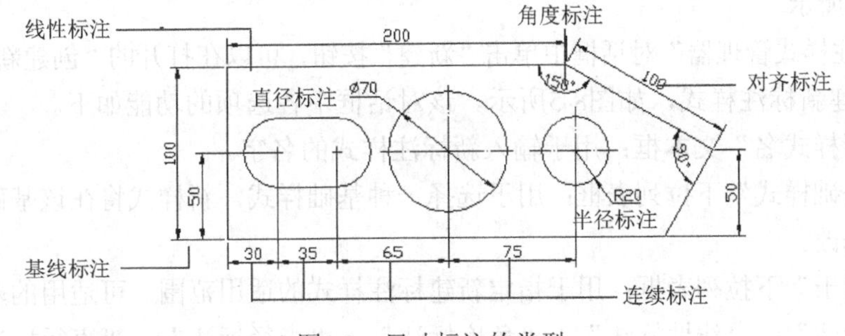

图8-2　尺寸标注的类型

8.1.4　创建尺寸标注的步骤

在AutoCAD 2018中，用户可以参考下面介绍的操作步骤对绘制的图形尺寸进行标注。

(1) 在快速访问工具栏中选择“显示菜单栏”命令，然后在弹出的菜单中选择“格式”|“图层”命令，并在打开的“图层特性管理器”对话框中创建一个独立的图层，用于尺寸标注，如图 8-3 所示。

(2) 在快速访问工具栏中选择“显示菜单栏”命令，然后在弹出的菜单中选择“格式”|“文字样式”命令，并使用打开的“文字样式”对话框创建一种文字样式，用于尺寸标注。

(3) 在快速访问工具栏中选择“显示菜单栏”命令，然后在弹出的菜单中选择“格式”|“标注样式”命令，并在打开的“标注样式管理器”对话框中设置标注样式，如图 8-4 所示。

(4) 使用对象捕捉和标注等功能，对图形中的元素进行标注。

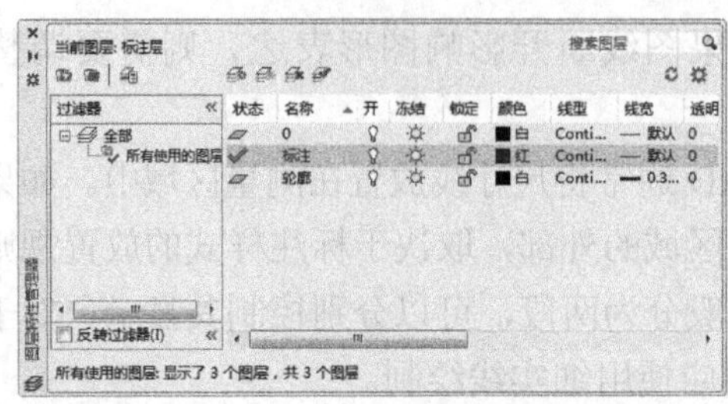
图8-3　创建图层

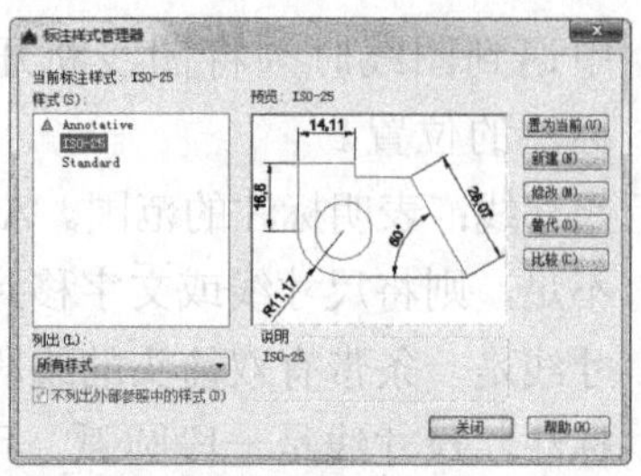
图8-4　“标注样式管理器”对话框

8.2　创建与设置标注样式

在AutoCAD 2018中，使用标注样式可以控制标注的格式和外观，建立强制执行的绘图标准，并有利于修改标注格式及用途。本节将着重介绍使用“标注样式管理器”对话框创建标注样式的方法。

8.2.1　新建标注样式

要在AutoCAD 2018中创建标注样式，可以在快速访问工具栏中选择“显示菜单栏”命令，在弹出的菜单中选择“格式”|“标注样式”命令(或在“功能区”选项板中选择“注释”选项卡，在“标注”面板中单击“标注样式”按钮)，打开“标注样式管理器”对话框，如图8-4所示。

在“标注样式管理器”对话框中单击“新建”按钮，可以在打开的“创建新标注样式”对话框中创建新标注样式，如图8-5所示。该对话框中各选项的功能如下。

- “新样式名”文本框：用于输入新标注样式的名字。
- “基础样式”下拉列表框：用于选择一种基础样式，新样式将在该基础样式上进行修改。
- “用于”下拉列表框：用于指定新建标注样式的适用范围。可适用的范围有“所有标注”、“线性标注”、“角度标注”、“半径标注”、“直径标注”、“坐标标注”和“引线和公差”等。

在“创建新标注样式”对话框中设置了新样式的名称、基础样式和适用范围等参数后，单击该对话框中的“继续”按钮，将打开“新建标注样式”对话框，在该对话框中用户可以创建标注中的直线、符号、箭头、文字和单位等内容，如图8-6所示。

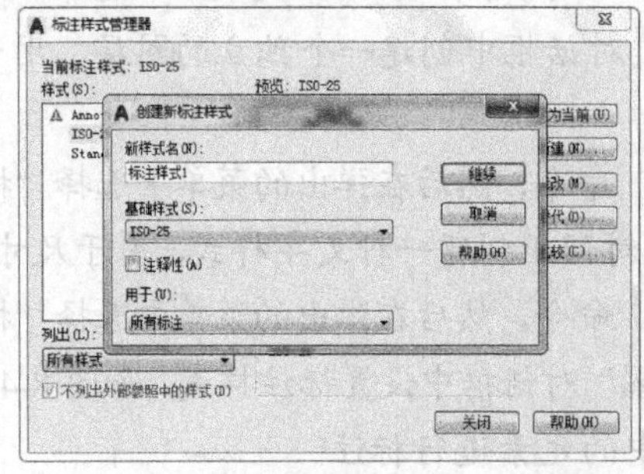
图8-5　“创建新标注样式”对话框

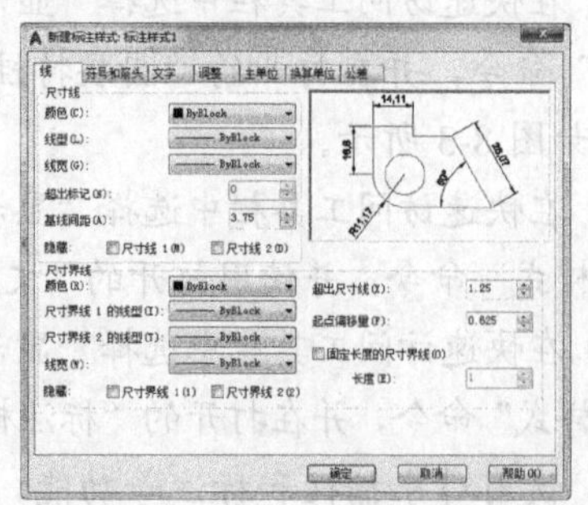
图8-6　“新建标注样式”对话框

8.2.2　设置线

在如图8-6所示的“新建标注样式”对话框中，使用“线”选项卡可以设置尺寸线和尺寸界线的格式和位置。

1. 尺寸线

在“线”选项卡的“尺寸线”选项区域中，可以设置尺寸线的颜色、线型、线宽、超出标记以及基线间距等属性。

- “颜色”下拉列表框：用于设置尺寸线的颜色，默认情况下，尺寸线的颜色随块。也可以使用变量 DIMCLRD 设置。
- “线型”下拉列表框：用于设置尺寸界线的线型，该选项没有对应的变量。
- “线宽”下拉列表框：用于设置尺寸线的宽度，默认情况下，尺寸线的线宽也是随块，也可以使用变量 DIMLWD 设置。
- “超出标记”文本框：当尺寸线的箭头采用倾斜、建筑标记、小点、积分或无标记等样式时，使用该文本框可以设置尺寸线超出尺寸界线的长度，如图 8-7 所示。

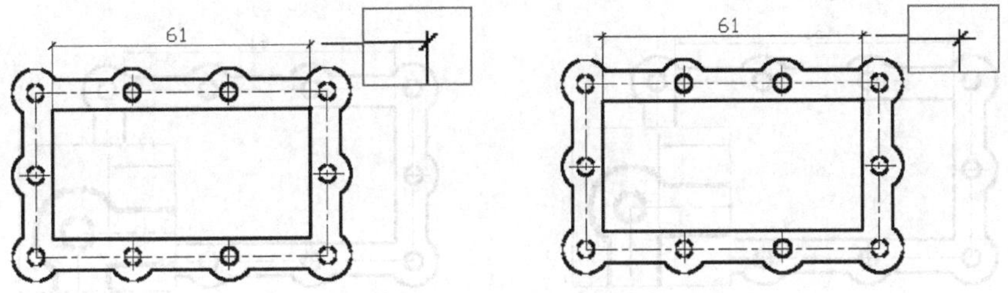

图8-7　超出标记为0与不为0时的效果对比

- “基线间距”文本框：进行基线尺寸标注时可以设置各尺寸线之间的距离，如图 8-8 所示。
- “隐藏”选项：通过选中“尺寸线 1”或“尺寸线 2”复选框，可以隐藏第 1 段或第 2 段尺寸线及其相应的箭头，如图 8-9 所示。

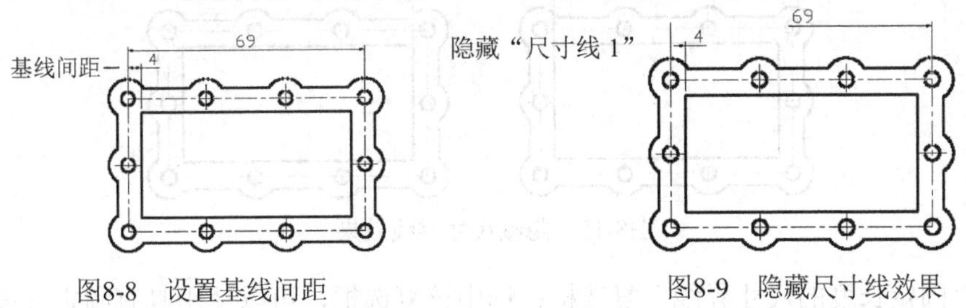

图8-8　设置基线间距　　图8-9　隐藏尺寸线效果

2. 尺寸界线

在“尺寸界线”选项区域中，可以设置尺寸界线的颜色、线宽、尺寸界线的线型、超出尺寸线的长度、起点偏移量和隐藏控制等属性。

- “颜色”下拉列表框：该下拉列表框用于设置尺寸界线的颜色，也可以用变量 DIMCLRE 设置。
- “线宽”下拉列表框：该下拉列表框用于设置尺寸界线的宽度，也可以用变量

DIMLWE 设置。

- “尺寸界线 1 的线型”和“尺寸界线 2 的线型”下拉列表框：用于设置尺寸界线的线型。
- “超出尺寸线”文本框：用于设置尺寸界线超出尺寸线的距离，也可以用变量 DIMEXE 设置，如图 8-10 所示。

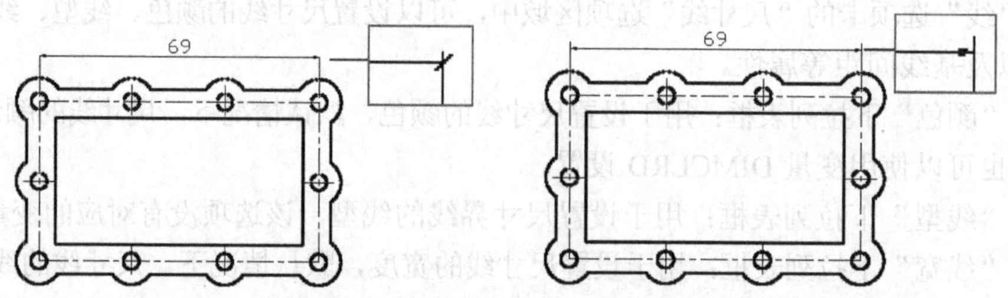

图8-10　超出尺寸线距离为0与不为0时的效果对比

- “起点偏移量”文本框：该文本框用于设置尺寸界线的起点与标注定义点的距离，如图 8-11 所示。

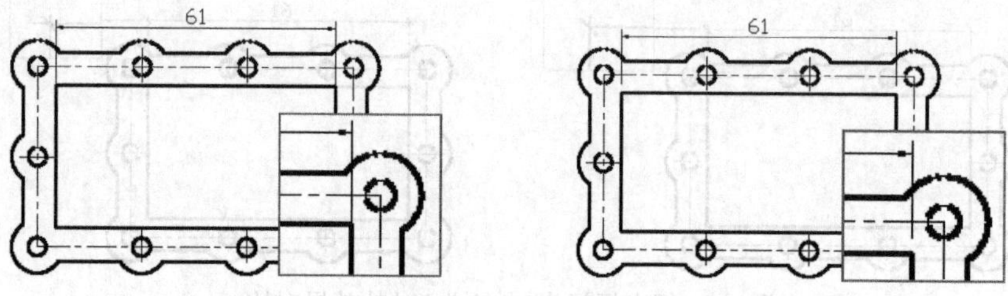

图8-11　起点偏移量为0与不为0时的效果对比

- “隐藏”选项：通过选中“尺寸界线 1”或“尺寸界线 2”复选框，可以隐藏尺寸界线 1 或尺寸界线 2，如图 8-12 所示。

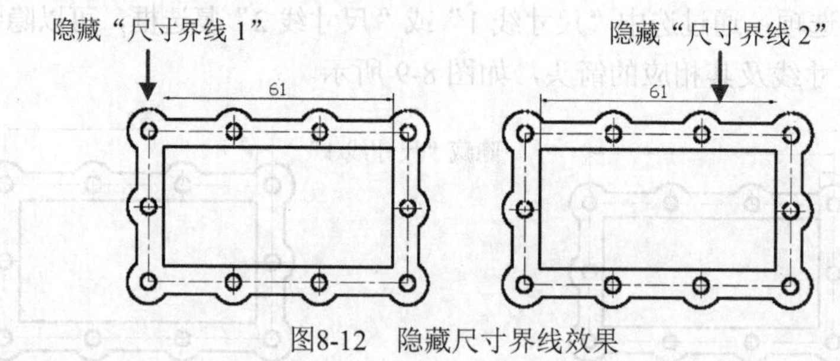

图8-12　隐藏尺寸界线效果

- “固定长度的尺寸界线”复选框：选中该复选框，可以使用具有固定长度的尺寸界线标注图形，其中在“长度”文本框中可以输入尺寸界线的数值。

8.2.3　设置符号和箭头

在“新建标注样式”对话框中，使用“符号和箭头”选项卡可以设置箭头、圆心标记、折断标注、弧长符号、半径折弯标注和线性折弯标注的格式与位置，如图8-13所示。

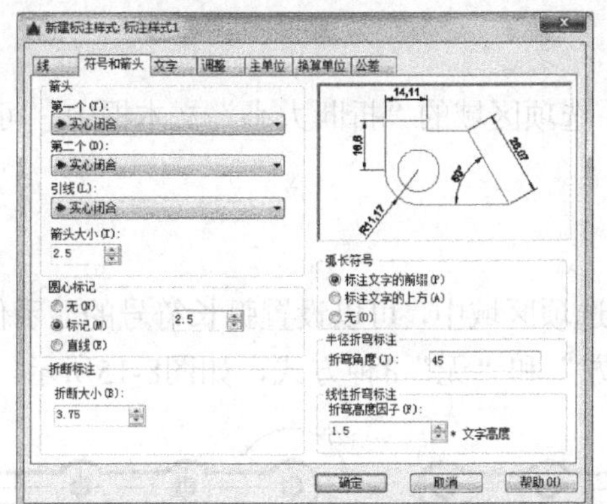

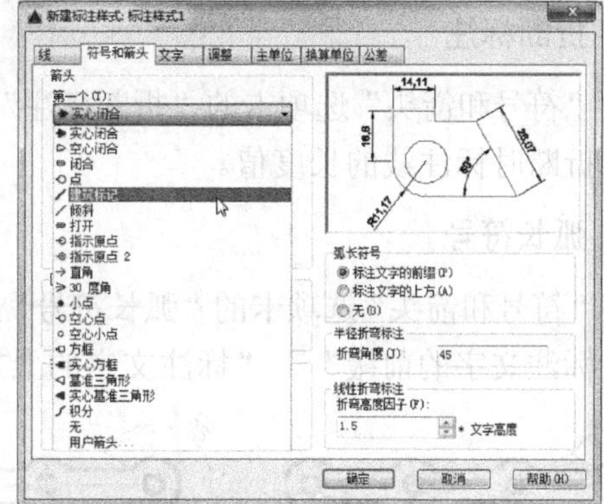

图8-13　“符号和箭头”选项卡

1. 箭头

在“箭头”选项区域中，可以设置尺寸线和引线箭头的类型及尺寸大小等。通常情况下，尺寸线的两个箭头应一致。

为了适用于不同类型的图形标注需要，AutoCAD 2018设置了20多种箭头样式。可以从对应的下拉列表框中选择箭头，并在“箭头大小”文本框中设置其大小。也可以使用自定义箭头，此时可以在下拉列表框中选择“用户箭头”选项，打开“选择自定义箭头块”对话框。在“从图形块中选择”文本框内输入当前图形中已有的块名，然后单击“确定”按钮，AutoCAD 2018将以该块作为尺寸线的箭头样式，此时块的插入基点与尺寸线的端点重合。

2. 圆心标记

在“符号和箭头”选项卡的“圆心标记”选项区域中，可以设置圆或圆弧的圆心标记类型，如“标记”、“直线”和“无”。其中，选中“标记”单选按钮可对圆或圆弧绘制圆心标记；选中“直线”单选按钮，可对圆或圆弧绘制中心线；选中“无”单选按钮，则没有任何标记，如图8-14所示。当选中“标记”或“直线”单选按钮时，可以在“大小”文本框中设置圆心标记的大小。

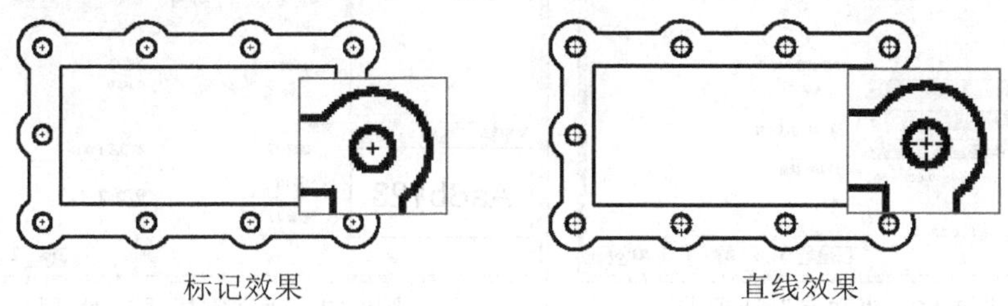

图8-14　圆心标记类型

3. 半径折弯标注

在“符号和箭头”选项卡的“半径折弯标注”选项区域的“折弯角度”文本框中，可以设置标注圆弧半径时标注线的折弯角度大小。

4. 折断标注

在“符号和箭头”选项卡的“折断标注”选项区域的“折断大小”文本框中，可以设置标注折断时标注线的长度值。

5. 弧长符号

在“符号和箭头”选项卡的“弧长符号”选项区域中，可以设置弧长符号的显示位置，包括“标注文字的前缀”、“标注文字的上方”和“无”3种方式，如图8-15所示。

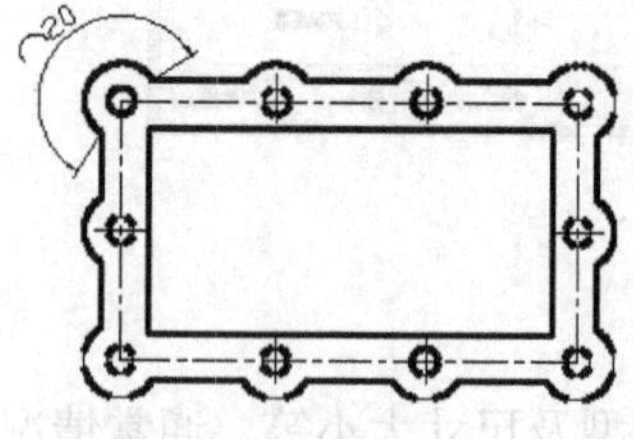

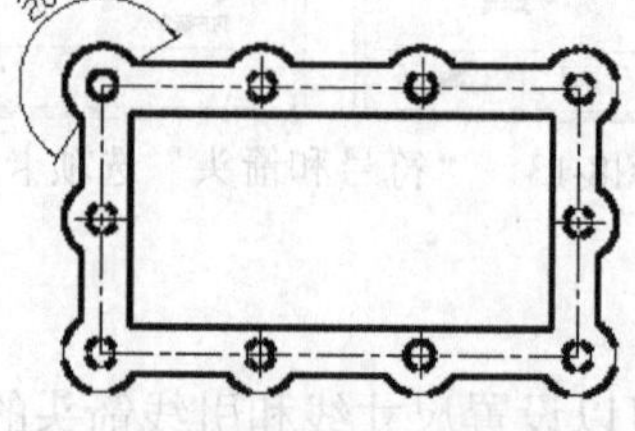

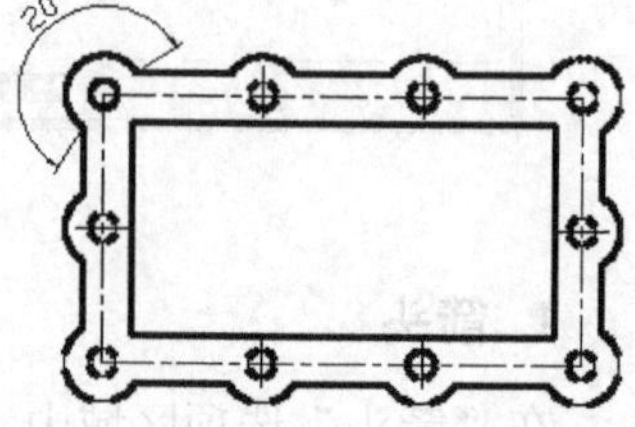

图8-15　设置弧长符号的位置

6. 线性折弯标注

在“符号和箭头”选项卡的“线性折弯标注”选项区域的“折弯高度因子”文本框中，可以设置折弯标注折断时折弯线的高度值。

8.2.4　设置文字

在“新建标注样式”对话框中，可以使用“文字”选项卡设置标注文字的外观、位置和对齐方式，如图8-16所示。单击“文字”选项卡中的“显示文字样式对话框”按钮[...]，可以打开如图8-17所示的“文字样式”对话框，设置标注文字的样式。

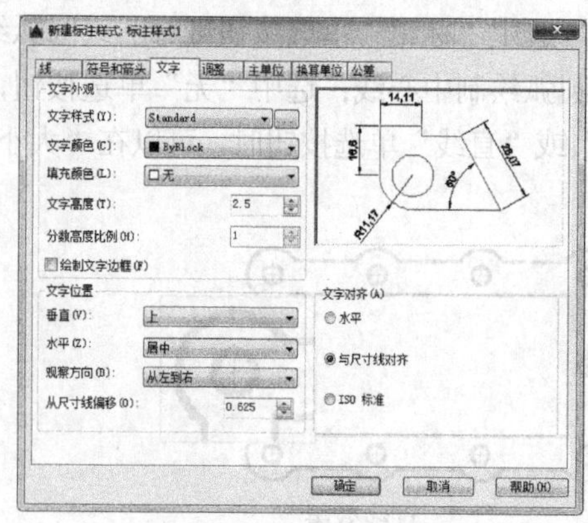

图8-16　“文字”选项卡

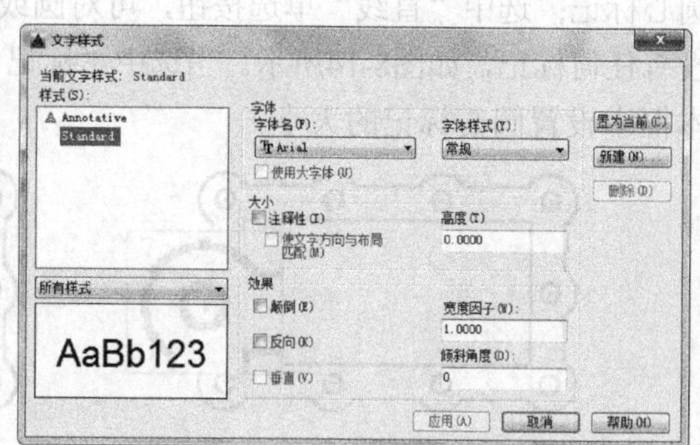

图8-17　“文字样式”对话框

1. 文字外观

在“文字外观”选项区域中，可以设置文字的样式、颜色、高度和分数高度比例，以及控制是否绘制文字边框等。部分选项的功能说明如下。

- “文字样式”下拉列表框：用于选择标注的文字样式。也可以单击其后的[...]按钮，打开“文字样式”对话框，选择文字样式或新建文字样式。

- “文字颜色”下拉列表框：用于设置标注文字的颜色。也可以用变量 DIMCLRT 设置。
- “填充颜色”下拉列表框：用于设置标注文字的背景色。
- “文字高度”文本框：用于设置标注文字的高度。也可以用变量 DIMTXT 设置。
- “分数高度比例”文本框：设置标注文字中的分数相对于其他标注文字的比例，AutoCAD 将该比例值与标注文字高度的乘积作为分数的高度。
- “绘制文字边框”复选框：设置是否给标注文字加边框，如图 8-18 所示。

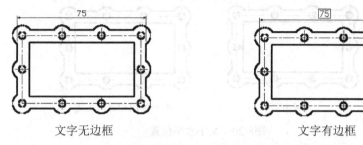

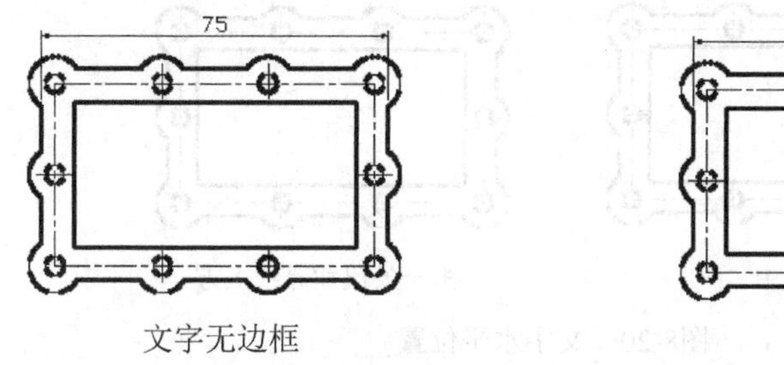

图8-18　标注文字无边框与有边框效果对比

2. 文字位置

在“文字”选项卡的“文字位置”选项区域中，可以设置文字的垂直、水平位置以及从尺寸线的偏移量，各选项的功能说明如下。

- “垂直”下拉列表框：用于设置标注文字相对于尺寸线在垂直方向的位置，如“置中”、“上”、“外部”和 JIS。其中，选择“置中”选项可以把标注文字放在尺寸线中间；选择“上”选项，将把标注文字放在尺寸线的上方；选择“外部”选项，可以把标注文字放在远离第一定义点的尺寸线一侧；选择 JIS 选项，则按 JIS 规则放置标注文字，如图 8-19 所示。

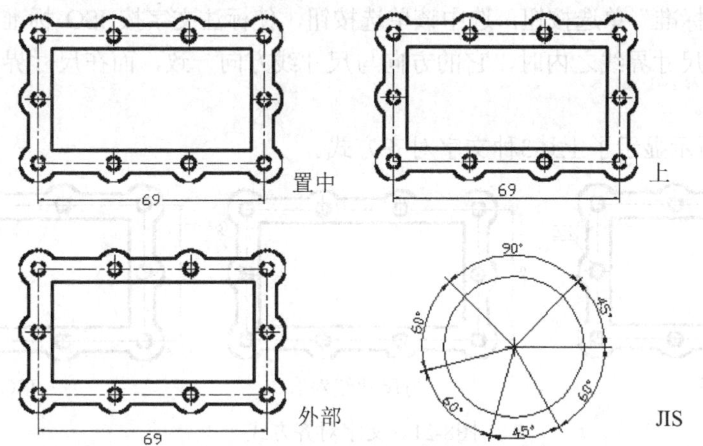

图8-19　文字垂直位置的4种形式

- “水平”下拉列表框：用于设置标注文字相对于尺寸线和尺寸界线在水平方向的位置，如“居中”、“第一条尺寸界线”、“第二条尺寸界线”、“第一条尺寸界线上方”和“第二条尺寸界线上方”，前 4 种效果如图 8-20 所示。

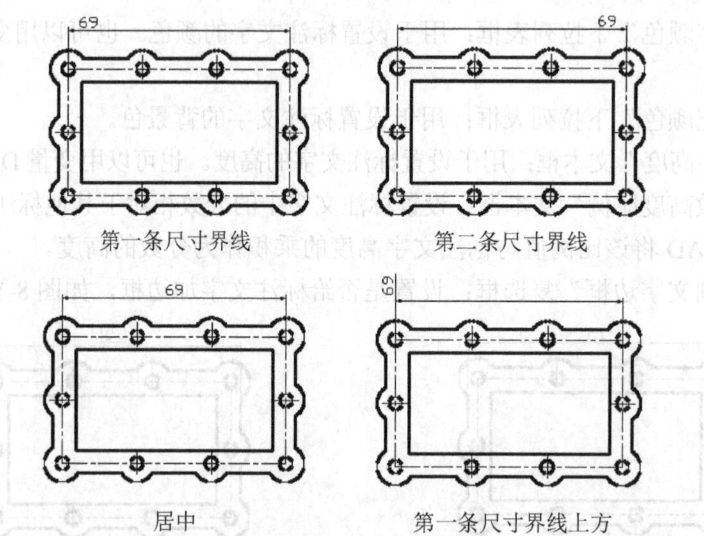

图8-20　文字水平位置

- “从尺寸线偏移”文本框：设置标注文字与尺寸线之间的距离。如果标注文字位于尺寸线的中间，则表示断开处尺寸线端点与尺寸文字的间距。若标注文字带有边框，则可以控制文字边框与其中文字的距离。

3. 文字对齐

在“文字对齐”选项区域中，可以设置标注文字的对齐方式是保持水平还是与尺寸线对齐。其中3个选项的意义如下。

- “水平”单选按钮：选中该单选按钮，使标注文字水平放置。
- “与尺寸线对齐”单选按钮：选中该单选按钮，使标注文字方向与尺寸线方向一致。
- “ISO 标准”单选按钮：选中该单选按钮，使标注文字按 ISO 标准放置，当标注文字在尺寸界线之内时，它的方向与尺寸线方向一致，而在尺寸界线之外时将水平放置。

如图8-21所示显示了上述3种文字对齐方式。

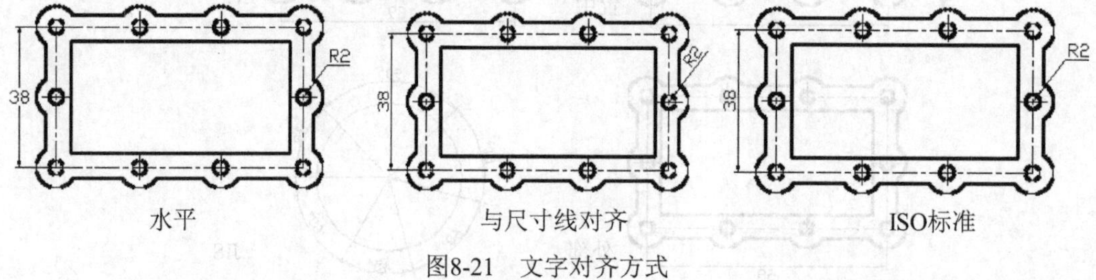

图8-21　文字对齐方式

8.2.5　设置调整

在“新建标注样式”对话框中，可以切换至“调整”选项卡设置标注文字、尺寸线和尺寸箭头的位置，如图8-22所示。

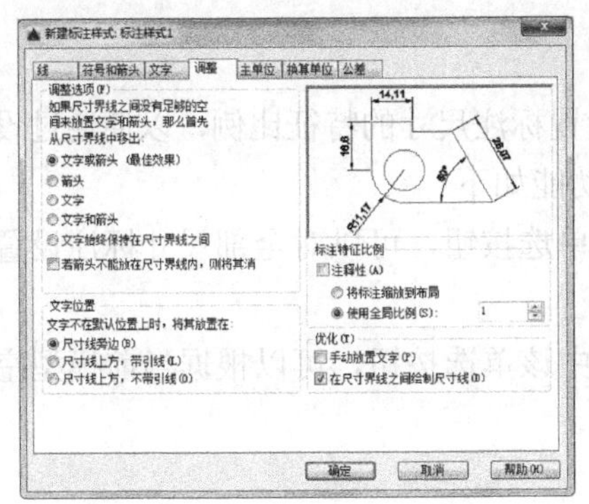

图8-22　“调整”选项卡

1. 调整选项

在“调整”选项卡的“调整选项”选项区域中，可以确定当尺寸界线之间没有足够的空间同时放置标注文字和箭头时，应从尺寸界线之间移出对象，如图8-23所示。

- “文字或箭头(最佳效果)”单选按钮：选中该单选按钮，按最佳效果自动移出文本或箭头。
- “箭头”单选按钮：选中该单选按钮，首先将箭头移出。
- “文字”单选按钮：选中该单选按钮，首先将文字移出。
- “文字和箭头”单选按钮：选中该单选按钮，将文字和箭头都移出。
- “文字始终保持在尺寸界线之间”单选按钮：选中该单选按钮，将文本始终保持在尺寸界线之内。
- “若箭头不能放在尺寸界线内，则将其消”复选框：如果选中该复选框，可以抑制箭头显示。

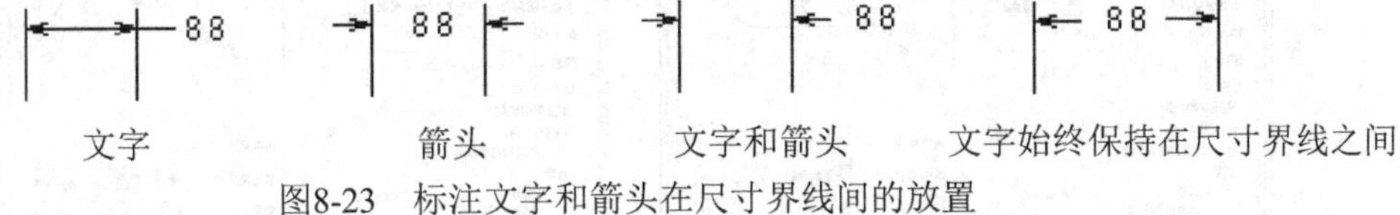

图8-23　标注文字和箭头在尺寸界线间的放置

2. 文字位置

在“调整”选项卡的“文字位置”选项区域中，用户可以设置当文字不在默认位置时的位置。其中各选项意义如下。

- “尺寸线旁边”单选按钮：选中该单选按钮，可以将文本放在尺寸线旁边。
- “尺寸线上方，带引线”单选按钮：选中该单选按钮，可以将文本放在尺寸线的上方，并带上引线。
- “尺寸线上方，不带引线”单选按钮：选中该单选按钮，可以将文本放在尺寸线的上方，但不带引线。

如图8-24所示为当文字不在默认位置时的3种位置设置效果。

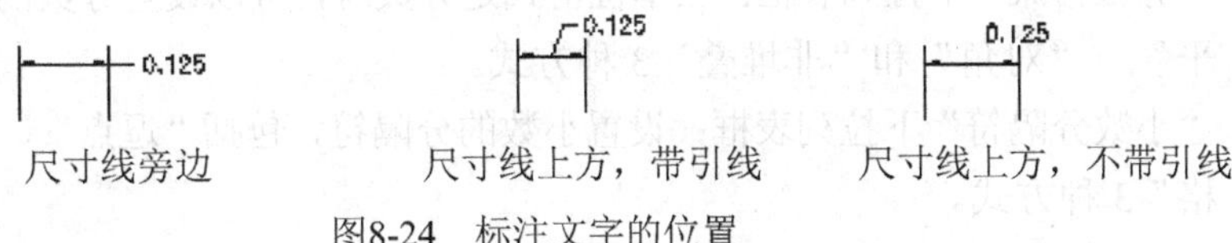

图8-24　标注文字的位置

3. 标注特征比例

在“标注特征比例”选项区域中，可以设置标注尺寸的特征比例，以便通过设置全局比例来增大或减小各标注的大小。各选项的功能如下。

- “使用全局比例”单选按钮：选中该单选按钮，可以对全部尺寸标注设置缩放比例，该比例不改变尺寸的测量值。
- “将标注缩放到布局”单选按钮：选中该单选按钮，可以根据当前模型空间视口与图纸空间之间的缩放关系设置比例。

4. 优化

在“优化”选项区域中，可以对标注文字和尺寸线进行细微调整，该选项区域包括以下两个复选框。

- “手动放置文字”复选框：选中该复选框，则忽略标注文字的水平设置，在标注时可手动将标注文字放置在指定的位置。
- “在尺寸界线之间绘制尺寸线”复选框：选中该复选框，当尺寸箭头放置在尺寸界线之外时，也可以在尺寸界线之内绘制出尺寸线。

8.2.6　设置主单位

在“新建标注样式”对话框中，可以使用“主单位”选项卡设置主单位的格式与精度等属性，如图8-25所示。

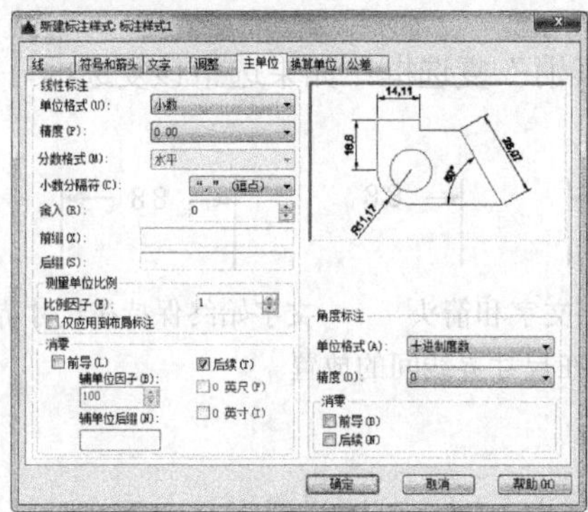

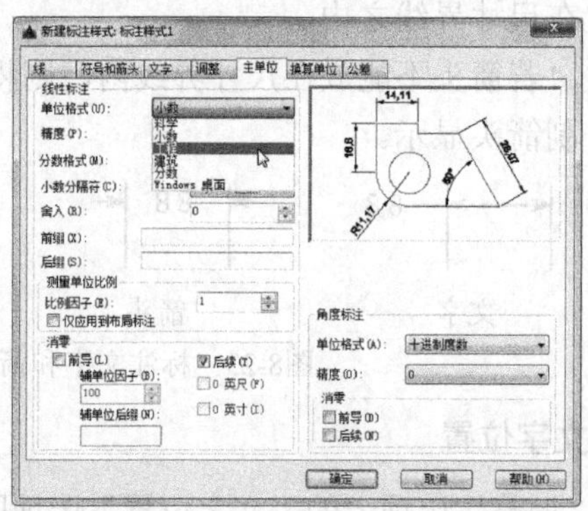

图8-25　“主单位”选项卡

1. 线性标注

在“线性标注”选项区域中可以设置线性标注的单位格式与精度，主要选项功能如下。

- “单位格式”下拉列表框：设置除角度标注之外的其余各标注类型的尺寸单位，包括“科学”、“小数”、“工程”、“建筑”和“分数”等选项。
- “精度”下拉列表框：设置除角度标注之外的其他标注的尺寸精度。
- “分数格式”下拉列表框：当单位格式是分数时，可以设置分数的格式，包括“水平”、“对角”和“非堆叠”3 种方式。
- “小数分隔符”下拉列表框：设置小数的分隔符，包括“逗点”、“句点”和“空格”3 种方式。

- “舍入”文本框：用于设置除角度标注之外的尺寸测量值的舍入值。
- “前缀”和“后缀”文本框：设置标注文字的前缀和后缀，在相应的文本框中输入字符即可。
- “测量单位比例”选项区域：使用“比例因子”文本框可以设置测量尺寸的缩放比例，AutoCAD 的实际标注值为测量值与该比例的积。选中“仅应用到布局标注”复选框，可以设置该测量单位比例关系仅适用于布局。
- “消零”选项区域：可以设置是否显示尺寸标注中的“前导”和“后续”零。

2. 角度标注

在“角度标注”选项区域中，可以在“单位格式”下拉列表框内设置标注角度的单位，在“精度”下拉列表框内设置标注角度的尺寸精度，在“消零”选项区域内设置是否消除角度尺寸的“前导”和“后续”零。

8.2.7 设置单位换算

在“新建标注样式”对话框中，可以使用“换算单位”选项卡设置换算单位的格式，如图8-26所示。

在AutoCAD 2018中，通过换算标注单位，可以转换使用不同测量单位制的标注，通常是显示英制标注的等效公制标注，或公制标注的等效英制标注。在标注文字中，换算标注单位显示在主单位旁边的方括号[ ]中，如图8-27所示。

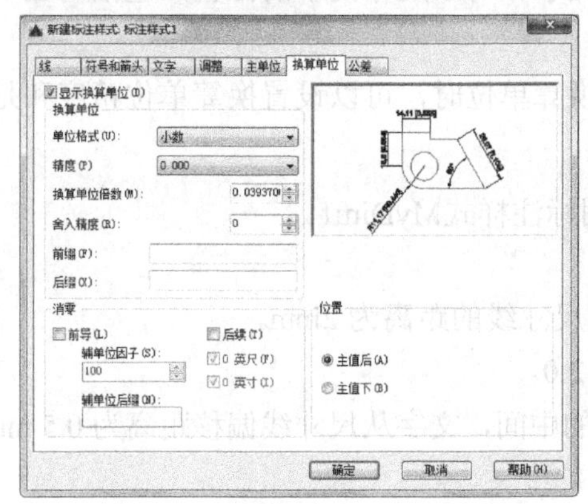

图8-26 “换算单位”选项卡

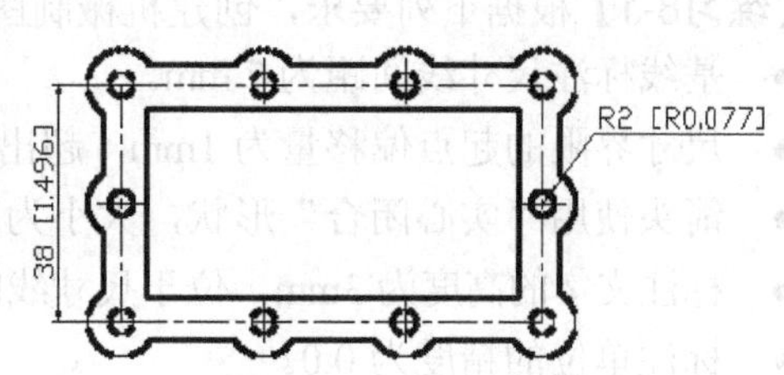

图8-27 使用换算单位

选中“显示换算单位”复选框后，该对话框的其他选项才可用，可以在“换算单位”选项区域中设置换算单位的“单位格式”、“精度”、“换算单位倍数”、“舍入精度”、“前缀”及“后缀”等，操作方法与设置主单位的方法相同。

8.2.8 设置公差

在“新建标注样式”对话框中，可以使用“公差”选项卡设置是否标注公差，以及用何种方式进行标注，如图8-28所示。

在“公差格式”选项区域中，可以设置公差的标注格式，部分选项的功能说明如下。

- “方式”下拉列表框：确定以何种方式标注公差，具体方式如图 8-29 所示。

图8-28　“公差”选项卡

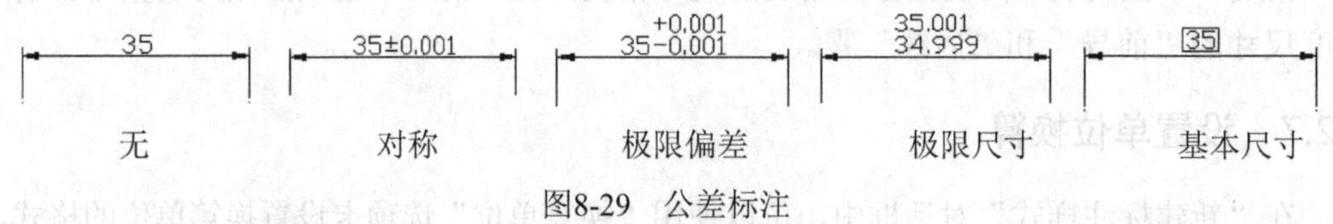

图8-29　公差标注

- “上偏差”、“下偏差”文本框：设置尺寸的上偏差、下偏差。
- “高度比例”文本框：确定公差文字的高度比例因子。确定后，AutoCAD 2018 将该比例因子与尺寸文字高度之积作为公差文字的高度。
- “垂直位置”下拉列表框：控制公差文字相对于尺寸文字的位置，包括“上”、“中”和“下”3 种方式。
- “换算单位公差”选项区域：当标注换算单位时，可以设置换算单位精度和是否消零。

【练习8-1】根据下列要求，创建机械制图标注样式MyDim1。

- 基线标注尺寸线间距为 7 mm。
- 尺寸界限的起点偏移量为 1mm，超出尺寸线的距离为 2mm。
- 箭头使用“实心闭合”形状，大小为 2.0。
- 标注文字的高度为 3mm，位于尺寸线的中间，文字从尺寸线偏移距离为 0.5 mm。
- 标注单位的精度为 0.0。

(1) 在“标注”面板中单击“标注，标注样式”按钮，打开“标注样式管理器”对话框，如图 8-30 所示。

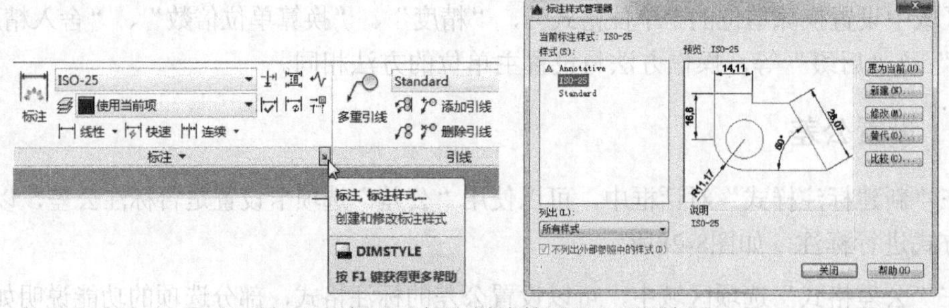

图8-30　打开“标注样式管理器”对话框

(2) 单击“新建”按钮，打开“创建新标注样式”对话框。在“新样式名”文本框中输入新建样式的名称 MyDim1，如图 8-31 所示。

(3) 单击“继续”按钮，然后在打开的“新建标注样式: MyDim1”对话框中选择“线”选项卡，并在“尺寸线”选项区域中，设置“基线间距”为 7mm; 在“尺寸界线”选项区域中，设置“超出尺寸线”为 2mm，设置“起点偏移量”为 1mm，如图 8-32 所示。

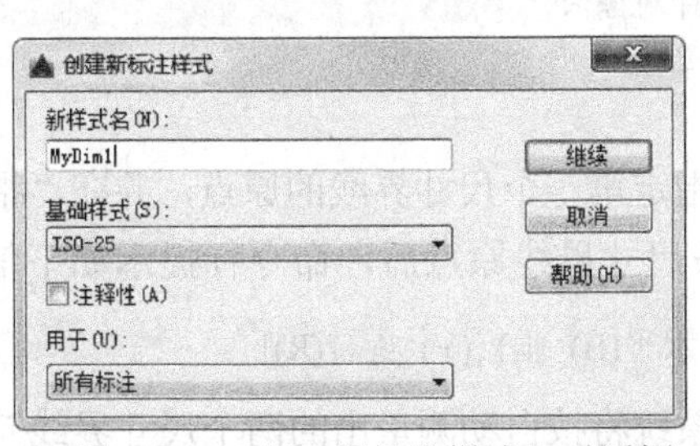

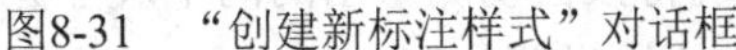

图8-31　“创建新标注样式”对话框

图8-32　“新建标注样式：MyDim1”对话框

(4) 选择“符号和箭头”选项卡，然后在“箭头”选项区域的“第一个”和“第二个”下拉列表框中选择“实心闭合”选项，并设置“箭头大小”为 2，如图 8-33 所示。

(5) 选择“文字”选项卡，在“文字外观”选项区域中设置“文字高度”为 3 mm; 在“文字位置”选项区域中，设置“水平”为“居中”，设置“从尺寸线偏移”为 0.5mm，如图 8-34 所示。

(6) 选择“主单位”选项卡，在“线性标注”选项区域中设置“精度”为 0.0。

(7) 设置完毕，单击“确定”按钮，关闭“新建标注样式: MyDim1”对话框。然后再单击“关闭”按钮，关闭“标注样式管理器”对话框。

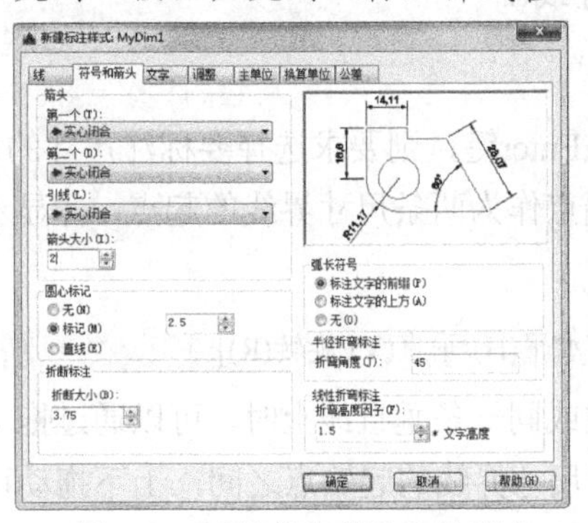

图8-33　“符号和箭头”选项卡

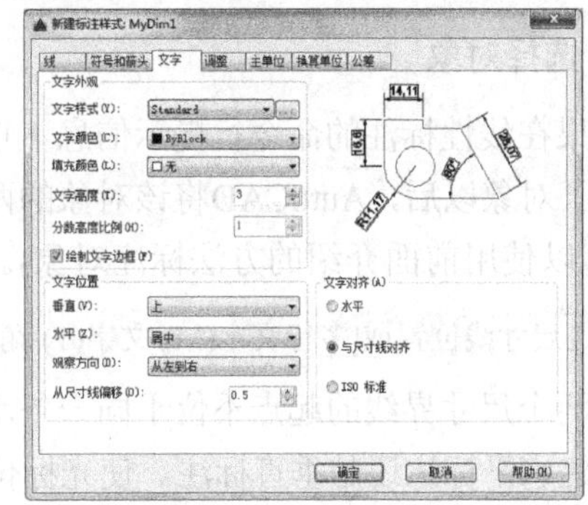

图8-34　“文字”选项卡

8.3　长度型尺寸标注

长度型尺寸标注用于标注图形中两点间的长度，可以是端点、交点或能够识别的任意两个点。在AutoCAD 2018中，长度型尺寸标注包括多种类型，如线性标注、对齐标注、弧长标注、基线标注和连续标注等。

8.3.1 线性标注

在快速访问工具栏中选择“显示菜单栏”命令，在弹出的菜单中选择“标注”|“线性”命令，或在“功能区”选项板中选择“注释”选项卡，在“标注”面板中单击“线性”按钮 线性，可以创建用于标注用户坐标系XY平面中的两个点之间的距离测量值，并通过指定点或选择一个对象来实现，此时命令行提示如下信息：

```
DIMLINEAR指定第一个尺寸界线原点或 <选择对象>:
```

1. 指定起点

默认情况下，在命令行提示信息下直接指定第一个尺寸界线的原点，并在“指定第二条尺寸界线原点:”提示信息下指定了第二条尺寸界线原点后，命令行提示如下信息。

```
DIMLINEAR [多行文字(M) 文字(T) 角度(A) 水平(H) 垂直(V) 旋转(R)]:
```

默认情况下，指定了尺寸线的位置后，系统将按自动测量出的两个尺寸界线起始点间的相应距离标注出尺寸。此外，其他各选项的功能说明如下。

- “多行文字(M)”选项：选择该选项将进入多行文字编辑模式，可以使用“多行文字编辑器”对话框输入并设置标注文字。其中，文字输入窗口中的尖括号(< >)表示系统测量值。
- “文字(T)”选项：可以以单行文字的形式输入标注文字，此时将显示“输入标注文字 <1>:”提示信息，要求输入标注文字。
- “角度(A)”选项：设置标注文字的旋转角度。
- “水平(H)”选项和“垂直(V)”选项：标注水平尺寸和垂直尺寸。可以直接确定尺寸线的位置，也可以选择其他选项来指定标注文字内容或者标注文字的旋转角度。
- “旋转(R)”选项：旋转标注对象的尺寸线。

2. 选择对象

如果在线性标注的命令行提示信息下直接按Enter键，则要求选择要标注尺寸的对象。当选择了对象以后，AutoCAD将该对象的两个端点作为两条尺寸界线的起点，并显示如下提示(可以使用前面介绍的方法标注对象)。

```
指定尺寸线位置或[多行文字(M)/文字(T)/角度(A)/水平(H)/垂直(V)/旋转(R)]:
```

当两个尺寸界线的起点不位于同一条水平线或同一条垂直线上时，可以通过拖动来确定是创建水平标注还是垂直标注。使光标位于两尺寸界线的起始点之间，上下拖动可引出水平尺寸线；使光标位于两尺寸界线的起始点之间，左右拖动则可引出垂直尺寸线。

8.3.2 对齐标注

在快速访问工具栏中选择“显示菜单栏”命令，在弹出的菜单中选择“标注”|“对齐”命令，或在“功能区”选项板中选择“注释”选项卡，在“标注”面板中单击“已对齐”按钮 已对齐，可以对对象进行对齐标注，命令行提示如下信息：

```
DIMALIGNED指定第一条尺寸界线原点或 <选择对象>:
```

由此可见，对齐标注是线性标注的一种特殊形式。在对直线段进行标注时，如果该直线的倾斜角度未知，那么使用线性标注方法将无法得到准确的测量结果，这时可以使用对齐标注。

【练习8-2】标注图8-40中的长度尺寸。

(1) 在“注释”选项卡的“标注”选项板中单击“线性”按钮⊢ 线性，如图 8-35 所示。

(2) 在状态栏上单击“对象捕捉”按钮，打开对象捕捉模式，如图 8-36 所示。

(3) 在图样上捕捉点 A，指定第一条尺寸界线的原点，在图样上捕捉点 B，指定第二条尺寸界线的原点。

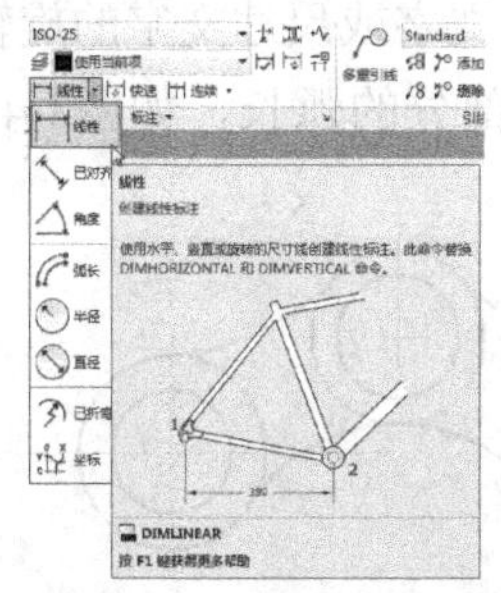

图8-35　“标注”选项板

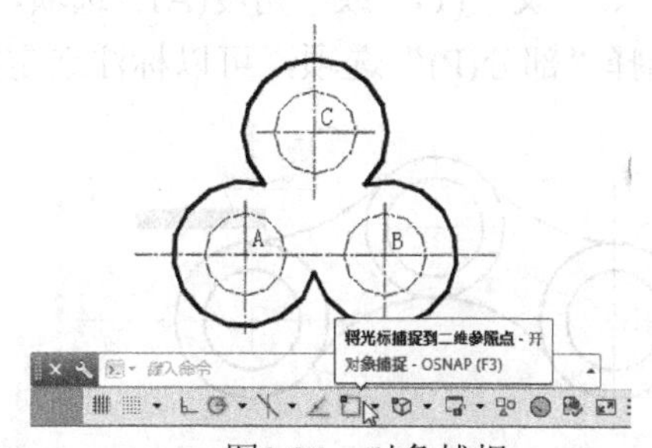

图8-36　对象捕捉

(4) 在命令提示行输入 H，创建水平标注，然后拖动光标，在合适的位置单击，确定尺寸线的位置，结果如图 8-37 所示。

(5) 在“功能区”选项板中选择“注释”选项卡，在“标注”面板中单击“已对齐”按钮↖ 已对齐，如图 8-38 所示。

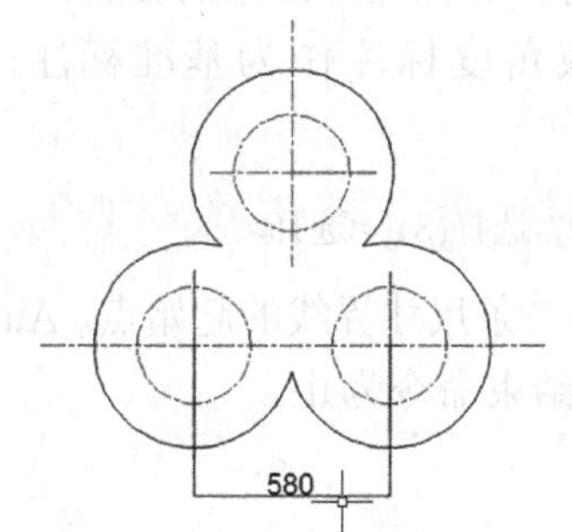

图8-37　使用线性标注进行水平标注

图8-38　单击“已对齐”按钮

(6) 捕捉点 B 和点 C，然后拖动鼠标，在合适的位置单击确定尺寸线的位置，如图 8-39 所示。完成的标注如图 8-40 所示。

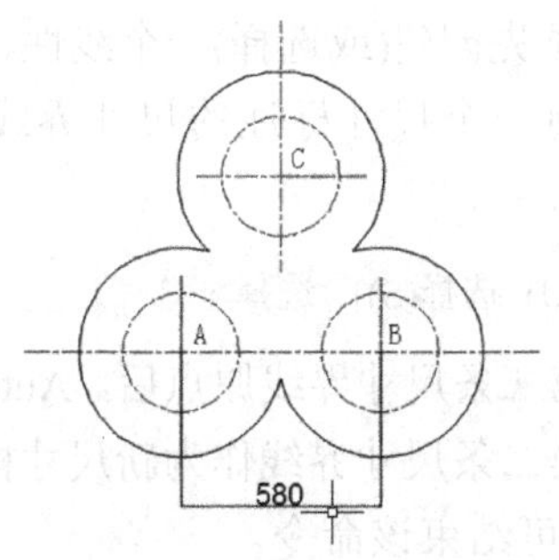

图8-39　捕捉B点和C点

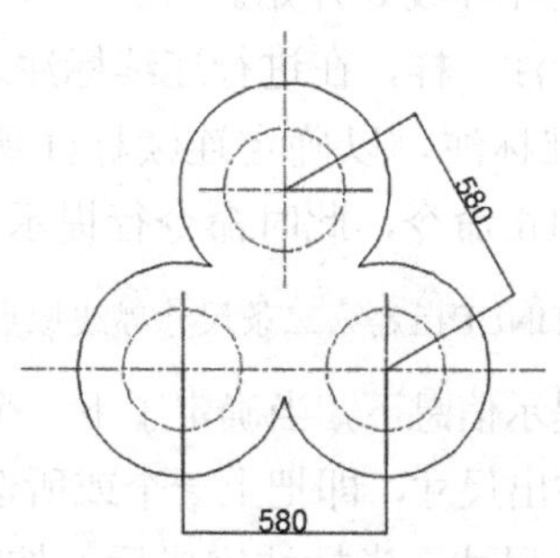

图8-40　标注尺寸

8.3.3 弧长标注

在快速访问工具栏中选择“显示菜单栏”命令，在弹出的菜单中选择“标注”|“弧长”命令，或在“功能区”选项板中选择“注释”选项卡，在“标注”面板中单击“弧长”按钮，可以标注圆弧线段或多段线圆弧线段部分的弧长。当选择需要标注的对象后，命令行提示如下信息：

```
DIMARC指定弧长标注位置或 [多行文字(M) 文字(T) 角度(A) 部分(P) 引线(L)]:
```

当指定了尺寸线的位置后，系统将按实际测量值标注出圆弧的长度。也可以利用“多行文字(M)”、“文字(T)”或“角度(A)”选项，确定尺寸文字或尺寸文字的旋转角度。另外，如果选择“部分(P)”选项，可以标注选定圆弧某一部分的弧长，如图8-41所示。

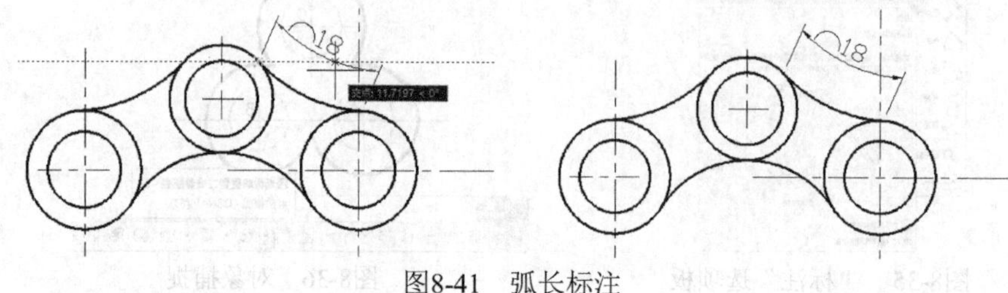

图8-41　弧长标注

8.3.4 基线标注

在快速访问工具栏中选择“显示菜单栏”命令，在弹出的菜单中选择“标注”|“基线”命令(DIMBASELINE)，可以创建一系列由相同的标注原点测量出来的标注。在进行基线标注之前必须先创建(或选择)一个线性、坐标或角度标注作为基准标注，然后执行DIMBASELINE命令，此时命令行提示如下信息。

```
DIMBASELINE指定第二条尺寸界线原点或 [放弃(U) 选择(S)] <选择>:
```

在以上提示下，可以直接确定下一个尺寸的第二条尺寸界线的起始点。AutoCAD 2018将按基线标注方式标注出尺寸，直到按下Enter键结束命令为止。

8.3.5 连续标注

在快速访问工具栏中选择“显示菜单栏”命令，在弹出的菜单中选择“标注”|“连续”命令(DIMCONTINUE)，可以创建一系列端对端放置的标注，每个连续标注都从前一个标注的第二个尺寸界线处开始。

与基线标注一样，在进行连续标注之前，必须先创建(或选择)一个线性、坐标或角度标注作为基准标注，以确定连续标注所需要的前一个尺寸标注的尺寸界线，然后执行DIMCONTINUE命令，此时命令行提示如下信息。

```
DIMCONTINUE指定第二条尺寸界线原点或 [放弃(U) 选择(S)] <选择>:
```

在以上提示信息下，当确定了下一个尺寸的第二条尺寸界线原点后，AutoCAD按连续标注方式标注出尺寸，即把上一个或所选标注的第二条尺寸界线作为新尺寸标注的第一条尺寸界线标注尺寸。当标注完成后，按Enter键即可结束该命令。

【练习8-3】标注如图8-45所示图形中的长度尺寸。

(1) 在“功能区”选项板中选择“注释”选项卡，在“标注”面板中单击“已对齐”按钮 已对齐。

(2) 在状态栏上单击“对象捕捉”按钮打开对象捕捉模式。在图样上捕捉点 A，指定第一条尺寸界线的原点，在图样上捕捉点 B，指定第二条尺寸界线的原点。

(3) 在命令提示行输入 H，创建水平标注，拖动光标并单击，确定尺寸线的位置，结果如图 8-42 所示。

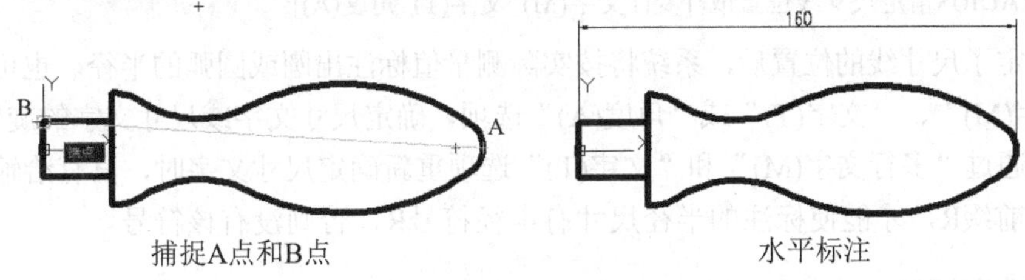

捕捉A点和B点　　水平标注

图8-42　使用线性尺寸标注进行水平标注

(4) 在图形中单击图形圆弧上的中点 C，指定尺寸界线的起点。在图形上捕捉圆弧上的中点 D，指定尺寸界线的终点，如图 8-43 所示。

(5) 在命令提示行输入 V，创建垂直标注，拖动光标并单击，效果如图 8-44 所示。

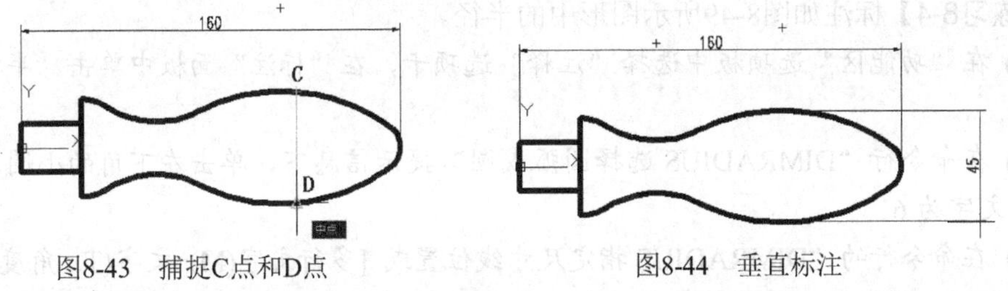

图8-43　捕捉C点和D点　　图8-44　垂直标注

(6) 使用同样的操作方法标注图形中的其他长度尺寸，如图 8-45 所示。

(7) 最后，选择“文件”|“另存为”命令，打开“图形另存为”对话框，将标注的图形保存，如图 8-46 所示。

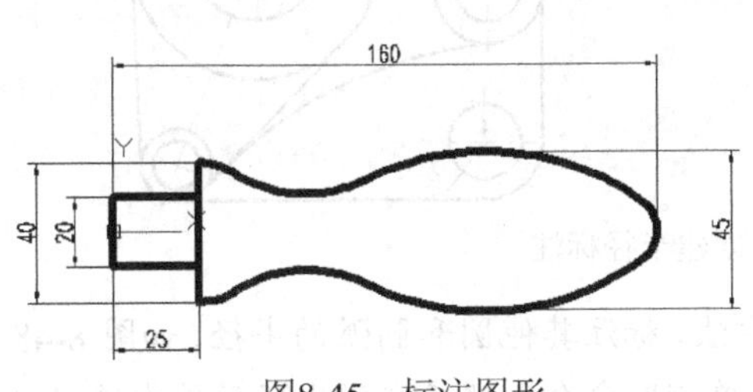

图8-45　标注图形

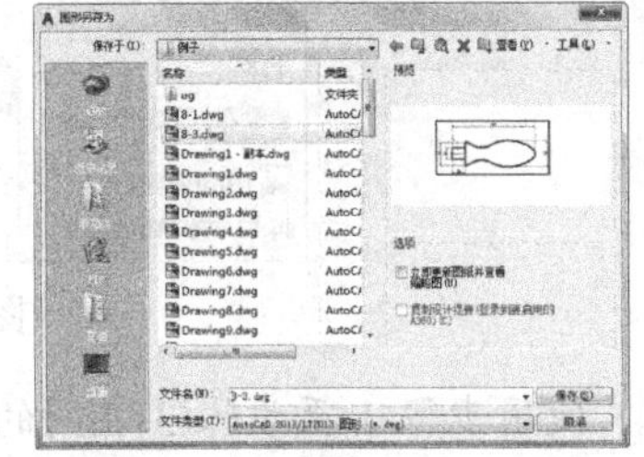

图8-46　“图形另存为”对话框

8.4　半径、直径和圆心标注

在AutoCAD 2018中，可以使用“标注”菜单中的“半径”、“直径”与“圆心”命令，标注圆或圆弧的半径尺寸、直径尺寸及圆心位置。

8.4.1　半径标注

在快速访问工具栏中选择“显示菜单栏”命令，在弹出的菜单中选择“标注”|“半径”命令(DIMRADIUS)，或在“功能区”选项板中选择“注释”选项卡，在“标注”面板中单击“半径”按钮半径，可以标注圆和圆弧的半径。执行该命令，并选择要标注半径的圆弧或圆，此时命令行提示如下信息。

```
DIMRADIUS指定尺寸线位置或 [多行文字(M) 文字(T) 角度(A)]:
```

当指定了尺寸线的位置后，系统将按实际测量值标注出圆或圆弧的半径。也可以利用“多行文字(M)”、“文字(T)”或“角度(A)”选项，确定尺寸文字或尺寸文字的旋转角度。其中，当通过“多行文字(M)”和“文字(T)”选项重新确定尺寸文字时，只有给输入的尺寸文字加前缀R，才能使标注的半径尺寸有半径符号R，否则没有该符号。

8.4.2　折弯标注

在快速访问工具栏中选择“显示菜单栏”命令，在弹出的菜单中选择“标注”|“折弯”命令(DIMJOGGED)，可以折弯标注圆和圆弧的半径。折弯标注方法与半径标注方法基本相同，但需要指定一个位置代替圆或圆弧的圆心。

【练习8-4】 标注如图8-49所示图形中的半径。

(1) 在“功能区”选项板中选择“注释”选项卡，在“标注”面板中单击“半径”按钮半径。

(2) 在命令行“DIMRADIUS 选择圆弧或圆”提示信息下，单击左下角的小圆，将显示标注文字为 6。

(3) 在命令行的“DIMRADIUS 指定尺寸线位置或 [多行文字(M) 文字(T) 角度(A)]:”提示信息下，单击圆内任意位置，确定尺寸线位置，则标注结果如图 8-47 所示。

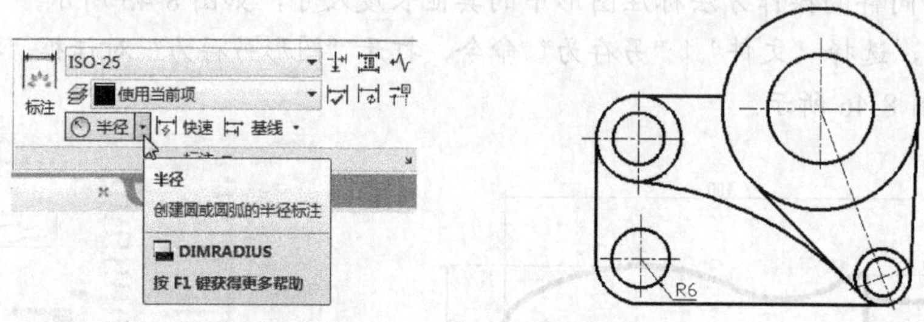

图8-47　创建半径标注

(4) 使用步骤(1)至步骤(3)相同的操作方法，标注其他圆和圆弧的半径，如图 8-48 所示。

(5) 在快速访问工具栏中选择“显示菜单栏”命令，然后在弹出的菜单中选择“标注”|“折弯”命令。

(6) 在命令行的“DIMJOGGED 选择圆弧或圆”提示信息下，单击右上角的大圆。

(7) 在命令行的“DIMJOGGED 指定图示中心位置:”提示信息下，单击圆内任意位置，确定用于替代中心位置的点，此时将显示标注文字为 22。

(8) 在命令行的“DIMJOGGED 指定尺寸线位置或 [多行文字(M) 文字(T) 角度(A)]:”提示信息下，单击圆内任意位置，确定尺寸线位置。

(9) 在命令行的“DIMJOGGED 指定折弯位置:”提示信息下，指定折弯位置，则折弯标注结果如图 8-49 所示。

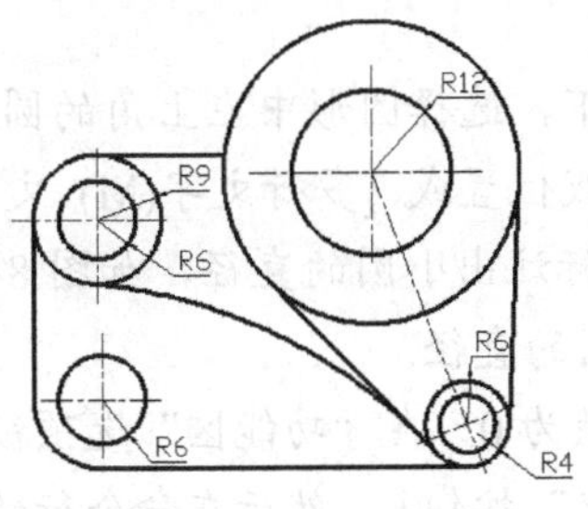

图8-48　创建其他半径标注

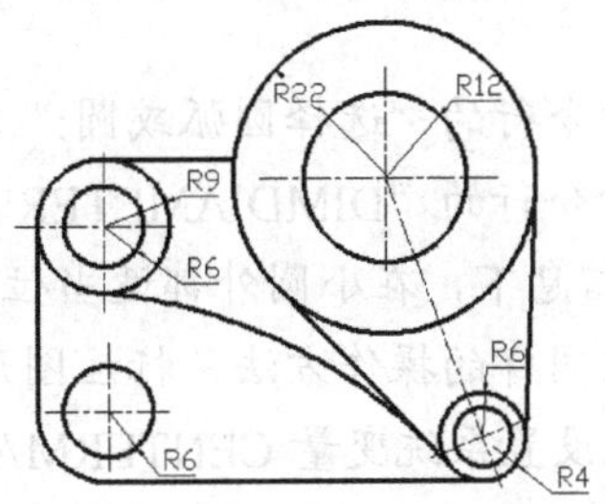

图8-49　创建折弯标注

8.4.3　直径标注

在快速访问工具栏中选择“显示菜单栏”命令，在弹出的菜单中选择“标注”|“直径”命令(DIMDIAMETER)，或在“功能区”选项板中选择“注释”选项卡，在“标注”面板中单击“直径标注”按钮⃠直径，可以标注圆和圆弧的直径。

直径标注的方法与半径标注的方法相同。当选择了需要标注直径的圆或圆弧后，直接确定尺寸线的位置，系统将按实际测量值标注出圆或圆弧的直径。并且，当通过“多行文字(M)”和“文字(T)”选项重新确定尺寸文字时，需要在尺寸文字前加前缀%%C，才能使标出的直径尺寸显示直径符号Φ。

8.4.4　圆心标记

圆心标记是在选定的圆或圆弧的中心处创建的十字形标记。可以是圆和圆弧的关联对象或非关联对象。

圆心标记是关联对象，当移动或修改关联对象(圆和圆弧)时，圆心标记和中心线将进行相应的调整；圆心标记是非关联对象，如果移动或修改关联对象(圆和圆弧)，圆心标记和中心线则保持原状并不进行调整。有以下两种方式创建圆心标记。

方式一，在快速访问工具栏中选择“显示菜单栏”命令，在弹出的菜单中选择“标注”|“圆心标记”命令(DIMCENTER)，只需要选择待标注的圆弧或圆，即可标注圆或圆弧的圆心。由此创建的是圆或圆弧的非关联圆心标记。

该方式创建的圆心标记的形式可以由系统变量DIMCEN设置。当该变量的值大于0时，作圆心标记，且该值是圆心标记线长度的一半；当变量的值小于0时，画出中心线，且该值是圆心处小十字线长度的一半。

方式二，在“功能区”选项板中选择“注释”选项卡，在“中心线”面板中单击“圆心标记”按钮⊕，使用 CENTERMARK命令创建圆或圆弧的关联圆心标记。

使用CENTERDISASSOCIATE命令可以从对象中取消圆心标记的关联性，或使用CENTERREASSOCIATE命令则可以将圆心标记重新关联到选定对象。

隐藏或显示从圆心标记延伸的中心线可以由系统变量CENTERMARKEXE设置。当输入变量的值为 0(关)时，仅添加圆心标记；当输入变量的值为 1(开)时，则显示从圆心标记延伸的中心线。

【练习8-5】标注如图8-51所示图形中的直径和圆心。

(1) 在“功能区”选项板中选择“注释”选项卡，在“标注”面板中单击“直径标注”按钮⊘直径。

(2) 在命令行的“选择圆弧或圆:”提示信息下，选择图形中左上角的圆。

(3) 在命令行的“DIMDIAMETER 指定尺寸线位置或 [多行文字(M) 文字(T) 角度(A)]:”提示信息下，在小圆外部适当位置单击，标注出小圆的直径，如图 8-50 所示。

(4) 使用同样的操作方法，标注图形中其他圆的直径。

(5) 首先设置系统变量 CENTERMARKEXE 值为 0。在“功能区”选项板中选择“注释”选项卡，在“中心线”面板中单击“圆心标记”按钮⊕，然后在命令行的“选择要添加圆心标记的圆弧或圆:”提示信息下，选择图形左下角的圆，标记该圆的圆心，效果如图 8-51 所示。

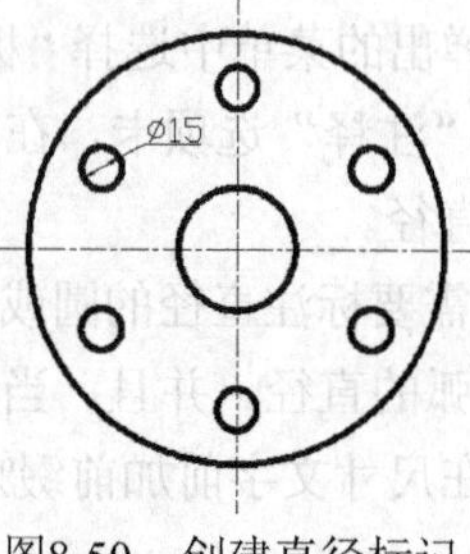

图8-50　创建直径标记

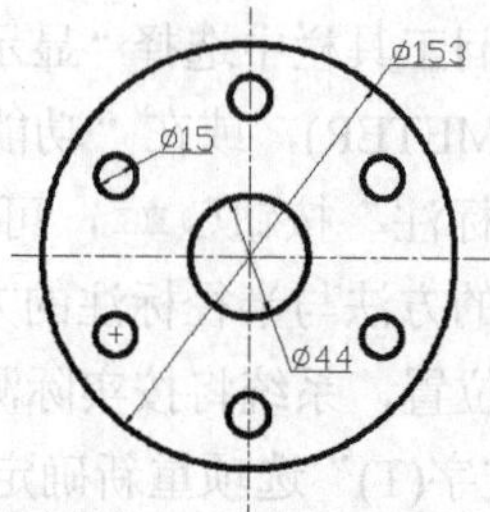

图8-51　创建圆心标记

8.5　角度标注与其他类型的标注

在AutoCAD 2018中，除了前面介绍的几种常用尺寸标注外，还可以使用角度标注及其他类型的标注功能，对图形中的角度、坐标等元素进行标注。

8.5.1　角度标注

在快速访问工具栏中选择“显示菜单栏”命令，在弹出的菜单中选择“标注”|“角度”命令(DIMANGULAR)，或在“功能区”选项板中选择“注释”选项卡，在“标注”面板中单击“角度”按钮⊿角度，都可以测量圆和圆弧的角度、两条直线间的角度，或者三点间的角度，如图8-52所示。

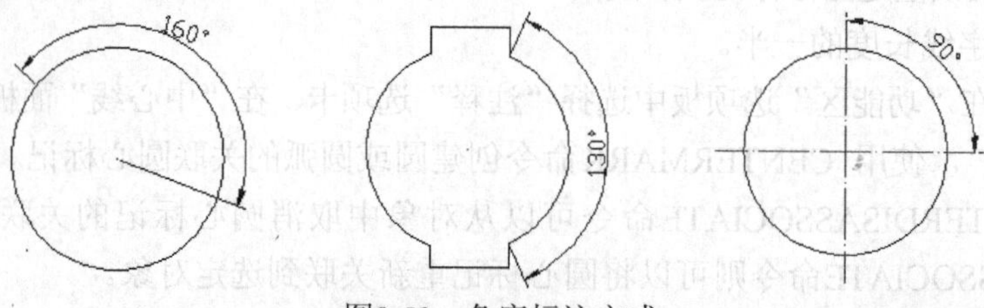

图8-52　角度标注方式

执行DIMANGULAR命令，此时命令行提示信息如下。

```
DIMANGULAR选择圆弧、圆、直线或 <指定顶点>:
```

在该提示信息下，可以选择需要标注的对象，其功能说明如下。

- 标注圆弧角度：当选择圆弧时，命令行显示“DIMANGULAR 指定标注弧线位置或 [多行文字(M) 文字(T) 角度(A)]:”提示信息。此时，如果直接确定标注弧线的位置，AutoCAD 会按实际测量值标注出角度。也可以选择“多行文字(M)”、“文字(T)”及“角度(A)”选项，设置尺寸文字和旋转角度。
- 标注圆角度：当选择圆时，命令行显示“DIMANGULAR 指定角的第二个端点:”提示信息，要求确定另一个点作为角的第二个端点。该点可以在圆上，也可以不在圆上，然后再确定标注弧线的位置。此时标注的角度将以圆心为角度的顶点。
- 标注两条不平行直线之间的夹角：需要选择这两条直线，然后确定标注弧线的位置，AutoCAD 将自动标注出这两条直线的夹角。
- 根据 3 个点标注角度：此时首先需要确定角的顶点，然后分别指定角的两个端点，最后指定标注弧线的位置。

注意：

当选择“多行文字(M)”和“文字(T)”选项重新确定尺寸文字时，只有给新输入的尺寸文字加后缀%%D，才能使标注出的角度值有度(°)符号，否则没有该符号。

8.5.2 折弯线性标注

在快速访问工具栏中选择“显示菜单栏”命令，在弹出的菜单中选择“标注”|“折弯线性”命令(DIMJOGLINE)，或在“功能区”选项板中选择“注释”选项卡，在“标注”面板中单击“标注，折弯标注”按钮，都可以在线性或对齐标注上添加或删除折弯线。此时只需选择线性标注或对齐标注即可。

【练习8-6】在图8-49中添加角度标注，并为标注31添加折弯线。

(1) 启动 AutoCAD 2018，打开如图 8-49 所示的文件，然后在“功能区”选项板中选择“注释”选项卡，在“标注”面板中单击“角度”按钮角度。

(2) 在命令行的“DIMANGULAR 选择圆弧、圆、直线或<指定顶点>:”提示信息下，选择横向的直线。

(3) 在命令行的“DIMANGULAR 选择第二条直线:”提示信息下，选择竖直的直线。

(4) 在命令行的“DIMANGULAR 指定标注弧线位置或[多行文字(M) 文字(T) 角度(A)]:”提示信息下，在直线之间单击，确定标注弧线的位置，标注出这两条直线之间的夹角，如图 8-53 所示。

(5) 在“功能区”选项板中选择“注释”选项卡，在“标注”面板中单击“线性”按钮线性，为图形右侧的直线创建线性标注。

(6) 在快速访问工具栏中选择“显示菜单栏”命令，在弹出的菜单中选择“标注”|“折弯线性”命令。

(7) 在命令行的“DIMJOGLINE 选择要添加折弯的标注或 [删除(R)]:”提示信息下，选择标注 31。

(8) 在命令行的“DIMJOGLINE 选择要添加折弯的标注或 [删除(R)]:”提示信息下，在适当位置单击，效果如图 8-54 所示。

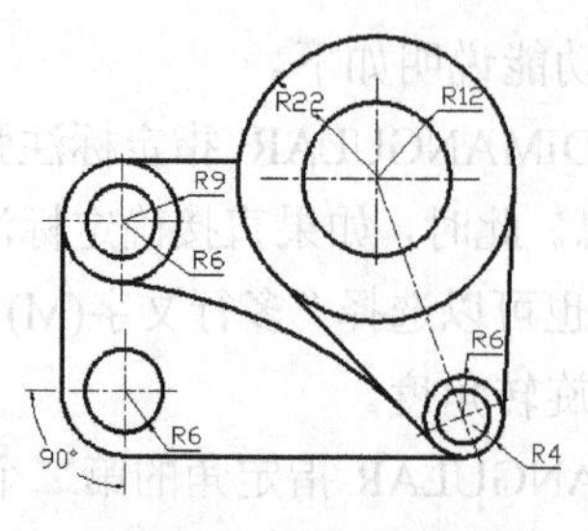

图8-53　标注直线夹角

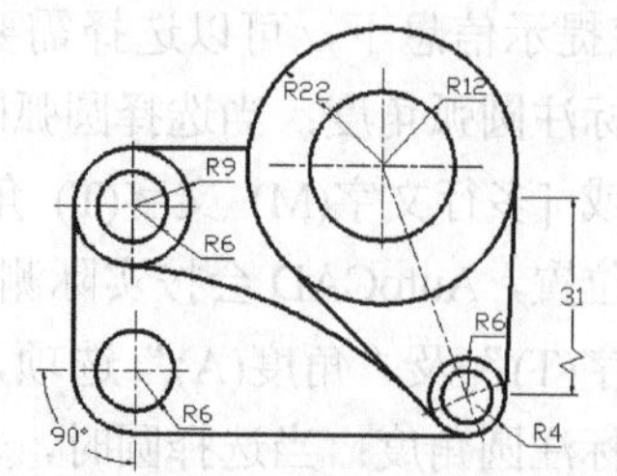

图8-54　折弯线性标注效果

8.5.3　多重引线标注

在快速访问工具栏中选择“显示菜单栏”命令，在弹出的菜单中选择“标注”|“多重引线”命令(MLEADER)，或在“功能区”选项板中选择“注释”选项卡，在“引线”面板(如图8-55所示)中单击“多重引线”按钮，都可以创建引线和注释，并且可以设置引线和注释的样式。

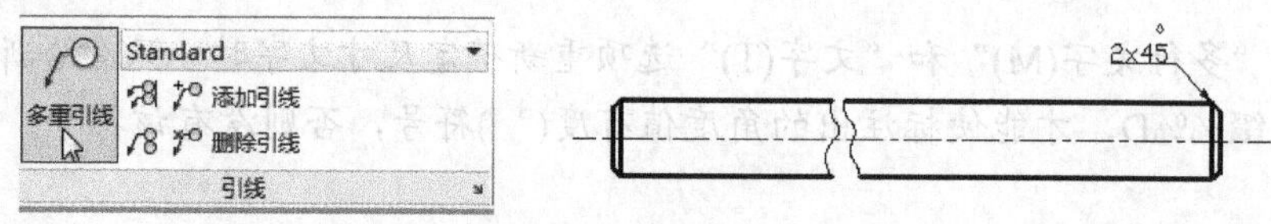

图8-55　创建多重引线

1. 创建多重引线标注

执行“多重引线”命令时，命令行将提示“MLEADER指定引线箭头的位置或 [引线钩线优先(L) 内容优先(C) 选项(O)] <选项>:”，在图形中单击确定引线箭头的位置，然后在打开的文字输入窗口输入注释内容即可。如图8-56所示为在倒角位置添加倒角的文字注释。

在“引线”面板中单击“添加引线”按钮，可以为图形继续添加多个引线和注释。如图8-58所示为在图8-57中再添加一个倒角引线注释。

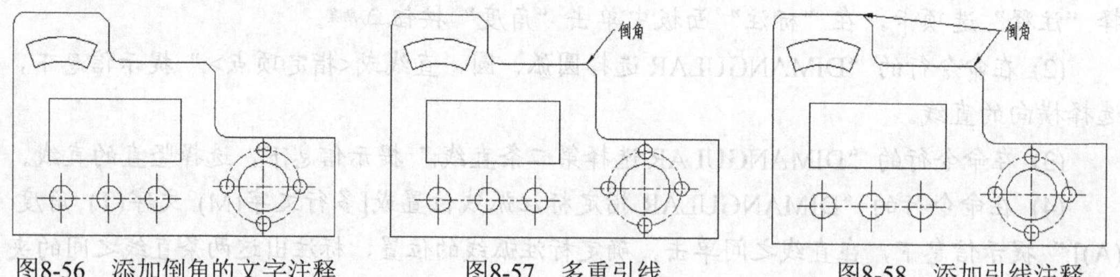

图8-56　添加倒角的文字注释　　图8-57　多重引线　　图8-58　添加引线注释

2. 管理多重引线样式

在“引线”面板中单击“多重引线样式管理器”按钮，将打开“多重引线样式管理器”对话框，如图8-59所示。该对话框和“标注样式管理器”对话框功能相似，可以设置多重引线的格式、结构和内容。单击“新建”按钮，在打开的“创建新多重引线样式”对话框中可以创建新多重引线样式，如图8-60所示。

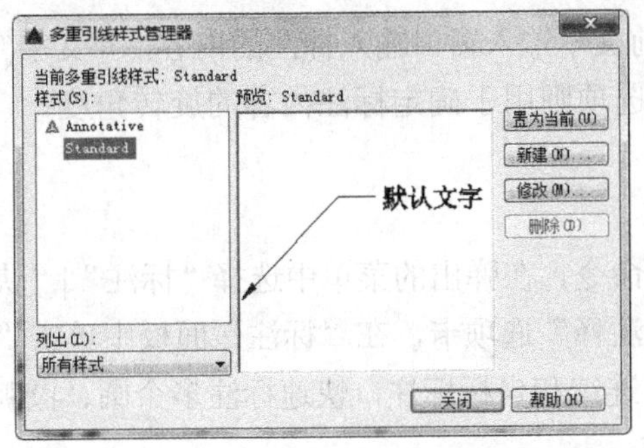

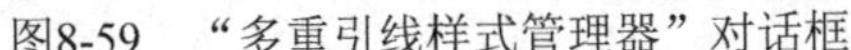

图8-59 “多重引线样式管理器”对话框

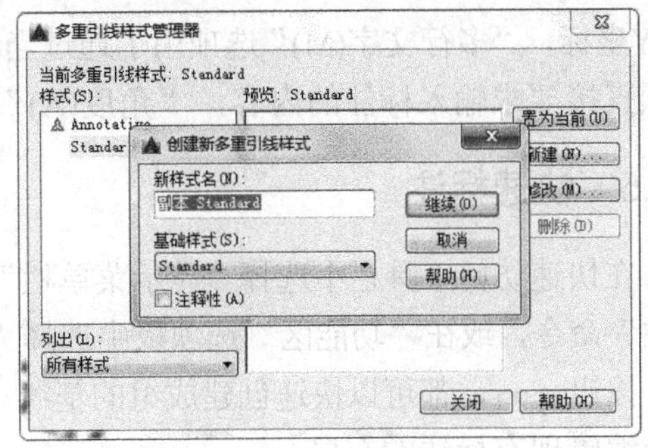

图8-60 “创建新多重引线样式”对话框

设置了新样式的名称和基础样式后，单击该对话框中的“继续”按钮，将打开“修改多重引线样式”对话框，可以创建多重引线的格式、结构和内容，如图8-61所示。

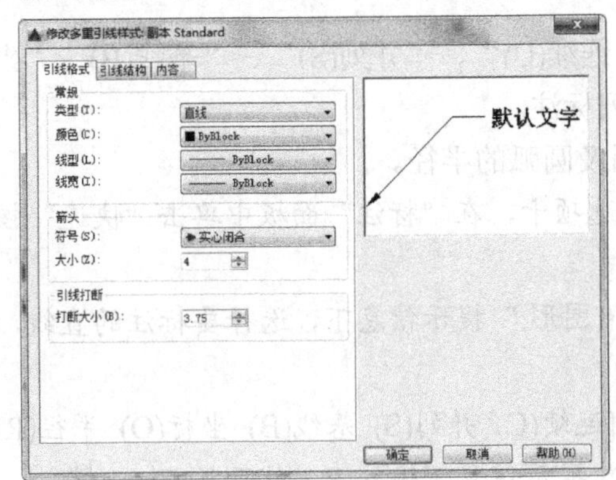

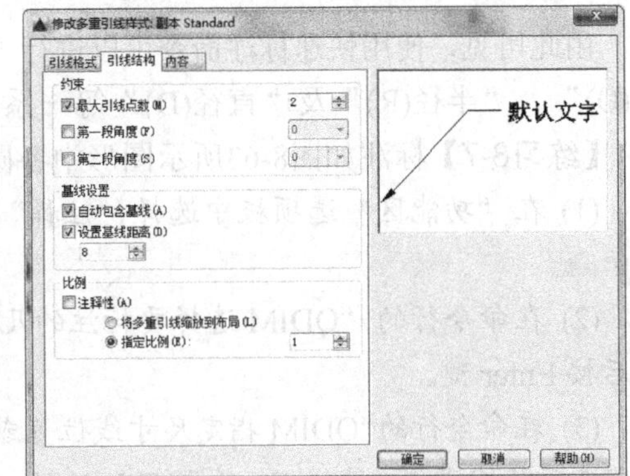

图8-61 “修改多重引线样式”对话框

用户自定义多重引线样式后，单击“确定”按钮。然后在“多重引线样式管理器”对话框中将新样式设置为当前样式即可。

8.5.4 坐标标注

在快速访问工具栏中选择“显示菜单栏”命令，在弹出的菜单中选择“标注”|“坐标”命令，或在“功能区”选项板中选择“注释”选项卡，在“标注”面板中单击“坐标”按钮 坐标，都可以标注相对于用户坐标原点的坐标，此时命令行提示如下信息。

DIMORDINATE指定点坐标:

在以上提示下确定要标注坐标尺寸的点，然后系统将显示“指定引线端点或 [X 基准(X) Y 基准(Y) 多行文字(M) 文字(T) 角度(A)]:”提示信息。默认情况下，指定引线的端点位置后，系统将在该点标注出指定点坐标。

注意：

在“指定点坐标:”提示信息下确定引线的端点位置之前，应首先确定标注点坐标是X坐标还是Y坐标。如果在此提示下相对于标注点上下移动光标，将标注点的X坐标；若相对于标注点左右移动光标，则标注点的Y坐标。

此外，在命令提示信息中，“X基准(X)”、“Y基准(Y)”选项分别用来标注指定点的

X、Y坐标，“多行文字(M)”选项用于通过当前文本输入窗口输入标注的内容，“文字(T)”选项直接要求输入标注的内容，“角度(A)”选项则用于确定标注内容的旋转角度。

8.5.5　快速标注

在快速访问工具栏中选择“显示菜单栏”命令，在弹出的菜单中选择“标注”|“快速标注”命令，或在“功能区”选项板中选择“注释”选项卡，在“标注”面板中单击“快速”按钮快速，都可以快速创建成组的基线、连续和坐标标注，快速标注多个圆、圆弧，以及编辑现有标注的布局。

执行“快速标注”命令，并选择需要标注尺寸的各图形对象后，命令行提示信息如下。

QDIM指定尺寸线位置或[连续(C) 并列(S) 基线(B) 坐标(O) 半径(R) 直径(D) 基准点(P) 编辑(E) 设置(T)] <连续>:

由此可见，使用快速标注命令可以进行“连续(C)”、“并列(S)”、“基线(B)、“坐标(O)”、“半径(R)”及“直径(D)”等一系列标注。

【练习8-7】标注如图8-63所示图形中各圆及圆弧的半径。

(1) 在“功能区”选项板中选择“注释”选项卡，在“标注”面板中单击“快速”按钮快速。

(2) 在命令行的“QDIM 选择要标注的几何图形:”提示信息下，选择要标注的直线，然后按 Enter 键。

(3) 在命令行的“QDIM 指定尺寸线位置或[连续(C) 并列(S) 基线(B) 坐标(O) 半径(R) 直径(D) 基准点(P) 编辑(E) 设置(T)]<连续>:”提示信息下输入 R，然后按 Enter 键。

(4) 移动光标到适当位置，然后单击，即可快速标注出所选择的圆和圆弧的半径，如图 8-62 所示。

(5) 在“功能区”选项板中选择“注释”选项卡，在“引线”面板中单击“多重引线”按钮。

(6) 在命令行“MLEADER 指定引线箭头的位置或 [引线基线优先(L) 内容优先(C) 选项(O)]<选项>:”提示信息下，指定第一个引线点，如图 8-63 中的点 1。

(7) 在“指定下一点:”提示信息下，指定下一点，如图 8-63 中的点 2。

(8) 在“指定引线基线位置:”提示信息下，指定下一点，如图 8-63 中的点 3。

(9) 在“功能区”选项板弹出的“文字编辑器”选项卡中，设置文字的样式，然后输入标注文字，如 R15。

(10) 关闭“文字编辑器”，结束引线标注，得到的最终效果如图 8-63 所示。

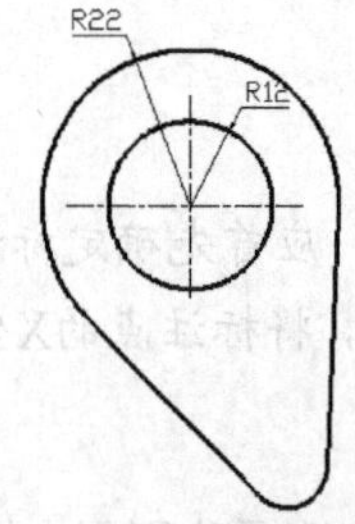

图8-62　标注圆和圆弧半径

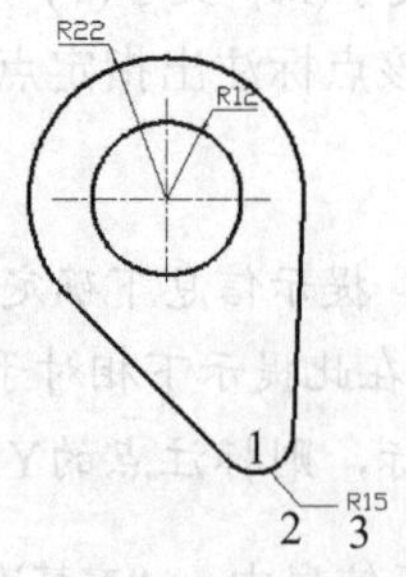

图8-63　引线标注

8.5.6　标注间距和标注打断

在快速访问工具栏中选择“显示菜单栏”命令，在弹出的菜单中选择“标注”|“标注间距”命令，或在“功能区”选项板中选择“注释”选项卡，在“标注”面板中单击“调整间距”按钮，可以修改已经标注的图形中的标注线的位置间距大小。

执行“标注间距”命令，命令行将提示“DIMSPACE选择基准标注:”，在图形中选择第一个标注线；然后命令行提示“DIMSPACE选择要产生间距的标注:”，这时再选择第二个标注线；接下来命令行提示“DIMSPACE输入值或 [自动(A)] <自动>:”，这时输入标注线的间距数值，按Enter键完成标注间距。该命令可以连续设置多个标注线之间的间距。如图8-64所示为左图的1、2、3处的标注线设置标注间距后的效果对比。

在快速访问工具栏中选择“显示菜单栏”命令，在弹出的菜单中选择“标注”|“标注打断”命令，或在“功能区”选项板中选择“注释”选项卡，在“标注”面板中单击“打断”按钮，可以在标注线和图形之间产生一个隔断。

执行“标注打断”命令，命令行将提示“DIMBREAK选择要添加/删除折断的标注或[多个(M)]:”，在图形中选择需要打断的标注线；然后命令行提示“DIMBREAK选择要折断标注的对象或 [自动(A) 手动(M) 删除(R)] <自动>:”，这时选择该标注对应的线段，按Enter键完成标注打断。如图8-65所示为左图的1、2处的标注线设置标注打断后的效果对比。

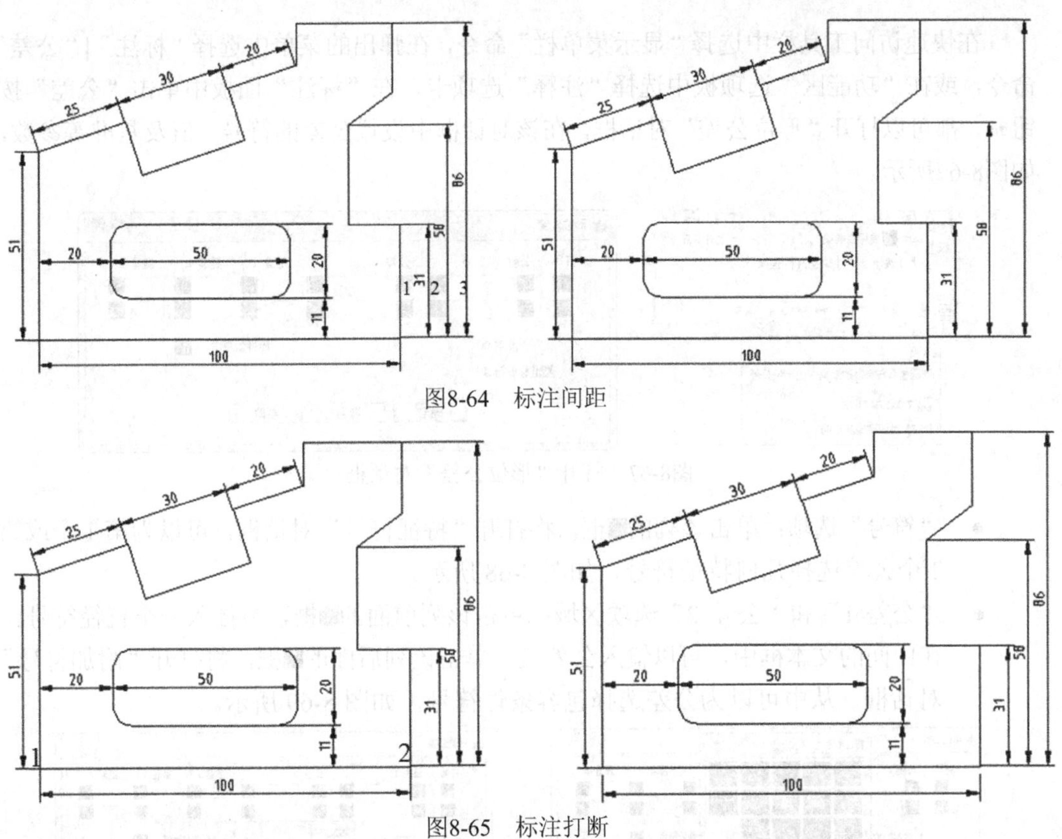

图8-64　标注间距

图8-65　标注打断

8.6　形位公差标注

形位公差在机械图形中极为重要。一方面，如果形位公差不能完全控制，装配件就不能正确装配；另一方面，过度吻合的形位公差又会由于额外的制造费用而造成浪费。在大多数的建筑图形中，形位公差几乎不存在。

8.6.1　形位公差的组成

在AutoCAD 2018中，可以通过特征控制框来显示形位公差信息，如图形的形状、轮廓、方向、位置和跳动的偏差等，如图8-66所示。

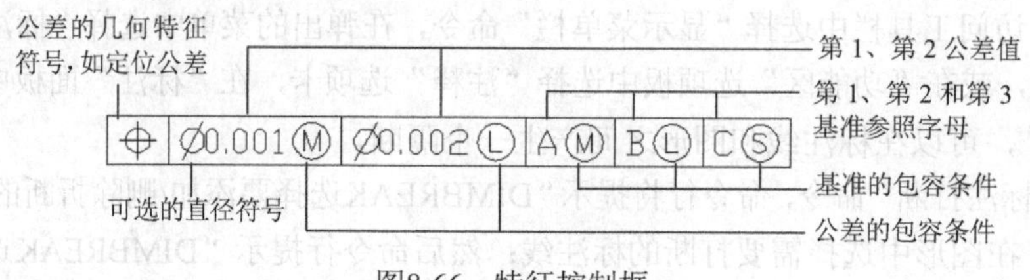

图8-66　特征控制框

8.6.2　标注形位公差

在快速访问工具栏中选择“显示菜单栏”命令，在弹出的菜单中选择“标注”|“公差”命令，或在“功能区”选项板中选择“注释”选项卡，在“标注”面板中单击“公差”按钮，都可以打开“形位公差”对话框，在该对话框中设置公差的符号、值及基准等参数，如图8-67所示。

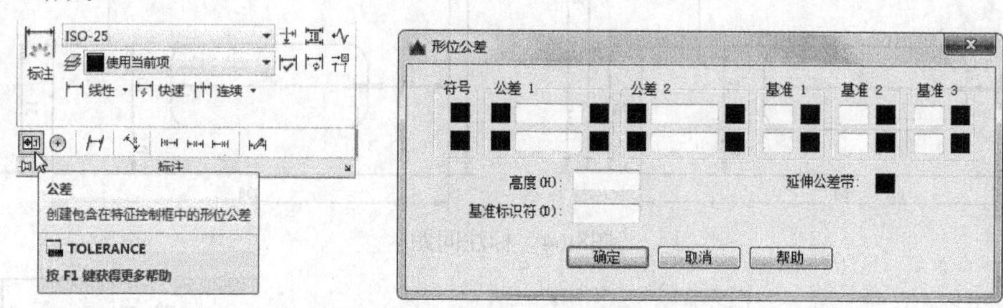

图8-67　打开“形位公差”对话框

- “符号”选项：单击该列的■框，将打开“特征符号”对话框，可以为第 1 个或第 2 个公差选择几何特征符号，如图 8-68 所示。
- “公差 1”和“公差 2”选项区域：单击该列前面的■框，将插入一个直径符号。在中间的文本框中，可以输入公差值。单击该列后面的■框，将打开“附加符号”对话框，从中可以为公差选择包容条件符号，如图 8-69 所示。

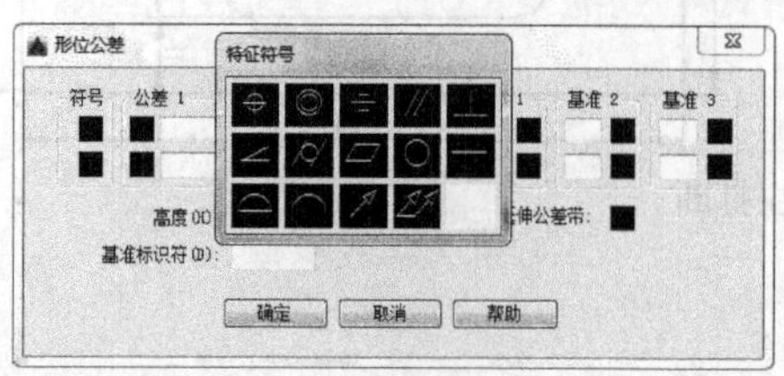

图8-68　公差特征符号

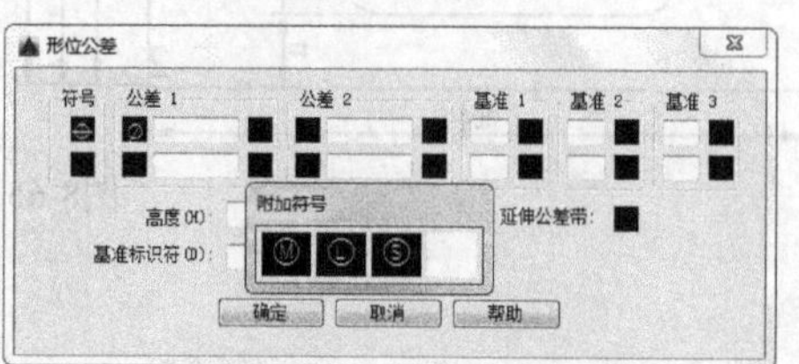

图8-69　选择包容条件

- “基准1”、“基准2”和“基准3”选项区域：设置公差基准和相应的包容条件。
- “高度”文本框：设置投影公差带的值。投影公差带控制固定垂直部分延伸区的高度变化，并以位置公差控制公差精度。
- “延伸公差带”选项：单击该■框，可在延伸公差带值的后面插入延伸公差带符号。
- “基准标识符”文本框：创建由参照字母组成的基准标识符号。

8.7　编辑标注对象

在AutoCAD 2018中，可以对已标注对象的文字、位置及样式等内容进行修改，而不必删除所标注的尺寸对象再重新进行标注。

8.7.1　编辑标注

在快速访问工具栏中选择“显示菜单栏”命令，在弹出的菜单中选择“标注”|“对齐文字”|“默认”命令，即可编辑已有标注的标注文字内容和放置位置，此时命令行提示信息如下。

```
输入标注编辑类型 [默认(H) /新建(N) /旋转(R) /倾斜(O)] <默认>:
```

以上命令行提示中各选项的含义如下。

- “默认(H)”选项：选择该选项，并选择尺寸对象，可以按默认位置和方向放置尺寸文字。
- “新建(N)”选项：选择该选项，可以修改尺寸文字，此时系统将显示“文字格式”工具栏和文字输入窗口。修改或输入尺寸文字后，选择需要修改的尺寸对象即可。
- “旋转(R)”选项：选择该选项，可以将尺寸文字旋转一定的角度，同样是先设置角度值，然后选择尺寸对象。
- “倾斜(O)”选项：选择该选项，可以使非角度标注的尺寸界线以设置角度倾斜。这时需要先选择尺寸对象，然后设置倾斜角度值。

8.7.2　编辑标注文字的位置

在快速访问工具栏中选择“显示菜单栏”命令，在弹出的菜单中选择“标注”|“对齐文字”子菜单中的其他命令，可以修改尺寸的文字位置。选择需要修改的尺寸对象后，命令行提示信息如下。

```
为标注文字指定新位置或 [左对齐(L)/右对齐(R)/居中(C)/默认(H)/角度(A)]:
```

注意：

默认情况下，可以通过拖动光标来确定尺寸文字的新位置，也可以输入相应的选项指定标注文字的新位置。

8.7.3　替代标注

在快速访问工具栏中选择“显示菜单栏”命令，在弹出的菜单中选择“标注”|“替代”

命令(DIMOVERRIDE)，或在“功能区”选项板中选择“注释”选项卡，在“标注”面板中单击“替代”按钮，都可以临时修改尺寸标注的系统变量设置，并按该设置修改尺寸标注。该操作只对指定的尺寸对象做修改，并且修改后不影响原系统的变量设置。执行该命令时，命令行提示信息如下。

```
输入要替代的标注变量名或 [清除替代(C)]:
```

默认情况下，输入要修改的系统变量名，并为该变量指定一个新值。然后选择需要修改的对象，这时指定的尺寸对象将按新的变量设置做相应的更改。如果在命令提示下输入C，并选择需要修改的对象，这时可以取消用户已做出的修改，并将尺寸对象恢复成在当前系统变量设置下的标注形式。

8.7.4 更新标注

在快速访问工具栏中选择“显示菜单栏”命令，在弹出的菜单中选择“标注”|“更新”命令，或在“功能区”选项板中选择“注释”选项卡，在“标注”面板中单击“更新”按钮，都可以更新标注，使其采用当前的标注样式，此时命令行提示信息如下。

```
输入标注样式选项[保存(S)/恢复(R)/状态(ST)/变量(V)/应用(A)/?] <恢复>:
```

在以上命令提示信息中，各选项的功能如下。

- “保存(S)”选项：将当前尺寸系统变量的设置作为一种尺寸标注样式来命名保存。
- “恢复(R)”选项：将用户保存的某一种尺寸标注样式恢复为当前样式。
- “状态(ST)”选项：查看当前各尺寸系统变量的状态。选择该选项，可切换到文本窗口，并显示各尺寸系统变量及其当前设置。
- “变量(V)”选项：显示指定标注样式或对象的全部或部分尺寸系统变量及其设置。
- “应用(A)”选项：可以根据当前尺寸系统变量的设置更新指定的尺寸对象。
- ?选项：显示当前图形中命名的尺寸标注样式。

8.7.5 尺寸关联

尺寸关联是指所标注尺寸与被标注对象有关联关系。如果标注的尺寸值是按自动测量值标注，且尺寸标注是按尺寸关联模式标注的，那么改变被标注对象的大小后相应的标注尺寸也将发生改变，即尺寸界线、尺寸线的位置都将改变到相应的新位置，尺寸值也改变成新测量值。反之，改变尺寸界线起始点的位置，尺寸值也会发生相应的变化。

例如，在如图8-70所示的图形中，矩形中标注出了矩形边的高度和宽度尺寸，且该标注是按尺寸关联模式标注的，那么改变矩形左上角点的位置后，相应的标注也会自动改变，且尺寸值为新长度值，如图8-71所示。

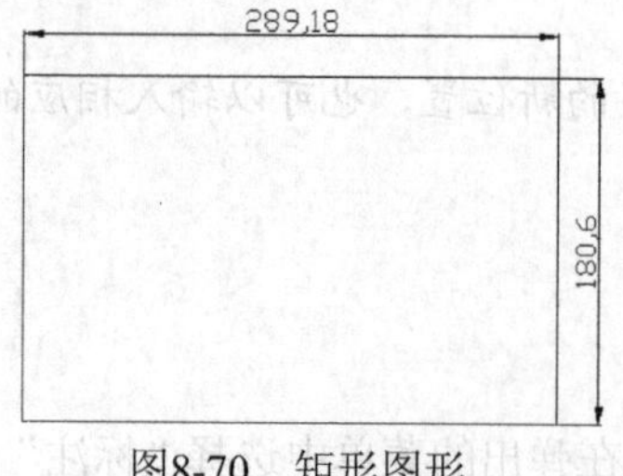

图8-70　矩形图形

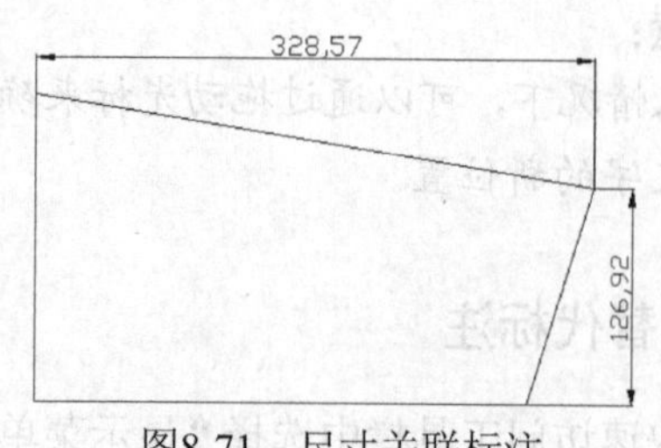

图8-71　尺寸关联标注

8.8　思考练习

1. 定义一个新的标注样式。具体要求如下：样式名称为“机械标注样式”，文字高度为5，尺寸文字从尺寸线偏移的距离为1.25，箭头大小为5，尺寸界线超出尺寸线的距离为2，基线标注时基线之间的距离为7，其余设置采用系统默认设置。

2. 在中文版AutoCAD 2018中，尺寸标注类型有哪些？各有什么特点？

3. 在中文版AutoCAD 2018中，如何创建引线标注？

4. 绘制如图8-72所示的图形并标注尺寸。

5. 绘制如图8-73所示的图形并标注尺寸。

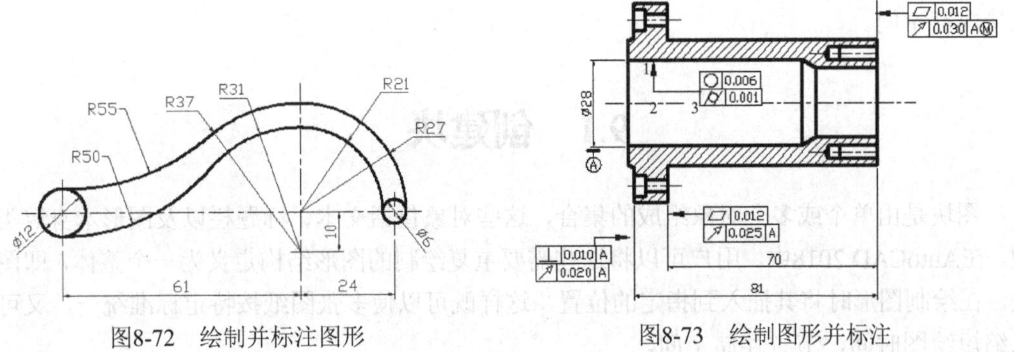

图8-72　绘制并标注图形　　　　　　　　图8-73　绘制图形并标注

第9章　块与外部参照

在设计产品时，为避免重复绘制大量相同或相似的内容，用户可以将相同或相似的内容以块的形式直接插入，如机械制图中的标题栏、建筑图中的门窗等。另外，为了更有效地利用本机、本地或整个网络的图纸资源，也可以将这些内容转换为外部参照文件进行共享。这样不仅极大地提高了绘图速度和工作效率，而且也提高了绘图的准确性，并节省了大量内存空间。

9.1　创建块

图块是由单个或多个对象组成的集合，这些对象包括文本、标题栏以及图形本身等类型。在AutoCAD 2018中，用户可以将这些需要重复绘制的图形结构定义为一个整体，即图块。在绘制图形时将其插入到指定的位置，这样既可以使多张图纸按特定标准统一，又可以缩短绘图时间，节省存储空间。

9.1.1　块的特点

在AutoCAD 2018中，使用块可以提高绘图速度、节省存储空间、便于修改图形并能为其添加属性。总体来说，AutoCAD 2018中的块具有以下特点。

- 提高绘图效率：在 AutoCAD 中绘图时，常常要绘制一些重复出现的图形。如果把这些图形做成块保存起来，绘制它们时就可以用直接插入块的方法实现，即把绘图变成了拼图，从而避免了大量的重复性工作，提高了绘图效率。
- 节省存储空间：AutoCAD 要保存图中每一个对象的相关信息，如对象的类型、位置、图层、线型及颜色等，这些信息要占用存储空间。如果一幅图中包含有大量相同的图形，就会占据较大的磁盘空间。但如果把相同的图形事先定义成一个块，绘制它们时就可以直接把块插入到图中的各个相应位置。这样既满足了绘图要求，又可以节省磁盘空间。因为虽然在块的定义中包含了图形的全部对象，但系统只需要一次这样的定义。每次插入块时，AutoCAD 仅需要记住这个块对象的有关信息(如块名、插入点坐标及插入比例等)即可。对于复杂且需要多次绘制的图形，这一优点尤为明显。
- 便于修改图形：一张工程图纸往往需要多次修改。如在机械设计中，旧的国家标准用虚线表示螺栓的内径，新的国家标准则用细实线表示。如果对旧图纸上的每一个螺栓按新的国家标准修改，既费时又不方便。但如果原来各螺栓是通过插入块的方法绘制的，那么只要简单地对块进行再定义，就可以对图中的所有螺栓进行统一修改。

- 可以添加属性：很多块还要求有文字信息以进一步解释其用途。AutoCAD 2018 允许用户为块创建文字属性，并可以在插入的块中指定是否显示这些属性。此外，还可以从图中提取这些信息并将它们传送到数据库中。

9.1.2　定义块

利用“块定义”工具创建的图块又称为内部图块，即所创建的图块保存在该图块的图形中，并且能在当前图形中应用，而不能插入到其他图形中。

在“块”选项板中单击“创建”按钮，将打开“块定义”对话框，如图9-1所示。在该对话框中输入新建块的名称，并设置块组成对象的保留方式，然后在“方式”选项组中定义块的显示方式。

完成上述设置后，在“基点”选项组中单击“拾取点”按钮选取基点，然后在“对象”选项组中单击“选择对象”按钮，选取组成块的对象。接下来，单击“确定”按钮即可获得图块创建的效果，如图9-2所示。

图9-1　“块定义”对话框

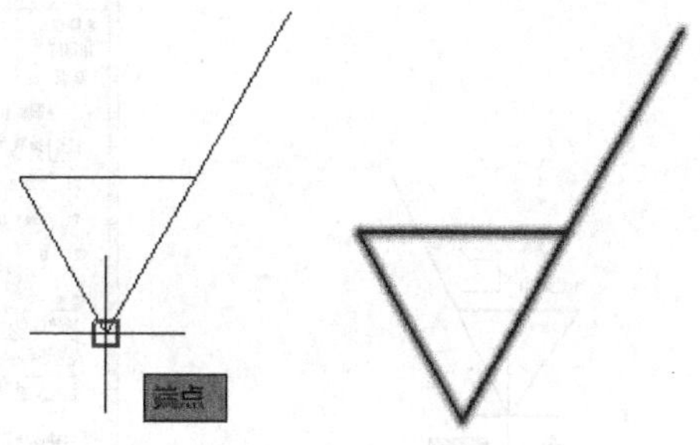

图9-2　指定基点并选取对象

“块定义”对话框中各选项组中所包含选项的含义分别如下。

- “名称”文本框：“块定义”对话框中的“名称”文本框用于输入要创建的内部图块名称(该名称应尽量反映创建图块的特征，从而和定义的其他图块有所区别，同时也方便调用)。
- “基点”选项组：“基点”选项组用于确定块插入时所用的基准点，相当于移动、复制对象时所指定的基点。该基点关系到块插入操作的方便性，用户可以在其下方的X、Y、Z文本框中分别输入基点的坐标值，也可以单击“拾取点”按钮，在绘图区中选取一点作为图块的基点。
- “对象”选项组：“对象”选项组用于选取组成块的集合图形对象，单击“选择对象”按钮可以在绘图区中选取要定义为图块的对象。该选项组中包含“保留”、“转换为块”和“删除”3 个单选按钮。
- “方式”选项组：在“方式”选项组中可以设置图块的注释性、图块的缩放和图块是否能够进行分解等操作。

【练习9-1】在AutoCAD 2018中，将如图9-3所示的图形定义成块。

(1) 使用前面所学的知识在绘图文档中绘制如图 9-3 所示的图形符号。

(2) 在“功能区”选项板中选择“常用”选项卡，在“块”面板中单击“创建”按钮，如图 9-4 所示，打开“块定义”对话框。

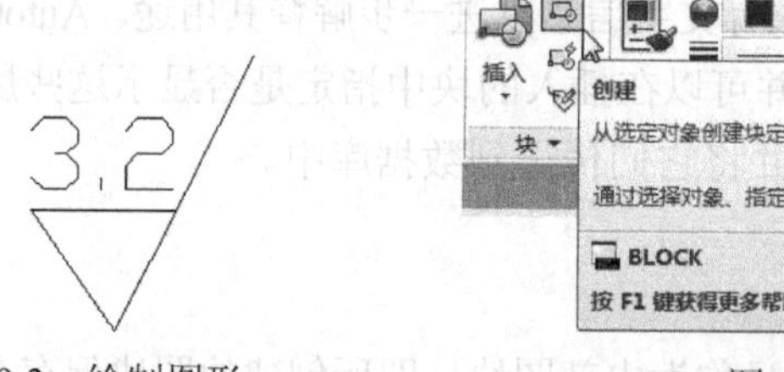

图9-3　绘制图形　　　　图9-4　创建块

(3) 在“名称”文本框中输入块的名称，如“粗糙度”。

(4) 在“基点”选项区域中单击“拾取点”按钮，然后单击图形中的点A，确定基点位置，如图9-5所示。

(5) 在“对象”选项区域中选中“保留”单选按钮，再单击“选择对象”按钮，切换到绘图窗口，使用窗口选择方法选择所有图形，然后按Enter键返回“块定义”对话框，如图9-6所示。

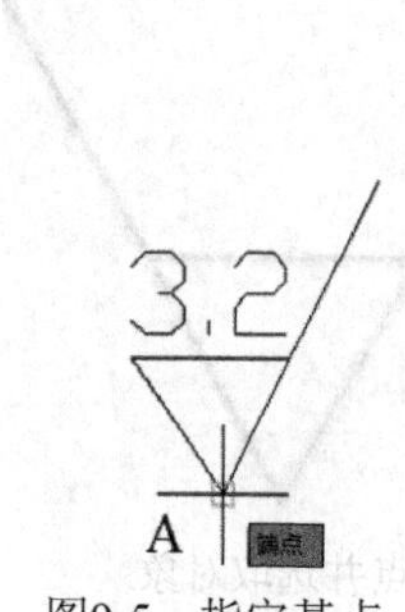

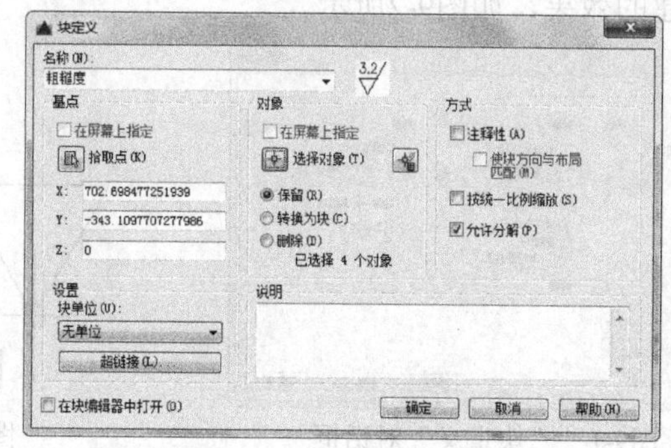

图9-5　指定基点　　　　图9-6　“块定义”对话框

(6) 在“块单位”下拉列表中选择“毫米”选项，将单位设置为毫米。

(7) 在“说明”文本框中输入对图块的说明，如“粗糙度3.2”。

(8) 完成以上操作后，单击“确定”按钮，保存设置。

9.1.3　存储块

存储块又称为创建外部图块，即将创建的图块作为独立文件保存。这样不仅可以将块插入到任何图形中去，而且可以对图块执行打开和编辑等操作。但是利用块定义工具创建的内部图块却不能执行这种操作。

要存储块，只需要在命令行中输入WBLOCK指令，并按下回车键，此时将打开“写块”对话框，然后在该对话框的“源”选项组中选中“块”单选按钮，表示新图形文件将由块创建，并在右侧下拉列表中指定块。接着单击“目标”选项组中的“显示标准文件选择对话框”按钮，在打开的对话框中指定具体块保存路径即可，如图9-7所示。

在指定文件名称时，只需要输入文件名称而不用带扩展名，系统一般将扩展名定义为.dwg。此时如果在“目标”选项组中未指定文件名和路径，软件将以默认保存位置保存该文件。“源”选项组中另外两种存储块的方式分别如下。

- “整个图形”方式：选中该单选按钮，表示系统将使用当前的全部图形创建一个新的图形文件。此时只需要单击“确定”按钮，即可将全部图形文件保存。

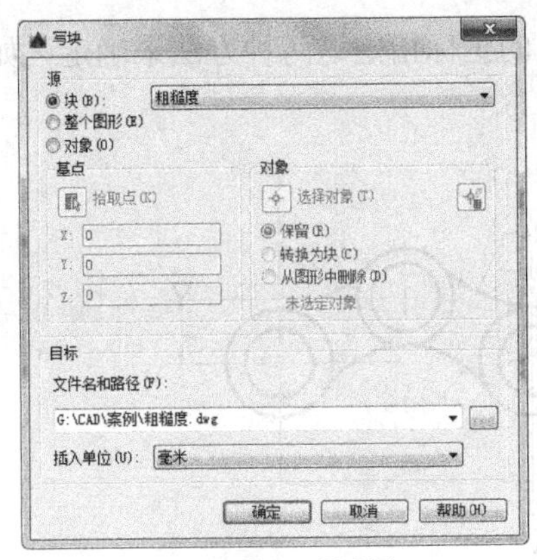

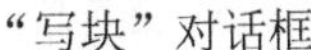

“写块”对话框

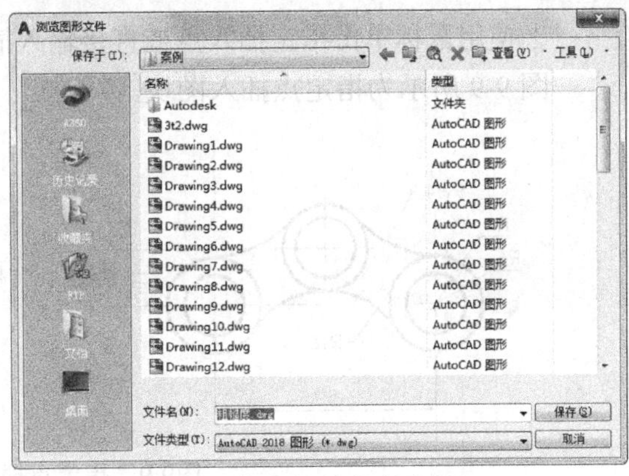

指定块的保存路径

图9-7　设置存储块

- “对象”方式：选中该单选按钮，系统将使用当前图形中的部分对象创建一个新图形。此时必须选择一个或多个对象以输出到新的图形中。

注意：

若将其他图形文件作为一个块插入到当前文件中，系统默认将坐标原点作为插入点，这样对于有些图形绘制而言，很难精确控制插入位置。因此在实际应用中，应先打开该文件，再通过输入BASE执行相关操作。

9.1.4　插入块

在AutoCAD 2018中，定义和保存图块都是为了重复使用图块，并将其放置到图形文件中指定的位置，这就需要调用图块。调用图块是通过“插入”命令实现的，利用该工具既可以调用内部块，也可以调用外部块。插入图块的方法主要有以下几种。

1. 直接插入单个图块

直接插入单个图块的方法是工程绘图中最常用的调用方式，即利用“插入”工具指定内部或外部图块插入当前的图形中。在“块”选项板中单击“插入”按钮后，将打开如图9-8所示的“插入”对话框，该对话框中各选项的功能如下。

- “名称”文本框：在“名称”文本框中可以指定需要插入块的名称，或指定作为块插入的图形的文件名。单击该文本框右侧的下拉按钮，可以在打开的下拉列表中指定当前图形文件中可供用户选择的块名称，单击“浏览”按钮，可以选择作为块插入的图形的文件名。

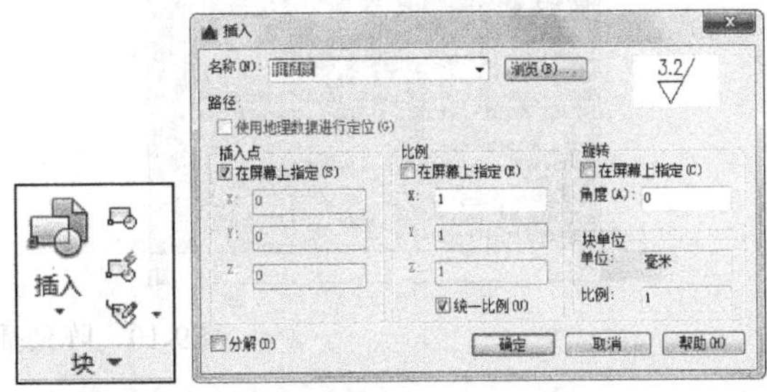

图9-8　打开“插入”对话框

- “插入点”选项组：该选项组用于确定插入点的位置。一般情况下，可由在平面上使用鼠标单击指定插入点或直接输入插入点的坐标指定这两种方法来确定。如图 9-9 所示为指定点插入图块。

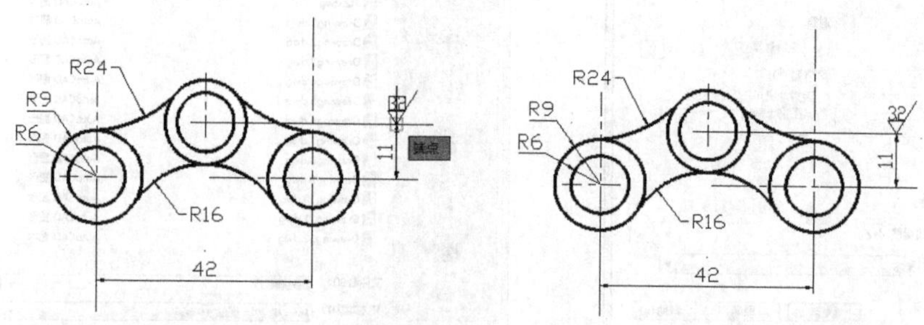

图9-9　指定点插入图块

- “比例”选项组：该选项组用于设置块在 X、Y 和 Z 这 3 个方向上的比例。同样有两种方法决定块的缩放比例，分别是在平面上使用鼠标单击指定缩放比例和直接输入缩放比例因子。其中选中“统一比例”复选框，表示在 X、Y 和 Z 这 3 个方向上的比例因子完全相同。
- “旋转”选项组：该选项组用于设置插入块时的旋转角度，同样也有两种方法确定块的旋转角度，分别是在平面上指定块的旋转角度和直接输入块的旋转角度。
- “分解”复选框：该复选框用于控制图块插入后是否允许被分解，如果选中该复选框，则图块插入到当前图形时，组成图块的各个对象将自动分解成各自独立的状态。

2. 阵列插入图块

在AutoCAD 2018命令行中输入MINSERT指令即可阵列插入图块。该命令实际上是将阵列和块插入命令合二为一，当用户需要插入多个具有规律的图块时，即可输入MINSERT指令来进行相关操作。这样不仅能节省绘图时间，而且可以减少占用的磁盘空间。

在命令行中输入MINSERT指令后，输入要插入的图块的名称，然后指定插入点并设置缩放比例因子和旋转角度。接下来，依次设置行数、列数、行间距和列间距参数，即可阵列插入图块，如图9-10所示。

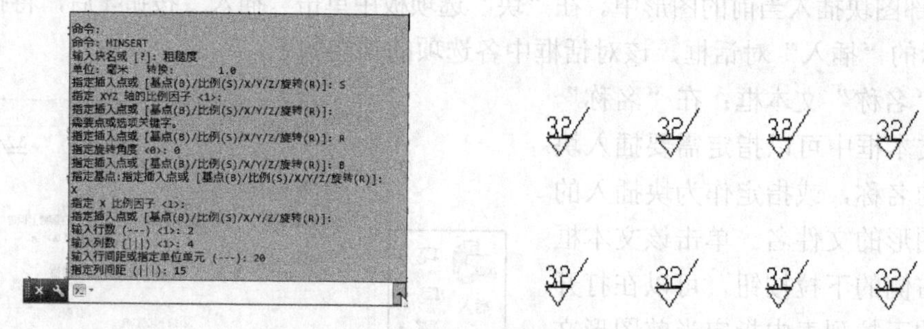

图9-10　阵列插入图块

注意：

利用MINSERT指令插入的所有图块组成的是一个整体，不能用“分解”命令分解，但可以通过DDMODIFY指令改变插入块时所设置的特性，如插入点、比例因子、旋转角度、行数、列数、行距和列距等参数。

3. 以定数等分方式插入图块

要以定数等分的方式插入图块，用户可以在AutoCAD 2018命令行中输入DIVIDE指令，然后按照定数等分插入点的操作方法插入图块即可。

4. 以定距等分方式插入图块

以定距等分方式插入图块与以定数等分方式插入点的方法类似。用户可以在AutoCAD 2018命令行中输入MEASURE指令，然后按照定距等分插入点的方法进行操作即可。

【练习9-2】在如图9-11所示的图纸中插入【练习9-1】中定义的图块，并设置缩放比例为100%。

(1) 完成【练习 9-1】的操作后，在命令行中输入 WBLOCK 指令，将定义的图块以名称“粗糙度.dwg”保存。

(2) 在 AutoCAD 2018 中打开如图 9-11 所示的图形，然后在“功能区”选项板中选择“常用”选项卡，在“块”面板中单击“插入”按钮，打开“插入”对话框，如图 9-12 所示。

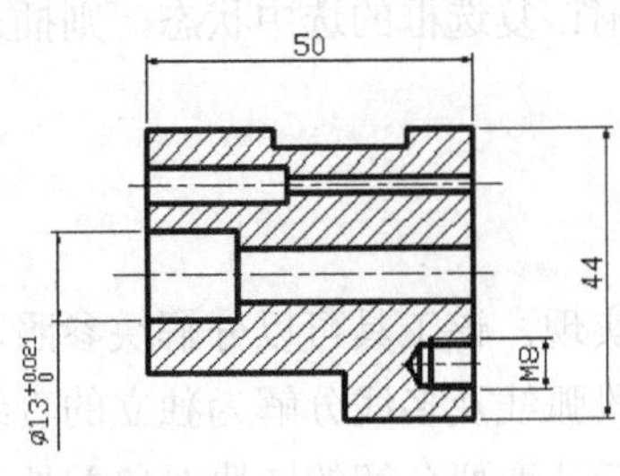

图9-11　打开图形

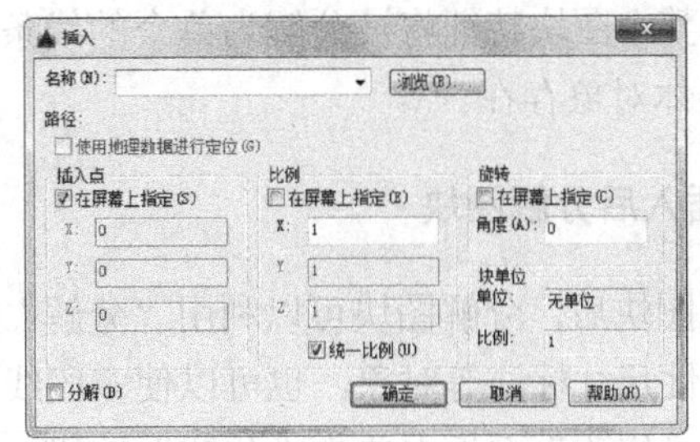

图9-12　“插入”对话框

(3) 单击“插入”对话框“名称”下拉列表框后的“浏览”按钮，然后在打开的“选择图形文件”对话框中选择“粗糙度.dwg”文件，如图 9-13 所示。

(4) 在“选择图形文件”对话框中单击“打开”按钮后，返回“插入”对话框，然后在该对话框的“插入点”选项区域中选中“在屏幕上指定”复选框。

(5) 在“比例”选项区域中选中“统一比例”复选框，并在 X 文本框中输入 1。

(6) 单击“确定”按钮，并且在绘图窗口中需要插入块的位置处单击，块插入的效果如图 9-14 所示。

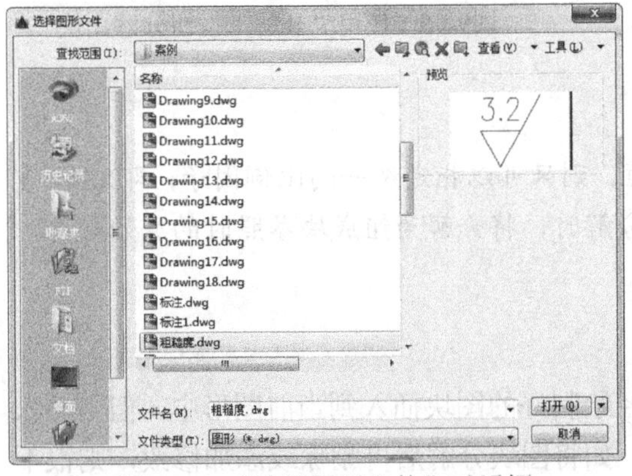

图9-13　“选择图形文件”对话框

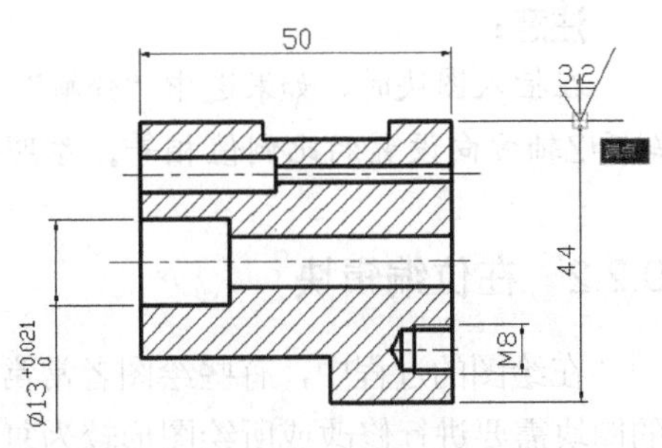

图9-14　插入图块

9.2　编辑块

在完成块的创建后，往往需要对块对象进行相应的编辑操作，才能使创建的图块满足实际要求，使用户在绘图过程中更加方便地插入所需的图块对象，块的编辑一般包括块的分解、在位编辑和删除等操作。

9.2.1　块的分解

在图形中无论是插入内部图块还是外部图块，由于这些图块属于一个整体，无法进行必要的修改，给实际操作带来极大不便。这就需要将图块在插入后转化为定义前各自独立的状态，即分解图块。常用的分解方法有以下两种。

1. 插入时分解图块

插入图块时，在打开的如图9-15所示的“插入”对话框中选中“分解”复选框，则插入图块后整个图块特征将被分解为单个的线条；取消该复选框的选中状态，则插入后的图块仍以整体对象存在。

2. 插入后分解图块

插入图块后，分解图块可以利用“分解”工具实现。该工具可以分解块参照、填充图案和关联性尺寸标注等对象，也可以使多段线或多段弧线及多线分解为独立的直线和圆弧对象。在“修改”面板中单击“分解”按钮，然后选取要分解的图块对象并按下回车键即可将其分解，如图9-16所示。

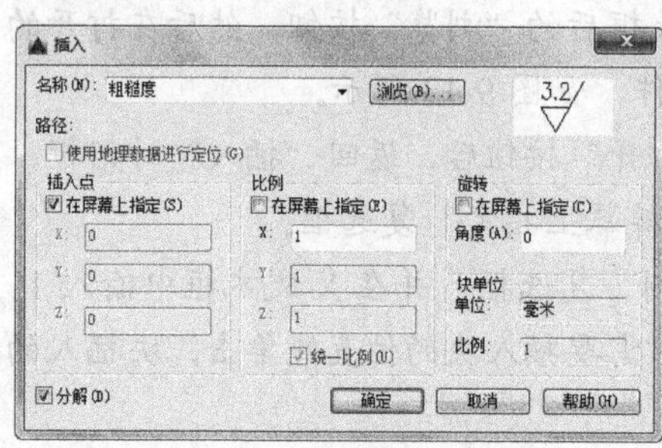

图9-15　插入时分解图块

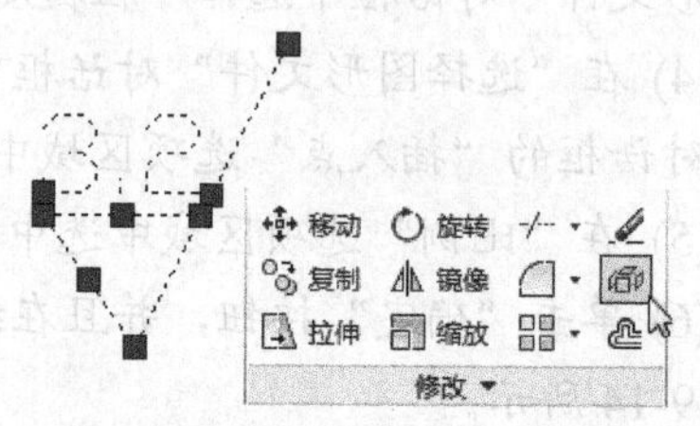

图9-16　使用“分解”按钮分解图块

注意：

在插入图块时，如果选中“分解”复选框，则只可以指定统一的比例因子，即X轴、Y轴和Z轴方向设置的比例值相等。参照在被分解时，将分解为组成块参照时的原始对象。

9.2.2　在位编辑块

在绘图的过程中，有些绘图者常常将已经绘制好的图块插入到当前图形中，但当插入的图块需要进行修改或所绘图形较为复杂时，如将图块分解后再删除或添加修改，则很不方便，并且容易发生人为误操作。此时，用户可以利用块的在位编辑功能使其他对象作为背景或参照，只允许对要编辑的图块进行相应的修改操作。

利用块的在位编辑功能可以修改当前图形中的外部参照，或者重新定义当前图形中的块定义。在该过程中，块和外部参照都被视为参照，使用该功能进行块编辑时，提取的块对象以正常方式显示，而图形中的其他对象，包括当前图形和其他参照对象，都淡入显示，使需要编辑的块对象一目了然。在位编辑块功能一般用在对已有图块进行较小修改的情况下。

在AutoCAD 2018中切换至“插入”选项卡，在绘图区中选中要编辑的块对象，然后在“参照”选项板中单击“编辑参照”按钮，将打开“参照编辑”对话框，如图9-17所示。

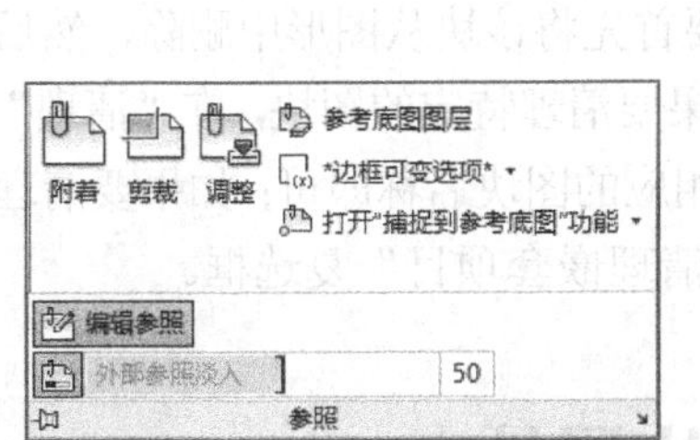

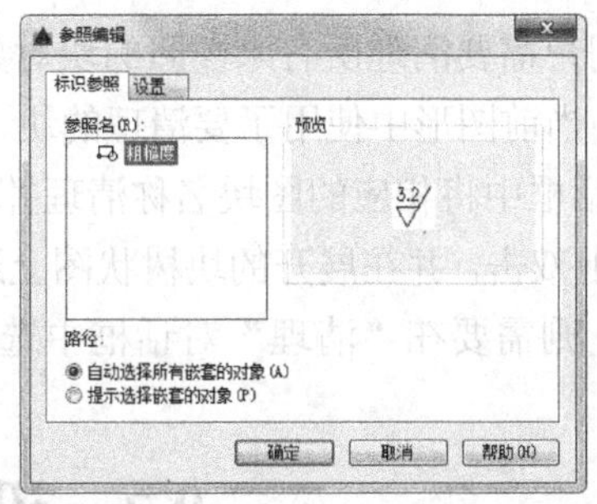

图9-17　打开“参照编辑”对话框

在“参照编辑”对话框中单击“确定”按钮，弹出“编辑参照”选项板，即可对绘图区中选中的块对象进行在位编辑，如图9-18所示。

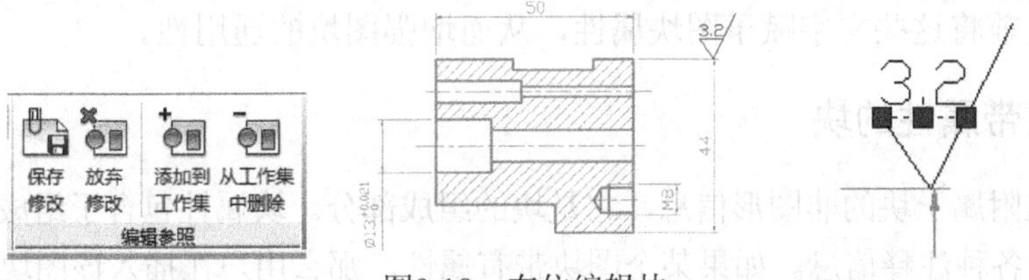

图9-18　在位编辑块

另外，在绘图区选取要编辑的块对象并右击，在打开的菜单中选择“在位编辑块”命令，也可以进行相应的块在位编辑操作。

注意：

块的在位编辑功能使块的运用功能进一步提高，在保持块不被打散的情况下，像编辑其他普通对象一样，在原来块图形的位置直接进行编辑，并且选取的块对象被在位编辑修改后，其他同名的块对象将自动同步更新。

9.2.3　删除块

在绘制图形的过程中用户若要删除创建的块，可以在命令行中输入PURGE指令，并按下回车键，此时软件将打开“清理”对话框，该对话框中显示了可以清理的命名对象的树状图，如图9-19所示。

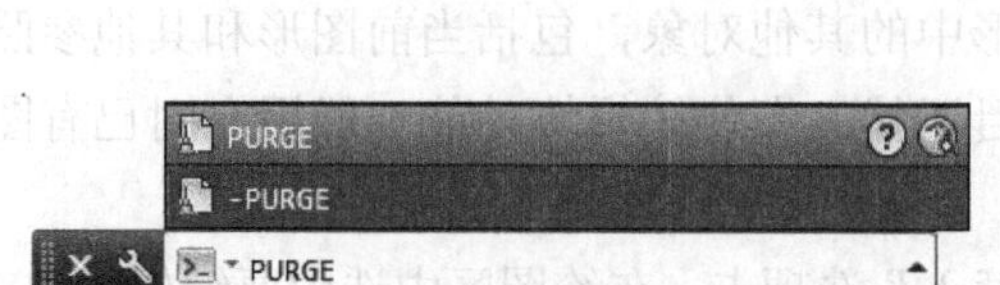

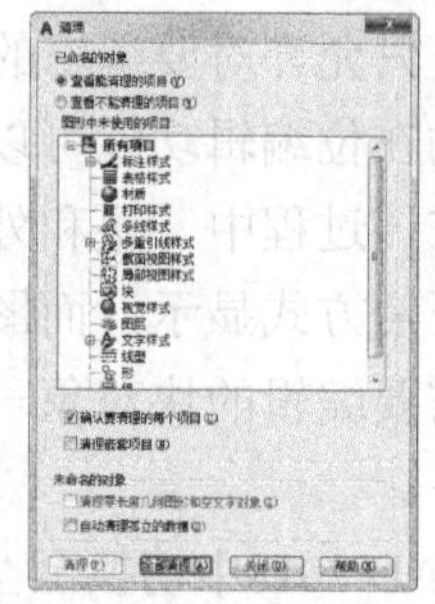

图9-19　打开“清理”对话框

如果用户需要清理所有未参照的块对象，在“清理”对话框中直接选择“块”选项即可；如果在当前图形中使用了要清理的块，需要首先将该块从图形中删除，然后才可以在“清理”对话框中将相应的图块名称清理掉；如果要清理特定的图块，在“清理”对话框的“块”选项上双击，并在展开的块树状图上选择相应的图块名称即可；如果要清理的对象包含嵌套块，则需要在“清理”对话框中选中“清理嵌套项目”复选框。

9.3　设置块属性

在插入图块时，通常需要附带一些文本类的非图形信息，如表面粗糙度块中的粗糙度参数值。如果每次插入该类图块都进行分解修改操作，将极大地降低工作效率。这就需要在创建图块之前将这些文字赋予图块属性，从而增强图块的通用性。

9.3.1　创建带属性的块

块属性是附属于块的非图形信息，它是块的组成部分。块属性包含了组成块的名称、对象特征以及各种注释信息。如果某个图块带有属性，那么用户在插入该图块时可以根据具体情况，通过属性来为图块设置不同的文本信息。

1. 块属性的特点

一般情况下，通过定义的属性将其附加到块中，然后通过插入块操作，可使块属性成为图形中的一部分。这样所创建的属性块将是由块标记、属性值、属性提示和默认值4个部分组成，其各自的功能如下。

(1) 块标记

每一个属性定义都有一个标记，就像每一个图层或线型都有自己的名称一样。属性标记实际上是属性定义的标识符，显示在属性的插入位置处。一般情况下，属性标记用于描述文本尺寸、文字样式和旋转度。

在属性标记中不能包含空格，并且两个名称相同的属性标记不能出现在同一个块定义中。属性标记仅在块定义前出现，在块被插入后将不再显示该标记。但是，如果当块参照被分解后，属性标记将重新显示，如图9-20所示。

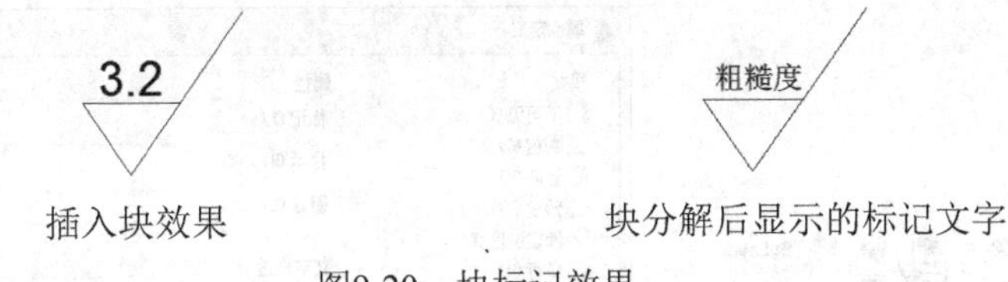

图9-20　块标记效果

(2) 属性值

在插入块参照时，属性实际上就是一些显示的字符串文本(如果属性的可见性模式没有设置为开)。无论可见与否，属性值都是直接附着于属性上的，并与块参照关联。这个属性值将来可被写入数据库文件中。

如图9-21所示的图形中为粗糙度符号和基准符号的属性值。如果要多次插入这些图块，则可以将这些属性值定义给相应的图块。在插入图块的同时，即可为其指定相应的属性值，从而避免了为图块进行多次文字标注的操作，从而提高绘图效率。

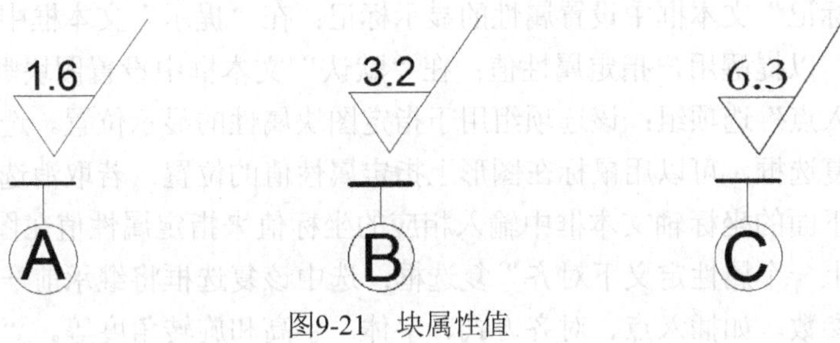

图9-21　块属性值

(3) 属性提示

属性提示是在插入带有可变的或预置的属性值的块参照时，系统显示的提示信息。在定义属性的过程中，可以指定一个文本字符串，在插入块参照时该字符串将显示在提示符中，提示输入相应的属性值。

(4) 默认值

在定义属性时，可以指定一个属性的默认值。在插入块参照时，该默认值出现在提示后面的括号中。如果按下回车键，则该默认值会自动成为该提示的属性值。

2. 创建带属性块

属性类似于商品的表情，包含图块所不能表达的一些文字信息，如型号、材料和制造者等。在AutoCAD 2018中，为图块指定属性，并将属性与图块重新定义为一个新的图块后，该图块的特征将成为属性块。只有将属性与图块重新定义成块才可以对定义好的带属性的块执行插入、修改以及编辑等操作。属性必须依赖于块而存在，没有块就没有属性，并且通常属性必须预先定义而后选定。

用户在AutoCAD中创建图块后，在“块”选项板中单击“定义属性”按钮，将打开“属性定义”对话框，如图9-22所示。

“属性定义”对话框中各选项组及其所包含的选项含义如下。

- “模式”选项组：该选项组用于设置属性模式，如设置块属性值为一个常量或者默认的数值。“模式”选项组中包含“不可见”、“固定”、“验证”等选项。

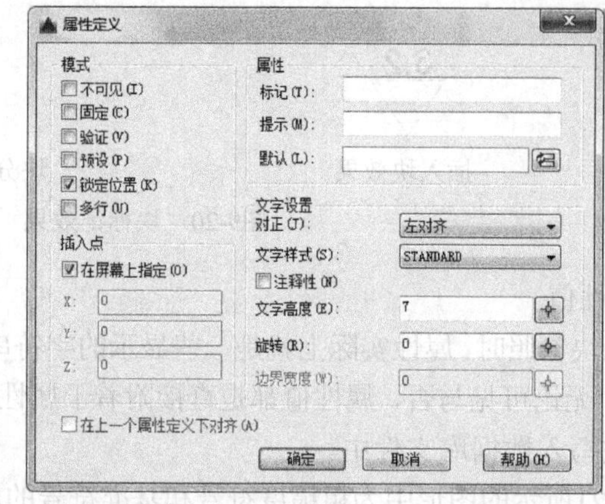

图9-22　打开“属性定义”对话框

- “属性”选项组：该选项组用于设置属性参数，其中包括标记、提示和默认值。在“标记”文本框中设置属性的显示标记；在“提示”文本框中设置属性的提示信息，以提醒用户指定属性值；在“默认”文本框中设置图块默认的属性值。
- “插入点”选项组：该选项组用于指定图块属性的显示位置。选中“在屏幕上指定”复选框，可以用鼠标在图形上指定属性值的位置；若取消选中该复选框，可以在下面的坐标轴文本框中输入相应的坐标值来指定属性值在图块上的位置。
- “在上一个属性定义下对齐”复选框：选中该复选框将继承前一次定义的属性的部分参数，如插入点、对齐方式、字体、字高和旋转角度等。“在上一个属性定义下对齐”复选框仅在当前图形文件中已有属性设置时有效。
- “文字设置”选项组：该选项组用于设置属性对齐方式、文字样式、高度和旋转角度等参数。“文字设置”选项组中包含“对正”、“文字样式”、“文字高度”和“旋转”等选项。

【练习9-3】定义一个由新定义的文本信息替代原有文本的属性块。

(1) 在“属性定义”对话框中选中“锁定位置”复选框，然后分别定义块的属性和文字格式，如图 9-23 所示。

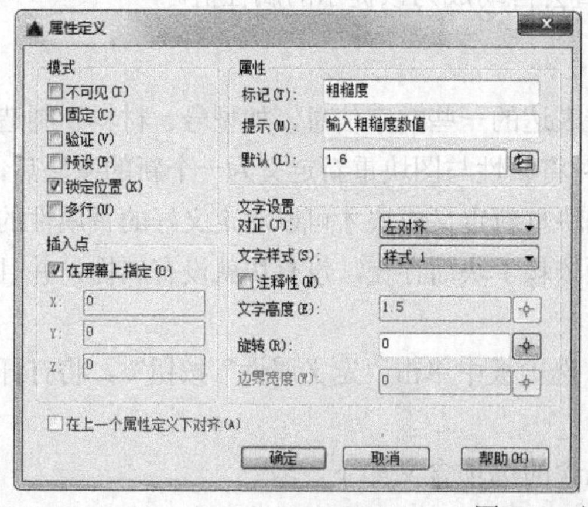

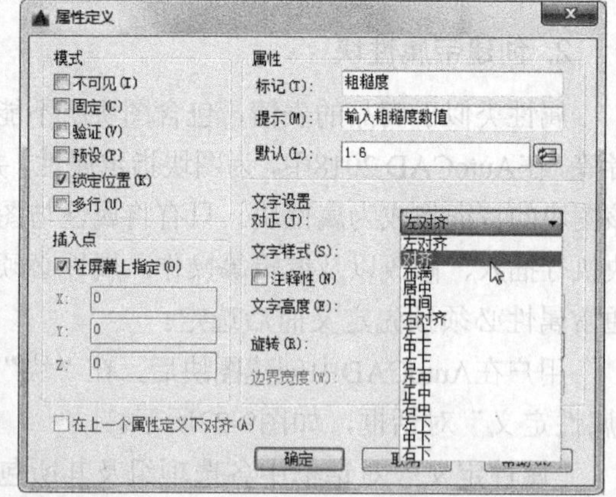

图9-23　设置块属性

(2) 设置完成后单击“确定”按钮，然后在绘图区依次选取文字对齐放置的两个端点，将属性标记文字插入到当前视图中。接着利用“移动”工具将插入的属性文字向上移动至合适位置，效果如图 9-24 所示。

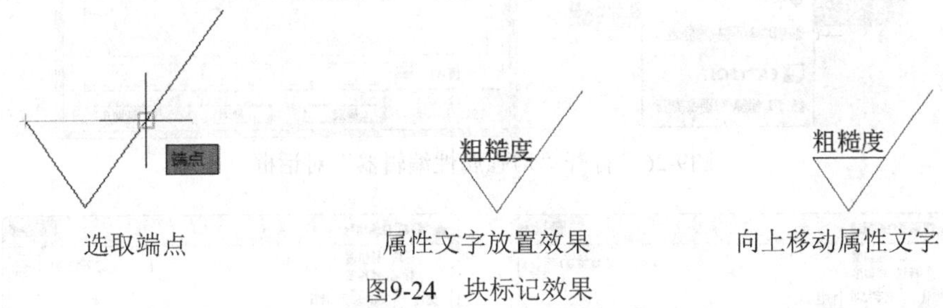

图9-24　块标记效果

(3) 在“块”选项板中单击“创建”按钮，输入新建块的名称为“粗糙度”，然后框选组成块的对象，并单击“确定”按钮。

(4) 接下来，在绘图区指定插入基点，并在打开的“编辑属性”对话框中接受默认的粗糙度数值，然后单击“确定”按钮，即可获得由新定义的文本信息替代原来文本的属性块，如图 9-25 所示。

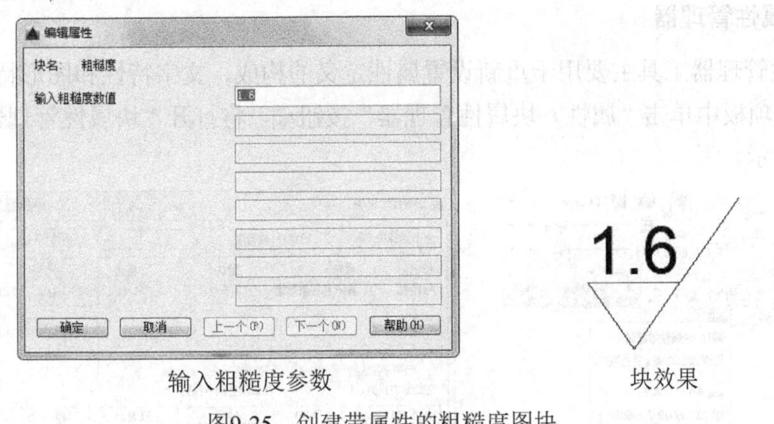

图9-25　创建带属性的粗糙度图块

9.3.2　编辑块属性

当块定义中包含属性定义时，属性(如数据和名称)将作为一种特殊的文本对象也一同被插入。此时可利用“编辑单个块属性”工具编辑之前定义的块属性设置，并利用“管理属性”工具为属性标记赋予新值，使之符合设置要求。

1. 修改属性定义

在“块”选项板中单击“单个”按钮，然后选取一个插入的带属性的块特征，将打开“增强属性编辑器”对话框，在该对话框的“属性”选项卡中用户可以对当前的属性值进行相应的设置，如图9-26所示。

此外，在“增强属性编辑器”对话框中切换至“文字选项”选项卡，可以设置块属性的文字特性；切换至“特性”选项卡，可以设置块所在图层的各种特性，如图9-27所示。

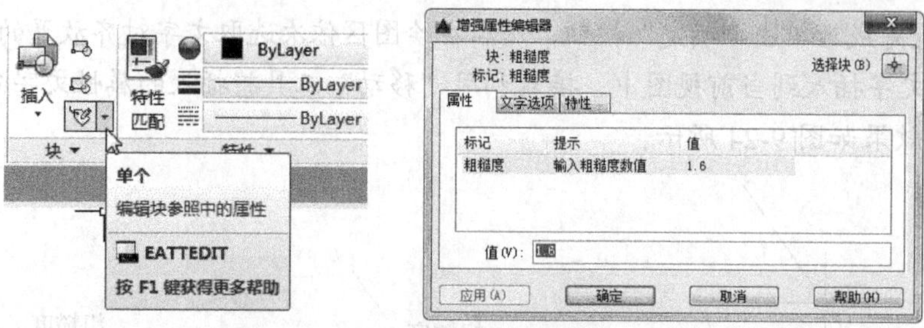

图9-26　打开“增强属性编辑器”对话框

图9-27　设置块属性的文字和图层特性

2. 块属性管理器

块属性管理器工具主要用于重新设置属性定义的构成、文字特性和图形特征等属性。在“块”选项板中单击“属性，块属性管理器”按钮，将打开“块属性管理器”对话框，如图9-28所示。

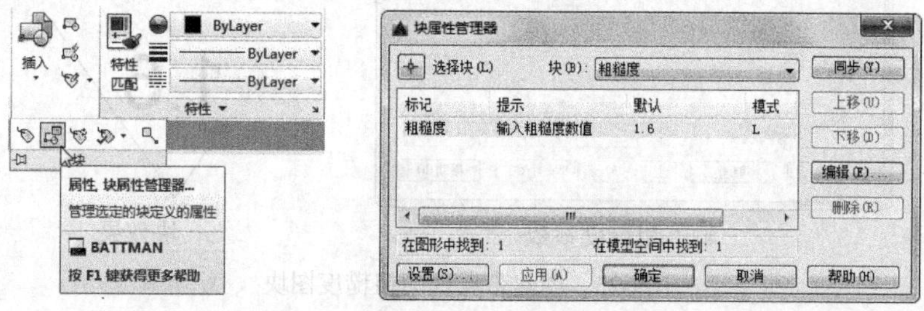

图9-28　打开“块属性管理器”对话框

在“块属性管理器”对话框中单击“编辑”按钮，将打开“编辑属性”对话框编辑块的不同属性。若用户单击对话框中的“设置”按钮，将打开“块属性设置”对话框，用户可以通过选中该对话框中“在列表中显示”选项组中相应的复选框，设置属性显示内容，如图9-29所示。

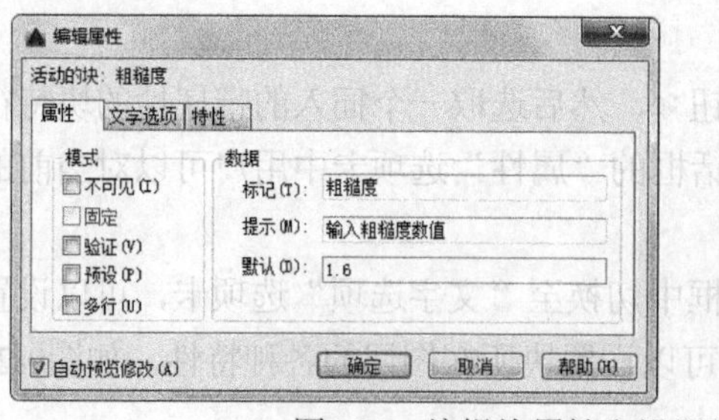

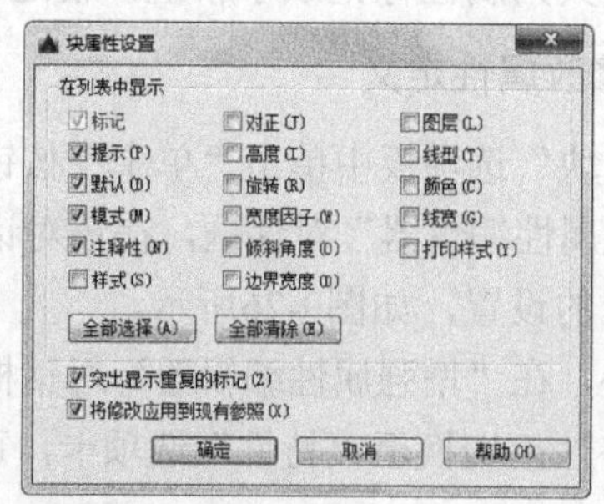

图9-29　编辑块属性和设置块属性显示内容

9.4　使用动态块

动态图块就是将一系列内容相同或相近的图形通过块编辑器将图形创建为块，并设置块具有参数化的动态特性，通过自定义夹点或自定义特性来操作动态块。对比常规图块来说，动态图块具有极大的灵活性和智能性，不仅提高了绘图的效率，同时也减小了图块库中的块数量。

9.4.1　创建动态块

要使块成为动态块，必须至少添加一个参数，然后添加一个动作，并使该动作与参数相关联。添加到块定义中的参数和动作类型定义了块参照在图形中的作用方式。

利用“块编辑器”工具可以创建动态块特征。块编辑器是一个专门的编写区域，用于添加能够使块成为动态块的元素。用户可以使用块编辑器向当前图形存在的块定义中添加动态行为，或者编辑其中的动态行为，也可以使用编辑器创建新的块定义，就像在绘图区中创建几何图形。

要使用动态编辑器，在“块”选项板中单击“块编辑器”按钮，将打开“编辑块定义”对话框，该对话框中提供了可供编辑创建动态块的现有图块，选择一种块类型即可在对话框右侧的“预览”选项区域中预览动态块的效果，如图9-30所示。

此时，若单击“确定”按钮，将进入默认为灰色背景的绘图区域，该区域为专门的动态块创建区域，其左侧将自动打开“块编写”选项板，该选项板包含“参数”、“动作”、“参数集”和“约束”4个面板，如图9-31所示。使用“块编写”选项板中的不同选项，即可为块添加所需的各种参数和对应的动作。

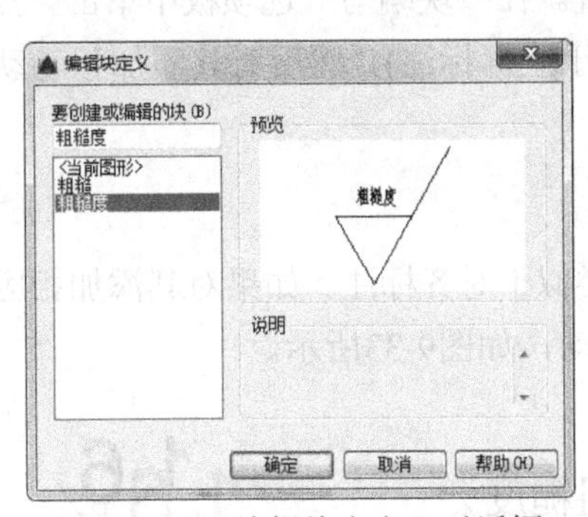

图9-30　“编辑块定义”对话框

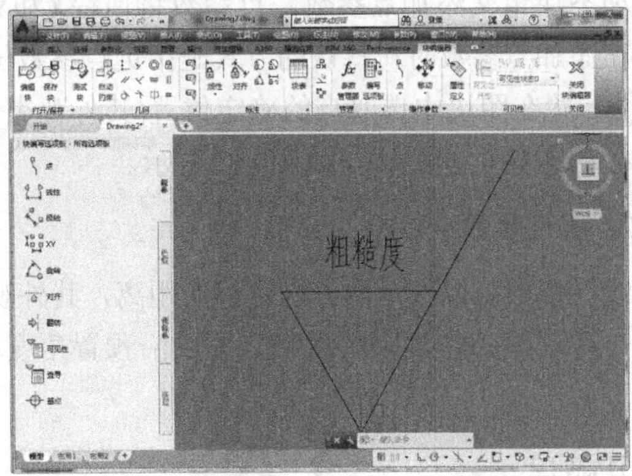

图9-31　“块编写”选项板

如果要创建一个完整的动态块，必须包括一个或多个参数以及该参数所对应的动作。当参数添加到动态块定义中后，夹点将添加到该参数的关键点。关键点是用于操作块参照的参数部分，如线性参数在其基点或端点具有关键点，拖动任意一个关键点即可操作参数的距离。

添加到动态块的参数类型决定了添加的夹点类型。每种参数类型仅支持特定类型的动作。如表9-1所示列出了参数、夹点和动作的关系。

表 9-1　参数、夹点和动作的关系

参 数 类 型	夹 点 样 式	夹点在图形中的操作方式	可与参数关联的动作
点	正方形	平面内任意方向	移动、拉伸
线性	三角形	按规定方向或沿某一条轴移动	移动、缩放、拉伸、阵列
极轴	正方形	按规定方向或沿某一条轴移动	移动、缩放、拉伸、极轴拉伸、阵列
XY	正方形	按规定方向或沿某一条轴移动	移动、缩放、拉伸、阵列
旋转	圆点	围绕某一条轴旋转	旋转
对齐	五边形	平面内任意方向；如果在某个对象上移动，可使块参照与该对象对齐	无
翻转	箭头	单击以翻转动态块	翻转
可见性	三角形	平面内任意方向	无
查询	三角形	单击以显示项目列表	查询
基点	圆圈	平面内任意方向	无

9.4.2　创建块参数

在块编辑器中，参数的外观类似于标注，并且动态块的相关动作是完全依据参数进行的。在图块中添加的参数可以指定集合图形在参照中的位置、距离和角度等特性，其通过定义块的特性来限制块的动作。此外，对同一图块，可以为集合图形定义一个或多个自定义特征。

1. 点参数

点参数可以为块参照定义两个自定义特征：相对于块参照基点的位置X和位置Y。如果向动态块定义添加点参数，点参数将追踪X和Y的坐标值。

在添加点参数时，默认的方式是指定点参数位置。在"块编写"选项板中单击"点"按钮，并在图块中选取点的确定位置(其外观类似于坐标标注)，然后对其添加移动动作并进行动态夹点的测试，如图9-32所示。

2. 线性参数

线性参数可以显示两个固定点的距离，其外观类似于对齐标注。如果对其添加相应的拉伸、移动等动作，则约束夹点可以沿预置角度移动，如图9-33所示。

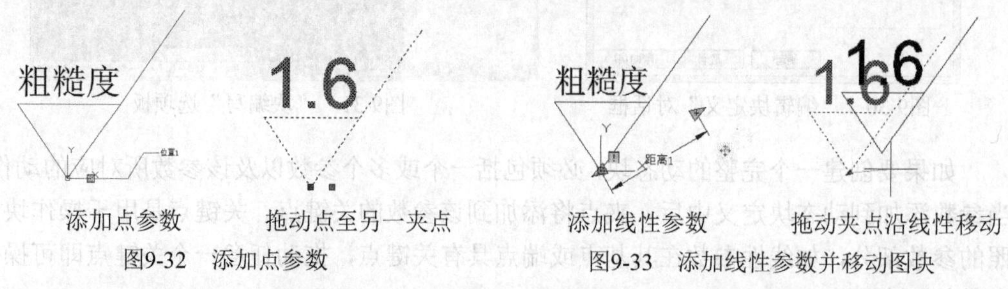

图9-32　添加点参数　　图9-33　添加线性参数并移动图块

3. 极轴参数

极轴参数可以显示出两个固定点之间的距离并显示角度值，其外观类似于对齐标注。如果对其添加相应的拉伸、移动等动作，则约束夹点可以沿着预置角度移动，效果如图9-34所示。

4. XY参数

XY参数显示出距参数基点的X距离和Y距离，其外观类似于水平和垂直两种标注方式。如果对其添加拉伸动作，则可以对其进行拉伸动态测试，效果如图9-35所示。

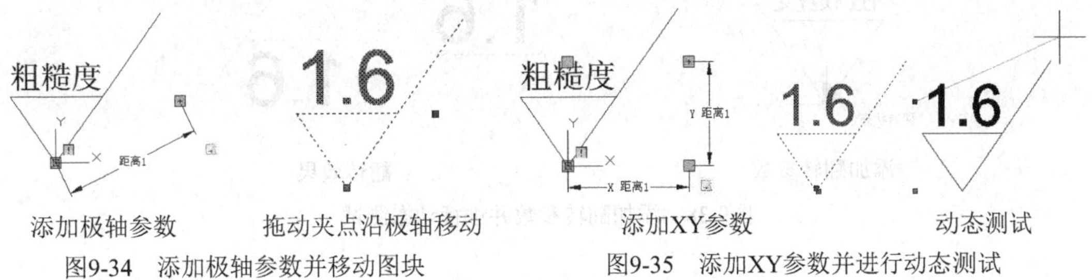

图9-34　添加极轴参数并移动图块　　图9-35　添加XY参数并进行动态测试

5. 旋转参数

旋转参数可以定义块的旋转角度，它仅支持旋转动作。在块编辑窗口，它显示为一个圆。其一般操作步骤为：首先指定参数半径，然后指定旋转角度，最后指定标签位置。如果为其添加旋转动作，则动态旋转效果如图9-36所示。

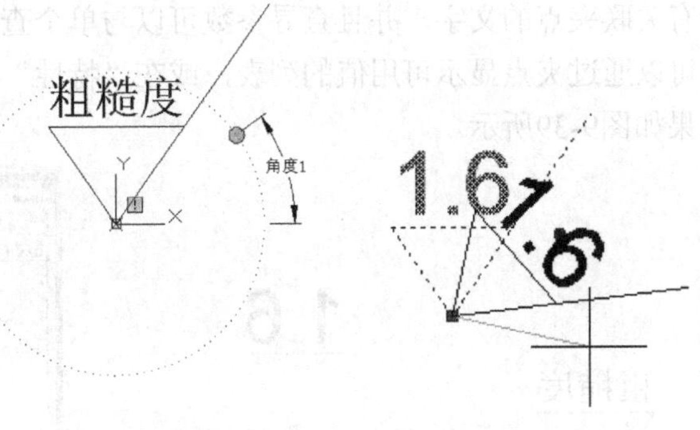

图9-36　添加旋转参数并进行动态测试

6. 对齐参数

对齐参数可以定义X和Y位置以及一个角度，其外观类似于对齐线，可以直接影响块参照的旋转特性。对齐参数允许块参照自动围绕一个点旋转，以便与图形中的另一个对象对齐。它一般应用于整个块对象，并且无须与任何动作相关联。

要添加对齐参数，单击“对齐”按钮，并依据提示选取对齐的基点即可，保存该定义块，并通过夹点来观察动态测试效果，如图9-37所示。

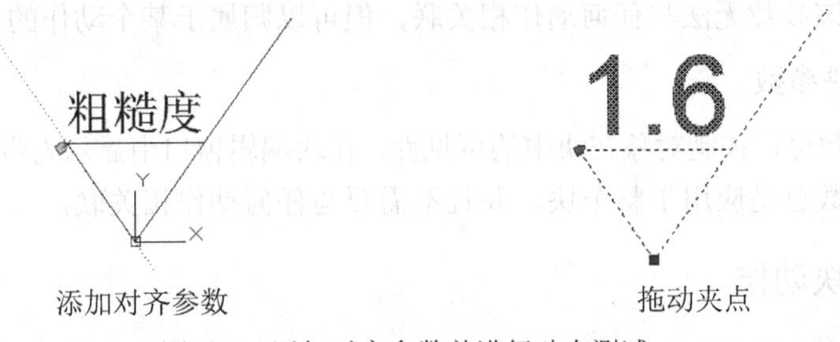

图9-37　添加对齐参数并进行动态测试

7. 翻转参数

翻转参数可以定义块参照的自定义翻转特性，它仅支持翻转动作。在块编辑窗口，其显示为一条投影线，即系统围绕这条投影线翻转对象。如图9-38所示，单击投影线下方的箭头，即可将图块进行相应的翻转操作。

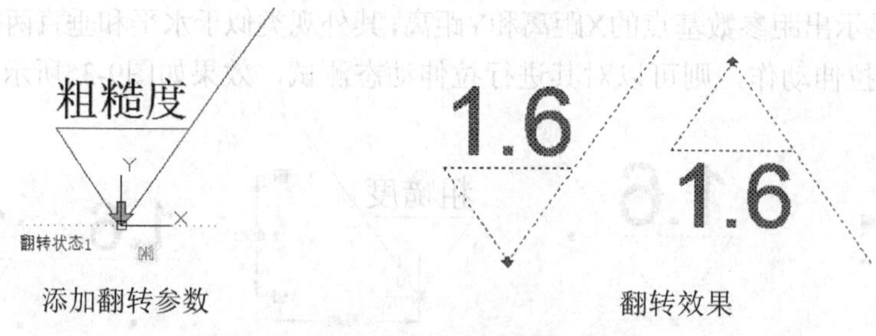

图9-38　添加翻转参数并进行动态测试

8. 查寻参数

查寻参数可以定义一个列表，列表中的值是用户自定义的特性，在块编辑窗口显示为带有关联夹点的文字，并且查寻参数可以与单个查寻动作相关联。关闭块编辑窗口时，用户可以通过夹点显示可用值的列表，或在“特性”选项板中修改该参数自定义特性的值，效果如图9-39所示。

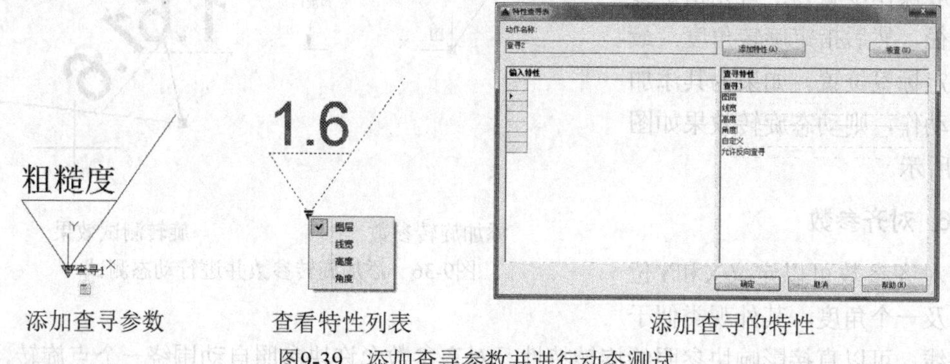

图9-39　添加查寻参数并进行动态测试

9. 基点参数

基点参数可以相对于该块中的集合图形定义一个基点，在块编辑窗口中显示为带有十字光标的圆。该参数无法与任何动作相关联，但可以归属于某个动作的选择集。

10. 可见性参数

可见性参数可以控制对象在块中的可见性，在块编辑窗口中显示为带有关联夹点的文字。可见性参数总是应用于整个块，并且不需要与任何动作相关联。

9.4.3　创建块动作

添加块动作指的是根据在图形块中添加的参数而设定的相应动作，它用于在图形中自定义动态块的动作特性。此特性决定了动态块将在操作过程中做何种修改，且通常情况下，动态图块至少包含一个动作。

一般情况下，由于添加的块动作与参数上的关键点和集合图形相关联，因此在向动态块中添加动作前，必须先添加与该动作相对应的参数。关键点是参数上的点，编辑参数时该点将会与动作相关联，与动作相关联后的几何图形称为选择集。

1. 移动动作

移动动作与二维绘图中的移动操作类似，在动态块测试中，移动动作可使对象按定义的距离和角度进行移动。在编辑动态块时，移动动作与点参数、线性参数、极轴参数和XY轴参数相关联，效果如图9-40所示。

2. 缩放动作

缩放动作与二维绘图中的缩放操作类似，它可以与线性参数、极轴参数和XY参数相关联，并且相关联的是整个参数，而不是参数上的关键点。在动态块测试中，通过移动夹点或使用“特性”选项板编辑关联参数，缩放动作可使块的选择集进行缩放，效果如图9-41所示。

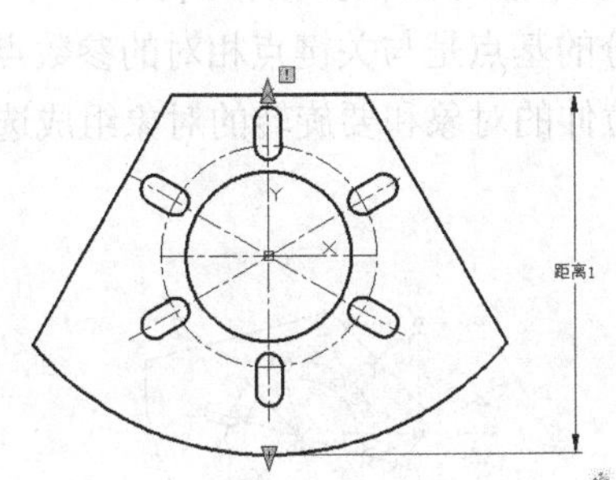

添加线性参数和移动动作

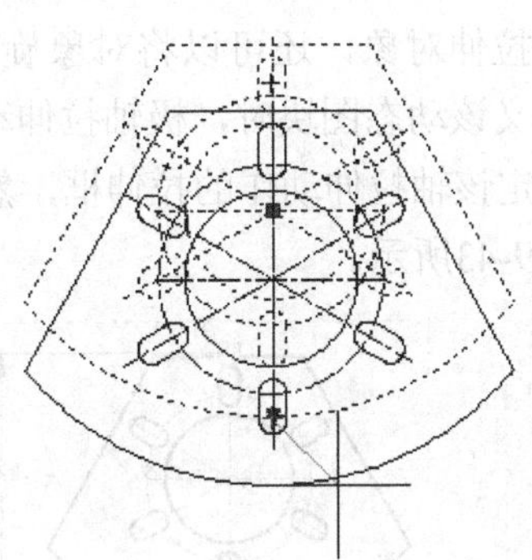

测试效果

图9-40　添加移动动作并测试

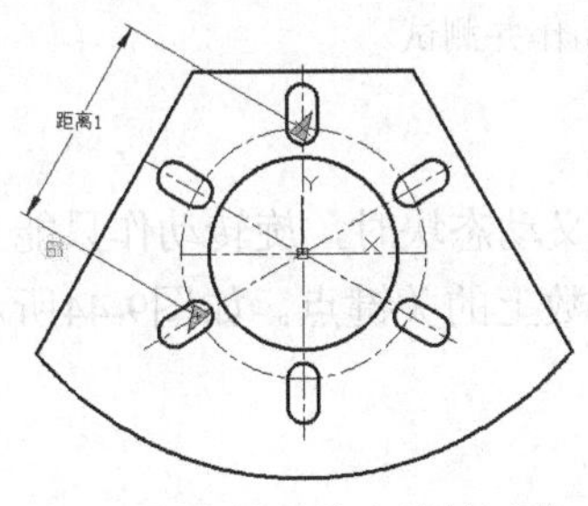

添加线性参数和缩放动作

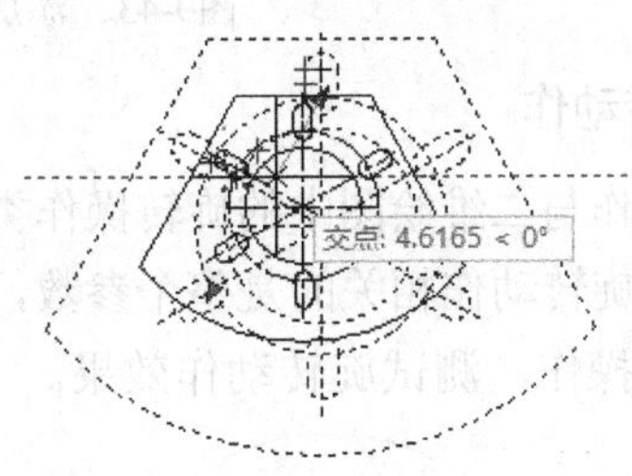

测试效果

图9-41　添加缩放动作并测试

3. 拉伸动作

拉伸动作与二维绘图中的拉伸操作类似，在动态块拉伸测试中，拉伸动作可使对象按指定的距离和位置进行移动和拉伸。与拉伸动作相关联的有点参数、线性参数、极轴参数和XY轴参数。

将拉伸动作与某个参数相关联后，可以为该拉伸动作指定一个拉伸框，然后为拉伸动作的选择集选取对象。拉伸框决定了框内部或与框相交的对象在块参照中的编辑方式，效果如图9-42所示。

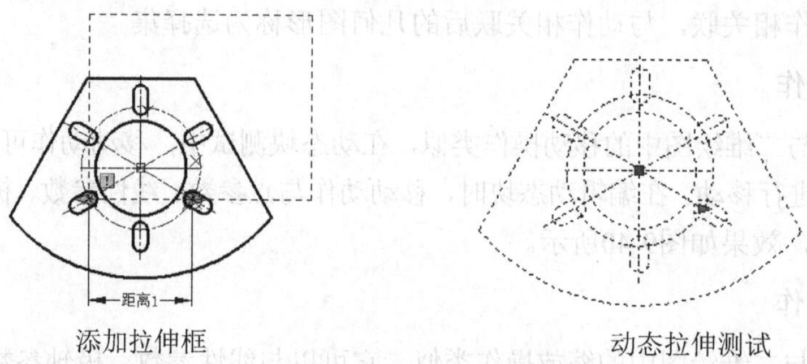

图9-42　添加拉伸动作并测试

4. 极轴拉伸动作

在动态块测试中，极轴拉伸动作与拉伸动作相似。极轴拉伸动作不仅可以按角度和距离移动和拉伸对象，还可以将对象旋转，但它一般只能与极轴参数相关联。

在定义该动态图块时，极轴拉伸动作拉伸部分的基点是与关键点相对的参数点。关联后可以指定该轴拉伸动作的拉伸框，然后选取要拉伸的对象和要旋转的对象组成选择集，效果如图9-43所示。

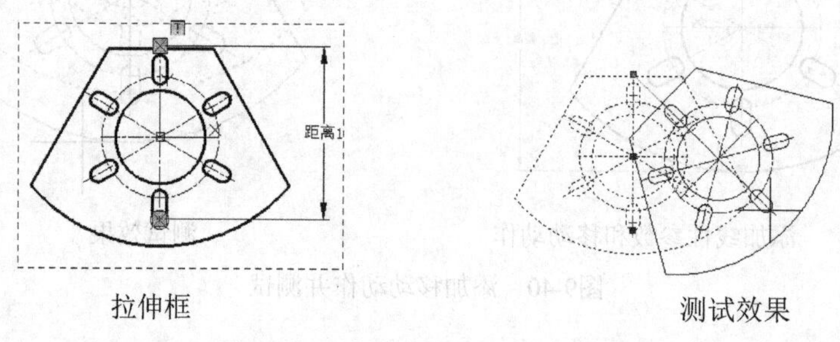

图9-43　添加极轴拉伸动作并测试

5. 旋转动作

旋转动作与二维绘图中的旋转操作类似，在定义动态块时，旋转动作只能与旋转参数相关联。与旋转动作相关的是整个参数，而不是参数上的关键点。如图9-44所示为拖动夹点进行旋转操作，测试旋转动作效果。

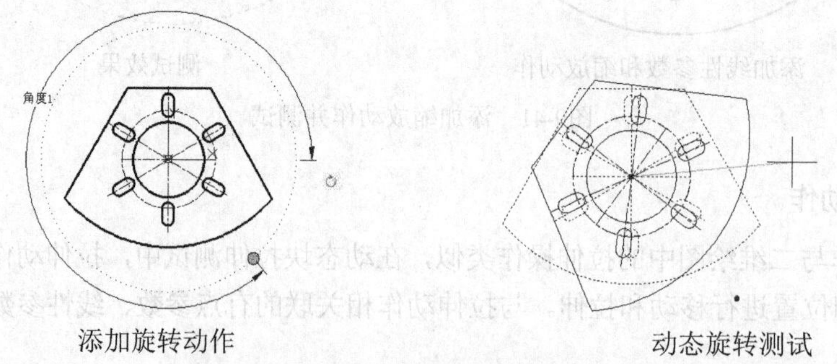

图9-44　添加旋转动作并测试

6. 翻转动作

使用翻转动作可以围绕指定的轴(或投影线)翻转定义的动态块参照。它一般只能与翻转参数相关联，其效果相当于二维绘图中的镜像复制。

7. 阵列动作

在进行阵列动态块测试时，通过夹点或“特性”选项板可以将其关联对象进行复制，并按照矩形样式阵列。在动态块定义中，阵列动作可以与线性参数、极轴参数和XY参数中的任意一个参数相关联。

如果将阵列动作与线性参数相关联，则用户可以指定阵列对象的列偏移，即阵列对象之间的距离。添加的参数直接决定阵列的数量，即阵列对象必须完全在添加的参数之内，效果如图9-45所示。

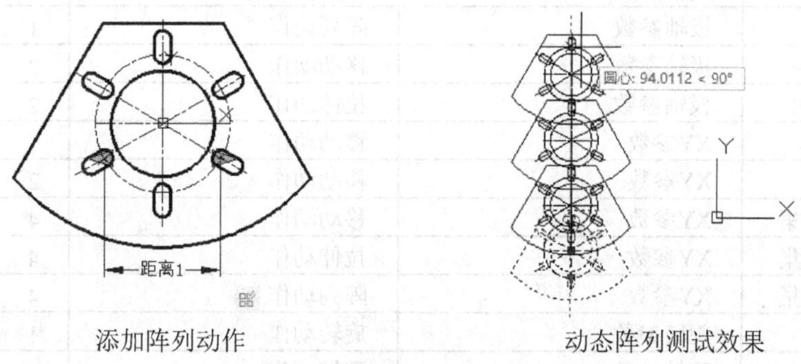

图9-45　添加阵列动作并测试

8. 查询动作

要向动态定义块中添加查寻动作，必须和查寻参数相关联。在添加查寻动作时，它通过自定义的特性列表创建查寻特性，使用查寻表将自定义特性和值指定给动态块，效果如图9-46所示。

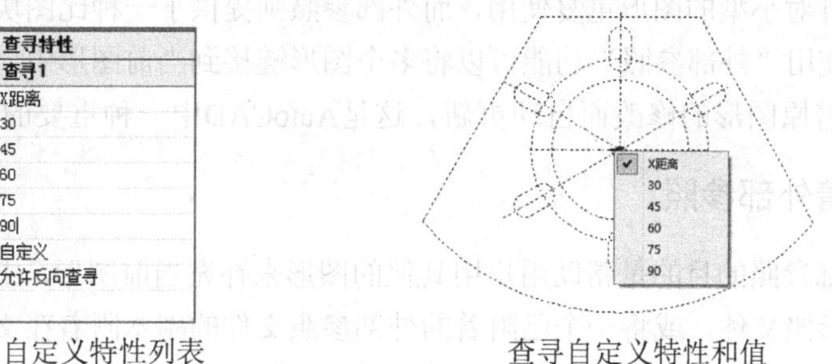

图9-46　添加查寻动作并测试

9.4.4 使用参数集

使用参数集可以向动态块添加成对的参数与动作。添加参数集与添加参数所使用的方法相同，并且参数集中包含的动作将自动添加到块定义中，并与添加的参数相关联。

当第一次向动态块定义添加参数集时，与添加参数一样，每个动作旁边都会显示一个黄色的警告图标，这表示还需要将选择集与动作相关联。用户可以双击该黄色警示图标，然后按照命令行上的提示信息将动作与选择集相关联。如表9-2所示为参数集所包含的参数与相关联的动作以及所带有的夹点数。

表 9-2　参数集动作与夹点数

参 数 集	含有的参数	关 联 动 作	夹 点 数
点移动	线性参数	移动动作	1
线性移动	线性参数	移动动作	1
线性拉伸	线性参数	拉伸动作	1
线性阵列	线性参数	阵列动作	1
线性移动配对	线性参数	移动动作	2
线性拉伸配对	线性参数	拉伸动作	2
极轴移动	极轴参数	移动动作	1
极轴拉伸	极轴参数	拉伸动作	1
环形阵列	极轴参数	阵列动作	1
极轴移动配对	极轴参数	移动动作	2
极轴拉伸配对	极轴参数	拉伸动作	2
XY移动	XY参数	移动动作	1
XY移动配对	XY参数	移动动作	2
XY移动方格集	XY参数	移动动作	4
XY拉伸方格集	XY参数	拉伸动作	4
XY阵列方格集	XY参数	阵列动作	4
旋转集	旋转参数	旋转动作	1
翻转集	翻转参数	翻转动作	1
可见性集	可见性参数	无	1
查寻集	查寻参数	查寻动作	1

9.5　外部参照

块主要针对小型的图形重复使用，而外部参照则提供了一种比图块更为灵活的图形引用方法，即使用“外部参照”功能可以将多个图形链接到当前图形中，并且包含外部参照的图形会随着原图形的修改而自动更新，这是AutoCAD中一种重要的共享数据的方式。

9.5.1　附着外部参照

附着外部参照的目的是帮助用户用其他的图形来补充当前图形，主要用在需要附着一个新的外部参照文件，或将一个已附着的外部参照文件的副本附着在文件中。执行附着外部参照操作，用户可以将以下几种格式的文件附着至当前图形中。

1. 附着DWG文件

执行附着外部参照操作，其目的是帮助用户用其他图形来补充当前图形，主要用在需要附着一个新的外部参照文件，或将一个已附着的外部参照文件的副本附着在文件中。

切换至“插入”选项卡，在“参照”选项板中单击“附着”按钮，此时将打开“选择参照文件”对话框，如图9-47所示。接下来，在该对话框的“文件类型”下拉列表中选择“图形”选项，并指定附着文件，单击“打开”按钮，将打开“附着外部参照”对话框，如图9-48所示。

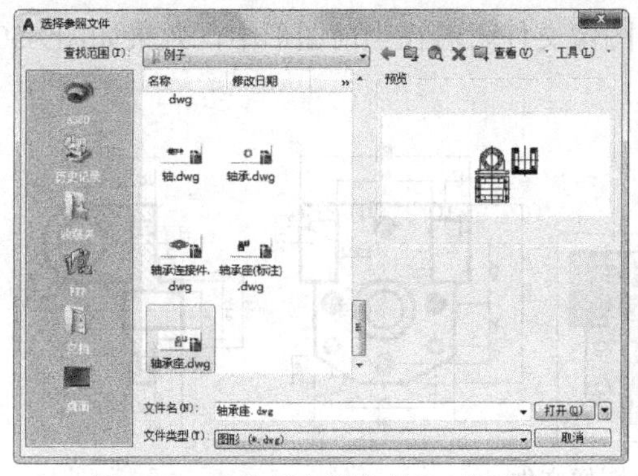

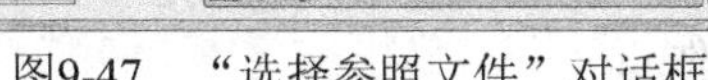

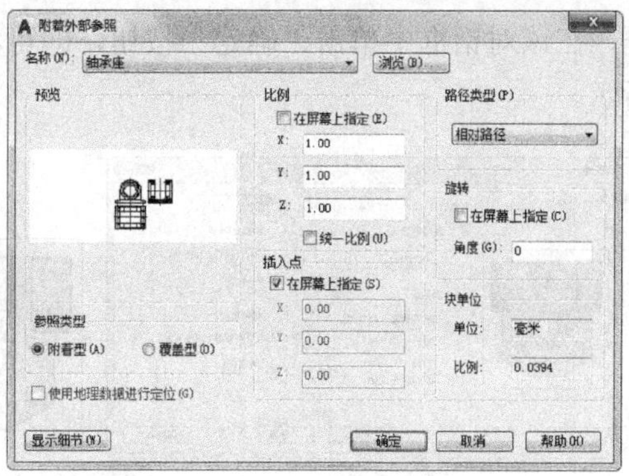

图9-47　“选择参照文件”对话框　　　　　　　图9-48　“附着外部参照”对话框

在“附着外部参照”对话框中设置参照类型和路径类型后，单击“确定”按钮，外部参照文件将显示在当前图形中。接下来，指定插入点即可将参照文件添加至图形中，如图9-49所示。

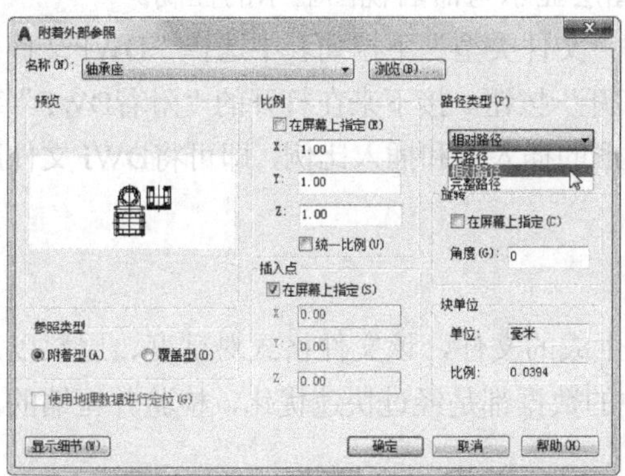

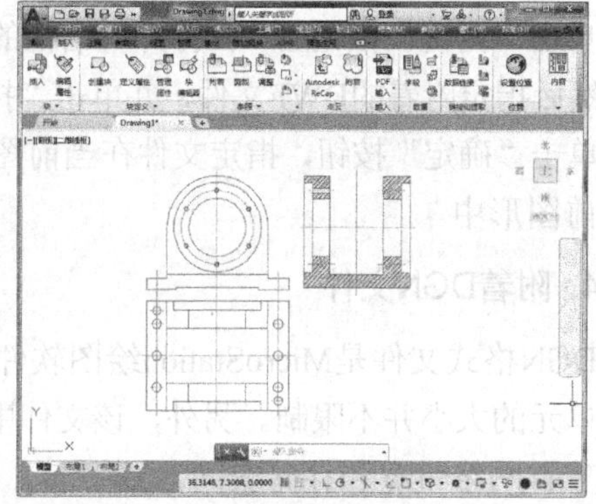

图9-49　附着DWG文件

从图9-49中可以看出，在图形中插入外部参照的方法与插入块的操作方法相同，只是“附着外部参照”对话框增加了“参照类型”和“路径类型”两个选项组，其各自的功能如下。

- “参照类型”选项组：在该选项组中可以选择外部参照类型。选中“附着型”单选按钮，如果参照图形中仍包含外部参照，则在执行该操作后，都将附着在当前图形中，即显示嵌套参照中的嵌套内容；如果选中“覆盖型”单选按钮，将不显示嵌套参照中的嵌套内容。
- “路径类型”下拉列表：将指定图形作为外部参照附着到当前主体时，可以使用“路径类型”下拉列表中的“无路径”、“相对路径”和“完整路径”3 种路径类型附着该图形。其中，选择“无路径”选项可以直接查找外部参照；选择“相对路径”选项，附着外部参照将保存外部参照相对于当前图形的位置；选择“完整路径”选项，外部参照的精确位置将保存到该图形中。

2. 附着图像文件

使用“外部参照”选项板操作能够将图像文件附着到当前文件中，对当前图形进行辅助说明。单击“附着”按钮，在打开对话框的“文件类型”下拉列表中选择“所有图形文件”选项，并指定附着的图像文件，然后单击“打开”按钮，将打开“附着图像”对话框，在该对话框中单击“确定”按钮，即可将图像文件附着在当前图形中，效果如图9-50所示。

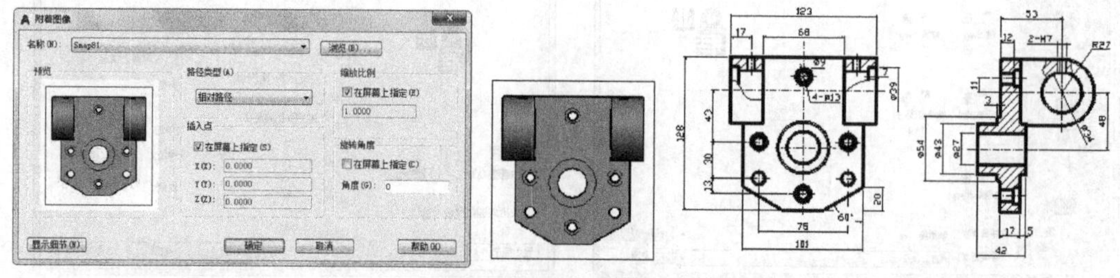

图9-50　附着图像文件

3. 附着DWF文件

DWF文件是一种从DWG文件创建的高度压缩的文件格式，该文件易于在Web上发布和查看，并且支持实时平移和缩放以及对图层显示与命名视图显示的控制。

单击“附着”按钮，在打开对话框的“文件类型”下拉列表中选择“DWF文件”选项，然后指定附着的DWF文件，并单击“打开”按钮。接下来在打开的“附着DWF”对话框中单击“确定”按钮，指定文件在当前图形的插入点和插入比例，即可将DWF文件附着在当前图形中。

4. 附着DGN文件

DGN格式文件是MicroStation绘图软件生成的文件，该文件格式对精度、层数以及文件与单元的大小并不限制。另外，该文件中的数据都是经过快速优化、检验并压缩的，有利于节省网络带宽和存储空间。

单击“附着”按钮，在打开对话框的“文件类型”下拉列表中选择“所有DGN文件”选项，然后指定附着DGN文件，并单击“打开”按钮。接下来，在打开的对话框中单击“确定”按钮，指定文件在当前图形的插入点和插入比例，即可将DGN文件附着在当前图形中。

5. 附着PDF文件

PDF格式文件是一种非常通用的阅读格式，而且PDF文档的打印方法和普通Word文档的打印一样简单。由于此类文件格式通用并安全，因此图纸的存档和外发加工一般使用PDF格式。

单击“附着”按钮，在打开对话框的“文件类型”下拉列表中选择“PDF文件”选项，然后指定附着的PDF文件，并单击“打开”按钮。接下来，在打开的对话框中单击“确定”按钮，指定文件在当前图形的插入点和插入比例，即可将PDF文件附着在当前图形中。

9.5.2　编辑外部参照

当附着外部参照后，外部参照的参照类型(附着或覆盖)和名称等内容并非无法修改和编辑，利用“编辑参照”工具可以对各种外部参照执行编辑操作。

在“参照”选项板中单击“编辑参照”按钮，选择待编辑的外部参照，此时将打开“参照编辑”对话框，如图9-51所示。

“参照编辑”对话框中两个选项卡的含义分别如下。

- “标识参照”选项卡：该选项卡为标识要编辑的参照提供形象化的辅助工具，如图 9-51 所示，其不仅能够选择参照的方式，还可以指定要编辑的参照。如果选择的对象是一个或多个嵌套参照的一部分，则该嵌套参照将显示在对话框中。
- “设置”选项卡：该选项卡为编辑参照提供所需的选项，如图 9-52 所示，共包含“创建唯一图层、样式和块名”、“显示属性定义以供编辑”和“锁定不在工作集中的对象”3 个复选框。

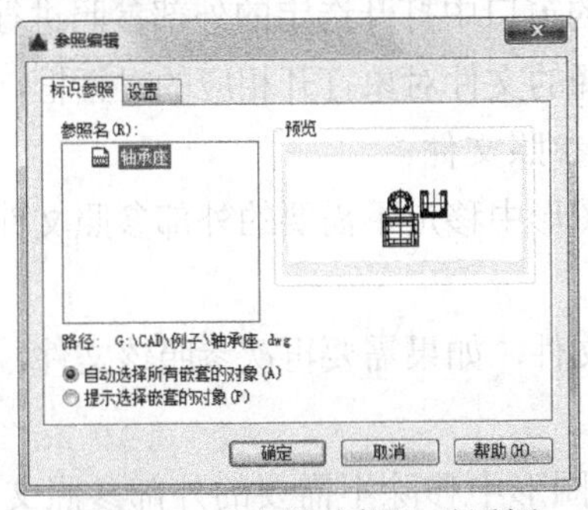

图9-51　“参照编辑”对话框

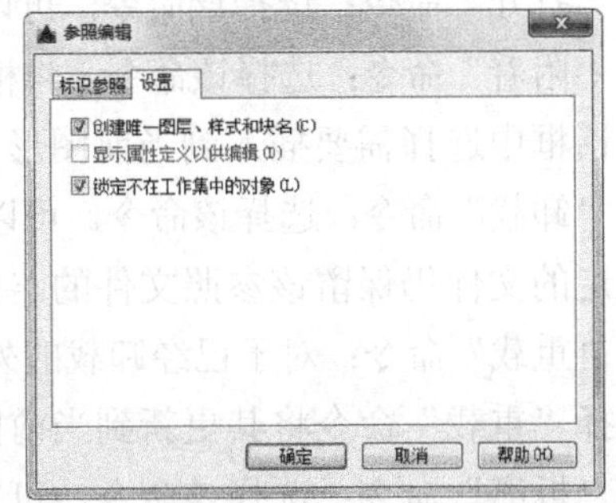

图9-52　打开“设置”选项卡

9.5.3　剪裁外部参照

利用“参照”选项板中的“剪裁”工具可以剪裁多种对象，包括外部参照、图像或DWF文件格式等。通过这些剪裁操作，用户可以控制所需信息的显示。直线剪裁操作并非真正修改这些参照，而是将其隐藏显示，同时可以根据设计需要，定义前向剪裁平面或后向剪裁平面。

在“参照”选项板中单击“剪裁”按钮，选取要剪裁的外部参照对象，此时命令行将显示“CLIP [开(ON) 关(OFF) 剪裁深度(C) 删除(D) 生成多段线(P) 新建边界(N)]<新建边界>：”的提示信息，选择不同的选项将获取不同的剪裁效果，如图9-53所示。

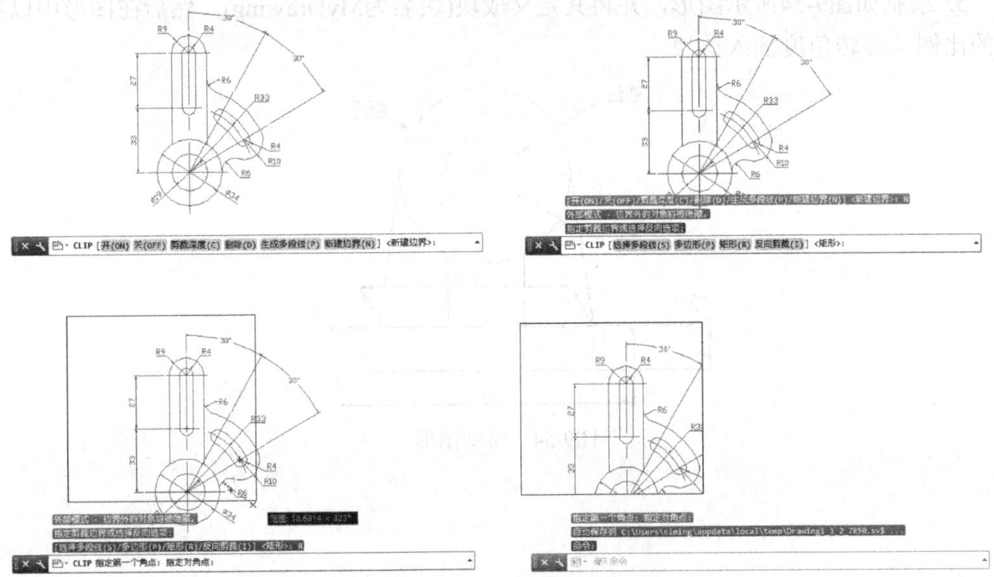

图9-53　剪裁外部参照

9.5.4　管理外部参照

在AutoCAD 2018中，用户可以在“外部参照”选项板中对附着或剪裁的外部参照进行编辑和管理。单击“参照”选项板右下角的箭头按钮，将打开“外部参照”选项板。在该选项板的“文件参照”列表框中显示了当前图形中各个外部参照的文件名称、状态、大小和类型等内容。

此时，在列表框的文件上右击，将打开快捷菜单，该菜单中各个命令的含义如下。

- “打开”命令：选择该命令，可以在新建的窗口中打开选定的外部参照进行编辑。
- “附着”命令：选择该命令，将根据所选择的文件对象打开相应的对话框，在该对话框中选择需要插入到当前图形中的外部参照文件。
- “卸载”命令：选择该命令，可以从当前图形中移走不需要的外部参照文件，但移走的文件仍保留该参照文件的路径。
- “重载”命令：对于已经卸载的外部参照文件，如果需要再次参照该文件，可以选择“重载”命令将其更新到当前图形中。
- “拆离”命令：选择该命令，可以从当前图形中移除不需要的外部参照文件。
- “绑定”命令：该命令对于具有绑定功能的参照文件有可操作性。选择“绑定”命令，可以将外部参照文件转换为一个正常的块。

9.6　思考练习

1. 在AutoCAD 2018中，块具有哪些特点？如何创建块？
2. 在AutoCAD 2018中，块属性具有哪些特点？如何创建带属性的块？
3. 简述外部参照和块的区别。
4. 简述在AutoCAD 2018中设置动态图块的优点和方法。
5. 绘制如图9-54所示图形，并将其定义成块(块名为MyDrawing)，然后在图形中以不同的比例、旋转角度插入该块。

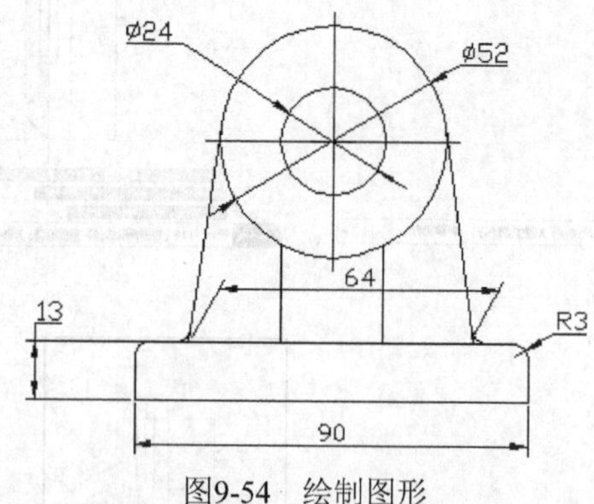

图9-54　绘制图形

第10章　三维建模基础

三维模型是对三维形体的空间描述，可以直观地表达产品的设计效果。在机械设计中，三维零件由于其立体性和各部分结果的复杂多样性，需要设置不同的视觉样式来显示模型，或从不同的方位来观察模型，进而更详细地了解零件的各部分结构。这就需要使用AutoCAD三维建模空间提供的各种视点观察工具、坐标系定位工具以及各种控制视觉样式的工具，全方位辅助零件建模。

10.1　三维绘图基础

传统的二维绘图设计需要通过投影图来想象其立体形状，这样给实际的交流和生产带来了极大的不便。从平面到三维造型技术，是一个质的飞跃，可以使用户在模拟的三维空间随心所欲地直接创建立体模型，从而更加形象、逼真地表现设计者的设计意图。

10.1.1　三维模型分类

三维模型是二维投影图立体形状的间接表达。使用计算机绘制的三维图形称为三维集合模型，它比二维模型更加接近真实的对象。在AutoCAD 2018中，要创建三维模型首先必须进入三维建模空间，如图10-1所示，在该空间内用户可以创建线框模型、曲面模型和实体模型3种类型的三维模型。

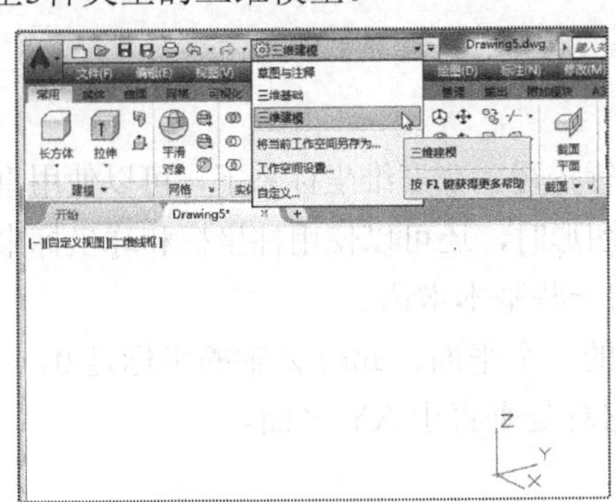

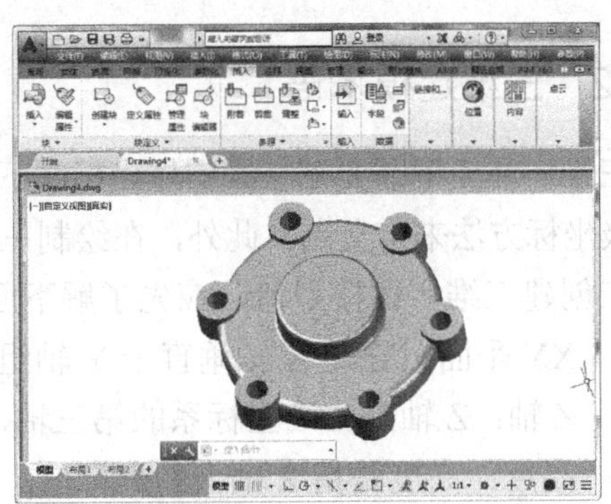

图10-1　切换三维建模空间

1. 线框模型

线框模型没有面和体的特征，仅是三维对象的轮廓。由点、直线和曲线等对象组成，不能进行消隐和渲染等操作。创建对象的三维线框模型，实际上是在空间的不同平面上绘制二维对象。由于构成该类模型的每个对象都必须单独绘制，此类建模方式比较耗时，如图10-2所示。

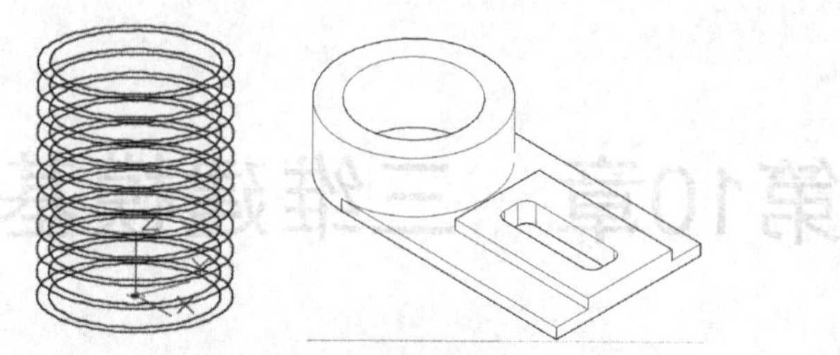

图10-2　线框模型

2. 曲面模型

曲面模型既定义了三维对象的边界，又定义了其表面。AutoCAD用多边形代表各个小的平面。而这些小平面组合在一起构成了曲面，即网格表面。网格表面只是真实曲面的近似表达。曲面模型可以进行消隐和渲染等操作，但不具有体积和质心等质量特征，如图10-3所示。

3. 实体模型

三维实体具有线、面和体积等特征，可以进行消隐和渲染等操作，并且包含体积、质心和转动惯量等质量特性。用户可以直接创建长方体、球体和锥体等基本实体，还可以通过旋转或拉伸二维对象创建三维实体。此外三维实体间还可以进行布尔运算，创建更加复杂的立体模型，如图10-4所示。

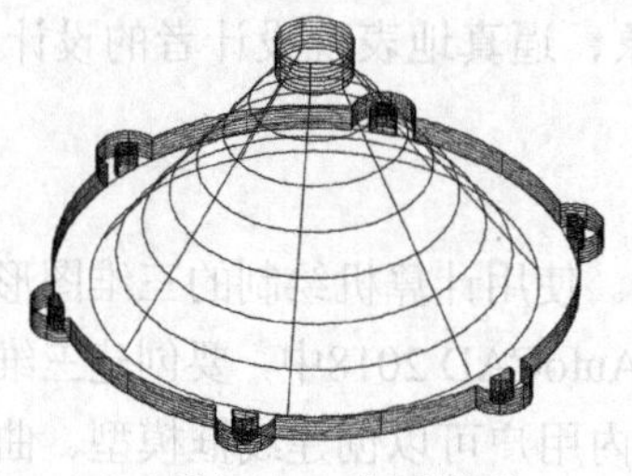

图10-3　曲面模型

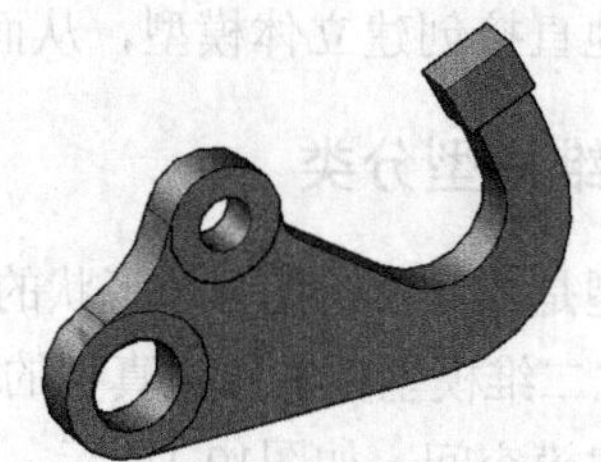

图10-4　实体模型

10.1.2　三维建模术语

三维实体模型需要在三维实体坐标系下进行描述，在三维坐标系下，可以使用直角坐标或极坐标方法来定义点。此外，在绘制三维图形时，还可以使用柱坐标和球坐标来定义点。在创建三维实体模型前，应先了解下面的一些基本术语。

- XY 平面：它是 X 轴垂直于 Y 轴组成的一个平面，此时 Z 轴的坐标是 0。
- Z 轴：Z 轴是三维坐标系的第三轴，它总是垂直于 XY 平面。
- 高度：高度是指 Z 轴上的坐标值。
- 厚度：主要是指 Z 轴的长度。
- 相机位置：在观察三维模型时，相机的位置相当于视点。
- 目标点：当用户眼睛通过照相机看某个物体时，用户聚焦在一个清晰点上，该点就是所谓的目标点。
- 视线：假想的线，它是将视点和目标点连接起来的线。
- 和 XY 平面的夹角：即视线与其在 XY 平面的投影线之间的夹角。
- XY 平面角度：即视线在 XY 平面的投影线与 X 轴之间的夹角。

10.2 视图与视口

创建三维模型时，常常需要从不同的方向观察模型。当用户设定某个查看方向后，AutoCAD将显示出对应的3D视图，具有立体感的3D视图将有助于用户正确理解模型的空间结构。另外，在创建复杂的二维图形和三维模型时，为了便于同时观察图形的不同部分或三维模型的不同侧面，可以将绘图区域划分为多个视口。

10.2.1 平面视图

使用PLAN命令可以创建坐标系的XY平面视图，即视点位于坐标系的Z轴上(该命令在三维建模过程中非常有用)。当用户需要在三维空间中的某个面上绘图时，可以先以该平面为XY坐标创建坐标系，然后利用PLAN命令使坐标系的XY平面显示在屏幕上，即可在三维空间的平面上绘图。

PLAN命令常用于在一些与标准视点视图不平行的(即倾斜的)实体上绘图。在此类倾斜面上作图，首先需要利用“坐标”选项板上的“三点”工具将当前坐标系的XY平面调整至该斜平面，如图10-5所示为依次指定3个端点A、B和C，调整坐标系。

在命令行中输入PLAN指令，或在快速访问工具栏中选择“显示菜单栏”命令，在弹出的菜单中选择“视图”|“三维视图”|“平面视图”|“当前UCS(C)” 命令，然后按下回车键，并在打开的快捷菜单中选择“当前UCS”命令，即可将当前视图切换至与该平面平行，如图10-6所示。

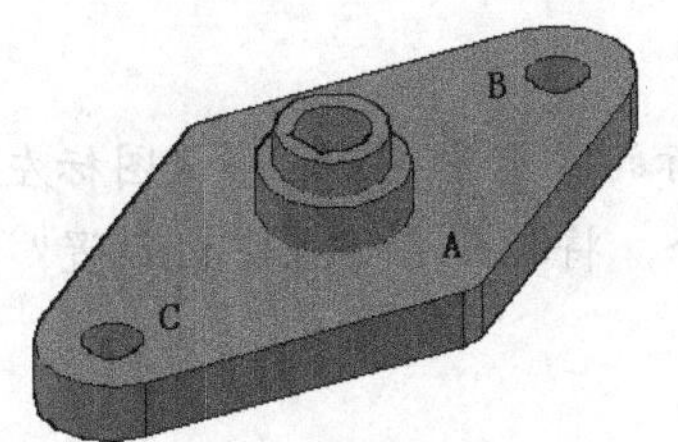

图10-5 调整坐标系的XY平面

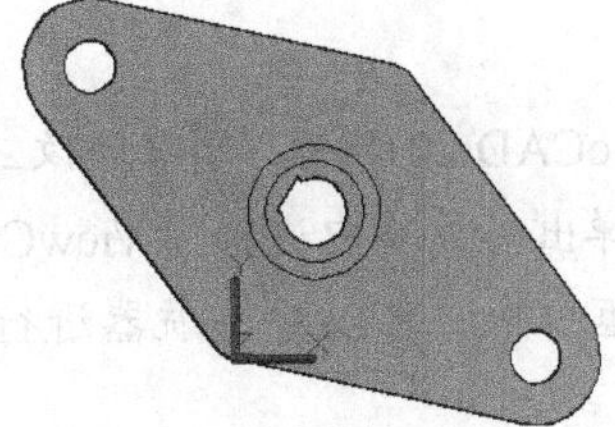

图10-6 创建平面视图

10.2.2 设置正交和等轴测视图

在三维操作环境中，用户可以通过指定正交和轴测视点观测当前模型。其中正交视图是从坐标系统的正交方向观测所得到的视图；而轴测视图则是从坐标系统的轴测方向观测所获得的视图。指定这两类视图的方法主要有以下两种。

1. 利用选项板工具设置视图

在“三维建模”空间中展开“常用”选项卡，然后在“视图”选项板中选择“三维导航”选项，并在打开的下拉列表中选择指定的选项，即可切换至相应的视图模式，如图10-7所示。

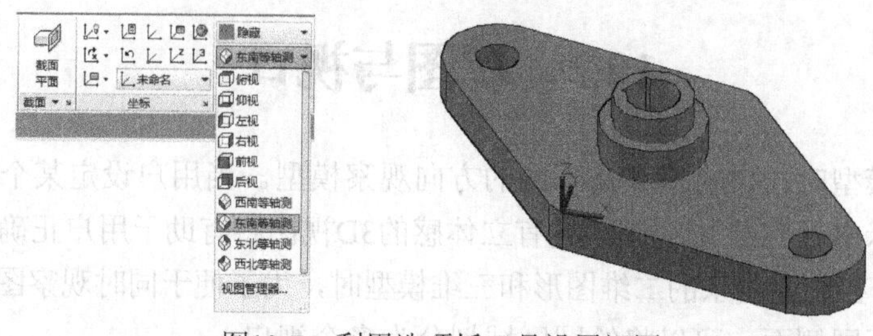

图10-7　利用选项板工具设置视图

2. 利用三维导航器设置视图

在“三维建模”空间中使用三维导航器工具可以切换各种正交或轴测视图模式，可以自由切换6种正交视图、8种正等轴测视图和8种斜等轴测视图。利用三维导航工具可以根据需要快速地调整视图的显示方式，该导航工具以非常直观的3D导航立方体显示在绘图区中，单击导航器工具图标的各个位置将显示不同的视图效果，如图10-8所示。

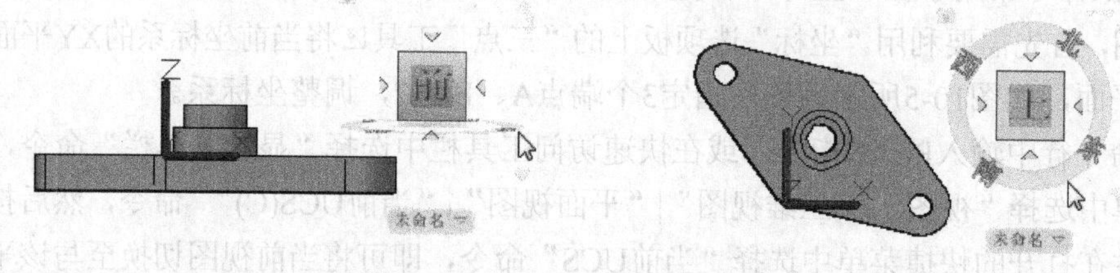

图10-8　利用导航工具查看视图

注意：

在AutoCAD 2018中，可以修改三维导航器图标的显示方式。右击该图标左上方的按钮，在弹出的菜单中选择“ViewCube设置”命令，将打开“ViewCube设置”对话框，在该对话框中用户可以对导航器进行设置。

10.2.3　新建视口

视口就是视图所在的窗口。在创建复杂的二维图形和三维模型时，为了便于同时观察图形的不同部分或三维模型的不同侧面，可以将绘图区域划分为多个视口。在AutoCAD 2018中，视口可以分为平铺视口和浮动视口两种。

1. 创建平铺视口

平铺视口是在模型空间中创建的视口，各视口间必须相邻，视口只能为标准的矩形，并且无法调整视口的边界。

在“可视化”选项卡的“模型视口”选项板中单击“命名”按钮，然后在打开的“视口”对话框中切换至“新建视口”选项卡，即可在该选项卡中设置视口的个数、每个视口中的视图方向以及各视图对应的视觉样式。如图10-9所示为创建4个相等视口的效果。

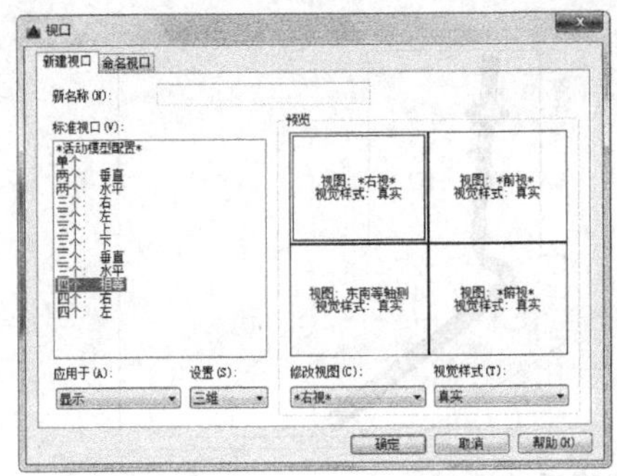

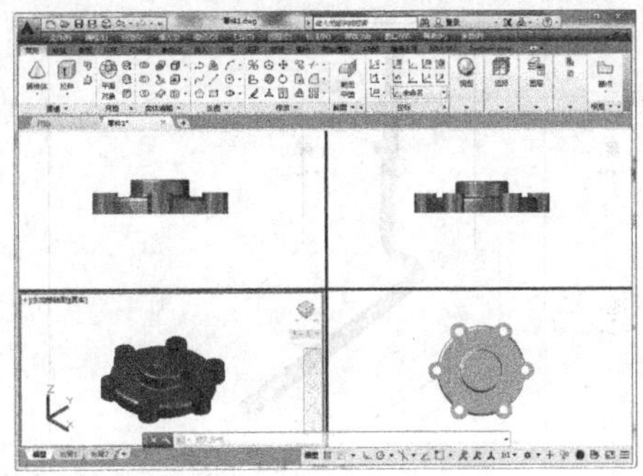

图10-9　创建平铺视口

“新建视口”选项卡中各选项的功能如下。

- “应用于”下拉列表：该下拉列表中包含“显示”和“当前视口”两个选项，用于指定设置是应用于整个显示还是当前视口。如果要创建多个三维平铺视口，可以选择“当前视口”选项，视图将以当前视口显示。
- “新名称”文本框：输入创建当前视口的名称。为视口添加明显的文字标记，可以方便调用。
- “设置”下拉列表：该下拉列表中包括“二维”和“三维”两个选项。选择“三维”选项可以进一步设置主视图、俯视图和轴测图等；选择“二维”选项只能使用当前设置。
- “修改视图”下拉列表：在该下拉列表中设置要修改视图的方向。该下拉列表的选项与“设置”下拉列表的选项相关。
- “视觉样式”列表框：在“预览”列表框中指定相应的视口，即可在该列表框中设置该视口的视觉样式。

2. 创建浮动视口

在布局空间创建的视口为浮动视口，其形状可以是矩形、任意多边形或圆等，相互之间可以重叠并能同时打印，并且可以调整视口的边界形状。浮动视口的创建方法与平铺视口相同，在创建浮动视口时，只需指定创建浮动视口的区域即可。

(1) 创建矩形浮动视口

要创建矩形浮动视口，首先应切换至布局空间，然后选择“视图”|“视口”|“新建视口”命令，之后在打开的“视口”对话框中选择要创建的视口个数。接下来，依次指定两个对角点确定视口的区域，并在各个视口中将对象调整至相应的视图方向，即可完成浮动视口的创建。

(2) 创建任意多边形浮动视口

创建该类特殊形状的浮动视口时，可以使用一般的绘图方法在布局空间中绘制任意形状的闭合线框作为浮动视口的边界。

选择“视图”|“视口”|“多边形视口”命令，然后依次指定多个点绘制一个闭合的多边形，并按下回车键，即可创建多边形浮动视口，效果如图10-10所示。

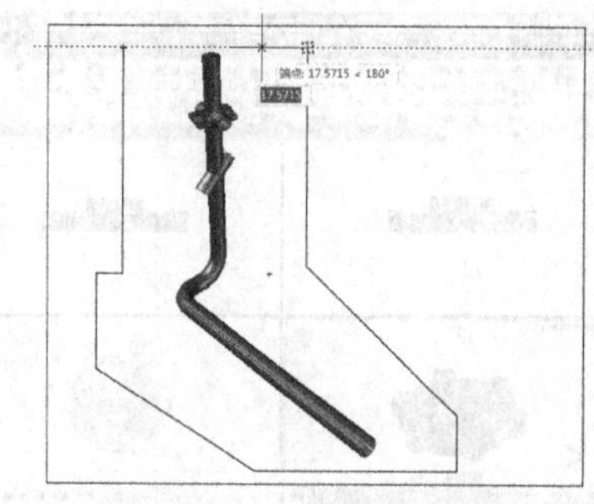
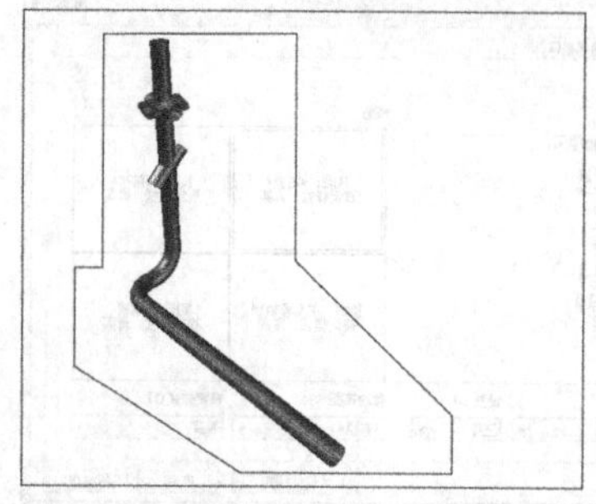

图10-10　创建多边形浮动视口

(3) 创建对象浮动视口

在布局空间中可以将图纸绘制的封闭多段线、圆、面域、样条曲线或椭圆等对象设置为视口边界。

选择“视图”|“视口”|“对象”命令，然后在图纸中选择封闭曲线对象，即可创建对象浮动视口，效果如图10-11所示。

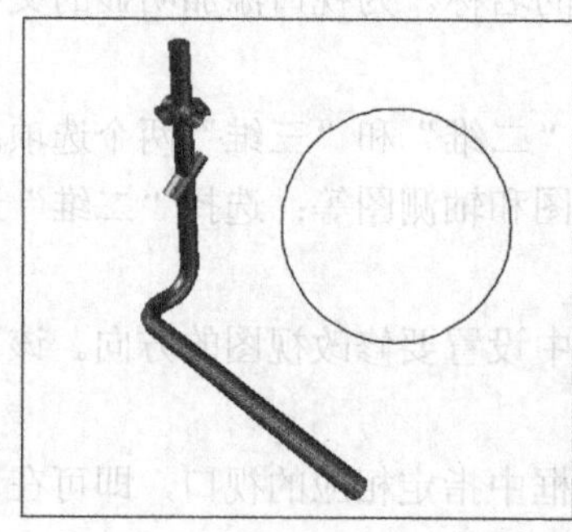
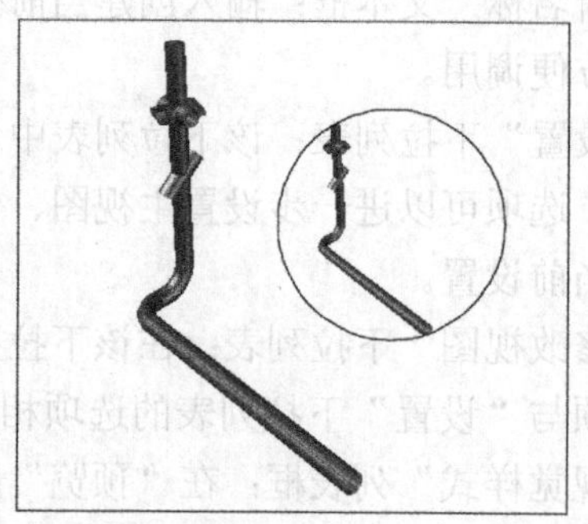

图10-11　创建对象浮动视口

10.2.4　调整视口

在模型和布局空间中，视口和一般的图形对象相似，均可以使用一般图形的绘制和编辑方法，分别对各个视口进行相应的调整、合并和旋转等操作。

1. 使用夹点调整浮动视口

首先单击视口边界线，此时在视口的外框上将出现4个夹点，拖动夹点到合适的位置即可调整视口，效果如图10-12所示。

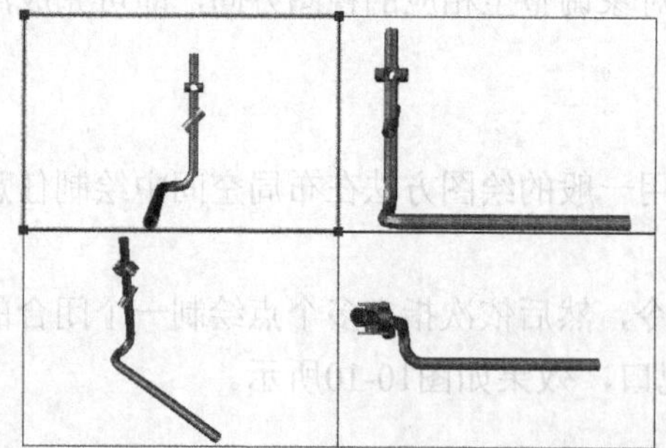
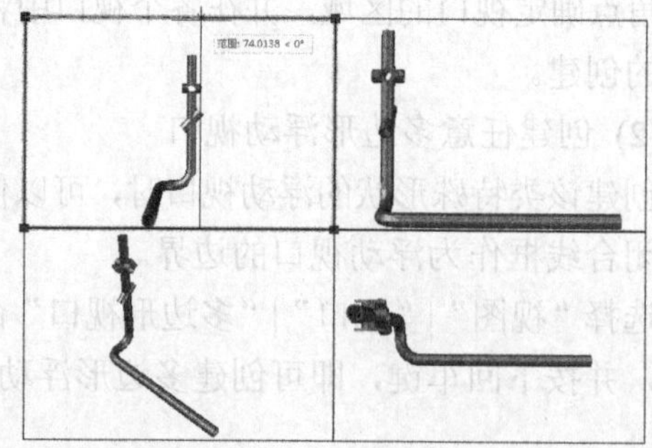

图10-12　拖动夹点调整浮动视口边界

2. 合并视口

合并视口只能在模型空间中进行，如果两个相邻的视口需要合并为一个视口，就要用到“合并视口”工具。

在“模型视口”选项板中单击“合并视口”按钮，然后依次选取主视口和要合并的视口，此时系统将以第一次选取的视口占据第二次选取的视口，效果如图10-13所示。

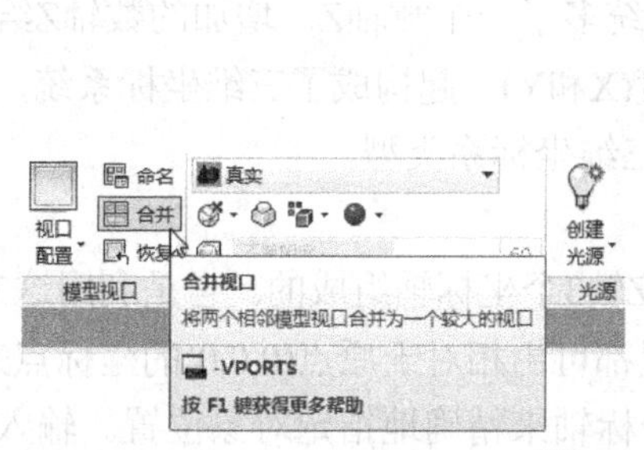

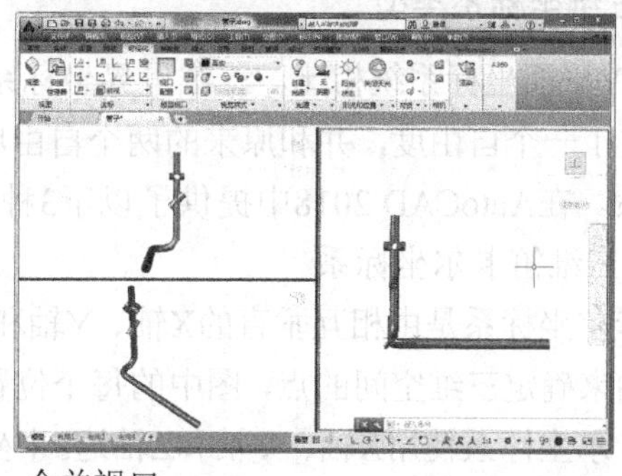

图10-13　合并视口

3. 缩放视口

如果在布局空间中的浮动视口存在多个视口，就可以对这些视口中的视图建立统一的缩放比例，以便于对视图的大小进行调整。

选取一个浮动视口的边界并右击，在打开的快捷菜单中选择“特性”命令，然后在打开的面板的“标准比例”下拉列表中选择所需的缩放比例。接着对其余的浮动视口执行相同的操作，即可将所有的浮动视口设置为统一的缩放比例，效果如图10-14所示。

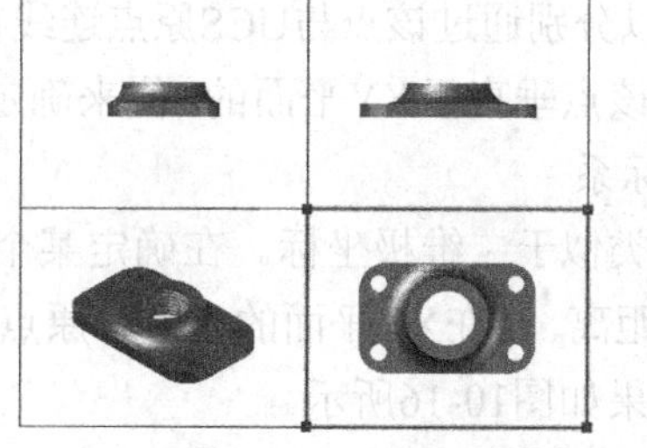

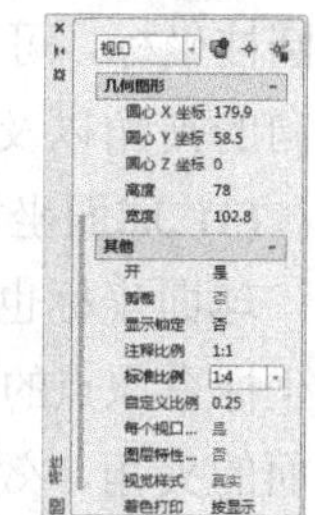

图10-14　设置浮动视口缩放比例

4. 旋转视口

在浮动视口的单个视口中，当存在多个图形对象，并要对所有的图形对象进行旋转操作时，可以在命令行中输入指令MVSETUP，即可对所选浮动视口中的所有图形对象进行整体旋转。在命令行中输入该指令，然后根据命令行提示信息指定对齐方式为“旋转视图”，并依次指定旋转基点和旋转角度，即可完成浮动窗口中对图形对象的旋转操作。

10.3　三维坐标系

在构造三维模型时，经常需要使用指定的坐标系作为参照，以便精确地绘制或定位某个对象。此外，在AutoCAD 2018中大多数的三维编辑命令都依赖于坐标系统的位置和方向进行操作，因此可以说三维建模离不开三维坐标系。

10.3.1　三维坐标系基础知识

三维空间内的所有几何物体，无论其形状多么复杂，实质上都是许多空间点的集合。有了三维空间的坐标系统，三维造型就成为可能。因此三维坐标系统是确定三维对象位置的基本手段，是研究三维空间的基础。

1. 三维坐标系类型

与XY平面坐标系统相比，三维世界坐标系统多了一个数轴Z。增加的数轴Z给坐标系统多规定了一个自由度，并和原来的两个自由度(X和Y)一起构成了三维坐标系统，简称三维坐标系。在AutoCAD 2018中提供了以下3种三维坐标系类型。

(1) 三维笛卡尔坐标系

笛卡尔坐标系是由相互垂直的X轴、Y轴和Z轴3个坐标轴组成的。它是利用这3个相互垂直的轴来确定三维空间的点，图中的每个位置都可由相对于原点(0,0,0)的坐标点来表示。三维笛卡尔坐标系使用X轴、Y轴和Z轴这3个坐标轴来精确地指定对象位置。输入三维笛卡尔坐标值(X,Y,Z)类似于输入二维坐标值(X,Y)，除了指定X值和Y值外，还需要指定Z值。

使用三维笛卡尔坐标系时，可以输入基于原点的绝对坐标值，也可以输入基于上一个输入点的相对坐标值。如果要输入相对坐标，需使用符号@作为前缀，如输入(@1,0,0)表示在X轴正方向上距离上一点一个单位的点。

(2) 圆柱坐标系

圆柱坐标与二维极坐标类似，但增加了从所要确定的点到XY平面的距离值。三维点的圆柱坐标，可以分别通过该点与UCS原点连线在XY平面上的投影长度、该投影与X轴正方向的夹角以及该点垂直于XY平面的Z值来确定，效果如图10-15所示。

(3) 球面坐标系

球面坐标也类似于二维极坐标。在确定某个点时，应指定3个参数，分别为该点与当前坐标系原点的距离、点在XY平面的投影和原点的连线与X轴的夹角、点到原点连线与XY平面的夹角，效果如图10-16所示。

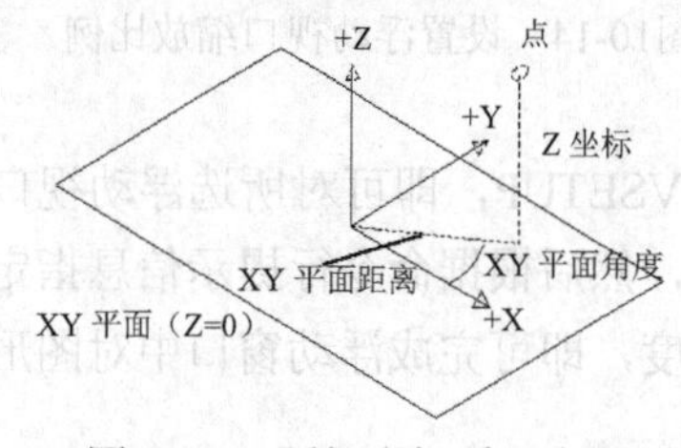

图10-15　圆柱坐标系示意图

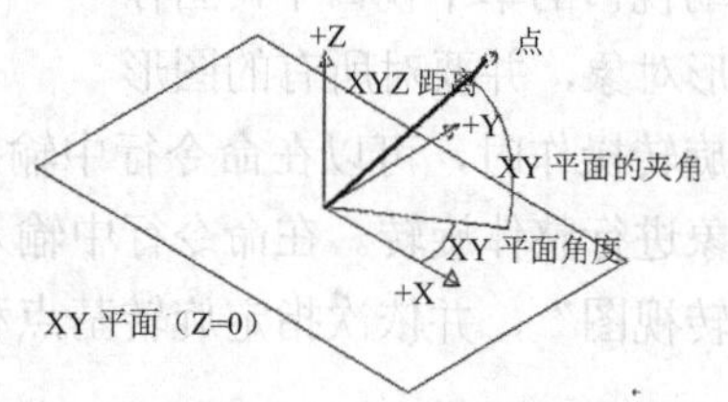

图10-16　球面坐标系示意图

2. 三维坐标系形式

在AutoCAD 2018中，所有图形均使用一个固定的三维笛卡尔坐标系，称作世界坐标系WCS。图中每一点均可以用世界坐标系的一组特定坐标值(X,Y,Z)来表示，也可以在三维空间的任意位置定义任意一个坐标系，这些坐标系称作用户坐标系UCS。所定义的UCS位于WCS的某一位置和某一方向。

(1) 世界坐标系

AutoCAD 2018为用户提供了一个绝对的坐标系，即世界坐标系(WCS)。通常使用

AutoCAD构造新图形时将自动使用WCS。虽然WCS不可更改，但可以从任意角度、任意方向来观察或旋转。

世界坐标系又称为绝对坐标系或固定坐标系，其原点和各坐标轴方向均固定不变。对于二维绘图来说，世界坐标系已足以满足要求，但在固定不变的世界坐标系中创建三维模型时不太方便。世界坐标系的图标在不同视觉样式下呈现不同的效果。如图10-17所示为在线框模式下，世界坐标系原点处有一个位于XY平面上的小正方形。

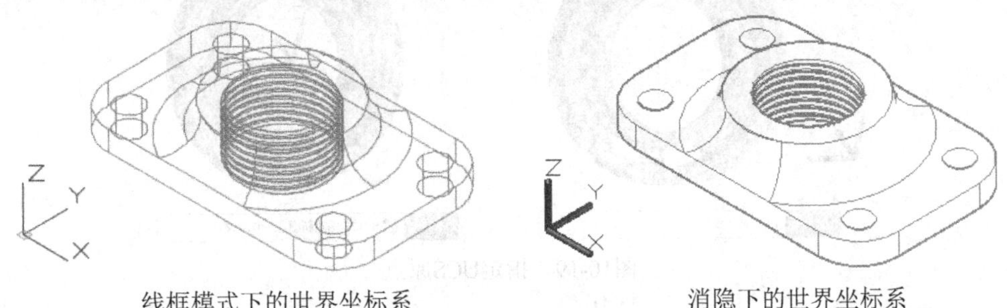

图10-17　世界坐标系

(2) 用户坐标系

相对于世界坐标系统，用户可以根据需要创建无限多的坐标系，这些坐标系称为用户坐标系UCS。为有助于绘制三维图元，可以创建任意数量的用户坐标系，并可以存储或重定义它们。

创建三维模型时，用户的二维操作平面可能是空间中的任何一个面。AutoCAD 2018的大部分绘图操作都是在当前坐标系的XY平面内或与XY平面平行的平面中进行的，而用户坐标系的作用就是让用户设定坐标系的位置和方向，从而改变工作平面，便于坐标输入。如图10-18所示为创建用户坐标系，使用户坐标系的平面与实体表面平行。

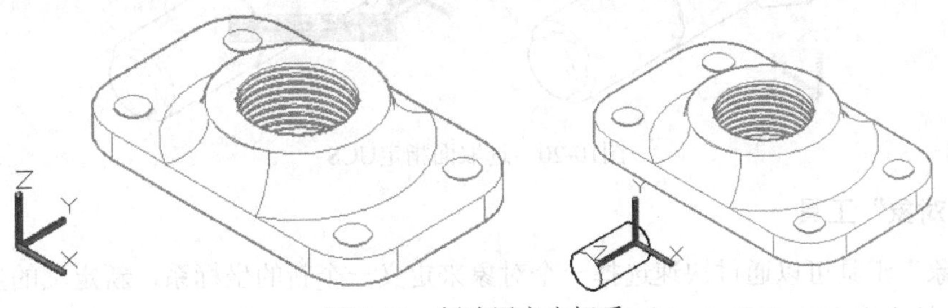

图10-18　创建用户坐标系

10.3.2　定制UCS

AutoCAD 2018的大多数2D命令只能在当前坐标系的XY平面或与XY平面平行的平面中执行，因此如果用户要在空间的某一个平面内使用2D命令，则应沿该平面位置创建新的UCS。因此在三维建模过程中需要不断地调整当前坐标系。

在“常用”选项卡的“坐标”选项板中，提供了创建UCS坐标系的多种工具。各类工具按钮的具体使用方法如下。

1. “原点”工具

“原点”工具是默认的UCS坐标创建方法，主要用于修改当前用户坐标系原点的位置，坐标轴方向与上一个坐标系相同，由它定义的坐标系将以新坐标存在。

单击“原点”按钮⊾，指定一个点作为新的原点，如图10-19所示。

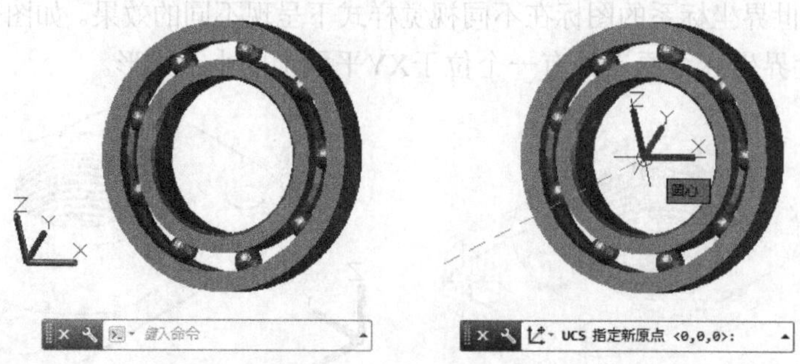

图10-19　指定UCS原点

2. “面”工具

“面”工具是通过选取指定的平面设置用户坐标系的，即将新用户坐标系的XY平面与实体对象的选定面重合，以便在各个面上或与这些面平行的平面上绘制图形对象。

单击“面”按钮，在一个面的边界内或该面的某条边上右击，以选取该面(被选中的面将会亮显)。此时在弹出的快捷菜单中选择“接受”命令，坐标系统的XY平面将与选定的平面重合，且X轴将与所选面上的最近边重合，如图10-20所示。

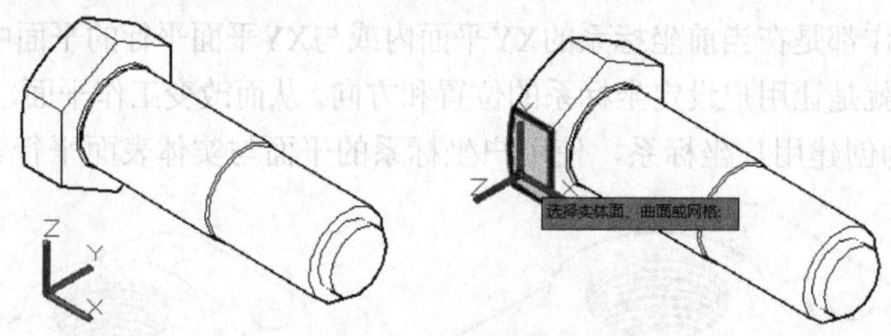

图10-20　选取面指定UCS

3. “对象”工具

“对象”工具可以通过快速选择一个对象来定义一个新的坐标系，新定义的坐标系对应坐标轴的方向取决于所选对象的类型。

单击“对象”按钮，在图形对象上选取任意一点后，UCS坐标将移动到该位置处，如图10-21所示。

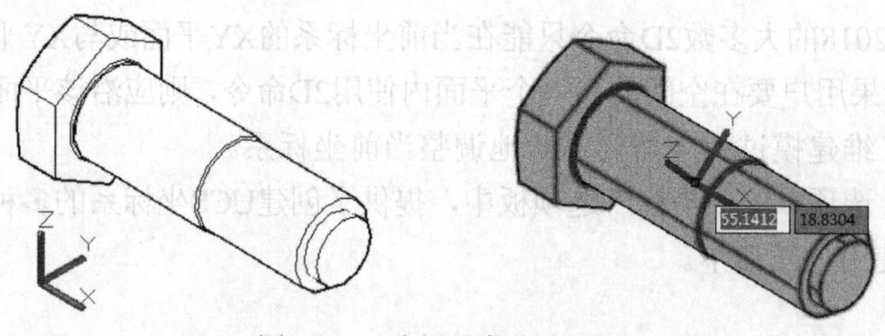

图10-21　选择对象指定UCS

当选择不同类型的对象时，坐标系的原点位置以及X轴的方向会有所不同，表10-1所示为所选对象与UCS的关系。

表 10-1　所选对象与 UCS 的关系

对 象 类 型	新建UCS
直线	距离选取点最近的一个端点成为新UCS的原点，X轴沿直线的方向，并使该直线位于新坐标系的XY平面
圆	圆的圆心成为新UCS的原点，X轴通过选取点
圆弧	圆弧的圆心成为新UCS的原点，X轴通过距离选取点最近的圆弧端点
二维多段线	多段线的起点成为新UCS的原点，X轴沿从起点到下一个顶点的线段延伸方向
实心体	实心体的第一个点成为新UCS的原点，X轴为两个起始点之间的直线
尺寸标注	标注文字的中心为新的UCS原点，X轴的方向平行于绘制标注时有效UCS的X轴

4. “视图”工具

“视图”工具使新坐标系的XY平面与当前视图方向垂直，Z轴与XY平面垂直，而原点保持不变。创建该坐标系通常用于标注文字，即当文字需要与当前平面平行而不需要与对象平行时的情况。单击“视图”按钮，新坐标系的XY平面与当前视图方向垂直。

5. “X/Y/Z”工具

“X/Y/Z”工具是保持当前UCS坐标的原点不变，将坐标系绕X轴、Y轴或Z轴旋转一定的角度，从而创建新的用户坐标系。

单击Z按钮，输入绕该轴旋转的角度值，并按下回车键，即可将UCS按指定角度绕Z轴旋转。如图10-22所示为坐标系统绕Z轴旋转90°的效果。

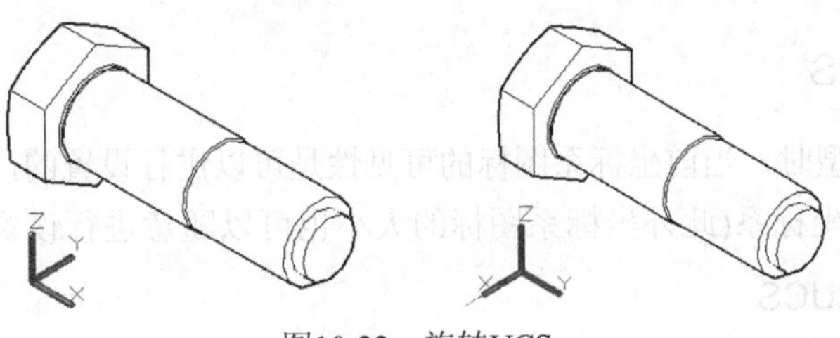

图10-22　旋转UCS

6. “世界”工具

“世界”工具用于切换回世界坐标系，即WCS坐标系。用户只需要单击“UCS，世界”按钮，UCS将变为WCS坐标系。

7. “Z轴矢量”工具

Z轴矢量是通过指定Z轴的正方向来创建新的用户坐标系。利用该方式确定坐标系需要指定两点，指定的第一点作为坐标原点，指定第二点后，第二点与第一点的连线决定了Z轴的正方向。此时系统将根据Z轴方向自动设置X轴、Y轴的方向。

单击“Z轴矢量”按钮，指定一点确定新原点，并指定另一点确定Z轴。此时，系统将自动确定XY平面，创建新的用户坐标系。如图10-23所示为分别指定A点和B点确定Z轴，系统自动确定XY平面创建的坐标系。

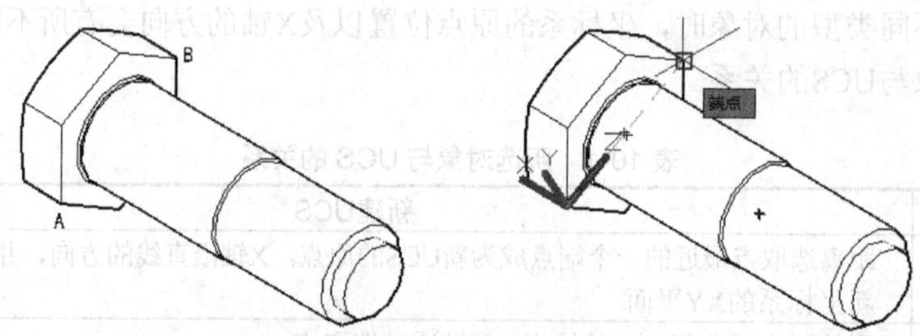

图10-23　由Z轴矢量创建UCS

8. “三点”工具

利用该方式只需选取3个点即可创建UCS，其中第一点确定坐标系原点；第二点与第一点的连线确定新的X轴；第三点与新X轴确定XY平面。此时Z轴的方向系统将自动设置为与XY平面垂直。

如图10-24所示，指定点A为坐标系新原点，并指定点B确定X轴正方向，然后指定点C确定Y轴正方向，按下回车键即可创建新坐标系。

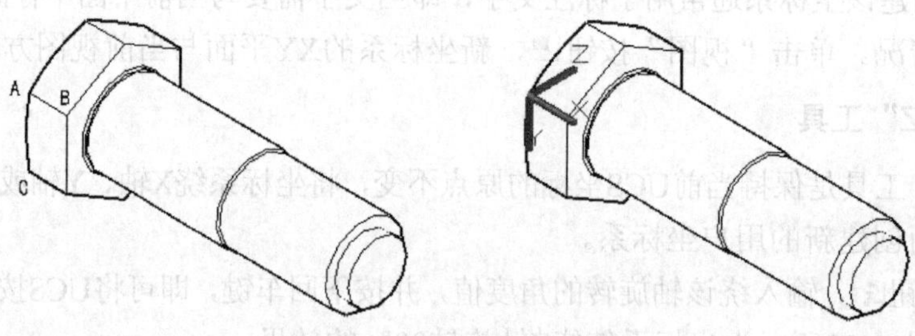

图10-24　选取3点确定UCS

10.3.3　控制UCS

在创建三维模型时，当前坐标系图标的可见性是可以进行设置的，用户可以根据需求任意地显示或隐藏坐标系(此外坐标系图标的大小也可以随意进行设置)。

1. 显示或隐藏UCS

用户要改变坐标系图标的显示状态，可以在命令行中输入UCSICON指令后按下回车键，并输入指令OFF，则显示的UCS将被隐藏，效果如图10-25所示。若输入ON指令，则隐藏的UCS将被显示出来。

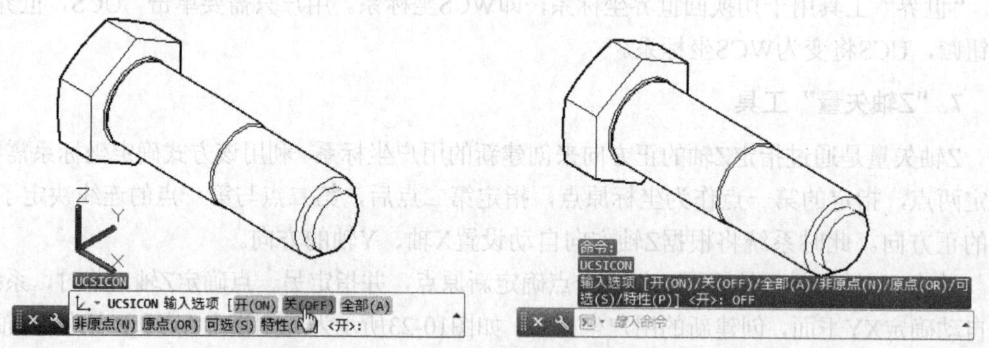

图10-25　隐藏与显示UCS

此外，直接在“坐标”选项板中单击“隐藏UCS图标”按钮或“显示UCS图标”按钮，也可以将UCS隐藏或显示，并且此时显示为世界坐标系。而如果要显示当前坐标系，则单击“在原点处显示UCS图标”按钮即可。

2. 修改UCS图标大小

在一些图形中通常为了不影响模型的显示效果，而将坐标系图标调小。UCS图标大小的变化只有在视觉样式为“二维线框”样式下才可以查看。

在“坐标”选项板中单击“USC图标，特性...”按钮，将打开“UCS图标”对话框，如图10-26所示。在该对话框中可以设置UCS图标的样式、大小和颜色等特性。

在“UCS图标”对话框的“UCS图标大小”文本框中可以直接输入图标大小的数值，也可以拖动右侧的滑块来动态调整图标的大小，如图10-27所示。

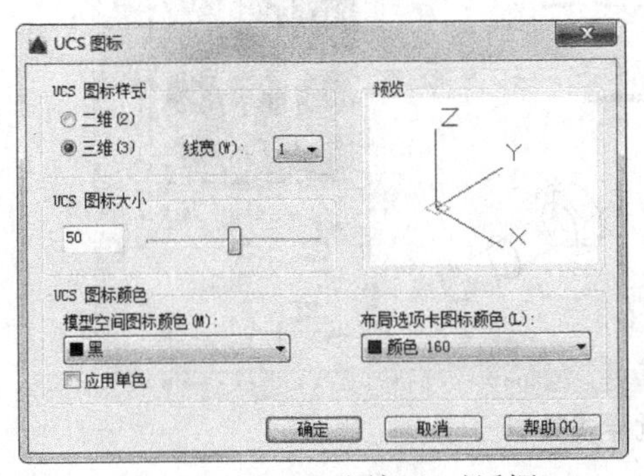

图10-26　“UCS图标”对话框

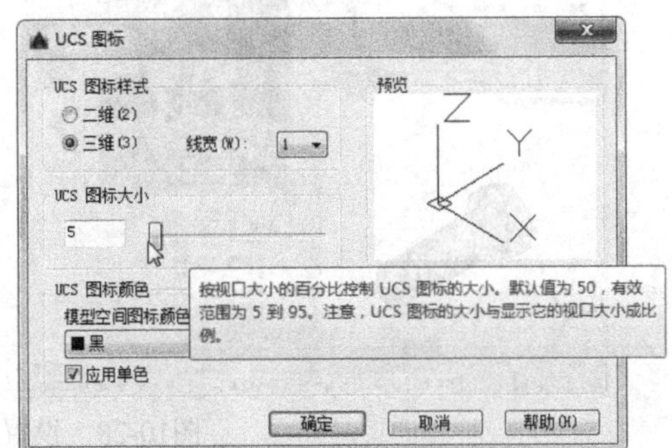

图10-27　调整 UCS图标大小

10.4　控制三维视图显示

为了创建和编辑三维图形中各部分的结构特征，需要不断地调整模型的显示方式和视图位置。控制三维视图的显示可以实现视角、视觉样式和三维模型显示平滑度的改变。如此不仅可以改变模型的真实投影效果，而且更有利于精确设计产品的模型。

10.4.1　设置视觉样式

零件的不同视觉样式呈现出不同的视觉效果。如果要形象地展示模型效果，可以切换为概念样式；如果要表达模型的内部结构，可以切换为线框样式。视觉样式用于控制视口中模型和着色的显示，用户可以在视觉样式管理器中创建和更改视觉样式的设置。

1. 视觉样式的切换

在AutoCAD 2018中为了观察三维模型的最佳效果，往往需要不断地切换视觉样式。通过切换视觉样式，不仅可以方便地观察模型效果，而且在一定程度上还可以辅助创建模型。例如在绘制构造线时，可以切换至“线框”或“二维线框”样式，以选取模型内部的特殊点。

视觉样式用于控制视口中模型边和着色的显示，用户可以在视觉样式管理器中创建和更改不同的视觉样式，效果如图10-28所示。视觉样式管理器中主要视觉样式的功能如下。

- 二维线框：用直线或曲线来显示对象的边界，其中光栅、OLE 对象、线型和线宽均可见，并且线与线之间是重复地叠加。
- 线框：用直线或曲线作为边界来显示对象，并且显示一个已着色的三维 UCS 图标，但光栅、OLE 对象、线型和线宽均不可见。
- 隐藏：用三维线框来表示对象，并消隐表示后面的线。
- 真实：表示着色时使对象的边平滑化，并显示已附着到对象的材质。
- 概念：表示着色时使对象的边平滑化，使用冷色和暖色进行过渡。着色的效果缺乏真实感，但可以方便地查看模型的细节。
- 着色：表示模型仅仅以着色显示，并显示已附着到对象的材质。

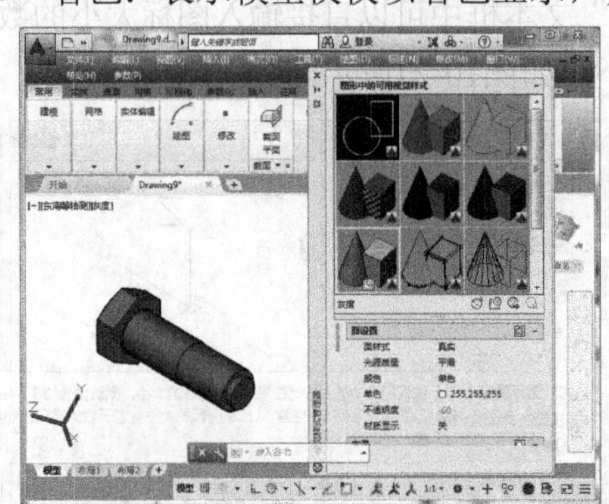
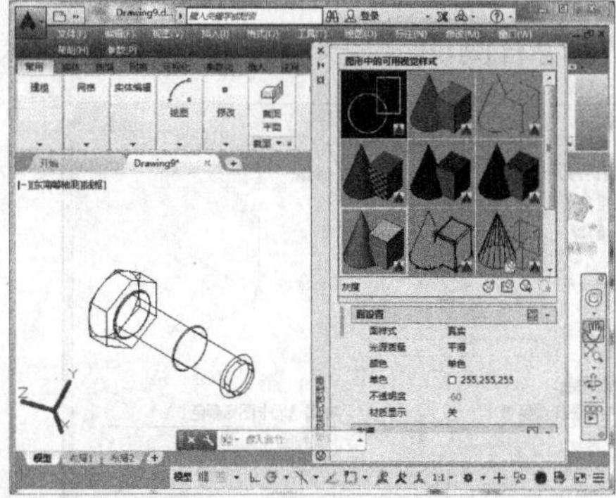

图10-28　设置视觉样式类型

2. 视觉样式管理器

在实际建模过程中，可以通过“视觉样式管理器”选项板来控制线型颜色、面样式、背景显示、材质和纹理以及模型显示的精度等特性。

用户还可以修改已有视觉样式或者创建新的视觉样式。在“视觉样式”下拉列表的最下方选择“视觉样式管理器”选项，并在打开的选项板中选择不同的视觉样式，可以切换至对应的特性面板，从而对所选当前图形视觉样式的面、环境和边进行设置，“视觉样式管理器”对话框如图10-29所示，不同的特性面板功能介绍如下。

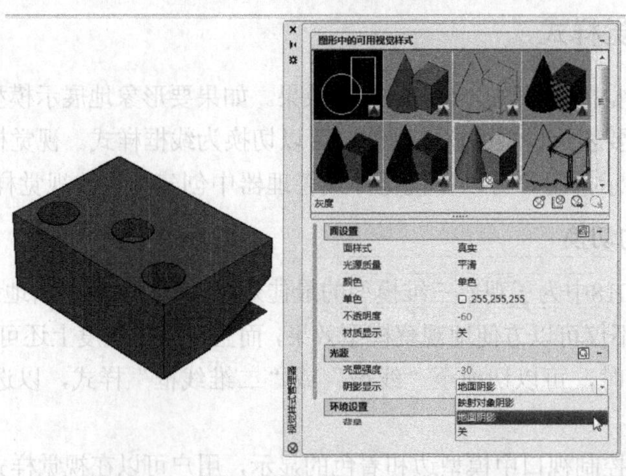

图10-29　设置“视觉样式管理器”对话框

(1)“二维线框”特性

二维线框特性面板主要用于控制轮廓素线的显示、线型的颜色、光晕间隔百分比以及线条的显示精度。它的设置直接影响线框的显示效果。

(2)“线框”特性

线框特性面板包括面、环境以及边等特性的设置，具体包括面样式、背景、边颜色以及边素线等特性。其中常用的面样式是指控制面的着色模式；背景是指控制绘图背景的显示；而边素线和边颜色则与二维线框类似。

(3)“隐藏”特性

隐藏特性面板与线框基本相似，区别在于隐藏是将边线镶嵌于面，以显示出面的效果，因此多出了折缝角度和光晕间隔等特性。其中折缝角度主要用于创建更光滑的镶嵌表面，折缝角越大，表面越光滑；而光晕间隔是镶嵌面域边交替隐藏的间隔。例如分别将折缝角变小、将光晕间隔增大时，其表面变换效果如图10-30所示。

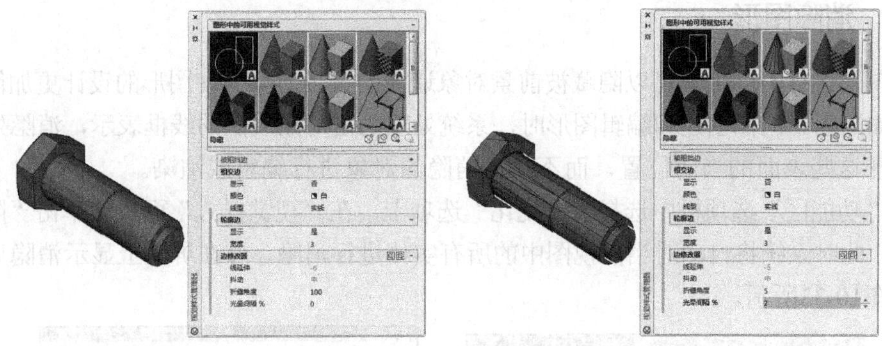

图10-30　修改“隐藏”视觉样式

(4)“概念”特性

概念特性面板与隐藏基本相似，区别在于“概念”视觉样式是通过着色显示面的效果，而隐藏则是“无”面样式显示。此外它可以通过亮显强度、不透明度以及材质和颜色等特性对比显示较强的模型效果。

如图10-31所示，在“面设置”面板中单击“不透明度”按钮，在下方激活的文本框中设置不透明度参数，可以调整模型的显示效果。

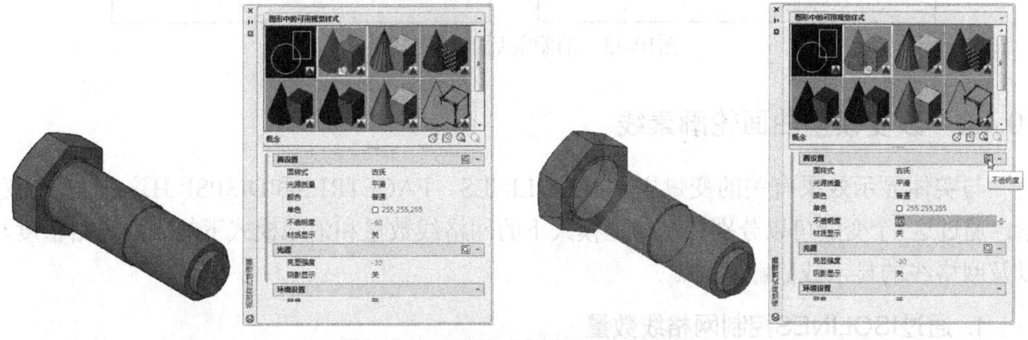

图10-31　修改“概念”视觉样式

(5)“真实”特性

真实特性面板与概念基本相似，它真实显示模型的构成，并且每条轮廓线都清晰可见。

由于真实着色显示出模型结构，因此相对于概念显示来说，不存在折痕角、光晕间隔等特性。如果赋予其特殊的材质特性，那么材质效果便清晰可见，效果如图10-32所示。

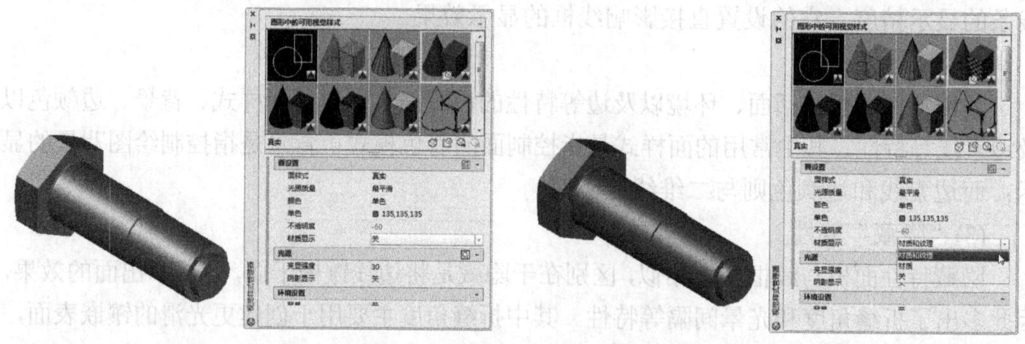

图10-32　修改“真实”视觉样式

10.4.2　消隐图形

对图形进行消隐处理可以隐藏被前景对象遮掩的背景对象，使图形的设计更加简洁，显示更加清晰。但在创建和编辑图形时，系统处理的是对象或面的线框表示，消隐处理仅用于验证这些表面的当前位置，而不能对消隐的对象进行编辑或渲染。

在“功能区”选项板中选择“可视化”选项卡，在“视觉样式”面板中单击“隐藏”按钮。此时系统将自动对当前视图中的所有实体进行消隐，并在屏幕上显示消隐后的效果，如图10-33所示。

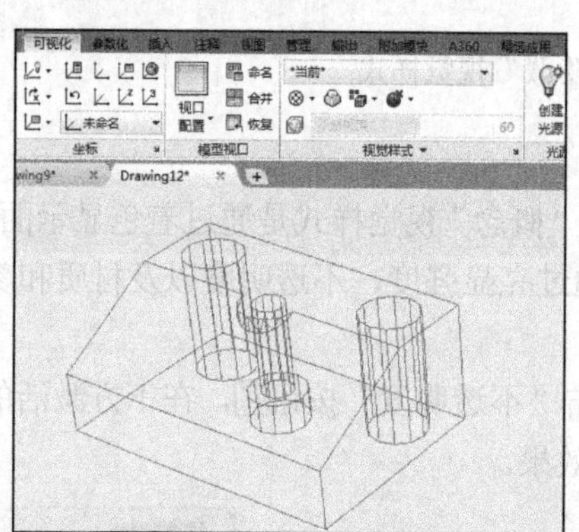

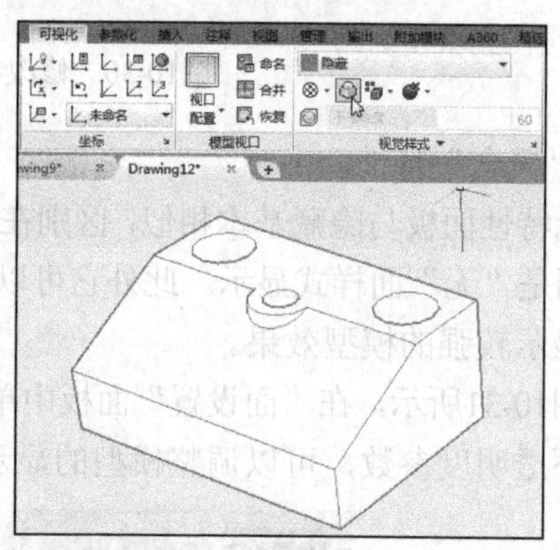

图10-33　消隐前后的对比效果

10.4.3　改变模型曲面轮廓素线

与实体显示效果有关的变量主要有ISOLINES、FACETRES和DISPSILH这3个系统变量。通过这3个变量可以分别控制线框模式下的网格线数量和消隐模式下的表面网格密度，以及网格线的显示或隐藏状态。

1. 通过ISOLINES控制网格线数量

三维实体的面都是由多条线构成的，线条的多少决定了实体面的粗糙程度。用户可以利用ISOLINES指令设置对象上每个曲面的轮廓素线数目，该值的范围是0~2047。其中轮廓素线的数目越多，实体面显示的效果也越细腻，但是渲染时间相对较长。

要改变模型的轮廓素线值，可以在绘图区的空白处右击鼠标，在打开的快捷菜单中选择“选项”命令，然后在打开的对话框中切换至“显示”选项卡，在“每个曲面的轮廓素线”文本框中输入数值，并单击“确定”按钮。接着在命令行中输入REGEN指令，更新图形显示，才会显示更改后的效果，如图10-34所示。

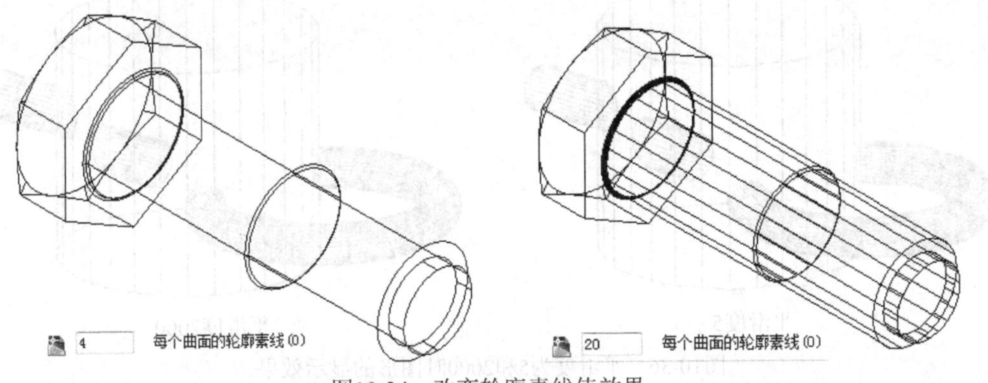

图10-34　改变轮廓素线值效果

2. 通过FACETRES控制网格密度

通过系统变量FACETRES，可以设置实体消隐或渲染后表面的网格密度。该变量值的范围为0.01~10，值越大表明网格越密，消隐或渲染后的表面则越光滑，不同网格密度下的表面光滑度效果如图10-35所示。

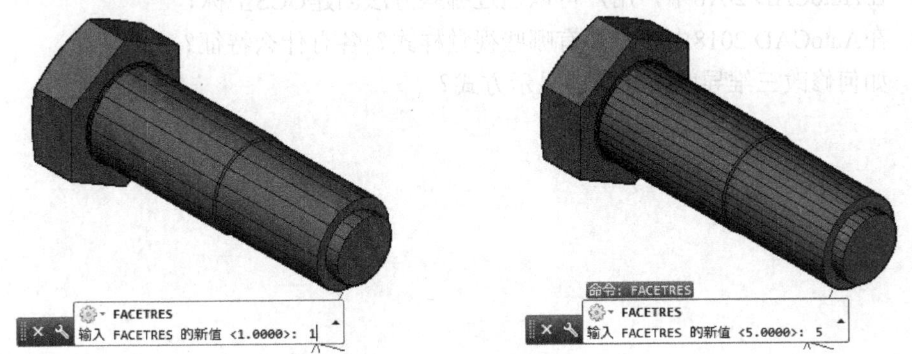

图10-35　改变表面光滑度

3. 通过DISPSILH控制实体轮廓线的显示

系统变量DISPSILH用于确定是否显示实体的轮廓线，有效值为0和1。其中默认值为0，当设置为1时，显示实体轮廓线，否则不显示。该变量对视图的线框视图和消隐视图均起作用，并且更改该系统变量后，还需要在命令行中输入REGEN指令，更新图形显示，才会显示更改后的效果。

10.4.4　改变模型表面的平滑度

通过改变实体表面的平滑度来控制圆、圆弧和椭圆的显示精度。平滑度越高，显示将越平滑，但是系统也需要更长时间来运行重生成、平移或缩放对象的操作。

AutoCAD 2018的平滑度默认值为1000，在“选项”对话框的“显示”选项卡中可以对该值进行重新设置，该值的有效范围为1~20000。如图10-36所示分别为平滑度为5和2000时图形的显示效果对比。

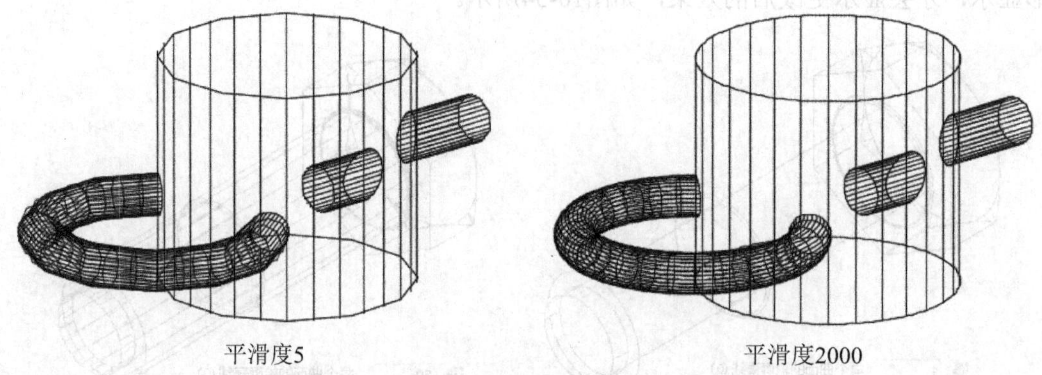

平滑度5　　平滑度2000

图10-36　平滑度为5和2000时图形的显示效果

10.5　思考练习

1. 在AutoCAD 2018中，设置视点的方法有哪些？
2. 在AutoCAD 2018中，用户可以通过哪些方法创建UCS坐标？
3. 在AutoCAD 2018中，主要有哪些视觉样式？各有什么特征？
4. 如何修改三维导航器图标的显示方式？

第11章　创建三维图形

目前，三维图形的绘制广泛应用在工程设计和绘图过程中。使用AutoCAD可以通过3种方式来创建三维图形，即线架模型方式、曲面模型方式和实体模型方式。线架模型方式为一种轮廓模型，它由三维的直线和曲线组成，没有面和体的特征；曲面模型用面描述三维对象，它不仅定义了三维对象的边界，而且定义了表面，即具有面的特征；实体模型不仅具有线和面的特征，而且具有体的特征，各实体对象间可以进行各种布尔运算操作，从而创建复杂的三维实体图形。

11.1　绘制三维点和线

在AutoCAD 2018中，用户可以使用点、直线、样条曲线、三维多段线及三维螺旋线等命令绘制简单的三维图形。

11.1.1　绘制三维点

在AutoCAD 2018中选择“显示菜单栏”命令，在弹出的菜单中选择“绘图”|“点”|“单点”命令，可以在命令行中直接输入三维坐标绘制三维点。

由于三维图形对象上的一些特殊点，如交点、中点等不能通过输入坐标的方法来实现，可以采用三维坐标下的目标捕捉法来拾取点。

二维图形方式下的所有目标捕捉方式在三维图形环境中可以继续使用。不同之处在于，在三维环境下只能捕捉三维对象的顶面和底面的一些特殊点，而不能捕捉柱体等实体侧面的特殊点(即在柱状体侧面竖线上无法捕捉目标点)，因为主体的侧面上的竖线只是帮助显示的模拟曲线。

注意：

在三维对象的平面视图中也不能捕捉目标点，因为在顶面上的任意一点都对应着底面上的一点，此时的系统无法辨别所选的点究竟在哪个面上。

11.1.2　绘制三维直线和样条曲线

两点决定一条直线。当在三维空间中指定两个点后，如点(0,0,0)和点(1,1,1)，这两个点之间的连线即是一条三维直线。

同样，在三维坐标系下，选择“显示菜单栏”命令，在弹出的菜单中选择“绘图”|“样条曲线”|“拟合点”或“绘图”|“样条曲线”|“控制点”命令，或在“功能区”选项板中选择“常用”选项卡，在“绘图”面板中单击“样条曲线”按钮~，都可以绘制复杂

3D样条曲线，这时定义样条曲线的点不是共面点。例如，经过点(0,0,0)、(10,10,10)、(0,0,20)、(-10,-10,30)、(0,0,40)、(10,10,50)和(0,0,60)，绘制的样条曲线如图11-1所示。

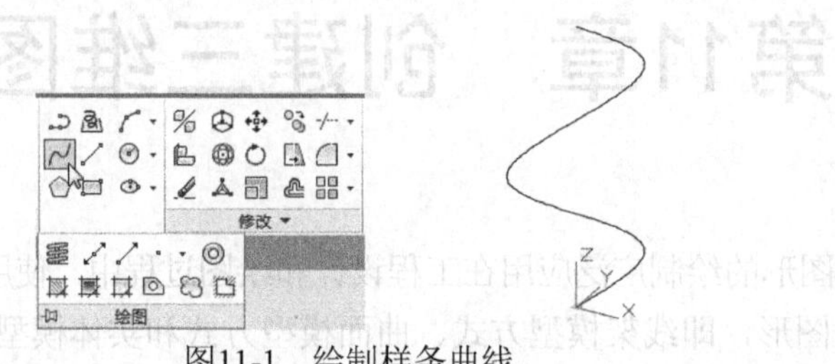

图11-1　绘制样条曲线

11.1.3　绘制三维多段线

在二维坐标系下，在“功能区”选项板中选择“常用”选项卡，在“绘图”面板中单击“多段线”按钮，可以绘制多段线。此时可以设置各段线条的宽度和厚度，但它们必须共面。在三维坐标系下，多段线的绘制过程和二维多段线基本相同，但其使用的命令不同，并且在三维多段线中只有直线段，没有圆弧段。在“功能区”选项板中选择“常用”选项卡，在“绘图”面板中单击“三维多段线”按钮，或在快速访问工具栏中选择“显示菜单栏”命令，在弹出的菜单中选择“绘图”|“三维多段线”命令(3DPOLY)，此时命令行提示依次输入不同的三维空间点，可以得到一条三维多段线。例如，经过点(40,0,0)、(0,0,0)、(0,60,0)和(0,60,30)，绘制的三维多段线如图11-2所示。

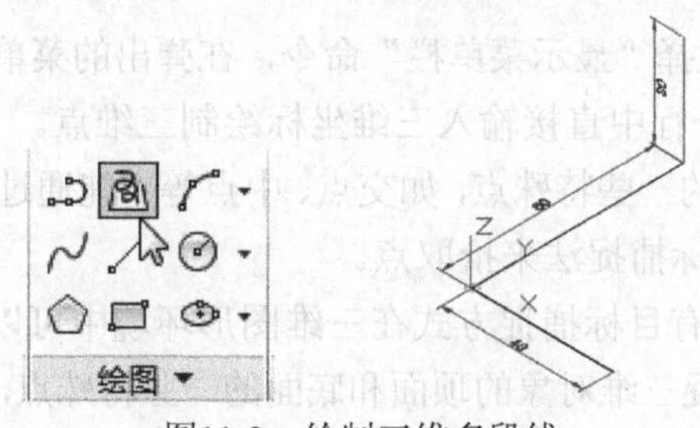

图11-2　绘制三维多段线

11.1.4　绘制三维弹簧

在“功能区”选项板中选择“常用”选项卡，在“绘图”面板中单击“螺旋”按钮，或在快速访问工具栏中选择“显示菜单栏”命令，在弹出的菜单中选择“绘图”|“螺旋”命令，可以绘制三维弹簧。当分别指定了弹簧底面的中心点、底面半径(或直径)和顶面半径(或直径)后，命令行显示如下提示。

```
HELIX 指定螺旋高度或 [轴端点(A) 圈数(T) 圈高(H) 扭曲(W)] <1.0000>:
```

在该命令提示下，可以直接输入弹簧线的高度来绘制弹簧。也可以选择“轴端点(A)”选项，通过指定轴的端点，从而绘制出以底面中心点到该轴端点的距离为高度的弹簧；选择“圈数(T)”选项，可以指定弹簧的圈数，默认情况下，弹簧的圈数为3，当指定了弹簧圈数后，仍将显示上述提示信息，可以进行其他参数设置；选择“圈高(H)”选项，可以指定弹簧各圈之间的间距；选择“扭曲(W)”选项，可以设置弹簧的扭曲方式是“顺时针(CW)”还是“逆时针(CCW)”。

【练习11-1】绘制一个底面中心为(0,0)，底面半径为120，顶面半径为80，高度为200，顺时针旋转30圈的弹簧，如图11-8所示。

(1) 在“功能区”选项板中选择“常用”选项卡，在“视图”面板中单击“三维导航”列表中的“东南等轴测”按钮东南等轴测，切换到“东南等轴测”视图，如图11-3所示。

(2) 在“功能区”选项板中选择“常用”选项卡，在“绘图”面板中单击“螺旋”按钮，绘制三维弹簧。

(3) 在命令行的“HELIX 指定底面的中心点:”提示信息下输入点坐标(0,0)，指定三维弹簧底面的中心点坐标，如图11-4所示。

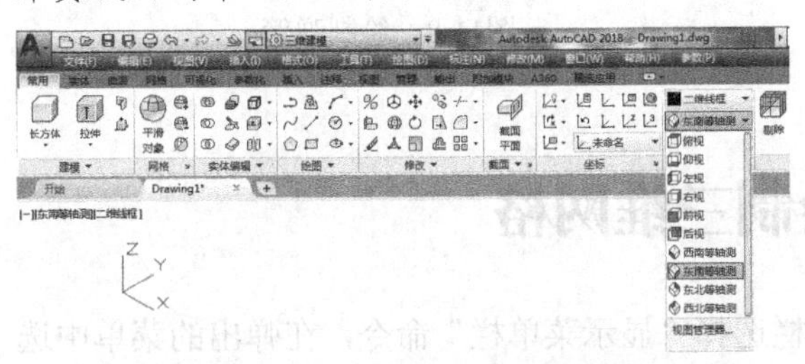

图11-3　“东南等轴测”视图

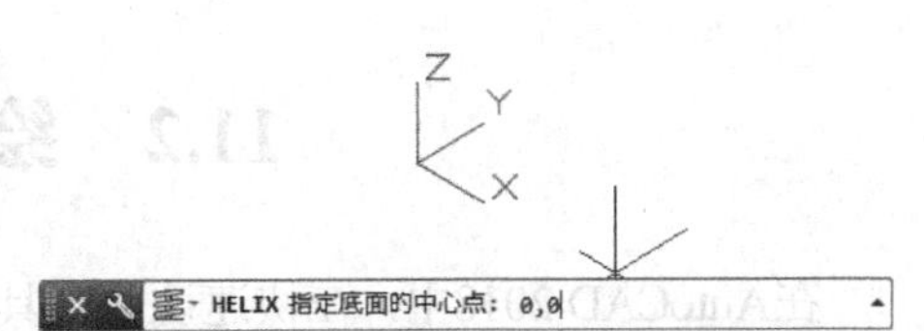

图11-4　指定三维弹簧底面的中心点坐标

(4) 在命令行的“HELIX 指定底面半径或 [直径(D)] <1.0000>:”提示信息下输入120，指定三维弹簧底面的半径。

(5) 在命令行的“HELIX 指定顶面半径或 [直径(D)] <120.0000>:”提示信息下输入80，指定三维弹簧顶面的半径，如图11-5所示。

(6) 在命令行的“HELIX 指定螺旋高度或 [轴端点(A) 圈数(T) 圈高(H) 扭曲(W)] <1.0000>:”提示信息下输入T，以设置三维弹簧的圈数。

(7) 在命令行的“HELIX 输入圈数 <3.0000>:”提示信息下输入30，指定三维弹簧的圈数为30，如图11-6所示。

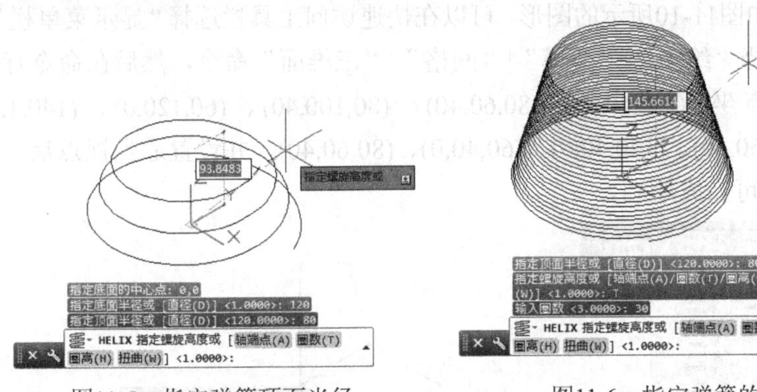

图11-5　指定弹簧顶面半径　　　　图11-6　指定弹簧的圈数

(8) 在命令行的“HELIX 指定螺旋高度或 [轴端点(A) 圈数(T) 圈高(H) 扭曲(W)] <1.0000>:”提示信息下输入W，以设置三维弹簧的扭曲方向。

(9) 在命令行的“HELIX 输入螺旋的扭曲方向 [顺时针(CW) 逆时针(CCW)] <CCW>:”提示信息下输入CW，指定三维弹簧的扭曲方向为顺时针，如图11-7所示。

(10) 接下来，在命令行的“HELIX 指定螺旋高度或 [轴端点(A) 圈数(T) 圈高(H) 扭曲(W)] <1.0000>:”提示信息下输入 200，指定三维弹簧的高度。

(11) 完成以上操作后，绘制的三维弹簧效果如图 11-8 所示。

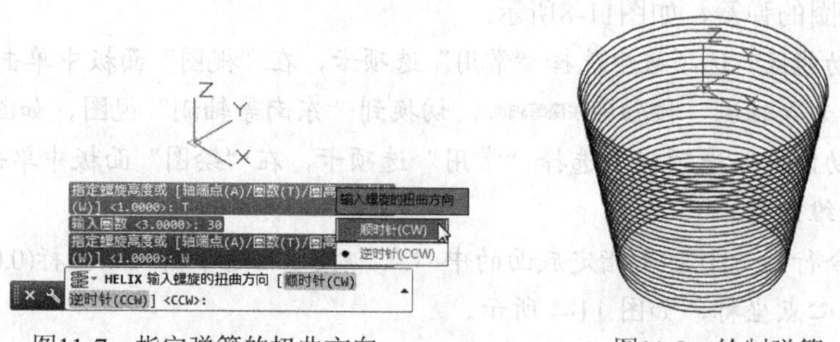

图11-7　指定弹簧的扭曲方向　　　　图11-8　绘制弹簧

11.2　绘制三维网格

在AutoCAD 2018中，在快速访问工具栏选择“显示菜单栏”命令，在弹出的菜单中选择“绘图”|“建模”|“网格”中的命令，或在“功能区”选项板中选择“网格”选项卡，在“图元”面板中单击有关的按钮，可以绘制三维网格。

11.2.1　绘制三维面与多边三维面

在快速访问工具栏选择“显示菜单栏”命令，在弹出的菜单中选择“绘图”|“建模”|“网格”|“三维面”命令(3DFACE)，可以绘制三维面，如图11-9所示。三维面是三维空间的表面，它没有厚度，也没有质量属性。由“三维面”命令创建的每个面的各个顶点可以有不同的Z坐标，但构成各个面的顶点最多不能超过4个。如果构成面的4个顶点共面，消隐命令认为该面是不透明的可以消隐；反之，消隐命令对其无效。

例如，要绘制如图11-10所示的图形，可以在快速访问工具栏选择“显示菜单栏”命令，在弹出的菜单中选择“绘图”|“建模”|“网格”|“三维面”命令，然后在命令行中依次输入三维面上的点坐标(60,40,0)、(80,60,40)、(80,100,40)、(60,120,0)、(140,120,0)、(120,100,40)、(120,60,40)、(140,40,0)、(60,40,0)、(80,60,40)，并设置适当视点后，最后按Enter键结束命令即可完成绘制。

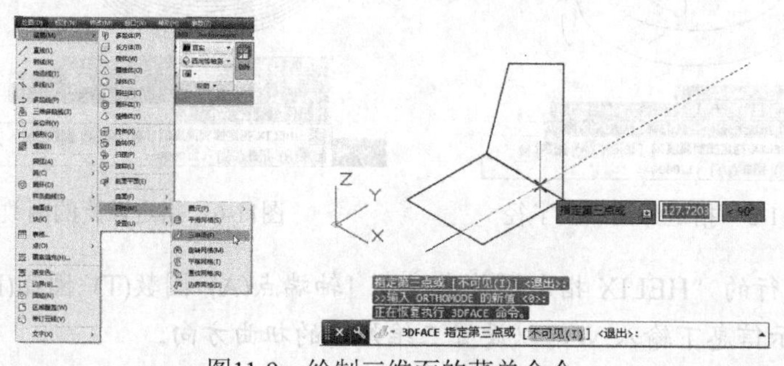

图11-9　绘制三维面的菜单命令

使用“三维面”命令只能生成3条或4条边的三维面，而要生成多边曲面，则必须使用PFACE命令。在该命令提示信息下，可以输入多个点。例如，要在如图11-10所示图形上添加一个面，可在命令行中输入PFACE，并依次单击点B、C、F和G，然后在命令行中依次输入这4点，消隐后的效果如图11-11所示。

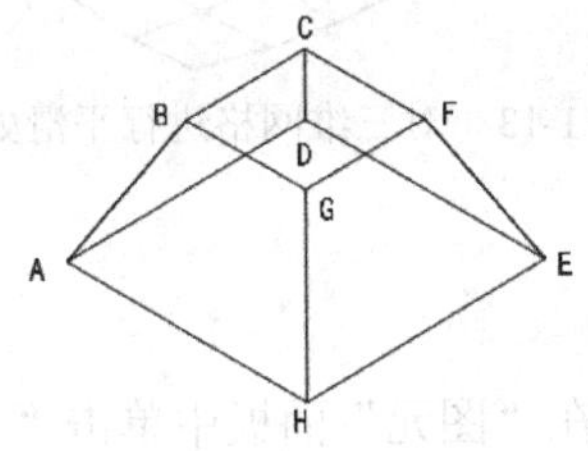

图11-10 绘制的三维面

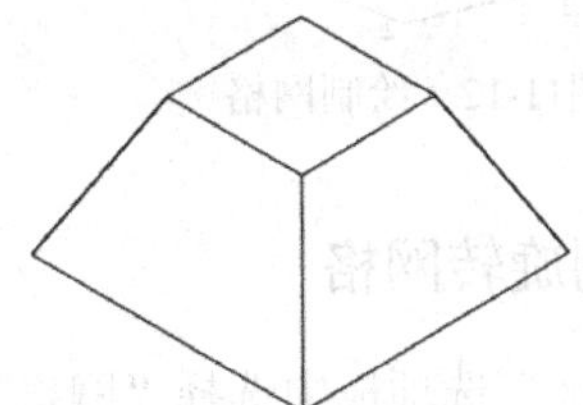

图11-11 添加三维多重面并消隐后的效果

11.2.2 控制三维面的边的可见性

在命令行中输入“边”命令(EDGE)，可以修改三维面的边的可见性。执行该命令时，命令行显示如下提示信息。

```
指定要切换可见性的三维表面的边或 [显示(D)]:
```

在默认情况下，选择三维表面的边后，按Enter键将隐藏该边。若选择“显示”选项，则可以选择三维面的不可见边以便重新显示它们，此时命令行显示如下提示信息。

```
输入用于隐藏边显示的选择方法 [选择(S)/全部选择(A)] <全部选择>:
```

其中，选择“全部选择”选项，则可以将选中图形中所有三维面的隐藏边显示出来；选择“选择”选项，则可以选择部分可见的三维面的隐藏边并显示它们。例如，在图11-10中，要隐藏AD、DE、DC边，可在命令行中输入“边”命令(EDGE)，然后依次单击这些需要隐藏的边，最后按Enter键，效果如图11-11所示。

注意：

如果要使三维面的边再次显示，可以再次执行“边”命令，然后必须用定点设备(如鼠标)选定每条边才能显示它。系统将自动显示“对象捕捉”标记和“捕捉模式”，指示在每条可见边的外观捕捉位置。

11.2.3 绘制三维网格

在命令行中输入“三维网格”命令(3DMESH)，可以根据指定的M行×N列个顶点和每一顶点的位置生成三维空间多边形网格。M和N的最小值为2，表明定义多边形网格至少要4个点，其最大值为256。

例如，要绘制如图11-12所示的4×4网格，可在命令行中输入“三维网格”命令(3DMESH)，并设置M方向上的网格数量为4，N方向上的网格数量为4，然后依次指定16个顶点的位置。如果在“功能区”选项板中选择“常用”选项卡，在“修改”面板中单击“编辑多段线”按钮，则可以编辑绘制的三维网格。例如，选择该命令的“平滑曲面”选项可以平滑曲面，效果如图11-13所示。

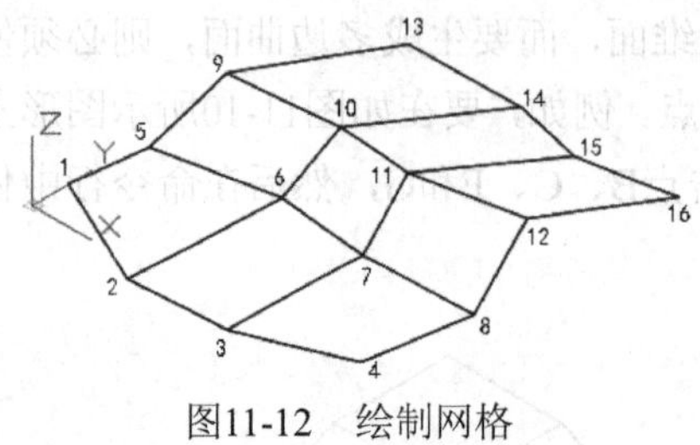

图11-12　绘制网格

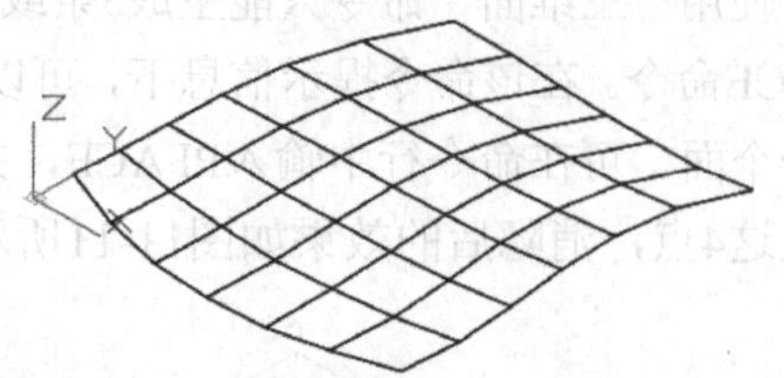

图11-13　对三维网格进行平滑处理后的效果

11.2.4　绘制旋转网格

在“功能区”选项板中选择“网格”选项卡，在“图元”面板中单击“建模，网格，旋转曲面”按钮，或在快速访问工具栏选择“显示菜单栏”命令，在弹出的菜单中选择“绘图”|“建模”|“网格”|“旋转网格”命令(REVSURF)，可以将曲线绕旋转轴旋转一定的角度，形成旋转网格。

例如，当系统变量SURFTAB1=40、SURFTAB2=30时，将图11-14中的样条曲线绕直线旋转360°后，得到如图11-15所示的效果。

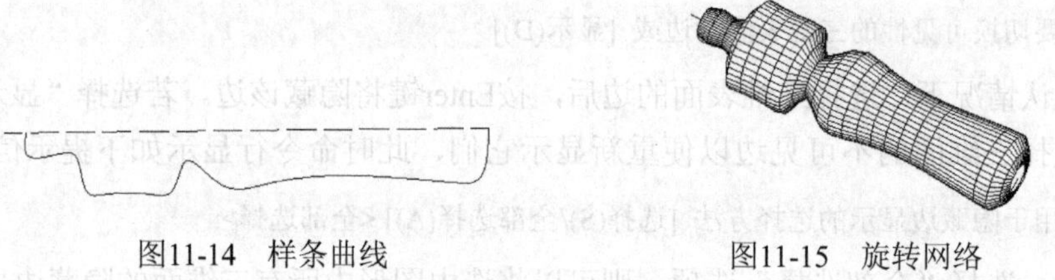
图11-14　样条曲线　　图11-15　旋转网络

其中，旋转方向的分段数由系统变量SURFTAB1确定，旋转轴方向的分段数由系统变量SURFTAB2确定。

11.2.5　绘制平移网格

在“功能区”选项板中选择“网格”选项卡，在“图元”面板中单击“建模，网格，平移曲面”按钮，或在快速访问工具栏选择“显示菜单栏”命令，在弹出的菜单中选择“绘图”|“建模”|“网格”|“平移网格”命令(TABSURF)，可以将路径曲线沿方向矢量进行平移，构成平移曲面，如图11-16所示。

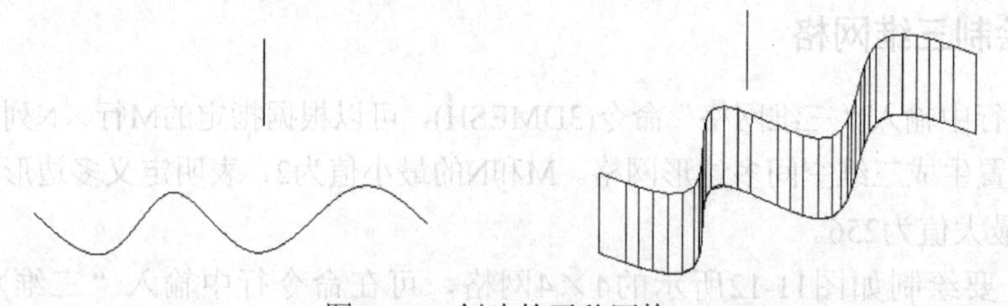
图11-16　创建的平移网格

这时可在命令行的“选择用作轮廓曲线的对象:”提示信息下选择曲线对象，在“选择用作方向矢量的对象:”提示信息下选择方向矢量。当确定了拾取点后，系统将向方向矢量对象上远离拾取点的端点方向创建平移曲面。平移曲面的分段数由系统变量SURFTAB1确定。

11.2.6 绘制直纹网格

在“功能区”选项板中选择“网格”选项卡，在“图元”面板中单击“建模，网格，直纹曲面”按钮，或在快速访问工具栏选择“显示菜单栏”命令，在弹出的菜单中选择“绘图”|“建模”|“网格”|“直纹网格”命令(RULESURF)，可以在两条曲线之间用直线连接从而形成直纹网格。可在“选择第一条定义曲线:”提示信息下选择第一条曲线，在“选择第二条定义曲线:”提示信息下选择第二条曲线。

例如，在AutoCAD 2018中，通过对图11-17中上下两个圆使用“直纹网格”命令，可以得到如图11-18所示的图形效果。

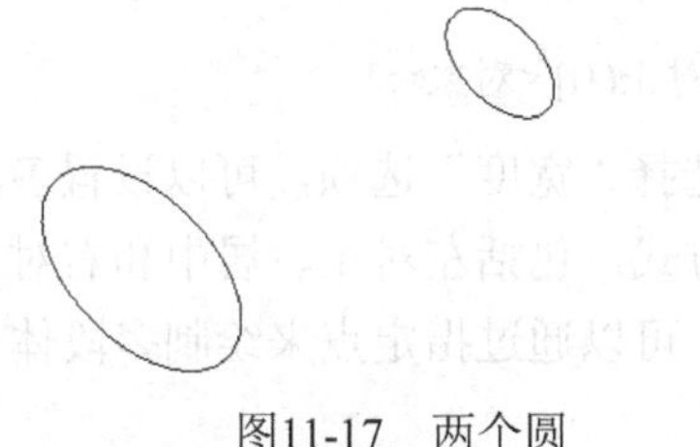

图11-17　两个圆

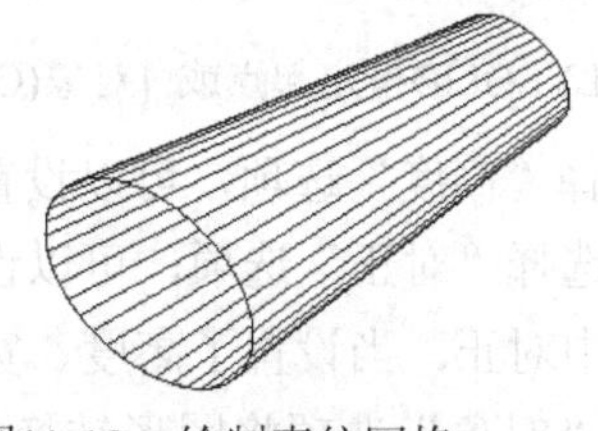

图11-18　绘制直纹网格

11.2.7 绘制边界网格

在“功能区”选项板中选择“网格”选项卡，在“图元”面板中单击“建模，网格，边界曲面”按钮，或在快速访问工具栏选择“显示菜单栏”命令，在弹出的菜单中选择“绘图”|“建模”|“网格”|“边界网格”命令(EDGESURF)，可以使用4条首尾连接的边创建三维多边形网格。这时可在“选择用作曲面边界的对象 1:”提示信息下选择第一条曲线，在“选择用作曲面边界的对象 2:”提示信息下选择第二条曲线，在“选择用作曲面边界的对象 3:”提示信息下选择第三条曲线，在“选择用作曲面边界的对象4:”提示信息下选择第四条曲线。

例如，在AutoCAD 2018中通过对图11-19中的边界曲线使用“边界网格”命令，可以得到如图11-20所示的图形效果。

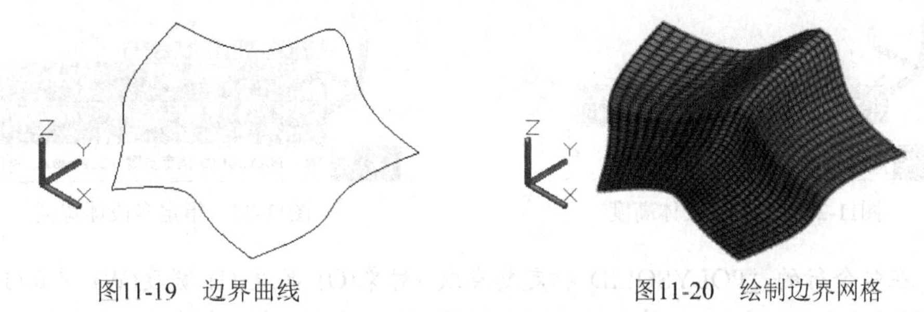

图11-19　边界曲线　　图11-20　绘制边界网格

11.3 绘制基本实体

在AutoCAD 2018中，最基本的实体对象包括多段体、长方体、楔体、圆锥体、球体、圆柱体、圆环体及棱锥体。在“功能区”选项板中选择“常用”选项卡，在“建模”面板

中单击相应的按钮，或在“功能区”选项板中选择“实体”选项卡，在“图元”面板中单击相应的按钮，或在快速访问工具栏选择“显示菜单栏”命令，在弹出的菜单中选择“绘图”|“建模”子命令，都可以创建各种实体对象。

11.3.1　绘制多段体

在“功能区”选项板中选择“实体”选项卡，在“图元”面板中单击“多段体”按钮，或在快速访问工具栏选择“显示菜单栏”命令，在弹出的菜单中选择“绘图”|“建模”|“多段体”命令(POLYSOLID)，可以创建三维多段体。

绘制多段体时，命令行显示如下提示信息。

```
POLYSOLID指定起点或 [对象(O) 高度(H) 宽度(W) 对正(J)] <对象>:
```

选择“高度”选项，可以设置多段体的高度；选择“宽度”选项，可以设置多段体的宽度；选择“对正”选项，可以设置多段体的对正方式，包括左对正、居中和右对正，默认为居中对正。当设置了高度、宽度和对正方式后，可以通过指定点来绘制多段体，也可以选择“对象”选项将图形转换为多段体。

【练习11-2】绘制如图11-26所示的管状多段体。

(1) 在“功能区”选项板中选择“常用”选项卡，在“视图”面板中选择“三维导航”列表中的“东南等轴测”命令，切换到三维东南等轴测视图。

(2) 在“功能区”选项板中选择“实体”选项卡，在“图元”面板中单击“多段体”按钮，执行绘制三维多段体命令。

(3) 在命令行的“POLYSOLID 指定起点或 [对象(O) 高度(H) 宽度(W) 对正(J)] <对象>: ”提示信息下，输入H，并在“POLYSOLID 指定高度 <80.0000>:”提示信息下输入60，指定三维多段体的高度为60，如图11-21所示。

(4) 在命令行的“POLYSOLID 指定起点或 [对象(O) 高度(H) 宽度(W) 对正(J)] <对象>: ”提示信息下，输入W，并在“POLYSOLID 指定宽度<5.0000>:”提示信息下输入5，指定三维多段体的宽度为5，如图11-22所示。

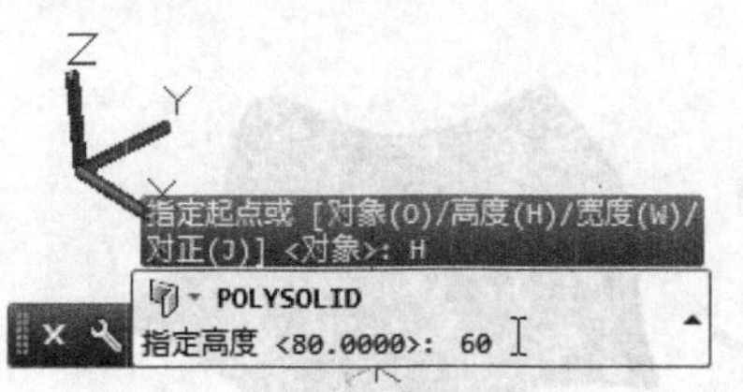

图11-21　指定多段体高度

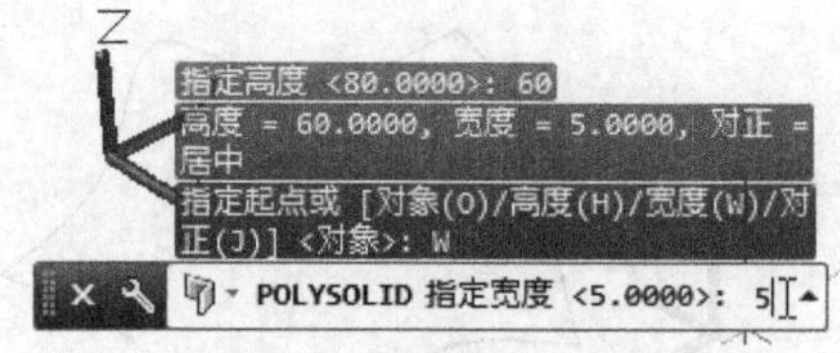

图11-22　指定多段体宽度

(5) 在命令行的“POLYSOLID 指定起点或 [对象(O) 高度(H) 宽度(W) 对正(J)] <对象>: ”提示信息下，输入J，并在“POLYSOLID 输入对正方式 [左对正(L) 居中(C) 右对正(R)] <居中>:”提示信息下输入C，设置对正方式为居中，如图11-23所示。

(6) 在命令行的“POLYSOLID 指定起点或 [对象(O) 高度(H) 宽度(W) 对正(J)] <对象>:”提示信息下指定起点坐标为(0,0)。

(7) 在命令行的“POLYSOLID 指定下一个点或 [圆弧(A) 放弃(U)]:”提示信息下指定下一点的坐标为(0,100)，如图11-24所示。

(8) 在命令行的“POLYSOLID 指定下一个点或 [圆弧(A) 放弃(U)]:”提示信息下输入A，如图 11-25 所示。

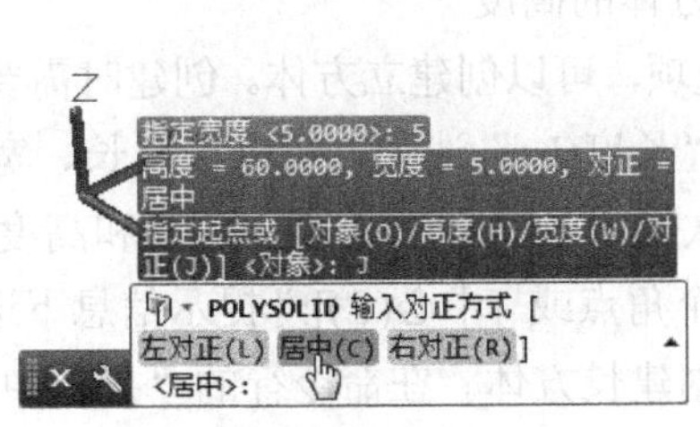

图11-23 设置对正方式

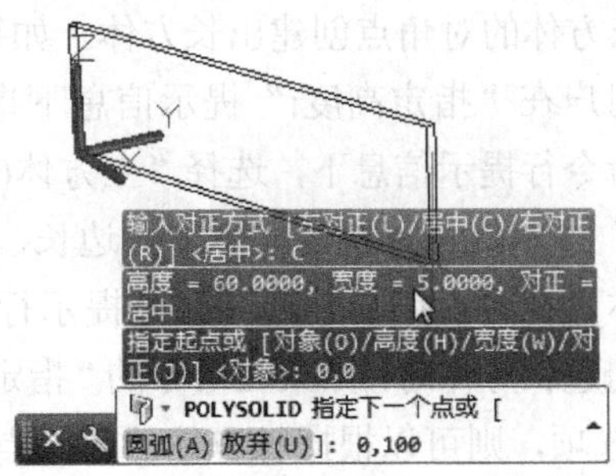

图11-24 指定坐标

(9) 在命令行的“POLYSOLID 指定圆弧的端点或 [闭合(C) 方向(D) 直线(L) 第二个点(S) 放弃(U)]:”提示信息下，输入圆弧端点为(50,100)。

(10) 按 Enter 键结束多段体绘制命令，结果如图 11-26 所示。

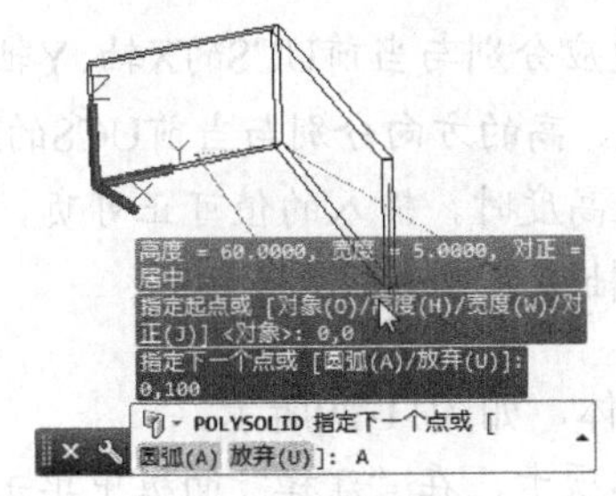

图11-25 设置圆弧

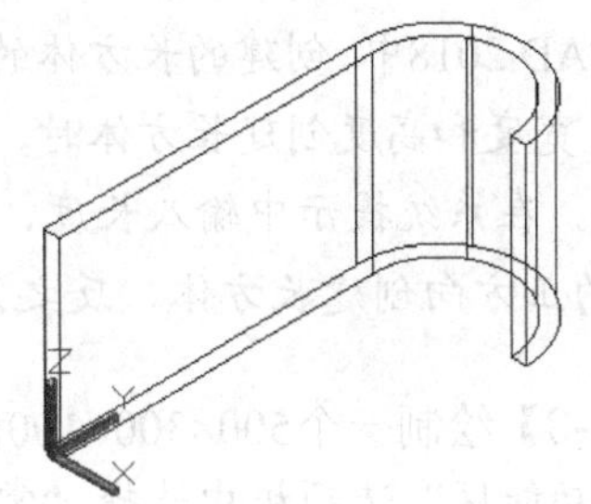

图11-26 绘制多段体

注意：

多段体的绘制方法与二维平面绘图中多段线的绘制方法相同，只是在绘制多段体时，需要指定它的高度、厚度和对正方式。

11.3.2 绘制长方体与楔体

在“功能区”选项板中选择“常用”选项卡，在“建模”面板中单击“长方体”按钮，或在“功能区”选项板中选择“实体”选项卡，在“图元”面板中单击“长方体”按钮 长方体，或在快速访问工具栏选择“显示菜单栏”命令，在弹出的菜单中选择“绘图”|“建模”|“长方体”命令(BOX)，可以绘制长方体，此时命令行显示如下提示。

```
BOX指定第一个角点或 [中心(C)]:
```

在创建长方体时，其底面应与当前坐标系的XY平面平行，绘制方法主要有指定长方体角点和中心两种。

在默认情况下，可以根据长方体的某个角点位置创建长方体。当在绘图窗口中指定了一个角点后，命令行将显示如下提示。

```
BOX指定其他角点或 [立方体(C) 长度(L)]:
```

如果在该命令提示下直接指定另一个角点，可以根据另一个角点位置创建长方体。当在绘图窗口中指定角点后，如果该角点与第一个角点的Z坐标不一样，系统将以这两个角点作为长方体的对角点创建出长方体。如果第二个角点与第一个角点位于同一高度，系统则需要用户在“指定高度:”提示信息下指定长方体的高度。

在命令行提示信息下，选择“立方体(C)”选项，可以创建立方体。创建时需要在“指定长度:”提示信息下指定立方体的边长，选择“长度(L)”选项，可以根据长、宽和高创建长方体，此时，用户需要在命令提示行下依次指定长方体的长度、宽度和高度值。

在创建长方体时，如果在命令的“指定第一个角点或 [中心(C)]:”提示信息下选择“中心(C)”选项，则可以根据长方体的中心点位置创建长方体。在命令行的“指定中心:”提示信息下指定了中心点的位置后，将显示如下提示，用户可以参照“指定角点”的方法创建长方体。

```
BOX指定角点或 [立方体(C) 长度(L)]:
```

注意：

在AutoCAD 2018中，创建的长方体的各条边应分别与当前UCS的X轴、Y轴和Z轴平行。在根据长度、宽度和高度创建长方体时，长、宽、高的方向分别与当前UCS的X轴、Y轴和Z轴方向平行。在系统提示中输入长度、宽度及高度时，输入的值可正可负，正值表示沿相应坐标轴的正方向创建长方体，反之沿坐标轴的负方向创建长方体。

【练习11-3】绘制一个500×300×100的长方体，如图11-29所示。

(1) 在“功能区”选项板中选择“常用”选项卡，在“建模”面板中单击“长方体”按钮，执行绘制长方体命令。

(2) 在命令行的“BOX 指定第一个角点或 [中心(C)]:”提示信息下输入点坐标(0,0,0)，通过指定角点来绘制长方体。

(3) 在命令行的“BOX 指定其他角点或 [立方体(C) 长度(L)]:”提示信息下输入 L，根据长、宽和高来绘制长方体，如图 11-27 所示。

(4) 在命令行的“指定长度:”提示信息下输入 500，指定长方体的长度。

(5) 在命令行的“指定宽度:”提示信息下输入 300，指定长方体的宽度。

(6) 在命令行的“指定高度:”提示信息下输入 100，指定长方体的高度，如图 11-28 所示。

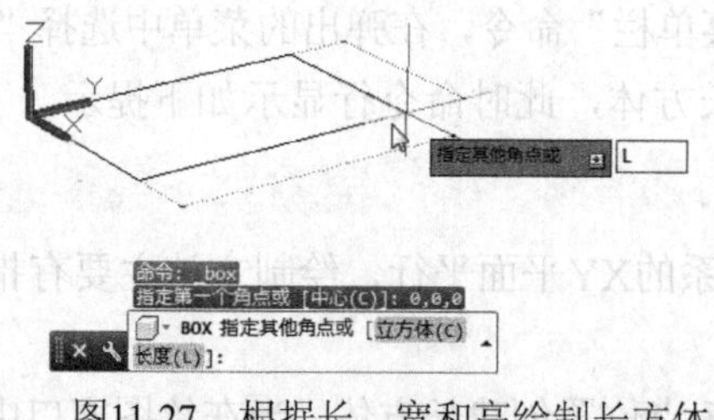

图11-27　根据长、宽和高绘制长方体

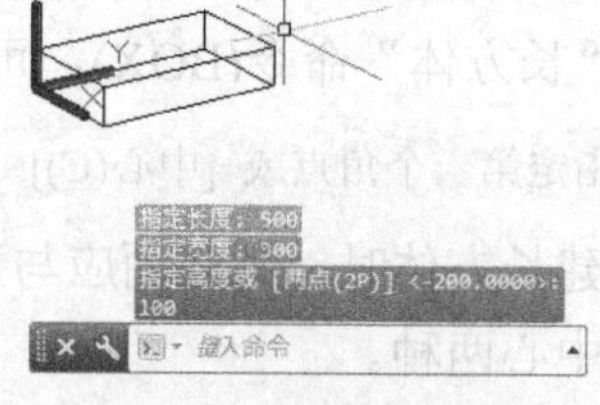

图11-28　设置长方体高度

(7) 在“功能区”选项板中选择“常用”选项卡，在“视图”面板中选择“三维导航”下拉列表中的“东南等轴测”命令，在三维视图中观察绘制的长方体，效果如图 11-29 所示。

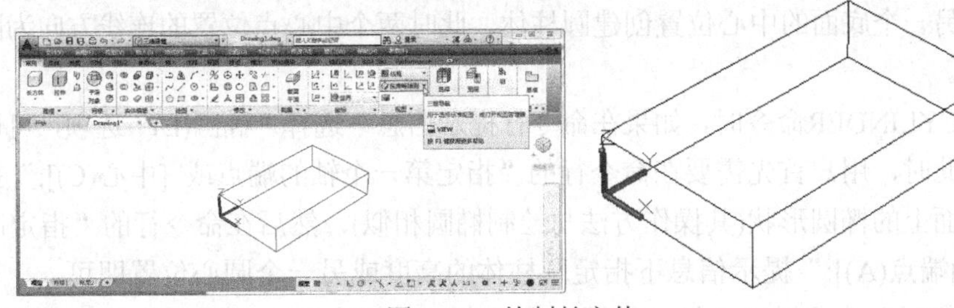

图11-29　绘制长方体

在AutoCAD 2018中，虽然创建“长方体”和“楔体”的命令不同，但创建方法却相同，因为楔体是长方体沿对角线切成两半后的结果。

在“功能区”选项板中选择“常用”选项卡，在“建模”面板中单击“楔体”按钮，或在快速访问工具栏选择“显示菜单栏”命令，在弹出的菜单中选择“绘图”|“建模”|“楔体”命令(WEDGE)，都可以绘制楔体。由于楔体是长方体沿对角线切成两半后的结果，因此可以使用与绘制长方体同样的方法来绘制楔体，效果如图11-30所示。

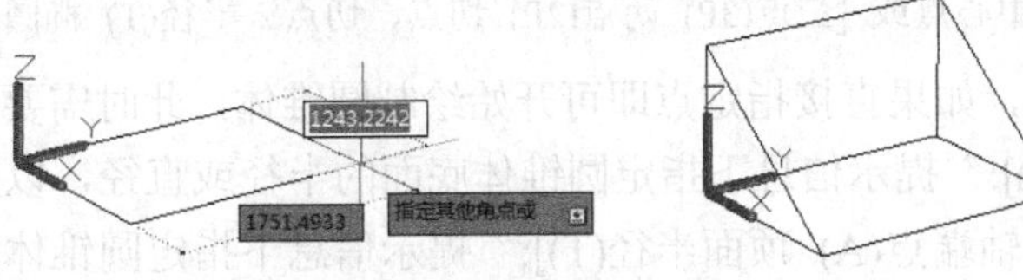

图11-30　绘制楔体

11.3.3　绘制圆柱体与圆锥体

在“功能区”选项板中选择“常用”选项卡，在“建模”面板中单击“圆柱体”按钮，或在“功能区”选项板中选择“实体”选项卡，在“图元”面板中单击“圆柱体”按钮圆柱体，或在快速访问工具栏选择“显示菜单栏”命令，在弹出的菜单中选择“绘图”|“建模”|“圆柱体”命令(CYLINDER)，都可以绘制圆柱体或椭圆柱体，效果如图11-31所示。

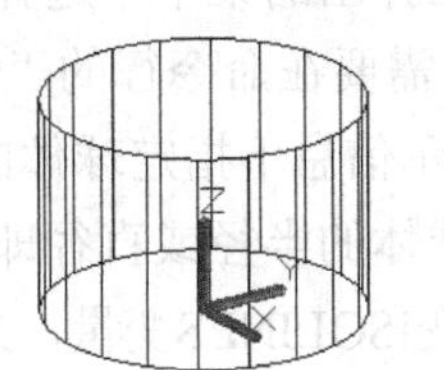

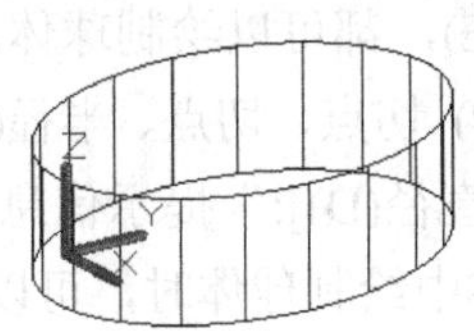

图11-31　绘制圆柱体或椭圆柱体

绘制圆柱体或椭圆柱体时，命令行将显示如下提示。

```
CYLINDER指定底面的中心点或 [三点(3P) 两点(2P) 切点、切点、半径(T) 椭圆(E)]
```

在默认情况下，可以通过指定圆柱体底面的中心点位置来绘制圆柱体。在命令行的“指定底面半径或 [直径(D)]:”提示信息下指定圆柱体底面的半径或直径后，命令行显示如下提示信息。

```
CYLINDER指定高度或 [两点(2P) 轴端点(A)]:
```

可以直接指定圆柱体的高度，根据高度创建圆柱体；也可以选择“轴端点(A)”选项，根据圆柱体另一个底面的中心位置创建圆柱体，此时两个中心点位置的连线方向为圆柱体的轴线方向。

当执行CYLINDER命令时，如果在命令行提示信息下选择“椭圆(E)”选项，可以绘制椭圆柱体。此时，用户首先需要在命令行的“指定第一个轴的端点或 [中心(C)]:”提示信息下指定基面上的椭圆形状(其操作方法与绘制椭圆相似)，然后在命令行的“指定高度或 [两点(2P)/轴端点(A)]:”提示信息下指定圆柱体的高度或另一个圆心位置即可。

在“功能区”选项板中选择“常用”选项卡，在“建模”面板中单击“圆锥体”按钮，或在快速访问工具栏选择“显示菜单栏”命令，在弹出的菜单中选择“绘图”|“建模”|“圆锥体”命令(CONE)，都可以绘制圆锥体或椭圆形锥体，如图11-32所示。

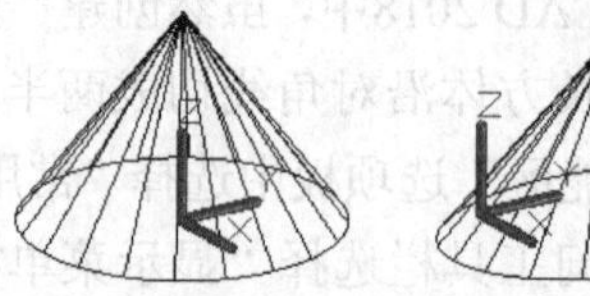

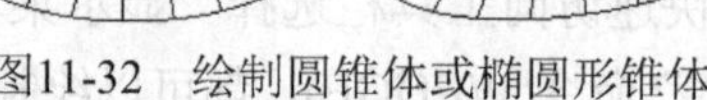

图11-32　绘制圆锥体或椭圆形锥体

绘制圆锥体或椭圆形锥体时，命令行显示如下提示信息。

```
CONE指定底面的中心点或 [三点(3P) 两点(2P) 切点、切点、半径(T) 椭圆(E)]:
```

在该提示信息下，如果直接指定点即可开始绘制圆锥体，此时需要在命令行的“指定底面半径或 [直径(D)]:”提示信息下指定圆锥体底面的半径或直径，以及在命令行的“指定高度或 [两点(2P) 轴端点(A) 顶面半径(T)]:”提示信息下指定圆锥体的高度或圆锥体的锥顶点位置。如果选择“椭圆(E)”选项，则可以绘制椭圆锥体，此时需要先确定椭圆的形状(方法与绘制椭圆的方法相同)，然后在命令行的“指定高度或 [两点(2P) 轴端点(A) 顶面半径(T)]:”提示信息下，指定圆锥体的高度或顶点位置即可。

11.3.4　绘制球体与圆环体

在“功能区”选项板中选择“常用”选项卡，在“建模”面板中单击“球体”按钮，或在“功能区”选项板中选择“实体”选项卡，在“图元”面板中单击“球体”按钮球体，或在快速访问工具栏选择“显示菜单栏”命令，在弹出的菜单中选择“绘图”|“建模”|“球体”命令(SPHERE)，都可以绘制球体。这时只需要在命令行的“SPHERE指定中心点或 [三点(3P) 两点(2P) 切点、切点、半径(T)]:”提示信息下指定球体的球心位置，在命令行的“指定半径或 [直径(D)]:”提示信息下指定球体的半径或直径即可。

在AutoCAD 2018中绘制球体时，可以通过改变ISOLINES变量，来确定每个面上的线框密度，如图11-33所示。

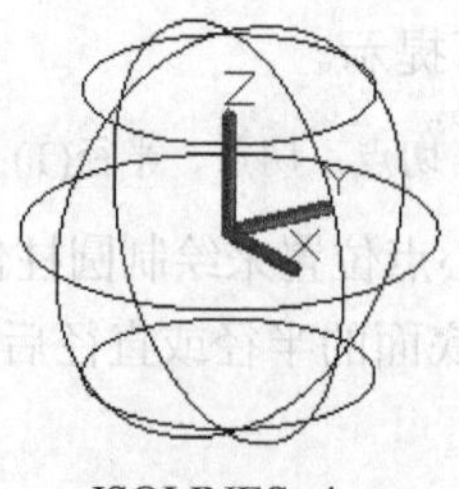

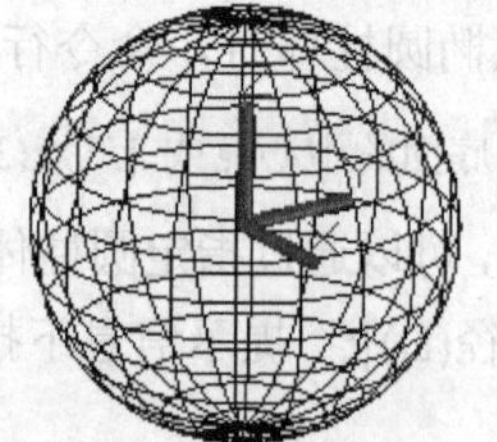

ISOLINES=4　　ISOLINES=20

图11-33　球体实体示例图

在“功能区”选项板中选择“常用”选项卡，在“建模”面板中单击“圆环体”按钮◎，或在快速访问工具栏选择“显示菜单栏”命令，在弹出的菜单中选择“绘图”|“建模”|“圆环体”命令(TORUS)，都可以绘制圆环体，此时需要指定圆环的中心位置、圆环的半径或直径，以及圆管的半径或直径。

【练习11-4】绘制一个圆环半径为150，圆管半径为30的圆环体，效果如图11-35所示。

(1) 在“功能区”选项板中选择“常用”选项卡，在“建模”面板中单击“圆环体”按钮◎，绘制圆环体。

(2) 在命令行的“TORUS 指定中心点或 [三点(3P) 两点(2P) 切点、切点、半径(T)]:”提示信息下，指定圆环的中心位置点坐标(0,0,0)。

(3) 在命令行的“TORUS 指定半径或 [直径(D)]:”提示信息下输入 150，指定圆环的半径，效果如图 10-34 所示。

(4) 在命令行的“TORUS 指定圆管半径或 [两点(2P) 直径(D)]:”提示信息下输入 30，指定圆管的半径。

(5) 在“功能区”选项板中选择“常用”选项卡，在“视图”面板中选择“三维导航”下拉列表中的“东南等轴测”命令，在三维视图中观察绘制的圆环体，如图 11-35 所示。

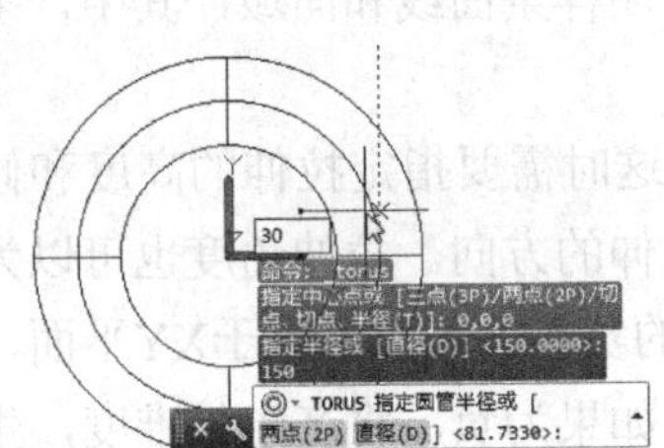

图11-34　指定圆环半径

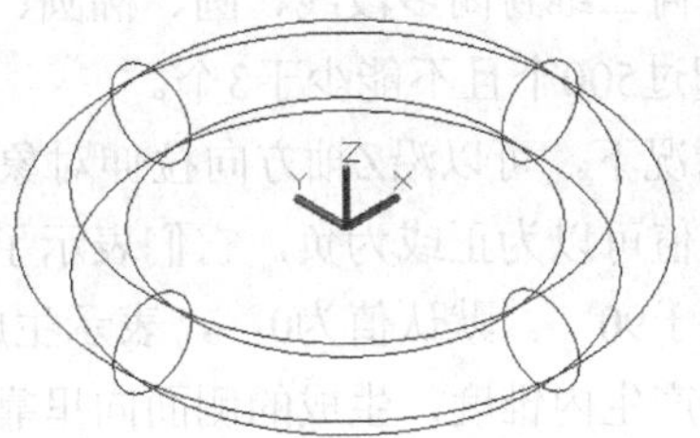

图11-35　绘制圆环体

11.3.5　绘制棱锥体

在“功能区”选项板中选择“实体”选项卡，在“图元”面板中单击“棱锥体”按钮 棱锥体，或在快速访问工具栏选择“显示菜单栏”命令，在弹出的菜单中选择“绘图”|“建模”|“棱锥体”命令(PYRAMID)，都可以绘制棱锥体，效果如图11-36所示。

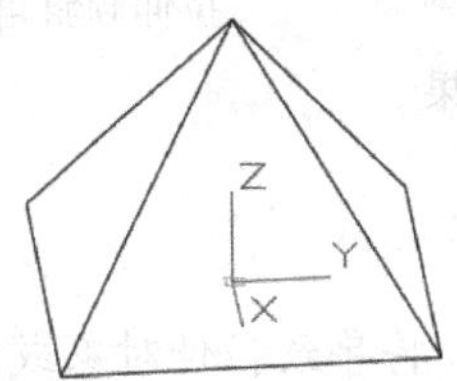

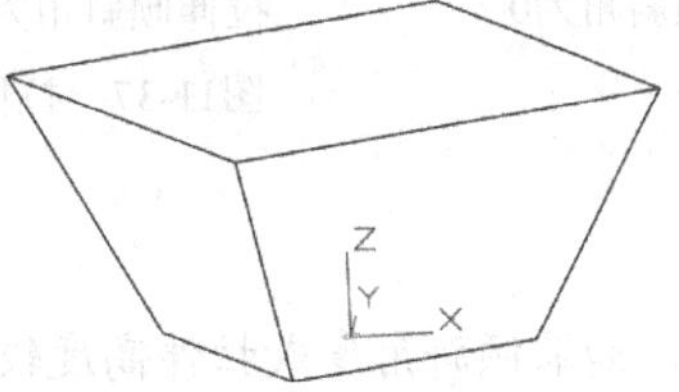

图11-36　棱锥体

绘制棱锥体时，命令行显示如下提示信息。

```
PYRAMID指定底面的中心点或 [边(E) 侧面(S)]:
```

在以上提示信息下，如果直接指定点即可绘制棱锥体，此时需要在命令行的“指定底面半径或 [内接(I)]:”提示信息下指定棱锥体底面的半径，以及在命令行的“指定高度或 [两点(2P) 轴端点(A) 顶面半径(T)]:”提示信息下指定棱锥体的高度或棱锥体的锥顶点位置。

如果选择“顶面半径(T)”选项，可以绘制有顶面的棱锥体，在“指定顶面半径:”提示信息下输入顶面的半径，在“指定高度或[两点(2P)/轴端点(A)]:”提示信息下指定棱锥体的高度或棱锥体的锥顶点位置即可。

11.4　通过二维图形创建实体

在AutoCAD 2018中，通过拉伸二维轮廓曲线或者将二维曲线沿指定轴旋转，可以创建出三维实体。

11.4.1　将二维图形拉伸成实体

在“功能区”选项板中选择“常用”选项卡，在“建模”面板中单击“拉伸”按钮，或选择“实体”选项卡，在“实体”面板中单击“拉伸”按钮拉伸，或在快速访问工具栏选择“显示菜单栏”命令，在弹出的菜单中选择“绘图”|“建模”|“拉伸”命令(EXTRUDE)，都可以通过拉伸二维对象来创建三维实体或曲面。拉伸对象被称为断面，在创建实体时，断面可以是任何二维封闭多段线、圆、椭圆、封闭样条曲线和面域，其中，多段线对象的顶点数不能超过500个且不能少于3个。

在默认情况下，可以沿Z轴方向拉伸对象，这时需要指定拉伸的高度和倾斜角度。其中，拉伸高度值可以为正或为负，它们表示了拉伸的方向。拉伸角度也可以为正或为负，其绝对值不大于90°。默认值为0°，表示生成的实体的侧面垂直于XY平面，没有锥度。如果为正，将产生内锥度，生成的侧面向里靠；如果为负，将产生外锥度，生成的侧面向外靠，如图11-37所示。

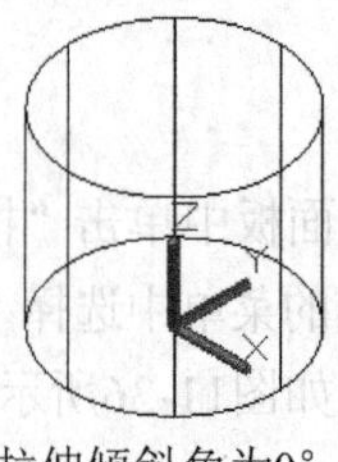

拉伸倾斜角为0°

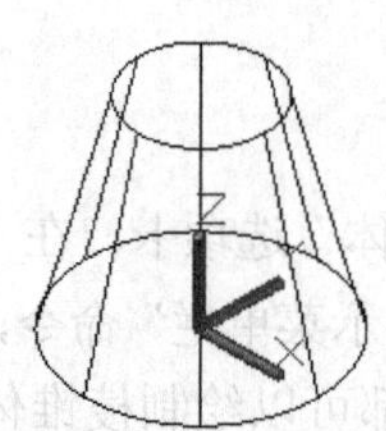

拉伸倾斜角为15°

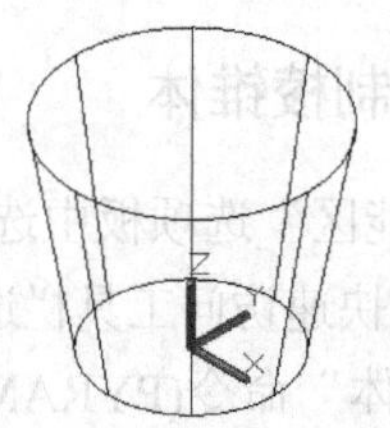

拉伸倾斜角为-10°

图11-37　拉伸效果

注意：

在拉伸对象时，如果倾斜角度或拉伸高度较大，将导致拉伸对象或拉伸对象的一部分在到达拉伸高度之前就已经汇聚到一点，此时将无法进行拉伸。

通过指定拉伸路径，可以将对象拉伸成三维实体，拉伸路径可以是开放的，也可以是封闭的。

【练习11-5】绘制如图11-44所示的图形。

(1) 在快速访问工具栏单击“新建”按钮，新建一个文档，在“功能区”选项板中选择“常用”选项卡，在“坐标”面板中单击“视图”按钮，将当前坐标系的XY平面与屏幕对齐。

(2) 在“功能区”选项板中选择“常用”选项卡，在“绘图”面板中单击“圆心，半径”按钮，分别以圆心(0,0)、(80,0)，半径 50、40 绘制两个圆，效果如图 11-38 所示。

(3) 在“功能区”选项板中选择“常用”选项卡，在“修改”面板中单击“环形阵列”按钮，选择半径为40的圆，且以(0,0)为中心点绘制项目数为4的环形阵列，效果如图 11-39 所示。

(4) 在“功能区”选项板中选择“常用”选项卡，在“修改”面板中单击“修剪”按钮，对绘制的图形进行修剪，效果如图 11-40 所示。

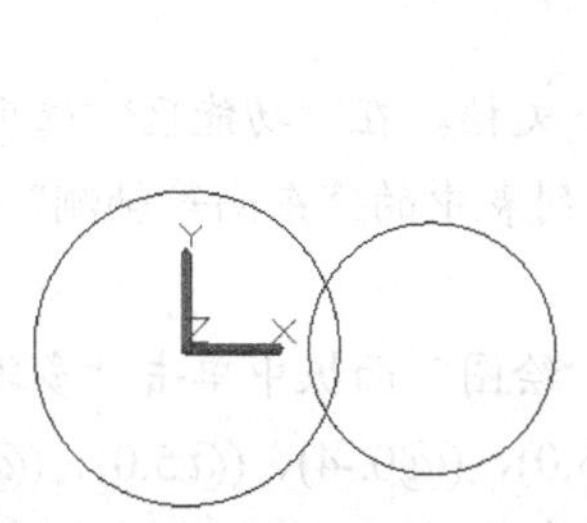

图11-38　绘制圆

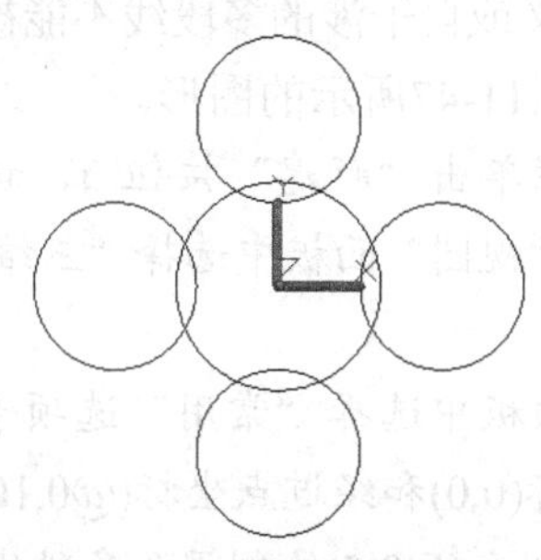

图11-39　绘制环形阵列

图11-40　修剪图形

(5) 在“功能区”选项板中选择“常用”选项卡，在“绘图”面板中，单击“多边形”按钮，绘制内接于半径为 25 的圆的四边形；单击“圆心，半径”按钮，以圆心(0,0)，半径 50 绘制一个圆，如图 11-41 所示。

(6) 在“功能区”选项板中选择“常用”选项卡，在“绘图”面板中单击“面域”按钮，选择上面绘制的图形，将其转换为面域，如图 11-42 所示。

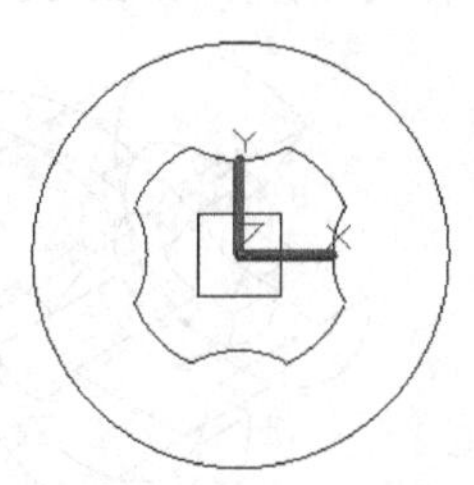

图11-41　绘制四边形和圆

图11-42　转换为面域

(7) 在“功能区”选项板中选择“常用”选项卡，在“建模”面板中单击“拉伸”按钮，将面域拉伸，效果如图 11-43 所示。

(8) 在“功能区”选项板中选择“常用”选项卡，在“实体编辑”面板中单击“实体，差集”按钮，将实体 1 与 2 进行差集计算，然后单击“实体，并集”按钮，将差集后的实体与实体 3 进行并集计算，实体编辑后效果如图 11-44 所示。

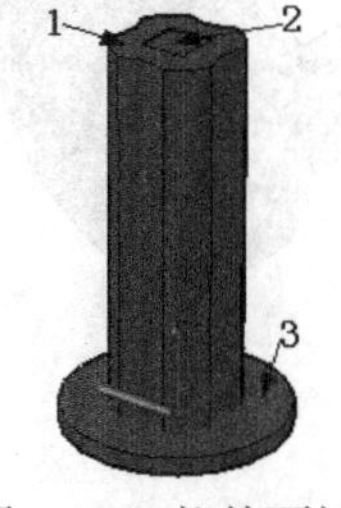

图11-43　拉伸面域

图11-44　实体编辑后效果

11.4.2 将二维图形旋转成实体

在“功能区”选项板中选择“常用”选项卡，在“建模”面板中单击“旋转”按钮，或选择“实体”选项卡，在“实体”面板中单击“旋转”按钮，或在快速访问工具栏选择“显示菜单栏”命令，在弹出的菜单中选择“绘图”|“建模”|“旋转”命令(REVOLVE)，都可以通过绕轴旋转二维对象来创建三维实体或曲面。在创建实体时，用于旋转的二维对象可以是封闭多段线、多边形、圆、椭圆、封闭样条曲线、圆环及封闭区域。三维对象、包含在块中的对象、有交叉或自干涉的多段线不能被旋转，而且每次只能旋转一个对象。

【练习11-6】绘制如图11-47所示的图形。

(1) 在快速访问工具栏单击“新建”按钮，新建一个文档，在“功能区”选项板中选择“常用”选项卡，在“视图”面板中选择“三维导航”列表中的“东南等轴测”命令，转换到三维视图模式下。

(2) 在“功能区”选项板中选择“常用”选项卡，在“绘图”面板中单击“多段线”按钮，依次指定起点坐标(0,0)和经过点坐标(@0,10)、(@5,0)、(@0,-4)、(@5,0)、(@0,4)、(@15,0)、(@0,-15)、(@-6,0)和(@0,5)绘制闭合多段线，然后在“绘图”面板中单击“直线”按钮，经过点坐标(0,15)、(@25,0)绘制直线，效果如图 11-45 所示。

(3) 在“功能区”选项板中选择“常用”选项卡，在“建模”面板中单击“旋转”按钮，发出 REVOLVE 命令，指定多段线为旋转对象，然后在命令行提示下输入 O，指定直线为旋转轴。

(4) 在命令行提示信息“REVOLVE 指定旋转角度或[起点角度(ST) 反转(R) 表达式(EX)]<360>:”下输入 300，然后按下回车键，指定旋转的角度，如图 11-46 所示。

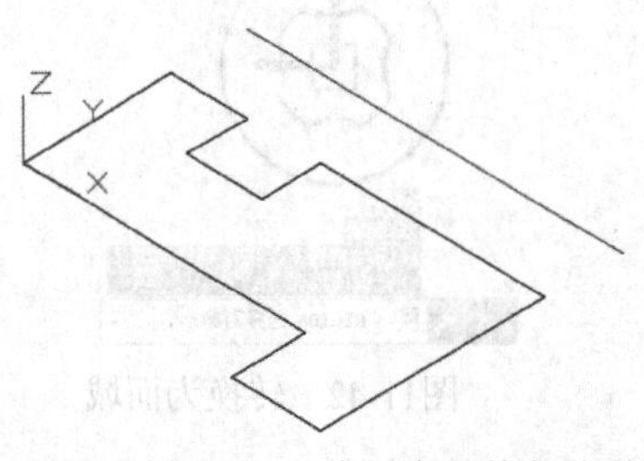

图11-45　绘制多段线与直线

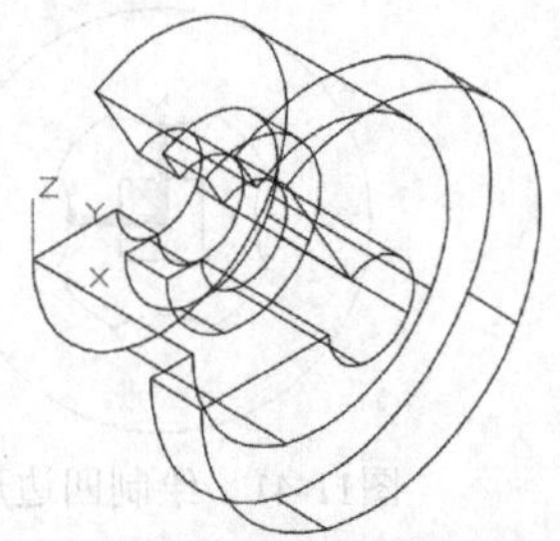

图11-46　旋转多段线

(5) 在快速访问工具栏选择“显示菜单栏”命令，在弹出的菜单中选择“视图”|“消隐”命令和“视图”|“视觉样式”|“概念”命令，绘制的图形效果如图 11-47 所示。

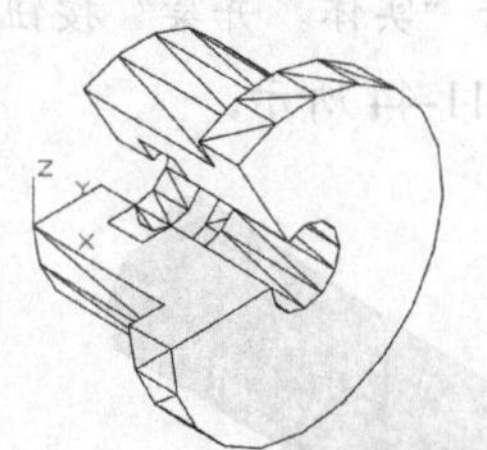

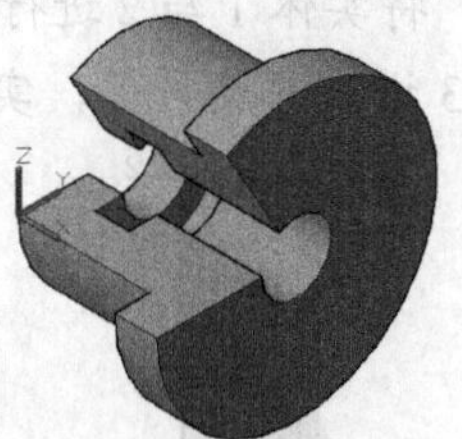

图11-47　绘制的图形效果

11.4.3　将二维图形扫掠成实体

在“功能区”选项板的“常用”选项卡的“建模”面板中，或在“实体”选项卡的“实体”面板中单击“扫掠”按钮，或在快速访问工具栏选择“显示菜单栏”命令，在弹出的菜单中选择“绘图”|“建模”|“扫掠”命令(SWEEP)，都可以通过沿路径扫掠二维对象来创建三维实体和曲面。如果要扫掠的对象不是封闭的图形，那么使用“扫掠”命令后得到的是网格面。

使用“扫掠”命令绘制三维实体时，当用户指定了封闭图形作为扫掠对象后，命令行显示如下提示信息。

```
SWEEP选择扫掠路径或 [对齐(A) 基点(B) 比例(S) 扭曲(T)]:
```

在该命令提示信息下，可以直接指定扫掠路径来创建实体，也可以设置扫掠时的对齐方式、基点、比例和扭曲参数。其中，“对齐”选项用于设置扫掠前是否对齐垂直于路径的扫掠对象；“基点”选项用于设置扫掠的基点；“比例”选项用于设置扫掠的比例因子，当指定了该参数后，扫掠效果与单击扫掠路径的位置有关，如图11-48所示为当比例因子为0.5时，分别单击扫掠路径下方和上方的效果；“扭曲”选项用于设置扭曲角度或允许非平面扫掠路径倾斜。

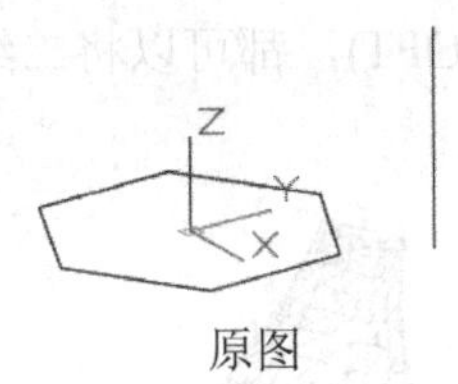
原图

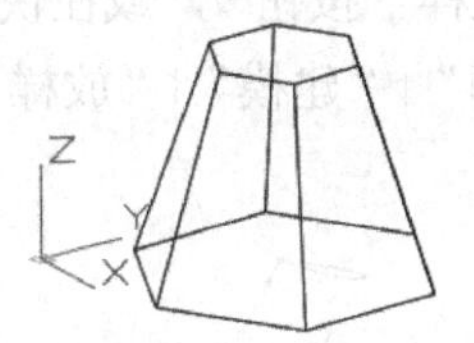
单击扫掠路径下方效果

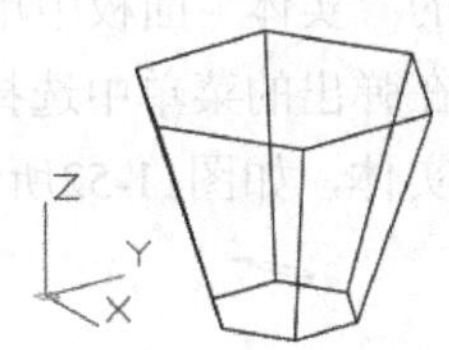
单击扫掠路径上方效果

图11-48　通过扫掠绘制实体

【练习11-7】绘制如图11-51所示的图形。

(1) 在快速访问工具栏单击“新建”按钮，新建一个文档，在“功能区”选项板中选择“常用”选项卡，在“视图”面板中选择“三维导航”列表中的“东南等轴测”命令，转换到三维视图模式下。

(2) 在“功能区”选项板中选择“常用”选项卡，在“绘图”面板中单击“圆心，半径”按钮，以点(0,0)为圆心，绘制半径为10的圆。

(3) 在“功能区”选项板中选择“常用”选项卡，在“绘图”面板中单击“样条曲线”按钮，绘制一个样条曲线，如图11-49所示。

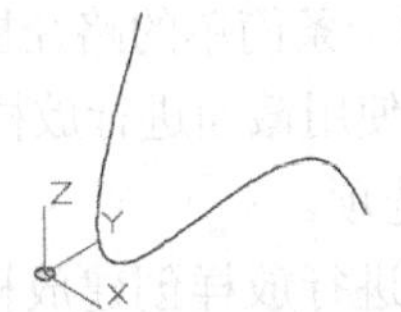

图11-49　绘制样条曲线

(4) 在“功能区”选项板中选择“常用”选项卡，在“建模”面板中单击“扫掠”按钮，执行SWEEP命令。

(5) 在“选择要扫掠的对象:”提示信息下选择圆作为扫掠对象，然后按Enter键，如

图 11-50 所示。

(6) 在“SWEEP 选择扫掠路径或 [对齐(A) 基点(B) 比例(S) 扭曲(T)]:”提示信息下选择样条曲线作为扫掠路径，此时生成扫掠实体，然后在“功能区”选项板中选择“常用”选项卡，在“视图”面板中单击“视觉样式”列表中的“概念”按钮，绘制的图形效果如图 11-51 所示。

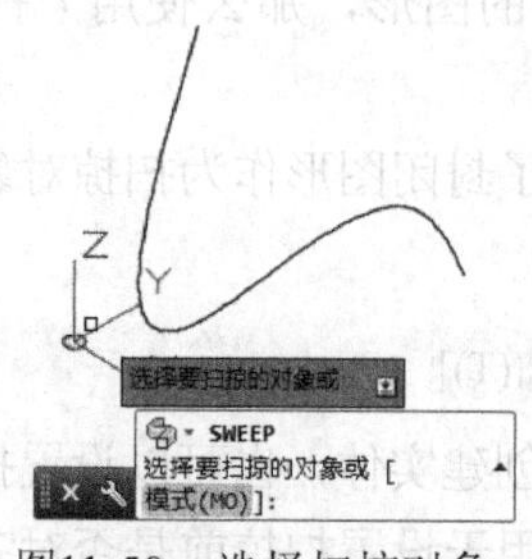

图11-50　选择扫掠对象

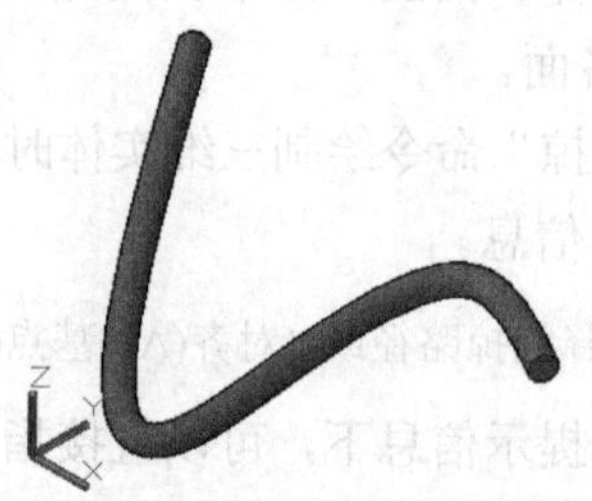

图11-51　生成扫掠实体

11.4.4　将二维图形放样成实体

在“功能区”选项板的“常用”选项卡的“建模”面板中设置相关选项，或在“实体”选项卡的“实体”面板中单击“放样”按钮，或在快速访问工具栏选择“显示菜单栏”命令，在弹出的菜单中选择“绘图”|“建模”|“放样”命令(LOFT)，都可以将二维图形放样成实体，如图11-52所示。

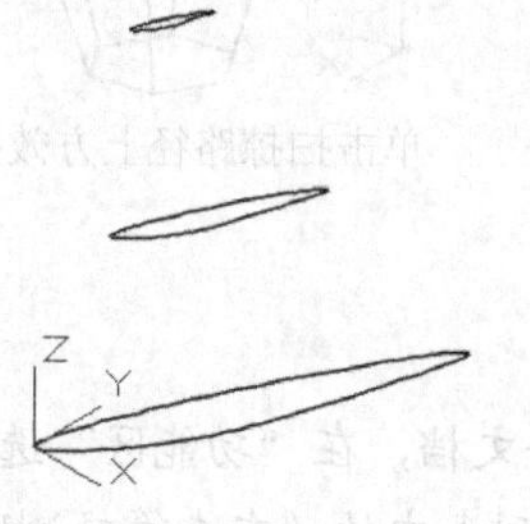

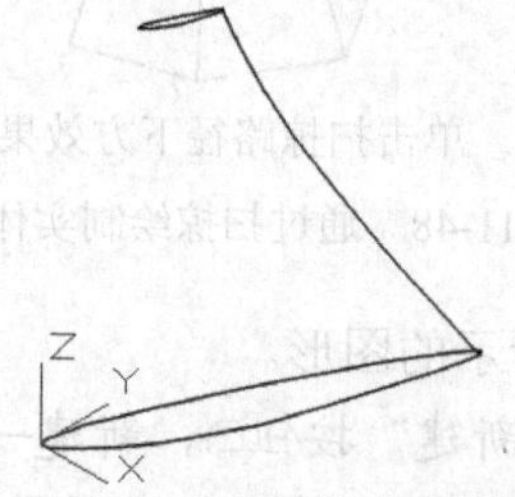

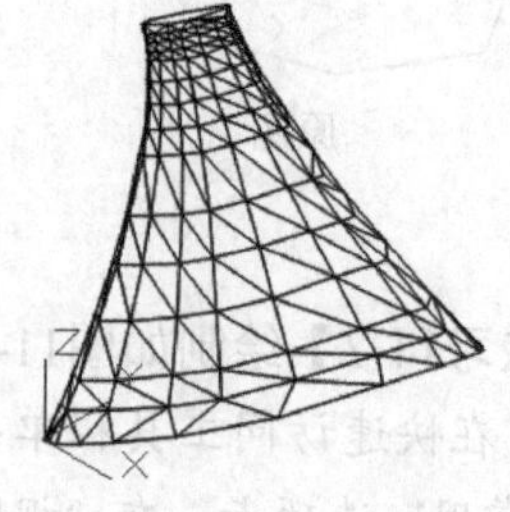

图11-52　放样并消隐图形

在放样时，当依次指定了放样截面后(至少两个)，命令行显示如下提示信息。

LOFT输入选项 [导向(G) 路径(P) 仅横截面(C)] <仅横截面>:

在以上命令行提示信息下，需要选择放样方式。其中，“导向”选项用于使用导向曲线控制放样，每条导向曲线必须要与每一个截面相交，并且起始于第一个截面，结束于最后一个截面；“路径”选项用于使用一条简单的路径控制放样，该路径必须与全部或部分截面相交；“仅横截面”选项用于只使用截面进行放样，此时将打开“放样设置”对话框，可以设置放样横截面上的曲面控制选项。

【练习11-8】以绘制的圆为截面进行放样创建放样实体。

(1) 在快速访问工具栏单击“新建”按钮，新建一个文档，在“功能区”选项板中选择“常用”选项卡，在“视图”面板中选择“三维导航”列表中的“东南等轴测”命令，转换到三维视图模式下。

(2) 在“功能区”选项板中选择“常用”选项卡，在“绘图”面板中单击“圆心，半径”按钮，分别在点(0,0,0)、(0,0,0.2)、(0,0,2)、(0,0,2.5)、(0,0,3)处绘制半径为 1、0.2、0.2、2 和 1.8 的圆，效果如图 11-53 所示。

(3) 在“功能区”选项板中选择“常用”选项卡，在“建模”面板中单击“放样”按钮，执行放样命令，效果如图 11-54 所示。

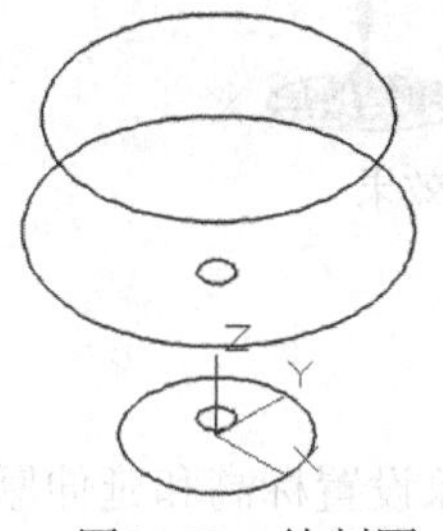

图11-53　绘制圆

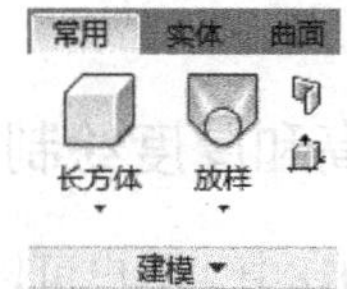

图11-54　“建模”面板

(4) 在命令行的“LOFT 按放样次序选择横截面:”提示信息下，从上向下，依次单击绘制的圆作为放样截面，如图 11-55 所示。

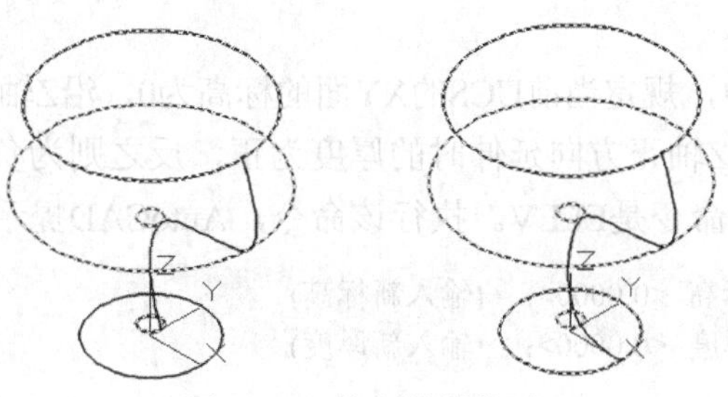

图11-55　绘制放样截面

(5) 按下回车键后，在命令行的“LOFT 输入选项 [导向(G) 路径(P) 仅横截面(C) 设置(S)] <路径>:”提示信息下输入 S，打开“放样设置”对话框，如图 11-56 所示。

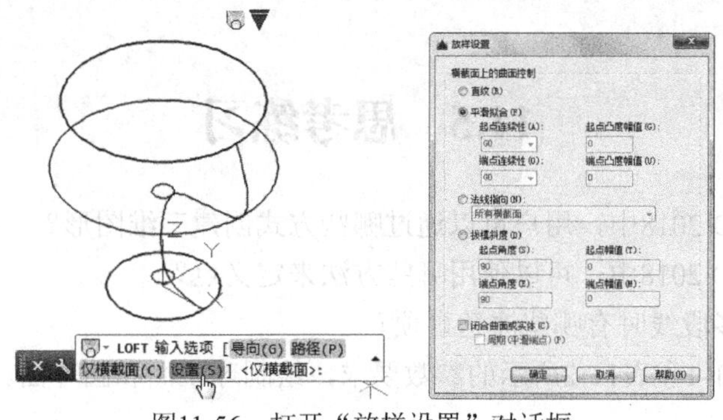

图11-56　打开“放样设置”对话框

(6) 在“放样设置”对话框中选中“平滑拟合”单选按钮，然后单击“确定”按钮，即可生成放样图形。在“功能区”选项板中选择“可视化”选项卡，在“视觉样式”面板中单击“隐藏”按钮，发出消隐命令，绘制的图形效果如图 11-57 所示。

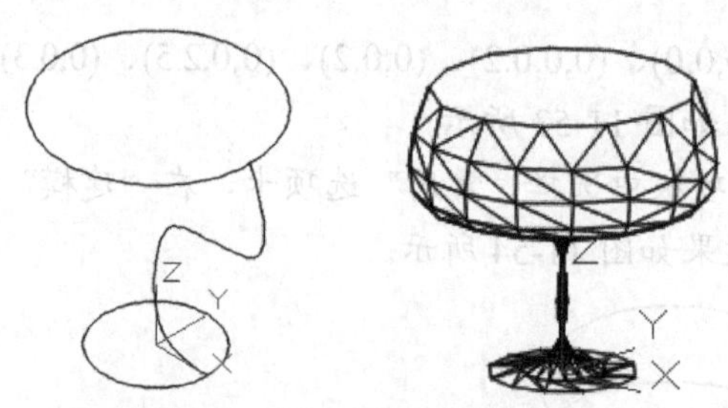

图11-57　绘制的图形效果

11.4.5　根据标高和厚度绘制三维图形

在AutoCAD 2018中，用户可以为将要绘制的对象设置标高和延伸厚度。一旦设置了标高和延伸厚度，就可以用二维绘图的方法得到三维图形。使用AutoCAD 2018绘制二维图形时，绘图面应是当前UCS的XY面或与其平行的平面。标高就是用来确定这个面的位置，它用绘图面与当前UCS的XY面的距离表示。厚度则是所绘二维图形沿当前UCS的Z轴方向延伸的距离。

在AutoCAD 2018中，规定当前UCS的XY面的标高为0，沿Z轴正方向的标高为正，沿负方向的标高为负。沿Z轴正方向延伸时的厚度为正，反之则为负。

设置标高、厚度的命令是ELEV。执行该命令，AutoCAD提示信息如下。

```
ELEV指定新的默认标高 <0.0000>:  (输入新标高)
ELEV指定新的默认厚度 <0.0000>:  (输入新厚度)
```

设置标高、厚度后，用户就可以创建在标高方向上各截面形状和大小相同的三维对象。

注释：
执行AutoCAD的绘制矩形命令时，可以直接根据选项设置标高和厚度。

11.5　思考练习

1. 在AutoCAD 2018中，用户可以通过哪些方式创建三维图形？
2. 在AutoCAD 2018中，可以使用哪些方法来定义点？
3. 绘制三维多段线时有哪些注意事项？
4. 按照如表11-1和表11-2所示的参数要求，绘制球表面和圆环面。

表 11-1　球表面参数

参　数	值
球心坐标	100,80,50
半径	40
输入球表面的经线数目	20
输入球表面的纬线数目	20

表 11-2　圆环面参数

参　　数	值
圆环中心点坐标	100,80,50
圆环面的半径	100
圆管的半径	15
环绕圆管圆周的网格分段数目	20
环绕圆环体表面圆周的网格分段数目	20

第12章　编辑与标注三维图形

在AutoCAD 2018中，可以使用三维编辑命令，在三维空间中移动、复制、镜像、对齐以及阵列三维对象，剖切实体以获取实体的截面，编辑它们的面、边或体。此外，本章还将通过具体的实例介绍三维对象的尺寸标注方法。

12.1　三维实体的布尔运算

在AutoCAD 2018中，用户可以对三维基本实体进行并集、差集、交集和干涉4种布尔运算，来创建复杂实体。

12.1.1　对对象求并集

在“功能区”选项板的“常用”选项卡的“实体编辑”面板中选择相关选项，或在“实体”选项卡的“布尔值”面板中单击“实体，并集”按钮，或在快速访问工具栏选择“显示菜单栏”命令，在弹出的菜单中选择“修改”|“实体编辑”|“并集”命令(UNION)，都可以通过组合多个实体生成一个新实体。该命令主要用于将多个相交或相接触的对象组合在一起。当组合一些不相交的实体时，其显示效果看起来还是多个实体，但实际上却被当作一个对象。在使用该命令时，只需要依次选择待合并的对象即可。

例如，对如图12-1所示的长方体和球体做并集运算，可以在“功能区”选项板中选择“实体”选项卡，在“布尔值”面板中单击“实体，并集”按钮，然后选择长方体和球体，按Enter键即可得到并集效果，如图12-2所示。

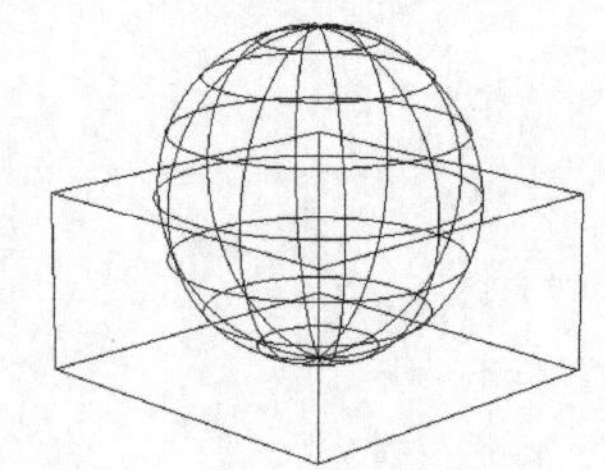

图12-1　用作并集运算的实体

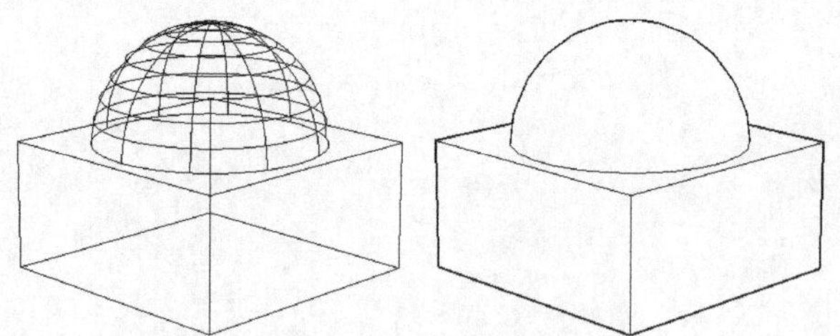

图12-2　求并集并消隐后的效果

12.1.2　对对象求差集

在“功能区”选项板的“常用”选项卡的“实体编辑”面板中选择相关选项，或在“实体”选项卡的“布尔值”面板中单击“实体，差集”按钮，或在快速访问工具栏选择“显示菜单栏”命令，在弹出的菜单中选择“修改”|“实体编辑”|“差集”命令(SUBTRACT)，都可从一些实体中去掉部分实体，从而得到一个新的实体。例如，要从如图12-1所示的长

方体中减去球体，可在“功能区”选项板中选择“常用”选项卡，在“实体编辑”面板中单击“实体，差集”按钮，然后单击长方体作为被减实体，按Enter键，再在单击球体后按Enter键确认，可得到差集效果，如图12-3所示。

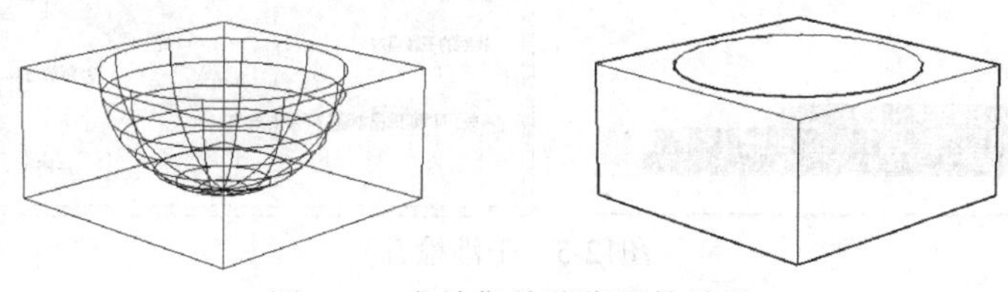

图12-3　求差集并消隐后的效果

12.1.3　对对象求交集

在“功能区”选项板的“常用”选项卡的“实体编辑”面板中选择相关选项，或在“实体”选项卡的“布尔值”面板中单击“实体，交集”按钮，或在快速访问工具栏选择“显示菜单栏”命令，在弹出的菜单中选择“修改”|“实体编辑”|“交集”命令(INTERSECT)，都可以利用各实体的公共部分创建新实体。例如，要对如图12-1所示的实体求交集，可在“功能区”选项板中选择“常用”选项卡，在“实体编辑”面板中单击“实体，交集”按钮，然后单击所有需要求交集的实体，按Enter键即可得到交集效果，如图12-4所示。

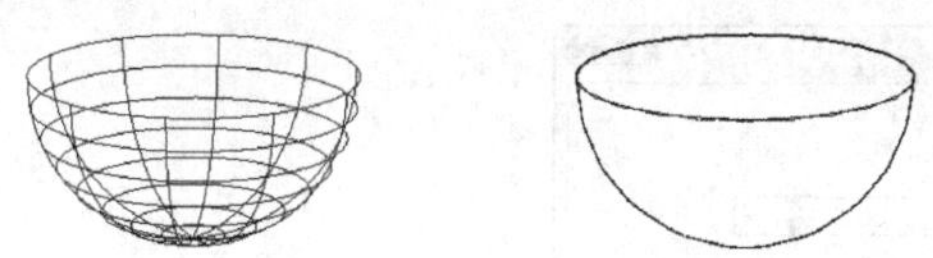

图12-4　求交集并消隐后的效果

12.1.4　对对象求干涉集

干涉检查通过从两个或多个实体的公共体积创建临时组合三维实体，来亮显重叠的三维实体。如果定义了单个选择集，干涉检查将对比检查集合中的全部实体。如果定义了两个选择集，干涉检查将对比检查第一个选择集中的实体与第二个选择集中的实体。如果在两个选择集中都包括了同一个三维实体，干涉检查将此三维实体视为第一个选择集中的一部分，而在第二个选择集中忽略它。

在“功能区”选项板中选择“常用”选项卡，在“实体编辑”面板中单击“干涉”按钮，或在“实体”选项卡的“实体编辑”面板中单击“干涉”按钮干涉，或在快速访问工具栏选择“显示菜单栏”命令，在弹出的菜单中选择“修改”|“三维操作”|“干涉检查”命令(INTERFERE)，都可以对对象进行干涉运算。此时，命令行显示如下提示信息。

```
INTERFERE选择第一组对象或 [嵌套选择(N) 设置(S)]:
```

在默认情况下，选择第一组对象后，按Enter键，命令行将显示“选择第二组对象或 [嵌套选择(N) 检查第一组(K)] <检查>: ”提示信息，此时，按Enter键，将打开“干涉检查”对话框，如图12-5所示。用户可以指定关闭对话框时是否删除干涉对象。

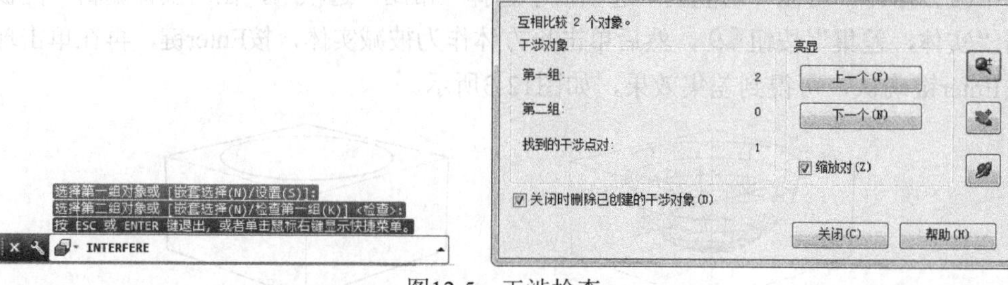

图12-5　干涉检查

提示行信息中其他各选项的功能如下所示。

- "嵌套选择(N)"选项：选择该选项，用户可以选择嵌套在块和外部参照中的单个实体对象。此时命令行将显示"选择嵌套对象或 [退出(X)] <退出>:"提示信息，可以选择嵌套对象或按 Enter 键返回普通对象选择。
- "设置(S)"选项：选择该选项，将打开"干涉设置"对话框，如图 12-6 所示。该对话框用于控制干涉对象的显示。其中，"干涉对象"选项区域用于指定干涉对象的视觉样式和颜色，是亮显实体的干涉点对，还是亮显从干涉点对中创建的干涉对象；"视口"选项区域则用于指定检查干涉时的视觉样式。

例如，要对如图12-2所示的两个实体求干涉集，其结果如图12-7所示。

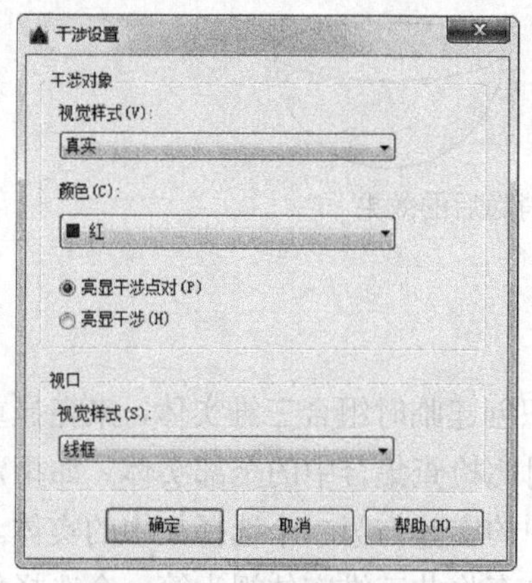

图12-6　"干涉设置"对话框

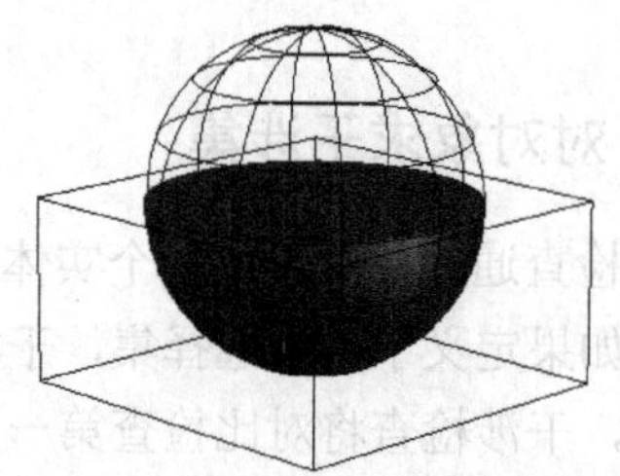
图12-7　求干涉集后的效果

【练习12-1】绘制如图12-14所示的花键图。

(1) 在"功能区"选项板中选择"常用"选项卡，在"视图"面板中单击"三维导航"列表中的"前视"按钮前视。然后在"绘图"面板中单击"多段线"按钮，以点(-5,45)为起点，经过点(@2.5,5)、(@5,0)和(@2.5,-5)绘制多段线，如图 12-8 所示。

(2) 在"功能区"选项板中选择"常用"选项卡，在"绘图"面板中单击"圆心、半径"按钮，以点(0,0)为圆心，捕捉多段线的一个端点(-5,45)绘制一个圆，再以点(0,0)为圆心，半径为 40 和 20 绘制两个圆，如图 12-9 所示。

(3) 在"功能区"选项板中选择"常用"选项卡，在"修改"面板中单击"环形阵列"按钮，选择多段线为阵列对象，并以点(0,0)作为阵列的中心点，打开"阵列创建"对话框，设置项目数为 20，环形阵列多段线，如图 12-10 所示。

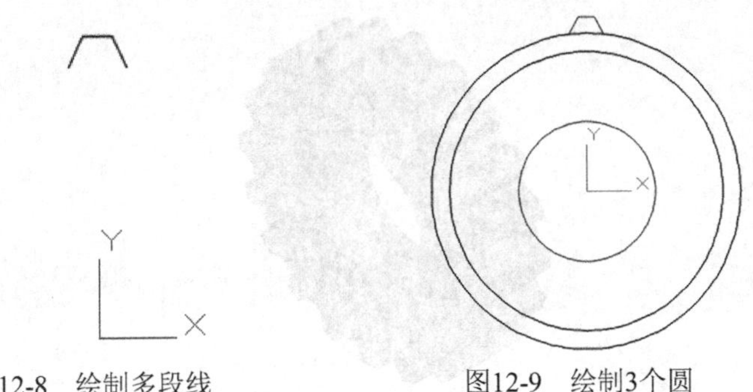

图12-8　绘制多段线　　　　图12-9　绘制3个圆

(4) 在“功能区”选项板中选择“常用”选项卡，在“修改”面板中单击“修剪”按钮，对与环形阵列多段线相接的圆进行修剪，然后再单击“合并”按钮，将修剪后的圆与多段线合并为封闭的花键状图形，结果如图 12-11 所示。

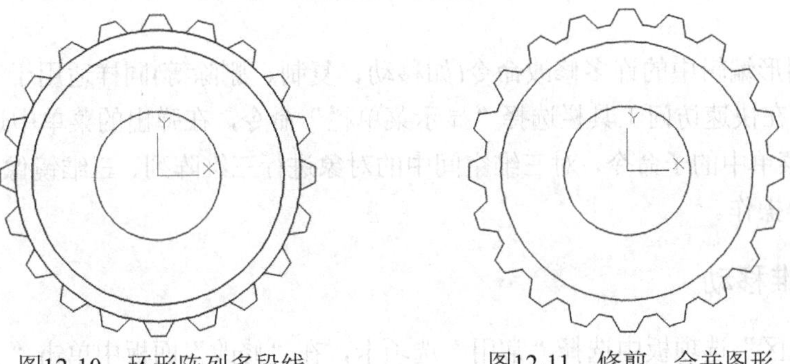

图12-10　环形阵列多段线　　　　图12-11　修剪、合并图形

(5) 在“功能区”选项板中选择“常用”选项卡，在“视图”面板中单击“三维导航”列表中的“东北等轴测”按钮，此时图形如图 12-12 所示。

(6) 在“功能区”选项板中选择“常用”选项卡，在“建模”面板中单击“拉伸”按钮，将所有的图形拉伸 20 个单位，消隐的图形如图 12-13 所示。

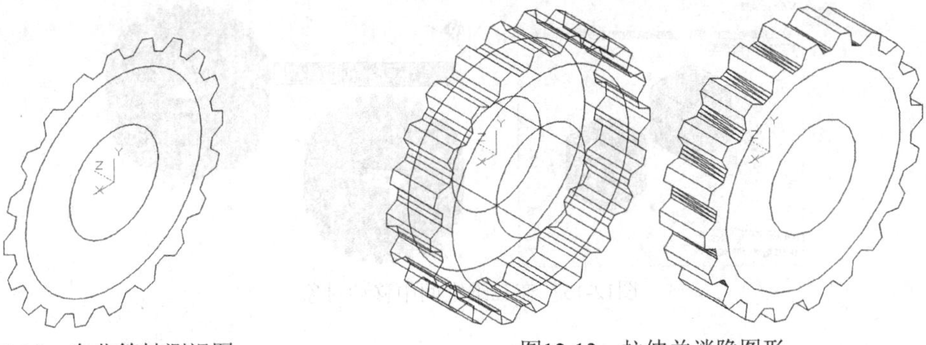

图12-12　东北等轴测视图　　　　图12-13　拉伸并消隐图形

(7) 在“功能区”选项板中选择“常用”选项卡，在“实体编辑”面板中单击“差集”按钮，使用外侧花键状图形拉伸后的实体及大圆柱体减去中心的小圆柱体。

(8) 在“功能区”选项板中选择“常用”选项卡，在“坐标”面板中单击“UCS，世界”按钮，恢复至世界坐标系，并且在“视图”面板中单击“视觉样式”面板中的“真实”按钮，结果如图 12-14 所示。

图12-14　绘制图形结果

12.2　编辑三维对象

在二维图形编辑中的许多修改命令(如移动、复制、删除等)同样适用于三维对象。另外，用户可以在快速访问工具栏选择“显示菜单栏”命令，在弹出的菜单中选择“修改”|“三维操作”菜单中的子命令，对三维空间中的对象进行三维阵列、三维镜像、三维旋转以及对齐位置等操作。

12.2.1　三维移动

在“功能区”选项板中选择“常用”选项卡，在“修改”面板中单击“三维移动”按钮，或在快速访问工具栏选择“显示菜单栏”命令，在弹出的菜单中选择“修改”|“三维操作”|“三维移动”命令(3DMOVE)，都可以移动三维对象。执行“三维移动”命令时，首先需要指定一个基点，然后指定第二点即可移动三维对象，如图12-15所示。

图12-15　在三维空间中移动对象

12.2.2　三维阵列

三维阵列包括“矩形阵列”、“路径阵列”和“环形阵列”3种三维阵列方式。在“功能区”选项板中选择“常用”选项卡，在“修改”面板中单击相应的按钮，可以在三维空间中使用这3种阵列方式复制对象。在快速访问工具栏选择“显示菜单栏”命令，在弹出的菜单中选择“修改”|“三维操作”|“三维阵列”命令(3DARRAY)，可以在三维空间中使用环形阵列或矩形阵列方式复制对象。

1. 矩形阵列

在“功能区”选项板中选择“常用”选项卡，在“修改”面板中单击“矩形阵列”按钮，执行ARRAYRECT命令。根据系统提示选择阵列复制对象，然后在“功能区”弹出矩形“阵列创建”选项卡，如图12-16所示的阵列类型为矩形(矩形阵列类型)。

图12-16　矩形“阵列创建”选项卡

在“阵列创建”选项卡中，可以分别在“列”、“行”、“层级”面板中设置矩形阵列的列数、行数、阵列的层数、行间距、列间距及层间距等参数，并确认是否创建关联阵列对象。其中，矩形阵列的行、列、层分别沿着当前UCS的X轴、Y轴和Z轴的方向；输入某方向的间距值为正值时，表示将沿相应坐标轴的正方向阵列，否则沿负方向阵列。

【练习12-2】在如图12-17所示长方体(80×150×20)中创建9个半径为8的圆孔。

(1) 在“功能区”选项板中选择“常用”选项卡，在“建模”面板中单击“长方体”按钮，以点(0,0,0)为第一个角点，绘制一个长为80、宽为150、高为20的长方体。然后再单击“圆柱体”按钮，以点(15,17,0)为圆柱体底面中心点，绘制一个半径为8、高为20的圆柱体，结果如图12-18所示。

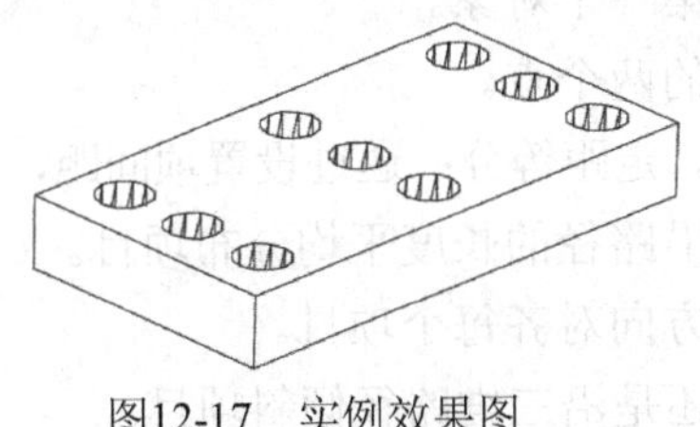

图12-17　实例效果图

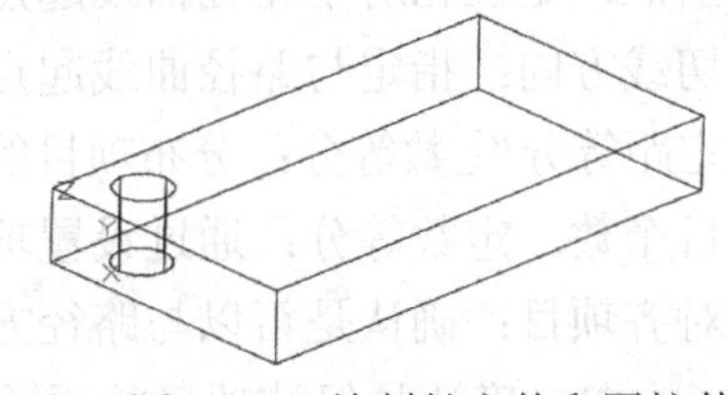

图12-18　绘制长方体和圆柱体

(2) 在“功能区”选项板中选择“常用”选项卡，在“修改”面板中单击“矩形阵列”按钮，在“ARRAYRECT 选择对象：”提示信息下选择圆柱体。按Enter键，在“功能区”弹出的“阵列创建”选项卡面板上设置阵列参数，输入列数3、行数3、级别(层级数)1、列间距25和行间距60，如图12-19所示。取消阵列“关联”特性，最后单击“关闭阵列”按钮，阵列创建结果如图12-20所示。

图12-19　设置阵列参数

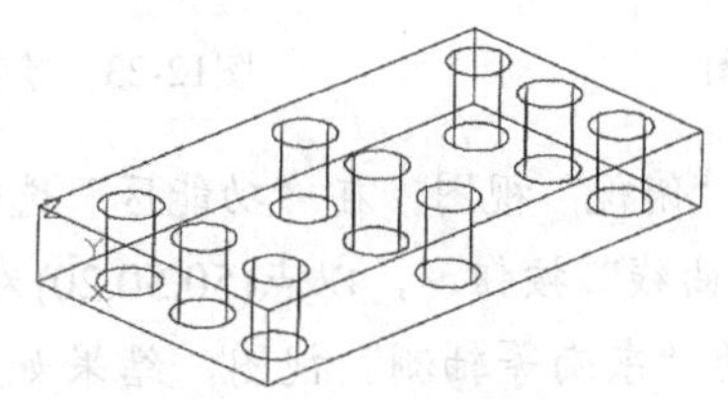

图12-20　阵列创建结果

(3) 在“功能区”选项板中选择“常用”选项卡，在“实体编辑”面板中单击“实体，差集”按钮，对源图形与新绘制的9个圆柱体做差集运算，然后在快速访问工具栏选择“显示菜单栏”命令，在弹出的菜单中选择“视图”|“消隐”命令消隐图形，结果如图12-17所示。

2. 路径阵列

在“功能区”选项板中选择“常用”选项卡，在“修改”面板中单击“路径阵列”按钮，执行ARRAYPATH命令。根据系统提示选择阵列复制对象，选择路径曲线，在“功能区”弹出如图12-21所示的路径“阵列创建”选项卡，其阵列类型为路径(路径阵列类型)。

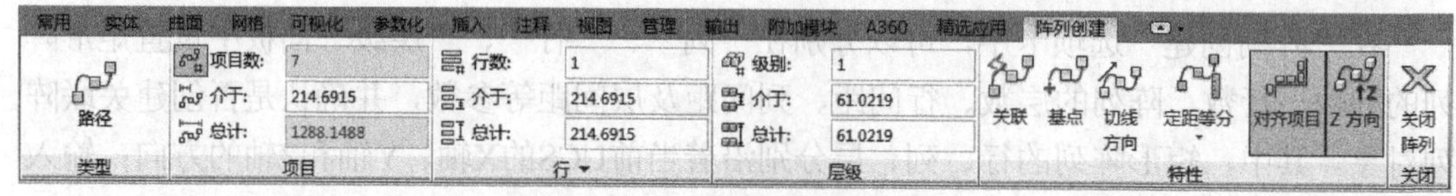

图12-21　路径“阵列创建”选项卡

在“阵列创建”选项卡中，可以分别在“项目”、“行”、“层级”面板中设置路径阵列的项目个数、行数、阵列的级别(层数)、项间距、行间距和层间距等参数。

在“特性”面板中可以设置以下路径阵列特性。

- 关联：设置路径阵列对象是否关联。
- 基点：定位相对于路径曲线起点的阵列的第一个对象。
- 切线方向：指定与路径曲线起点方向平行的两个点。
- 定距等分/定数等分：分布项目的两种方法。定距等分：通过设置项间距，得到项目个数。定数等分：通过设置项目个数，沿路径的长度平均分布项目。
- 对齐项目：确认是否以与路径方向相切的方向对齐每个项目。
- Z方向：确认是保持项目的原始Z方向，还是沿三维路径倾斜项目。

【练习12-3】使用路径阵列绘制如图12-22所示的图形。

(1) 在“功能区”选项板中选择“常用”选项卡，在“建模”面板中单击“长方体”按钮，以点(0,0,0)为第一个角点，绘制一个长为200、宽为200、高为20的长方体。然后再单击“圆柱体”按钮，以点(50,50,0)为圆柱体底面中心点，绘制一个半径为8、高为20的圆柱体，结果如图12-23所示。

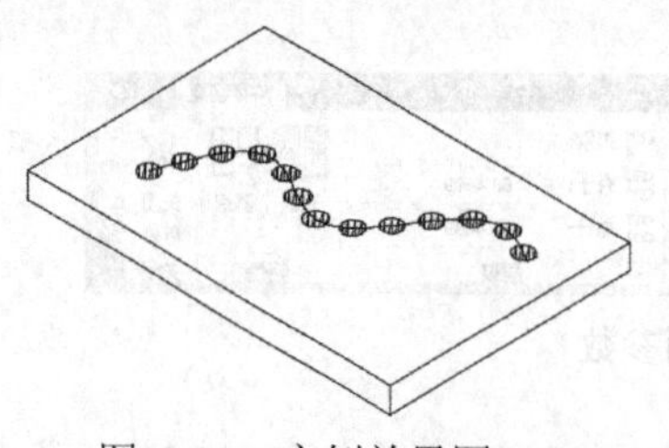

图12-22　实例效果图

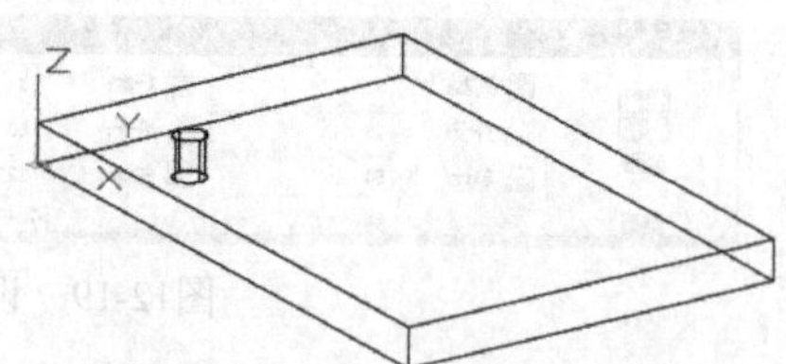

图12-23　绘制长方体和圆柱体

(2) 选择“三维导航”的“俯视”视图。在“功能区”选项板中选择“常用”选项卡，在“绘图”面板中单击“样条曲线”按钮，以点(50,50,20)为第一个点，绘制一个样条曲线，然后选择“三维导航”的“东南等轴测”视图，结果如图12-24所示。

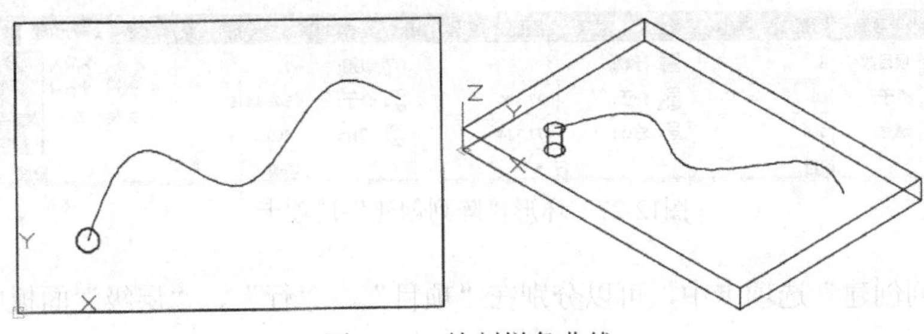

图12-24　绘制样条曲线

(3) 在“功能区”选项板中选择“常用”选项卡，在“修改”面板中单击“路径阵列”按钮，在“ARRAYPATH 选择对象：”提示信息下选择圆柱体，在“ARRAYPATH 选择路径曲线：”提示信息下选择样条曲线。按 Enter 键，在“功能区”弹出的“阵列创建”选项卡面板上设置阵列参数，选择“定距等分”，输入项间距 24，则项目数为 13，如图12-25 所示。取消阵列“关联”特性，单击“关闭阵列”按钮，阵列创建结果如图 12-26 所示。

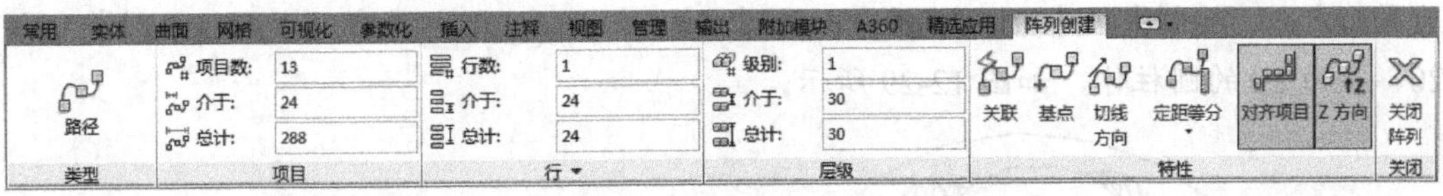

常用　实体　曲面　网格　可视化　参数化　插入　注释　视图　管理　输出　附加模块　A360　精选应用　阵列创建

类型	项目		行		层级		特性	关闭
路径	项目数:	13	行数:	1	级别:	1	关联　基点　切线方向　定距等分　对齐项目　Z 方向	关闭阵列
	介于:	24	介于:	24	介于:	30		
	总计:	288	总计:	24	总计:	30		

图12-25　设置阵列参数

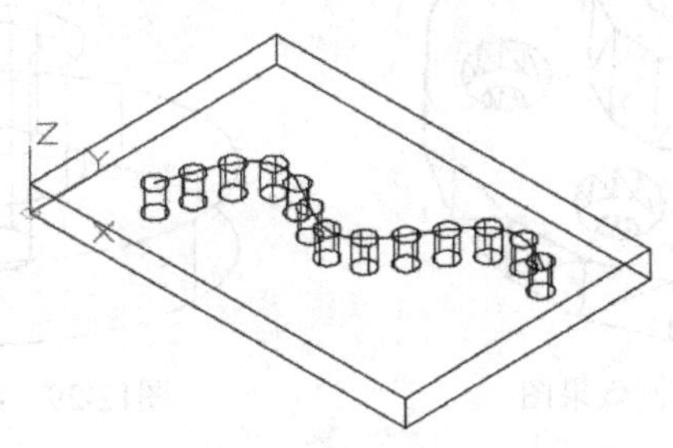

图12-26　阵列创建结果

(4) 在“功能区”选项板中选择“常用”选项卡，在“实体编辑”面板中单击“实体，差集”按钮，对源图形与新绘制的 13 个圆柱体做差集运算，然后在快速访问工具栏选择“显示菜单栏”命令，在弹出的菜单中选择“视图”|“消隐”命令消隐图形，结果如图 12-22 所示。

3. 环形阵列

在“功能区”选项板中选择“常用”选项卡，在“修改”面板中单击“环形阵列”按钮，执行ARRAYPOLAR命令。根据系统提示选择阵列复制对象，指定阵列的中心点或旋转轴(通过指定旋转轴上的两个点，确定旋转轴)，在“功能区”弹出如图12-27所示的环形“阵列创建”选项卡，其阵列类型为极轴(环形阵列类型)。

图12-27　环形“阵列创建”选项卡

在“阵列创建”选项卡中，可以分别在“项目”、“行”、“层级”面板中设置环形阵列的项目个数、行数、阵列的级别(层数)、填充角度、行间距及层间距等参数，并设置环形阵列对象是否关联，是否旋转项目(即进行自身旋转)，以及旋转方向(顺时针或逆时针)等阵列特性。

【练习12-4】使用环形阵列绘制如图12-28所示图形。

(1) 在“功能区”选项板中选择“常用”选项卡，在“建模”面板中单击“圆柱体”按钮，以点(0,0,0)为底面中心，分别绘制半径为120、高为40的圆柱体和半径为30、高为100的圆柱体；以点(0,0,40)为底面中心，绘制半径为50、高为60的圆柱体；以点(85,0,0)为底面中心，绘制半径为10、高为40的圆柱体；以点(85,0,20)为底面中心，绘制半径为20、高为20的圆柱体，如图12-29所示。

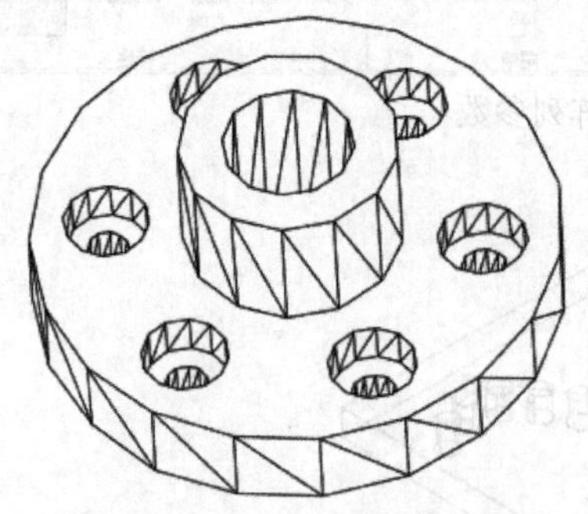

图12-28　实例效果图

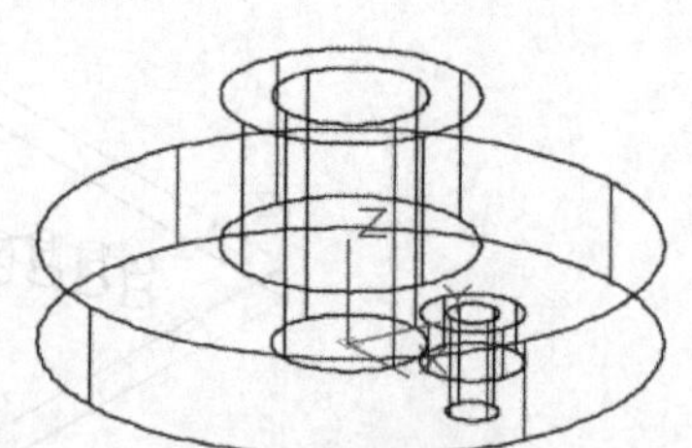

图12-29　绘制圆柱体

(2) 在“功能区”选项板中选择“常用”选项卡，在“实体编辑”面板中单击“实体，并集”按钮，将半径为120与50的圆柱体进行并集处理，并将半径为10与20的圆柱体进行并集处理。

(3) 在“功能区”选项板中选择“常用”选项卡，在“修改”面板中单击“环形阵列”按钮，在“ARRAYPOLAR 选择对象：”提示信息下选择半径10与20的圆柱体并集后的图形，在“ARRAYPOLAR 指定阵列的中心点或 [基点(B)旋转轴(A)]：”提示信息下选择(0,0,0)为阵列的中心点。按Enter键，在“功能区”弹出的“阵列创建”选项卡面板上设置阵列参数，输入项目数为6、填充(填充角度)为360，行数为1、级别(层级数)为1，如图12-30所示。取消阵列“关联”特性，最后单击“关闭阵列”按钮，阵列创建结果如图12-31所示。

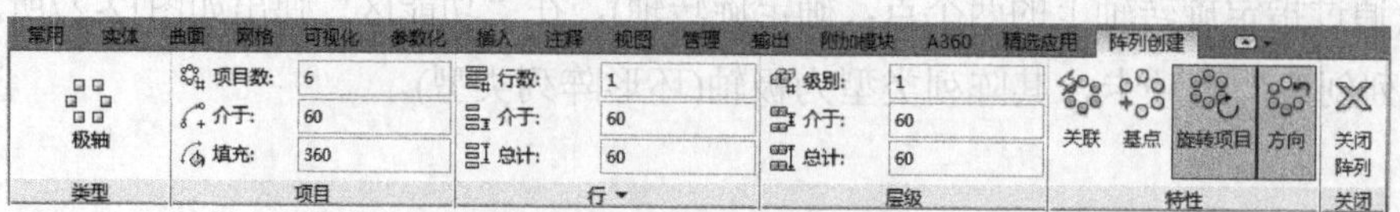

图12-30　“阵列创建”选项卡

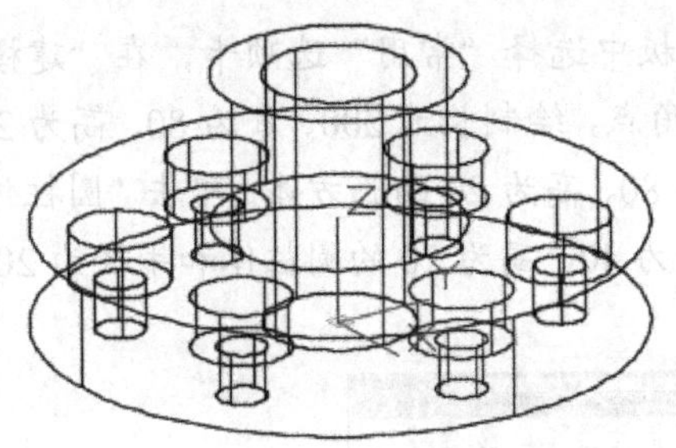

图12-31　阵列创建结果

(4) 在“功能区”选项板中选择“常用”选项卡，在“实体编辑”面板中单击“实体，差集”按钮，选择半径为120与50的圆柱体的并集作为要从中减去的实体，选择阵列后的对象和半径为30的圆柱体作为要减去的实体，进行差集处理。

(5) 在“功能区”选项板中选择“可视化”选项卡，在“视觉样式”面板中单击“隐藏”按钮，消隐图形，实例效果如图12-28所示。

12.2.3　三维镜像

在“功能区”选项板中选择“常用”选项卡，在“修改”面板中单击“三维镜像”按钮，或在快速访问工具栏选择“显示菜单栏”命令，在弹出的菜单中选择“修改”|“三维操作”|“三维镜像”命令(MIRROR3D)，都可以在三维空间中将指定对象相对于某一个平面镜像。执行该命令并选择需要进行镜像的对象，然后指定镜像面即可。镜像面可以通过3点确定，也可以是对象、最近定义的面、Z轴、视图、XY平面、YZ平面和ZX平面，三维镜像效果如图12-32所示。

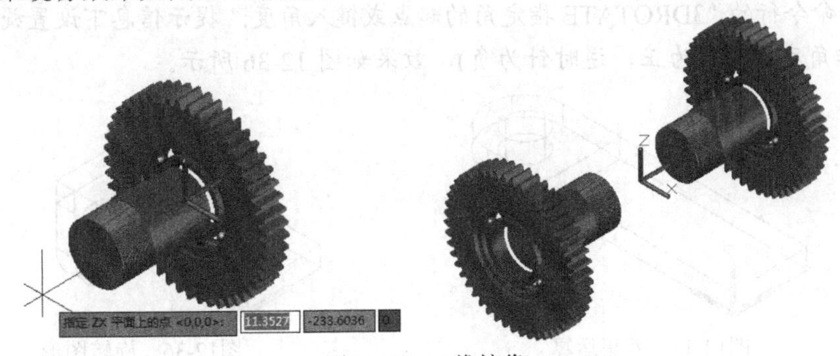

图12-32　三维镜像

12.2.4　三维旋转

在“功能区”选项板中选择“常用”选项卡，在“修改”面板中单击“三维旋转”按钮，或在快速访问工具栏选择“显示菜单栏”命令，在弹出的菜单中选择“修改”|“三维操作”|“三维旋转”命令(ROTATE3D)，可以使对象绕三维空间中任意轴(X轴、Y轴或Z轴)、视图、对象或两点旋转，其操作方法与三维镜像的方法相似。

【练习12-5】绘制如图12-38所示的图形。

(1) 在“功能区”选项板中选择“常用”选项卡，在“视图”面板中单击“西南等轴测”按钮西南等轴测，重新调整视图，如图12-33所示。

(2) 在“功能区”选项板中选择“常用”选项卡，在“建模”面板中单击“长方体”按钮，以点(0,0,0)为一个角点，绘制长为200、宽为80、高为20的长方体；以点(200,0,0)为角点，绘制长为60、宽为80、高为20的长方体。单击“圆柱体”按钮，以点(260,40,0)为底面中心，分别绘制半径为40、高为20的圆柱体和半径为20、高为20的圆柱体，如图12-34所示。

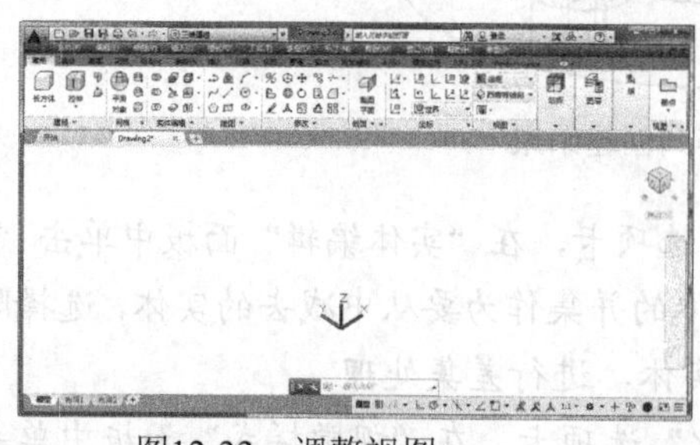

图12-33　调整视图

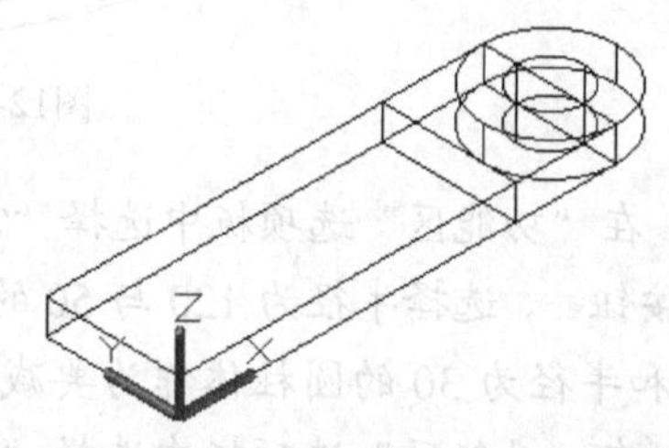

图12-34　绘制长方体和圆柱体

(3) 在“功能区”选项板中选择“常用”选项卡，在“实体编辑”面板中单击“实体，差集”按钮，将长为60的长方体和半径为40的圆柱体及半径为20的圆柱体进行差集运算，效果如图12-35所示。

(4) 在“功能区”选项板中选择“常用”选项卡，在“修改”面板中单击“三维旋转”按钮，在“选择对象:”提示信息下选择差集运算后的实体。

(5) 在命令行的“3DROTATE 指定基点:”提示信息下输入点坐标(200,0,20)。

(6) 此时在绘图窗口中出现了一个球形坐标(红色代表X轴，绿色代表Y轴，蓝色代表Z轴)。单击绿色线确认绕Y轴旋转。

(7) 在命令行的“3DROTATE 指定角的起点或键入角度:”提示信息下设置旋转角度为-90°(旋转角度顺时针为正，逆时针为负)，效果如图12-36所示。

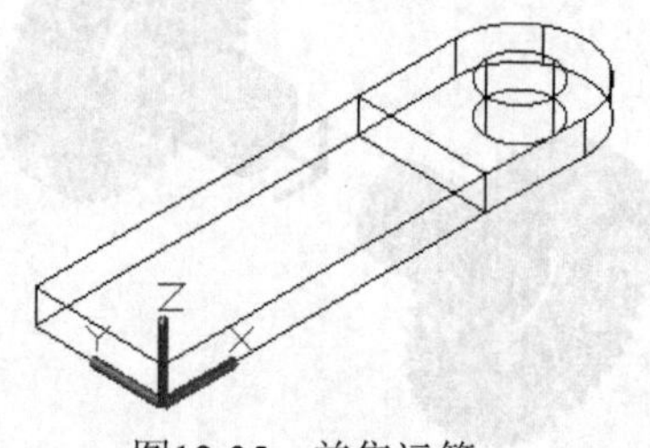

图12-35　差集运算

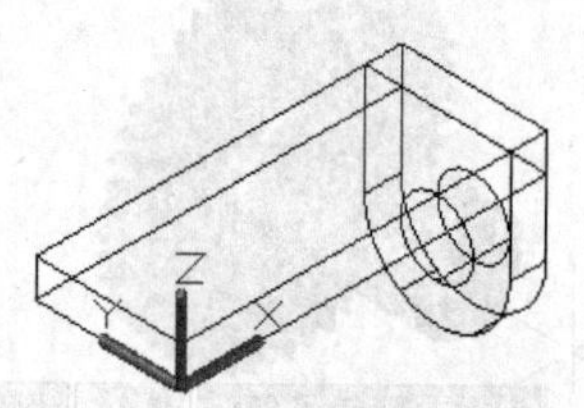

图12-36　旋转图形

(8) 在“功能区”选项板中选择“常用”选项卡，在“修改”面板中单击“三维镜像”按钮%，在“选择对象:”提示信息下选择旋转后的实体。

(9) 在“指定镜像平面(三点)的第一个点或”提示信息下捕捉长方体的边a的中点。

(10) 在“在镜像平面上指定第二点:”提示信息下捕捉边b的中点，在“在镜像平面上指定第三点:”提示信息下捕捉边c的中点，在“是否删除源对象？[是(Y) 否(N)]<否>:”提示信息下按Enter键，效果如图12-37所示。

(11) 在“功能区”选项板中选择“常用”选项卡，在“实体编辑”面板中单击“实体，并集”按钮，对上述绘制的3个实体进行并集运算。

(12) 在“功能区”选项板中选择“可视化”选项卡，在“视觉样式”面板中单击“隐藏”按钮，消隐图形，最后效果如图 12-38 所示。

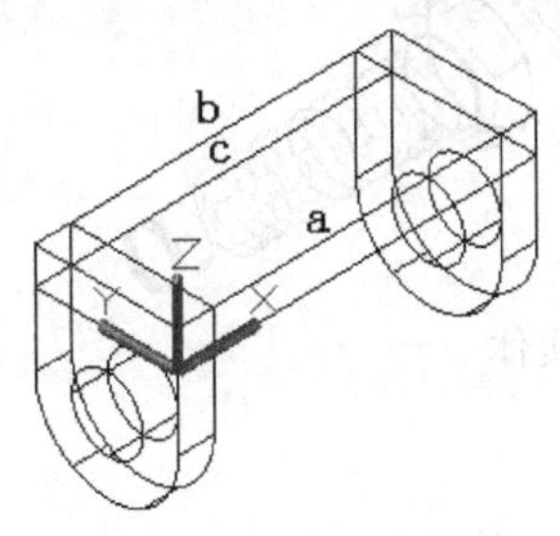

图12-37　镜像三维实体

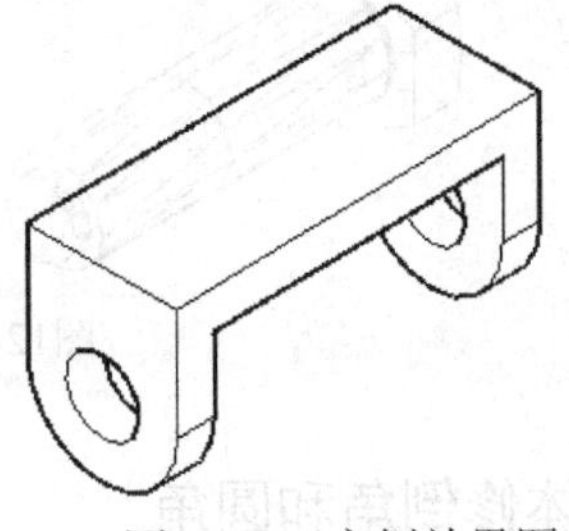
图12-38　实例效果图

12.2.5　对齐位置

在“功能区”选项板中选择“常用”选项卡，在“修改”面板中单击“三维对齐”按钮，或在快速访问工具栏选择“显示菜单栏”命令，在弹出的菜单中选择“修改”|“三维操作”|“三维对齐”命令(3DALIGN)，都可以在三维空间对齐对象。

首先选择源对象，在命令行“3DALIGN指定基点或 [复制(C)]:”提示信息下输入第1个点，在命令行“3DALIGN指定第二个点或 [继续(C)] <C>:”提示信息下输入第2个点，在命令行“3DALIGN指定第三个点或 [继续(C)] <C>:”提示信息下输入第3个点。在目标对象上同样需要确定3个点，与源对象的点一一对应，对齐效果如图12-39所示。

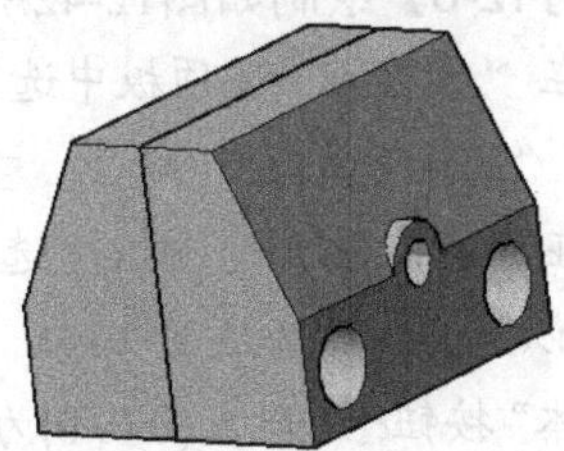

图12-39　在三维空间中对齐对象

12.3　编辑三维实体对象

在AutoCAD 2018中，可以对三维基本实体进行布尔运算来创建复杂实体，也可以对实体进行“分解”、“圆角”、“倒角”、“剖切”及“切割”等编辑操作。

12.3.1　分解实体

在“功能区”选项板中选择“常用”选项卡，在“修改”面板中单击“分解”按钮，或在快速访问工具栏选择“显示菜单栏”命令，在弹出的菜单中选择“修改”|“分解”命令(EXPLODE)，可以将三维对象分解为一系列面域和主体。其中，实体中的平面被转换为面域，曲面被转化为主体。用户还可以继续使用该命令，将面域和主体分解为组成它们的基本元素，如直线、圆及圆弧等。

例如，若对如图12-40左图所示的图形进行分解，然后移动生成的面域或主体，效果将如图12-40右图所示。

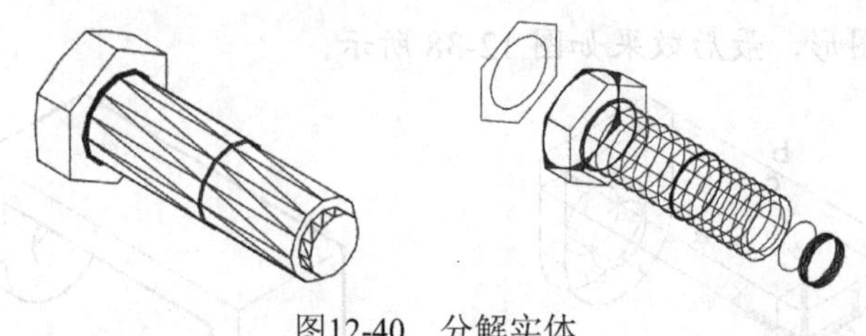

图12-40　分解实体

12.3.2　对实体修倒角和圆角

在“功能区”选项板中选择“常用”选项卡，在“修改”面板中单击“倒角”按钮，或在快速访问工具栏选择“显示菜单栏”命令，在弹出的菜单中选择“修改”|“倒角”命令(CHAMFER)，可以对实体的棱边修倒角，从而在两个相邻曲面间生成一个平滑的过渡面。

在“功能区”选项板中选择“常用”选项卡，在“修改”面板中单击“圆角”按钮，或在快速访问工具栏选择“显示菜单栏”命令，在弹出的菜单中选择“修改”|“圆角”命令(FILLET)，可以对实体的棱边修圆角，从而在两个相邻面间生成一个圆滑过渡的曲面。在为几条相交于同一个点的棱边修圆角时，如果圆角半径相同，则会在该公共点上生成球面的一部分。

【练习12-6】绘制如图12-42所示的图形。

(1) 在“功能区”选项板中选择“常用”选项卡，在“视图”面板中选择“三维导航”列表中的“西南等轴测”命令，重新调整视图，并将坐标系绕 X 轴旋转 90°。

(2) 在“功能区”选项板中选择“常用”选项卡，在“建模”面板中单击“圆柱体”按钮，以点(0,0, 0)为底面中心，绘制半径为 4、高为 18 的圆柱体。在“建模”面板中单击“圆锥体”按钮，以点(0,0, 0)为底面中心，绘制半径为 4、高为 10 的圆锥体，如图 12-41 所示。

(3) 在“功能区”选项板中选择“常用”选项卡，在“修改”面板中单击“倒角”按钮，在命令行的“CHAMFER 选择第一条直线或 [放弃(U) 多段线(P) 距离(D) 角度(A) 修剪(T) 方式(E) 多个(M)]: ”提示信息下，单击圆柱体的底边。

(4) 在命令行的“CHAMFER 输入曲面选择选项 [下一个(N) 当前(OK)] <当前(OK)>:”提示信息下按 Enter 键，设置曲面为当前面。

(5) 在命令行的“CHAMFER 指定基面的倒角距离或 [表达式(E)]:”提示信息下输入 1，设置基面的倒角距离为 1。

(6) 在命令行的“CHAMFER 指定其他曲面倒角距离或 [表达式(E)] <1.000>: ”提示信息下按 Enter 键，设置其他曲面的倒角距离也为 1。

(7) 接下来，在命令行的“CHAMFER 选择边或 [环(L)]:”提示信息下，单击圆柱体的底边，按 Enter 键完成倒角处理。

(8) 在“功能区”选项板中选择“常用”选项卡，在“实体编辑”面板中单击“实体，并集”按钮，对圆柱体和球体进行并集运算。然后使用“消隐”命令消隐图形，最终效果如图 12-42 所示。

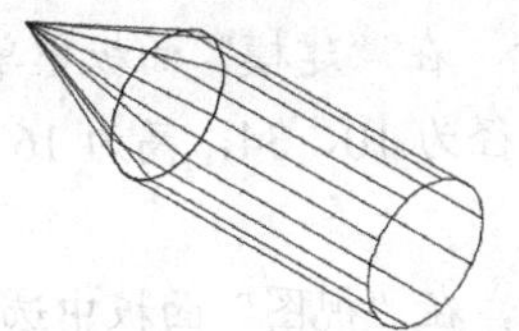

图12-41　绘制圆柱体和圆锥体

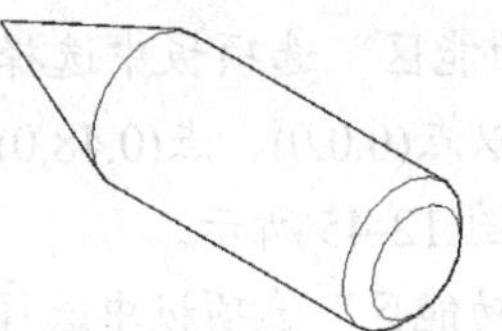

图12-42　绘制效果

12.3.3　剖切实体

在“功能区”选项板中选择“常用”选项卡，在“实体编辑”面板中单击“剖切”按钮，或在快速访问工具栏选择“显示菜单栏”命令，在弹出的菜单中选择“修改”|“三维操作”|“剖切”命令(SLICE)，都可以使用平面剖切一组实体。剖切面可以是对象、视图、XY/YZ/ZX平面或3点定义的面。

【练习12-7】绘制如图12-47所示的图形。

(1) 在“功能区”选项板中选择“常用”选项卡，在“视图”面板中选择“三维导航”列表中的“西南等轴测”命令，将当前视图设置为西南等轴测视图。

(2) 在“功能区”选项板中选择“常用”选项卡，在“建模”面板中单击“球体”按钮，以点(0,0, 0)为中心点，半径为 20 绘制一个球体。

(3) 在“功能区”选项板中选择“常用”选项卡，在“视图”面板中选择“三维导航”列表中的“前视”命令，将当前视图设置为前视图，效果如图 12-43 所示。

(4) 在“功能区”选项板中选择“常用”选项卡，在“实体编辑”面板中单击“剖切”按钮，选择球体为剖切对象，在命令行的“SLICE 指定切面的起点或 [平面对象(O) 曲面(S) z 轴(Z) 视图(V) xy(XY) yz(YZ) zx(ZX) 三点(3)] <三点>:”提示信息下输入 YZ，使用平行于 YZ 平面的面作为剖切面。

(5) 在命令行的“SLICE 指定 YZ 平面上的点 <0,0,0>:”提示信息下输入(16,0)，使用该点作为 YZ 平面上的点。

(6) 在命令行的“SLICE 在所需的侧面上指定点或[保留两个侧面(B)]<保留两个侧面>:”提示信息下输入点坐标(0,0)，保留靠近点(0,0)一侧的图形部分。

(7) 重复步骤(4)~(6)相同的操作，以点(-16,0)作为 YZ 平面的一点，进行剖切处理，效果如图 12-44 所示。

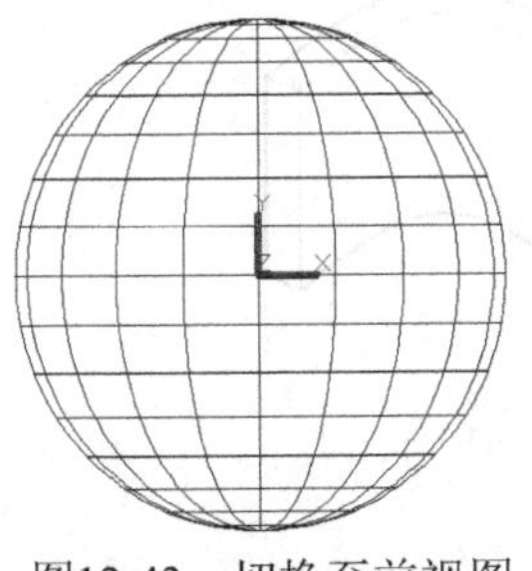

图12-43　切换至前视图

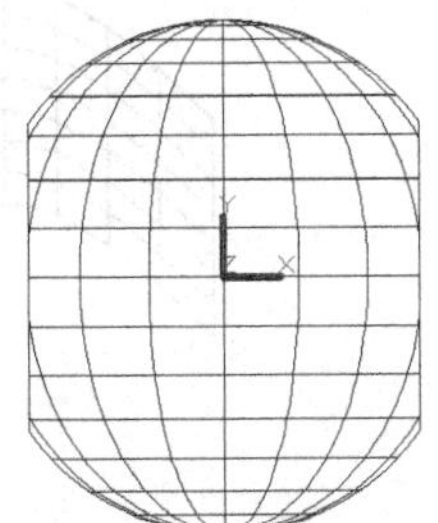

图12-44　剖切后效果

(8) 在“功能区”选项板中选择“常用”选项卡，在“视图”面板中选择“三维导航”列表中的“左视”命令，将当前视图设置为左视图。

(9) 在“功能区”选项板中选择“常用”选项卡，在“建模”面板中单击“圆柱体”按钮，分别以点(0,0,0)、点(0,48,0)为底面中心，半径为 10、34，高为 16、5 绘制两个圆柱体，效果如图 12-45 所示。

(10) 在“功能区”选项板中选择“常用”选项卡，在“视图”面板中选择“三维导航”列表中的“西南等轴测”命令，将当前视图设置为西南等轴测视图。

(11) 在“功能区”选项板中选择“常用”选项卡，在“修改”面板中单击“三维镜像”按钮%，将创建的两个圆柱体以 XY 平面作为镜像面，进行镜像操作，效果如图 12-46 所示。

(12) 在“功能区”选项板中选择“常用”选项卡，在“实体编辑”面板中单击“差集”按钮，将球体与镜像的圆柱体进行差集运算。

(13) 在“功能区”选项板中选择“可视化”选项卡，在“视觉样式”面板中单击“隐藏”按钮，消隐图形，最终效果如图 12-47 所示。

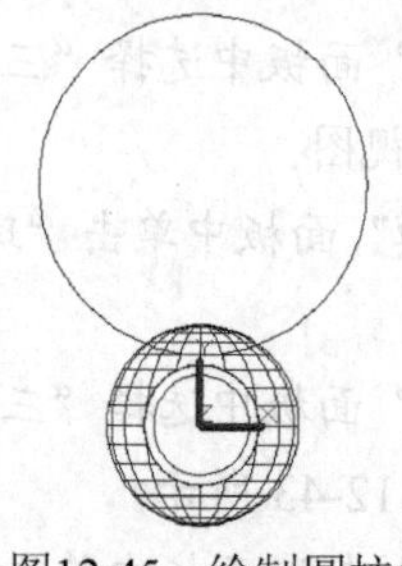

图12-45　绘制圆柱体

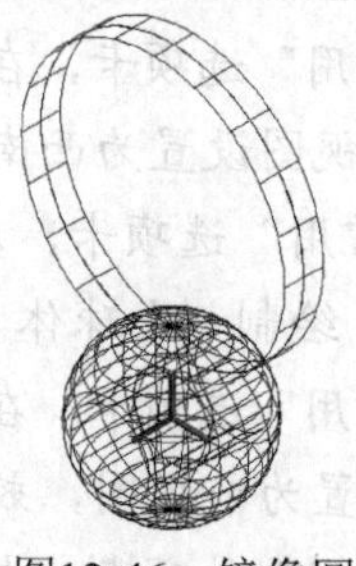

图12-46　镜像圆柱体

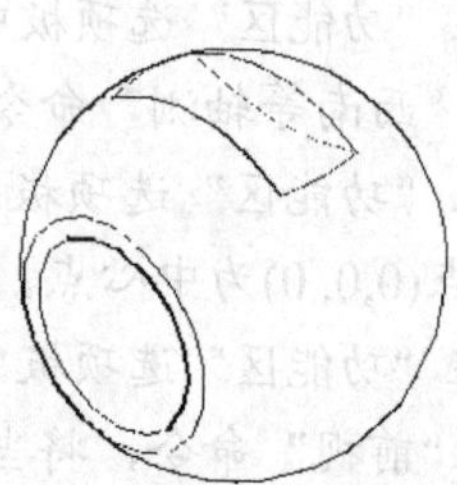

图12-47　绘制图形效果

12.3.4　加厚

在“功能区”选项板中选择“常用”选项卡，在“实体编辑”面板中单击“加厚”按钮，或在快速访问工具栏选择“显示菜单栏”命令，在弹出的菜单中选择“修改”|“三维操作”|“加厚”命令(THICKEN)，可以为曲面添加厚度，使其成为一个实体。

例如，在“功能区”选项板中选择“常用”选项卡，在“实体编辑”面板中单击“加厚”按钮，选择图12-48中左侧的曲面，在命令行“THICKEN指定厚度<0.0000>:”提示信息下输入厚度20，效果如图12-48右图所示。

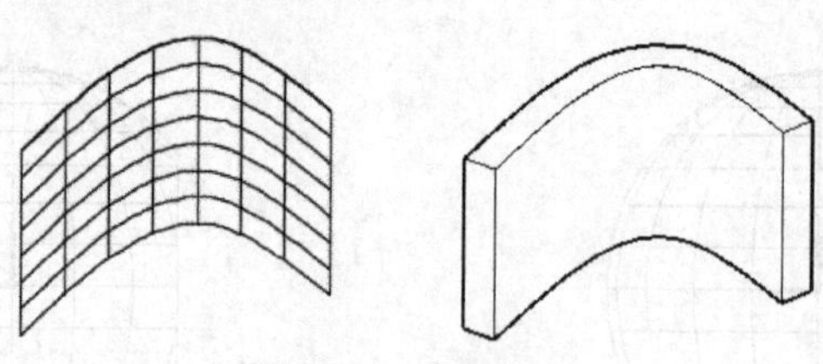

图12-48　加厚操作

12.3.5　转换为实体和曲面

下面介绍在AutoCAD 2018中将图形转换为实体和曲面的具体操作方法。

1. 转换为实体

在“功能区”选项板中选择“常用”选项卡，在“实体编辑”面板中单击“转换为实体”按钮，或在快速访问工具栏选择“显示菜单栏”命令，在弹出的菜单中选择“修改”|“三维操作”|“转换为实体”命令(CONVTOSOLID)，都可以将具有厚度的统一宽度的多段线、闭合的或具有厚度的零宽度多段线、具有厚度的圆转换为实体。

注意：

对于包含零宽度顶点或可变宽度线段的多段线，无法使用 CONVTOSOLID 命令。

2. 转换为曲面

在“功能区”选项板中选择“常用”选项卡，在“实体编辑”面板中单击“转换为曲面”按钮，或在快速访问工具栏选择“显示菜单栏”命令，在弹出的菜单中选择“修改”|“三维操作”|“转换为曲面”命令(CONVTOSURFACE)，都可以将二维实体、面域、体、开放的或具有厚度的零宽度多段线、具有厚度的直线、具有厚度的圆弧以及三维平面转换为曲面。

12.3.6　编辑实体面

在AutoCAD的“功能区”选项板中选择“常用”选项卡，在“实体编辑”面板中单击相应的编辑实体面按钮，或在快速访问工具栏选择“显示菜单栏”命令，在弹出的菜单中选择“修改”|“实体编辑”子菜单中的命令，可以对实体面进行拉伸、移动、偏移、删除、旋转、倾斜、着色和复制等操作，如图12-49所示为实体面编辑工具。

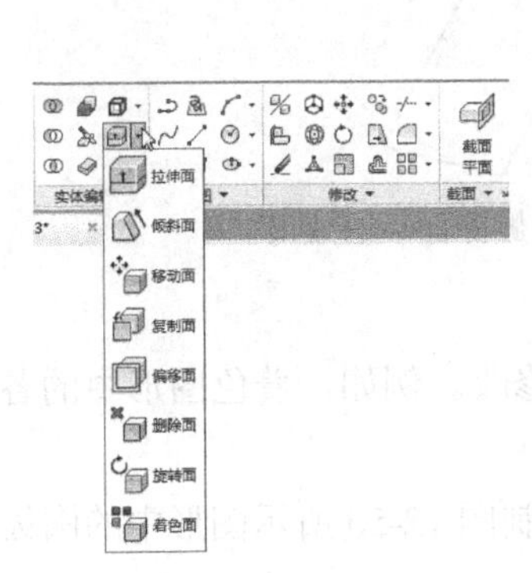

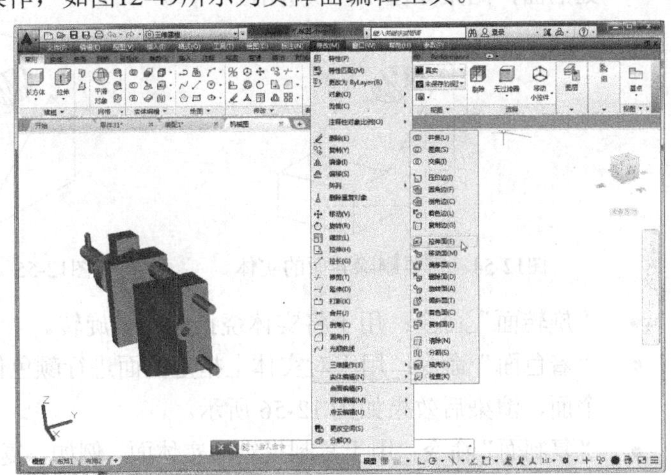

图12-49　实体面编辑工具

- “拉伸面”命令：用于按指定的长度或沿指定的路径拉伸实体面。例如，将图 12-50 所示图形中 A 处的面拉伸 100 个单位，结果如图 12-51 所示。
- “移动面”命令：用于按指定的距离移动实体的指定面。例如，对图 12-51 所示对象中点 A 处的面进行移动，并指定位移的基点为(0,0,0)，位移的第 2 点为(0,0,-100)，移动的结果将如图 12-50 所示。
- “偏移面”命令：用于按等距离偏移实体的指定面。例如，对图 12-50 所示对象中点 A 处的面进行偏移，并指定偏移距离为 100，移动的结果将如图 12-51 所示。

图12-50　待拉伸面的图形

图12-51　拉伸面后的效果

- "倾斜面"命令：用于将实体面倾斜为指定角度。例如，对图 12-52 所示对象中点 M 处的面进行倾斜，指定 A 为倾斜的基点，B 为沿倾斜轴的另一个点，倾斜角度为-5°(正角度向内倾斜面，负角度向外倾斜面)，倾斜的结果如图 12-53 所示。

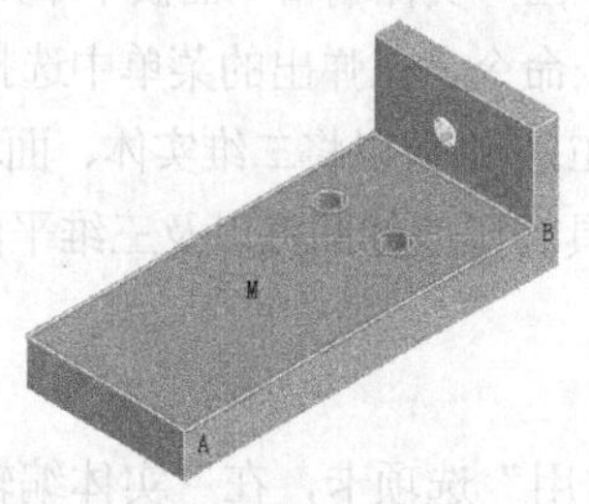

图12-52　待倾斜面的图形

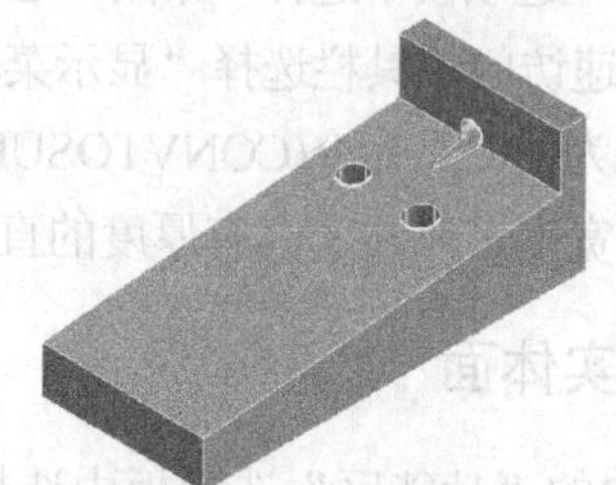

图12-53　倾斜面后的效果

- "删除面"命令：用于删除实体上指定的面。例如，删除图 12-54 所示图形中点 A 处的面，结果如图 12-55 所示。

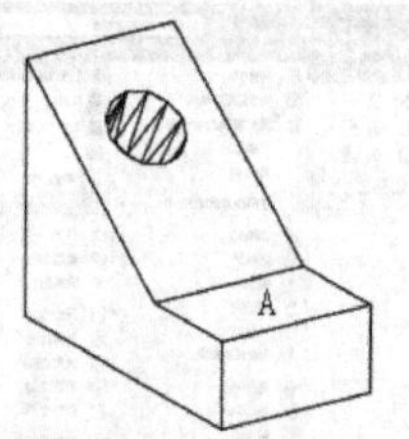

图12-54　需要删除其面的实体

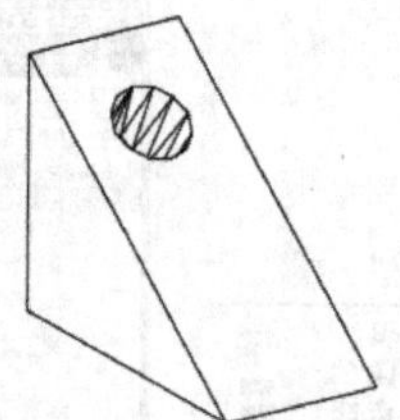

图12-55　删除面后的效果

- "旋转面"命令：用于将实体绕指定的轴旋转。
- "着色面"命令：用于对实体上指定的面进行颜色修改。例如，着色图形中的各个面，渲染后效果如图 12-56 所示。
- "复制面"命令：用于复制指定的实体面。例如，复制图 12-50 所示图形中的圆齿面，结果如图 12-57 所示。

图12-56　着色实体面后的渲染效果

图12-57　复制实体面

12.3.7 编辑实体边

在AutoCAD 2018的“功能区”选项板中选择“常用”选项卡，在“实体编辑”面板中单击相应的编辑实体边按钮，或在快速访问工具栏选择“显示菜单栏”命令，在弹出的菜单中选择“修改”|“实体编辑”子菜单中的命令，可以编辑实体的边，如提取边、复制边及着色边等。如图12-58所示为用于编辑实体边的工具。

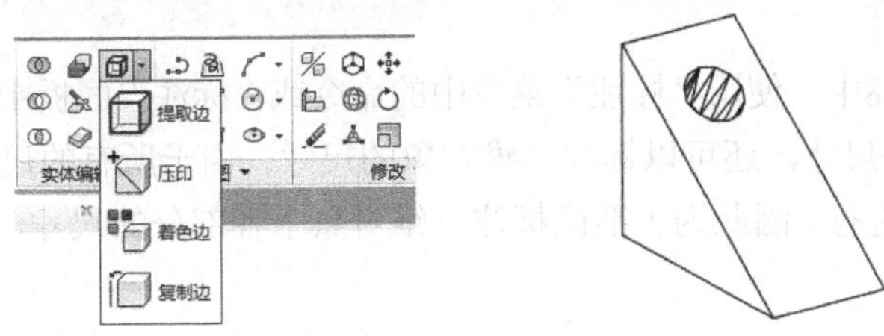

图12-58　实体边编辑工具

- “提取边”命令：可以通过从三维实体或曲面中提取边来创建线框几何体。也可以选择提取单个边和面。按住 Ctrl 键以选择边和面。
- “压印”命令：可以将对象压印到选定的实体上。为了使压印操作成功，被压印的对象必须与选定对象的一个或多个面相交。“压印”选项仅限于圆弧、圆、直线、二维和三维多段线、椭圆、样条曲线、面域、体和三维实体对象。
- “着色边”命令：可以着色实体的边。执行着色边命令，并选定边后，将弹出“选择颜色”对话框，可以选择用于着色边的颜色。
- “复制边”命令：可以将三维实体边复制为直线、圆弧、圆、椭圆或样条曲线。

12.3.8 实体分割、清除、抽壳与检查

在AutoCAD 2018的“功能区”选项板中选择“常用”选项卡，使用“实体编辑”面板中的清除、分割、抽壳和检查工具，或在快速访问工具栏选择“显示菜单栏”命令，在弹出的菜单中选择“修改”|“实体编辑”子菜单中的相关命令，可以对实体进行清除、分割、抽壳和检查操作，如图12-59所示为相关的编辑工具。

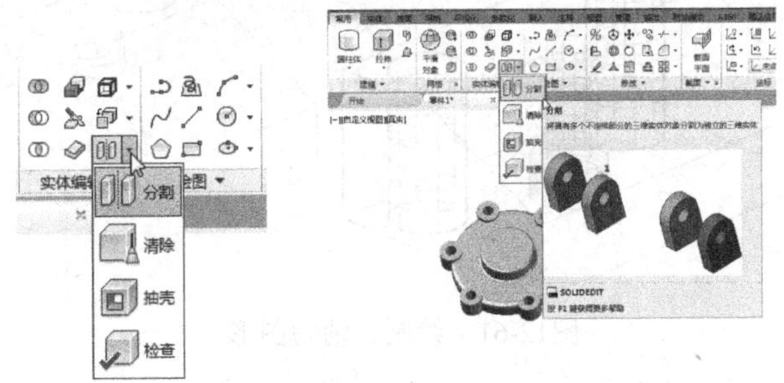

图12-59　分割、清除、抽壳和检查工具

- “分割”命令：可以将相连的三维实体对象分割成独立的三维实体对象。
- “清除”命令：可以删除共享边以及那些在边或顶点具有相同表面或曲线定义的顶点。可以删除所有多余的边、顶点以及不使用的几何图形，但不删除压印的边。
- “抽壳”命令：可以用指定的厚度创建一个空的薄层。可以为所有面指定一个固

定的薄层厚度。通过选择面可以将这些面排除在壳外。一个三维实体只能有一个壳。通过将现有面偏移出其原位置来创建新的面。

- “检查”命令：可以检查选中的三维对象是否是有效的实体。

12.4　标注三维对象的尺寸

在AutoCAD 2018中，使用“标注”菜单中的命令或“标注”面板中的标注工具，不仅可以标注二维对象的尺寸，还可以标注三维对象的尺寸。由于所有的尺寸标注都只能在当前坐标的XY平面中进行，因此为了准确标注三维对象中各部分的尺寸，需要不断地变换坐标系。

【练习12-8】标注如图12-60所示的零件尺寸。

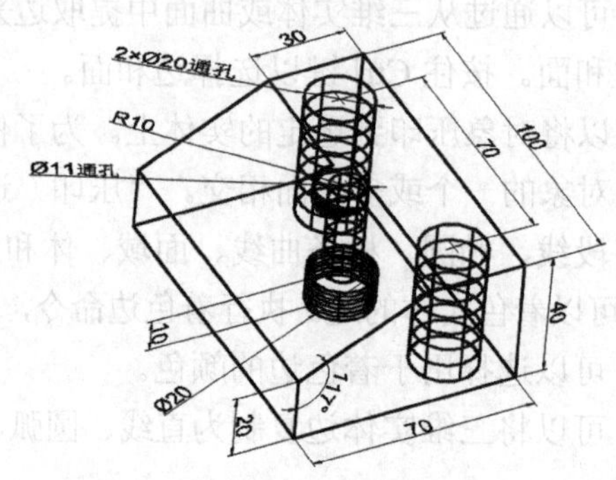

图12-60　标注图形尺寸

(1) 根据前面介绍的操作方法绘制如图12-61所示的图形，并且将“标注层”置为当前层。

(2) 执行DISPSILH命令，将该变量设置为1，然后在“功能区”选项板中选择“可视化”选项卡，在“视觉样式”面板中单击“隐藏”按钮，消隐图形，结果如图12-61所示。

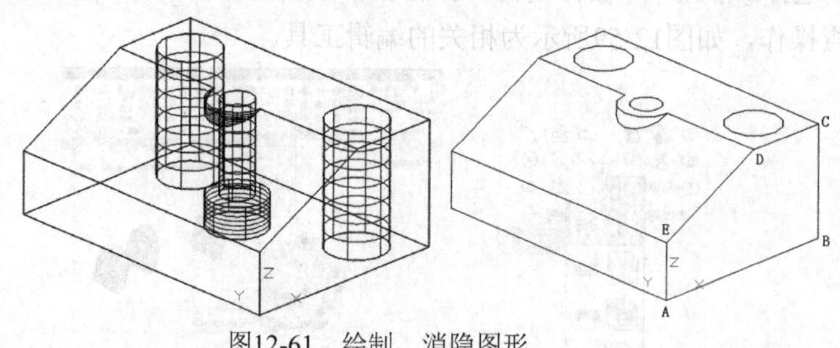

图12-61　绘制、消隐图形

(3) 在“功能区”选项板中选择“注释”选项卡，在“标注”面板中单击“线性”按钮，捕捉点A和点B，标注它们之间的长度(70)，如图12-62所示。

(4) 在“功能区”选项板中选择“注释”选项卡，在“标注”面板中单击“圆心标记”按钮，标注底面圆孔的圆心，再单击“直径”按钮，标注圆孔的直径(Φ20)，如图12-63所示。

(5) 在“功能区”选项板中选择“常用”选项卡，在“坐标”面板中单击Z按钮，将坐标系绕 Z 轴旋转-90°。

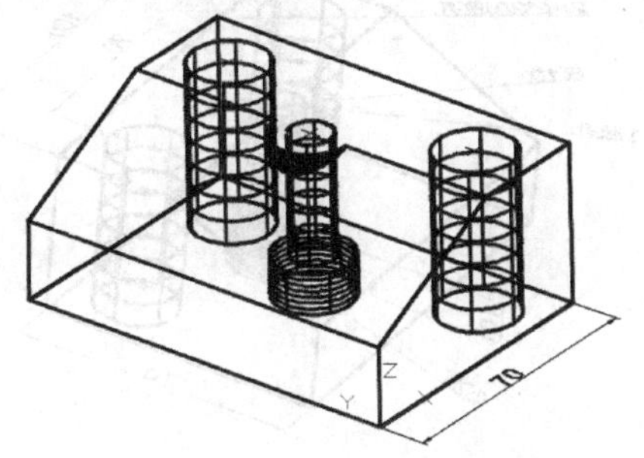

图12-62　标注AB之间的长度

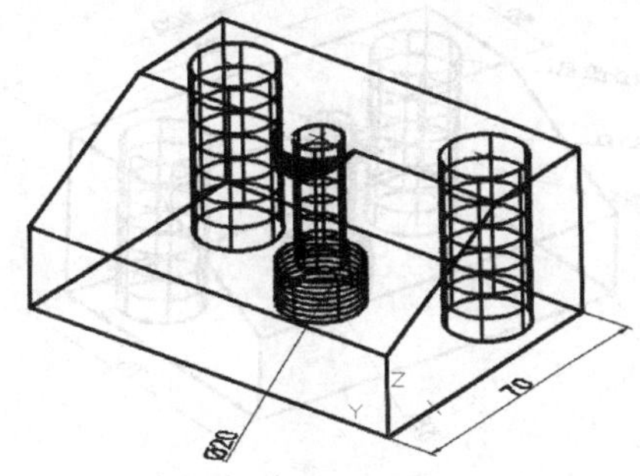

图12-63　标注底面圆孔的圆心和直径

(6) 在“功能区”选项板中选择“常用”选项卡，在“坐标”面板中单击“原点”按钮，将坐标系移到顶端中心圆孔的中心，然后使用“线性”工具标注两端圆孔中心之间的距离(70)、矩形的长(100)和宽(30)，效果如图 12-64 所示。

(7) 在“功能区”选项板中选择“注释”选项卡，在“标注”面板中单击“圆心标记”按钮，标注圆孔的圆心，再单击“半径”按钮和“直径”按钮，标注圆弧半径(R10)和孔的直径(Φ20)、(Φ11)，效果如图 12-65 所示。

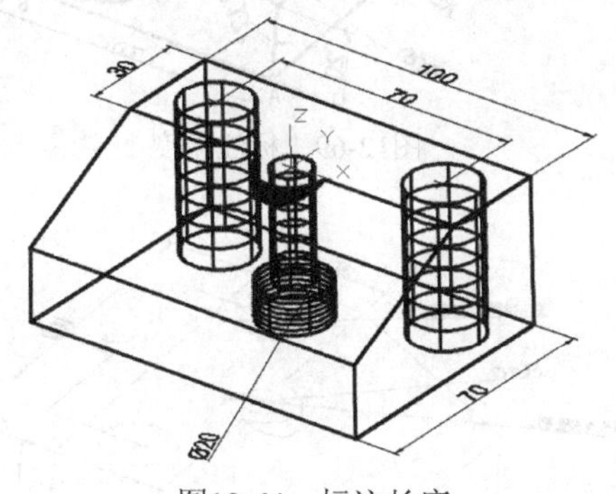

图12-64　标注长度

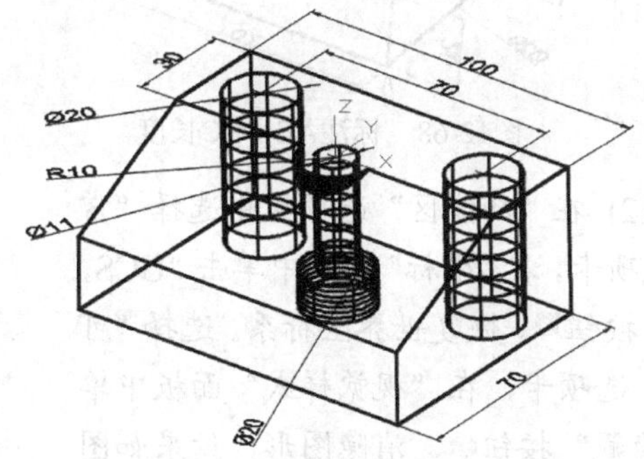

图12-65　标注圆心、半径和直径

(8) 直接在标注文字上双击，或在快速访问工具栏选择“显示菜单栏”命令，在弹出的菜单中选择“修改”|“对象”|“文字”|“编辑”命令，分别选择标注的直径，这时将打开“文字模式”工具栏和文字输入窗口。在文字输入窗口中分别输入“2×<>通孔”和“<>通孔”(其中，<>为测量的直径尺寸)，然后单击“确定”按钮，标注结果如图 12-66 所示。

(9) 在“功能区”选项板中选择“常用”选项卡，在“坐标”面板中单击 Y 按钮，将坐标系绕 Y 轴旋转 90°。然后使用“线性”工具标注底端圆孔的中心高度(10)，如图 12-67 所示。

(10) 在“功能区”选项板中选择“常用”选项卡，在“坐标”面板中单击“原点”按钮，将坐标系移到 E 点，并使用“线性”工具捕捉点 A 和点 E 、点 B 和点 C，标注它们之间的长度(20)、(40)，如图 12-68 所示。

(11) 在“功能区”选项板中选择“注释”选项卡，在“标注”面板中单击“角度”按钮，标注边 AE 与边 ED 之间夹角(117°)，如图 12-69 所示。

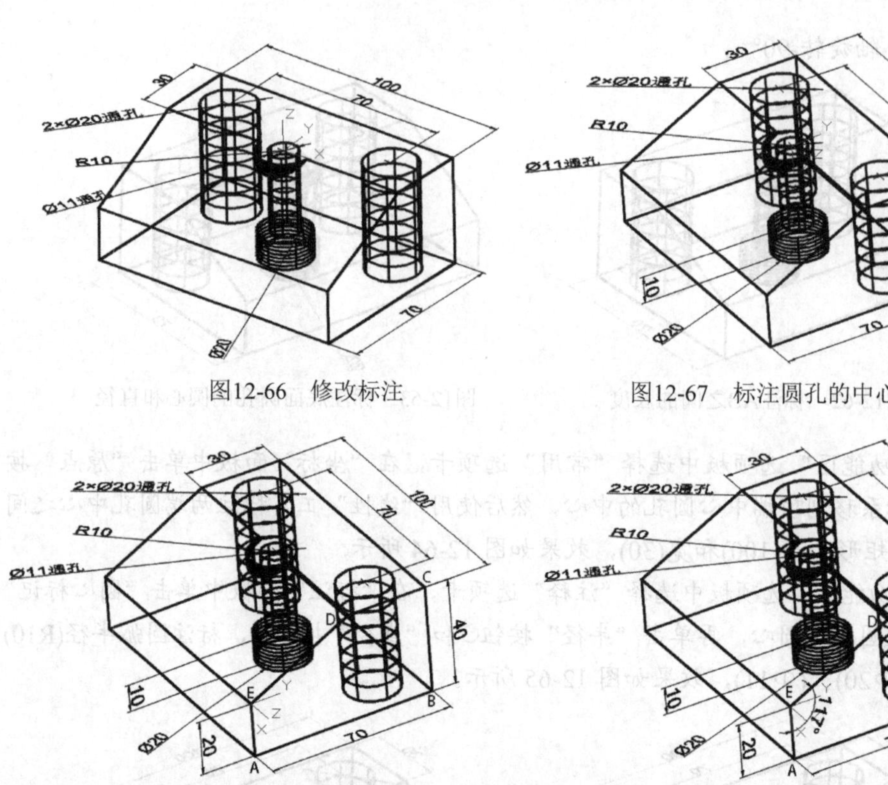

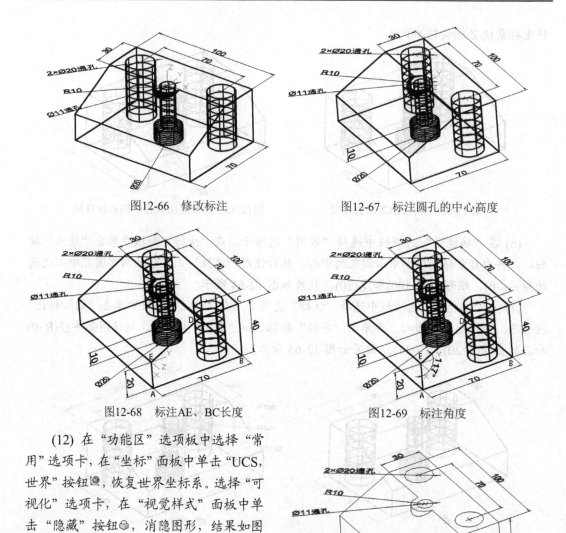

图12-66　修改标注　　图12-67　标注圆孔的中心高度

图12-68　标注AE、BC长度　　图12-69　标注角度

(12) 在“功能区”选项板中选择“常用”选项卡，在“坐标”面板中单击“UCS，世界”按钮，恢复世界坐标系。选择“可视化”选项卡，在“视觉样式”面板中单击“隐藏”按钮，消隐图形，结果如图12-70所示。

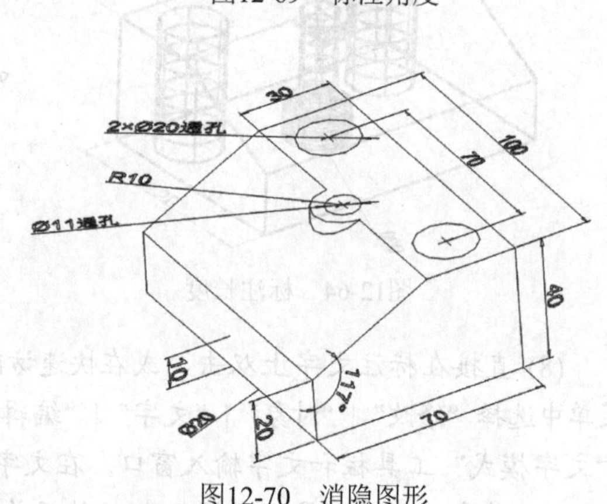

图12-70　消隐图形

12.5　思考练习

1. 在AutoCAD 2018中，如何对三维基本实体进行并集、差集、交集和干涉4种布尔运算？

2. 在AutoCAD 2018中，是否可以将二维实体、面域、体、开放的或具有厚度的零宽度多段线、具有厚度的直线、具有厚度的圆弧以及三维平面转换为曲面？如果可以，如何操作？

3. 在AutoCAD 2018中，是否可以删除实体的一个面？如果可以，如何操作？

第13章　观察与渲染三维图形

使用三维观察和导航工具，可以在图形中导航、为指定视图设置相机以及创建动画以便与其他人共享设计。可以围绕三维模型进行动态观察、回旋、漫游和飞行，设置相机，创建预览动画以及录制运动路径动画，用户可以将这些图形对象分发给其他人以从视觉上传达设计意图。要从视觉上更形象、真实地观测三维模型的效果，则还需要对模型应用视觉样式或进行渲染。本章将介绍观察与渲染三维图形的相关知识及操作方法。

13.1　使用三维导航工具

三维导航工具允许用户从不同的角度、高度和距离查看图形中的对象。用户可以使用以下三维工具在三维视图中进行动态观察、回旋、调整视距、缩放和平移。

- 受约束的动态观察：沿 XY 平面或 Z 轴约束三维动态观察。
- 自由动态观察：不参照平面，在任意方向上进行动态观察。沿 XY 平面和 Z 轴进行动态观察时，视点不受约束。
- 连续动态观察：连续地进行动态观察。在要使连续动态观察移动的方向上单击并拖动，然后释放鼠标按钮，轨道沿该方向继续移动。
- 调整视距：垂直移动光标时，将更改对象的距离。可以使对象显示得较大或较小，并可以调整距离。
- 回旋：在拖动方向上模拟平移相机。查看的目标将更改。可以沿 XY 平面或 Z 轴回旋视图。
- 缩放：模拟移动相机靠近或远离对象，可以放大图像。
- 平移：启用交互式三维视图并允许用户沿水平和垂直方向拖动视图。
- 下面将主要介绍前 3 种动态观察三维视图的方法。

13.1.1　受约束的动态观察

在快速访问工具栏选择“显示菜单栏”命令，在弹出的菜单中选择“视图”|“动态观察”|“受约束的动态观察”命令(3DORBIT)，可以在当前视口中激活三维动态观察视图。

当“受约束的动态观察”处于活动状态时，视图的目标将保持静止，而相机的位置(或视点)将围绕目标移动。但是，看起来好像三维模型正在随着鼠标光标的拖动而旋转。用户可以此方式指定模型的任意视图。此时，显示三维动态观察光标图标。如果水平拖动光标，相机将平行于世界坐标系(WCS)的XY平面移动；如果垂直拖动光标，相机将沿Z轴移动，如图13-1所示。

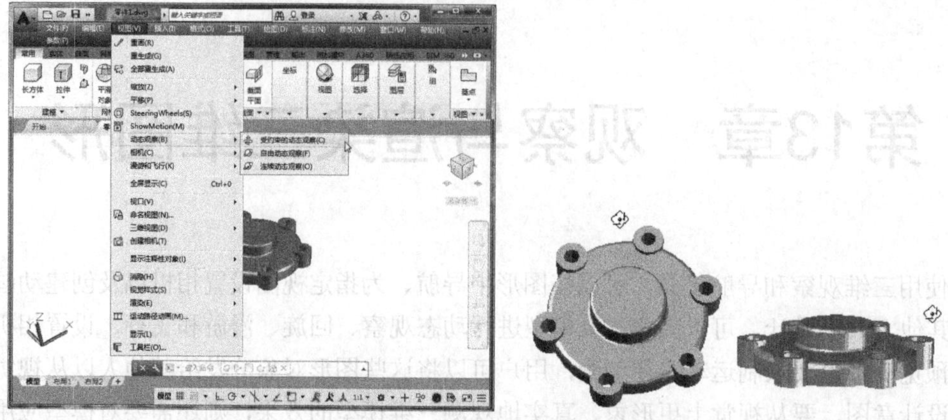

图13-1　受约束的动态观察

13.1.2　自由动态观察

在快速访问工具栏选择“显示菜单栏”命令，在弹出的菜单中选择“视图”|“动态观察”|“自由动态观察”命令(3DFORBIT)，可以在当前视口中激活三维自由动态观察视图。如果用户坐标系(UCS)图标为开，则表示当前 UCS 的着色三维 UCS 图标显示在三维动态观察视图中。

三维自由动态观察视图显示一个导航球，它被更小的圆分成4个区域，如图13-2所示。取消选择快捷菜单中的“启用动态观察自动目标”选项时，视图的目标将保持固定不变。相机位置或视点将绕目标移动。目标点是导航球的中心，而不是正在查看的对象的中心。与“受约束的动态观察”不同，“自由动态观察”不约束沿 XY平面或Z轴方向的视图变化。

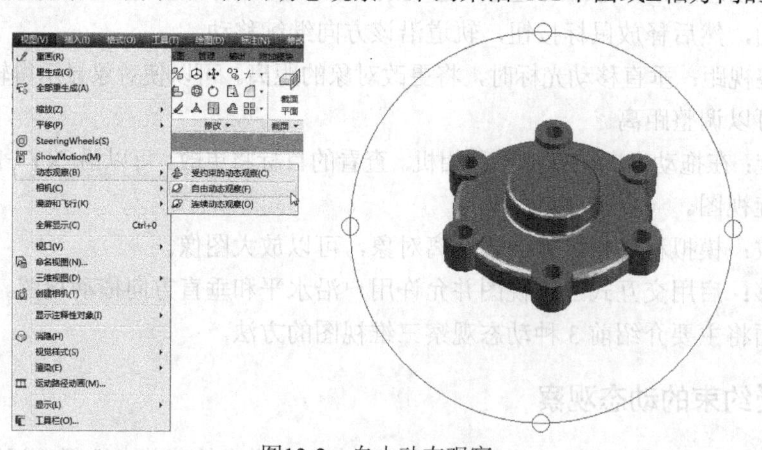

图13-2　自由动态观察

13.1.3　连续动态观察

在快速访问工具栏选择“显示菜单栏”命令，在弹出的菜单中选择“视图”|“动态观察”|“连续动态观察”命令(3DCORBIT)，可以启用交互式三维视图并将对象设置为连续运动。

执行3DCORBIT命令，在绘图区域中单击并沿任意方向拖动鼠标，使对象沿正在拖动的方向开始移动。释放鼠标，对象在指定的方向上继续进行它们的轨迹运动。为光标设置的移动速度决定了对象的旋转速度。可通过再次单击并拖动来改变连续动态观察的方向。在绘图区域中单击鼠标右键并从快捷菜单中选择选项，也可以修改连续动态观察的显示，如图13-3所示。

图13-3　连续观察

13.2　使用相机定义三维图形

在AutoCAD 2018中，通过使用相机功能，用户可以在模型空间放置一台或多台相机来定义3D透视图。

13.2.1　认识相机

在图形中，可以通过放置相机来定义三维视图；可以打开或关闭相机并使用夹点来编辑相机的位置、目标或焦距；可以通过位置XYZ坐标、目标XYZ坐标和视野/焦距(用于确定倍率或缩放比例)定义相机。可以指定的相机属性如下。

- 位置：定义要观察三维模型的起点。
- 目标：通过指定视图中心的坐标来定义要观察的点。
- 焦距：定义相机镜头的比例特性。焦距越大，视野越窄。
- 前向和后向剪裁平面：指定剪裁平面的位置。剪裁平面是定义(或剪裁)视图的边界。在相机视图中，将隐藏相机与前向剪裁平面之间的所有对象，同样隐藏后向剪裁平面与目标之间的所有对象。

在默认情况下，已保存相机的名称为 Camera1、Camera2等。用户可以根据需要重命名相机以便更好地描述相机视图。

13.2.2　创建相机

在“功能区”选项板中选择“可视化”选项卡，在“相机”面板中单击“创建相机”按钮 创建相机，或在AutoCAD的快速访问工具栏中选择“显示菜单栏”命令，在弹出的菜单中选择“视图”|“创建相机”命令(CAMERA)，可以设置相机和目标的位置，以创建并保存对象的三维透视图，如图13-4所示。

通过定义相机的位置和目标，然后进一步定义其名称、高度、焦距和剪裁平面来创建新相机。执行“创建相机”命令时，当在图形中指定了相机位置和目标位置后，命令行显示如下提示信息。

```
CAMERA输入选项 [? 名称(N) 位置(LO) 高度(H) 坐标(T) 镜头(LE) 剪裁(C) 视图(V) 退出(X)] <退出>:
```

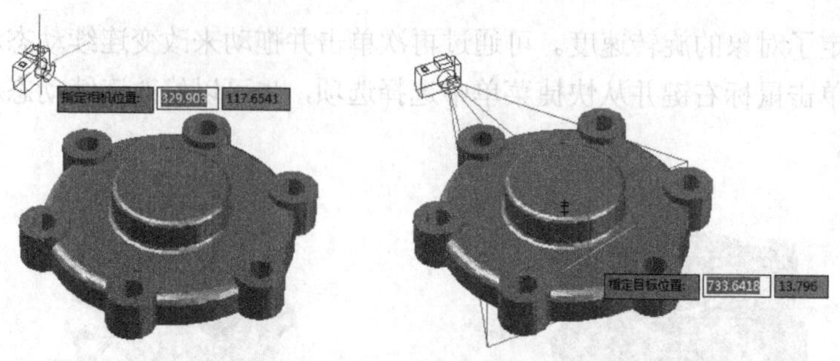

图13-4　创建相机

在该命令提示信息下，可以指定是否显示当前已定义相机的列表、相机名称、相机位置、相机高度、相机目标位置、相机焦距、剪裁平面以及设置当前视图以匹配相机设置，如图13-5所示。

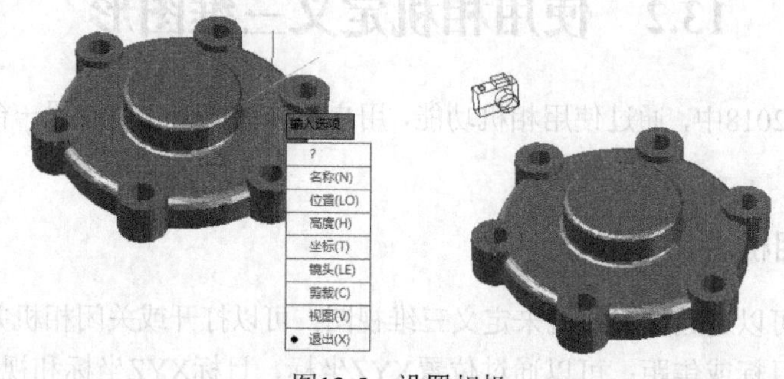

图13-5　设置相机

13.2.3　修改相机特性

在图形中创建了相机后，当选中相机时，将打开“相机预览”窗口，如图13-6所示。其中，预览窗口用于显示相机视图的预览效果；“视觉样式”下拉列表框用于指定应用于预览的视觉样式，如概念、三维隐藏、三维线框及真实等；“编辑相机时显示此窗口”复选框，用于指定编辑相机时是否显示“相机预览”窗口。

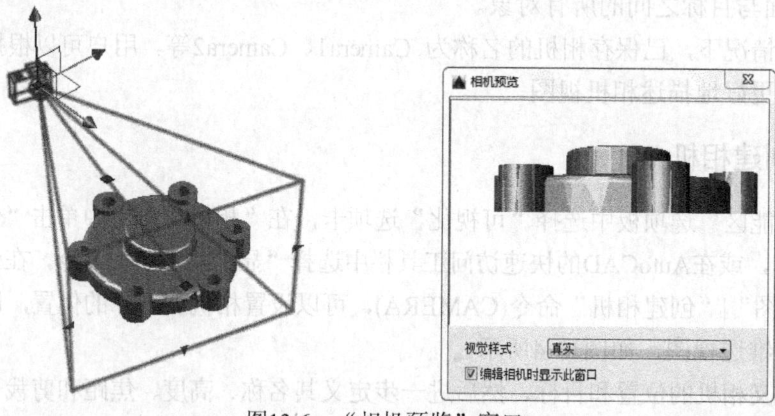

图13-6　“相机预览”窗口

在选中相机后，可以通过以下多种方式来更改相机设置。

- 单击并拖动夹点，以调整焦距、视野大小，或重新设置相机位置，效果如图 13-7所示。

- 使用动态输入工具栏提示输入 X、Y、Z 坐标值，效果如图 13-8 所示。

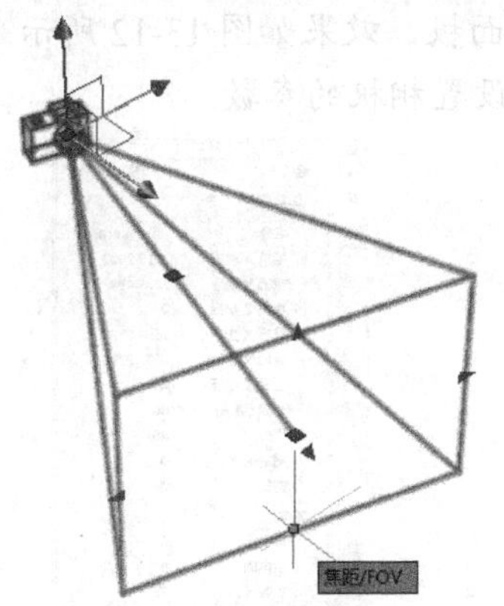

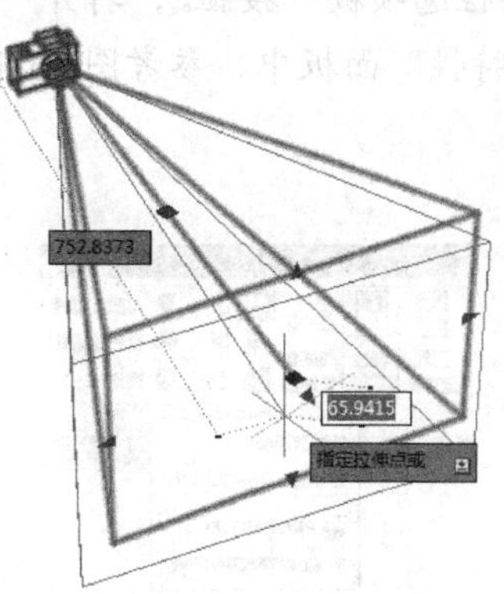

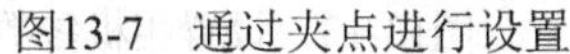
图13-7　通过夹点进行设置　　　　图13-8　使用动态输入

- 使用“特性”面板修改相机特性，效果如图 13-9 所示。

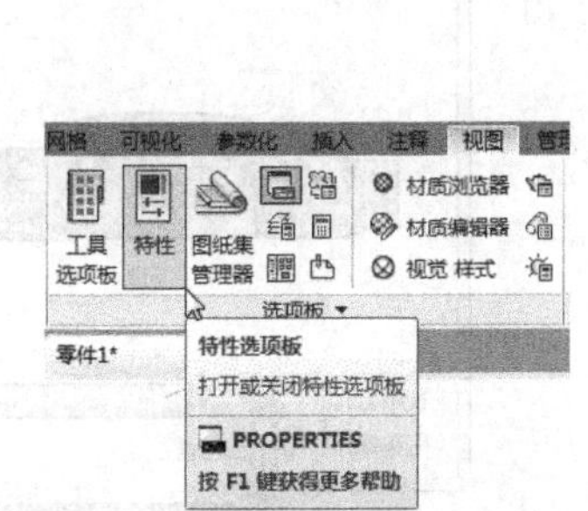

图13-9　打开相机的“特性”面板

【练习13-1】使用相机观察如图13-10所示的图形。

(1) 在快速访问工具栏选择“显示菜单栏”命令，在弹出的菜单中选择“文件”|“打开”命令，打开一个三维图形，如图 13-10 所示。

(2) 在快速访问工具栏选择“显示菜单栏”命令，在弹出的菜单中选择“视图”|“创建相机”命令(CAMERA)，在视图中通过添加相机来观察图形，如图 13-11 所示。

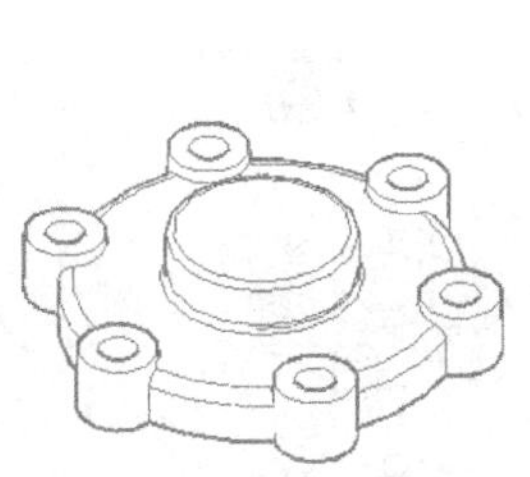

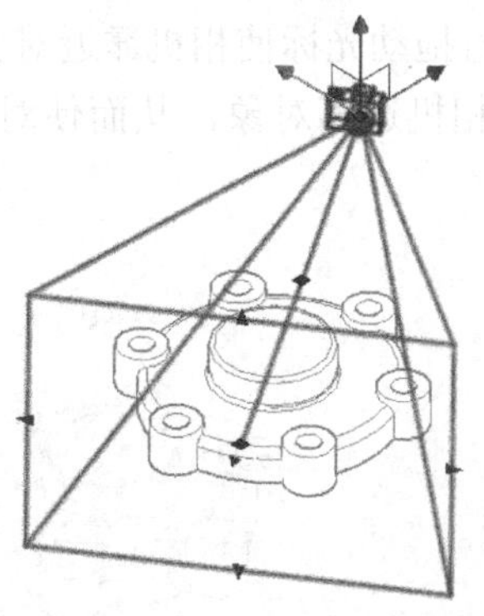

图13-10　打开三维图形　　　　图13-11　创建相机

(3) 选中创建的相机，在“功能区”选项板中选择“视图”选项卡，在“选项板”面板中单击“特性选项板”按钮，打开“特性”面板，效果如图 13-12 所示。

(4) 在“特性”面板中，参考图 13-13 所示设置相机的参数。

图13-12　“特性选项板”按钮

图13-13　设置相机参数

(5) 单击创建的相机，在打开的“相机预览”窗口中调整视觉样式，效果如图 13-14 所示。

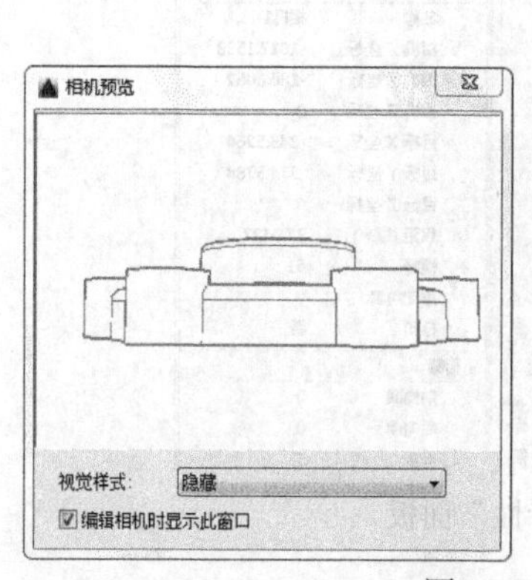

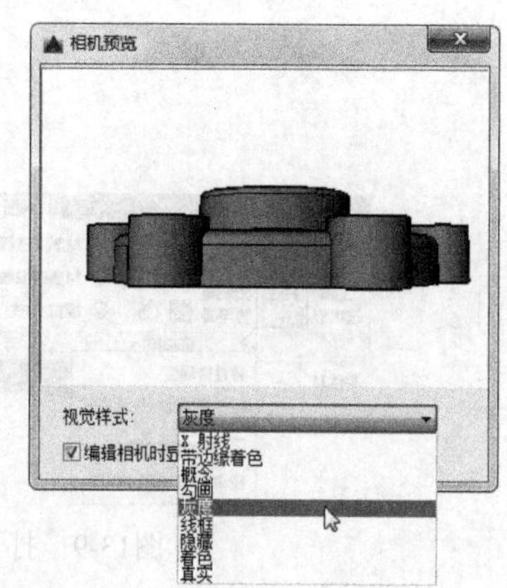

图13-14　调整相机视觉样式

13.2.4　调整视距

在快速访问工具栏选择“显示菜单栏”命令，在弹出的菜单中选择“视图”|“相机”|“调整视距”命令(3DDISTANCE)，可以将光标更改为具有+和-的放大镜形状。单击并向屏幕顶部垂直拖动光标使相机靠近对象，从而使对象显示得更大；单击并向屏幕底部垂直拖动光标使相机远离对象，从而使对象显示得更小，效果如图13-15所示。

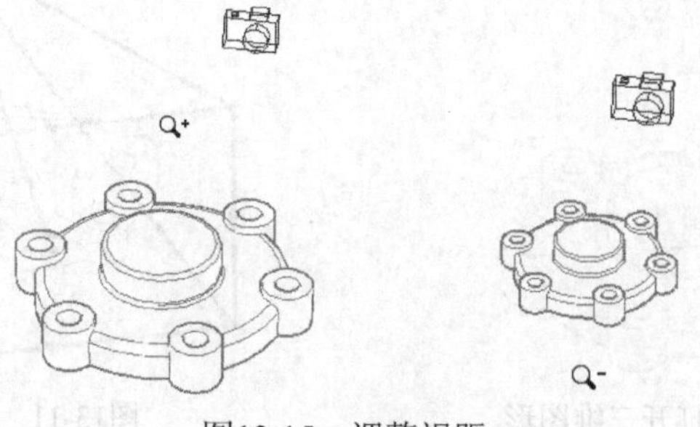

图13-15　调整视距

13.2.5　回旋

在快速访问工具栏选择“显示菜单栏”命令，在弹出的菜单中选择“视图”|“相机”|“回旋”命令(3DSWIVEL)，可以在拖动方向上模拟平移相机。可以沿 XY 平面或 Z 轴回旋视图，效果如图13-16所示。

图13-16　回旋视图

13.3　运动路径动画

使用运动路径动画(例如模型的三维动画穿越漫游)可以向用户形象地演示模型。可以录制和回放导航过程，以动态传达设计意图。

13.3.1　控制相机运动路径的方法

用户可以通过将相机及其目标链接到点或路径来控制相机运动，从而控制动画。要使用运动路径创建动画，可以将相机及其目标链接到某个点或某条路径上。

- 如果要相机保持原样，则将其链接到某个点；如果要相机沿路径运动，则将其链接到路径上。
- 如果要目标保持原样，则将其链接到某个点；如果要目标移动，则将其链接到某条路径上。但无法将相机和目标链接到一个点。
- 如果要使动画视图与相机路径一致，则使用同一路径。在“运动路径动画”对话框中，将目标路径设置为“无”可以实现该目的。

注意：

相机或目标链接的路径，必须在创建运动路径动画之前创建路径对象。路径对象可以是直线、圆弧、椭圆弧、圆、多段线、三维多段线或样条曲线。

13.3.2　设置运动路径动画参数

在快速访问工具栏选择“显示菜单栏”命令，在弹出的菜单中选择“视图”|“运动路径动画”命令(ANIPATH)，打开“运动路径动画”对话框，如图13-17所示。

1. 设置相机

在“相机”选项区域中，可以设置将相机链接至图形中的静态点或运动路径。当需要选择“点”或“路径”按钮时，可以单击拾取按钮，选择相机所在位置的点或相机运动的路径，这时在下拉列表框中将显示可以链接相机的命名点或路径列表。

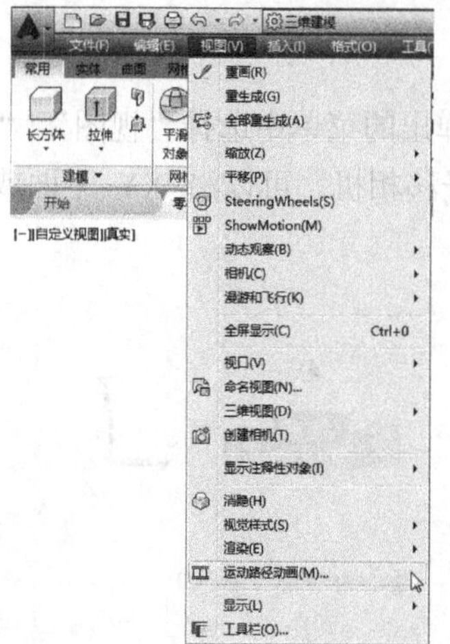

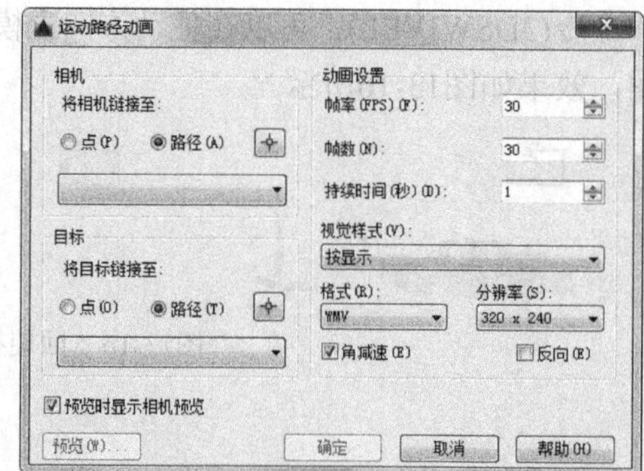

图13-17　打开“运动路径动画”对话框

注意：

创建运动路径时，将自动创建相机。如果删除指定为运动路径的对象，也将同时删除命名的运动路径。

2. 设置目标

在“目标”选项区域中，可以设置将相机目标链接至点或路径。如果将相机链接至点，则必须将目标链接至路径；如果将相机链接至路径，可以将目标链接至点或路径。

3. 设置动画

在“动画设置”选项区域中，可以控制动画文件的输出。其中，“帧率”文本框用于设置动画运行的速度，以每秒帧数为单位计量，指定范围为 1~60，默认值为 30；“帧数”文本框用于指定动画中的总帧数，该值与帧率共同确定动画的长度，更改该数值时，将自动重新计算“持续时间”值；“持续时间”文本框用于指定动画(片断)的持续时间；“视觉样式”下拉列表框，显示可应用于动画文件的视觉样式和渲染预设的列表；“格式”下拉列表框用于指定动画的文件格式，可以将动画保存为 AVI、MOV、MPG 或 WMV 文件格式以便日后回放；“分辨率”下拉列表框用于以屏幕显示单位定义生成的动画的宽度和高度，默认值为 320×240；“角减速”复选框用于设置相机转弯时，是否以较低的速率移动相机；“反转”复选框用于设置是否反转动画的方向。

4. 预览动画

在“运动路径动画”对话框中，选中“预览时显示相机预览”复选框，将显示“动画预览”窗口，从而可以在保存动画之前进行预览。单击“预览”按钮，将打开“动画预览”窗口。在“动画预览”窗口中，可以预览使用运动路径或三维导航创建的运动路径动画。

13.3.3　创建运动路径动画

了解了运动路径动画的设置方法后，下面通过一个具体实例来介绍运动路径动画的创建方法。

【练习13-2】在如图13-18所示的机件图形的Z轴正方向上绘制一个圆，然后创建沿圆运动的动画效果，要求目标位置为原点，视觉样式为概念，动画输出格式为WMV。

(1) 打开如图 13-18 所示的图形。在 Z 轴正方向的某一位置(用户可以自己指定)创建一个圆，效果如图 13-19 所示。

图13-18　机件图形

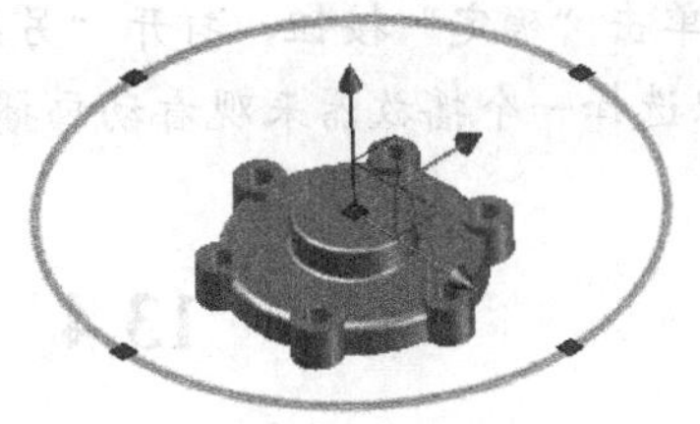

图13-19　绘制圆并调整视图显示

(2) 在快速访问工具栏选择“显示菜单栏”命令，在弹出的菜单中选择“视图”|“运动路径动画”命令，打开“运动路径动画”对话框。

(3) 在“相机”选项区域中选中“路径”单选按钮，如图 13-20 所示，并单击“选择路径”按钮切换到绘图窗口，单击绘制的圆作为相机的运动路径，此时将打开“路径名称”对话框(如图 13-21 所示)，保持默认名称，单击“确定”按钮返回“运动路径动画”对话框。

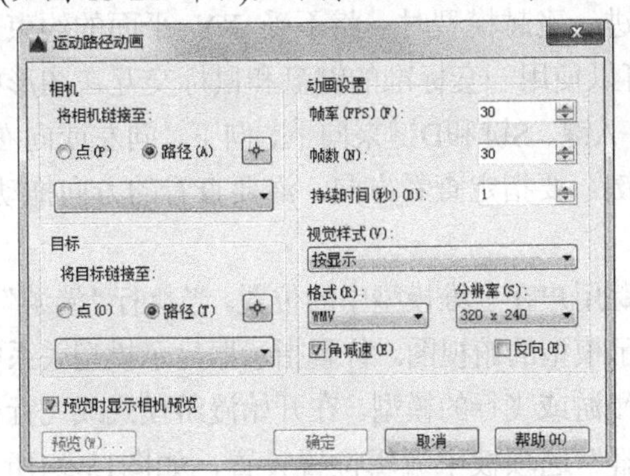

图13-20　“运动路径动画”对话框

图13-21　“路径名称”对话框

(4) 在“目标”选项区域中选中“点”单选按钮，如图 13-22 所示，并单击“拾取点”按钮切换到绘图窗口，拾取一个圆心位置作为相机的目标位置。

(5) 此时，将打开“点名称”对话框，如图 13-23 所示，保持默认名称单击“确定”按钮，返回“运动路径动画”对话框。

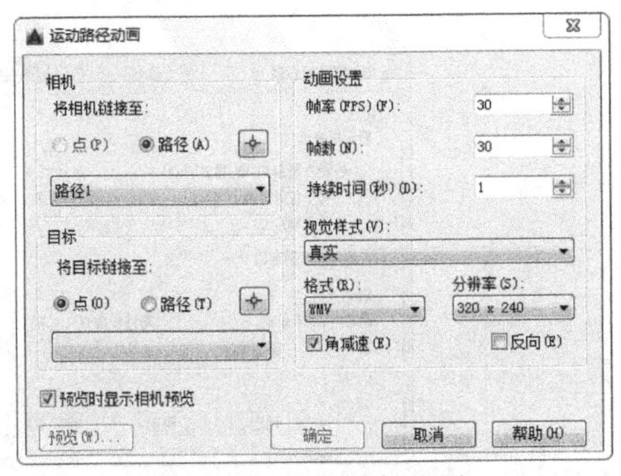

图13-22　设置目标位置

图13-23　“点名称”对话框

(6) 在“动画设置”选项区域的“视觉样式”下拉列表框中选择“真实”选项，在“格式”下拉列表框中选择WMV选项。

(7) 单击“预览”按钮，预览动画效果，满意后关闭“动画预览”窗口，返回到“运动路径动画”对话框。

(8) 单击“确定”按钮，打开“另存为”对话框，保存动画文件为path.wmv，这时用户就可以选择一个播放器来观看动画播放效果。

13.4　漫游和飞行

在快速访问工具栏选择“显示菜单栏”命令，在弹出的菜单中选择“视图”|“漫游和飞行”|“漫游”命令(3DWALK)，可以交互式更改三维图形的视图，使用户就像在模型中漫游一样。

同样，在快速访问工具栏选择“显示菜单栏”命令，在弹出的菜单中选择“视图”|“漫游和飞行”|“飞行”命令(3DFLY)，可以交互式更改三维图形的视图，使用户就像在模型中飞行一样。

穿越漫游模型时，将沿 XY 平面行进。飞越模型时，将不受 XY 平面的约束，所以看起来像“飞”过模型中的区域。用户可以使用一套标准的键盘和鼠标交互在图形中漫游和飞行。使用键盘上的4个箭头键或W键、A键、S键和D键来向上、向下、向左或向右移动。要在漫游模式和飞行模式之间切换，按F键。要指定查看方向，沿要查看的方向拖动鼠标。漫游或飞行时显示模型的俯视图。

在三维模型中漫游或飞行时，可以追踪用户在三维模型中的位置。当执行“漫游”或“飞行”命令时，打开的“定位器”面板会显示模型的俯视图。位置指示器显示模型关系中用户的位置，而目标指示器显示用户正在其中漫游或飞行的模型。在开始漫游模式或飞行模式之前或在模型中移动时，用户可在“定位器”选项板中编辑位置设置，如图13-24所示。

要控制漫游和飞行设置，可在快速访问工具栏选择“显示菜单栏”命令，在弹出的菜单中选择“视图”|“漫游和飞行”|“漫游和飞行设置”命令(WALKFLYSETTINGS)，打开“漫游和飞行设置”对话框进行相关设置，如图13-25所示。

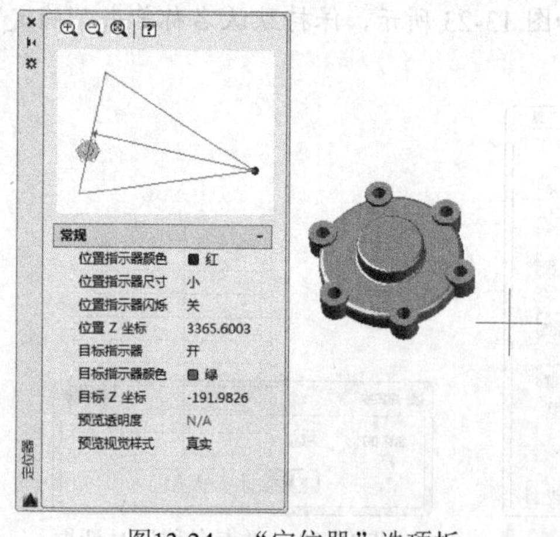

图13-24　“定位器”选项板

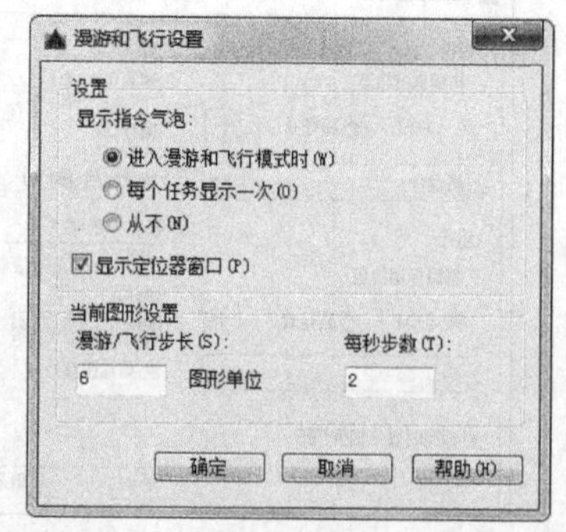

图13-25　“漫游和飞行设置”对话框

在“漫游和飞行设置”对话框的“设置”选项区域中，可以指定与“指令”窗口和“定位器”选项板相关的设置。其中，选中“进入漫游和飞行模式时”单选按钮，用于指定每次进入漫游或飞行模式时均显示“漫游和飞行导航映射”对话框；选中“每个任务显示一次”单选按钮，用于指定当在每个AutoCAD任务中首次进入漫游或飞行模式时，显示“漫游和飞行导航映射”对话框；选中“从不”单选按钮，用于指定从不显示“漫游和飞行导航映射”对话框；选中“显示定位器窗口”复选框，用于指定进入漫游模式时是否打开“定位器”窗口。

注意：

在“当前图形设置”选项区域中，可以指定与当前图形有关的漫游和飞行模式设置。其中，“漫游/飞行步长”文本框用于按图形单位指定每步的大小；“每秒步数”文本框用于指定每秒发生的步数。

13.5　观察三维图形

在AutoCAD 2018中，不仅可以缩放或平移三维图形，以观察图形的整体或局部，还可以通过旋转及消隐等方法来观察三维图形。

13.5.1　消隐图形

在快速访问工具栏选择“显示菜单栏”命令，在弹出的菜单中选择“视图”|“消隐”命令(HIDE)，可以暂时隐藏位于实体背后而被遮挡的部分，如图13-26所示。

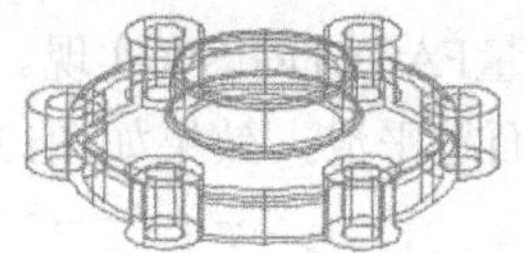
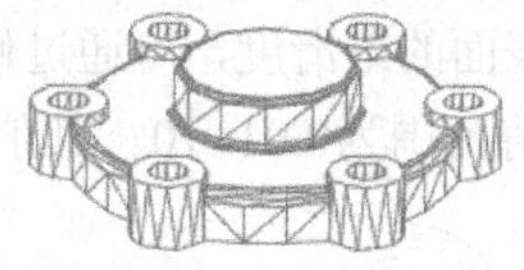

图13-26　消隐图形

注意：

执行消隐操作之后，绘图窗口将暂时无法使用“缩放”和“平移”命令，直到在快速访问工具栏选择“显示菜单栏”命令，在弹出的菜单中选择“视图”|“重生成”命令重生成图形为止。

13.5.2　改变三维图形的曲面轮廓素线

当三维图形中包含弯曲面时(如球体和圆柱体等)，曲面在线框模式下用线条的形式来显示，这些线条称为网线或轮廓素线。使用系统变量ISOLINES可以设置显示曲面所用的网线条数，默认值为4，即使用4条网线来表示每一个曲面。该值为0时，表示曲面没有网线，如果增加网线的条数，则会使图形看起来更接近三维实物，如图13-27所示。

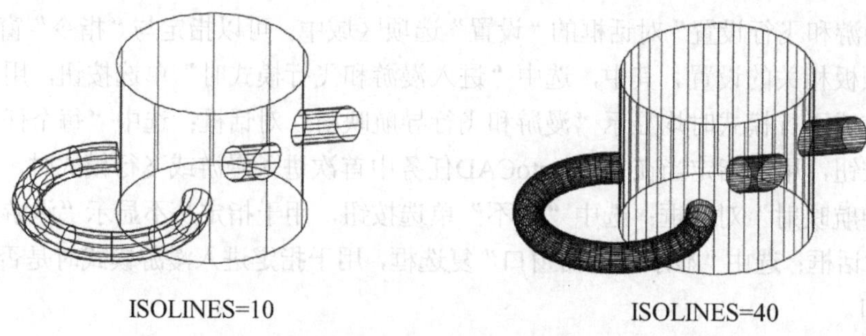

图13-27　ISOLINES设置对实体显示的影响

13.5.3　以线框形式显示实体轮廓

使用系统变量DISPSILH可以以线框形式显示实体轮廓。此时需要将其值设置为1，并用“消隐”命令隐藏曲面的小平面，如图13-28所示。

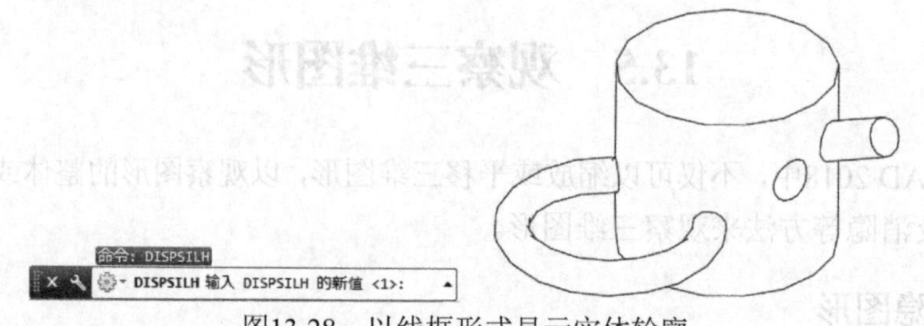

图13-28　以线框形式显示实体轮廓

13.5.4　改变实体表面的平滑度

要改变实体表面的平滑度，可通过修改系统变量FACETRES来实现。该变量用于设置曲面的面数，取值范围为0.01~10。其值越大，曲面越平滑，效果如图13-29所示。

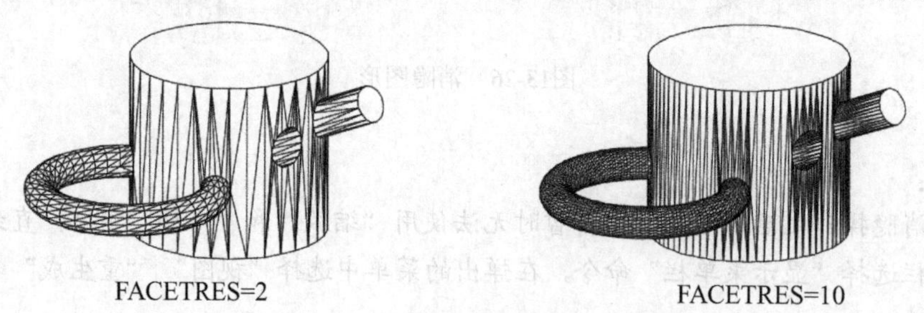

图13-29　改变实体表面的平滑度

注意：

如果DISPSILH变量值为1，那么在执行“消隐”、“渲染”命令时并不能看到FACETRES设置效果，此时必须将DISPSILH值设置为0。

13.6　视觉样式

在“功能区”选项板中选择“常用”选项卡，在“视图”面板中选择“视觉样式”下拉列表框中的视觉样式，或在“功能区”选项板中选择“可视化”选项卡，在“视觉样式”面板中选择“视觉样式”下拉列表框中的视觉样式，或在快速访问工具栏选择“显示菜单栏”命令，在弹出的菜单中选择“视图”|“视觉样式”子命令，都可以对视图应用视觉样式。

13.6.1　应用视觉样式

视觉样式是一组设置，用来控制视口中边和着色的显示。一旦应用了视觉样式或更改了其设置，就可以在视口中查看效果。在AutoCAD 2018中，有以下10种默认的视觉样式。

- 二维线框：显示用直线和曲线表示边界的对象。光栅和 OLE 对象、线型和线宽均可见，效果如图 13-30 所示。
- 线框：显示用直线和曲线表示边界的对象，效果如图 13-31 所示。

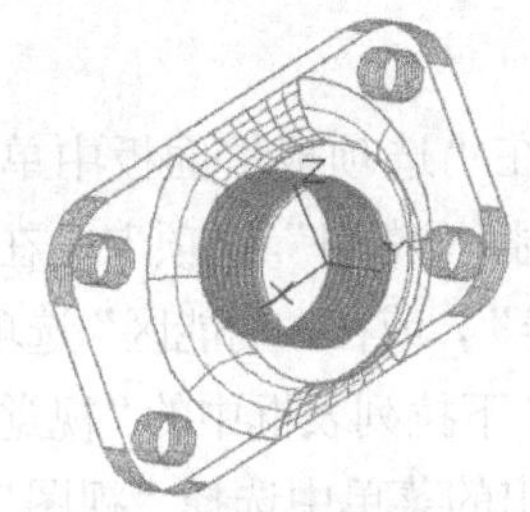

图13-30　二维线框视觉样式

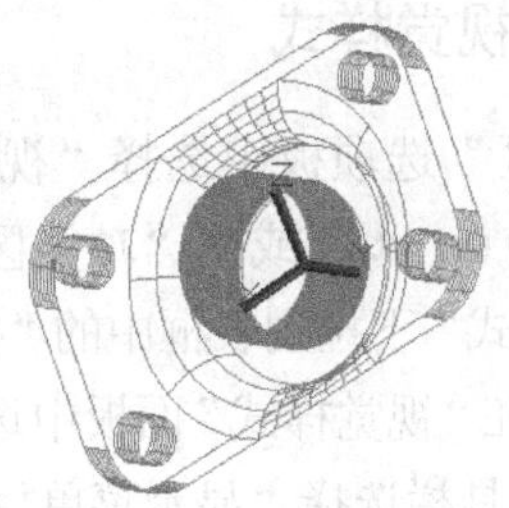

图13-31　线框视觉样式

- 隐藏：显示用三维线框表示的对象并隐藏表示后向面的直线，效果如图 13-32 所示。
- 真实：着色多边形平面间的对象，并使对象的边平滑化。将显示已附着到对象的材质，效果如图 13-33 所示。
- 概念：着色多边形平面间的对象，并使对象的边平滑化。着色使用古氏面样式，一种冷色到暖色之间的过渡，而不是从深色到浅色的过渡。效果缺乏真实感，但是可以更方便地查看模型的细节，效果如图 13-34 所示。

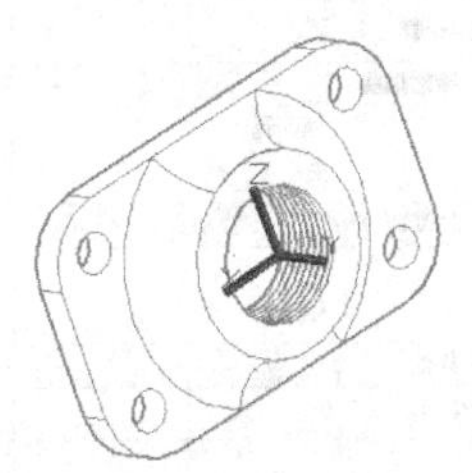

图13-32　隐藏视觉样式

图13-33　真实视觉样式

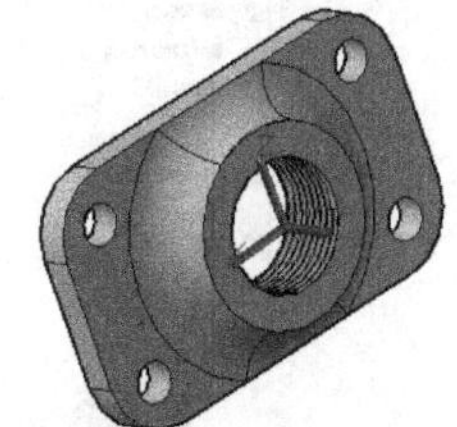

图13-34　概念视觉样式

- 着色：显示平滑着色对象，并显示已附着到对象的材质，效果如图 13-35 所示。
- 带边缘着色：使用平滑着色和可见边显示对象，效果如图 13-36 所示。
- 灰度：使用平滑着色和单色灰度显示对象，效果如图 13-37 所示。
- 勾画：使用线延伸和抖动边修改器显示手绘效果的对象，效果如图 13-38 所示。

- X 射线：以局部透明度显示对象，效果如图 13-39 所示。

图13-35　着色视觉样式

图13-36　带边缘着色视觉样式

图13-37　灰度视觉样式

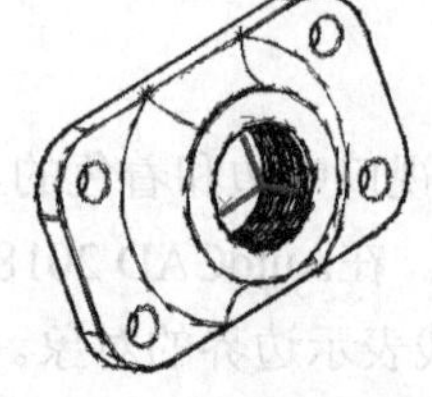

图13-38　勾画视觉样式

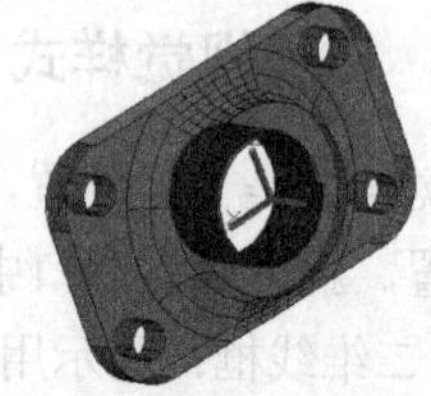

图13-39　X 射线视觉样式

13.6.2　管理视觉样式

在“功能区”选项板中选择“视图”选项卡，在“选项板”面板中单击“视觉样式管理器”按钮⊗视觉样式，或在“功能区”选项板中选择“常用”选项卡，在“视图”面板中选择“视觉样式”下拉列表框中的“视觉样式管理器”，或在“功能区”选项板中选择“可视化”选项卡，在“视觉样式”面板中选择“视觉样式”下拉列表框中的“视觉样式管理器”，或在快速访问工具栏选择“显示菜单栏”命令，在弹出的菜单中选择“视图”|“视觉样式”|“视觉样式管理器”命令，都可以打开“视觉样式管理器”选项板，如图13-40所示。

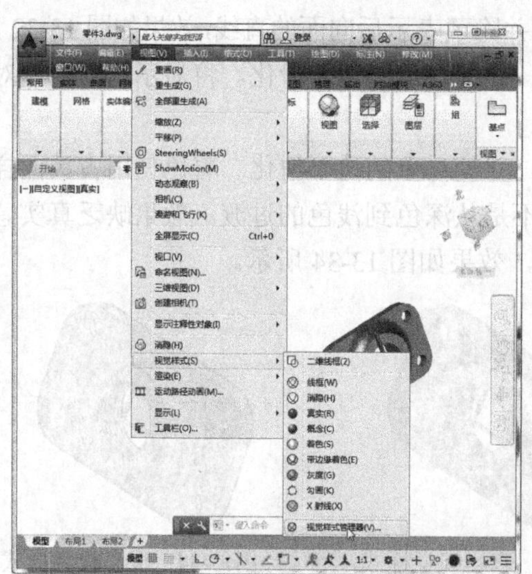

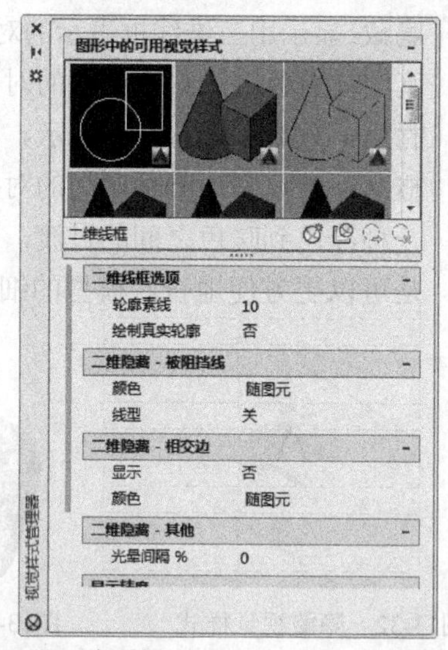

图13-40　打开“视觉样式管理器”选项板

在“图形中的可用视觉样式”列表中显示了图形中的可用视觉样式的样例图像。当选定某一种视觉样式后，该视觉样式显示黄色边框，选定的视觉样式的名称显示在面板的底部。在“视觉样式管理器”选项板的下部，将显示该视觉样式的面设置、环境设置和边设置。

在“视觉样式管理器”选项板中，使用工具条中的工具按钮，可以创建新的视觉样式、将选定的视觉样式应用于当前视口、将选定的视觉样式输出到工具选项板以及删除选定的视觉样式。

13.7　使用光源

当场景中没有用户创建的光源时，AutoCAD将使用系统默认光源对场景进行着色或渲染。默认光源是来自视点后面的两个平行光源，模型中所有的面均被照亮，以使其可见。用户可以控制其亮度和对比度，而无须创建或放置光源。

要插入自定义光源或启用阳光，可在“功能区”选项板中选择“可视化”选项卡，在“光源”和“阳光和位置”面板中单击相应的按钮，或在快速访问工具栏选择“显示菜单栏”命令，在弹出的菜单中选择“视图”|“渲染”|“光源”子命令。插入自定义光源或启用阳光后，默认光源将会被禁用。

13.7.1　点光源

点光源从其所在位置向四周发射光线，它不以某一个对象为目标。使用点光源可以达到基本的照明效果。在“功能区”选项板中选择“可视化”选项卡，在“光源”面板中单击“点”按钮，或在快速访问工具栏选择“显示菜单栏”命令，在弹出的菜单中选择“视图”|“渲染”|“光源”|“新建点光源”命令，可以创建点光源，如图13-41所示。点光源可以手动设置为强度随距离线性衰减或者不衰减。在默认情况下，衰减设置为无。

用户也可以使用TARGETPOINT命令创建目标点光源。目标点光源和点光源的区别在于可用的其他目标特性，目标光源可以指向一个对象。将点光源的“目标”特性从“否”更改为“是”，就从点光源更改为目标点光源了，其他目标特性也将会启用。

创建点光源时，当指定了光源位置后，还可以设置光源的名称、强度因子、状态、光度、阴影、衰减及过滤颜色等选项，此时命令行显示如下提示信息。

```
POINTLIGHT 输入要更改的选项 [名称(N) 强度因子(I) 状态(S) 光度(P) 阴影(W) 衰减(A) 过滤颜色(C) 退出(X)] <退出>:
```

在点光源的“特性”面板中，可以修改光源的特性，如图13-42所示。

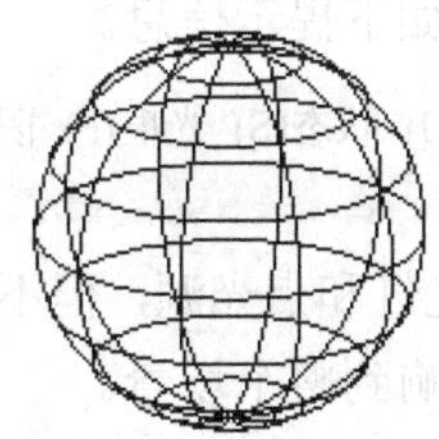

图13-41　创建点光源

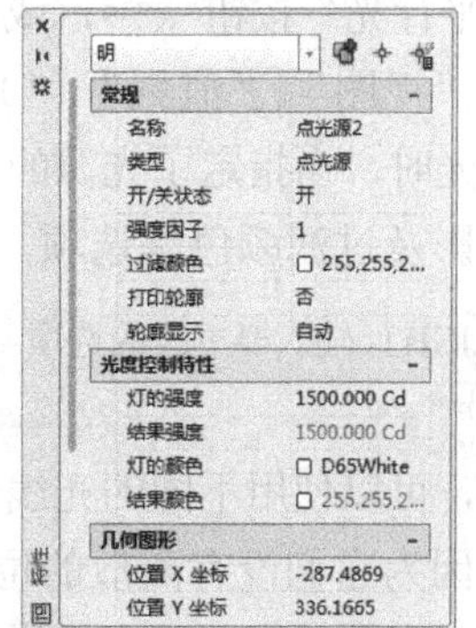

图13-42　点光源特性面板

13.7.2　聚光灯

聚光灯(例如闪光灯、剧场中的跟踪聚光灯或前灯)分布投射一个聚焦光束，发射定向锥形光，可以控制光源的方向和圆锥体的尺寸。在“功能区”选项板中选择“可视化”选项卡，在“光源”面板中单击“聚光灯”按钮，或在快速访问工具栏选择“显示菜单栏”命令，在弹出的菜单中选择“视图”|“渲染”|“光源”|“新建聚光灯”命令，可以创建聚光灯，效果如图13-43所示。

创建聚光灯时，当指定了光源位置和目标位置后，还可以设置光源的名称、强度因子、状态、光度、聚光角、照射角、阴影、衰减及过滤颜色等选项，此时命令行显示如下提示信息。

```
SPOTLIGHT 输入要更改的选项 [名称(N) 强度因子(I) 状态(S) 光度(P) 聚光角(H) 照射角(F)阴影(W) 衰减(A) 过滤颜色(C) 退出(X)] <退出>:
```

像点光源一样，聚光灯也可以手动设置为强度随距离衰减。但是，聚光灯的强度始终还是根据相对于聚光灯的目标矢量的角度衰减。此衰减由聚光灯的聚光角角度和照射角角度控制。聚光灯可用于亮显模型中的特定特征和区域。聚光灯具有目标特性，可以使用聚光灯的“特性”面板设置，如图13-44所示。

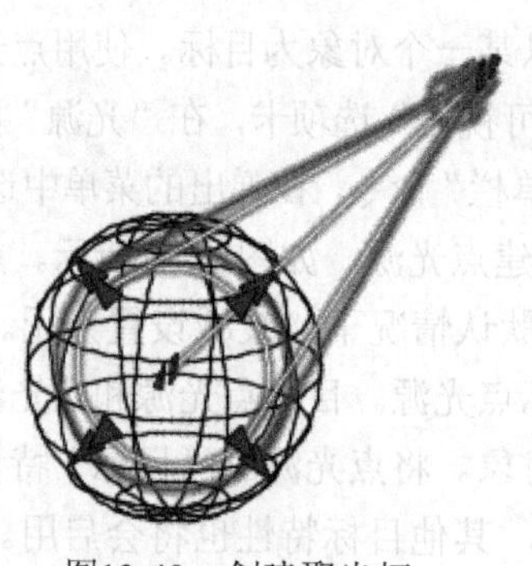

图13-43　创建聚光灯

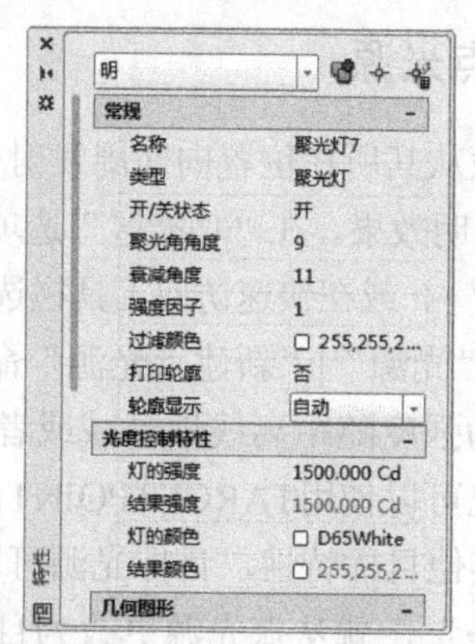

图13-44　聚光灯光源特性面板

13.7.3　平行光

平行光仅向一个方向发射统一的平行光光线。可以在视口中的任意位置指定 FROM点和TO点，以定义光线的方向。在“功能区”选项板中选择“可视化”选项卡，在“光源”面板中单击“平行光”按钮，或在快速访问工具栏选择“显示菜单栏”命令，在弹出的菜单中选择“视图”|“渲染”|“光源”|“新建平行光”命令，可以创建平行光。

创建平行光时，当指定了光源的矢量方向后，还可以设置光源的名称、强度因子、状态、光度、阴影及过滤颜色等选项，此时命令行显示如下提示信息。

```
DISTANTLIGHT 输入要更改的选项 [名称(N) 强度因子(I) 状态(S) 光度(P) 阴影(W) 过滤颜色(C) 退出(X)] <退出>:
```

在图形中，可以使用不同的光线轮廓表示每个聚光灯和点光源，但不会用轮廓表示平行光和阳光，因为它们没有离散的位置并且也不会影响到整个场景。

平行光的强度并不随着距离的增加而衰减；对于每个照射的面，平行光的亮度都与其在光源处相同。可以用平行光统一照亮对象或背景。

注意：

平行光在物理上不是非常精确，因此建议用户不要在光度控制流程中使用。

13.7.4　查看光源列表

在“功能区”选项板中选择“可视化”选项卡，在“光源”面板中单击“模型中的光源”按钮，或在快速访问工具栏选择“显示菜单栏”命令，在弹出的菜单中选择“视图”|“渲染”|“光源”|“光源列表”命令，可以打开“模型中的光源”面板，其中显示了当前模型中的光源，单击此光源即可在模型中选中它，如图13-45所示。

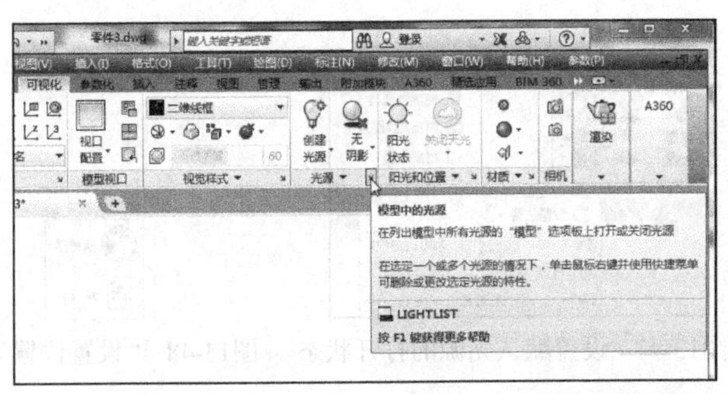

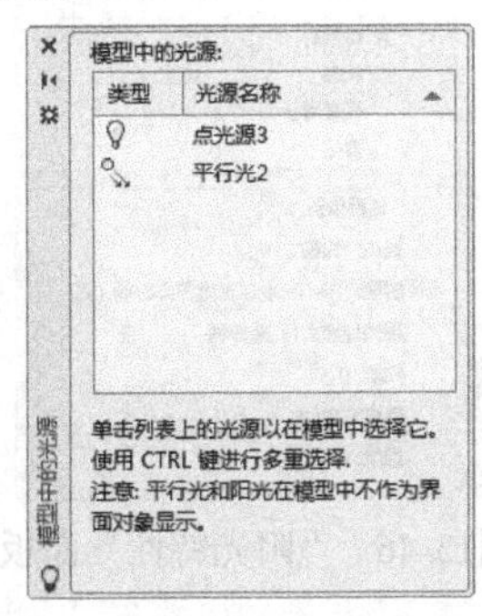

图13-45　查看光源列表

13.7.5　阳光与天光模拟

在“功能区”选项板中选择“可视化”选项卡，使用“阳光和位置”面板，可以设置阳光和天光。

1. 阳光

阳光是模拟太阳光源效果的光源，可以用于显示结构投射的阴影如何影响周围区域。

阳光与天光是 AutoCAD 中自然照明的主要来源。但是，阳光的光线是平行的且为淡黄色，而大气投射的光线来自各个方向且颜色为明显的蓝色。当系统变量 LIGHTINGUNITS 设置为光度时，将提供更多阳光特性。

流程为光度控制流程时，阳光特性具有更多可用的特性并且使用物理上更加精确的阳光模型在内部进行渲染。由于将根据图形中指定的时间、日期和位置自动计算颜色，因此光度控制阳光的阳光颜色处于禁用状态。而根据天空中的位置确定颜色。流程是常规光源或标准光源时，其他阳光与天光特性不可用。

阳光的光线相互平行，并且在任何距离处都具有相同强度。可以打开或关闭阴影。若要提高性能，在不需要阴影时将其关闭。除地理位置以外，阳光的所有设置均由视口保存，而不是由图形保存。地理位置由图形保存。

在“功能区”选项板中选择“可视化”选项卡，在“阳光和位置”面板中单击“阳光特性”按钮，打开“阳光特性”面板，可以设置阳光特性，如图13-46所示。

在“功能区”选项板中选择“可视化”选项卡，在“阳光和位置”面板中单击“阳光状态”按钮，可以设置默认光源的打开状态，如图13-47所示。

由于太阳光受地理位置的影响，因此在使用太阳光时，还可以在“功能区”选项板中选择“可视化”选项卡，在“阳光和位置”面板中单击“设置位置”按钮，或在“功能区”选项板中选择“插入”选项卡，在“位置”面板中单击“设置位置”按钮，打开“设置位置”列表，选择“从地图”选项，如图13-48所示，打开“地理位置-联机地图数据”对话框，单击“是”按钮，打开“地理位置”对话框，在该对话框中设置光源的地理位置，如纬度、经度等，如图13-49所示。

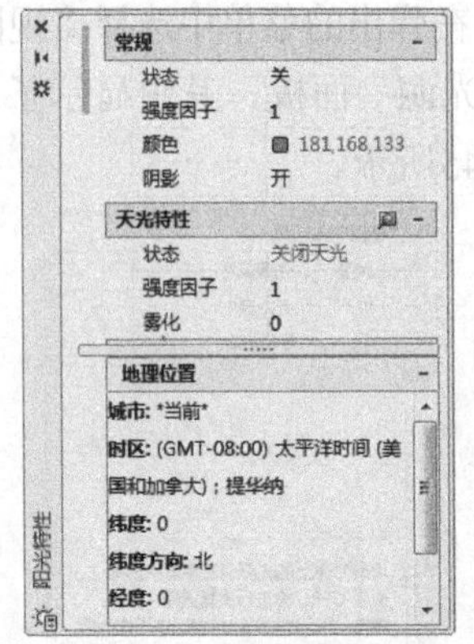

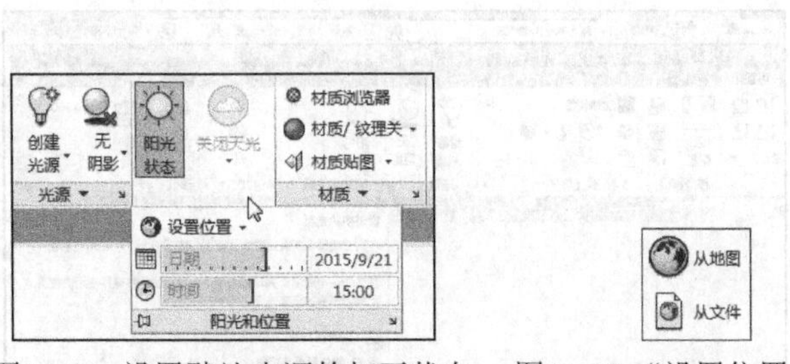

图13-46　“阳光特性”面板　图13-47　设置默认光源的打开状态　图13-48　“设置位置”列表

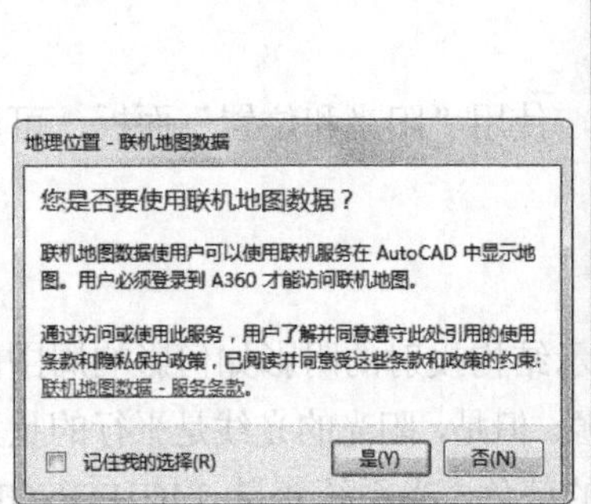

图13-49　打开“地理位置”对话框

注意：

此外，在“时间和位置”面板中，还可以通过拖动“阳光日期”和“阳光时间”滑块，设置阳光的日期和时间。

2. 天光背景

选择天光背景的选项仅在光源单位为光度单位时可用。如果用户选择了天光背景并且将光源更改为标准(常规)光源，则天光背景将被禁用。

系统变量SKYSTATUS决定渲染时是否显示天光背景。默认状态为当 LIGHTINGUNITS 设定为 0 时，天光关闭。当设定LIGHTINGUNITS = 1 或 2 时，分别为天光背景或天光背景和照明。

在“功能区”选项板中选择“可视化”选项卡，在“阳光和位置”面板中单击 “关闭天光”按钮、“天光背景”按钮和“天光背景和照明”按钮，可以在视图中关闭天光或使用天光背景或天光背景和照明。

13.8　材质和贴图

将材质添加到图形中的对象上，可以展现对象的真实效果。使用贴图可以增加材质的复杂性和纹理的真实性。在“功能区”选项板中选择“可视化”选项卡，使用“材质”面板，或在快速访问工具栏选择“显示菜单栏”命令，在弹出的菜单中选择“视图”|“渲染”|“材质”、“贴图”子命令，可以创建材质和贴图，并将其应用到对象上。

13.8.1　使用材质

在“功能区”选项板中选择“可视化”选项卡，在“材质”面板中单击“材质浏览器”按钮 材质浏览器，或在快速访问工具栏选择“显示菜单栏”命令，在弹出的菜单中选择“视图”|“渲染”|“材质浏览器”命令，打开“材质浏览器”选项板，用户可以快速访问与使用预设材质，如图13-50所示。

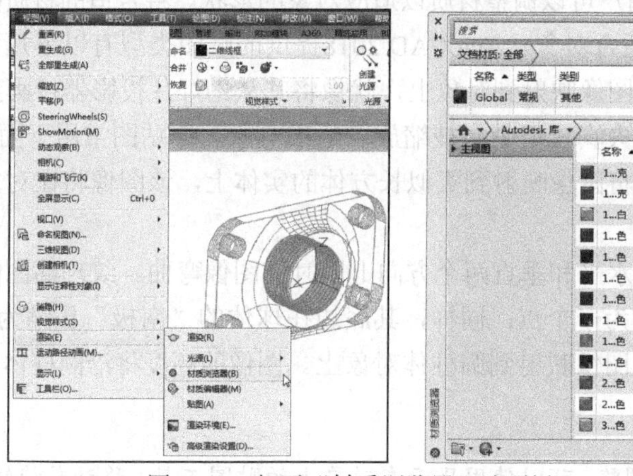

图13-50　打开“材质浏览器”选项板

单击“显示文档中应用的材质”面板下的“在文档中创建新材质”按钮，可以创建新材质。使用“材质编辑器”面板，可以为要创建的新材质选择材质类型和样板。设置这些特性后，用户还可以使用“贴图”(例如纹理贴图或程序贴图)、“高级光源替代”、“材质缩放与平铺”和“材质偏移与预览”面板进一步修改新材质的特性。

13.8.2　将材质应用于对象和面

用户可以将材质应用到单个的面和对象，或将其附着到一个图层上的对象。要将材质应用到对象或面(曲面对象的三角形或四边形部分)，可以将材质从工具选项板拖动到对象。材质将被添加到图形中，并且也将作为样例显示在“材质”窗口中，效果如图13-51所示。

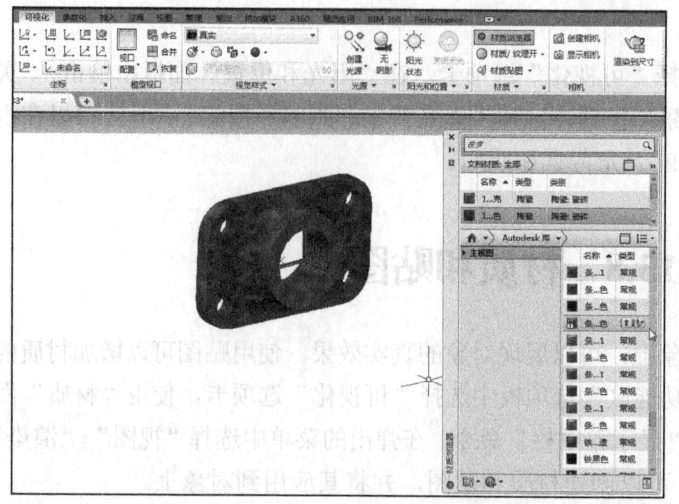

图13-51　将材质应用于对象和面

13.8.3 使用贴图

贴图是增加材质复杂性的一种方式，贴图使用多种级别的贴图设置和特性。附着带纹理的材质后，可以调整对象或面上纹理贴图的方向。

材质被映射后，用户可以调整材质以适应对象的形状。将合适的材质贴图类型应用到对象，可以使之更加适合对象。AutoCAD 2018提供的贴图类型有以下几种。

- 平面贴图：将图像映射到对象上，就像将其从幻灯片投影器投影到二维曲面上一样。图像不会失真，但是会被缩放以适应对象，该贴图常用于面。
- 长方体贴图：将图像映射到类似长方体的实体上，该图像将在对象的每个面上重复使用。
- 球面贴图：在水平和垂直两个方向上同时使图像弯曲。纹理贴图的顶边在球体的“北极”压缩为一个点；同样，其底边在球体的“南极”压缩为一个点。
- 柱面贴图：将图像映射到圆柱体对象上。图像的高度将沿圆柱体的轴进行缩放。

注意：

若需要做进一步调整，可以使用显示在对象上的贴图工具，移动或旋转对象上的贴图。

贴图工具是一些视口图标，使用鼠标变换选择时，它可以使用户快速选择一个或两个轴。通过将鼠标放置在图标的任意轴上选择一个轴，然后拖动鼠标沿该轴变换选择。此外，移动或缩放对象时，可以使用工具的其他区域同时沿着两条轴执行变换。使用工具使用户可以在不同的变换轴和平面之间快速而轻松地进行切换。

13.9　渲染对象

渲染是基于三维场景来创建二维图像。它使用已设置的光源、已应用的材质和环境设置(例如背景和雾化)，为场景的几何图形着色。

在“功能区”选项板中选择“可视化”选项卡，使用“渲染”面板，或在快速访问工具栏选择“显示菜单栏”命令，在弹出的菜单中选择“视图”|“渲染”子命令，可以设置渲染参数并渲染对象，效果如图13-52所示。

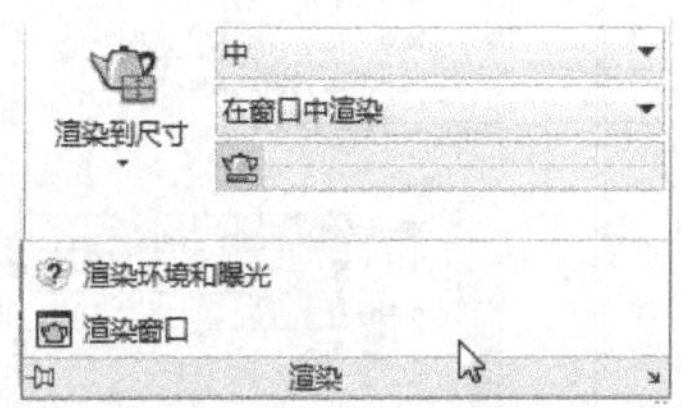

图13-52　“渲染”面板与“渲染”菜单

13.9.1　渲染预设置

在功能区中的“渲染”面板上，从一个下拉列表中选择一组预定义的渲染设置，可以更改一些常规渲染设置，并将其设置为当前渲染预设。渲染预设存储了多组设置，使渲染器可以产生不同质量的图像。

还可以在“功能区”选项板中选择“视图”选项卡，在“选项板”面板中单击“高级渲染设置”按钮，或在快速访问工具栏选择“显示菜单栏”命令，在弹出的菜单中选择“视图”|“渲染”|“高级渲染设置”命令，或在“功能区”选项板中选择“可视化”选项卡，在“渲染”面板中单击“渲染预设管理器”按钮，打开“渲染预设管理器”选项板，从中创建自定义预设，设置渲染高级选项，效果如图13-53所示。

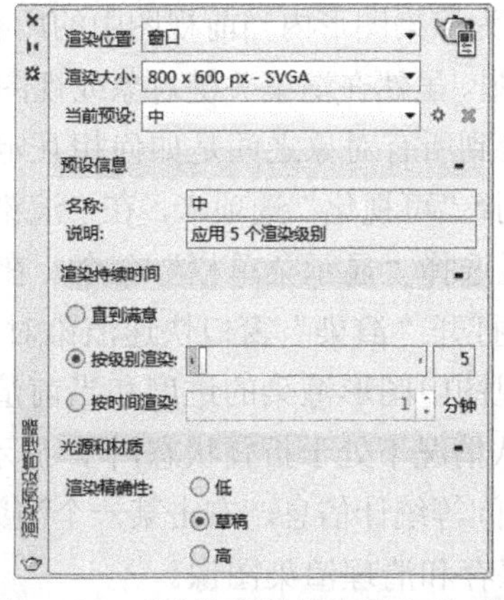

图13-53　“渲染预设管理器”选项板

13.9.2　控制渲染

在“功能区”选项板中选择“可视化”选项卡，在“渲染”面板中单击“渲染环境和曝光”按钮 渲染环境和曝光，或在快速访问工具栏选择“显示菜单栏”命令，在弹出的菜单中选择“视图”|“渲染”|“渲染环境”命令，都可以打开“渲染环境和曝光”选项板，可以使用环境功能来设置基于图像的照明(IBL)、光源曝光或背景图像，如图13-54所示。

可以通过环境效果(例如，基于图像的照明)或通过将位图图像作为背景添加到场景中来增强渲染图像。

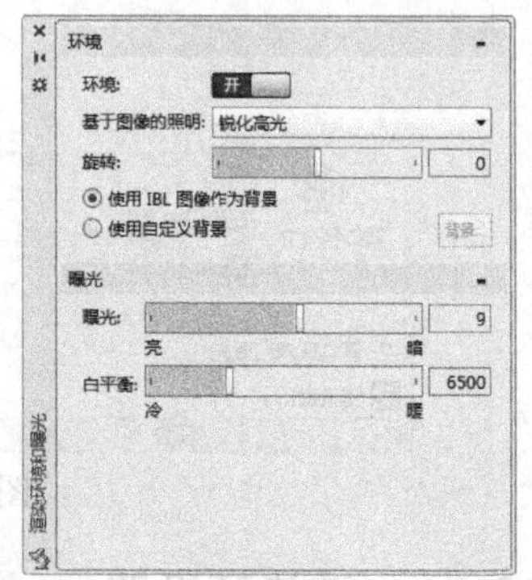

图13-54　打开“渲染环境和曝光”选项板

基于图像的照明(IBL)会影响由渲染器计算的光源和阴影。根据指定的图像，可以调整最终渲染图像的亮度和对比度。用于基于图像的照明的图像贴图可在渲染时用作场景的背景。

曝光和白平衡设置用于控制最终渲染图像的亮度和照明颜色。曝光可以调亮或调暗渲染图像。白平衡可以使渲染图像中的光源变冷或变暖。冷光使图像呈蓝色，而暖光使图像呈红色或橙色。

13.9.3　渲染并保存图像

在默认情况下，渲染过程为渲染图形内当前视图中的所有对象。如果没有打开命名视图或相机视图，则渲染当前视图。虽然在渲染关键对象或视图的较小部分时渲染速度较快，但渲染整个视图可以让用户看到所有对象之间是如何相互定位的。

在“功能区”选项板中选择“可视化”选项卡，在“渲染”面板中单击“渲染到尺寸”按钮，或在快速访问工具栏选择“显示菜单栏”命令，在弹出的菜单中选择“视图”|“渲染”|“渲染”命令，都可打开“渲染”窗口快速渲染对象，效果如图13-55所示。

渲染窗口中显示了当前视图中图形渲染的进度和当前渲染操作完成后的最终渲染效果。在其底部的文件列表(默认情况下处于折叠状态)中，显示了当前模型最近渲染的图像及其文件名称、大小、渲染时间等统计信息。右击某一个渲染图形时，将弹出一个快捷菜单，可以选择其中的命令来保存和清理渲染图像。

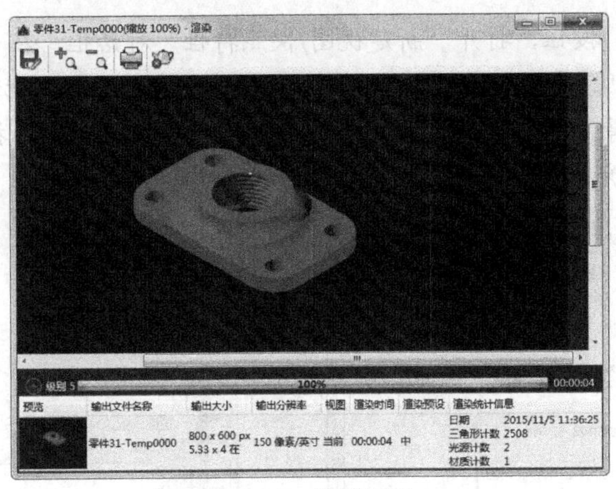

图13-55　渲染图形

【练习13-3】打开如图13-56所示的图形，对其进行渲染。

(1) 启动 AutoCAD 2018，打开如图 13-56 所示的图形。

(2) 在“功能区”选项板中选择“常用”选项卡，在“视图”面板中打开“视觉样式”列表，单击“真实”按钮，此时模型转变为“真实”显示效果，效果如图 13-57 所示。

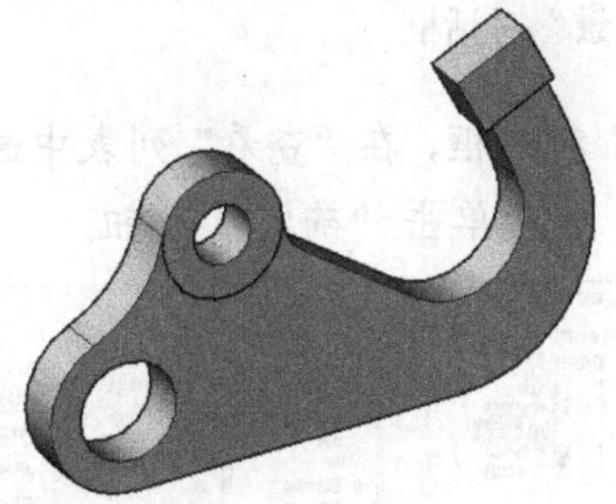

图13-56　实例图形

图13-57　“真实”显示效果

(3) 在“功能区”选项板中选择“可视化”选项卡，在“视图”面板中单击“创建光源”列表中的“点”按钮，然后在命令行提示信息下在图形窗口的适当位置单击，确定点光源的位置，效果如图 13-58 所示。

(4) 在“功能区”选项板中选择“可视化”选项卡，在“视图”面板中单击“视图管理器”按钮，打开“视图管理器”对话框，如图 13-59 所示。

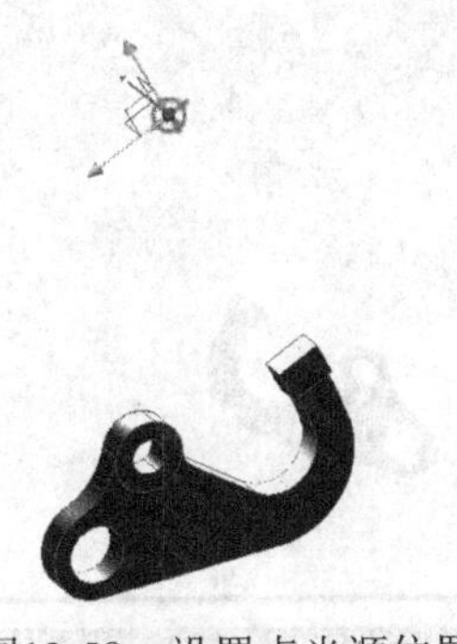

图13-58　设置点光源位置

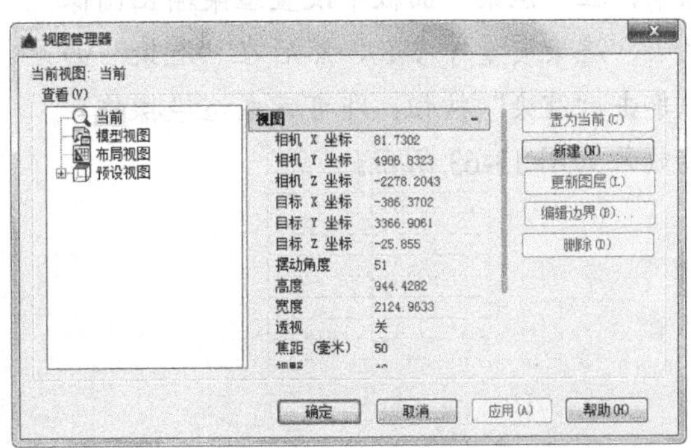

图13-59　“视图管理器”对话框

(5) 单击“新建”按钮，打开“新建视图/快照特性”对话框，在“视图名称”文本框中输入 myview，在“背景”下拉列表框中选择“图像”选项，打开“背景”对话框，如图 13-60 所示。在“背景”对话框中单击“浏览”按钮，在打开的“选择文件”对话框中选择图像，如图 13-61 所示。

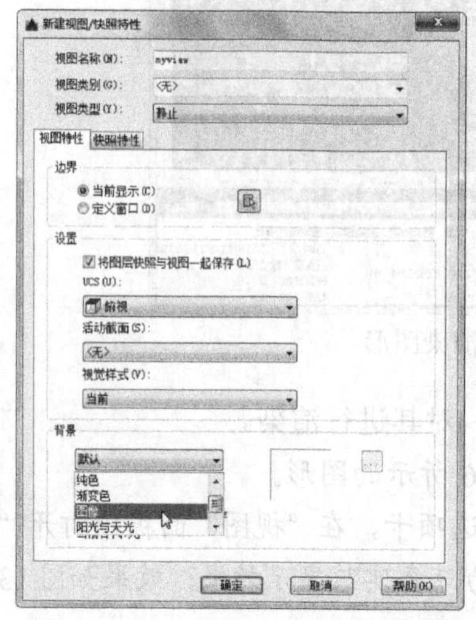

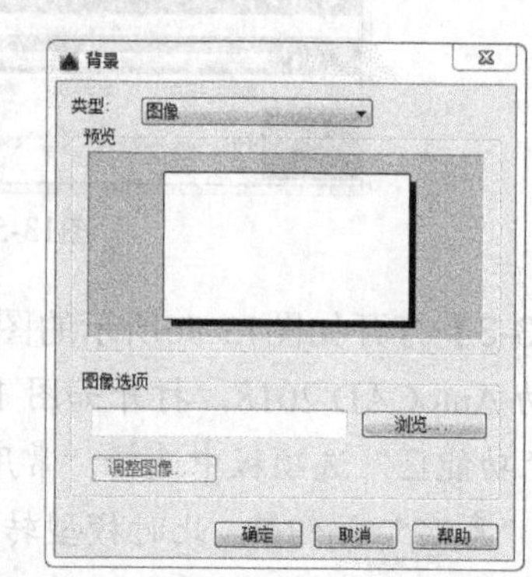

图13-60　打开“背景”对话框

(6) 单击“确定”按钮，返回“视图管理器”对话框，在“查看”列表中选择 myview，然后单击“置为当前”按钮，如图 13-62 所示，然后单击“确定”按钮。

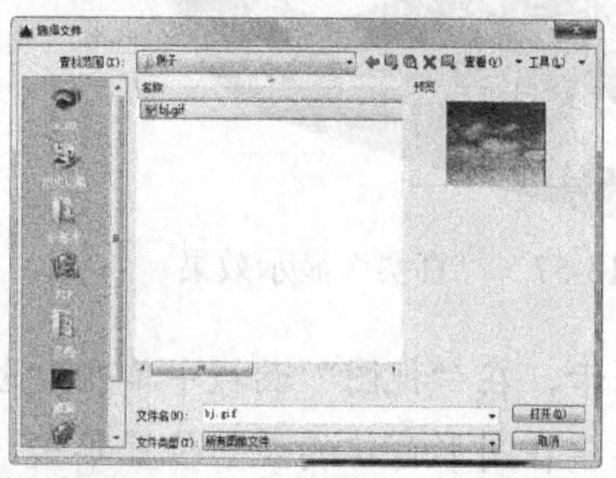

图13-61　“选择文件”对话框

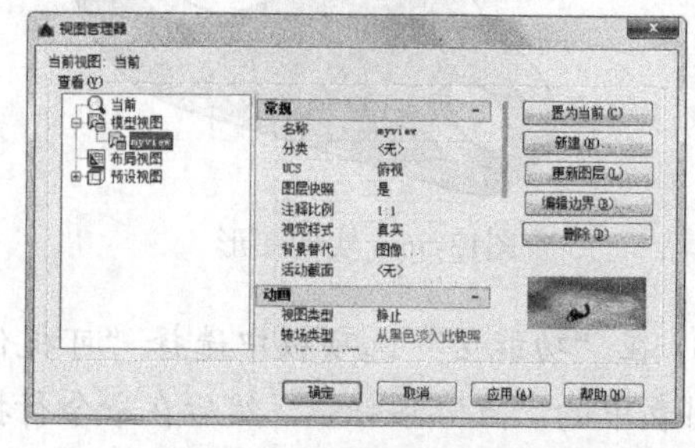

图13-62　使用模型视图

(7) 在“功能区”选项板中选择“输出”选项卡，在“渲染”面板中设置渲染输出图像的大小、渲染质量等参数，然后在“渲染”面板中单击“渲染”按钮，即可完成渲染操作，渲染效果如图 13-63 所示。

图13-63　渲染效果

13.10　思考练习

1. 在AutoCAD 2018中，如何使用三维导航工具观察图形？

2. 在AutoCAD 2018中，如何设置运动路径动画？

3. 在AutoCAD 2018中，漫游和飞行各有什么特点？

4. 使用相机观察如图13-64所示的图形。其中，设置相机的名称为mycamera，相机位置为(100,100,100)，相机高度为100，目标位置为(0,0)，镜头长度为100mm。

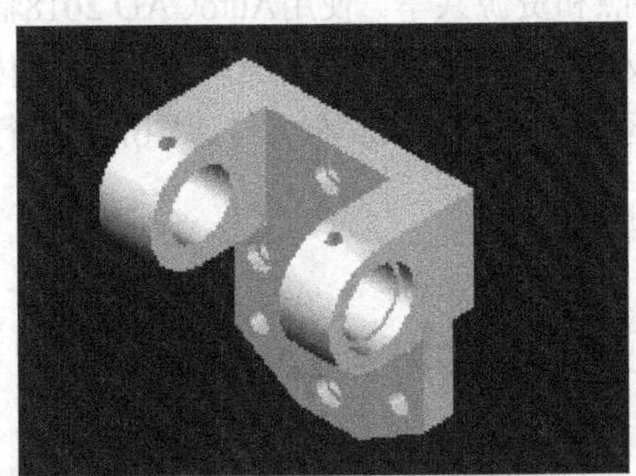
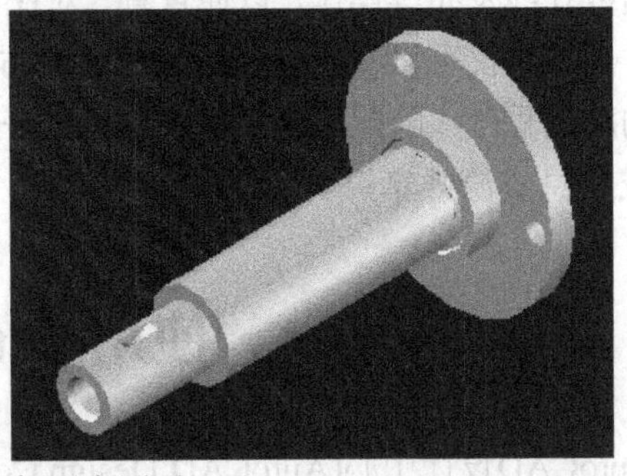

图13-64　使用相机观察图形

第14章　设计中心、打印输出和发布

当完成图形内容的全部绘制和编辑操作后，用户可以对现有的图形进行布局设置、打印输出或在线发布等操作，以便查看、对比、参照和资源共享。使用AutoCAD 2018输出图纸时，用户不仅可以将绘制好的图形通过布局或模型空间直接打印，还可以将信息传递给其他的应用程序。除此之外，用户利用Internet网络平台还可以发布、传递图形，进行技术交流或信息资源共享等。

14.1　使用AutoCAD设计中心

AutoCAD设计中心(AutoCAD Design Center，ADC)为用户提供了一个直观、高效的工具，它与Windows资源管理器类似。在快速访问工具栏选择“显示菜单栏”命令，在弹出的菜单中选择“工具”|“选项板”|“设计中心”命令，可以打开“设计中心”窗口，如图14-1所示。

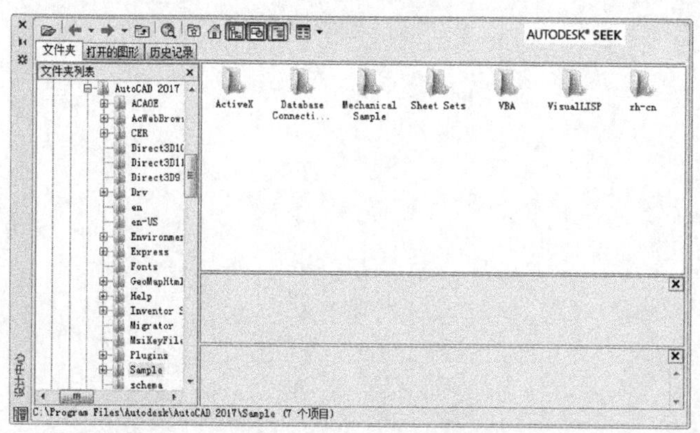

图14-1　AutoCAD 2018“设计中心”窗口

14.1.1　设计中心的功能

利用设计中心功能，不仅可以浏览、查找和管理AutoCAD图形等不同资源，而且只需要拖动鼠标，就能轻松地将一张设计图纸中的图层、图块、文字样式、标注样式、线框、布局及图形等复制到当前图形文件中。

在“功能区”选项板中选择“视图”选项卡，在“选项板”面板中单击“设计中心”按钮▦，将打开“设计中心”窗口。在“设计中心”窗口中，用户可以反复利用和共享图形。

1. 选项卡操作

在AutoCAD设计中心中，用户可以在“文件夹”、“打开的图形”和“历史记录”3个选项卡间进行任意切换，各选项卡参数设置的方法如下。

(1)“文件夹”选项卡

“文件夹”选项卡用于显示设计中心的资源，包括显示计算机或网络驱动器中文件和文件夹的层次结构。要使用该选项卡调出图形文件，用户可以在“文件夹列表”列表框中指定文件的路径，对话框右侧将显示图形的预览信息，如图14-2所示。

(2)“打开的图形”选项卡

“打开的图形”选项卡用于显示当前已打开的所有图形，并在右方的列表框中列出了图形中包括的块、图层、线型、文字样式、标注样式和打印样式等。单击某个图形文件，并在右侧的列表框中选择一个定义表，然后进入该表后双击所需的图层加载类型，即可将其加载到当前图形中。例如，选择“图层”选项后，双击“点划线”图标即可将“点划线”图层加载到当前图形中，如图14-3所示。

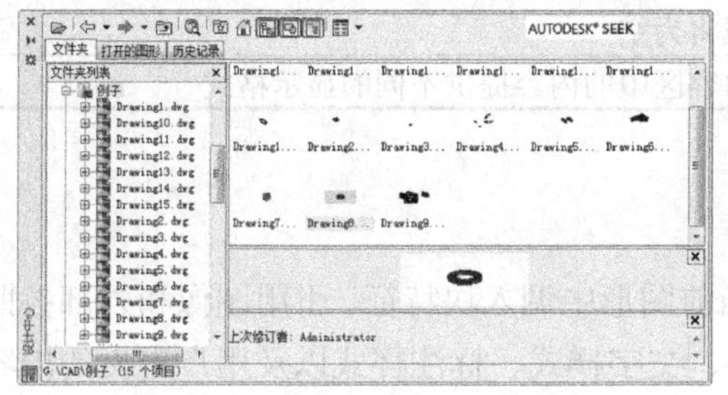

图14-2　“文件夹”选项卡

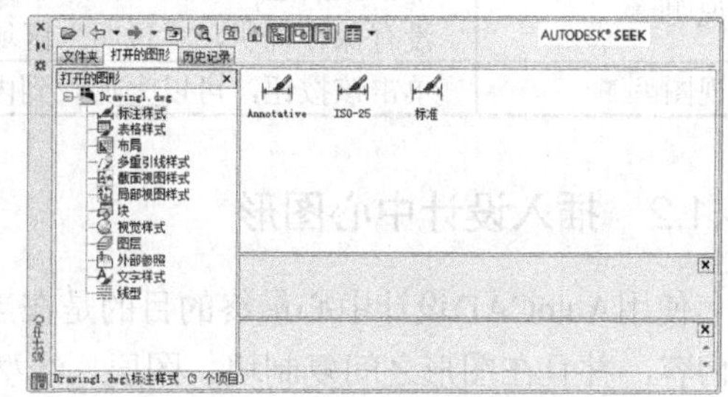

图14-3　“打开的图形”选项卡

(3)“历史记录”选项卡

在“历史记录”选项卡中显示最近在设计中打开的文件列表，双击列表中的某个图形文件，可以在“文件夹”选项卡的树状视图中定位该图形文件，并在右侧的列表框中显示图形的各个定义表，如图14-4所示。

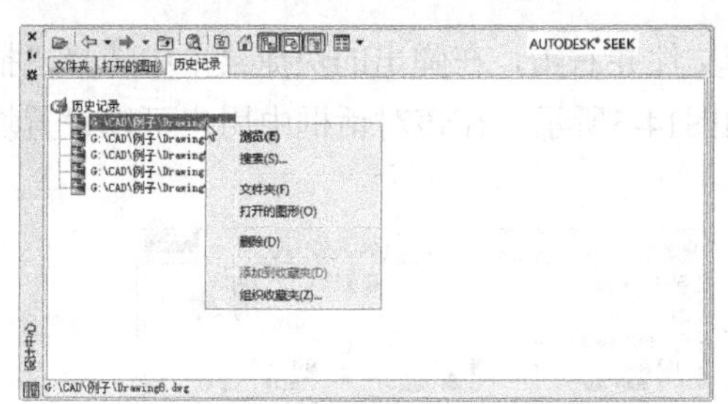

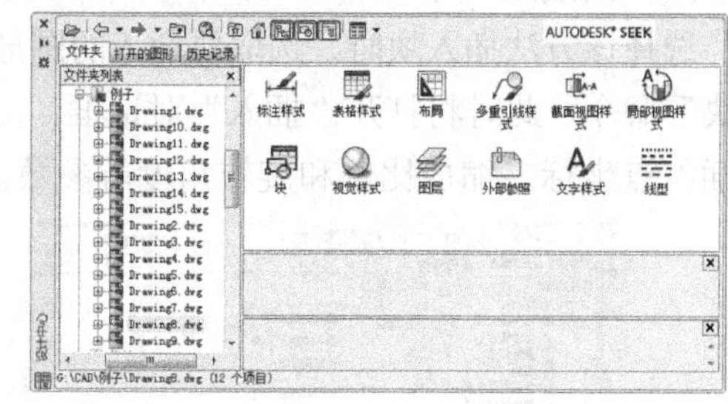

图14-4　“历史记录”选项卡

2. 按钮操作

在“设计中心”窗口最上方一行排列有多个按钮图标，可以执行刷新、切换、搜索、浏览和说明等操作。这些按钮对应的功能在表14-1中进行详细介绍。

表 14-1 “设计中心”窗口图标的功能

按钮名称	功能
加载	单击该按钮，将打开“加载”对话框，用户可以浏览本地、网络驱动器或Web上的文件，并选择相应的文件加载到指定的内容区域
上一页	单击该按钮，将返回到历史记录列表中最近一次的记录
下一页	单击该按钮，将返回到历史记录列表中下一次的记录
上一级	单击该按钮，将显示上一级内容
搜索	单击该按钮，将显示“搜索”对话框。用户可以从中指定搜索条件，以便在图形中查找图形、块和非图形对象
收藏夹	单击该按钮，在内容区中将显示“收藏夹”文件夹中的内容
主页	单击该按钮，设计中心将返回到默认文件夹。安装时，默认文件夹被设置为...\Sample\Design Center，可以使用树状图中的快捷菜单更改默认文件
树状图切换	单击该按钮，可以显示和隐藏树状视图
预览	单击该按钮，可以显示和隐藏内容区窗格中选定项目的预览。如果选定项目没有保存的预览图像，“预览”区域将为空
说明	单击该按钮，可以显示和隐藏内容区窗格中选定项目的文字说明，如果选定项目没有保存说明，“说明”区域将为空
视图	单击该按钮，可以为加载到内容区中的内容提供不同的显示格式

14.1.2 插入设计中心图形

使用AutoCAD设计中心最终的目的是在当前图形中调入块特征、引用图像和外部参照等内容，并且在图形之间复制块、图层、线型、文字样式、标注样式以及用户定义的内容等。根据插入内容类型的不同，对应插入设计中心图形的方法也不相同。

1. 插入块

通常，在直接插入块操作时根据设计需要可以选择自动换算插入比例，或者选择在插入时确定插入点、插入比例和旋转角度。

(1) 常规插入块

选择该方法插入块时，选取要插入的图形文件并右击，在弹出的快捷菜单中选择“插入块”命令，此时将打开“插入”对话框，如图14-5所示，在该对话框中用户可以设置块的插入点坐标、缩放比例和旋转角度等参数。

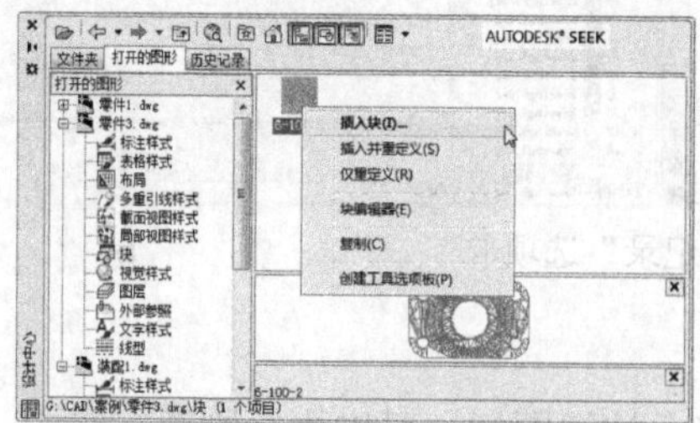

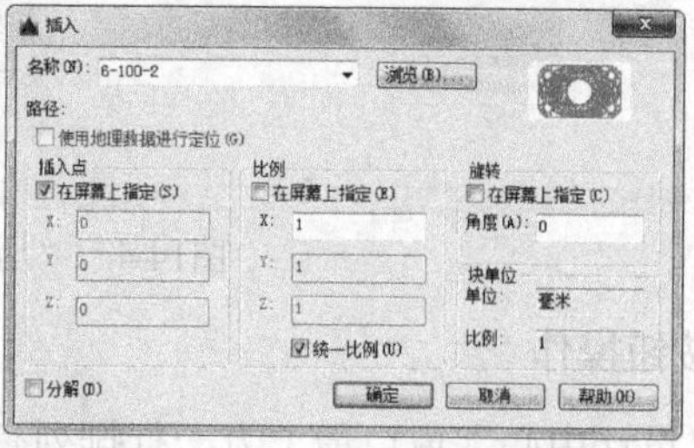

图14-5 常规插入块

(2) 自动换算比例插入块

选择该方法插入块时，可以从设计中心窗口中选择要插入的块并拖动到绘图窗口。当移动到插入位置时释放鼠标，即可实现块的插入。此时，系统将按照“选项”对话框的“用户系统配置”选项卡中确定的单位，自动转换插入比例。此外，如果插入属性块，系统将允许修改属性参数，效果如图14-6所示。

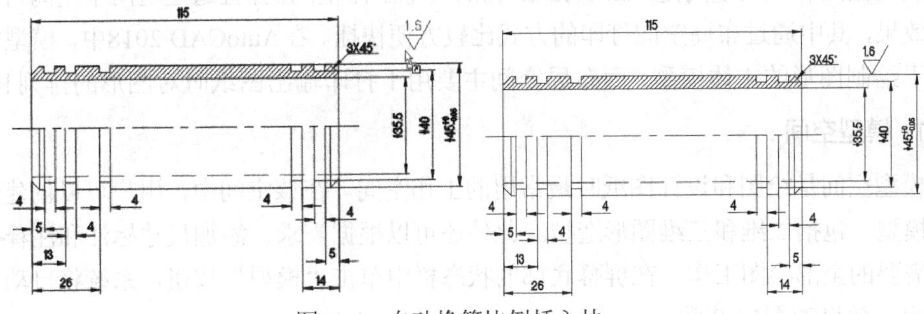

图14-6　自动换算比例插入块

2. 复制对象

复制对象可以将选定的块、图层、标注样式等内容复制到当前图形中。只需选中某个块、图层或标注样式并将其拖动到当前图形中，即可获得复制对象效果。

如图14-7所示，选择“图层”选项并指定图层100，将其拖动到当前绘图区中，释放鼠标，即将图层100复制到当前图形中。

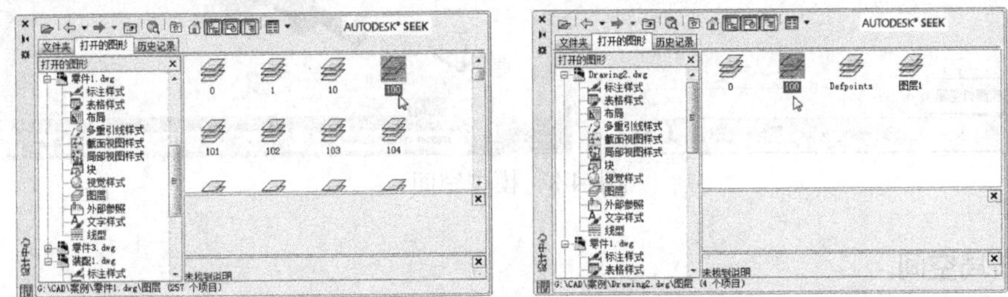

图14-7　将选定的图层复制到当前图形中

3. 以动态块形式插入图形文件

要以动态块形式在当前图形中插入外部图形文件时，只需要右击，然后在弹出的快捷菜单中选择“块编辑器”命令即可。此时系统将打开“块编辑器”对话框，用户可以在该对话框中将选中的图形创建为动态图块。

4. 引入外部参照

在“设计中心”对话框的“打开的图形”选项卡中选择外部参照，并将其拖动到绘图窗口后释放，然后在打开的快捷菜单中选择“附着为外部参照”命令，即可按照插入块的方法指定插入点、插入比例和旋转角度插入该参照。

14.2　创建与管理布局

每个布局都代表一张单独的打印输出图纸，用户可以根据设计需求创建多个布局以显示不同的视图，并且还可以在布局中创建多个浮动视口。

14.2.1　模型空间和布局空间

模型空间和布局空间是AutoCAD 2018的两个工作空间，并且通过这两个空间可以设置打印效果，其中通过布局空间打印的方式比较方便快捷。在AutoCAD 2018中，模型空间主要用于绘制图形的主体模型，而布局空间主要用于打印输出图纸时对图形的排列和编辑。

1. 模型空间

模型空间是绘图和设计图纸时最常用的工作空间。在该空间中，用户可以创建物体的视图模型，包括二维和三维图形造型。此外还可以根据需求，添加尺寸标注和注释等来完成所需要的全部绘图工作。在屏幕底部的状态栏中单击“模型”按钮，系统将自动进入模型空间，效果如图14-8所示。

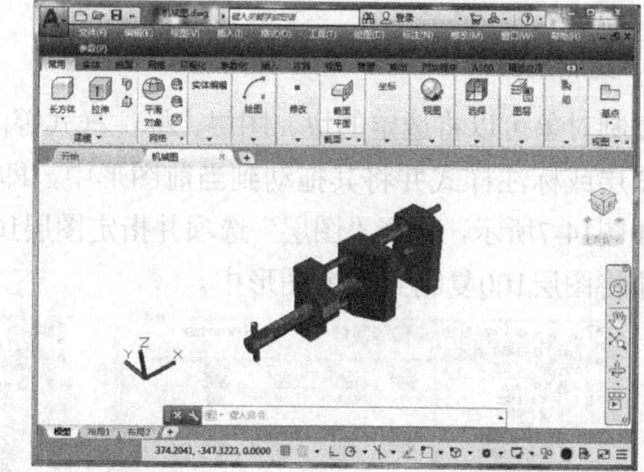

图14-8　模型空间

2. 布局空间

布局空间又称为图纸空间，主要用于图形排列、添加标题栏、明细栏以及模拟打印效果。在该空间中，通过移动或改变视口的尺寸可以排列视图。另外，该空间可以完全模拟图纸页面，在绘图之前或之后安排图形的布局输出。

在屏幕底部的状态栏中单击“布局”按钮，系统将自动进入布局空间，并在功能区弹出“布局”选项卡，效果如图14-9所示。在绘图区左侧的“模型”和“布局”选项卡中，用户通过选择选项卡即可实现模拟空间和布局空间的切换，效果如图14-10所示。

图14-9　布局空间

图14-10　切换空间

14.2.2　快速查看布局和图形

使用QVDRAWING命令可以轻松预览打开的图形和对应的模型与布局空间，并可以在两种空间之间任意切换。在应用程序窗口的底部，以缩略图形式显示预览图像的两级结构。第一级显示打开图形的图像，第二级显示图形中模型空间和布局的图像。

1. 快速查看图形

在命令行输入QVDRAWING命令，系统将以图形方式显示所有已打开的图形。当光标悬停在快速查看的图形图像上时，即可预览打开图形的模型与布局空间，如图14-11所示。

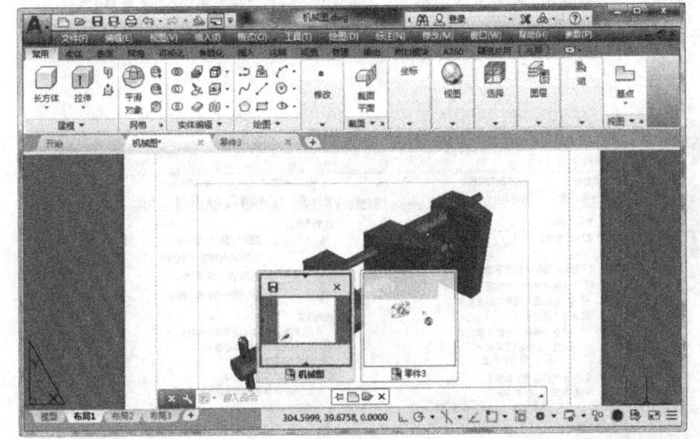

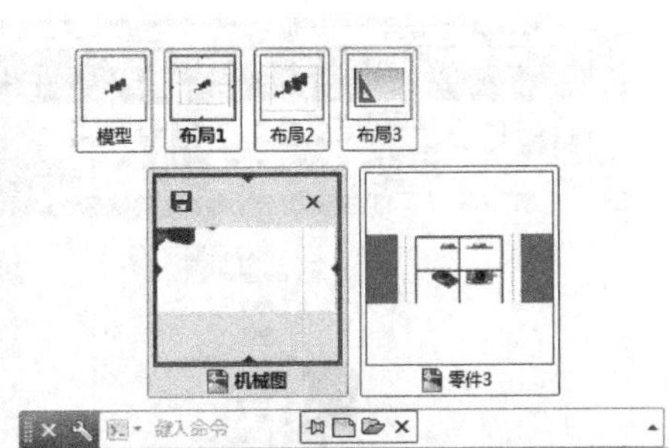

图14-11　快速查看图形

在默认情况下，当前图形的图像将亮显。如果快速查看图像超出了应用程序的显示区域，则在该行的左侧或右侧将显示滚动箭头，用户可以滚动查看全部图像。此外，用户还可以按住Ctrl键并拨动滚轮动态调整，快速查看图像的大小。

2. 快速查看布局

利用该命令能够以图形方式显示所有已打开的图形的模型和布局空间。如果将光标悬停在图像上，则该图形的所有模型和布局空间都将在上方显示为一行图像。当光标悬停在图形的模型与布局空间上时，即可执行当前空间的打印和发布设置，效果如图14-12所示。

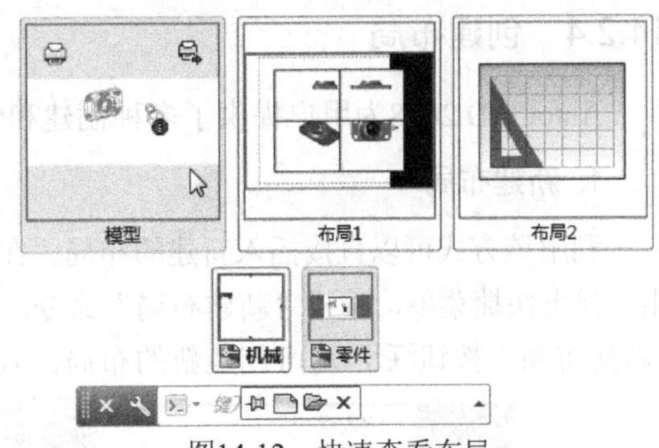

图14-12　快速查看布局

14.2.3　显示或隐藏“布局”和“模型”选项卡

在“功能区”选项板中选择“视图”选项卡，在“界面”面板中单击“布局选项卡”按钮，就可以显示或隐藏布局和模型选项卡，效果如图14-13所示。

另外，在绘图区空白处右击，并在打开的快捷菜单中选择“选项”命令，打开“选项”对话框。用户可以通过在该对话框中选中或取消选中“显示布局和模型选项卡”复选框实现显示或隐藏布局和模型选项卡的效果，如图14-14所示。

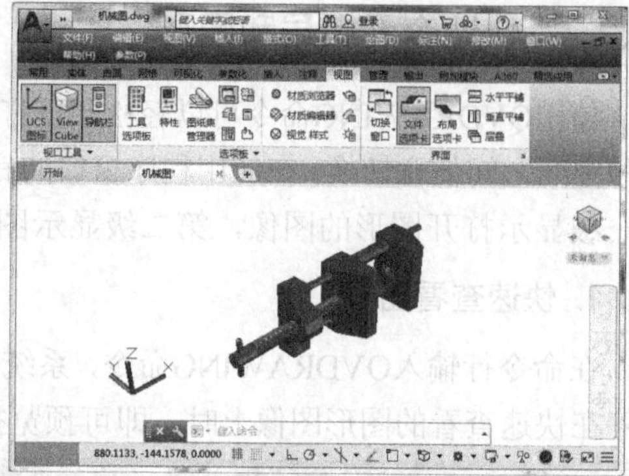

图14-13　显示或隐藏布局和模型选项卡

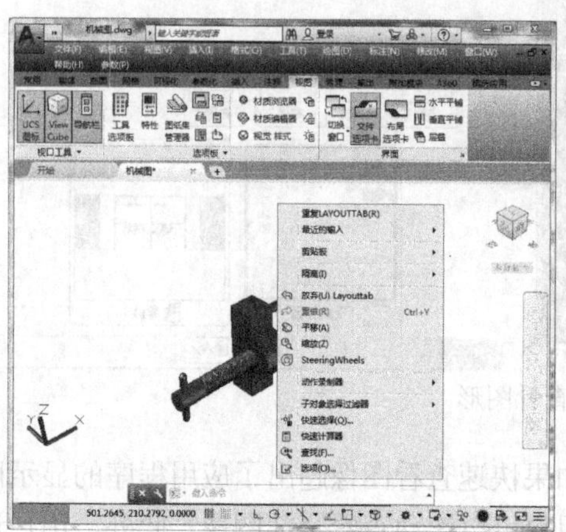

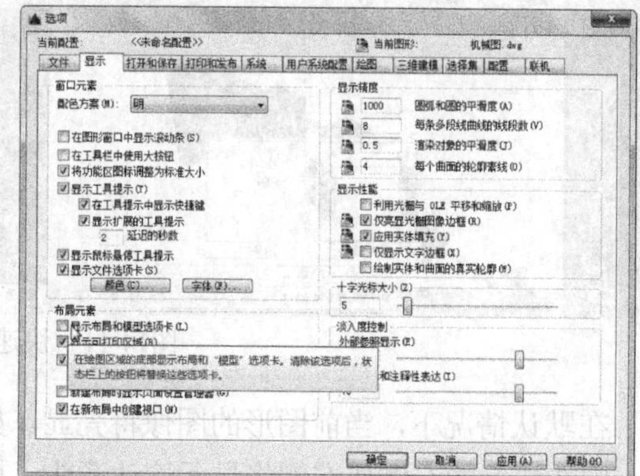

图14-14　选中或禁用“显示布局和模型选项卡”复选框

14.2.4　创建布局

AutoCAD 2018为用户提供了多种创建和管理布局的方法。

1. 新建布局

利用该方式可以直接插入新建的布局。在状态栏“模型”或“布局”的选项按钮上右击，弹出快捷菜单，选择“新建布局”命令，或单击“模型”或“布局”选项按钮右边的“新建布局”按钮，均可创建新的布局，效果如图14-15所示。

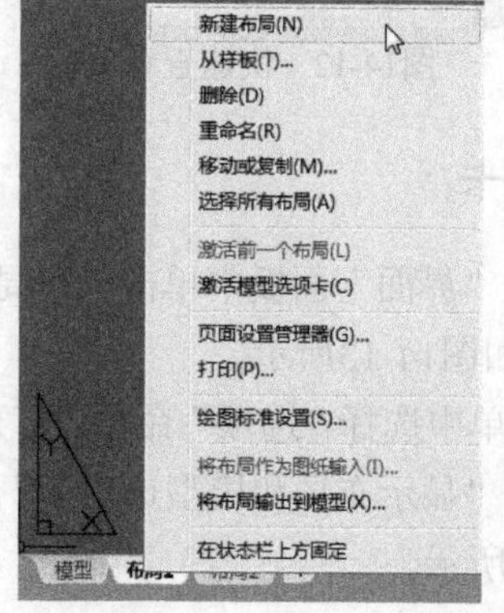

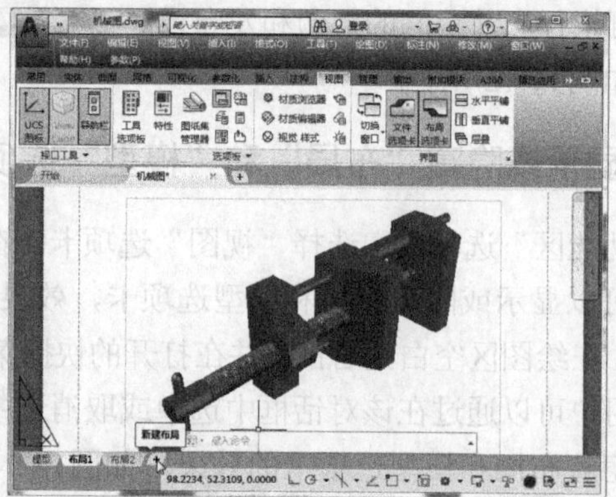

图14-15　新建布局空间

在快速访问工具栏选择“显示菜单栏”命令，在弹出的菜单中选择“工具”|“工具栏”| AutoCAD |“布局”，打开“布局”工具栏。然后，在“布局”工具栏中单击“新建布局”按钮▣，并在命令行中输入新布局名称，创建新的布局，如图14-16所示。

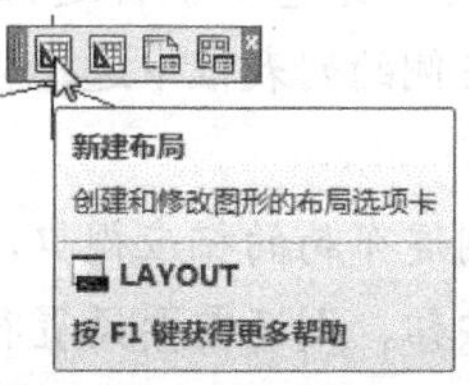

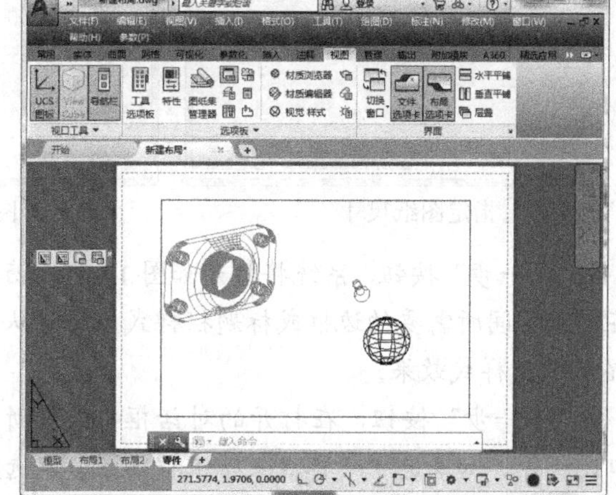

图14-16　新建布局空间

2. 使用布局向导

利用该方式可以对所创建布局的名称、图纸尺寸、打印方向以及布局位置等主要选项进行详细的设置。因此使用布局向导创建的布局一般不需要再进行调整和修改，即可执行打印输出操作，适合初学者使用。使用布局向导创建布局的步骤如下。

(1) 在命令行中输入 LAYOUTWIZARD 指令，打开“创建布局-开始”对话框，然后在该对话框中输入布局名称，如图 14-17 所示。

(2) 单击“下一步”按钮，将打开“创建布局-打印机”对话框，根据需要在右边的绘图仪列表框中选择所要配置的打印机，如图 14-18 所示。

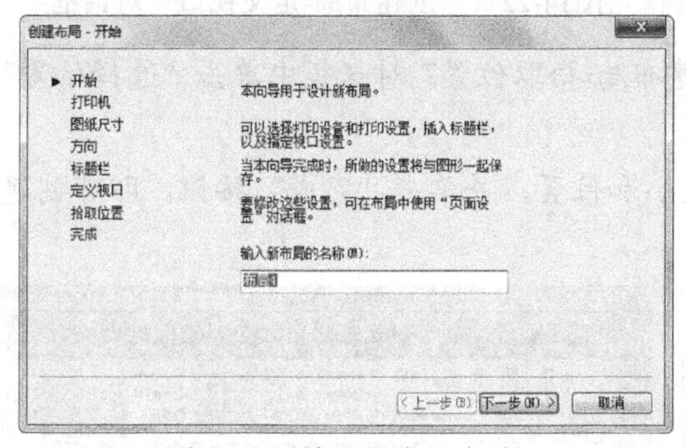

图14-17　输入新布局名称

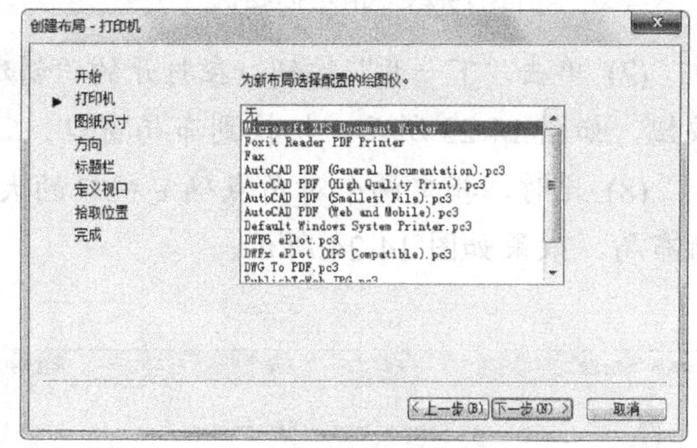

图14-18　指定打印机

(3) 单击“下一步”按钮，在打开的对话框中选择布局在打印机中所用的图纸尺寸、图形单位。图形单位包括毫米、英寸和像素，如图 14-19 所示。

(4) 单击“下一步”按钮，在打开的对话框中设置布局的方向，包括“纵向”、“横向”两种方式，如图 14-20 所示。

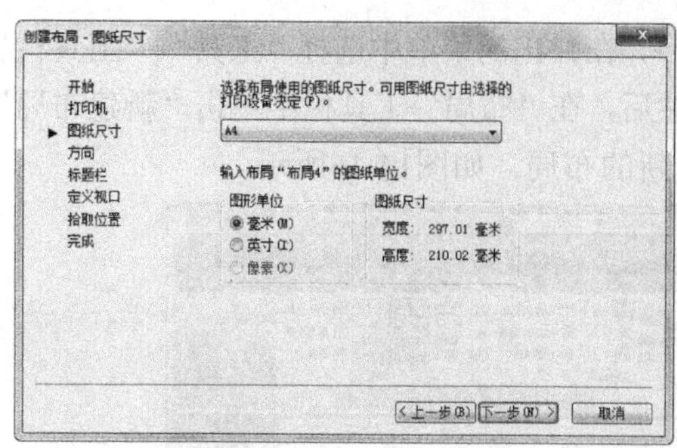

图14-19　指定图纸尺寸

图14-20　指定图纸布局方向

(5) 单击"下一步"按钮，系统将打开如图 14-21 所示的"创建布局-标题栏"对话框。选择布局在图纸空间所需要的边框或标题栏样式。此时从左侧的列表框中选择样式，在右侧将自动显示预览样式效果。

(6) 单击"下一步"按钮，在打开的对话框中设置新创建布局的相应视口，包括视口设置和视口比例等。如果选中"标准三维工程视图"单选按钮，则还需要设置行间距与列间距；如果选中"阵列"单选按钮，则需要设置行数与列数，视口的比例可以从下拉列表中任意选择，如图 14-22 所示。

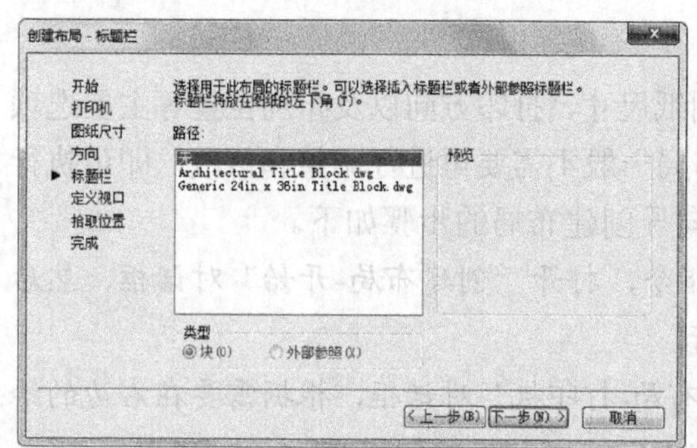

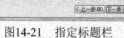

图14-21　指定标题栏

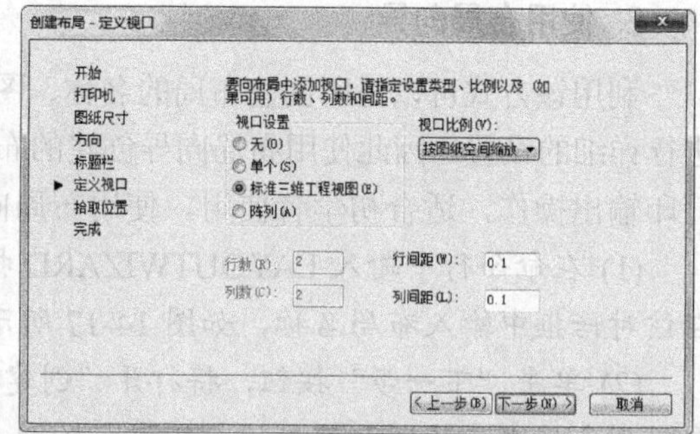

图14-22　"创建布局-定义视口"对话框

(7) 单击"下一步"按钮，在打开的"创建布局-拾取位置"对话框中单击"选择位置"按钮，如图 14-23 所示，切换到布局窗口。

(8) 此时，指定两个对角点确定视口的大小和位置，并单击"完成"按钮，即可创建新布局，效果如图 14-24 所示。

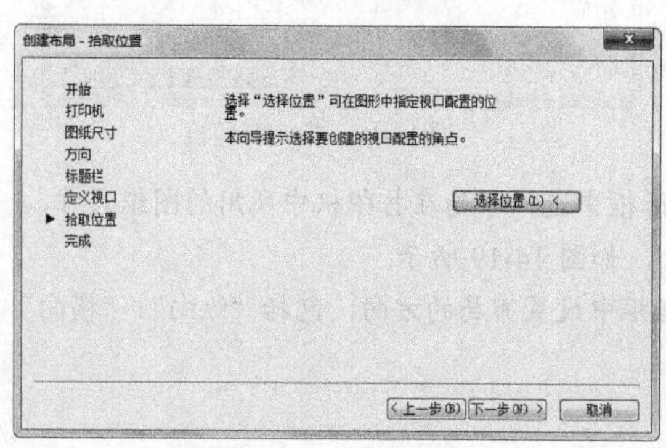

图14-23　选择位置

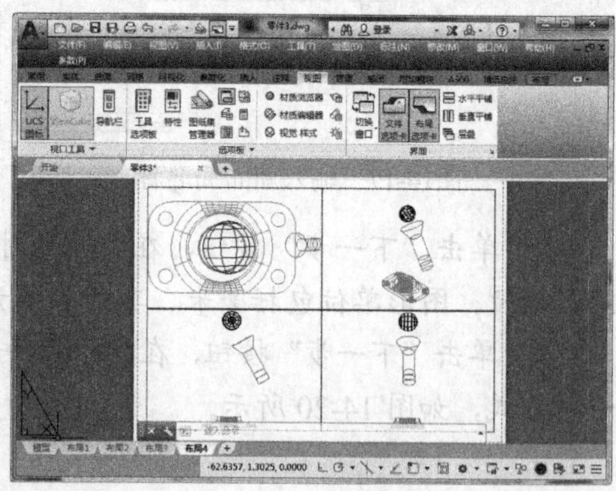

图14-24　创建新布局

14.2.5 页面设置

在进行图纸打印时，必须先对打印页面的打印样式、打印设备、图纸大小、图纸打印方向以及打印比例等参数进行设置。

1. 页面设置选项

在“功能区”选项板中选择“输出”选项卡，在“打印”面板中单击“页面设置管理器”按钮 页面设置管理器，或在“布局”工具栏中单击“页面设置管理器”按钮，或在快速访问工具栏中选择“显示菜单栏”命令，在弹出的菜单中选择“文件”|“页面设置管理器”命令，或直接右击状态栏上已打开的“布局”按钮，在弹出的快捷菜单中，选择“页面设置管理器”命令，都能打开“页面设置管理器”对话框，如图14-25所示。在该对话框中用户可以对页面布局进行新建、修改和输入等操作。

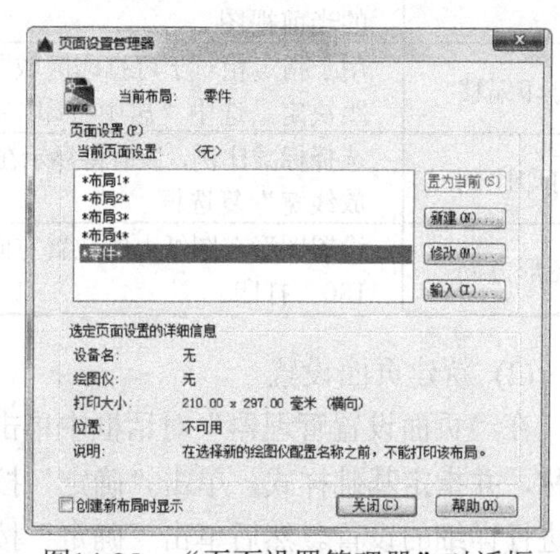

图14-25　“页面设置管理器”对话框

(1) 修改页面设置

通过该操作可以对现有页面进行详细的修改和设置，如打印机类型、图纸尺寸等，从而达到所需的出图要求。

在“页面设置管理器”对话框中单击“修改”按钮，即可在打开的“页面设置”对话框中对该页面进行重新设置，如图14-26所示。

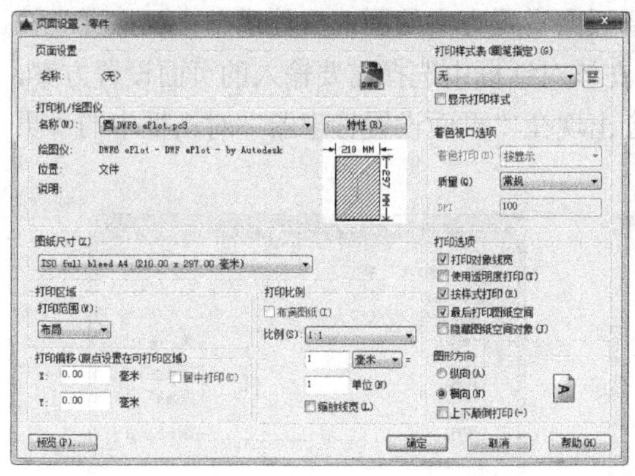

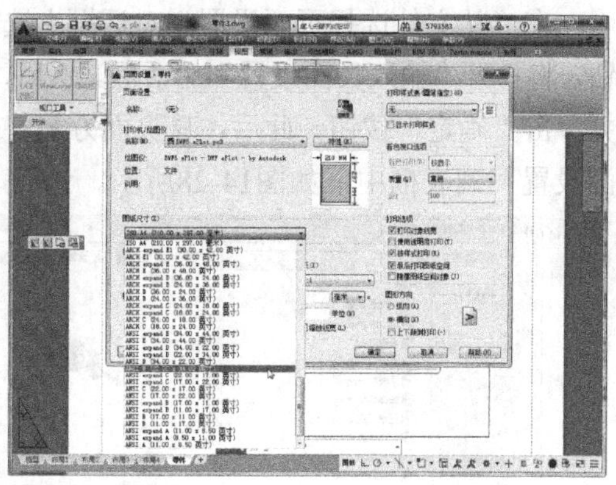

图14-26　“页面设置”对话框

“页面设置”对话框中主要选项的功能如表14-2所示。

表 14-2　“页面设置”对话框中各主要选项的功能

按 钮 名 称	功　　能
打印机/绘图仪	设置打印机的名称、位置和说明。在“名称”下拉列表中选择打印机或绘图仪的类型。单击“特性”按钮，在弹出的对话框中可以查看或修改打印机或绘图仪的配置信息
图纸尺寸	可以在该下拉列表中选取所需的图纸尺寸，并可以通过对话框中的预览窗口进行预览

(续表)

按钮名称	功　能
打印范围	可以对布局的打印区域进行设置。可以在该下拉列表中的4个选项中选择打印区域的确定方式：选择“布局”选项，可以打印指定图纸界限内的所有图形；选择“窗口”选项，可以指定布局中的某个矩形区域为打印区域进行打印；选择“范围”选项，可以打印当前图纸中所有的图形对象；选择“显示”选项，可以用于设置打印模型空间中的当前视图
打印偏移	用于指定相对于可打印区域左下角的偏移量。在布局中，可打印区域左下角点由左边距决定。选中“居中打印”复选框，系统可以自动计算偏移值以便居中打印
打印比例	选择标准比例，该值将显示在自定义中，如果需要按打印比例缩放线宽，可以选中“缩放线宽”复选框
图形方向	设置图形在图纸上的放置方向，如果选中“上下颠倒打印”复选框，表示图形将旋转180° 打印

(2) 新建页面设置

在“页面设置管理器”对话框中单击“新建”按钮，在打开的对话框中输入新页面的名称，并指定基础样式，单击“确定”按钮，即可在打开的“页面设置”对话框中对新页面进行详细的设置。然后单击“确定”按钮，此时设置好的新布局页面将显示在“页面管理器”对话框中。

2. 输入页面设置

命名和保存图形中的页面设置后，要将这些页面设置用于其他图形，可以在“页面设置管理器”对话框中单击“输入”按钮，系统将打开如图14-27所示的“从文件选择页面设置”对话框。

在“从文件选择页面设置”对话框中选择页面设置方案的图形文件后单击“打开”按钮，将打开“输入页面设置”对话框。然后，在该对话框中选择需要输入的页面设置方案，并单击“确定”按钮。此后，该页面方案将会出现在“页面设置管理器”对话框中的“页面设置”列表框中，如图14-28所示。

图14-27　“从文件选择页面设置”对话框

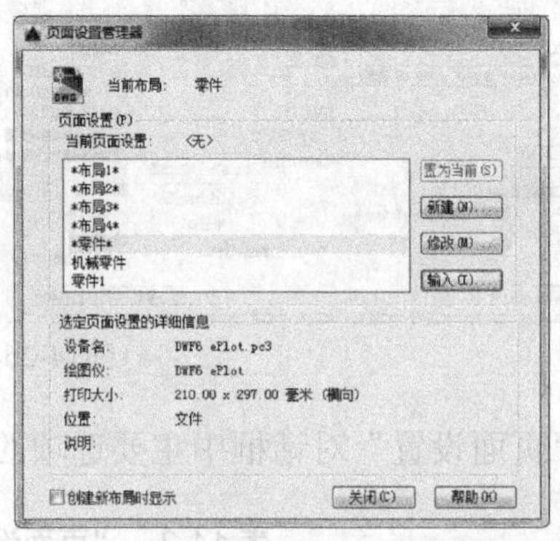

图14-28　显示页面方案

14.3　打印输出

创建完成的图形对象都可以以图纸的形式打印出来，以便后期的工艺编排、交流以及审核。通常在布局空间设置浮动视口，确定图形的最终打印位置，然后通过创建打印样式表进行相应的打印设置，最后执行“打印预览”命令查看布局无误，即可执行打印操作。

14.3.1　打印设置

在打印输出图形时，所打印图形线条的宽度根据对象类型的不同而不同。对于所打印线条的属性，不但可以在绘图时直接通过图层进行设置，还可以利用打印样式表对线条的颜色、线型、线宽、抖动以及端点样式等特征进行设置。打印样式表可以分为颜色打印样式表和命名打印样式表两种类型。

1. 颜色打印样式表

颜色打印样式表是一种根据对象颜色设置的打印方案。在创建图层时，系统将根据所选颜色的不同自动地为其指定不同的打印样式。图14-29所示为“图层特性管理器”对话框。

2. 命名打印样式表

在需要对相同颜色的对象进行不同的打印设置时，可以使用命名打印样式表。使用命名打印样式表时，可以根据需要创建统一颜色对象的多种命名打印样式，并将其指定给对象。

在快速访问工具栏选择“显示菜单栏”命令，在弹出的菜单中选择“文件”|“打印样式管理器”命令(STYLESMANAGE)，可打开如图14-30所示的“打印样式管理器”对话框。在该对话框中，与颜色相关的打印样式表都被保存在以.ctb为扩展名的文件中，命名打印样式表被保存在以.stb为扩展名的文件中。

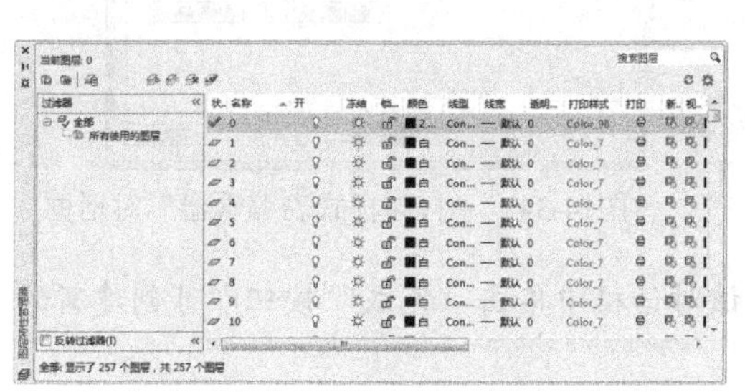

图14-29　“图层特性管理器”对话框

图14-30　“打印样式管理器”对话框

3. 创建打印样式表

当“打印样式管理器”对话框中没有合适的打印样式时，可以进行打印样式的设置，创建新的打印样式，使其符合设计者的要求。

(1) 在“打印样式”对话框中双击“添加打印样式表向导”按钮，在打开的对话框中单击“下一步”按钮，将打开“添加打印样式表-开始”对话框，如图 14-31 所示。然后在该对话框中选中“创建新打印样式表”单选按钮，即可创建新打印样式表。

(2) 接下来，单击“下一步”按钮，将打开如图 14-32 所示的对话框，该对话框提示选择表格类型，即选择创建颜色相关打印样式表，还是创建命名打印样式表。

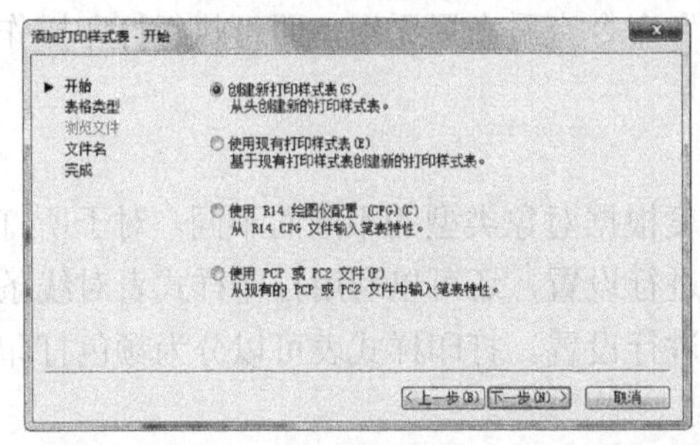

图14-31　“添加打印样式表-开始”对话框

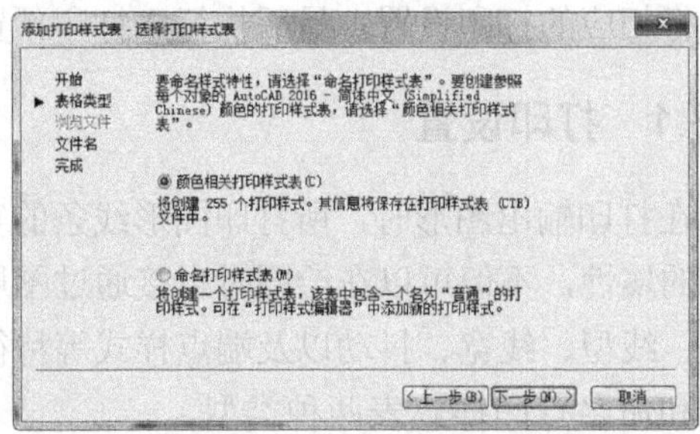

图14-32　选择表格类型

(3) 继续单击“下一步”按钮，并在打开的对话框中输入新文件名，然后单击“下一步”按钮，在打开的对话框中单击“打印样式表编辑器”按钮，如图14-33所示，打开“打印样式表编辑器”对话框。

(4) 在打开的“打印样式表编辑器”对话框中完成样式表设置，如图14-34所示。如果需要将打印样式表另存为其他文件，可以单击“另存为”按钮；如果需要修改后将结果直接保存在当前打印样式表文件中，单击“保存并关闭”按钮。

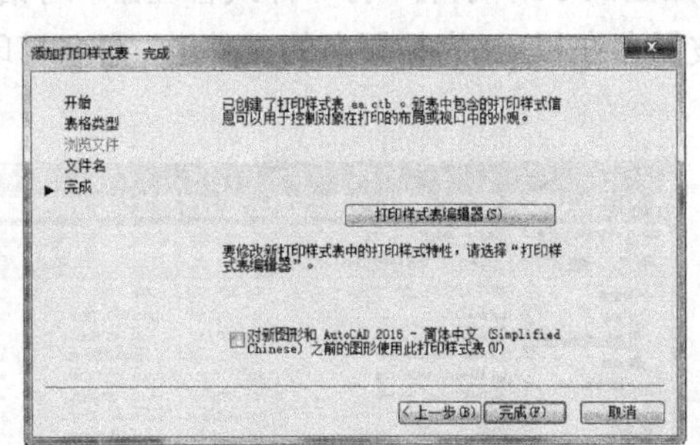

图14-33　单击“打印样式表编辑器”按钮

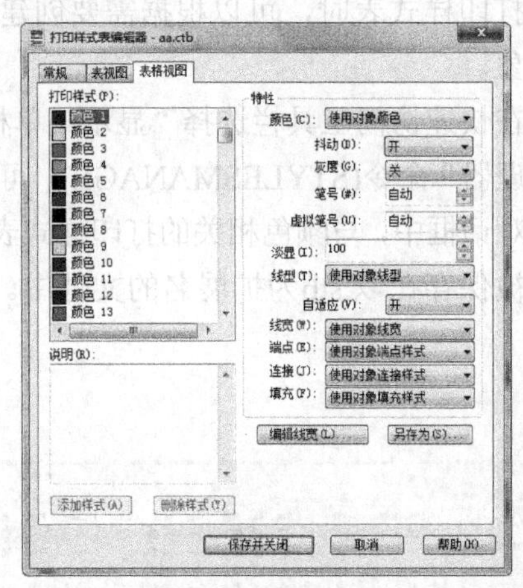

图14-34　“打印样式表编辑器”对话框

(5) 返回“添加打印样式表”对话框，在该对话框中单击“完成”按钮即可创建新的打印样式。

14.3.2　三维打印

三维打印功能可以让设计者通过Internet连接来直接输出设计者的3D AutoCAD图形到支持STL的打印机。借助三维打印机或通过相关服务提供商，可以轻松地将3D模型和物理原型连接到需要三维打印服务或个人的3D打印机上，设计者可以立即将设计创意变为现实。

下面将介绍三维打印的具体操作步骤。

(1) 在三维建模工作空间中，在“功能区”选项板中选择“输出”选项卡，在“三维打印”面板中单击“发送到三维打印服务”按钮，将打开如图14-35所示的提示对话框。

(2) 选择“继续”选项，进入到绘图区窗口，光标位置将显示“选择实体或无间隙网络”的提示信息。此时，用户可以框选三维打印的模型对象，如图 14-36 所示。

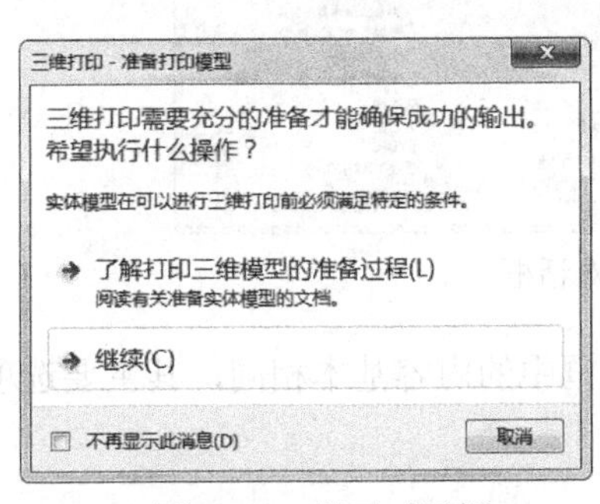

图14-35 提示对话框

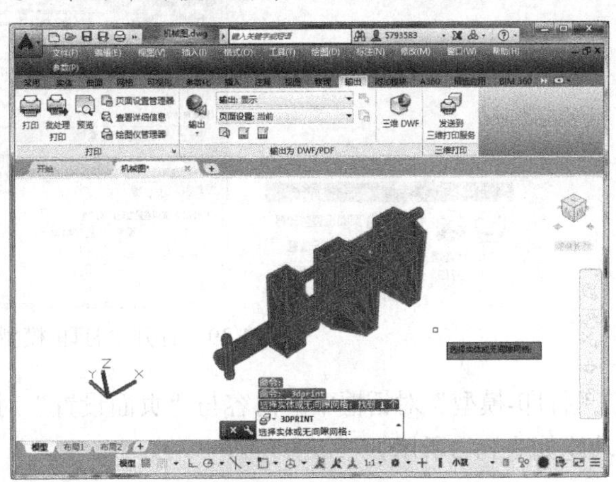

图14-36 选择实体

(3) 选取实体后，按下回车键，将打开“三维打印选项”对话框。在该对话框的“对象”选项组中将显示已选择对象，并在“输出预览”选项组中显示三维打印预览效果，用户可以放大、缩小、移动和旋转三维实体，如图 14-37 所示。

(4) 完成以上设置后，单击“确定”按钮，将打开如图 14-38 所示的“创建 STL 文件”对话框。此时，输入文件名称，将创建一个用于 Internet 连接的 3D AutoCAD 图形到支持 STL 的打印机。

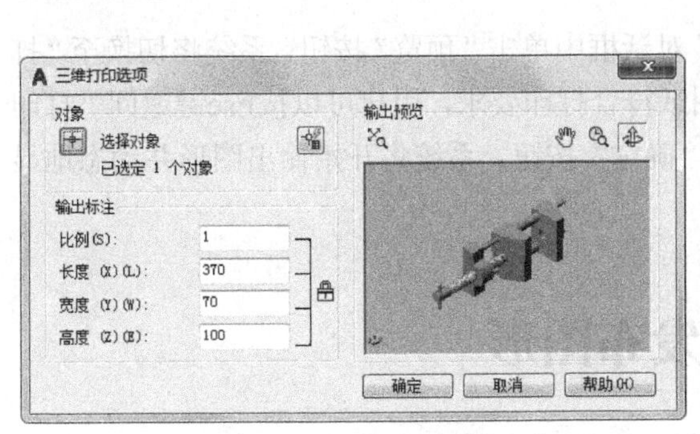

图14-37 “三维打印选项”对话框

图14-38 “创建STL文件”对话框

14.3.3 输出图形

打印输出就是将最终设置完成后的图纸布局通过打印的方式输出该图形，或将图纸信息输出到其他程序中，方便进行零部件加工工艺的辅助加工。

在“功能区”选项板中选择“输出”选项卡，在“打印”面板中单击“打印”按钮，将打开“打印-模型”对话框，如图14-39所示。

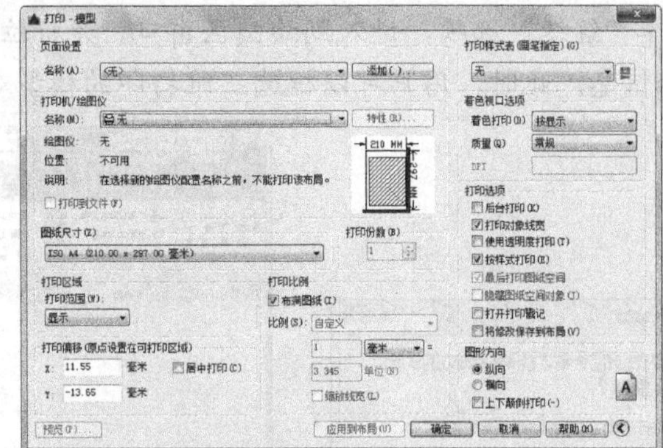

图14-39　打开“打印-模型”对话框

“打印-模型”对话框中的内容与“页面设置”对话框中的内容基本相同，其主要选项的功能如表14-3所示。

表 14-3　“打印-模型”对话框中各主要选项的功能

按 钮 名 称	功　能
页面设置	在该选项组中，可以选择设置名称和添加页面设置。在“页面设置”选项组的“名称”下拉列表中，可以选择打印设置，并能够随时保存、命名和恢复“打印”和“页面设置”对话框中所有的设置。单击“添加”按钮，打开“添加页面设置”对话框，可以从中添加新的页面设置
打印到文件	选中“打印机/绘图仪”选项组中的“打印到文件”复选框，指示将选定的布局发送到打印文件，而不是发送到打印机
打印份数	可以在“打印份数”文本框中设置每次打印图纸的份数

各部分都设置完成后，在“打印-模型”对话框中单击“预览”按钮，系统将切换至“打印预览”界面，进行图纸打印预览。如果图纸符合打印要求，用户可以按Esc键返回“打印-模型”对话框。此时，单击该对话框中的“确定”按钮，系统将开始输出图形并动态地显示绘图进度。

14.4　发布图形

AutoCAD 2018拥有与Internet进行连接的多种方式，并且能够在其中运行Web浏览器。用户可以通过Internet访问或存储AutoCAD图形以及相关文件，并且通过该方式生成相应的DWF文件，以便进行浏览与打印。

14.4.1　创建图纸集

图纸集是来自一些图形文件的一系列图纸的有序集合。用户可以在任何图形中将布局作为图纸编号输入到图纸集中，在图纸预览表和图纸之间建立一种连接。在AutoCAD 2018中，图纸集可以作为一个整体进行管理、传递、发布和归档。

在AutoCAD 2018中，用户可以通过使用“创建图纸集”向导来创建图纸集。在向导中，既可以基于现有图形从头开始创建图纸集，也可以使用样例图纸集作为样板进行创建。

1. 从样例图纸集创建图纸集

在“创建图纸集”向导中，选择从样例图纸集创建图纸集时，该样例将提供新图纸集的组织结构和默认设置。用户可以指定根据图纸集的子集存储路径创建文件夹。使用此选项创建空图纸集后，可以单独地输入布局或创建图纸。

2. 从现有图形文件创建图纸集

在“创建图纸集”向导中，选择从现有文件创建图纸集时，需要指定一个或多个包含图形文件的文件夹。使用此选项，可以指定让图纸集的子集组织复制图形文件的文件夹结构，并且这些图形的布局可以自动输入到图纸集中。另外，通过单击每个附加文件夹的“浏览”按钮，可以轻松地添加更多包含图形的文件夹。

下面将介绍从现有图形文件创建图纸集的具体操作步骤。

(1) 在快速访问工具栏中选择“显示菜单栏”命令，在弹出的菜单中选择“文件”|“新建图纸集”命令，打开“创建图纸集-开始”对话框，如图 14-40 所示。

(2) 在“创建图纸集-开始”对话框中，选中“现有图形”单选按钮，然后单击“下一步”按钮，在打开的“创建图纸集-图纸集详细信息”对话框中输入新建图纸集的名称“图纸集 1”，并指定保存图纸集数据文件的路径，如图 14-41 所示。

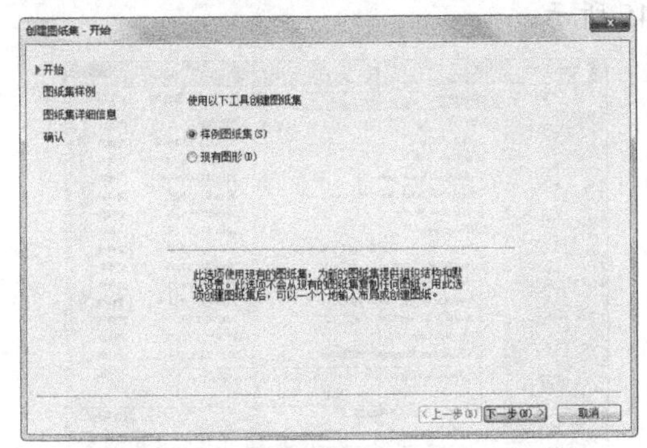

图14-40　“创建图纸集-开始”对话框

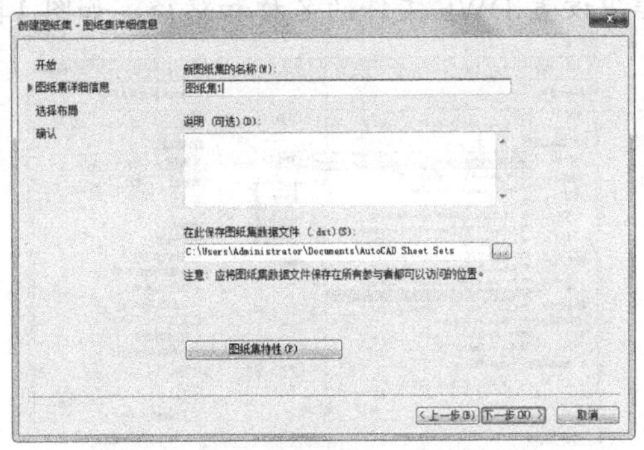

图14-41　输入新图纸集名称

(3) 单击“下一步”按钮，在打开的“创建图纸集-选择布局”对话框中单击“浏览”按钮，在打开的“浏览文件夹”对话框中选择可以将图形中的布局添加至图纸集中的文件夹，如图 14-42 所示。

(4) 单击“下一步”按钮，在打开的“创建图纸集-确认”对话框中，审查要创建的图纸集信息，然后单击“完成”按钮，即可完成操作，如图 14-43 所示。

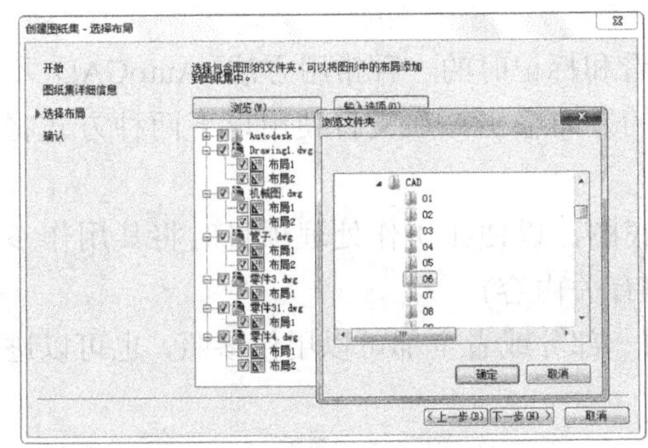

图14-42　指定布局文件夹

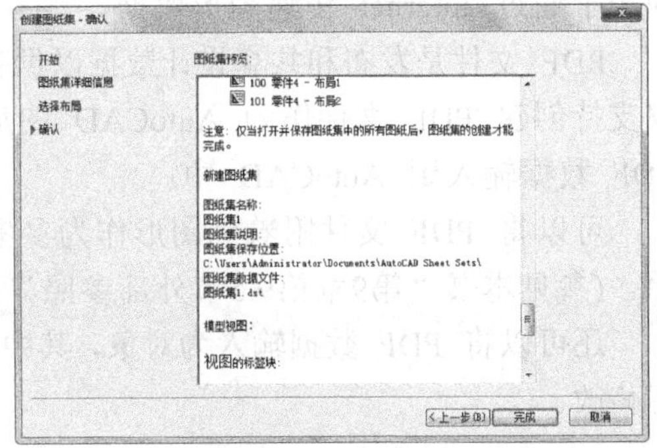

图14-43　审查创建图纸集信息

14.4.2　三维DWF发布

DWF文件是一种安全的适用于在Internet上发布的文件格式，并且可以在任何装有网络浏览器和专用插件的计算机中执行打开、查看或输出操作。此外在发布DWF文件时，可以使用绘图仪配置文件，也可以使用安装时默认选择的DWF6 ePlot.pc3绘图仪驱动程序，还可以修改配置设置，如颜色深度、显示精度、文件压缩以及字体处理等其他选项。

在输入DWF文件之前，首先需要创建DWF文件。在AutoCAD 2018中可以使用ePlot.pc3配置文件创建带有白色背景和纸张边界的DWF文件。在使用ePlot功能时，软件将会创建一个虚拟电子图纸，利用ePlot可指定多种设置(如指定旋转和图纸尺寸等)，并且这些设置都会影响DWF文件的打印效果。

下面以创建一个零件图的DWF文件为例，介绍DWF文件的创建方法。

(1) 在“功能区”选项板中选择“输出”选项卡，在“打印”面板中单击“打印”按钮，打开“打印-模型”对话框，然后在该对话框中设置打印机为 DWF6 ePlot.pc3，如图 14-44 所示。

(2) 在“打印-模型”对话框中单击“确定”按钮，并在打开的“浏览打印文件”对话框中设置 DWF 文件的名称和路径，如图 14-45 所示。

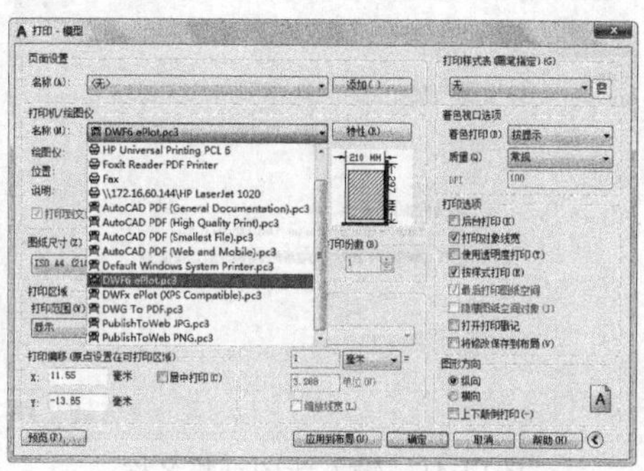

图14-44　“打印-模型”对话框

图14-45　“浏览打印文件”对话框

(3) 在“浏览打印文件”对话框中单击“保存”按钮，即可完成 DWF 文件的创建操作。

14.4.3　PDF的输入与输出

便携文档格式 (PDF) 是可在多个平台上查看的压缩电子文档格式。PDF 文件广泛应用于通过 Internet 传递图形数据。

PDF 文件是发布和共享设计数据以供查看和标记时的一种常用方法。AutoCAD 不仅支持创建 PDF 文件作为 AutoCAD 图形的发布输出，还支持使用以下两种方式将 PDF 数据输入到 AutoCAD 中：

可以将 PDF 文件附着到图形作为参考底图，以便在协作处理项目时将其用作参照。(参见本书“第9章第9.5节外部参照”的有关内容)

还可以将 PDF 数据输入为对象，其中的一部分或者全部可以用作参照，也可以进行修改。

1. 图形文件输出为 PDF

有许多命令和方法可用来生成 PDF 文件，如表14-4所示。

表 14-4 用于创建 PDF 文件的命令和方法

操 作	命令/方法
将模型空间或单个布局输出为 PDF 文件	PLOT 命令或 EXPORTPDF 命令
将图形的所有布局都输出为 PDF 文件	EXPORTPDF 命令
将图形的选定布局输出为 PDF 文件	PUBLISH 命令
将模型空间和选定布局输出为 PDF 文件	PUBLISH 命令
将多个图形文件输出为 PDF 文件	PUBLISH 命令
将图纸集输出为 PDF 文件	图纸集管理器中的“发布为 PDF”选项

在输出PDF文件之前要进行PDF 预设。PDF 预设是用于控制 PDF 创建过程的设置的已命名编组，并保存为绘图仪配置文件 (*.pc3)。其选项的含义如表14-5所示。

表 14-5 PDF 预设选项的含义

PC3 文件/PDF 预设	详细信息
AutoCAD PDF (General Documentation).pc3	(常规文档)：通用驱动程序适用于大多数用途
AutoCAD PDF (High Quality Print).pc3	(高质量打印)：生成优化的 PDF 文件，以便打印到图纸上
AutoCAD PDF (Smallest File).pc3	(最小文件)：使用尽可能小的文件大小生成 PDF
AutoCAD PDF (Web and Mobile).pc3	(Web和移动设备)：生成一个PDF文件，用于支持超链接移动设备和Web浏览器
DWG to PDF.pc3	AutoCAD 2015和早期版本中使用的通用驱动程序

PDF 文件生成后，所有受支持的对象都将转换为路径、填充、光栅图像、标记和 TrueType 文字。

下面将介绍图形文件输出为 PDF的具体操作步骤。

在“功能区”选项板中选择“输出”选项卡，在“输出为 DWF/PDF”面板中单击“输出”按钮，打开“另存为 PDF”对话框，然后在该对话框中设置 PDF 预设为 AutoCAD PDF (General Documentation).pc3，并设置 PDF 文件的名称和路径，单击“保存”按钮，即可完成输出 PDF 文件的操作，如图 14-46 所示。

另外，也可以在“功能区”选项板中选择“输出”选项卡，在“打印”面板中单击“打印”按钮，打开“打印-模型”对话框，然后在该对话框中设置“打印机/绘图仪”为 AutoCAD PDF (General Documentation).pc3，单击“确定”按钮，如图 14-47 所示。然后在打开的“浏览打印文件”对话框中设置 PDF 文件的名称和路径，并单击“保存”按钮，完成输出 PDF 文件的操作。

2. PDF文件的输入

PDF文件的输入就是从指定的 PDF 文件中将 PDF数据作为二维几何图形、填充、光栅图像和 TrueType 文字输入到AutoCAD当前图形中。可以保留PDF文件的视觉逼真度以及某些特性(如 PDF 比例、图层、线宽和颜色)。

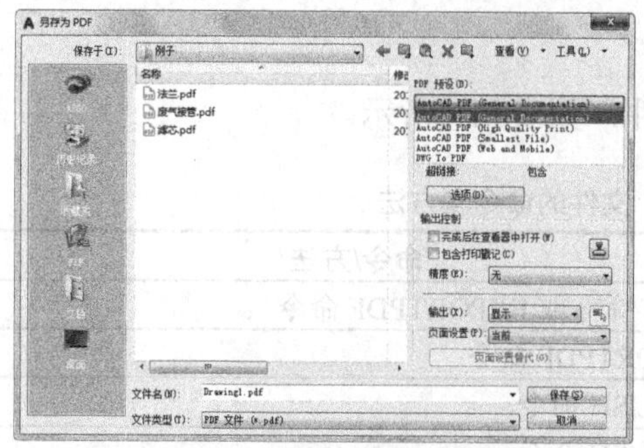

图14-46　“另存为PDF”对话框

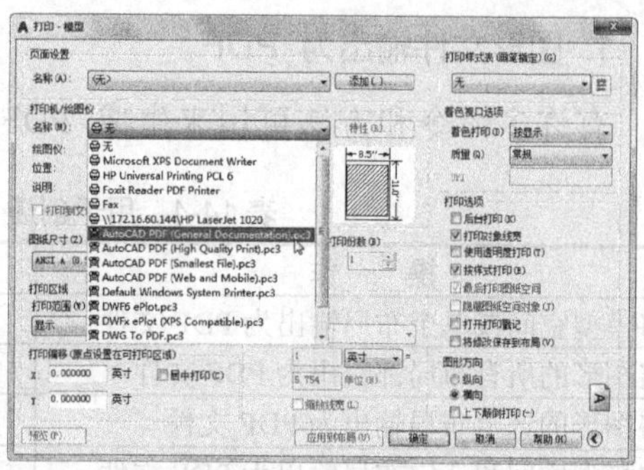

图14-47　“打印-模型”对话框

从PDF中导入图形，包括SHX字体文件、填充、光栅图像和 TrueType 文字，图层可以全部保留，调整图层颜色即可。对象基本都能识别，包括文字(SHX文字除外)。但是不支持图块的导入，也就是说导入CAD后没有图块对象，全部是线对象和文字。

在输入PDF后，可使用 PDFSHXTEXT 命令将任何 SHX 文字的几何图形转换为多行文字对象。转换过程会将所选几何图形与“PDF文字识别设置”对话框中列出的所选 SHX 字体依次进行比较。当几何图形和 SHX 字体匹配密切到足以超过指定的识别阈值时，几何图形就会转换为多行文字对象，如图14-48所示。

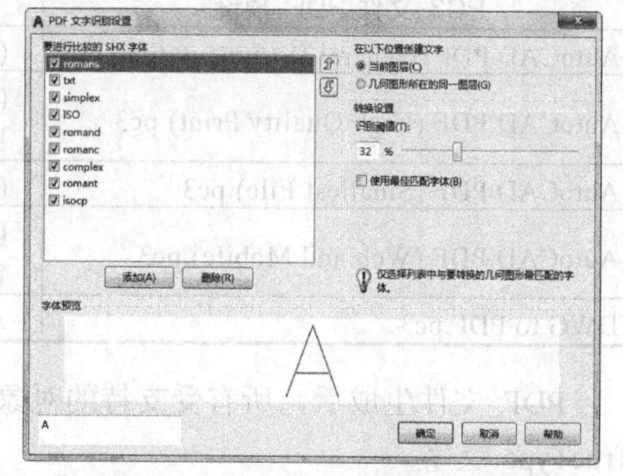

图14-48　“PDF文字识别设置” 对话框

然后，可以使用 TXT2MTXT 命令将所选的多个多行文字对象合并为单个多行文字对象。(参见本书“第6章第6.3.3节合并文字”的有关内容)

下面以在现有图形中插入一个零件图的PDF文件为例，介绍输入PDF文件的方法。

(1) 在“功能区”选项板中选择“插入”选项卡，在“输入”面板中单击“PDF 输入”按钮，打开“选择 PDF 文件”对话框，然后在该对话框中选择一个要插入的 PDF 文件，如图 14-49 所示。

(2) 在“选择 PDF 文件”对话框中单击“打开”按钮，并在打开的“输入 PDF”对话框中设置输入选项包括页面、位置、PDF 数据、图层等，如图 14-50 所示。

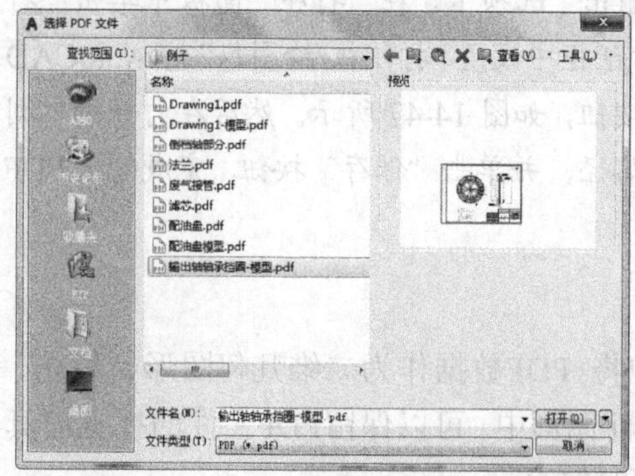

图14-49　“选择PDF文件”对话框

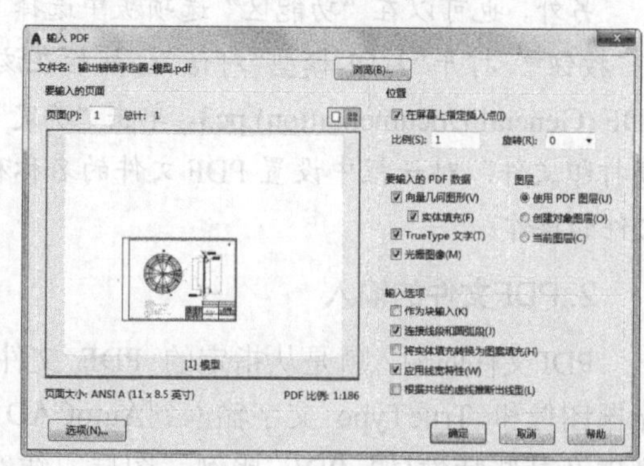

图14-50　“输入PDF”对话框

(3) 在“输入 PDF”对话框中单击“确定”按钮，然后在绘图区选择插入点插入 PDF 图形，如图 14-51 所示。

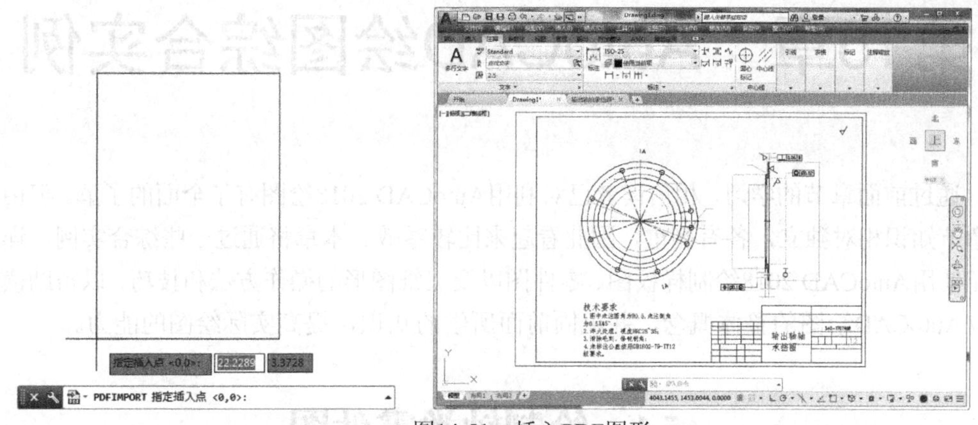

图14-51　插入PDF图形

(4) 在命令行输入 PDFSHXTEXT 命令，根据提示选择显示为几何图形的 SHX 文字，将其转换成多行文字，如图 14-52 所示。

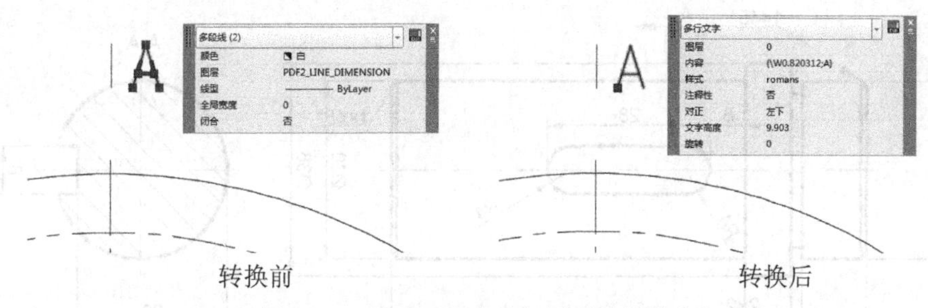

转换前　　　　转换后

图14-52　将SHX文字几何图形转换成多行文字

(5) 在命令行输入 TXT2MTXT 命令，根据提示选择多个多行文字对象，合并为一个多行文字对象，如图 14-53 所示。

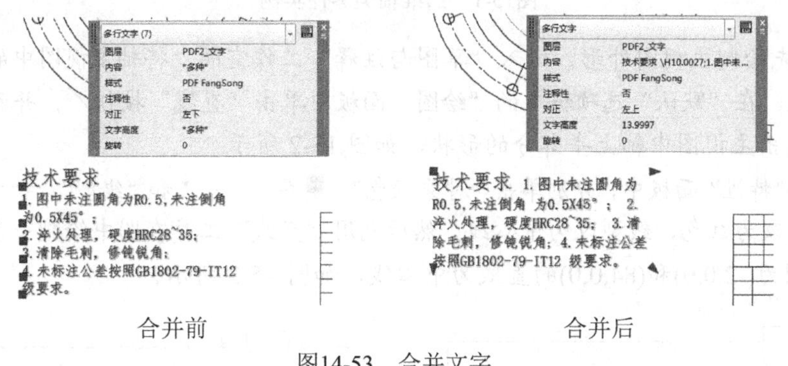

合并前　　　　合并后

图14-53　合并文字

14.5　思考练习

1. 简述AutoCAD 2018中模型空间和布局空间的区别与联系。
2. 在中文版AutoCAD 2018中，使用“设计中心”窗口主要可以完成哪些操作？

第15章　AutoCAD绘图综合实例

通过前面章节的学习，相信读者已对利用AutoCAD 2018绘图有了全面的了解。但由于各章节知识相对独立，各有侧重，因此看起来比较零散。本章将通过一些综合实例，详细介绍使用AutoCAD 2018绘制样板图、零件图以及三维图形的操作方法和技巧，以帮助读者建立AutoCAD绘图的整体概念，并巩固前面所学的知识，提高实际绘图的能力。

15.1　绘制轴类零件图

【练习15-1】使用AutoCAD 2018绘制一个如图15-1所示的二维轴类零件图。

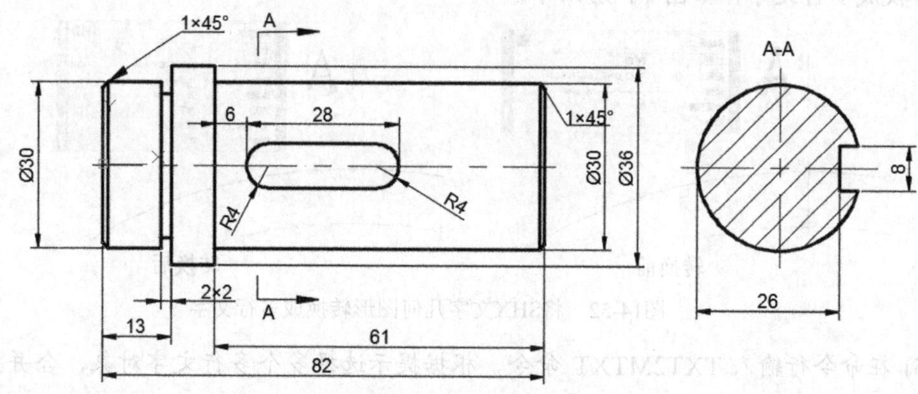

图15-1　二维轴类零件实例

(1) 首先绘制主视图外形。进入“草图与注释”工作空间，将轴主视图中的左端中点放置在原点，在“默认”选项板中的“绘图”面板中单击“直线”按钮，并利用图15-1中尺寸绘制出主视图中轴上半部分的形状，如图15-2所示。

(2) 在“特性”面板中，分别单击“对象颜色”红和“线型”CENT...，将对象颜色改为红色，线型改为中心线。然后利用“直线”工具在图中绘制一条起点和终点坐标分别为(-2,0,0)和(84,0,0)的直线为中心线，如图15-3所示。

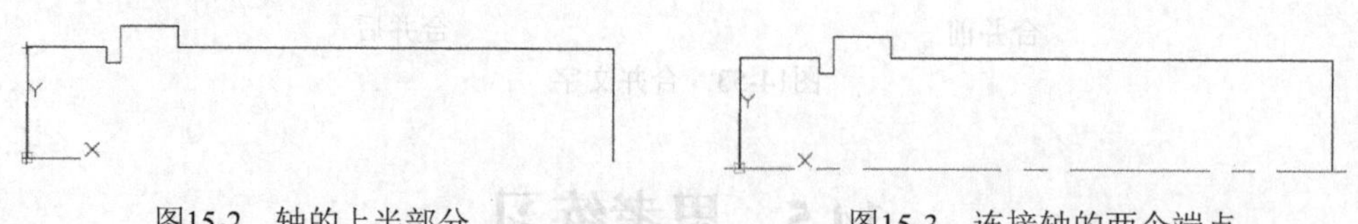

图15-2　轴的上半部分　　　　图15-3　连接轴的两个端点

(3) 在“修改”面板中单击镜像按钮，选择图上所有的实线为镜像对象，选择中心线为镜像线，镜像结果如图15-4所示。

(4) 在“修改”面板中单击“倒角”按钮，对两端进行倒角。在命令行“CHAMFER 选择第一条直线或[放弃(U) 多段线(P) 距离(D) 角度(A) 修剪(T) 方式(E) 多个(M):]”的提示信息下选择“角度(A)”，并指定第一条直线的倒角长度为 1、倒角角度为 45。倒角后效果如图 15-5 所示。

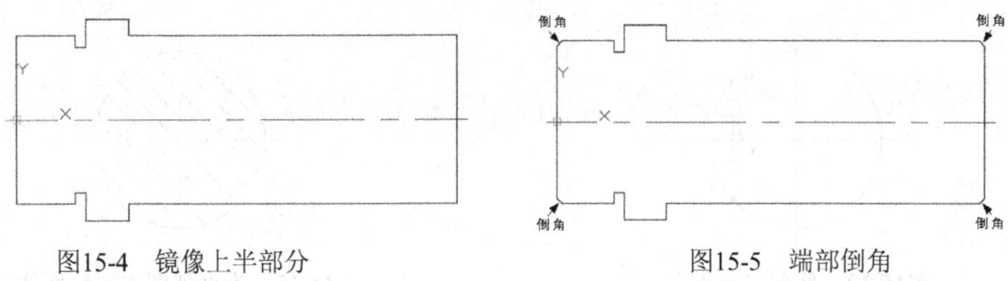

图15-4　镜像上半部分　　图15-5　端部倒角

(5) 将线型改为“实线”，对象颜色改为“黑色”，然后利用“直线”工具将其余需要的直线连接好即可，如图 15-6 所示。

(6) 接着绘制一个如图 15-1 所示的键槽。在“绘图”面板中单击“圆心，半径”按钮，分别以点(31,0)、(51,0)为圆心，绘制两个半径为 4 的圆，效果如图 15-7 所示。

(7) 利用“直线”工具绘制圆的两条切线，效果如图 15-8 所示。

(8) 在“修改”面板中单击“修剪”按钮，将两个圆进行修剪，即完成了键槽的绘制，至此完成了轴主视图的绘制，效果如图 15-9 所示。

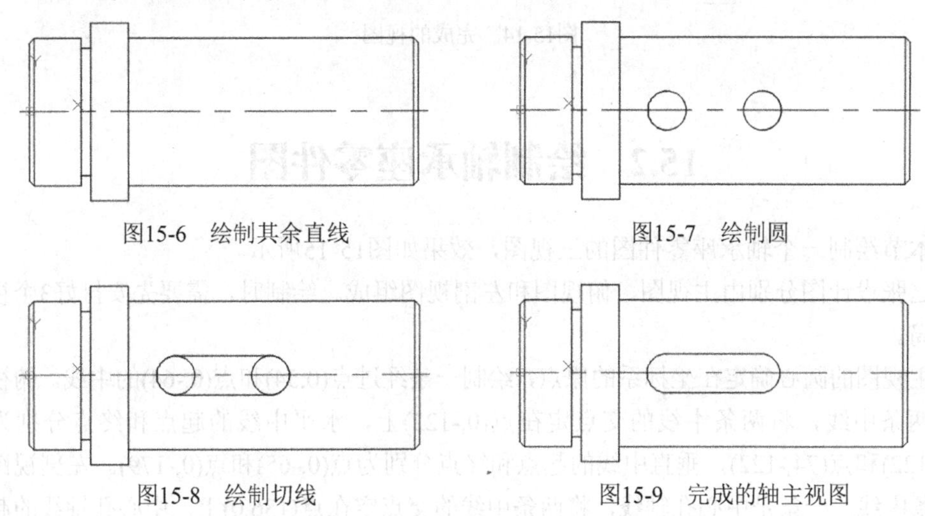

图15-6　绘制其余直线　　图15-7　绘制圆

图15-8　绘制切线　　图15-9　完成的轴主视图

(9) 下面绘制剖视图。首先单击“圆心，半径”按钮，以点(125,0)为圆心，绘制一个半径为 15 的圆及其中线，效果如图 15-10 所示。接着按照图中尺寸完成如图 15-11 所示的绘制，画出槽的深度(136,4)和宽度。

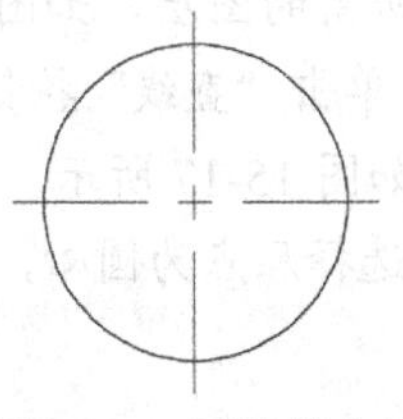

图15-10　圆及其中线

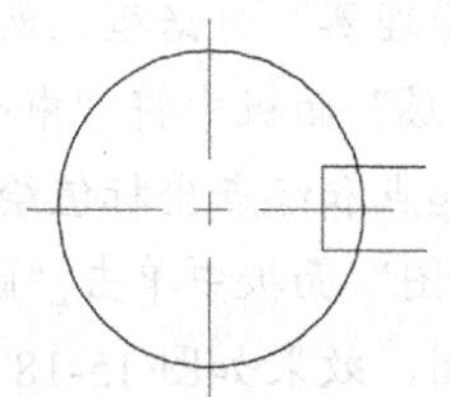

图15-11　画出槽的深度和宽度

(10) 利用“修剪”工具，对圆和另外两条线的多余部分进行修剪，修剪后效果如图 15-12 所示。

(11) 在“绘图”面板中单击“图案填充”按钮，打开“图案填充创建”选项板为剖视图添加剖面线，在“图案”面板中选择图案 ANSI31，完成后效果如图 15-13 所示。

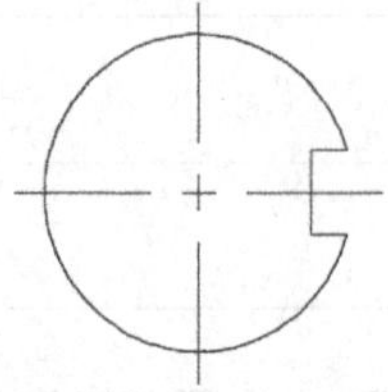
图15-12　修剪多余部分

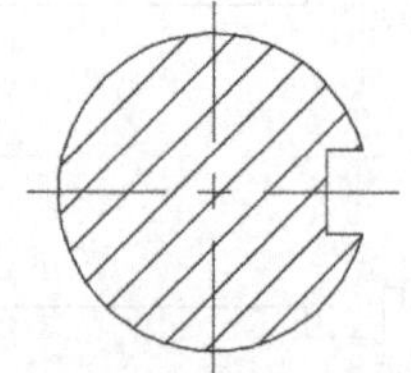
图15-13　为剖视图添加剖面线

(12) 完成绘制的整个图形如图 15-14 所示，接着可进行尺寸与文字标注，请读者自己完成。

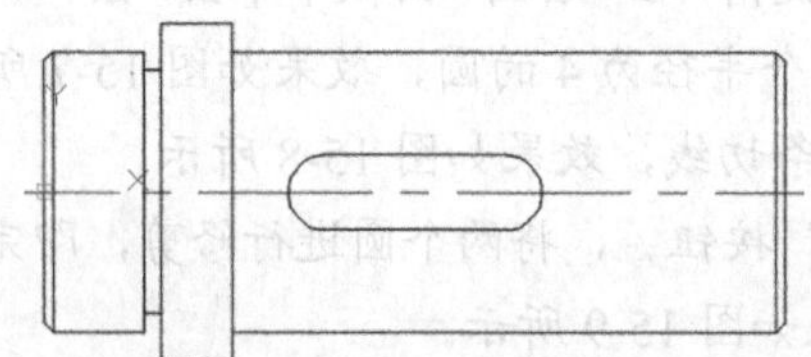
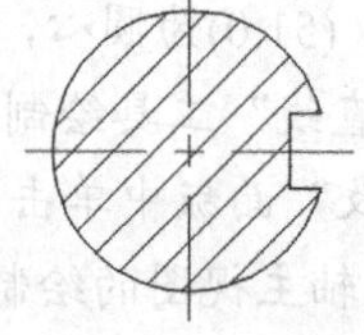
图15-14　完成的视图

15.2　绘制轴承座零件图

本节绘制一个轴承座零件图的三视图，效果如图15-15所示。

这张设计图分别由主视图、俯视图和左剖视图组成。绘制时，需要先安排好3个视图的布局。

主视图的圆心确定在坐标系的原点，绘制一条经过点(0,54)和点(0,-64)的中线。俯视图中有两条中线，将两条中线的交点定在点(0,-122)上，水平中线的起点和终点分别为点(-74,-122)和点(74,-122)，垂直中线的起点和终点分别为点(0,-65)和点(0,-179)。左剖视图中有两条中线，一条是中心孔轴线，将两条中线的交点定在点(136,0)上，中心孔轴线的起点和终点分别为点(79,0)和点(193,0)，垂直中线的起点和终点分别为点(136,54)和点(136,-64)。

【练习15-2】使用AutoCAD 2018绘制如图15-15所示的轴承座零件图。

(1) 进入“草图与注释”工作空间，在“图层”面板中单击“图层特性”按钮，打开“图层特性管理器”对话框，然后在该对话框中新建所需的图层，如图 15-16 所示。

(2) 在“图层”面板中将“中心线”置为当前图层，单击“直线”按钮，分别输入上面各条线的起点和终点坐标值绘制中线，完成后效果如图 15-17 所示。

(3) 在“绘图”面板中单击“圆心，半径”按钮，选择原点为圆心，绘制半径为 35 的螺纹孔中心圆，效果如图 15-18 所示。

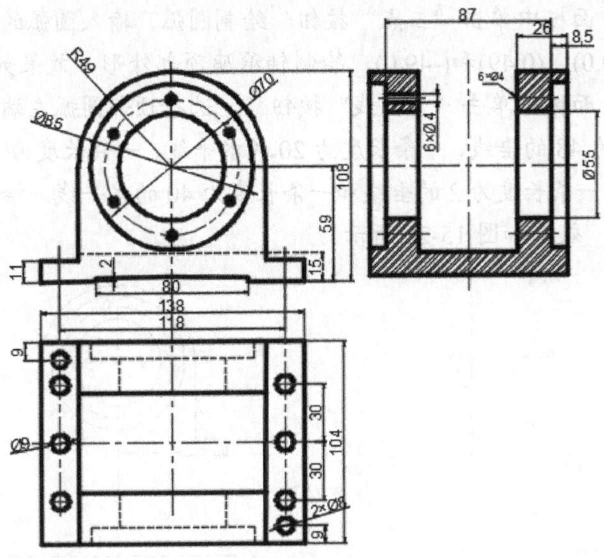

图15-15　轴承座零件图

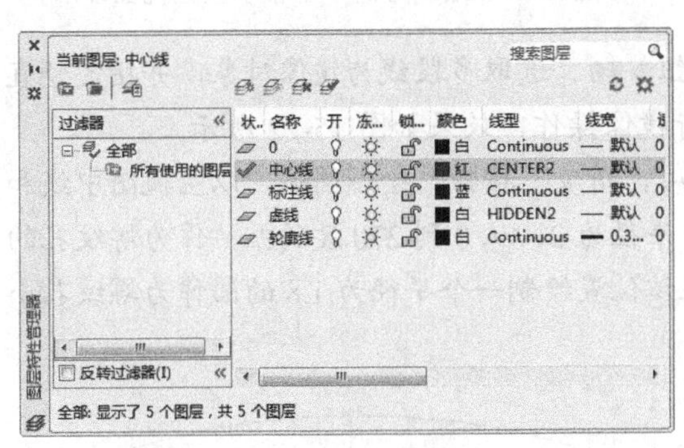

图15-16　“图层特性管理器”对话框

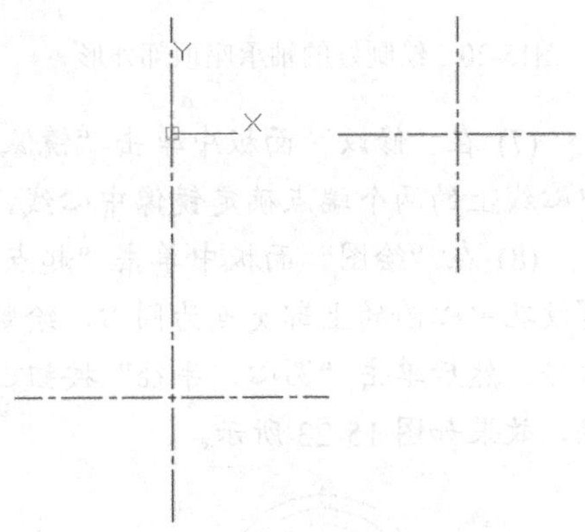

图15-17　绘制中心线

(4) 在“图层”面板中将“轮廓层”图层置为当前图层，然后在“绘图”面板中单击“圆心，直径”按钮⊘，选择原点为圆心，分别绘制直径为55和85的轴承孔，效果如图15-19所示。

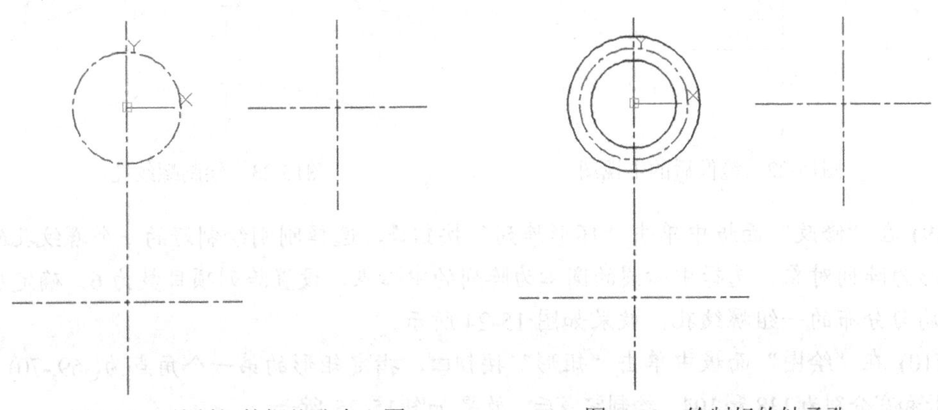

图15-18　绘制好的螺纹孔中心圆　　　　图15-19　绘制好的轴承孔

(5) 在“绘图”面板中单击“三点”按钮绘制圆弧，输入圆弧的起点、第二个点和端点坐标分别为(49,0)、(0,49)和(-49,0)，绘制轴承座顶部外形，效果如图 15-20 所示。

(6) 在“绘图”面板中单击“多段线”按钮，选择顶部圆弧左端为多段线的起点，依次绘制一条长度为 48 的垂线、一条长度为 20 的水平线、一条长度为 11 的垂线、一条长度为 29 的水平线、一条长度为 2 的垂线和一条长度为 40 的水平线。绘制时注意线的方向即可。绘制完成后，效果如图 15-21 所示。

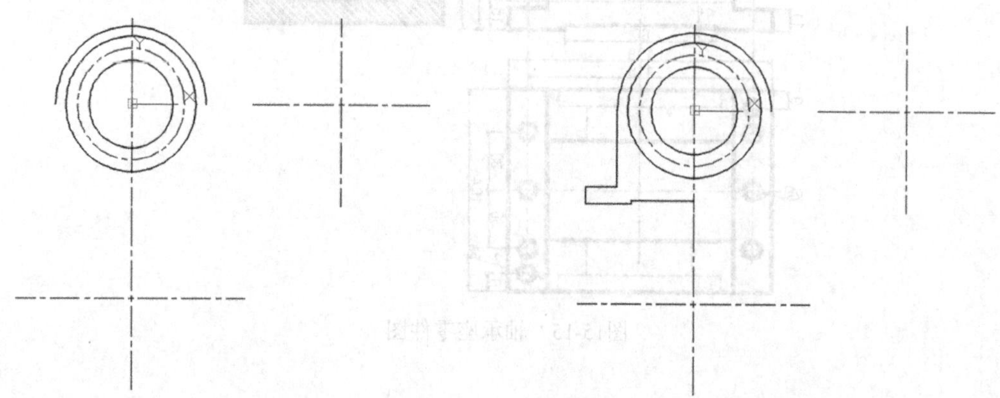

图15-20　绘制好的轴承座顶部外形　　图15-21　绘制好的一半轴承座主视图外形

(7) 在“修改”面板中单击“镜像”按钮，选取多段线为镜像对象，并指定竖直中心线上的两个端点确定镜像中心线，进行镜像操作，效果如图 15-22 所示。

(8) 在“绘图”面板中单击“起点，圆心，角度”按钮绘制圆弧，以主视图中线和螺纹孔中心圆的上部交点为圆心，绘制一个半径为 2、从 0 到 270 度的弧，作为螺纹孔的大径。然后单击“圆心，半径”按钮，在该位置绘制一个半径为 1.8 的圆作为螺纹孔小径，效果如图 15-23 所示。

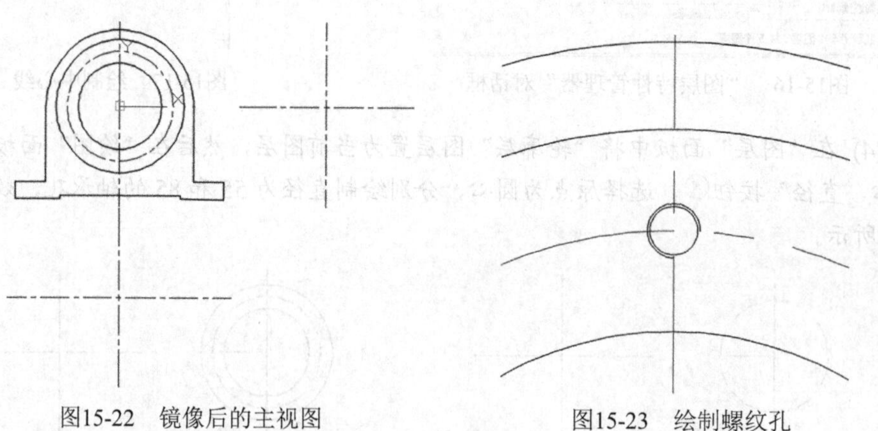

图15-22　镜像后的主视图　　图15-23　绘制螺纹孔

(9) 在“修改”面板中单击“环形阵列”按钮，选择刚刚绘制好的一个螺纹孔的两个图形为阵列对象，选择中心圆的圆心为阵列的中心点，设置阵列项目数为 6，确定后，生成均匀分布的一组螺纹孔，效果如图 15-24 所示。

(10) 在“绘图”面板中单击“矩形”按钮，指定矩形的第一个角点为(-69,-70)，矩形的长和宽分别为 138 和 104。绘制完成后，效果如图 15-25 所示。

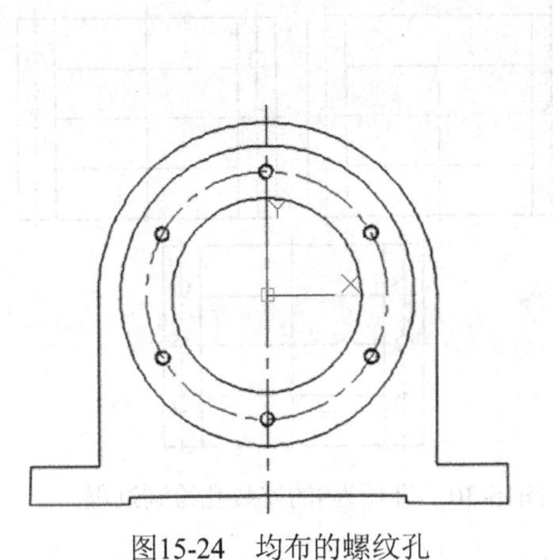

图15-24 均布的螺纹孔

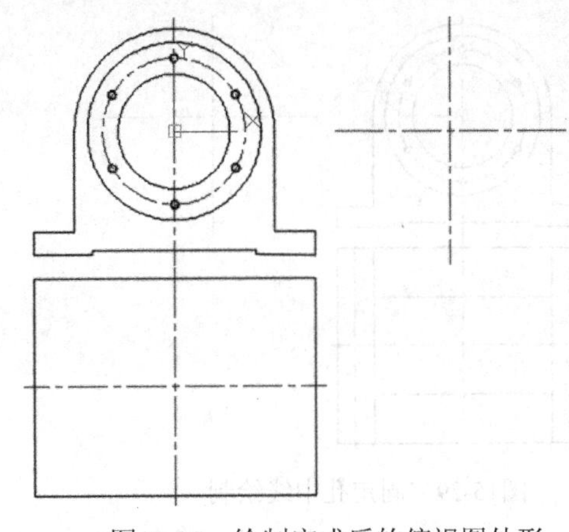

图15-25 绘制完成后的俯视图外形

(11) 在"绘图"面板中单击"直线"按钮，主视图顶部外形两边的投影线如图 15-26 所示。然后在"修改"面板中单击"修剪"按钮，首先选择要保留的线段部分，确定后再选择要修剪的线段部分，依次对两条线进行修剪，效果如图 15-27 所示。

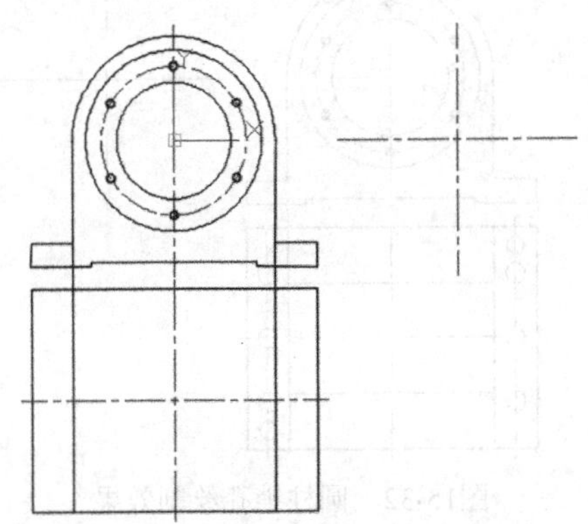

图15-26 绘制完成后的顶部外形投影线

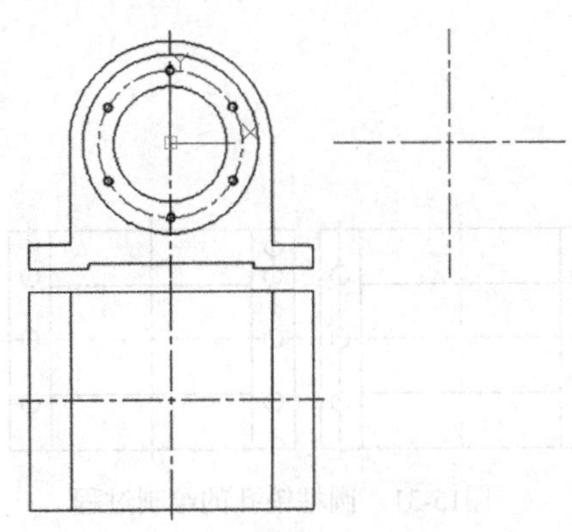

图15-27 修剪后的投影线

(12) 依次利用"直线"、"修剪"、"镜像"工具绘制轴承空隙部分俯视效果图，在水平中线上方距离为 26 处绘制一条直线，再进行修剪，然后通过镜像得到需要的图素。这里将具体步骤用图形的方式表现，效果如图 15-28 所示。

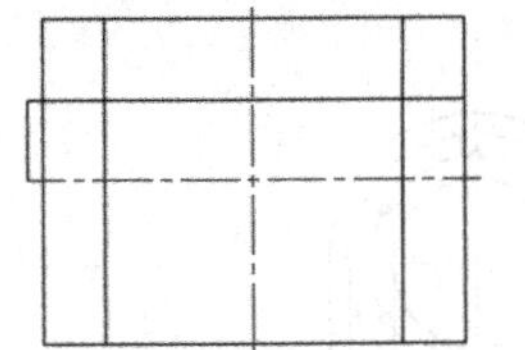
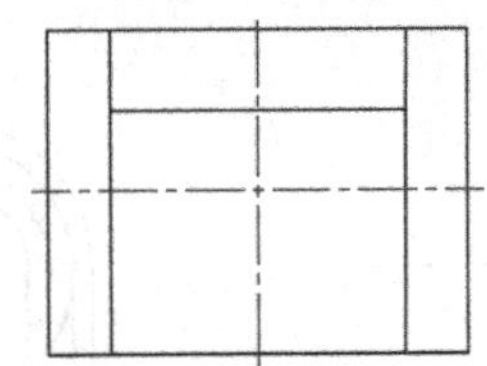
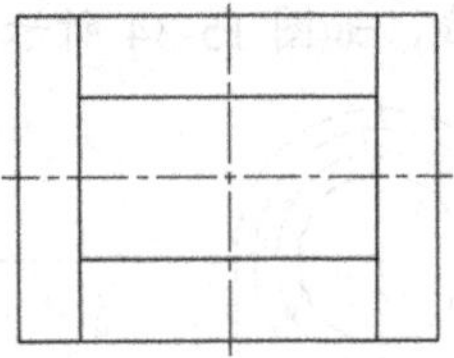

图15-28 绘制轴承空隙部分俯视效果

(13) 在"修改"面板中单击"复制"按钮复制，先选择垂直中线，指定中心点为基点，分别将垂直中线左右水平移动 59，即可得到两条固定孔的中线，效果如图 15-29 所示。

(14) 在两条固定孔中线与水平中线的交点处，绘制两个直径为 9 的圆。然后上下进行两次复制平移(距离为 30)，即可得到安装孔的图形。整个绘制过程如图 15-30 所示。

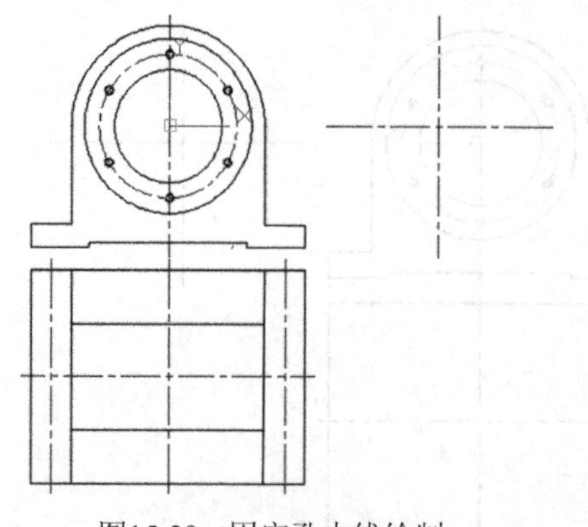

图15-29　固定孔中线绘制

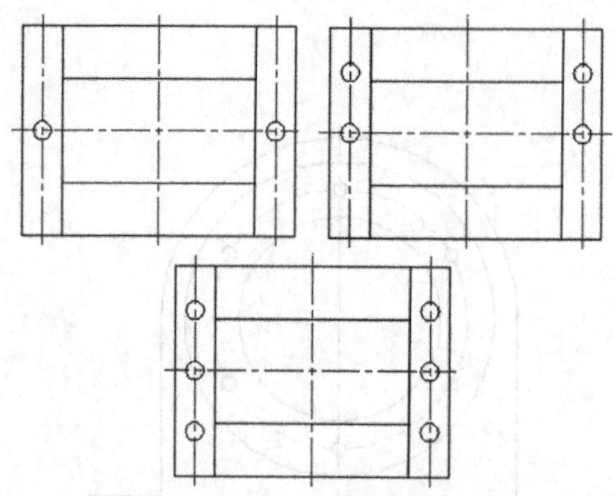

图15-30　直径为9的安装孔绘制过程

(15) 在俯视图上部长边与左边的固定孔中心线相交处绘制一个直径为 8 的圆，然后向下平移(距离为 9)。具体操作过程如图 15-31 所示。使用同样的操作方法，绘制另一个圆柱销孔，完成后效果如图 15-32 所示。

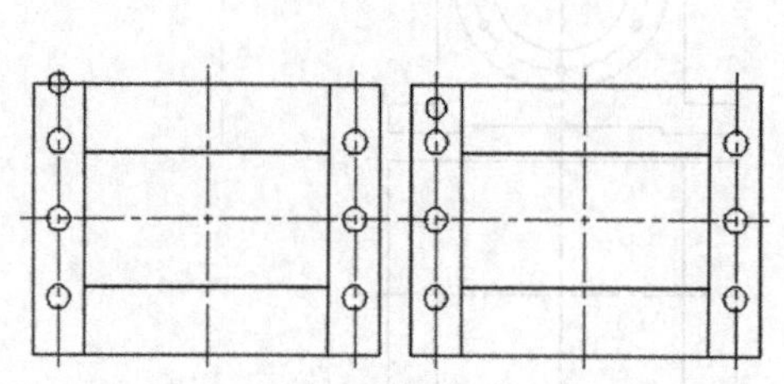

图15-31　圆柱销孔的绘制过程

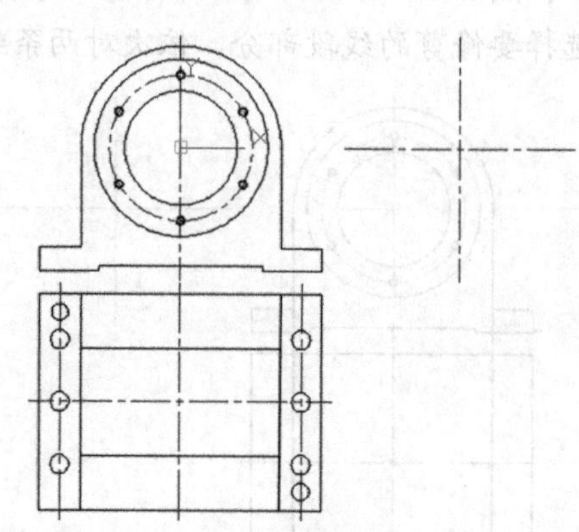

图15-32　圆柱销孔绘制效果

(16) 在“图层”面板中将“中心线”置为当前图层，为每个孔绘制水平中线。完成后，效果如图 15-33 所示。

(17) 在“图层”面板中将“虚线”置为当前图层，在“绘图”面板中单击“直线”按钮╱，根据视图的投影规律并结合“切点”与“垂足”的对象捕捉功能，绘制主视图中轴承孔的投影线，如图 15-34 所示。

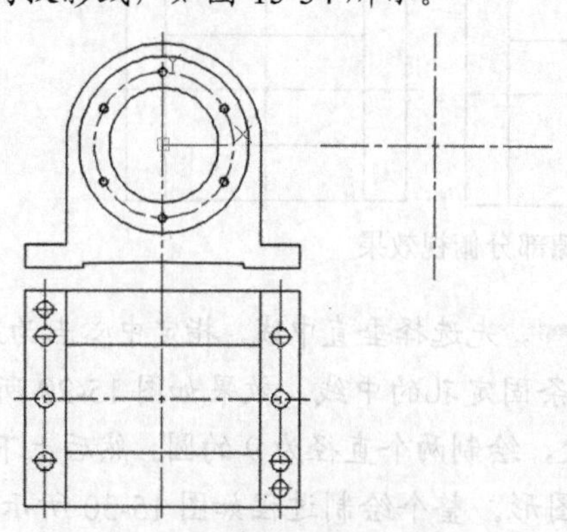

图15-33　绘制固定孔水平中线

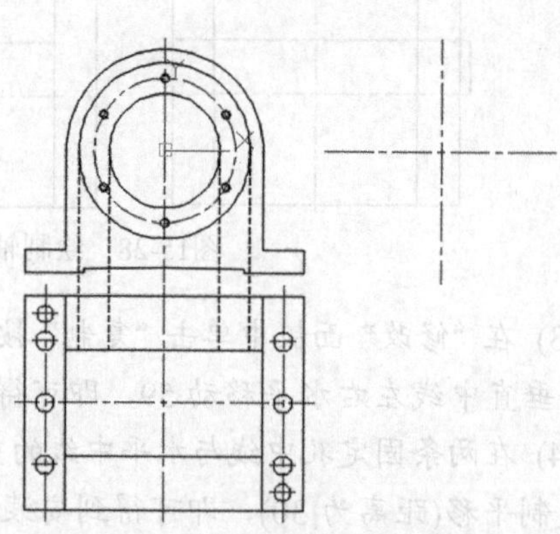

图15-34　绘制轴承孔投影线

(18) 在“绘图”面板中单击“直线”按钮，通过点(-69,-78.5)绘制一条与俯视图上部长边平行的虚线，如图 15-35 所示。然后单击“修剪”按钮，对以上各条线进行修剪。修剪后，效果如图 15-36 所示。再以水平中线为中心进行镜像操作就得到了完整的俯视图，如图 15-37 所示。

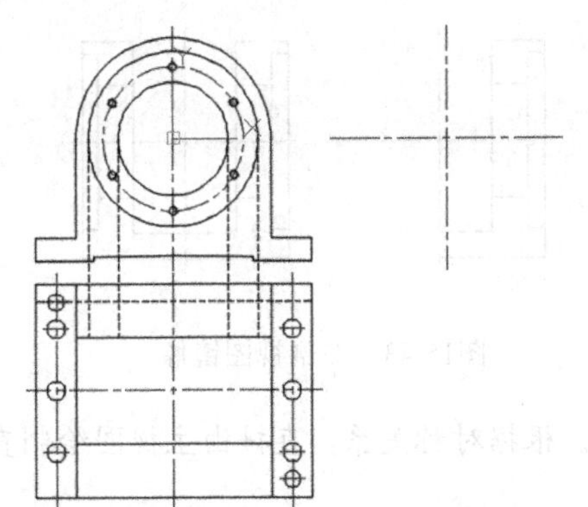
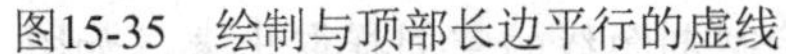
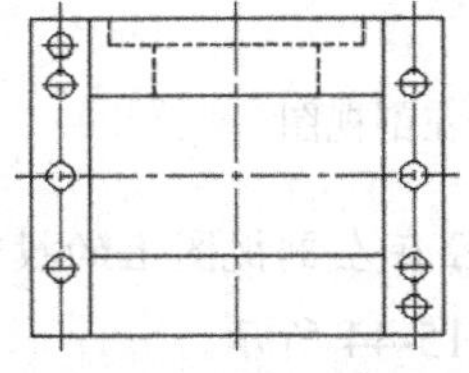
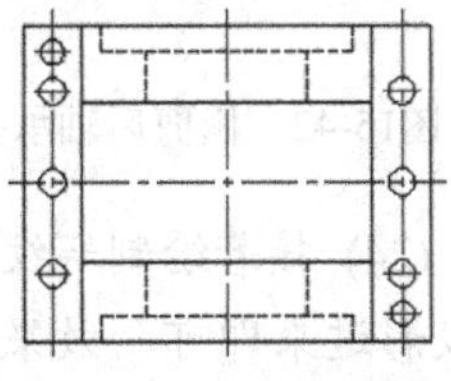

图15-35　绘制与顶部长边平行的虚线　　图15-36　修剪后的虚线　　图15-37　完整的俯视图

(19) 切换至“轮廓线”图层，然后利用“直线”工具根据视图投影规律，并结合极轴追踪功能，以主视图为基准，绘制两条顶部和底部的标准线，如图 15-38 所示。

(20) 利用“多段线”工具，以底部标准线端点为起点，绘制一条长度为 52 的水平线，然后在底部、顶部标准线间绘制一条垂直线，然后依次绘制一条长度为 26 的水平线、一条长度为 93 的垂直线和一条直接连到垂直中心线的水平线。完成后，将上下标准线删除，如图 15-39 所示。

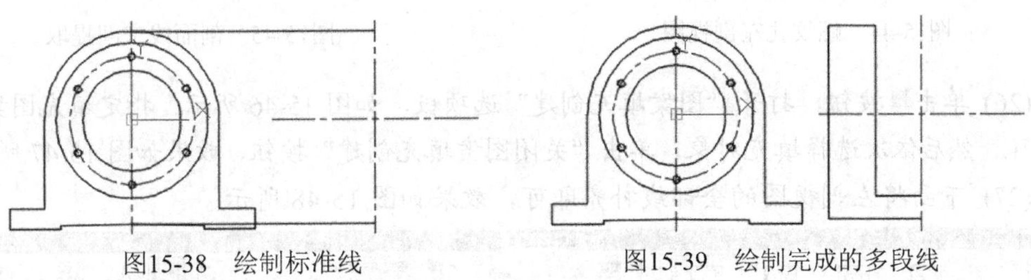

图15-38　绘制标准线　　图15-39　绘制完成的多段线

(21) 利用“直线”工具，将主视图的轴承孔投影过来，如图 15-40 所示。然后在大孔交线处绘制一条长度为 8.5 的水平线和一条垂直线，延伸到轴承孔中线处，如图 15-41 所示。

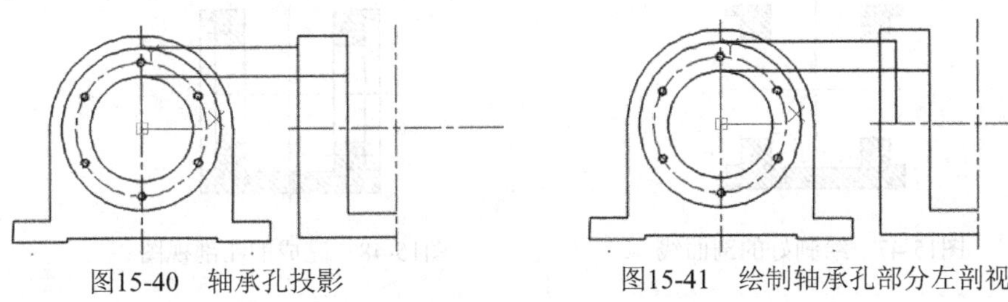

图15-40　轴承孔投影　　图15-41　绘制轴承孔部分左剖视图

(22) 在“修改”面板中单击“修剪”按钮，按设计要求进行修剪。修剪后效果如图 15-42 所示。

(23) 选中刚才绘制的轴承孔部分，单击镜像按钮，沿水平中线进行镜像，然后对所有已经绘制的直线沿垂直中线进行镜像，如图 15-43 所示。

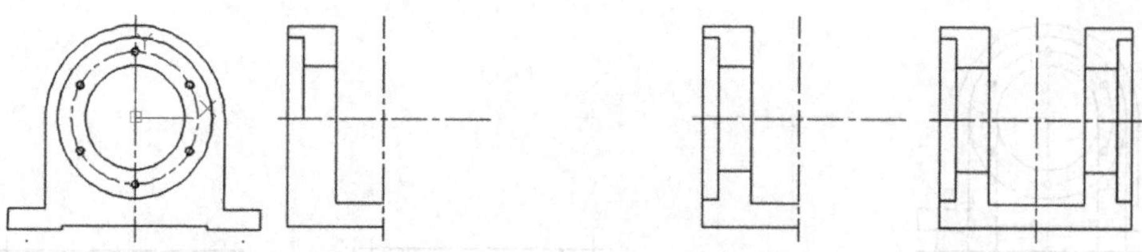

图15-42　修剪后轴承孔部分左剖视图　　图15-43　左剖视图镜像

(24) 接着绘制螺纹孔内径在左剖视图上的投影。根据对称关系，直接由主视图绘制直线投影过来即可，效果如图 15-44 所示。

(25) 利用“修剪”工具，将部分多余直线删除，将绘制剖面线的空间提取出来，如图 15-45 所示。

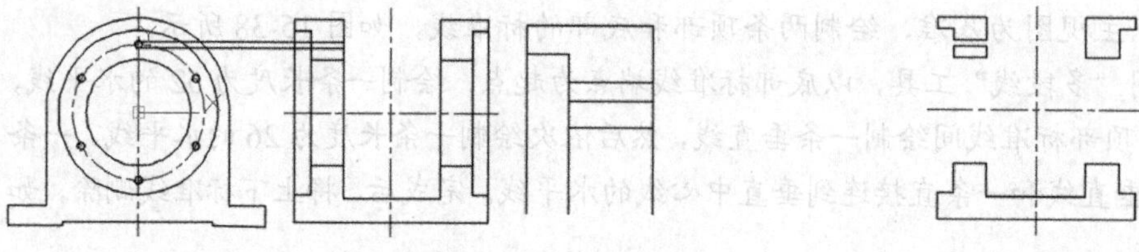

图15-44　螺纹孔左剖视图　　图15-45　剖面线空间提取

(26) 单击按钮，打开“图案填充创建”选项板，如图 15-46 所示。指定填充图案为 STEEL，然后依次选择填充对象，单击“关闭图案填充创建”按钮，效果如图 15-47 所示。

(27) 下面将左剖视图的全部线补齐即可，效果如图 15-48 所示。

图15-46 “图案填充创建”选项板

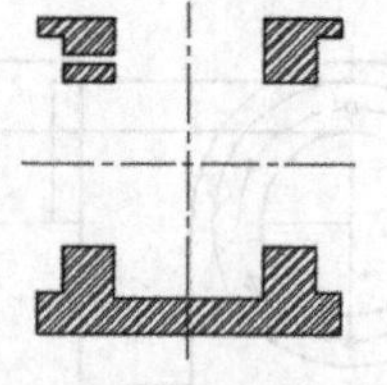

图15-47　绘制好的剖面线

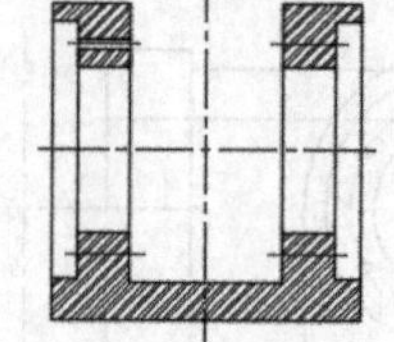

图15-48　完成的左剖视图

(28) 根据投影关系分别参照俯视图和左剖视图，将主视图缺少的线补齐，完成绘制，效果如图 15-49 所示。

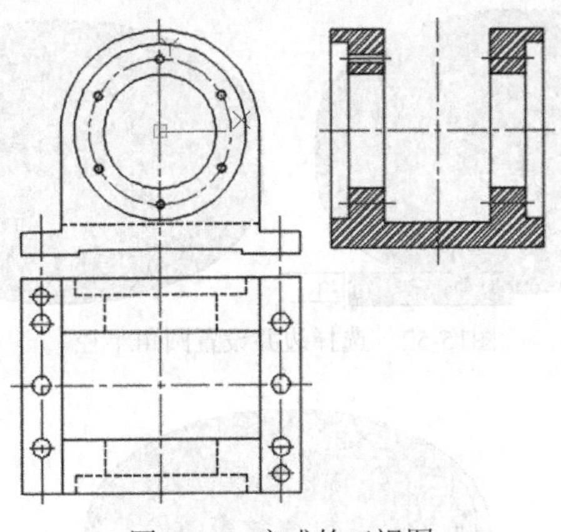

图15-49　完成的三视图

15.3　设计端盖模型

本节将带领读者一起设计一个简单的端盖模型。实例效果如图15-50所示。

图15-50　端盖模型实例

在本次设计中创建该模型的主要命令包括“圆柱体”“圆角”“抽壳”“环形阵列”“差集”和“并集”等，读者可在进行实例操作前复习这些命令的相关操作内容。

【练习15-3】使用AutoCAD 2018绘制一个如图15-50所示的端盖模型。

(1) 进入“三维建模”工作空间，切换视觉样式为“灰度”，切换当前视图为“西南等轴测”，然后在“建模”面板中单击“圆柱体”按钮，绘制一个底面中心点坐标为(0,0,0)，底面半径和高度分别为150和40的圆柱体，如图15-51所示。

(2) 在“修改”面板中单击“圆角”按钮，选择圆柱体的边作为倒圆对象，并设置圆角半径为10，如图15-52所示。绘制完成后的效果如图15-53所示。

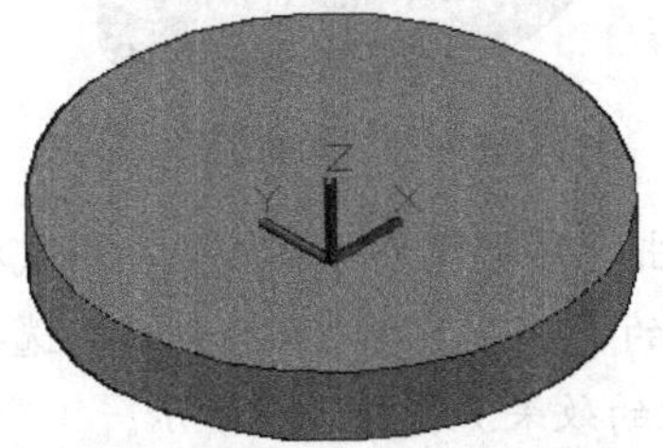

图15-51　绘制圆柱体

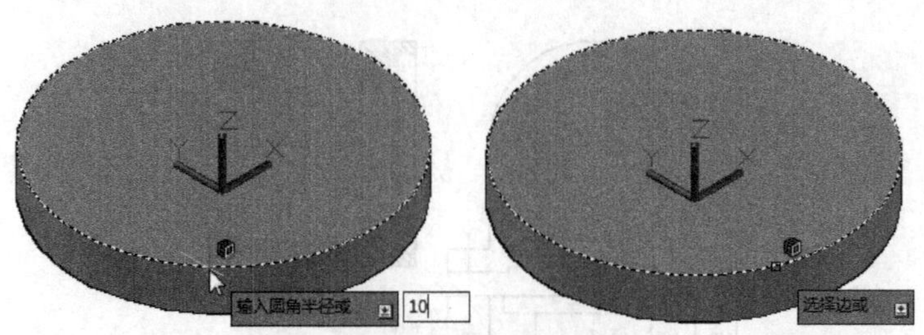

图15-52　选择边并设置圆角半径

图15-53　边加圆角效果

(3) 切换当前视图方式为“仰视”，并在“实体编辑”面板中单击“抽壳”按钮，选择圆柱体的底面作为要穿透的面，并设置抽壳后实体的厚度为 10，效果如图 15-54 所示。绘制完成后效果如图 15-55 所示。

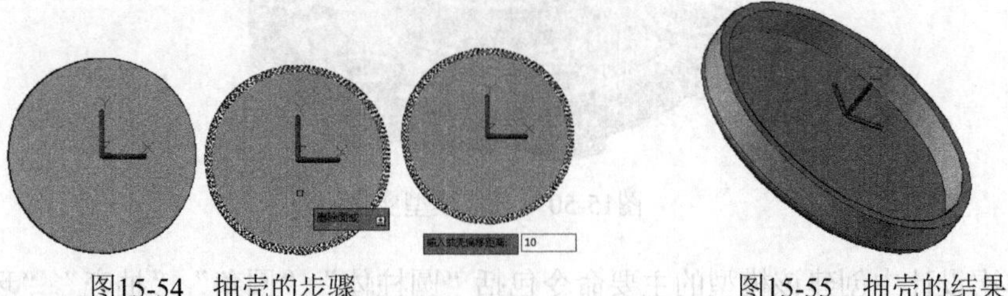

图15-54　抽壳的步骤　　图15-55　抽壳的结果

(4) 在“坐标”面板中单击“UCS，世界”按钮，将当前坐标系恢复为世界坐标系，切换当前视图为“东南等轴测”。然后单击“圆柱体”按钮，分别以底面中心点为(150,0,0)，半径为 30、15，高度为 50 绘制两个同轴圆柱体，效果如图 15-56 所示。

图15-56　绘制同轴圆柱体

(5) 在“修改”面板中单击“环形阵列”按钮，用鼠标选择两个同轴圆柱体为阵列对象，指定圆盘的圆心为阵列的中心点，在“阵列创建”选项板中输入阵列项目数为 6 并取消关联。环形阵列复制圆柱的效果如图 15-57 所示。

(6) 在“实体编辑”面板中单击“实体，差集”按钮，选取圆盘和底面半径为 30 的 6 个圆柱体为源对象，并选取底面半径为 15 的 6 个圆柱体为要减去的对象，进行差集操作，效果如图 15-58 所示。

图15-57 环形阵列圆柱体的结效果

图15-58 求差集效果

(7) 使用“圆柱体”工具，绘制一个底面中心点为(0,0,40)，半径为 70，沿 Z 轴方向高度为 40 的圆柱体，完成后效果如图 15-59 所示。

(8) 在“实体编辑”面板中单击“实体，并集”按钮，选取底面半径为 70 的圆柱体和下方的实体为合并对象，进行并集操作，结果如图 15-60 所示。

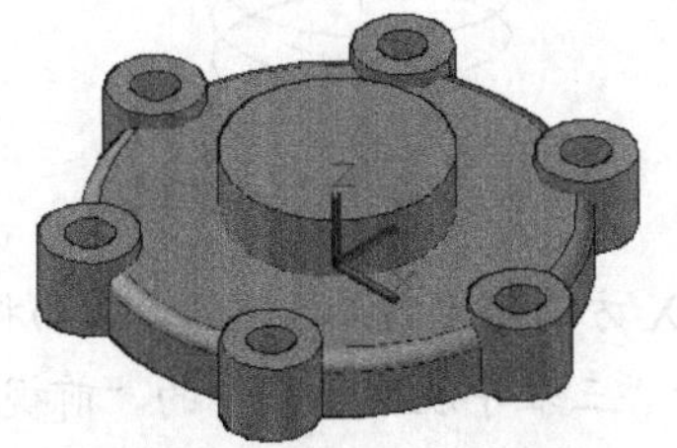
图15-59 绘制圆柱体

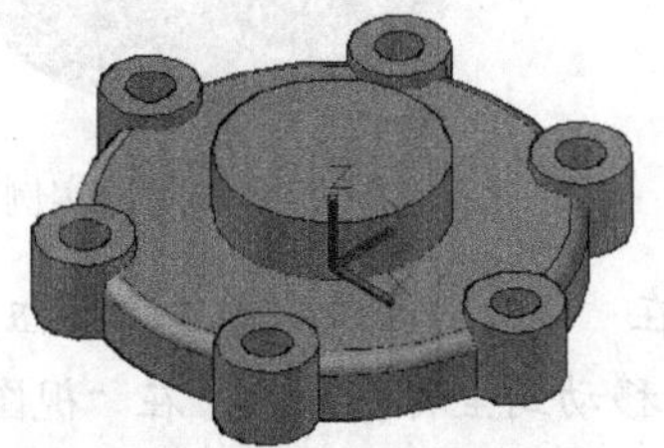
图15-60 合并实体

(9) 切换当前视图方式为“仰视”，并单击“抽壳”按钮，选择圆柱体的底面作为要穿透的面，并设置抽壳后实体的厚度为 10，如图 15-61 所示。绘制完成后效果如图 15-62 所示。

图15-61 选择删除面

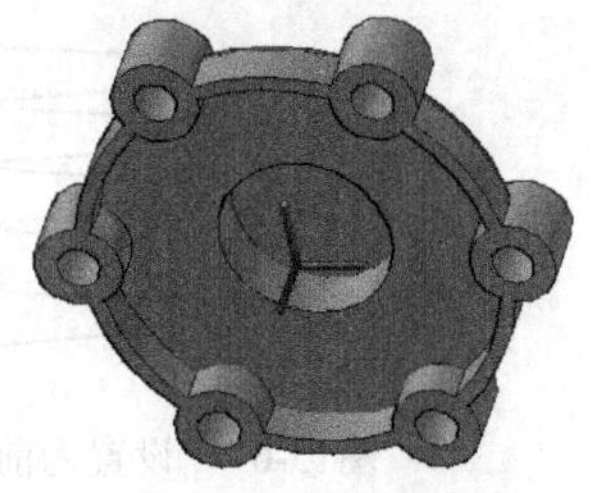
图15-62 实体抽壳

(10) 切换当前视图为“东南等轴测”，利用“圆角”工具，选择圆盘上圆柱体的上边和下边作为圆角对象，并设置圆角半径为 5，如图 15-63 所示。绘制完成后效果如图 15-64 所示。

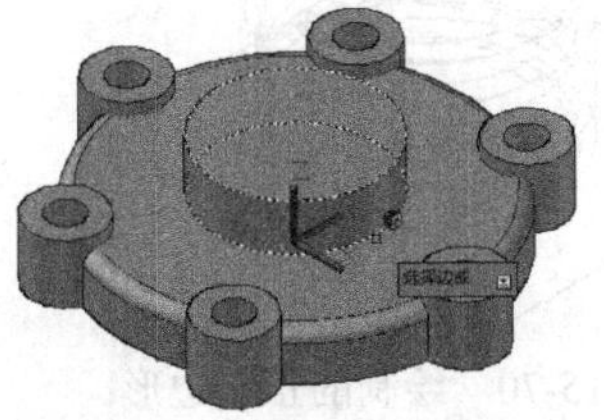
图 15-63 选择要倒圆的边

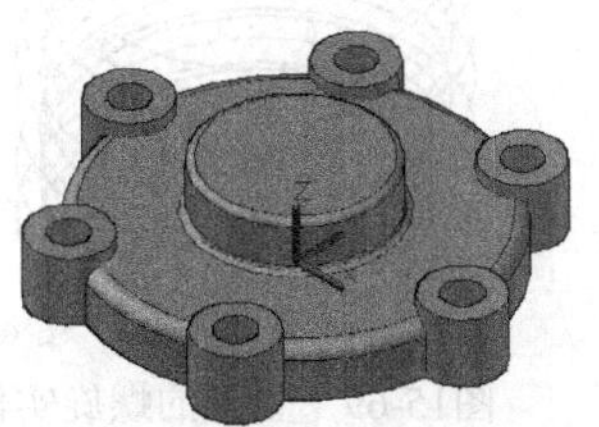
图 15-64 端盖设计结果

15.4　设计螺母模型

【练习15-4】使用AutoCAD 2018绘制一个如图15-65所示的螺母模型。

(1) 在“绘图”面板中单击“螺旋”按钮绘制螺旋，首先输入螺旋底面中心点坐标为(0,0,0)，底面与顶面半径皆为 10，然后在命令行“HELIX 指定螺旋高度或 [轴端点(A) 圈数(T) 圈高(H) 扭曲(W)] <1.0000>:”的提示信息下输入 T，指定圈数为 5，再输入 H，指定圈间距为 3。完成后的效果如图 15-66 所示。

图15-65　螺母实例

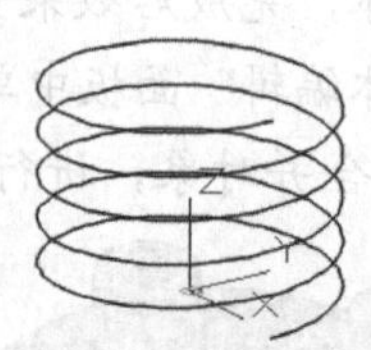

图15-66　绘制完成的螺旋

(2) 在“修改”面板中单击按钮，将螺旋线沿 X 方向移动-10 的距离，从而将螺旋线的起始点移动到坐标系原点。在“视图”面板中选择“三维导航”列表中的“前视”命令，将视图设置为前视图，效果如图 15-67 所示。

(3) 在“绘图”面板中单击“多边形”按钮绘制一个正三边形，外接圆的半径为 0.8，中心在原点。完成后的效果如图 15-68 所示。

(4) 在“建模”面板中单击“扫掠”按钮，选择三边形为要扫掠的对象，螺旋线为扫掠路径，设置完成后在东南等轴测视图下，生成的螺旋实体如图 15-69 所示。

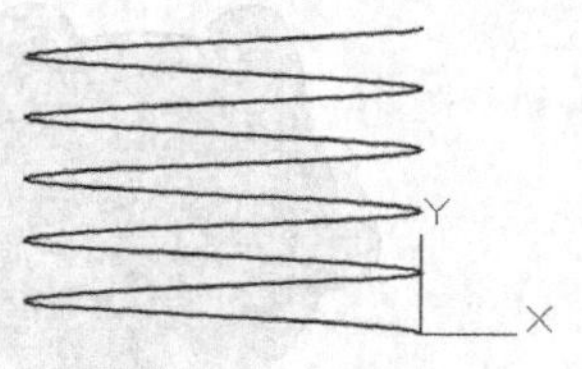

图15-67　设置为前视图

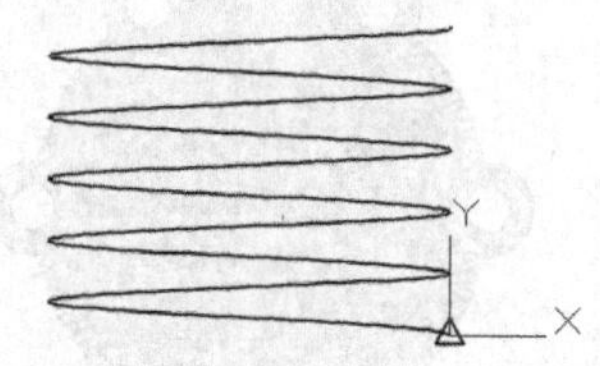

图15-68　绘制正三边形

(5) 在“绘图”面板中单击“多边形”按钮，绘制一个正六边形，外接圆的半径为 18，中心为点(-10,0,0)。绘制完成后，效果如图 15-70 所示。

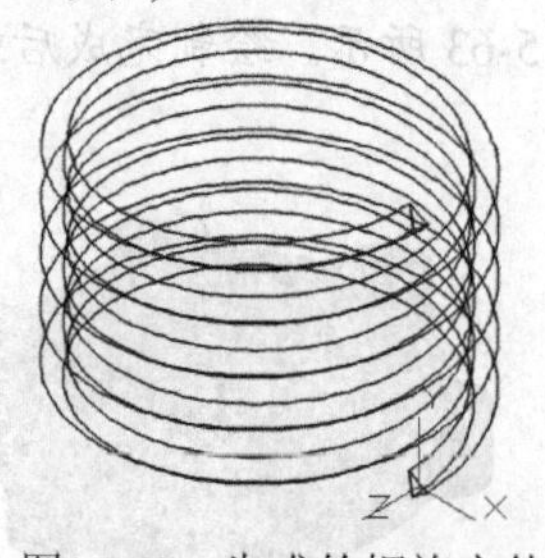

图15-69　生成的螺旋实体

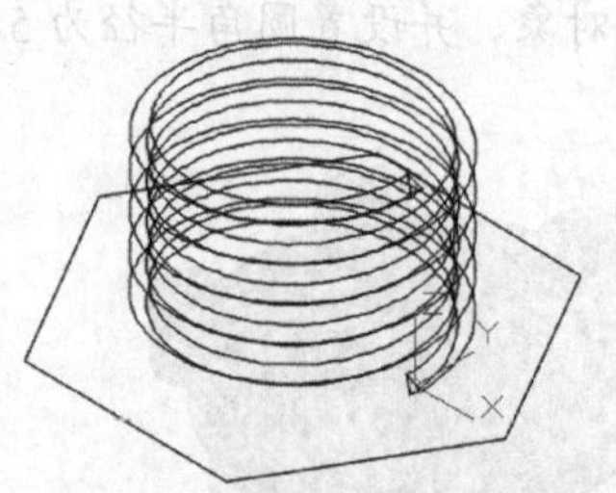

图15-70　绘制的正六边形

(6) 在“建模”面板中单击“拉伸”按钮，选择正六边形为拉伸对象，指定拉伸高度为 15，设置完成后，生成如图 15-71 所示的图形。

(7) 在“绘图”面板中单击“圆心，半径”按钮，以(-10,0,0)为圆心，绘制一个半径为 10 的圆，效果如图 15-72 所示。

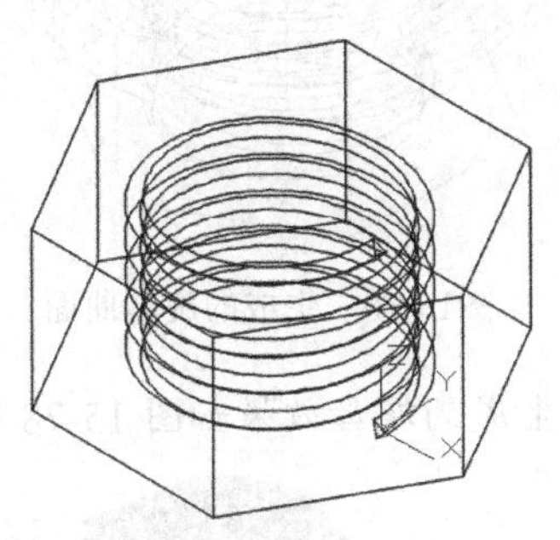

图15-71　生成的正六面体

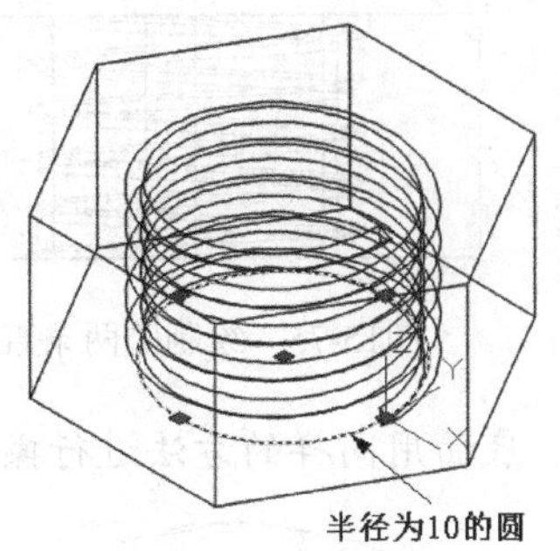

图15-72　绘制圆

(8) 在“建模”面板中单击“拉伸”按钮，选择上一步绘制的圆为拉伸对象，指定拉伸高度为 15，生成一个圆柱体。然后在“实体编辑”面板中单击“实体，差集”按钮，依次选择正六面体和圆柱体进行差集计算。完成后，在“视图”面板中选择视觉样式为“灰度”，效果如图 15-73 所示。

(9) 继续在“实体编辑”面板中单击“实体，差集”按钮，依次选择上一步求差集后的实体和螺旋体，设置完成后，生成螺纹，如图 15-74 所示。原本突出的螺纹现在变成了内陷的螺纹。

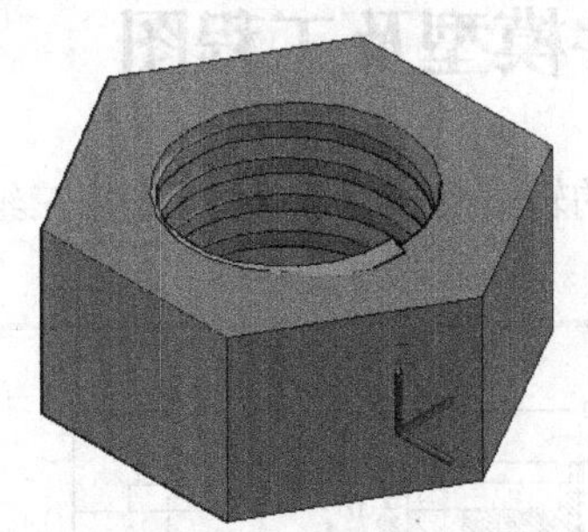

图15-73　求差集后的效果

图15-74　生成的螺纹体

(10) 将视图设置为前视图。在“绘图”面板中单击“直线”按钮，分别绘制一条中心线和一条通过(-28,13,0)、(-26,15,0)两点的直线，如图 15-75 所示。然后在“建模”面板中单击“旋转”按钮，指定直线为旋转对象，在命令行提示信息下输入 O，指定中心线为旋转轴。生成的旋转曲面如图 15-76 所示。

(11) 在“实体编辑”面板中单击“剖切”按钮，用生成的曲面去剖切实体。选择上面生成的实体为剖切对象，在命令行“SLICE 指定切面的起点或 [平面对象(O) 曲面(S) z 轴(Z) 视图(V) xy(XY) yz(YZ) zx(ZX) 三点(3)] <三点>:”的提示信息下输入 S，使用旋转曲面作为剖切面。选择实体的下端为要保留的剖切对象。设置完成后，将旋转曲面隐藏起来，效果如图 15-77 所示。

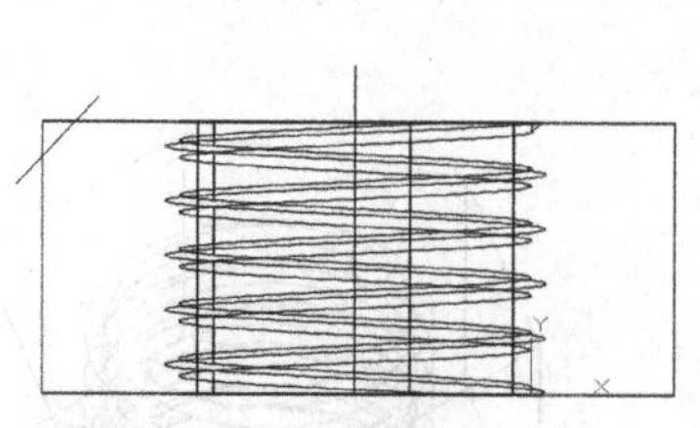

图15-75　绘制的两条直线

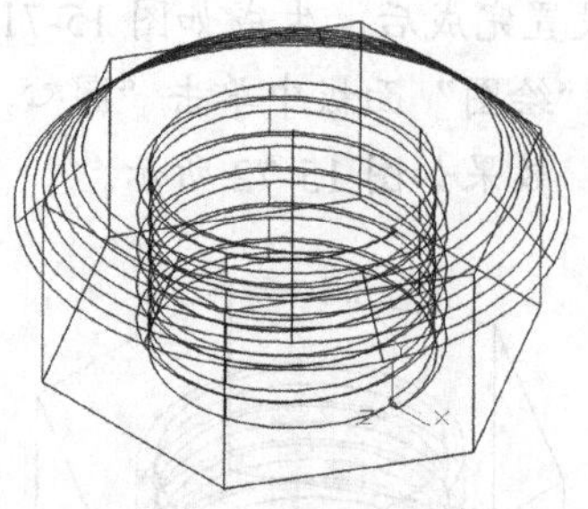

图15-76　生成的旋转曲面

(12) 底面用同样的方法进行操作即可。最后生成的螺母效果如图 15-78 所示。

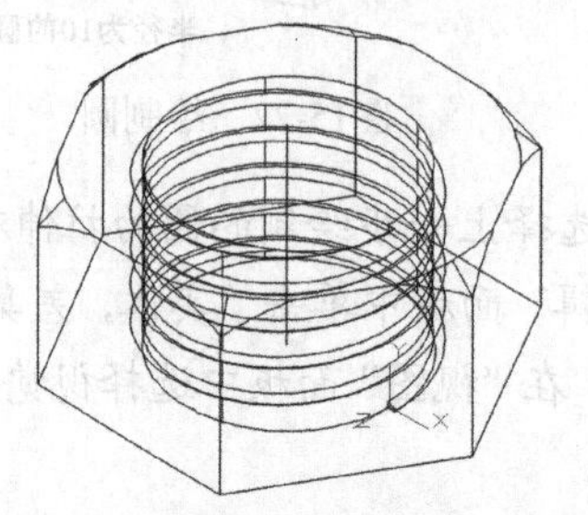

图15-77　实体剖切后的螺母顶面效果

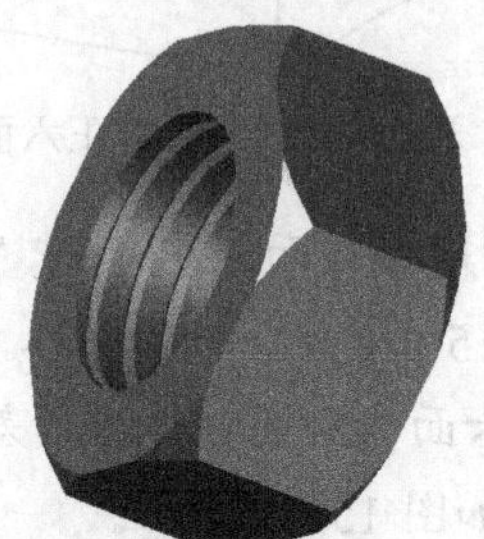

图15-78　螺母

15.5　绘制轴承连接件模型及工程图

读者将在这个练习中学习绘制如图15-79所示的轴承连接件模型，并利用三维模型生成二维工程图。

三维模型

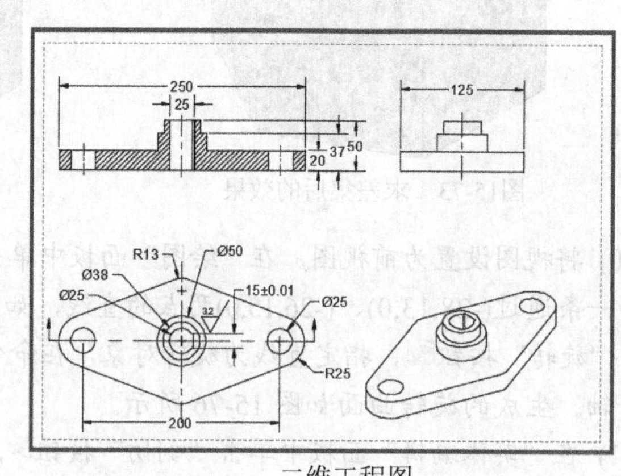

二维工程图

图15-79　轴承连接件模型实例

【练习15-5】使用AutoCAD 2018绘制如图15-79所示的轴承连接件模型及其工程图。

(1) 新建一个图形文件，进入“草图与注释”工作空间。在“绘图”面板中单击“圆心，直径”按钮，以点(0,50)为圆心，绘制一个直径为 25 的圆，再以点(-100,0)为圆心，绘制一个直径为 50 的圆，如图 15-80 所示。

(2) 在“修改”面板中单击“镜像”按钮，以Y轴为镜像线镜像直径为50的圆，以X轴为镜像线镜像直径为25的圆，效果如图15-81所示。

图15-80　草图第一步　　　　图15-81　草图第二步

(3) 在状态栏单击“对象捕捉”按钮旁的箭头，在打开的设置列表中选择“切点”，然后在“绘图”面板中单击“直线”按钮，绘制4条直线，系统会自动捕捉相应的切点，效果如图15-82所示。

(4) 在“修改”面板中单击“修剪”按钮，裁减掉内部不需要的部分，只留下外面的草图轮廓，效果如图15-83所示。

图15-82　草图第三步　　　　图15-83　草图第四步

(5) 选择工作空间为“三维建模”，选择视图为“东南等轴测”，选择视觉样式为“概念”。在“绘图”面板中单击“面域”按钮，选择上一步绘制的草图，转换为面域。在“建模”面板中单击“拉伸”按钮，选择面域为拉伸对象，指定拉伸高度为20，生成一个拉伸实体，如图15-84所示。

(6) 在“建模”面板中单击“圆柱体”按钮，绘制底面中心点分别为(-100,0,0)、(100,0,0)，直径和高度都分别为25和60的两个圆柱体，如图15-85所示。

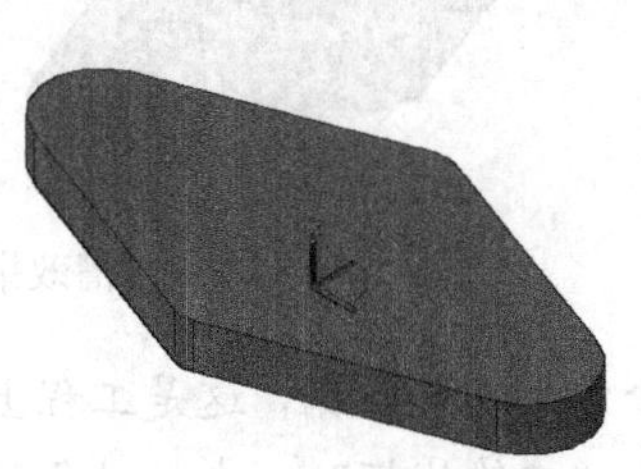

图15-84　绘制拉伸实体

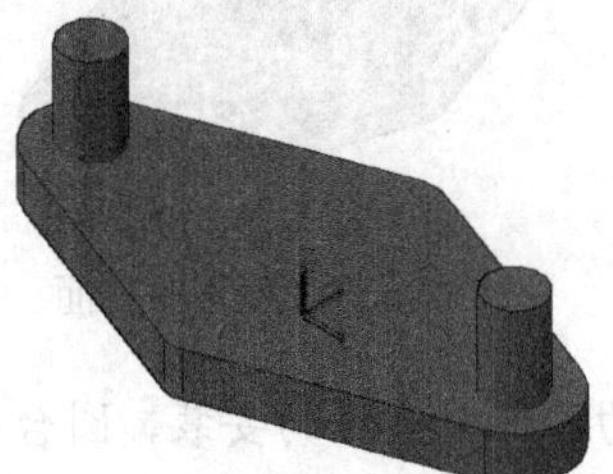

图15-85　绘制圆柱体

(7) 在“实体编辑”面板中单击“实体，差集”按钮，选取拉伸体为源对象，选取两个圆柱体为要去除的对象，进行差集操作，这样在拉伸体的表面打两个对称通孔，效果如图15-86所示。

(8) 在“建模”面板中单击“圆柱体”按钮，绘制一个底面中心点为(0,0,20)，直径和高度分别为50和30的圆柱体，然后在“实体编辑”面板中单击“实体，并集”按钮，这样在实体的上表面建立了一个圆台，效果如图15-87所示。

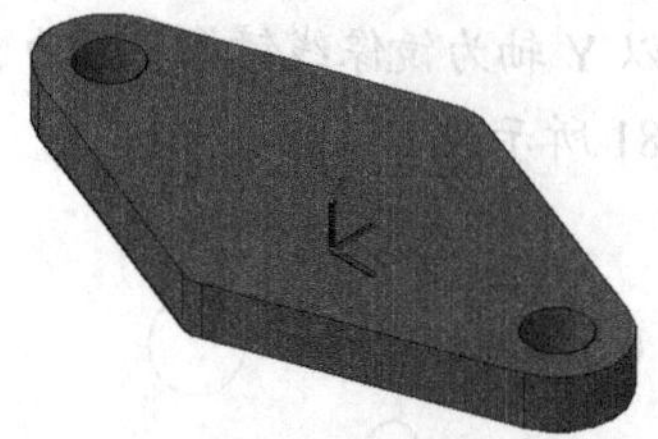

图15-86 打孔效果

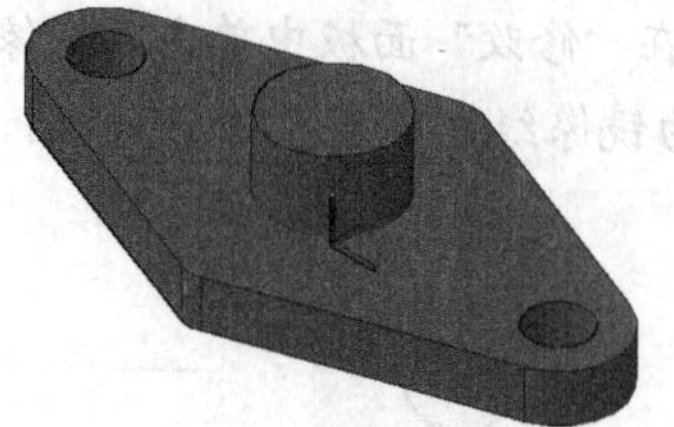

图15-87 圆台完成效果

(9) 继续使用“圆柱体”、“实体，差集”工具，在圆台中心打一个直径为25的通孔，如图15-88所示。

(10) 在“绘图”面板中单击“圆心，直径”按钮，以点(0,0,50)为圆心，在圆台上表面绘制一个直径为37.5的圆，效果如图15-89所示。

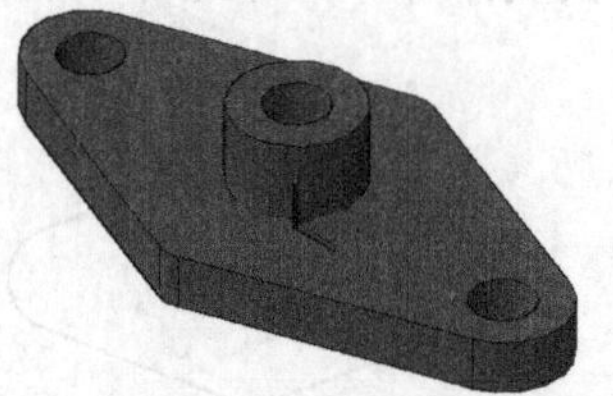

图15-88 圆台中心打通孔

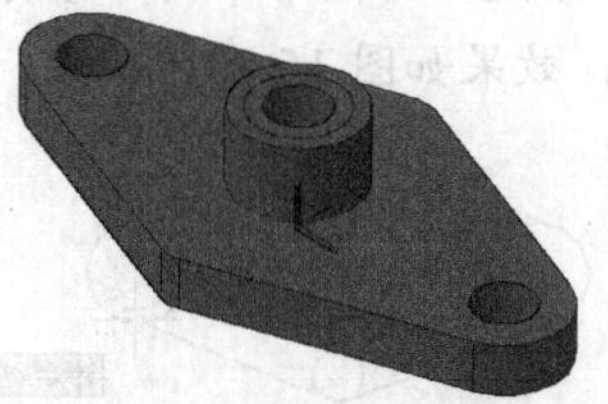

图15-89 在圆台上表面绘制圆

(11) 接下来在“实体编辑”面板中单击“压印”按钮，使用压印功能，选择圆为要压印的对象，将圆压在实体上表面，然后再单击“偏移面”按钮，指定偏移距离为-13，效果如图15-90所示。圆台外表面开槽的效果如图15-91所示。

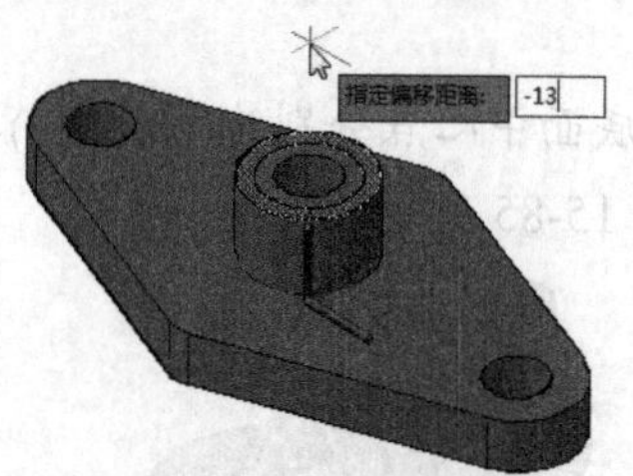

图15-90 对实体偏移面

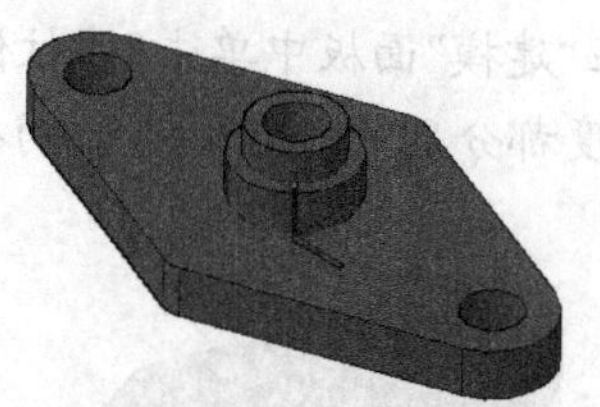

图15-91 圆台开槽效果

(12) 为了配合零件的安装，圆台中心孔要有一个方形的定位销，这是工程上为了防止滑动的需要。选择视图为“仰视”，选择视觉样式为“二维线框”。在“对象捕捉”列表中选择“切点”，然后选择圆台中心孔上的一点，利用“矩形”工具绘制宽度为2.5，长度为15，并与中心孔相切的矩形，如图15-92所示。

(13) 选择视图为“西南等轴测”，利用“拉伸”工具将矩形拉伸高度至70，选择视觉样式为“概念”，完成后的效果如图15-93所示。

(14) 在“实体编辑”面板中单击“实体，差集”按钮，选取圆台等整个实体为源对象，选取上一步绘制的拉伸体为要去除的对象，进行差集操作，建立这个定位销的位置，效果如图15-94所示，即最后生成的轴承连接件三维模型。

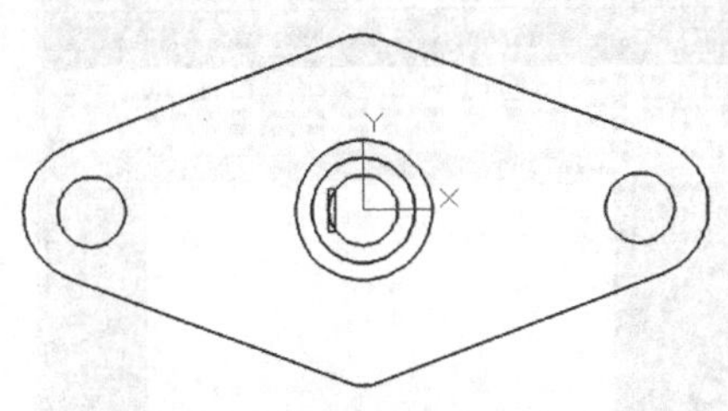

图15-92　绘制相切的矩形

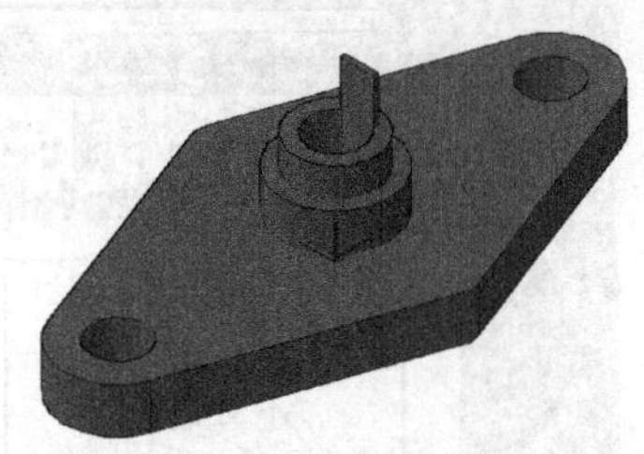

图15-93　绘制拉伸实体

图15-94　建立定位销

(15) 下面利用三维模型生成二维工程图。调出创建好的轴承连接件三维实体模型，设置“视觉样式”为“二维线框”，用“直线”工具在轴承连接件的底面绘制一条对称中心线。单击绘图区下方的“布局 1”标签，进入图纸空间，在弹出的“布局”选项卡中单击“布局”面板上的“页面设置”按钮。单击如图 15-95 所示的“页面设置管理器”对话框中的“修改”按钮，在弹出的“页面设置-布局 1”对话框中对打印机类型、打印样式表、图纸尺寸及打印比例等进行设置。设置完成后单击“确定”按钮退出，如图 15-96 所示。

(16) 在绘图区选择视口框，单击 Delete 键，删除图纸空间视口，如图 15-97 所示。

(17) 单击“布局视口”面板中的“命名”按钮 命名，在“视口”对话框中选择“新建视口”选项卡，再选择“标准视口”列表中的“四个：相等”选项。然后调整每个视口的视图方向，分别设定左下视口的视角为“俯视”以生成水平投影，右上视口的视角为“左视”以生成侧面投影，右下视口的视角为“西南等轴测”以生成轴测图。如图 15-98 所示。

(18) 单击“确定”按钮，然后在该布局的空白区域直接按回车键，插入四个视口，并让四个视口布满该布局的空白区域，如图 15-99 所示。

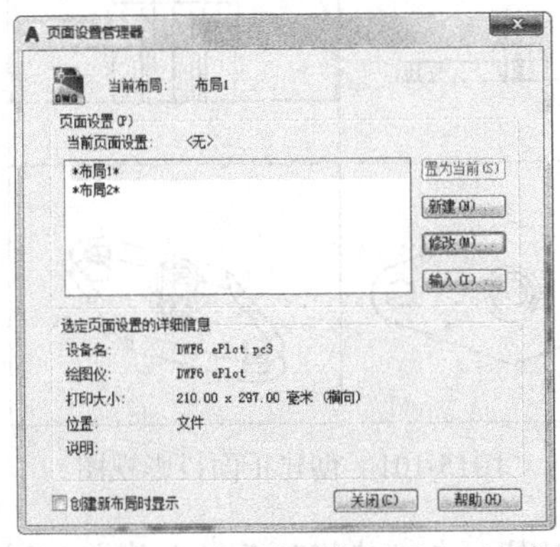

图15-95　“页面设置管理器”对话框

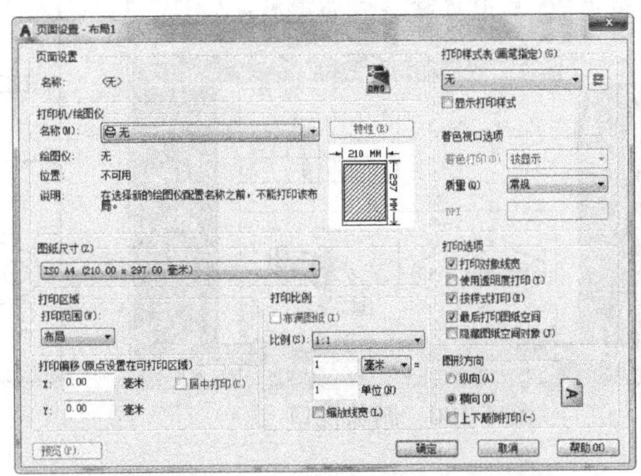

图15-96　“页面设置-布局1”对话框

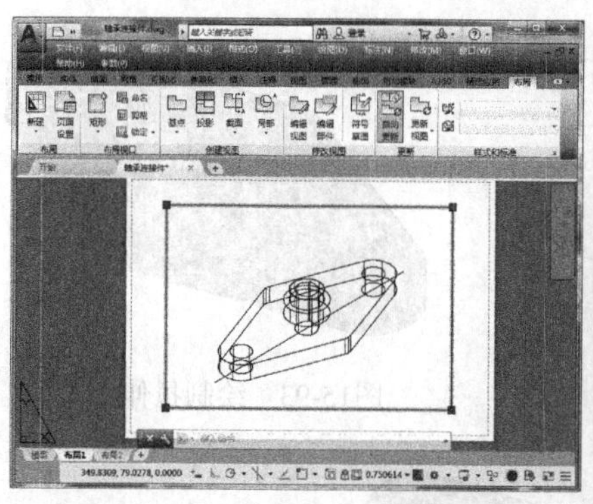

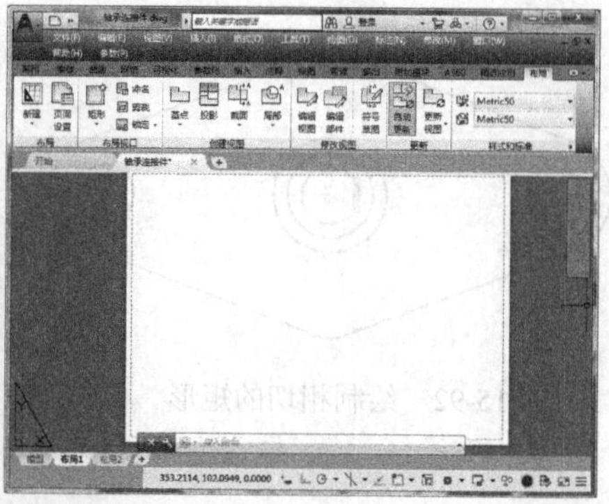

图15-97　删除图纸空间视口

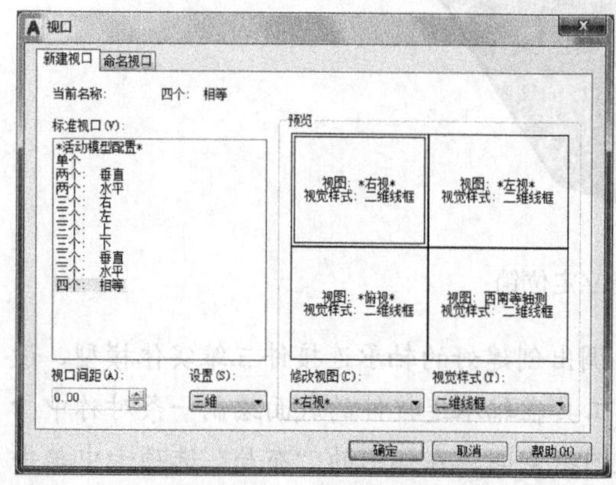

图15-98　"视口"对话框

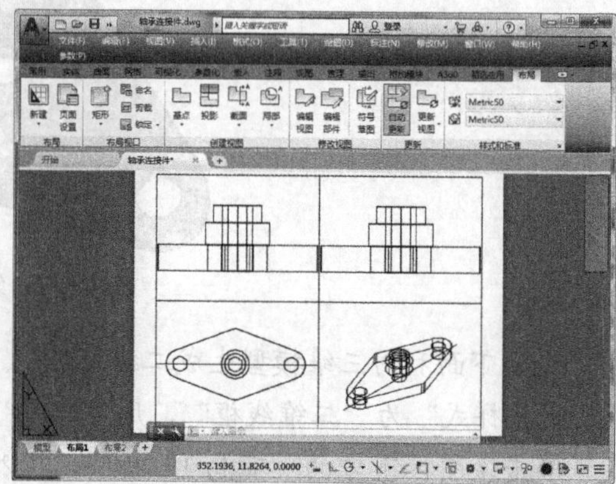

图15-99　创建视口

(19) 选择左上视口，单击 Delete 键将其删除，以方便通过浮动视口生成正面投影的剖视图，如图 15-100 所示。

(20) 创建正面投影（剖面图）。选择"常用"选项卡，在"建模"面板上单击"实体视图"按钮，输入"截面"选项并按回车键，在水平投影上选择水平对称中心线上的两点以确定剖切平面位置，在水平投影下方单击左键确定投影方向为"从前往后投影"。输入视图比例 1，在水平投影上方指定视图中心并开视口，输入视图名称"正面投影"。生成剖面图后用"删除"工具将对称中心线删除。调整后的图形如图 15-101 所示。

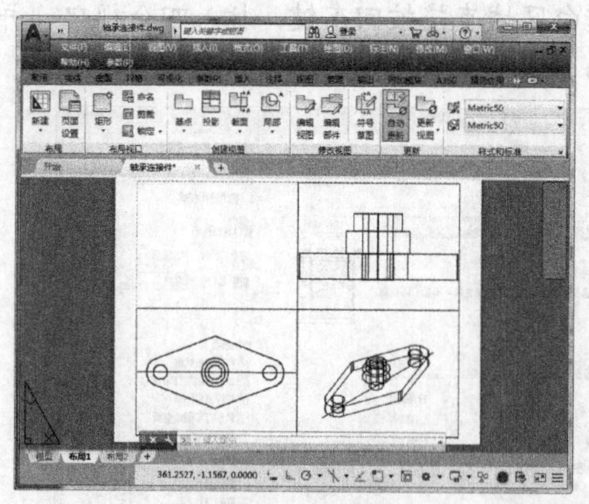

图15-100　删除视口

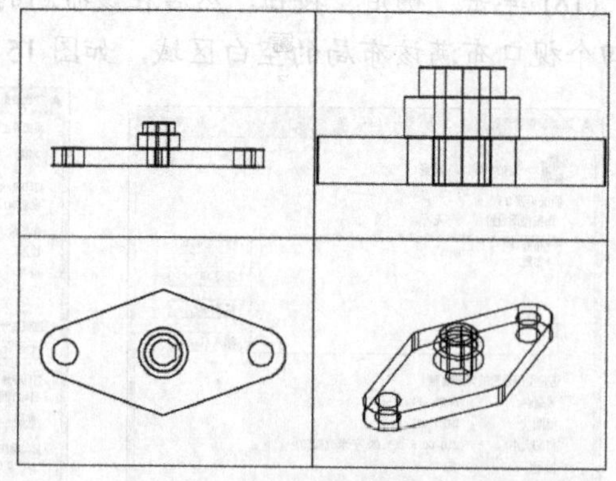

图15-101　创建正面投影视图

(21) 建立水平投影和侧面投影的轮廓图以及轴测图。在"建模"面板上单击"实体轮廓”按钮，选择水平投影视口内的图形后，连续按4次回车键，将水平投影视口中的模型生成二维投影图。重复上述操作，依次将侧面投影和轴测投影视口中的模型生成二维投影图。

(22) 建立正面投影的剖面图。单击“绘图”面板上的“图案填充”按钮，在弹出的如图15-102所示的“图案填充创建”选项卡中通过设置填充的图案、比例、角度等，对填充图案进行编辑。然后在“建模”面板上单击“实体图形”按钮，选择正面投影视口边框后按回车键，将正面投影视口中的模型生成二维剖视图，如图15-103所示。

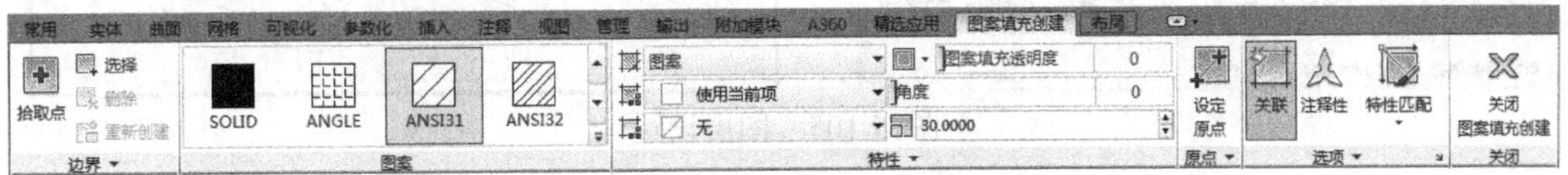

图15-102　“图案填充创建”选项卡

(23) 调整视图比例，对齐图形。如各投影图比例不统一或未满足投影规律“高平齐，长对正，宽相等”时须进行视图比例及位置的调整。启动MVSETUP命令，选择“缩放视口”选项调整各视图为统一比例0.02；然后选择“对齐”选项下的“水平”选项使正面投影与侧面投影高平齐，选择“对齐”选项下的“垂直对齐”选项使正面投影与水平投影长对正。

(24) 当各视图比例、位置确定后，选择“布局”选项卡，单击“布局视口”面板上的“视口，锁定，是”按钮锁定，然后选择各视图的视口边框，从而锁定各视口，以免进入浮动模型空间后采用缩放显示等命令时改变视图比例。调整后的图形如图15-104所示。

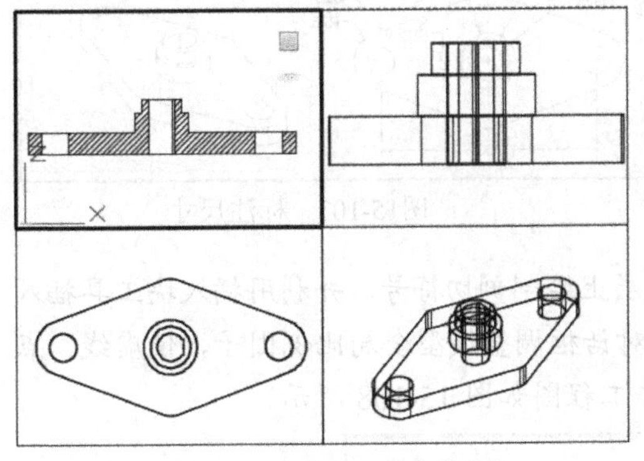
图15-103　生成二维剖视图

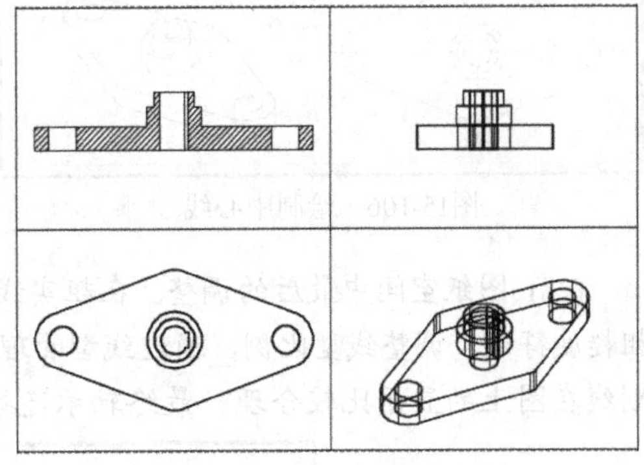
图15-104　对齐图形，锁定视口

(25) 进行图层设置。执行“实体轮廓”命令后，系统将自动建立各视图的可见线和隐藏线的图层（PV-可见线层，PH-隐藏线层）；执行“实体视图”命令后，系统将自动建立放置视口边框的VPORTS图层；执行“实体图形”命令后，系统将自动建立剖面图的可见线、隐藏线、标注和剖面图案的图层（VIS-可见线层，HID-隐藏线层，DIM-尺寸标注层，HAT-图案填充）。创建中心线层、粗实线层、细实线层和尺寸标注层，并设置图层的颜色、线型和线宽。关闭左视图、轴测图的PH图层及VPORTS图层，以隐藏左视图、轴测图中的虚线，关闭各投影图视口边框，如图15-105所示。

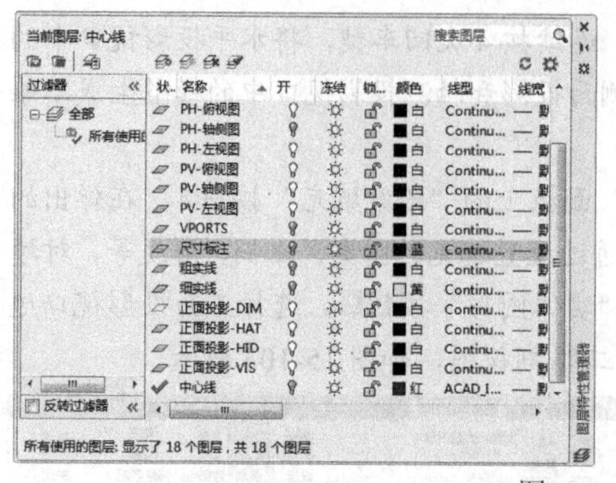

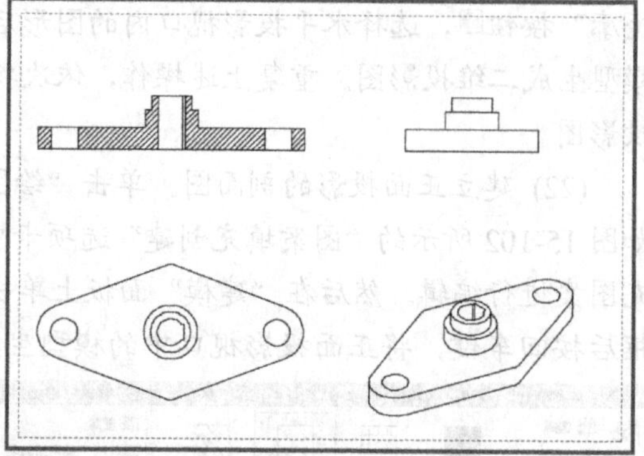

图15-105　图层设置

(26) 中心线绘制。将当前层设为中心线层，在图纸空间绘制各投影图中心线，如图15-106 所示。

(27) 标注尺寸。打开标注样式管理器对话框，设置尺寸标注样式，将当前图层设为尺寸标注层在图纸空间标注各投影图尺寸，如图 15-107 所示。

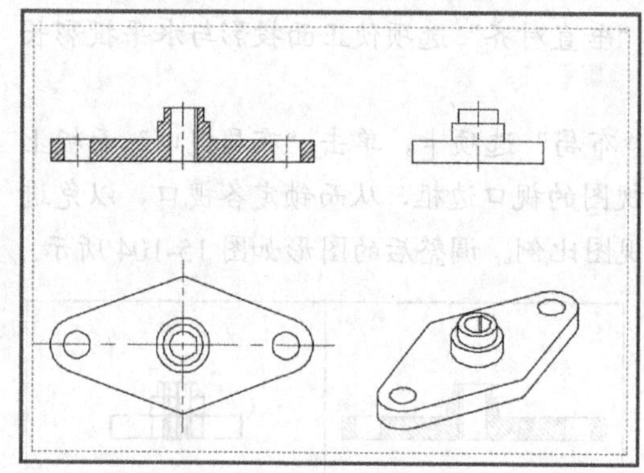

图15-106　绘制中心线

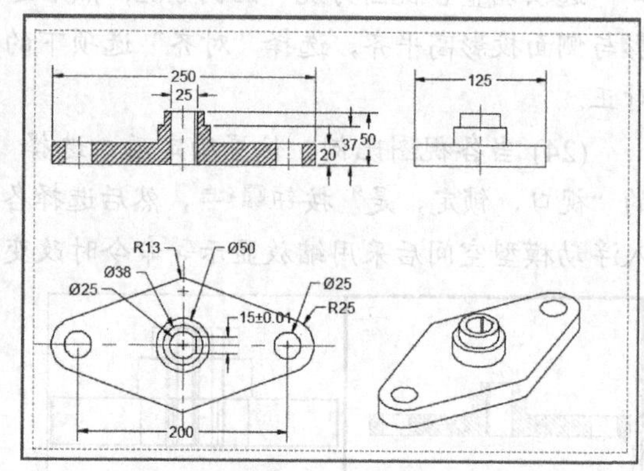

图15-107　标注尺寸

(28) 图纸空间中最后的调整。在粗实线图层上绘制剖切符号，并利用插入块工具插入粗糙度符号，调整线型比例，通过线型管理器对话框调整线型全局比例因子，使虚线、点划线在图上的显示比较合理。最终轴承连接件工程图如图 15-108 所示。

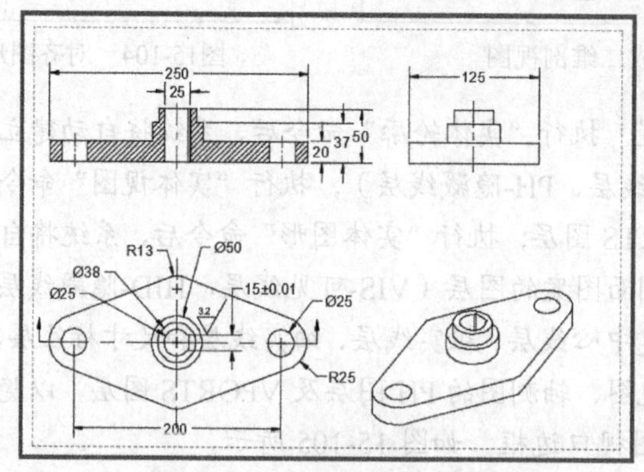

图15-108　轴承连接件工程图

15.6　创建传动轴模型

本例将创建一个传动轴模型，包括该模型的平面图和立体图，其效果如图15-109所示。

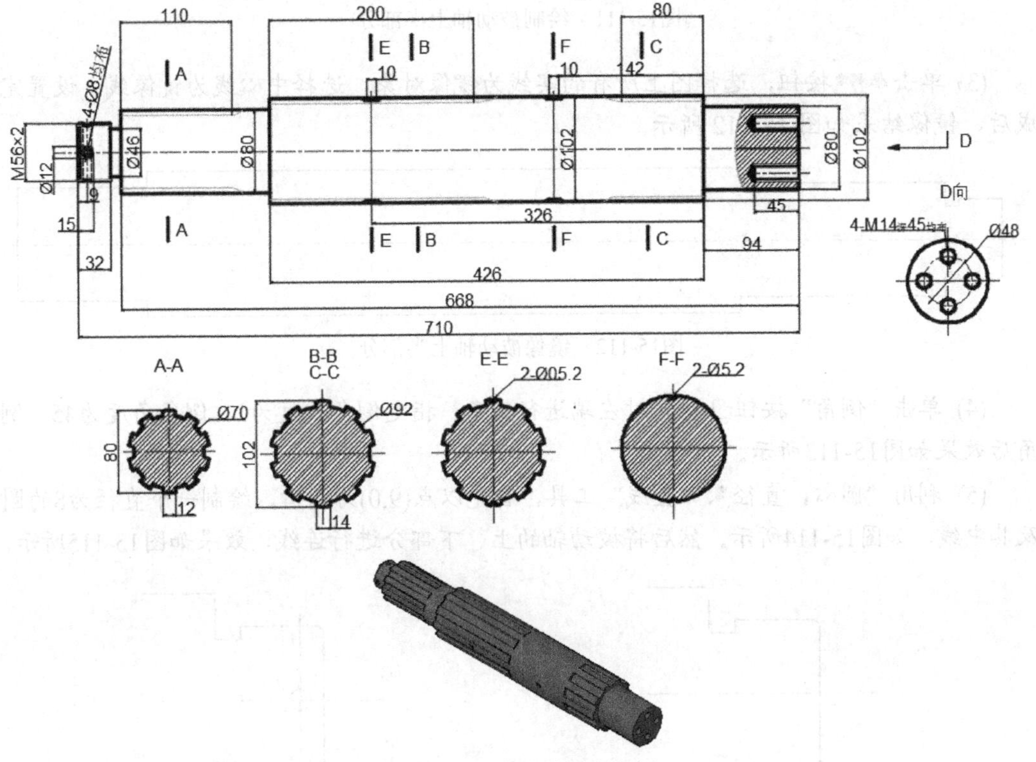

图15-109　传动轴模型实例

【练习15-6】使用AutoCAD 2018绘制如图15-109所示的传动轴模型。

(1) 首先绘制主视图。在“图层”面板中单击“图层特性”按钮，在打开的“图层特性管理器”对话框中新建所需的图层，如图 15-110 所示。

(2) 切换视图样式为“前视”，切换当前图层为“中心线”图层，然后单击“直线”按钮，绘制一条中心线。接下来，切换图层为“轮廓线”图层，再利用“直线”工具按如图 15-111 所示的尺寸绘制被动轴的上半部分。

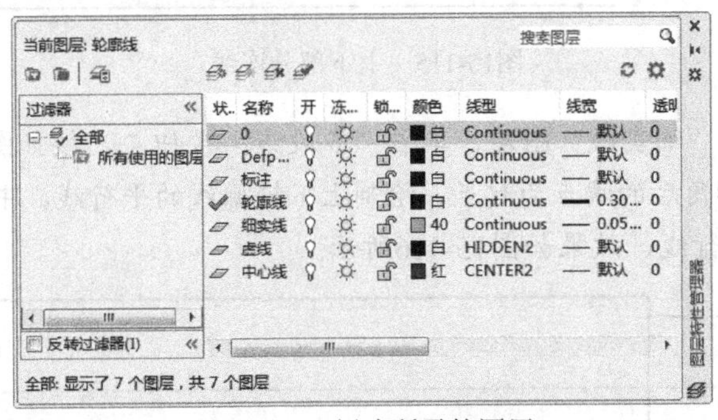

图15-110　新建所需的图层

图15-111　绘制被动轴上半部分

(3) 单击镜像按钮，选择图上所有的实线为镜像对象，选择中心线为镜像线。设置完成后，镜像结果如图 15-112 所示。

图15-112　镜像被动轴上半部分

(4) 单击“倒角”按钮倒角，对左端进行倒角。指定倒角长度为2、倒角角度为45。倒角后效果如图15-113所示。

(5) 利用“圆心，直径”、“直线”工具，首先以点(9,0)为圆心，绘制一个直径为8的圆及其中线，如图15-114所示。然后将被动轴的上、下部分进行连线，效果如图15-115所示。

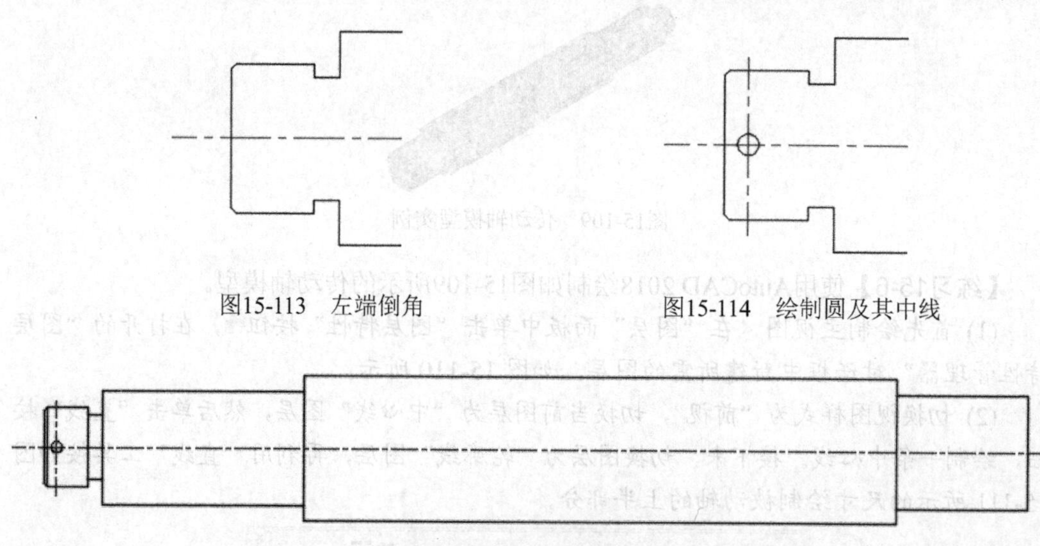

图15-113　左端倒角

图15-114　绘制圆及其中线

图15-115　上下部分连线

(6) 切换图层为“细实线”图层，单击“多段线”按钮，按如图15-109所示尺寸绘制细实线，左端以倒角后的端点为起点，绘制上下轮廓线的平行线，中部绘制与上下轮廓线向内距离为5的平行线，效果如图15-116所示。

图15-116　绘制细实线

(7) 切换图层为“虚线”图层，利用“直线”工具，按设计尺寸绘制虚线，效果如图15-117所示。

(8) 切换图层为“轮廓线”图层，单击“三点”按钮，分别以轮廓线与虚线、中心线与细实线相交的点为绘制圆弧的3个点绘制圆弧。然后单击“修剪”按钮对轮廓线进行修剪，效果如图15-118所示。

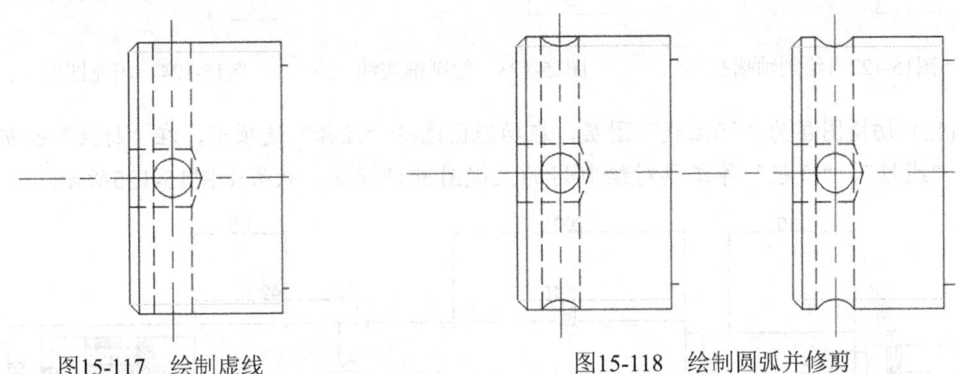

图15-117　绘制虚线

图15-118　绘制圆弧并修剪

(9) 下面绘制轴上的键槽。首先利用“直线”工具，按设计尺寸绘制键槽中心线，如图15-119所示。接着用“直线”与“圆角”工具绘制键槽，画出槽的深度为2.6和宽度为10，效果如图15-120所示。最后用“镜像”工具绘制其他的键槽，效果如图15-121所示。

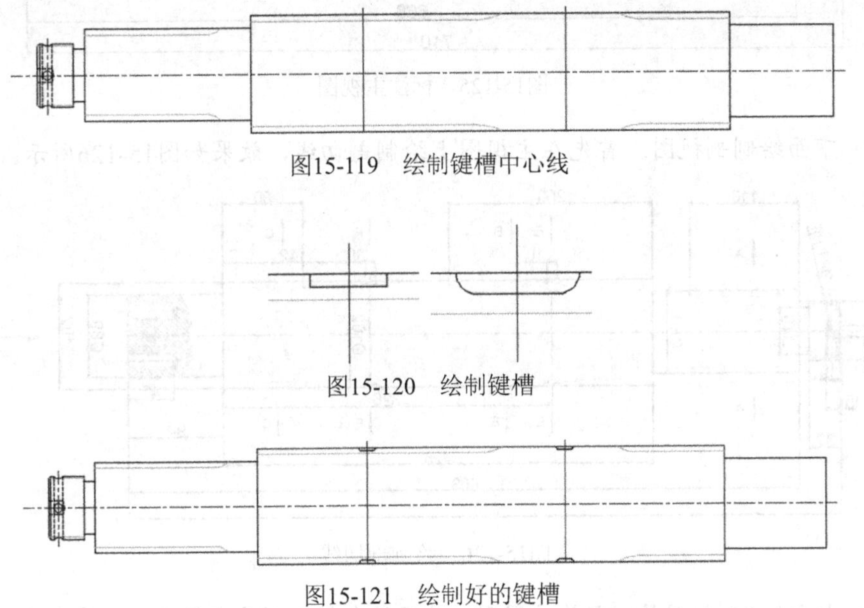

图15-119　绘制键槽中心线

图15-120　绘制键槽

图15-121　绘制好的键槽

(10) 下面绘制轴右端的剖切面。首先绘制与轴中心线平行且相距24的轴右端孔的中心线，然后按直径为14、深为45绘制轴右端孔的形状，用“镜像”工具绘制其他孔的形状，如图15-122所示。

(11) 首先绘制如图15-123所示的细实线，接着在“绘图”面板中单击“图案填充”按钮，在细实线与轮廓线的封闭区域内填充图案ANSI31，效果如图15-124所示。

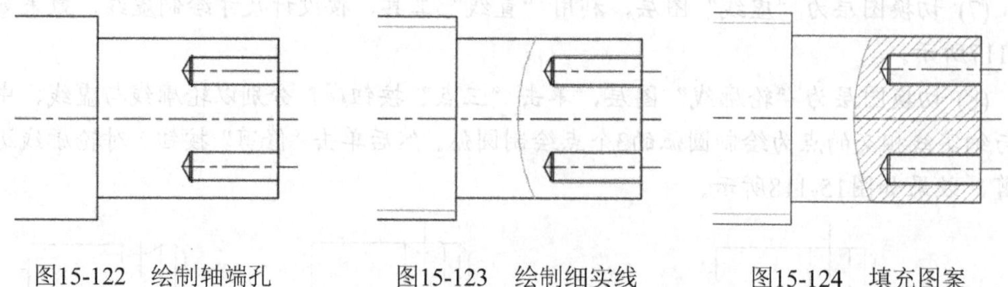

图15-122　绘制轴端孔　　图15-123　绘制细实线　　图15-124　填充图案

(12) 切换图层为“标注线”图层，在功能区选择“注释”选项卡，在“标注”面板上利用“线性”、“直径”等工具对绘制好的主视图进行标注，效果如图15-125所示。

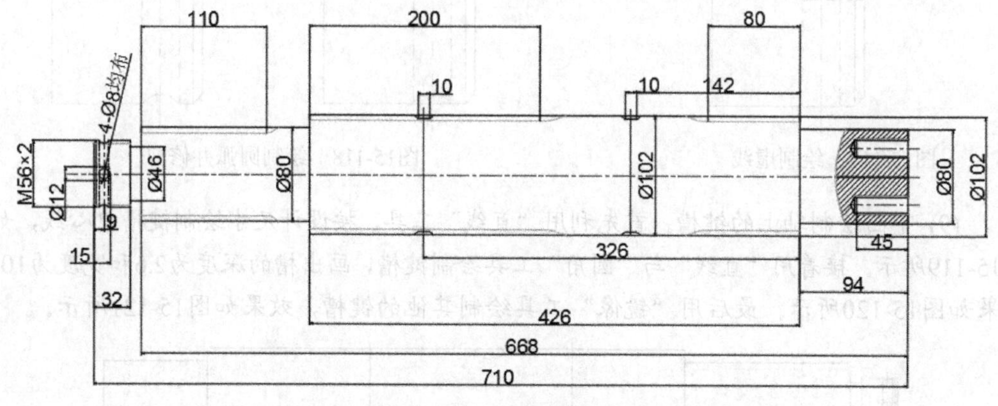

图15-125　标注主视图

(13) 下面绘制剖视图。首先在主视图上绘制剖切线，效果如图15-126所示。

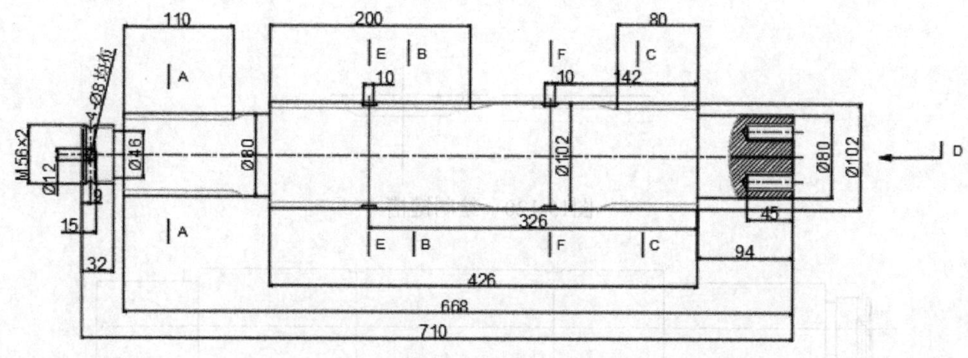

图15-126　绘制剖切线

(14) 由于A-A剖视图是矩形花键图形，其设计参数分别是齿数为10、键宽为12、外径为80、内径为70。首先切换图层为“中心线”图层，在主视图下方适当位置绘制中心线，然后切换至“轮廓线”图层，以中心点为圆心绘制两个圆，直径分别为80、70，再利用“直线”工具绘制两条相距12的平行线，效果如图15-127所示。

(15) 利用“环形阵列”工具，项目数为10，环形阵列平行直线，效果如图15-128所示。然后单击“修剪”按钮-/--，修剪相应的绘图轮廓线，最后形成花键图形，效果如图15-129所示。

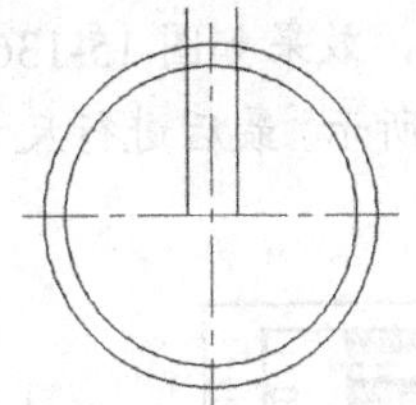

图15-127　绘制中心线、圆及平行直线

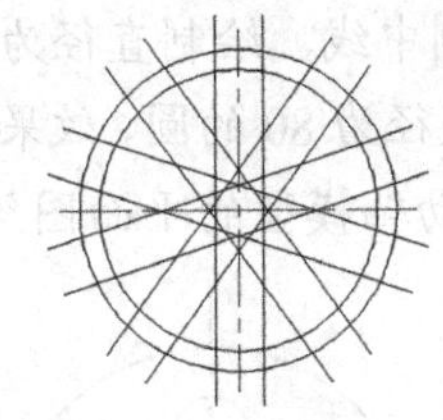

图15-128　环形阵列平行直线

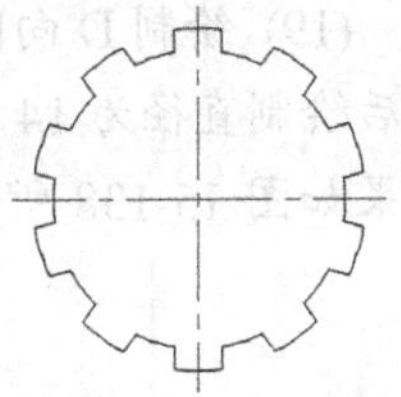

图15-129　完成的花键图形

(16) 按上述绘制花键的步骤，绘制第二个花键作为C-C、B-B剖面图。设计参数：齿数为10、键宽为14、外径为102、内径为92，效果如图15-130所示。然后复制第三个花键作为E-E剖面图，效果如图15-131所示。

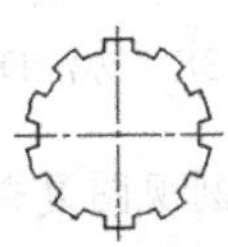

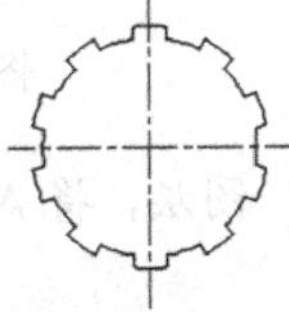

图15-130　绘制第二个花键

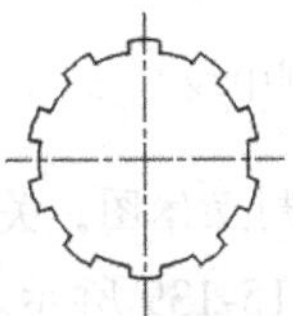

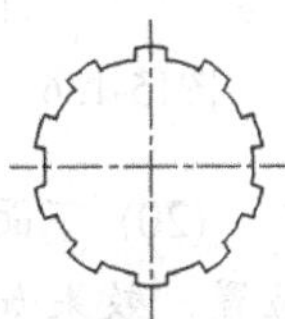

图15-131　复制第三个花键

(17) 绘制 F-F 剖面图。首先绘制中线，然后绘制以中心点为圆心，直径为 102 的圆，再以垂直中线与大圆交点为圆心，绘制两个直径为 5.2 的小圆，然后进行修剪，最后得到轴上键槽的图形，效果如图 15-132 所示。按照同样的操作方法为第三个花键开槽，结果如图 15-133 所示。

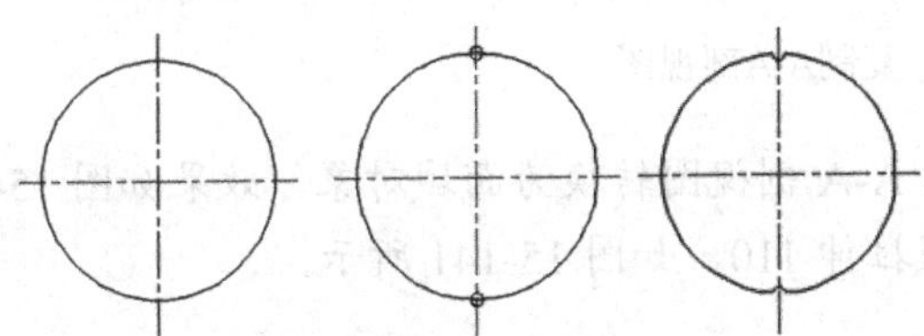

图15-132　绘制F-F剖面图

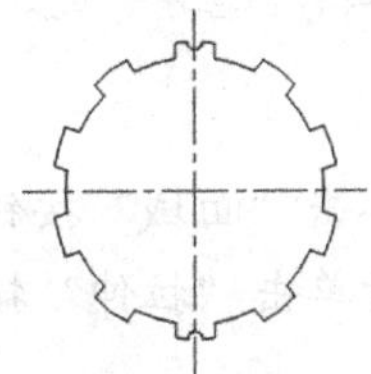

图15-133　第三个花键开槽

(18) 对剖视图进行“图案填充”，效果如图 15-134 所示。标注并注释剖视图名称，效果如图 15-135 所示。

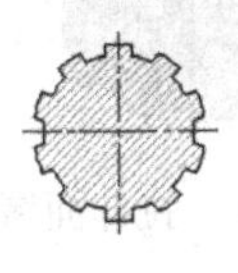

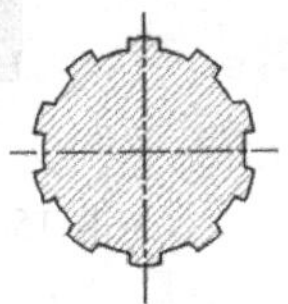

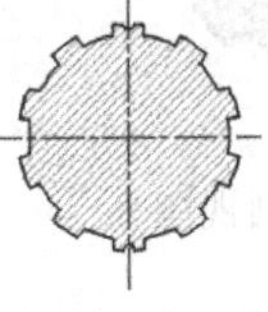

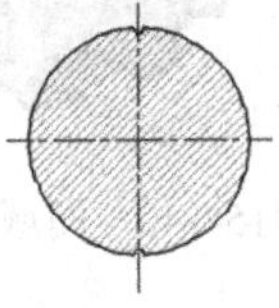

图15-134　图案填充

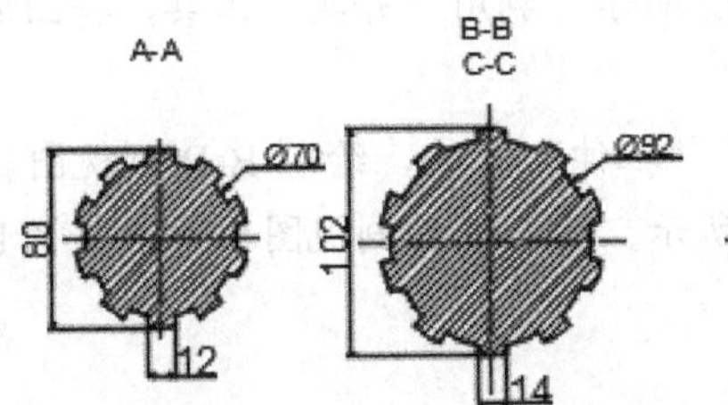

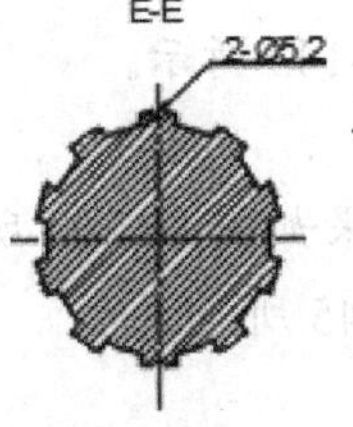

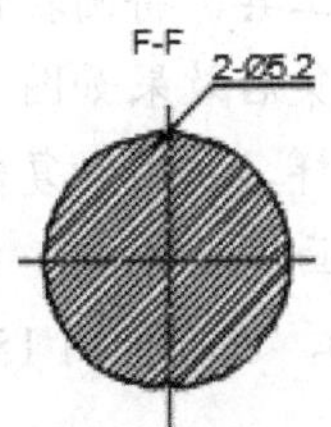

图15-135　注释剖视图

(19) 绘制 D 向图。首先绘制中线，绘制直径为 48 的中心圆，效果如图 15-136 所示。然后绘制直径为 14 的圆，绘制直径为 80 的圆，效果如图 15-137 所示。最后进行尺寸标注，效果如图 15-138 所示。至此传动轴模型的平面图绘制完毕。

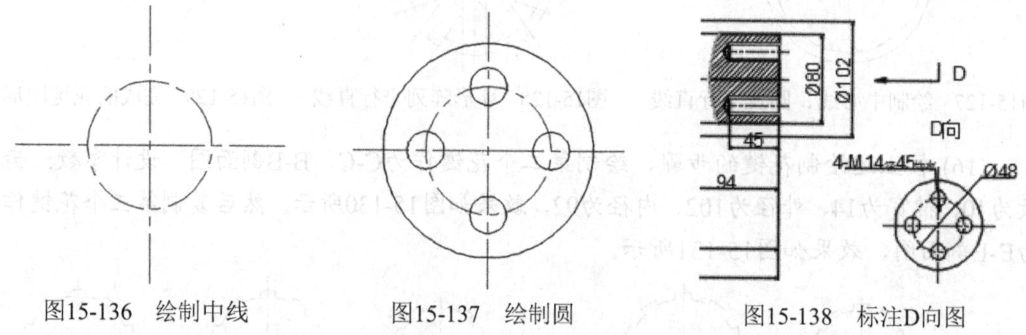

图15-136　绘制中线　　图15-137　绘制圆　　图15-138　标注D向图

(20) 下面绘制立体图。关闭“标注线”、“中心线”图层，将 A-A 剖视图复制至适当的位置，效果如图 15-139 所示。

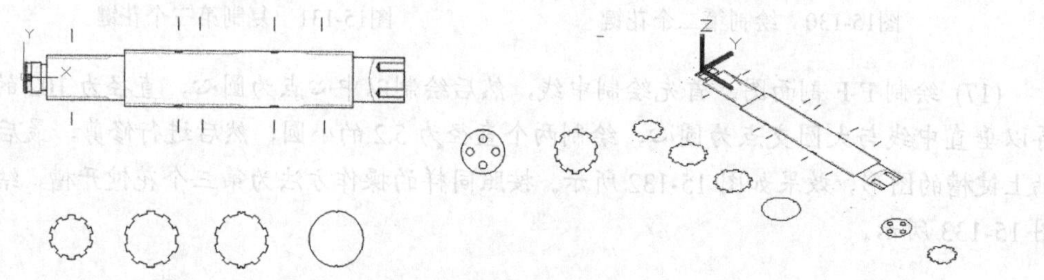

图15-139　复制A-A剖视图

(21) 单击“面域”按钮，将复制的 A-A 剖视图转换为面域对象，效果如图 15-140 所示。然后单击“拉伸”按钮，将面域拉伸 110，如图 15-141 所示。

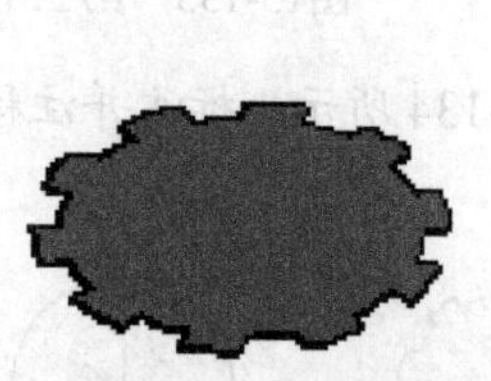

图15-140　面域A-A剖视图

图15-141　拉伸面域

(22) 利用“圆心，直径”工具，在拉伸体上表面的中心绘制直径为 80 的圆，然后利用“拉伸”工具，将圆拉伸 38，如图 15-142 所示。利用“并集”工具，将面域拉伸体和圆拉伸体并集后效果如图 15-143 所示。

(23) 同样，利用“复制”、“面域”、“拉伸”工具，绘制 B-B 剖视图拉伸体，将 B-B 剖视图面域拉伸 95，效果如图 15-144 所示。绘制 E-E 剖视图拉伸体，将 E-E 剖视图面域拉伸 10，效果如图 15-145 所示。

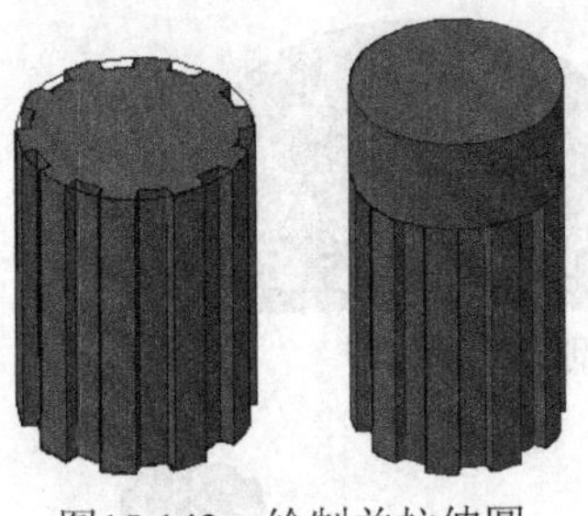
图15-142　绘制并拉伸圆

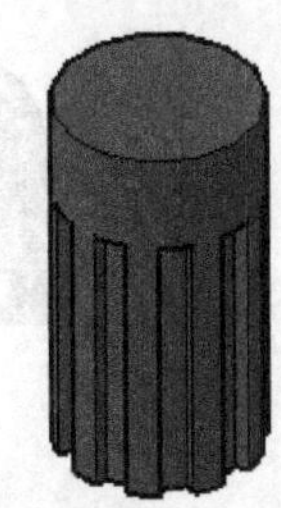
图15-143　并集后效果

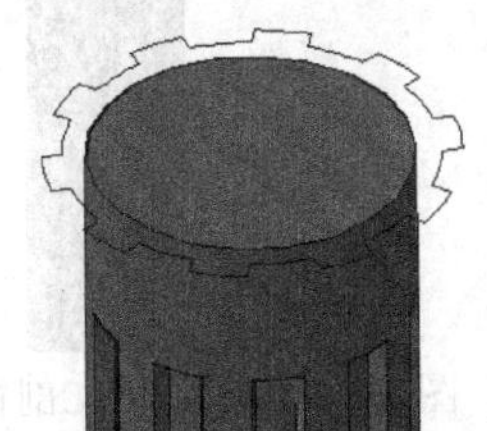

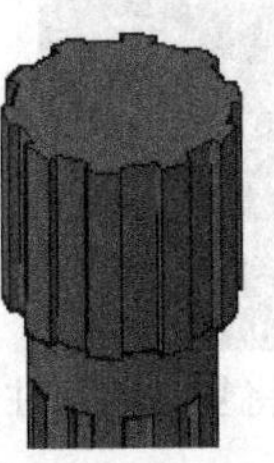
图15-144　绘制B-B剖视图拉伸体

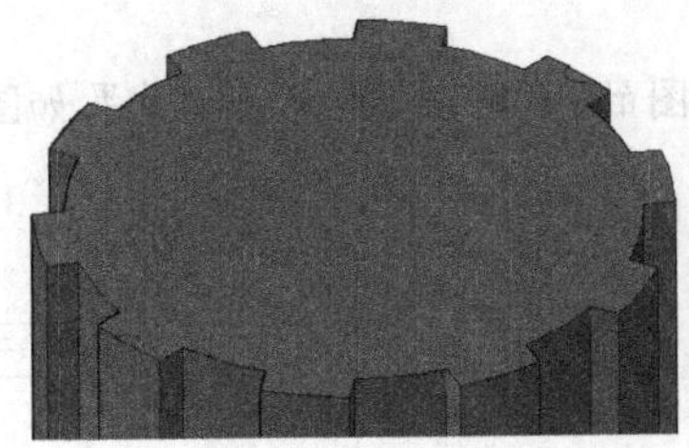
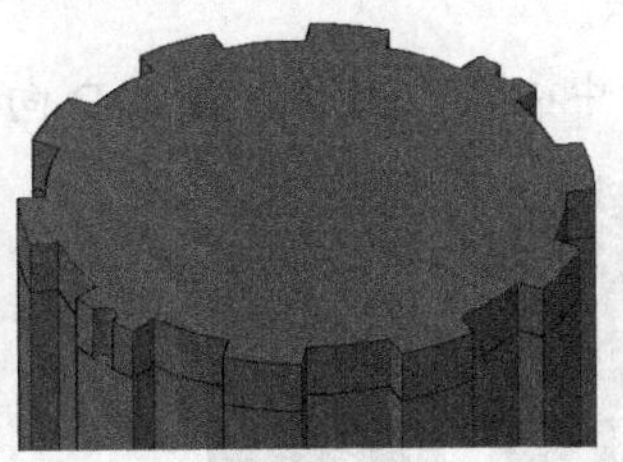
图15-145　绘制E-E剖视图拉伸体

(24) 利用“复制”工具，将B-B剖视图拉伸体复制至E-E剖视图拉伸体上表面中心，效果如图15-146所示。

(25) 利用与步骤(22)相同的操作，绘制拉伸圆柱体，底面圆直径为102，拉伸74，效果如图15-147所示。

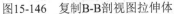

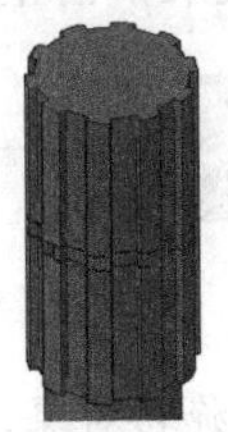
图15-146　复制B-B剖视图拉伸体

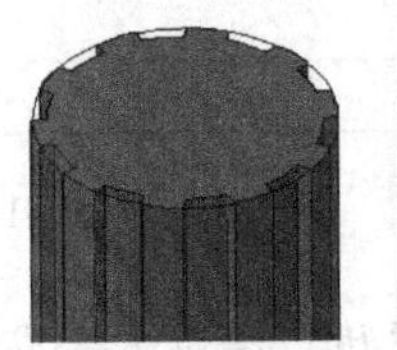
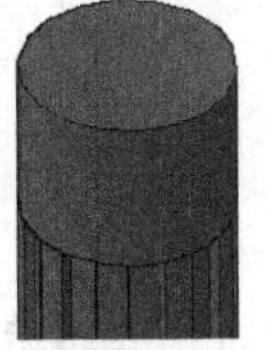
图15-147　绘制拉伸圆柱体

(26) 利用与步骤(22)相同的操作，绘制F-F剖视图拉伸体，将F-F剖视图面域拉伸10，效果如图15-148所示。

(27) 首先利用“复制”工具，将步骤(25)绘制的圆柱体复制至F-F剖视图拉伸体上表面中心，然后利用“拉伸面”工具，将复制的实体上表面拉伸-12，效果如图15-149所示。同样，将复制的B-B剖视图拉伸体上表面拉伸-15，绘制C-C剖视图拉伸体，效果如图15-150所示。

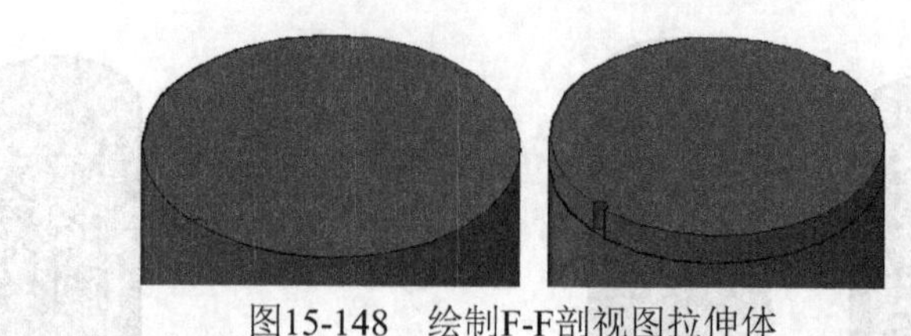

图15-148　绘制F-F剖视图拉伸体

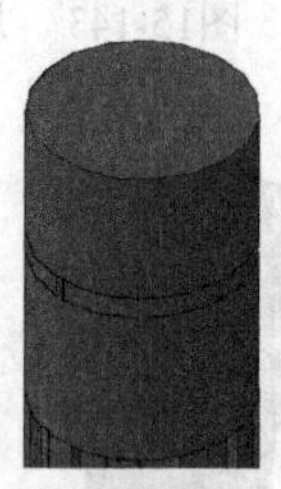

图15-149　将复制的圆柱体拉伸面

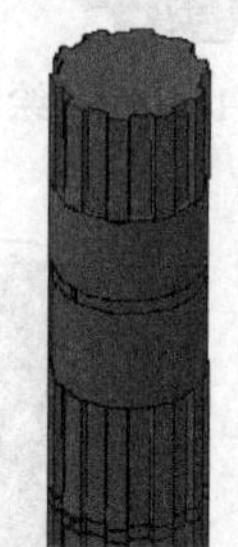

图15-150　绘制C-C剖视图拉伸体

(28) 利用与步骤(22)相同的操作，绘制 D 向图拉伸体，将 D 向图面域拉伸 94，效果如图 15-151 所示。

(29) 打开“中心线”图层，复制 D 向图的一个孔的主视图，效果如图 15-152 所示。

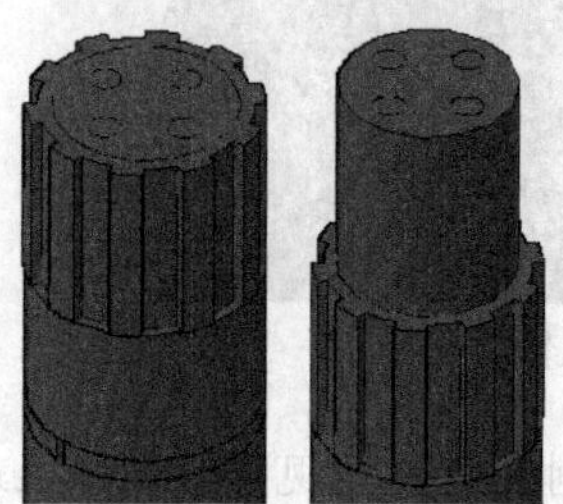

图15-151　绘制D向图拉伸体

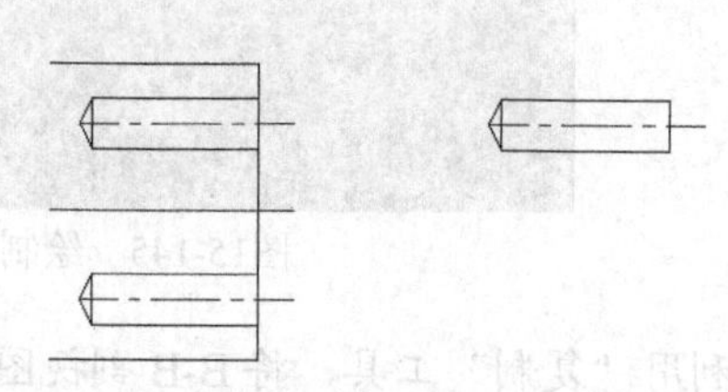

图15-152　复制D向图一个孔的主视图

(30) 首先将孔的主视图的上半部分线段进行合并，然后单击“旋转”按钮，选择合并后的对象围绕中心线旋转 360°，绘制一个旋转实体，效果如图 15-153 所示。

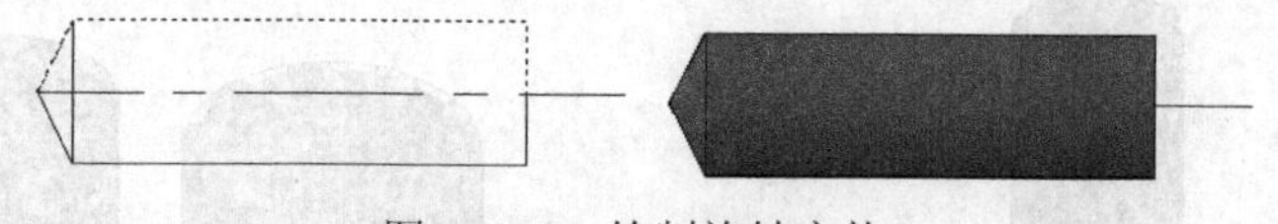

图15-153　绘制旋转实体

(31) 单击“三维旋转”按钮，选择绘制的旋转实体为旋转对象，在显示的三维旋转小控件上单击绿色环型线设置绕 Y 轴旋转，旋转角度为 90°，效果如图 15-154 所示。

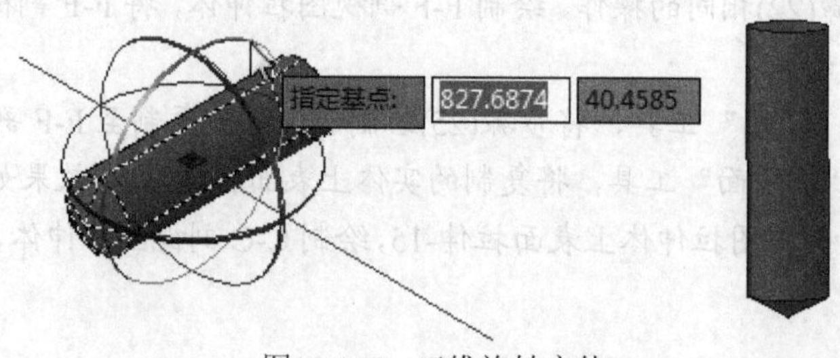

图15-154　三维旋转实体

(32) 单击“复制”按钮，设置“多个(M)”复制模式，将三维旋转实体复制至D向图拉伸体上表面各孔中心，效果如图15-155所示。通过差集操作，将三维旋转实体从D向图拉伸体中去除，从而绘制出孔，效果如图15-156所示。

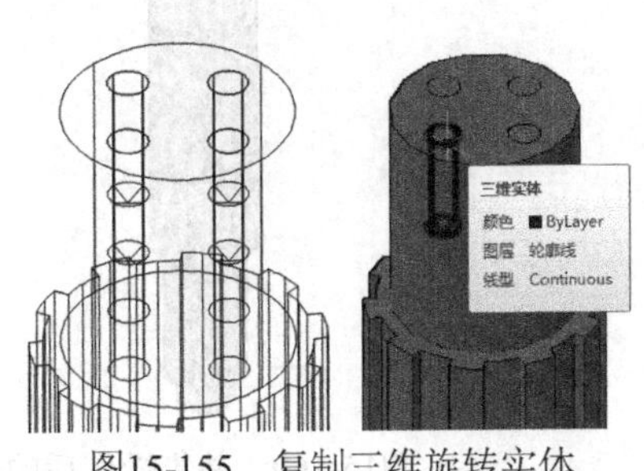

图15-155　复制三维旋转实体

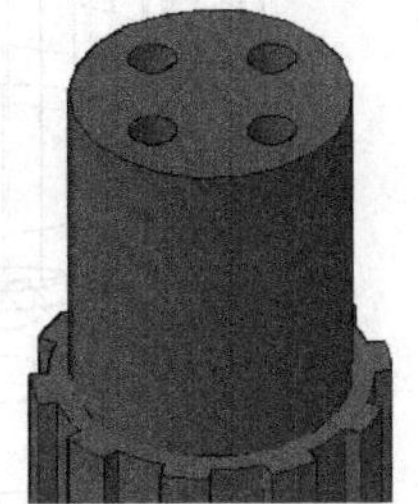
图15-156　用差集绘制孔

(33) 利用“圆心，直径”、“拉伸”工具，先绘制底面圆直径为 56、拉伸高度为 32 的圆柱体，再在其上表面中心绘制圆直径为 46、拉伸高度为 10 的圆柱体，效果如图 15-157 所示。

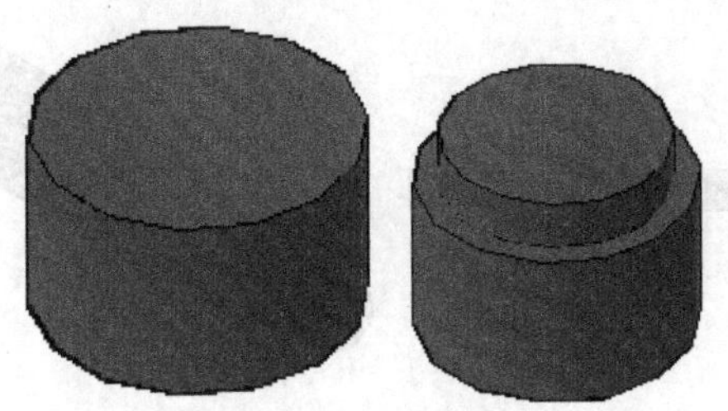
图15-157　绘制圆柱体

(34) 按照与步骤(29)~(32)相同的操作，绘制传动轴主视图左端的实体上的孔，图 15-158 为绘制步骤图。

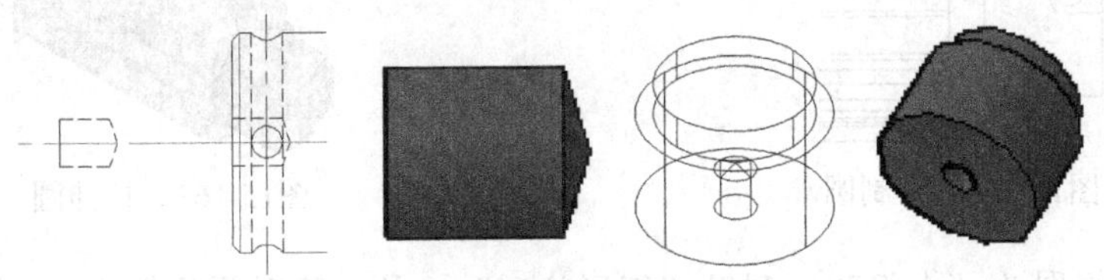
图15-158　绘制传动轴主视图左端的实体

(35) 利用“复制”工具，将绘制的传动轴主视图左端的实体复制至 A-A 剖视图拉伸体的底面中心，效果如图 15-159 所示。

(36) 利用“并集”工具，将绘制的所有实体进行并集操作，生成的轴体如图 15-160 所示。

(37) 选择视图为“西南等轴测”，利用“三维旋转”工具将上述操作生成的轴体，以底面中心为旋转基点，绕 Y 轴旋转-90°，效果如图 15-161 所示。

(38) 选择视图为“俯视”，选择视觉样式为“二维线框”，根据设计尺寸在距离轴体底面为 9 的中轴线上，绘制直径为 8 的圆，效果如图 15-162 所示。然后选择视图为“西南等轴测”，选择视觉样式为“概念”，将圆拉伸 30，效果如图 15-163 所示。

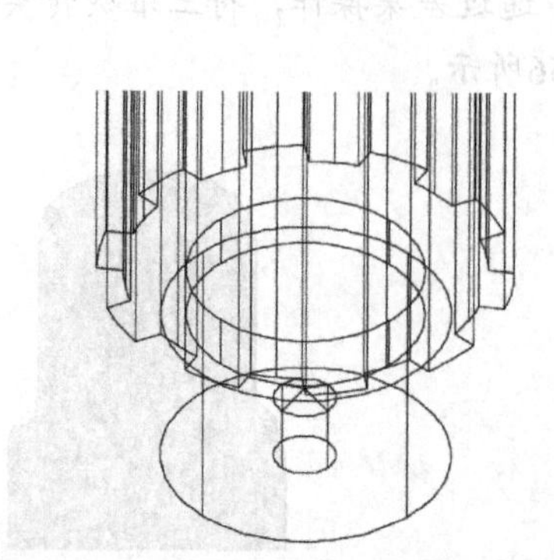

图15-159　复制传动轴主视图左端实体

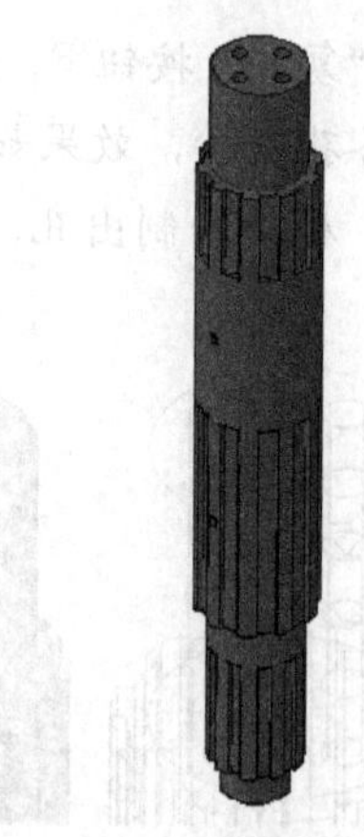

图15-160　并集操作后的轴体

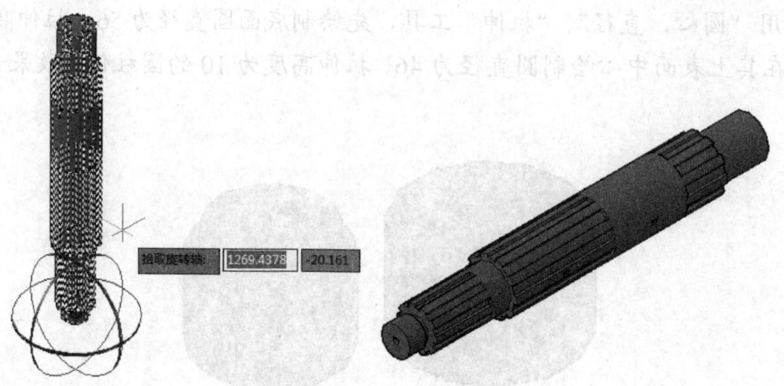

图15-161　三维旋转轴体

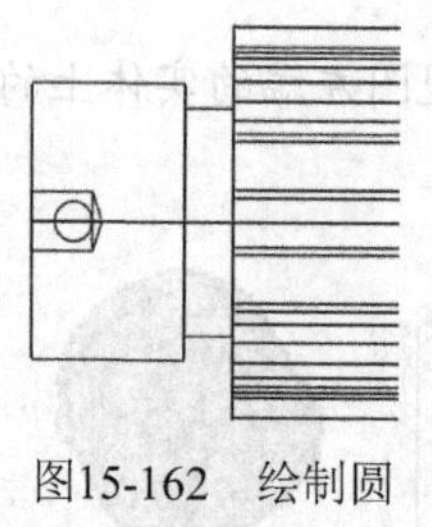

图15-162　绘制圆

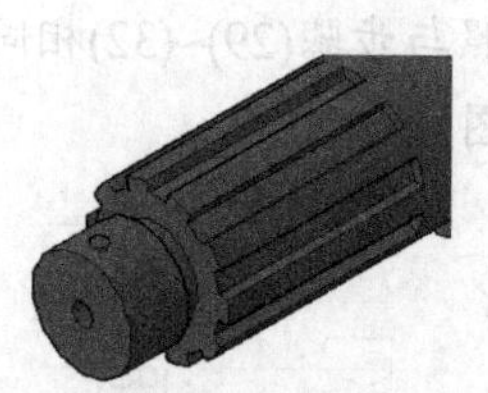

图15-163　拉伸圆

(39) 选择视图为“左视”，利用“环形阵列”工具，阵列项目数为 4，将拉伸圆柱体复制为在轴体上均匀分布的 4 个圆柱体，效果如图 15-164 所示。然后利用“差集”工具，将 4 个圆柱体从轴体上去除，生成了轴体上均匀分布的 4 个孔，效果如图 15-165 所示。

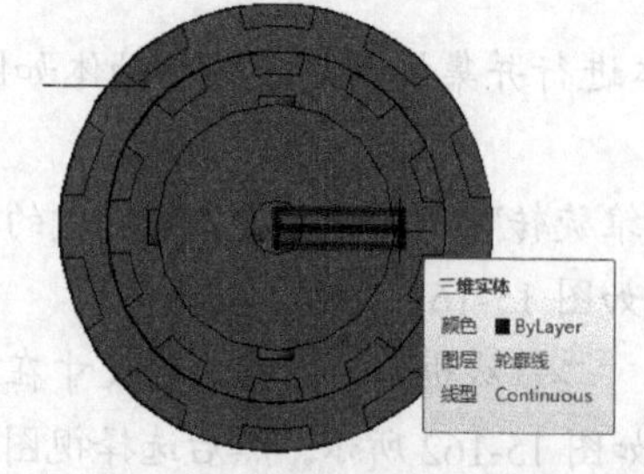

图15-164　用环形阵列复制拉伸圆柱体

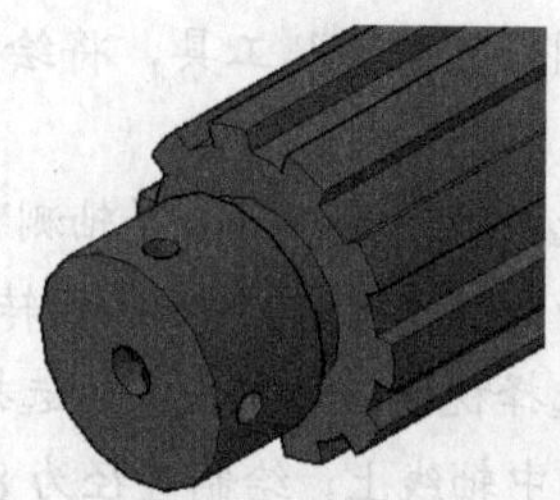

图15-165　用差集生成孔

(40) 利用“圆角”工具，给轴体底面边缘添加圆角，设置圆角半径为 1，效果如图 15-166 所示。至此，完成了传动轴模型立体图的绘制，效果如图 15-167 所示。

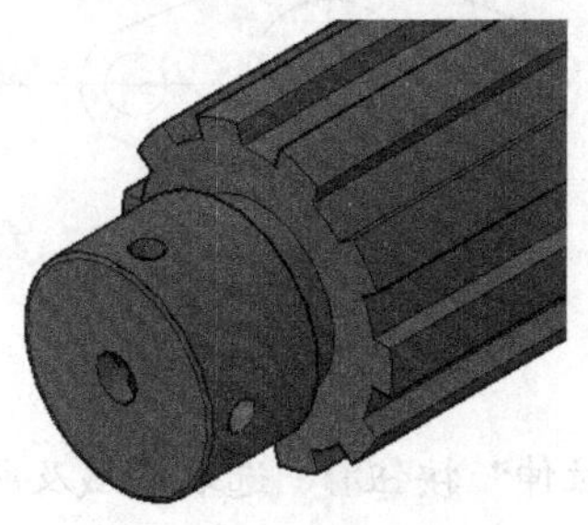
图15-166　添加圆角

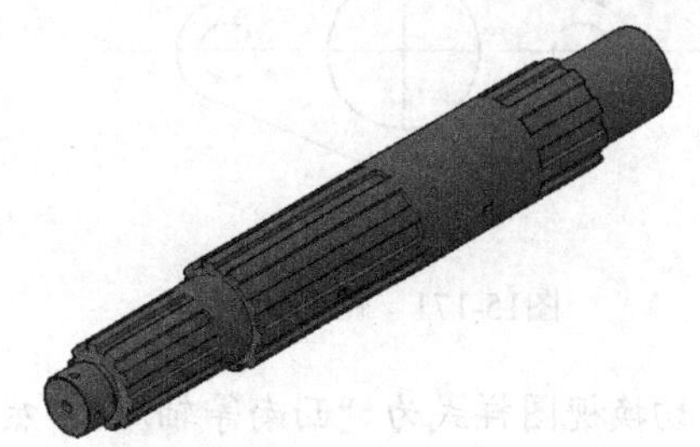
图15-167　传动轴模型立体图

15.7　创建管材模型

【练习15-7】使用AutoCAD 2018绘制如图15-168所示的管材模型。

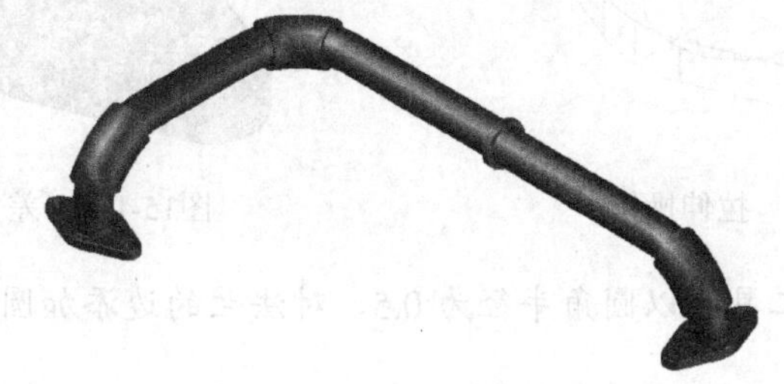
图15-168　管材模型实例

(1) 首先绘制管材的法兰。切换视图样式为“仰视”，切换当前图层为“中心线”图层，然后单击“直线”按钮，绘制中心线。接下来，切换图层为“轮廓线”图层，利用“圆心，半径”工具，以中心点为圆心，分别绘制半径为 23 和 15 的圆，再以水平中心线上与中心点左右相距 35 的两个点为圆心，绘制 4 个半径分别为 10 和 5.5 的圆，效果如图 15-169 所示。

(2) 利用“直线”工具绘制圆的切线，效果如图 15-170 所示。利用“修剪”工具对半径为 23 和 10 的圆进行修剪，效果如图 15-171 所示。

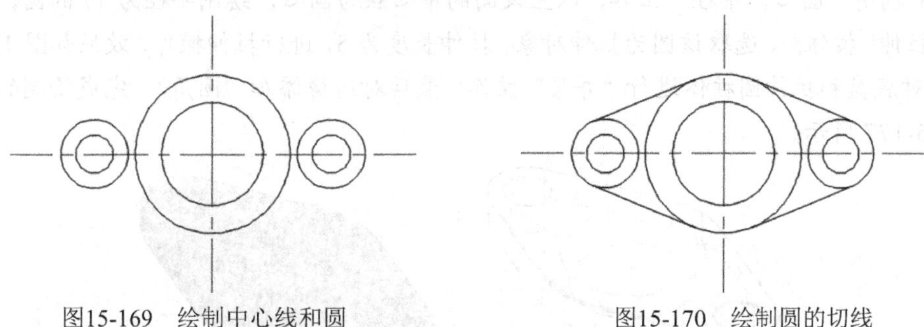
图15-169　绘制中心线和圆　　图15-170　绘制圆的切线

(3) 使用“面域”工具，将修剪圆剩余的部分创建为面域特征，效果如图 15-172 所示。

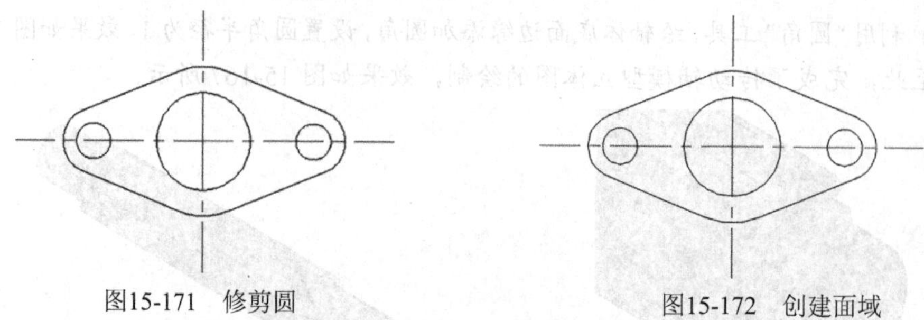
图15-171　修剪圆　　图15-172　创建面域

(4) 切换视图样式为“西南等轴测”，然后单击“拉伸”按钮，选取面域及所有的圆(半径为 15 的圆除外)为拉伸对象，拉伸长度为 8，进行拉伸操作，如图 15-173 所示。

(5) 利用“差集”工具选取拉伸实体为源对象，选取两端的小圆柱拉伸体为要去除的对象，进行差集操作，效果如图 15-174 所示。

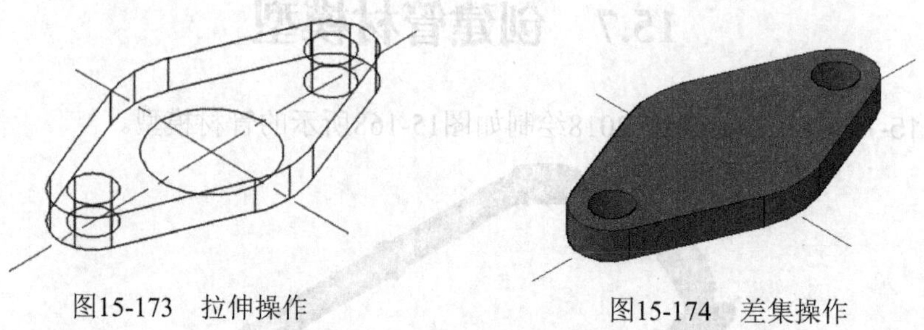
图15-173　拉伸操作　　图15-174　差集操作

(6) 利用“圆角”工具，以圆角半径为 0.5，对法兰的边添加圆角，效果如图 15-175 所示。

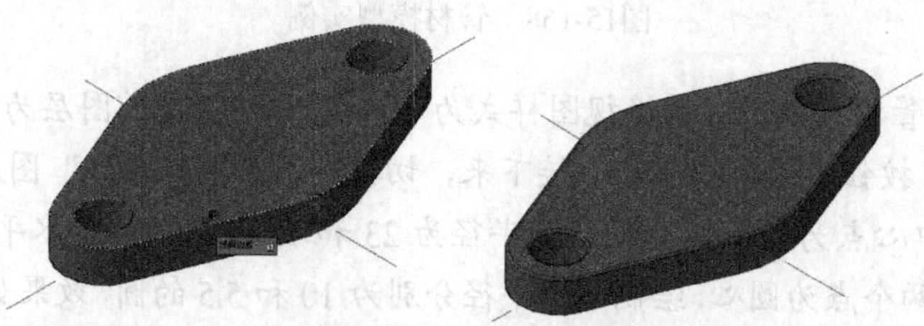
图15-175　添加圆角

(7) 利用“圆心，半径”工具，以上表面的中心点为圆心，绘制半径为 17 的圆，然后单击“拉伸”按钮，选取该圆为拉伸对象，拉伸长度为 5，进行拉伸操作，效果如图 15-176 所示。对底盘和拉伸圆柱体进行“并集”操作，最后对边缘添加“圆角”，完成绘制的法兰如图 15-177 所示。

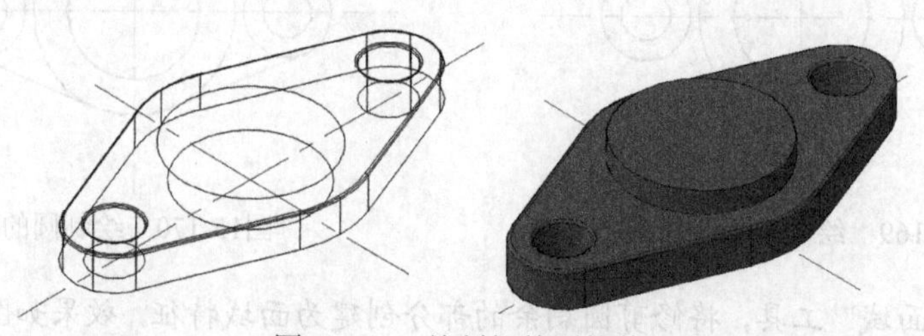
图15-176　绘制拉伸圆柱体

(8) 下面绘制管道路径。单击“直线”按钮，以底面中心为起点绘制长 25 的垂线，效果如图 15-178 所示。

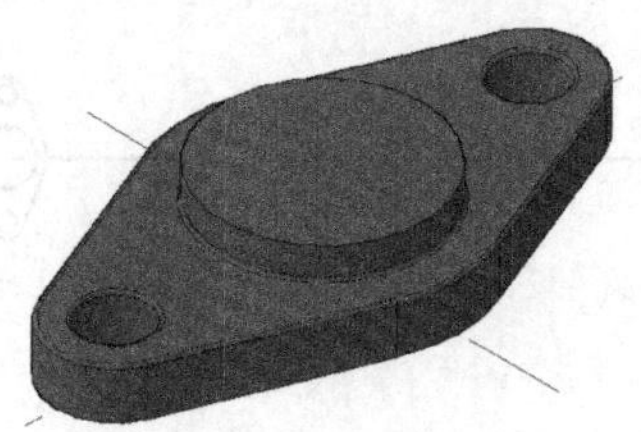
图15-177　画好的法兰

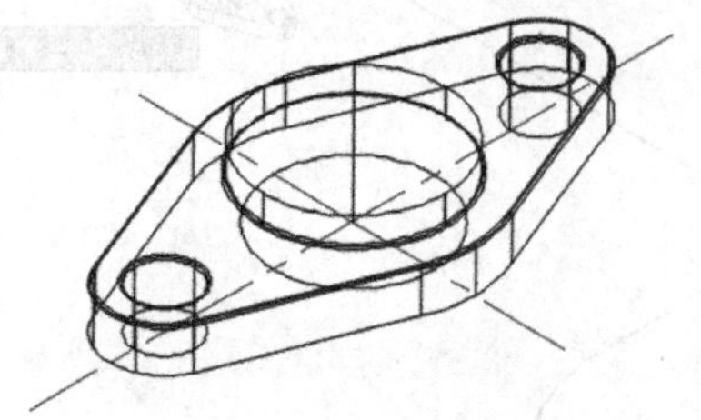
图15-178　绘制垂线

(9) 切换视图样式为“左视”。利用绘制圆弧的“起点，圆心，端点”工具，绘制半径为 54，夹角为 90° 和 54° 的两段弧。再利用“直线”工具，绘制长为 100 的水平线，效果如图 15-179 所示。

(10) 切换视图样式为“俯视”。利用绘制圆弧的“起点，圆心，端点”工具，绘制半径为 54，夹角为 90° 和 54° 的两段弧，效果如图 15-180 所示。

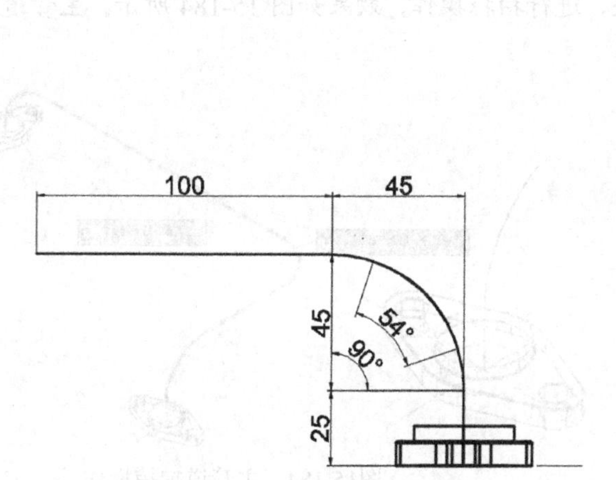

图15-179　在左视图绘制管道路径

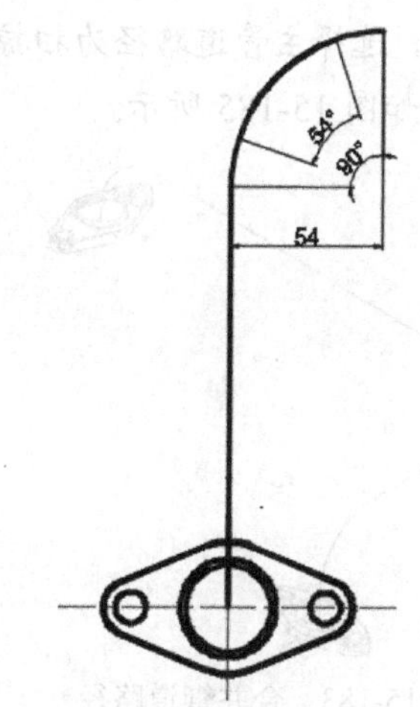

图15-180　在俯视图绘制管道路径

(11) 切换视图样式为“前视”。利用“直线”工具，绘制长分别为 316.5 和 6.5 的两条水平线。再用绘制圆弧的“起点，圆心，端点”工具，绘制半径为 54，夹角为 90° 和 54 ° 的两段弧。最后利用“直线”工具，绘制长为 13 的垂线，效果如图 15-181 所示。

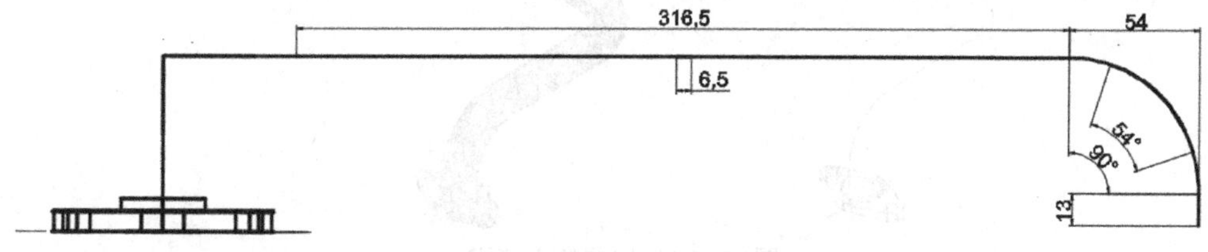

图15-181　在前视图绘制管道路径

(12) 切换视图样式为“西南等轴测”。单击“复制”按钮，指定法兰的中心点为基点，指定长为13的垂线的端点为第二点，对法兰进行复制操作。然后切换视图样式为“俯视”，单击“旋转”按钮，将复制的法兰旋转90°，结果如图15-182所示。

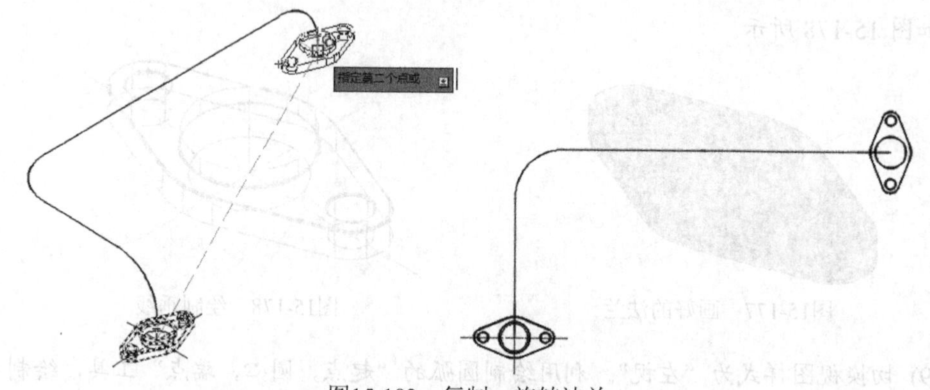

图15-182　复制、旋转法兰

(13) 切换视图样式为“西南等轴测”。单击“合并”按钮，将绘制的所有管道路径(除 3 个 54° 的圆弧与长为 6.5 的水平线和长为 13 的垂线外)进行合并，绘制如图 15-183 所示的主管道路径。然后单击“扫掠”按钮，选择法兰底面中心半径为 15 的圆为要扫掠对象，选择主管道路径为扫掠路径，进行扫掠操作，效果如图 15-184 所示。主管道的扫掠结果如图 15-185 所示。

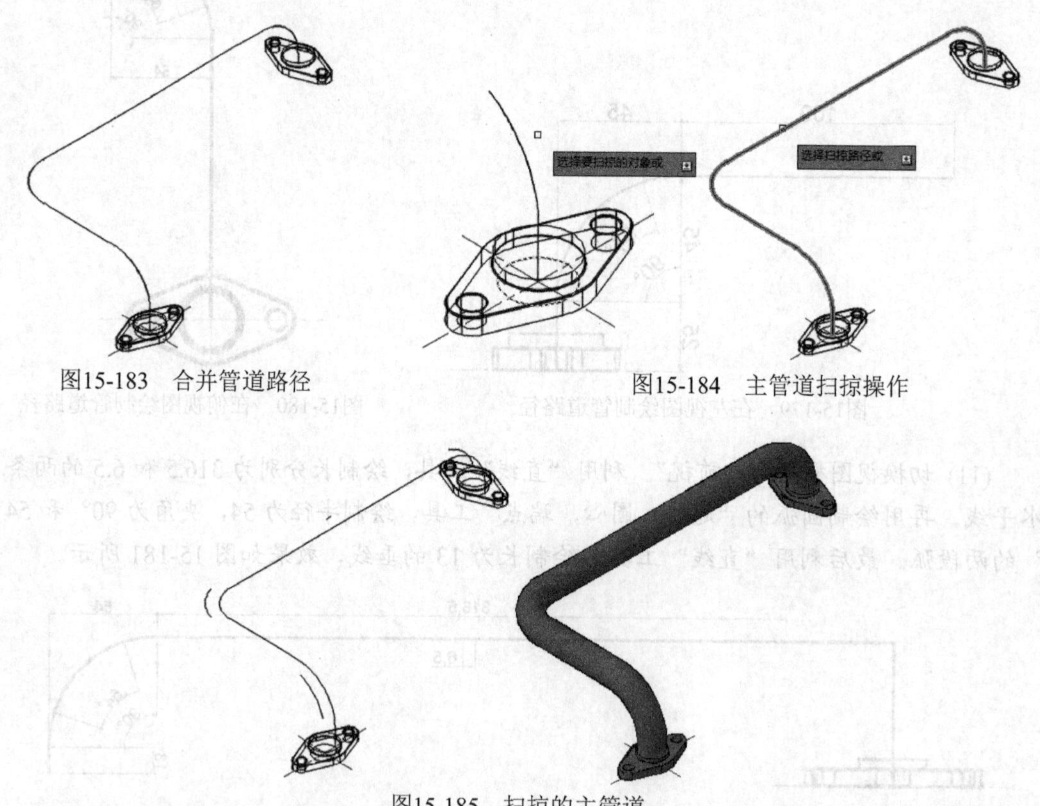

图15-183　合并管道路径

图15-184　主管道扫掠操作

图15-185　扫掠的主管道

(14) 切换视图样式为“俯视”。利用“圆心，直径”工具，在法兰底面中心绘制一个直径为 39 的圆作为扫掠对象，效果如图 15-186 所示。然后切换视图样式为“西南等轴测”，单击“扫掠”按钮，选择这个圆为扫掠对象，选择 54° 的圆弧为扫掠路径，进行扫掠操作，效果如图 15-187 所示。按上述操作方法对其他两个 54° 的圆弧和长为 6.5 的水平线做同样的操作，完成的管道图形如图 15-188 所示。

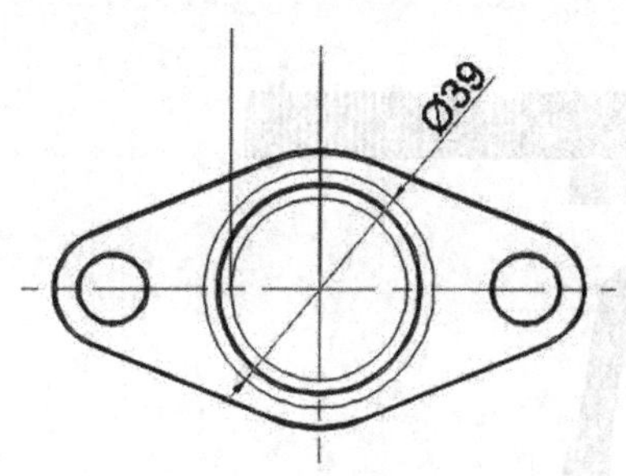

图15-186　绘制圆为扫掠对象

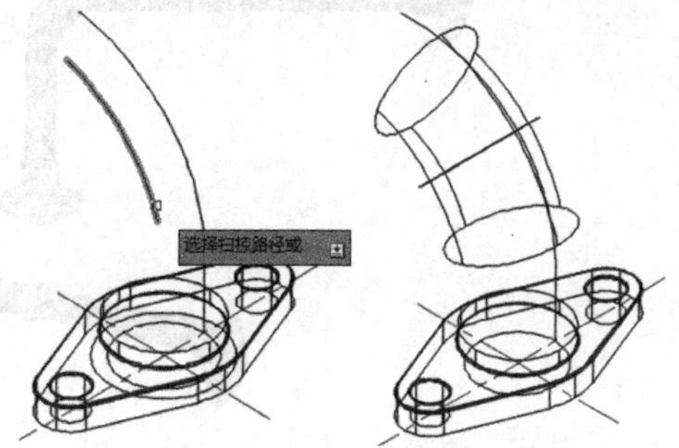

图15-187　管道接头扫掠操作

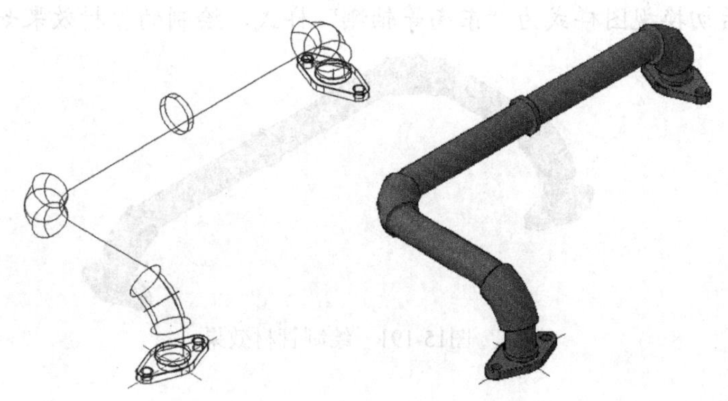

图15-188　完成管道图形

(15) 切换视图样式为“仰视”，在第一个法兰底面中心绘制两个半径为 12 的圆。切换视图样式为“西南等轴测”，单击“扫掠”按钮，选择半径为 12 的圆为扫掠对象，选择第二个法兰底面中心长为 13 的垂线为扫掠路径，进行扫掠操作。再单击“拉伸”按钮，拉伸半径为 12 的圆，拉伸高度为 13。拉伸实体效果如图 15-189 所示。

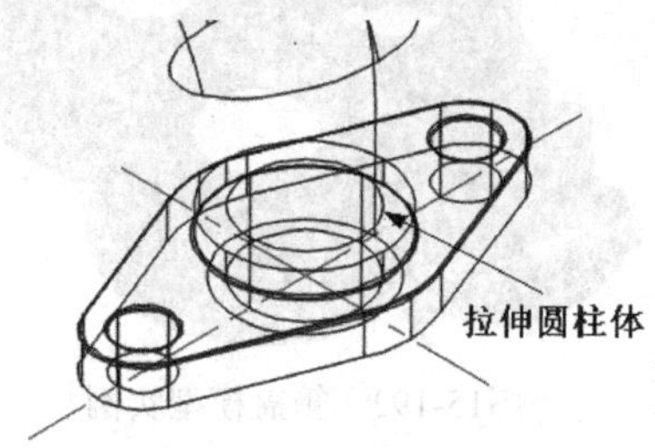

图15-189　拉伸实体效果

(16) 利用“差集”工具分别选取两个法兰为源对象，选取拉伸实体和扫掠实体为要去除的对象，进行差集操作，然后利用“并集”工具选取除两个差集后的法兰外的其他 5 个实体为对象，进行并集操作。

(17) 切换视图样式为“仰视”样式，利用“抽壳”工具，对管道进行抽壳操作，输入抽壳偏移距离为 3，效果如图 15-190 所示。

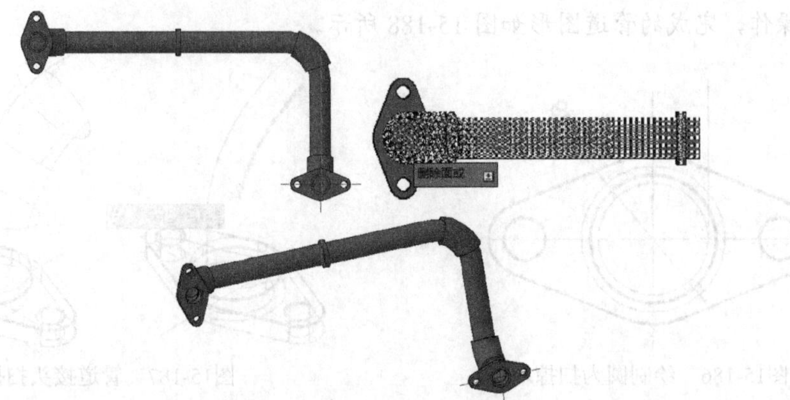

图15-190　对管道进行抽壳操作

(18) 最后切换视图样式为“东南等轴测”样式，绘制的管材效果如图 15-191 所示。

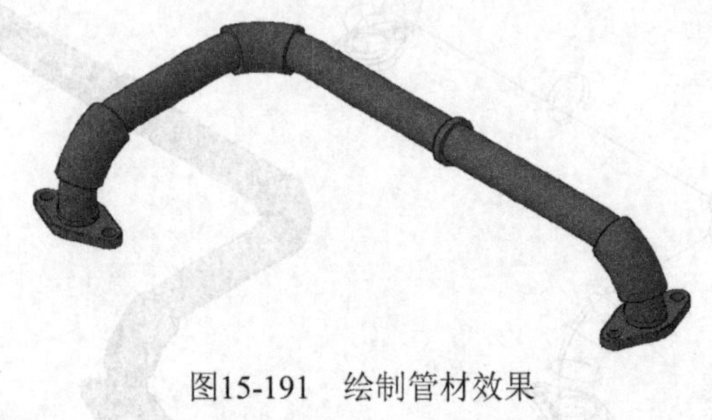

图15-191　绘制管材效果

15.8　创建箱盖模型

【练习15-8】使用AutoCAD 2018绘制如图15-192所示的箱盖模型。

图15-192　箱盖模型实例

(1) 切换视图样式为“俯视”，切换当前图层为“中心线”图层，然后单击“直线”按钮，绘制中心线。接下来，切换图层为“轮廓线”图层，首先利用“圆心，直径”工具，以水平中心线上与中心点左右相距 290 的两个点为圆心，绘制两个直径为 600 的圆，然后利用“直线”工具，绘制一条辅助线，再利用“圆心，直径”工具，以辅助线与垂直中心线交点为圆心，绘制第三个直径为 600 的圆，效果如图 15-193 所示。

(2) 利用“圆心，直径”工具，绘制直径为 300，与直径为 600 的圆为同圆心的三个圆，再利用“相切，相切，半径”工具，绘制半径为 100 且与直径为 600 的圆相切的三个圆，效果如图 15-194 所示。

(3) 删除辅助线，利用“修剪”工具对相交与相切的圆进行修剪，利用“合并”工具将修剪后的图形合并为一个图形对象，效果如图 15-195 所示。

(4) 利用“原点”工具将坐标原点移至中心点，利用“圆心，直径”工具，以点(-45,-456)为圆心，绘制三个直径为 450、375、300 的同心圆，效果如图 15-196 所示。

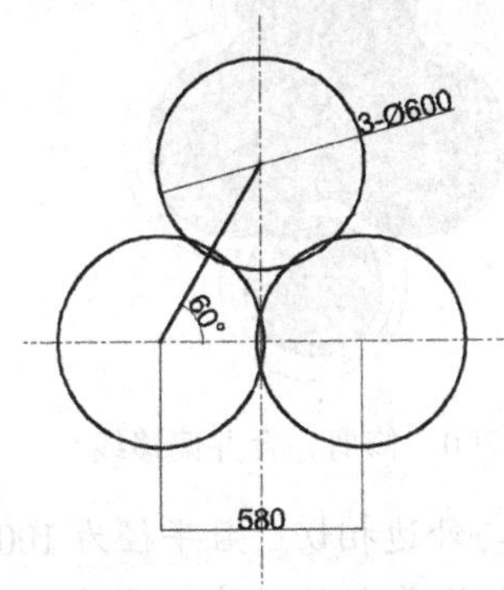

图15-193 绘制中心线、辅助线和圆

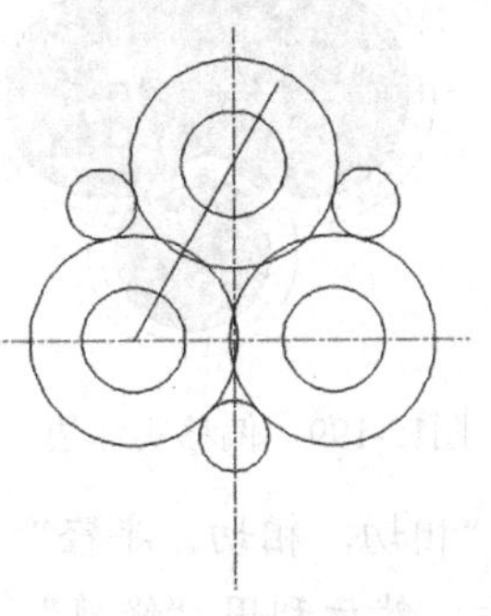
图15-194 绘制同心圆和相切圆

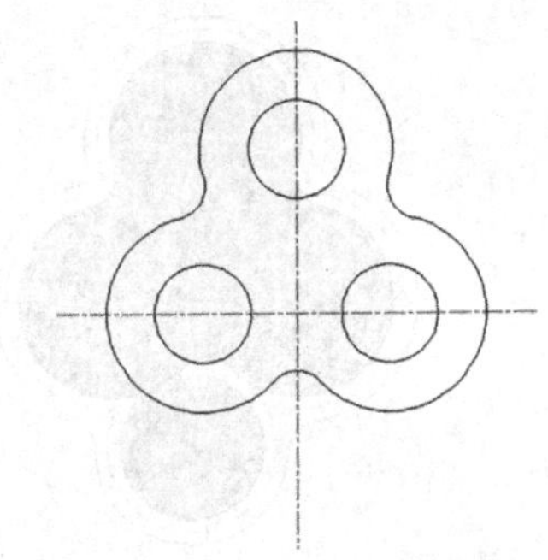
图15-195 修剪、合并后的图形

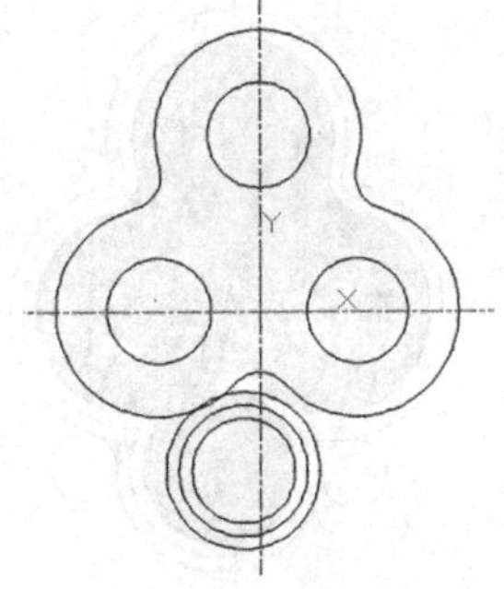
图15-196 绘制同心圆

(5) 切换视图样式为“西南等轴测”。利用“拉伸”工具，首先选择合并后图形及三个直径为 300 的圆为拉伸对象，拉伸高度为 320，形成箱盖的主体，效果如图 15-197 所示。然后将直径为 375、300 的两个圆拉伸 260，将直径为 450 的圆拉伸 230，形成箱盖的旁侧体。拉伸结果在“概念”视觉样式下如图 15-198 所示。

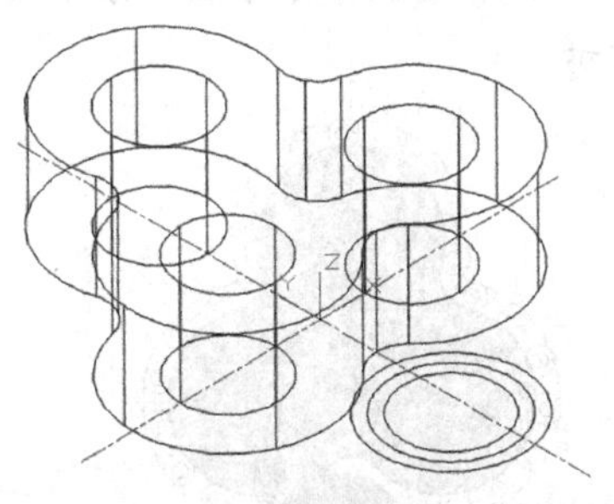
图15-197 拉伸合并图形及三个圆

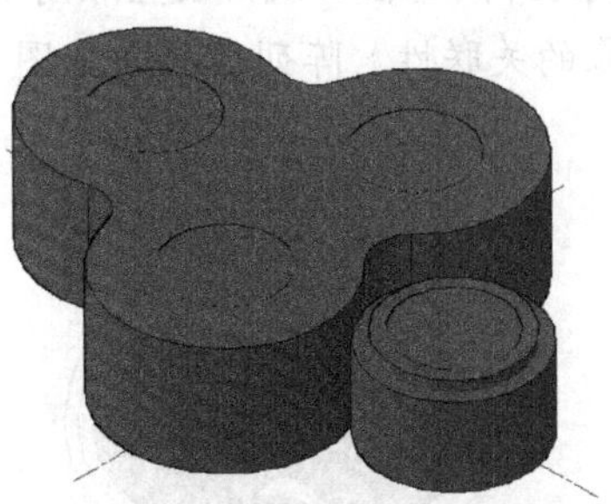
图15-198 拉伸实体效果

(6) 切换视图样式为“仰视”，在“实体”选项板中的“实体编辑”面板中单击“偏移边”按钮 偏移边，分别选择拉伸实体底面的边，偏移距离为 80，然后切换为“中心线”图层，偏移距离为 40，结果如图 15-199 所示。

(7) 利用“修剪”与“合并”工具，对偏移的边和中心线进行修剪与合并操作，结果如图 15-200 所示。

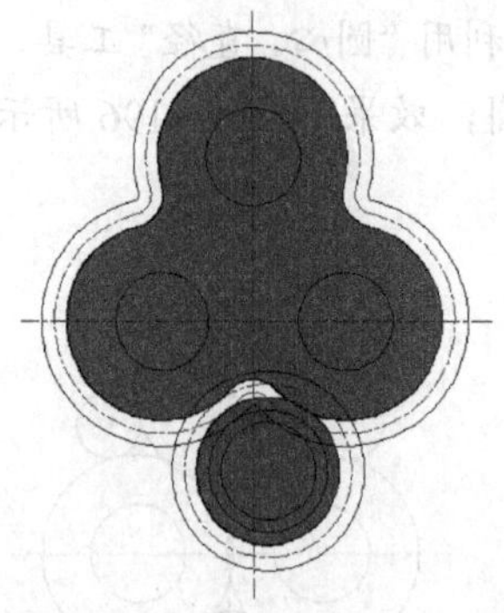

图15-199　偏移实体边

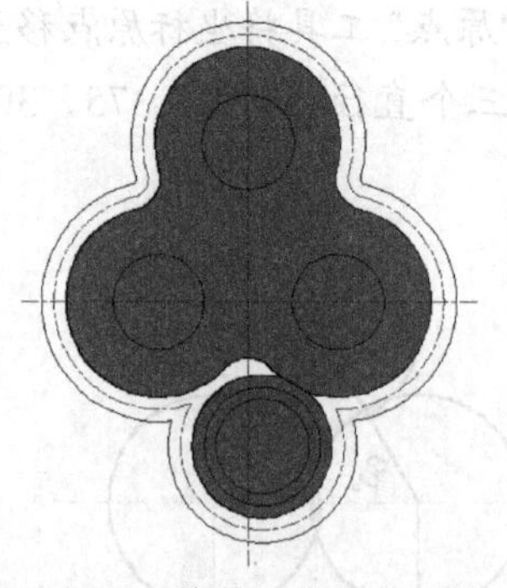

图15-200　修剪、合并偏移线

(8) 利用“相切，相切，半径”工具，绘制两个与外边相切，且半径为 100 的圆，如图 15-201 所示。然后利用“修剪”、“合并”工具进行修剪合并操作，结果如图 15-202 所示。

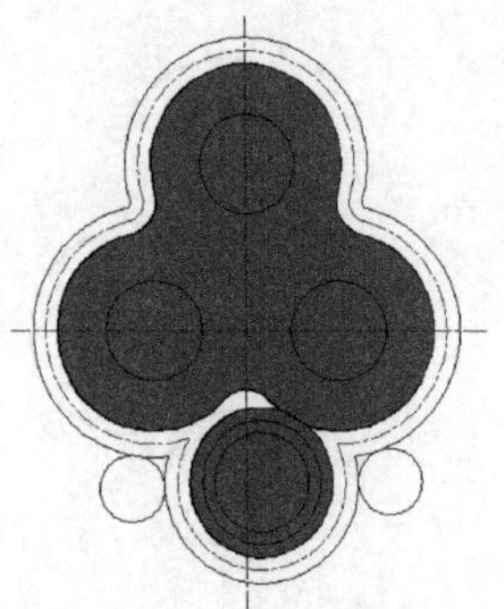

图15-201　绘制圆

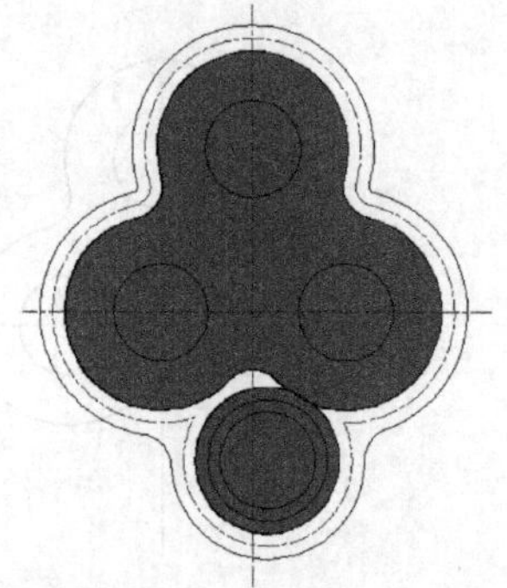

图15-202　剪切合并图形

(9) 利用“圆心，直径”工具，在偏移出的中心线上的一点绘制两个同心圆，直径分别为 100、50，效果如图 15-203 所示。

(10) 单击“修改”面板中的“路径阵列”按钮，选择两个同心圆为阵列对象，选择偏移中心线为阵列路径曲线，设置阵列项目数为 30，按“定数等分方法”分布项目，并取消阵列对象的关联性。阵列后效果如图 15-204 所示。

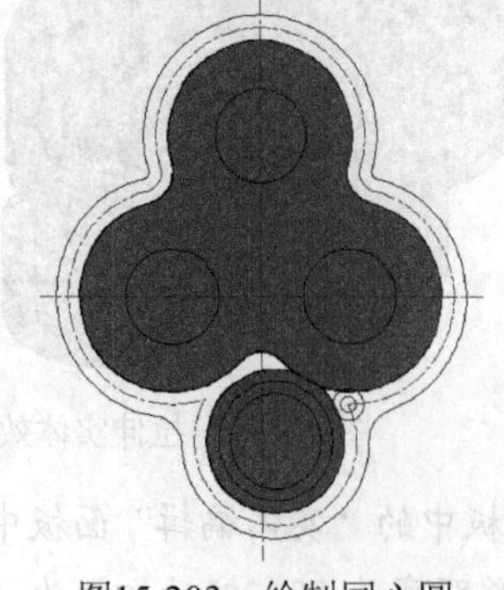

图15-203　绘制同心圆

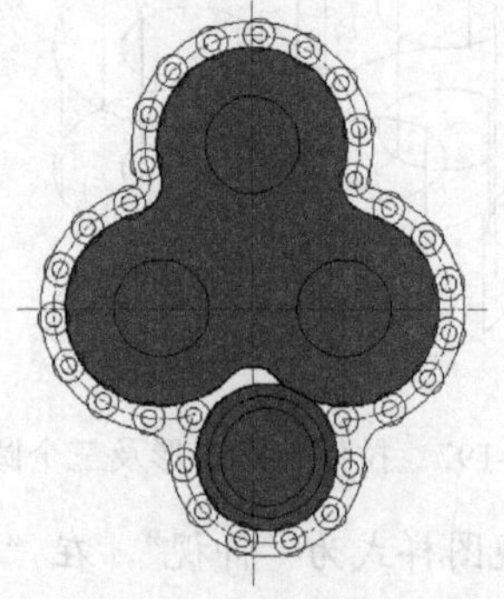

图15-204　路径阵列结果

(11) 单击“修改”面板中的“删除”按钮，按设计要求，删除多余的阵列后的同心圆，结果如图 15-205 所示。

(12) 参考步骤(6)、(9)、(10)，在主体中部 3 个圆柱底面边周围绘制圆孔圆，设置偏移边距离为 20，圆直径为 15，阵列项目数为 6，结果如图 15-206 所示。

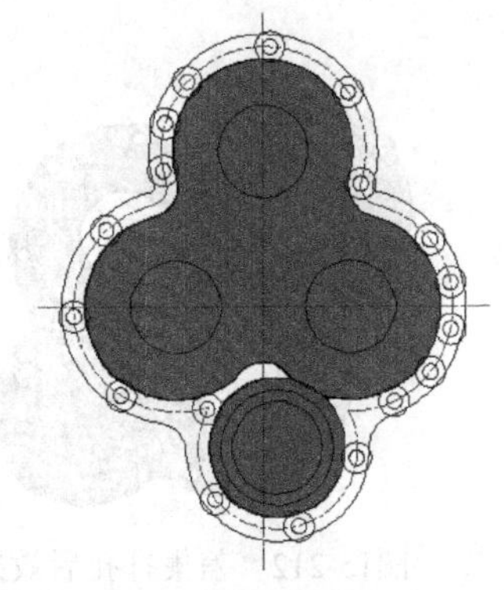
图15-205　按设计删除多余部分

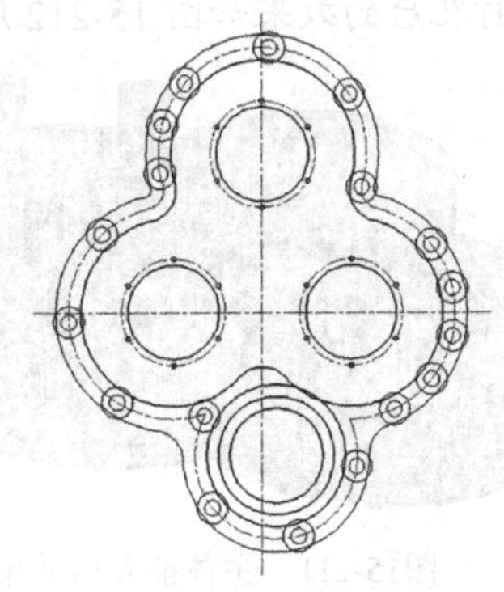
图15-206　绘中部圆孔圆

(13) 切换视图样式为“西南等轴测”。利用“拉伸”工具，首先拉伸偏移边及主体边缘上所有同心圆(旁侧体边缘上的同心圆除外)，拉伸高度为 20，结果如图 15-207 所示。然后拉伸中部所有圆孔圆，拉伸高度为 320，效果如图 15-208 所示。

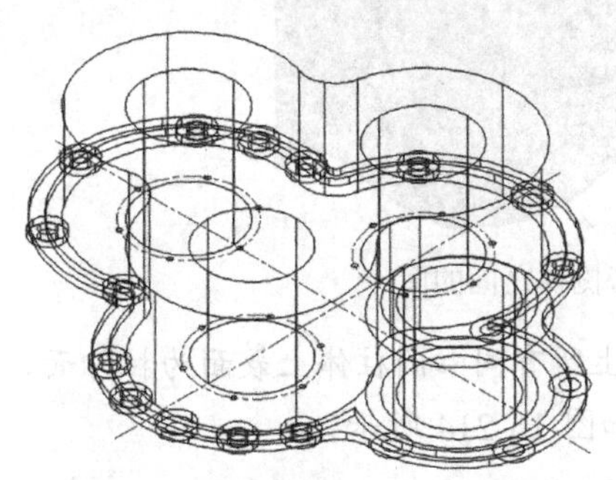
图15-207　拉伸偏移边及边缘同心圆

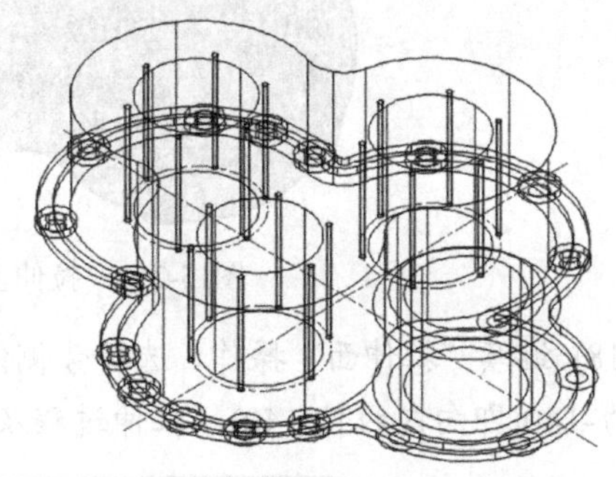
图15-208　拉伸中部圆孔圆

(14) 继续拉伸旁侧体边缘上的同心圆，拉伸高度为 330，结果如图 15-209 所示。然后将偏移边拉伸体与箱盖主体(不包括三个直径为 300 的中心圆柱)进行并集操作，在“概念”视觉样式下观察，效果如图 15-210 所示。

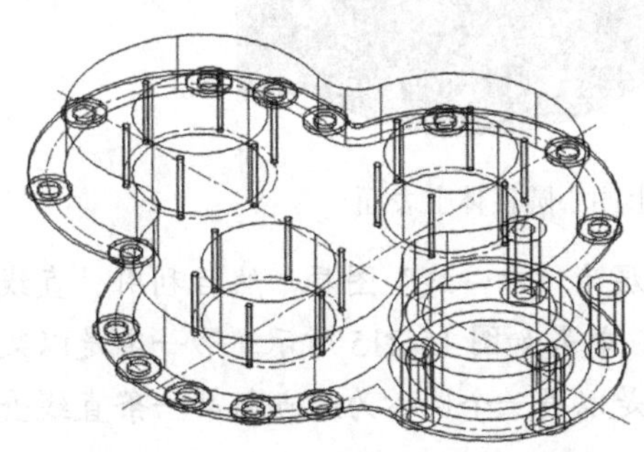
图15-209　拉伸旁侧体边缘上的同心圆

图15-210　偏移边拉伸体与箱盖主体并集

(15) 利用“抽壳”工具，对上述并集后的主体进行抽壳操作，输入抽壳偏移距离为 10，抽壳后的效果如图 15-211 所示。

(16) 利用“差集”工具，选取抽壳后的主体和主体边缘上同心圆的外圆拉伸体为源对象，选取主体边缘上同心圆的内圆拉伸体和中部圆孔圆拉伸体为要去除的对象，进行差集操作，差集打孔后的效果如图 15-212 所示。

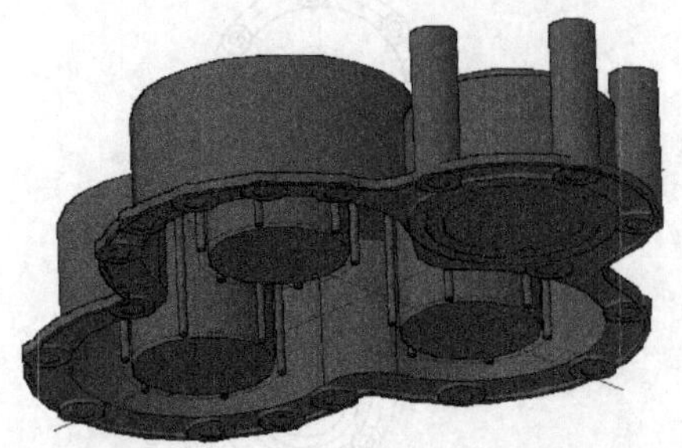

图15-211　主体抽壳后效果

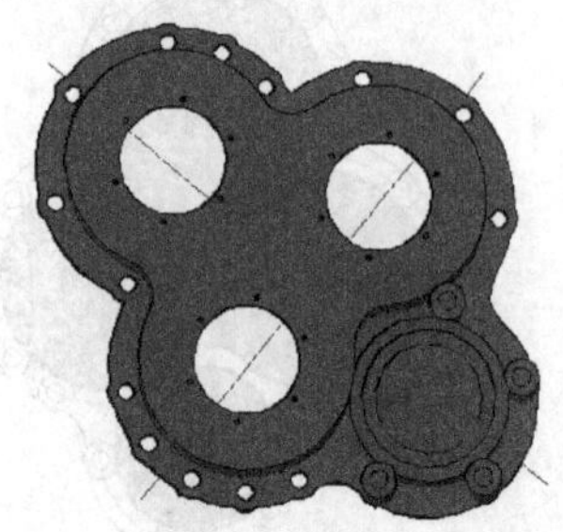

图15-212　差集打孔后效果

(17) 单击“实体编辑”面板中的“拉伸面”按钮，选择箱盖主体与旁侧体之间的面为拉伸面，拉伸高度为 210，拉伸过程及效果如图 15-213 所示。

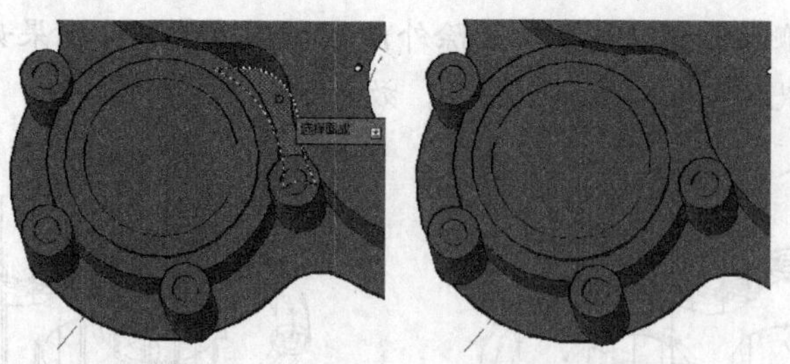

图15-213　拉伸主体与旁侧体之间的面

(18) 继续“拉伸面”操作，选择旁侧体边缘上所有同心圆柱体上表面为拉伸面，拉伸高度为-140(即向内拉伸 140)，拉伸过程及效果如图 15-214 所示。

图15-214　拉伸旁侧体边缘上同心圆柱体上表面

(19) 切换视图样式为“仰视”，切换当前图层为“中心线”图层，然后利用“直线”工具，绘制垂直相交的两条辅助线，A 点是垂足，效果如图 15-215 所示。第一条是以某个圆心为起点与水平线夹角为 150° 直线，第二条是以另一个圆心为起点与第一条直线垂直的直线。

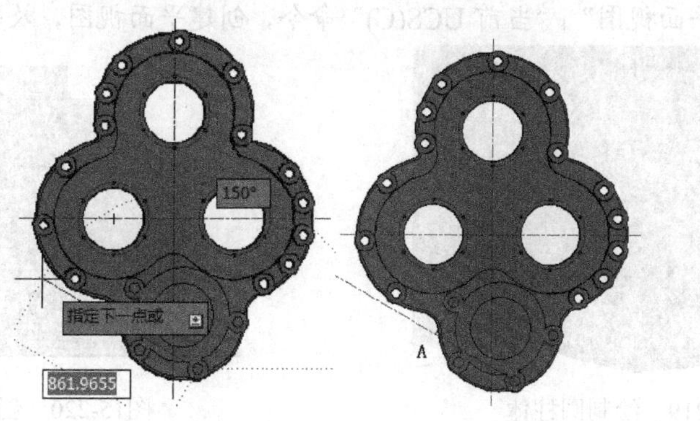

图15-215　绘制辅助线

(20) 切换视图样式为“东南等轴测”，单击“坐标”面板中的“三点”按钮，选择A、B、C三点定义新的用户坐标系，效果如图15-216所示。其中B、C两点分别为圆柱底面和顶面的圆心。

(21) 利用“长方体”工具，绘制起点坐标为(0,20)、长为230、宽为150、高为150的长方体，效果如图15-217所示。

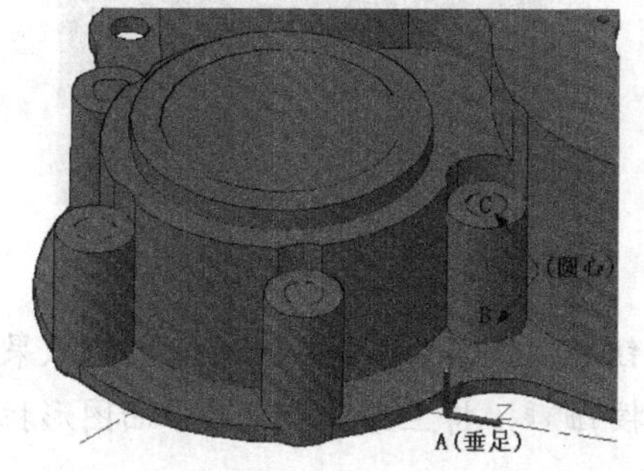

图15-216　使用三点设置新坐标系

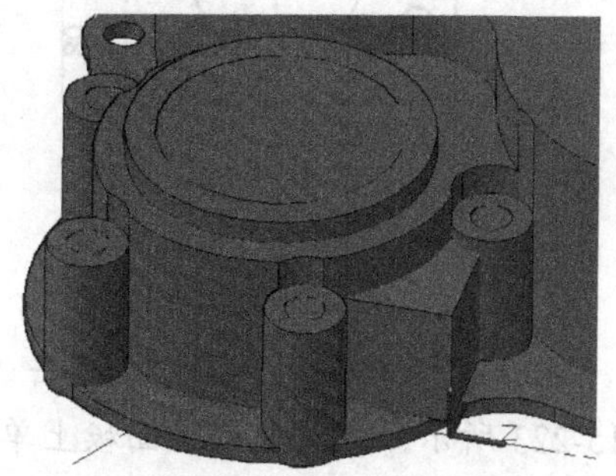

图15-217　绘制长方体

(22) 单击“拉伸面”按钮，将长方体的一个侧面拉伸50，拉伸过程及效果如图15-218所示。

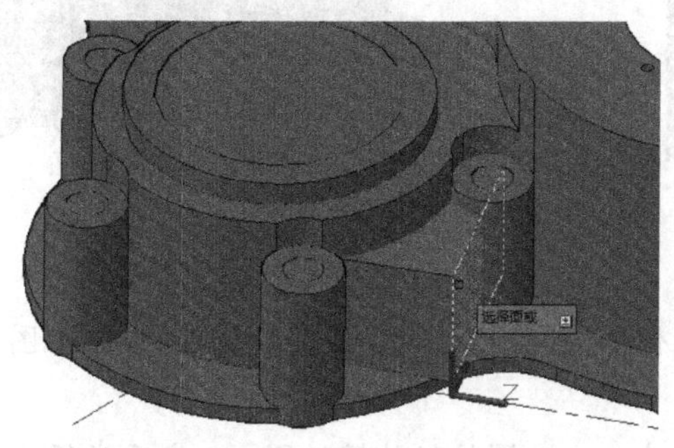

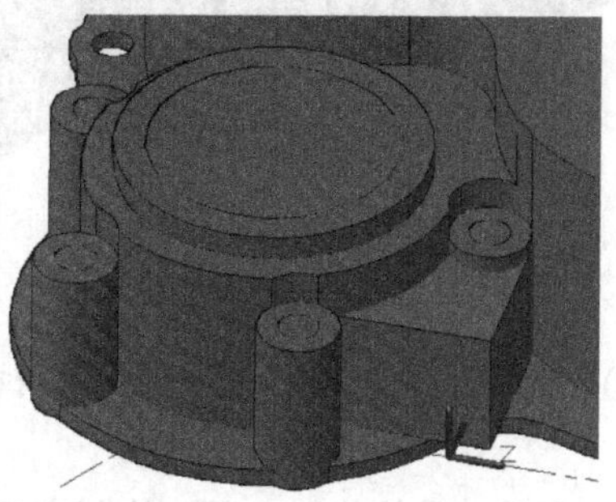

图15-218　拉伸长方体的侧面

(23) 利用“圆柱体”工具，绘制底面中心点坐标为(0,80,0)、底面半径为70、高为580的圆柱体，效果如图15-219所示。

(24) 在快速访问工具栏中选择“显示菜单栏”命令，在弹出的菜单中选择“视图”|

“三维视图”|“平面视图”|“当前 UCS(C)”命令，创建平面视图，效果如图 15-220 所示。

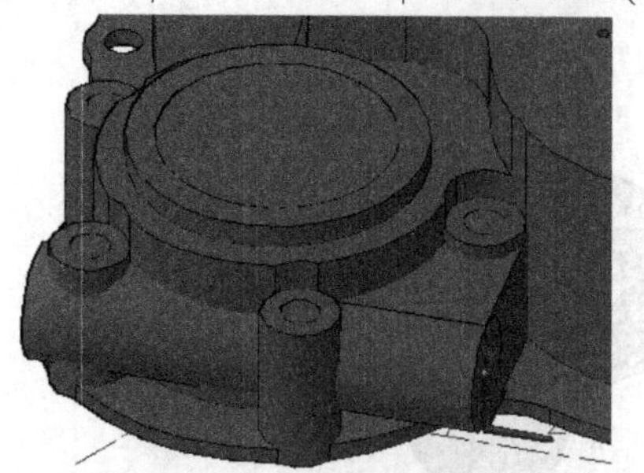

图15-219　绘制圆柱体

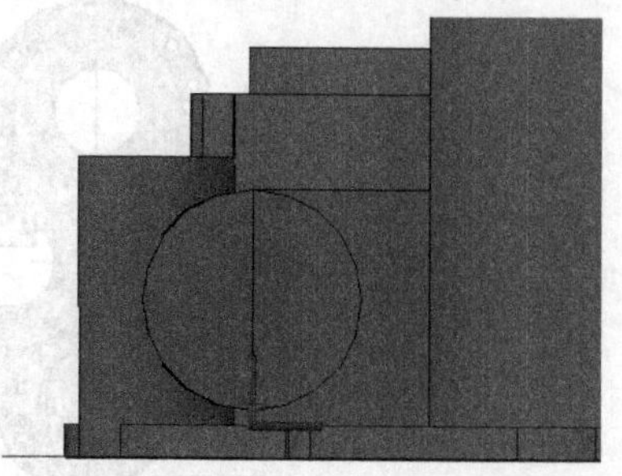

图15-220　创建平面视图

(25) 利用“直线”、“圆心，直径”、“多段线”等工具，绘制如图 15-221 所示的平面图。将绘制好的图形进行合并，结果如图 15-222 所示。

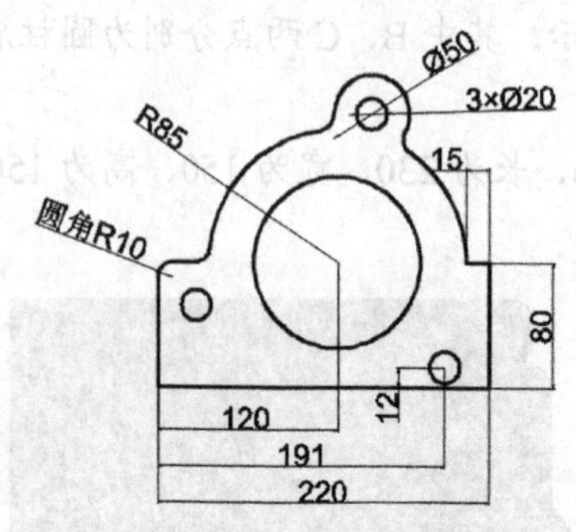

图15-221　绘制平面图

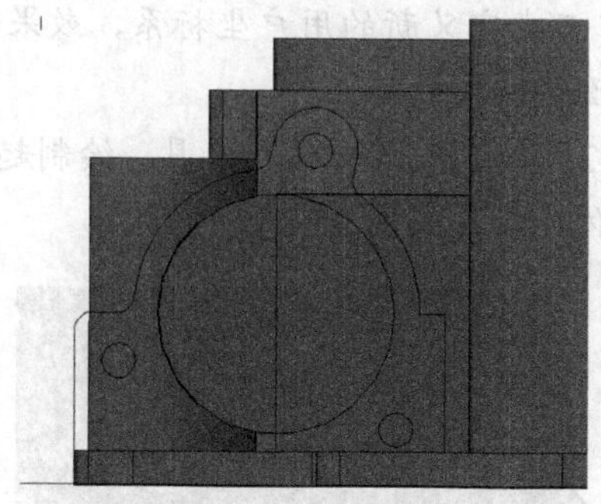

图15-222　绘制好的平面图

(26) 在“实体编辑”面板上单击“拉伸面”按钮，将圆柱体的底面拉伸 10，效果如图 15-223 所示。在“建模”面板上单击“拉伸”按钮，将上面绘制好的平面图形拉伸 10，效果如图 15-224 所示。

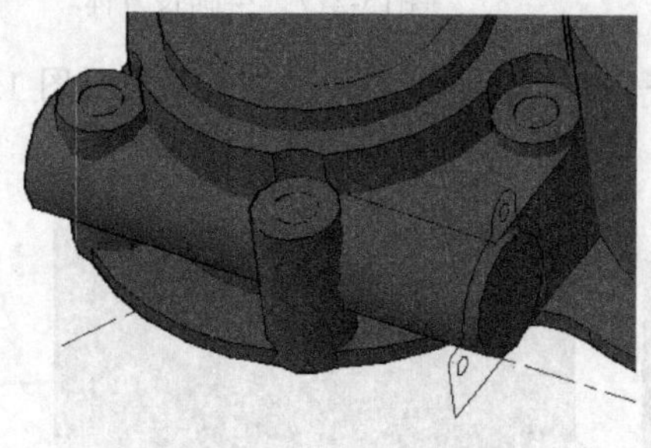

图15-223　拉伸圆柱体底面

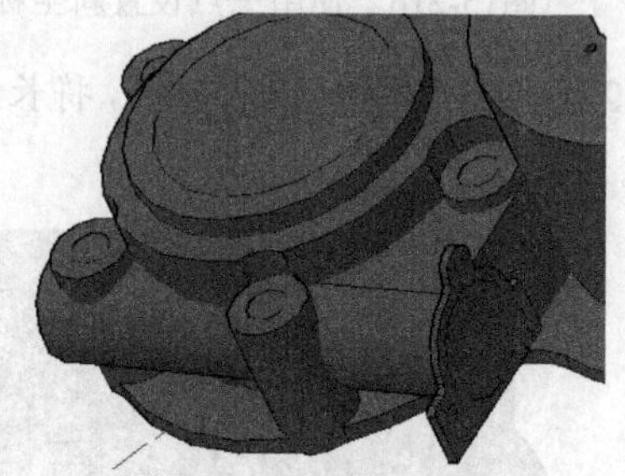

图15-224　拉伸平面图形

(27) 利用“差集”工具，将平面图形拉伸体上的圆柱体减除，绘制圆孔，效果如图 15-225 所示。

(28) 利用“圆柱体”工具，绘制底面中心点为圆柱拉伸面的圆心、底面半径为 55、高为 565 的同轴圆柱体，效果如图 15-226 所示。

图15-225　用差集绘制圆孔　　　　图15-226　绘制同轴圆柱体

(29) 利用“差集”工具，将同轴圆柱体从拉伸面圆柱体中减除，绘制管道孔，效果如图15-227所示。然后用差集后的实体减除旁侧体边缘上的内圆柱体，绘制通孔，效果如图15-228所示。

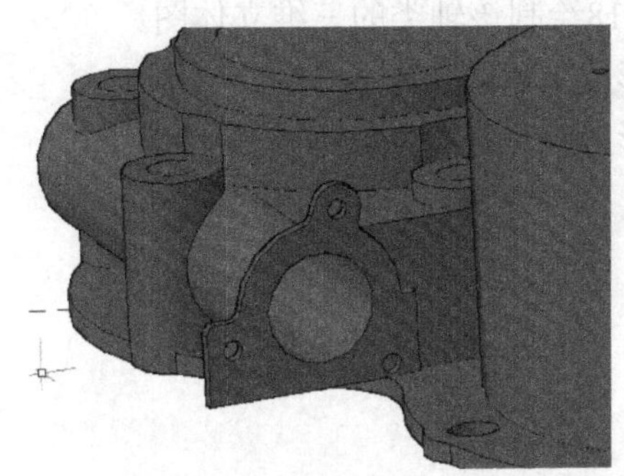

图15-227　用差集绘制管道孔　　　　图15-228　用差集绘制通孔

(30) 利用“圆角”工具，分别对绘制的实体内、外边缘添加圆角美化，设置圆角半径为 10，效果如图 15-229 所示。切换视图样式为“东南等轴测”，观察绘制好的箱盖效果，如图 15-230 所示。

图15-229　添加圆角

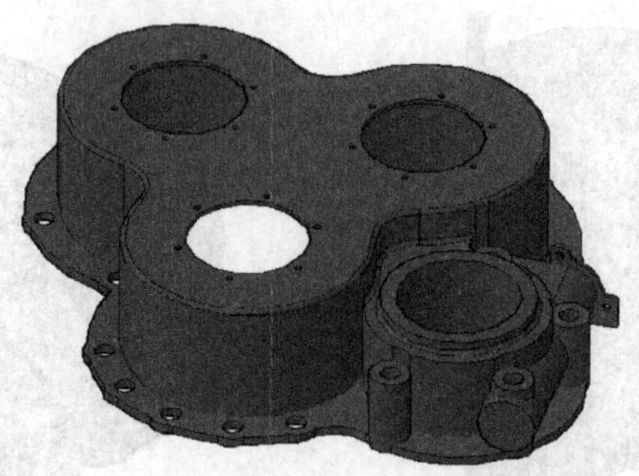

图15-230　绘制好的箱盖效果

15.9　思考练习

1. 使用AutoCAD 2018绘制零件图通常包括哪些步骤？
2. 按照本章15.1节的实例，用AutoCAD 2018绘制该轴类的三维立体图。
3. 在AutoCAD 2018中，如何控制三维图形的显示效果？
4. 在AutoCAD 2018中，如何设置三维图形的视觉样式？

参 考 文 献

[1] 蒋晓. AutoCAD 2010中文版机械制图标准实例教程[M]. 北京：清华大学出版社，2011.

[2] CAD\CAM\CAE技术联盟. AutoCAD 2014中文版从入门到精通[M]. 北京：清华大学出版社，2014.

[3] 陈志民. 中文版AutoCAD 2015机械绘图实例教程[M]. 北京：机械工业出版社，2014.

[4] 薛山. UG NX 9基础教程[M]. 北京：清华大学出版社，2014.

[5] 肖静. AutoCAD 2015中文版基础教程[M]. 北京：清华大学出版社，2015.

参 考 文 献

[1] 蒋晓. AutoCAD 2010中文版机械制图标准实例教程[M]. 北京：清华大学出版社，2011.

[2] CAD/CAM/CAE技术联盟. AutoCAD 2014中文版从入门到精通[M]. 北京：清华大学出版社，2014.

[3] 陈志民. 中文版AutoCAD 2015机械绘图实例教程[M]. 北京：机械工业出版社，2014.

[4] 麓山. UG NX 9基础教程[M]. 北京：清华大学出版社，2014.

[5] 肖静. AutoCAD 2015中文版基础教程[M]. 北京：清华大学出版社，2015.